LES GÉNÉRATEURS

D'ÉLECTRICITÉ

A L'EXPOSITION UNIVERSELLE

DE 1900

LES GÉNÉRATEURS
D'ÉLECTRICITÉ
A L'EXPOSITION UNIVERSELLE
DE 1900

PAR

C.-F. GUILBERT
Ingénieur-électricien

Contenant 20 tableaux hors texte, 615 gravures et plans
dont 118 planches hors texte

PARIS
C. NAUD, ÉDITEUR
3, RUE RACINE, 3

1902

PRÉFACE

Les ouvrages sur l'Exposition sont déjà très nombreux, mais aucun ne remplit le but que nous avons voulu poursuivre ici.

Nous nous sommes proposé, en réunissant les nombreux renseignements que les constructeurs ont bien voulu nous communiquer pour le journal *L'Éclairage Électrique*, de constituer un véritable portefeuille des machines dynamo-électriques exposées, en nous limitant toutefois aux machines génératrices d'une puissance supérieure à 30 kilowatts.

La publication d'un pareil recueil aura l'avantage de donner aux Ingénieurs et Industriels une sorte de repère sur le développement de la construction des appareils générateurs au moment de l'Exposition.

Nous pensons également que les élèves des écoles d'électricité y puiseront de nombreux renseignements pour l'étude du matériel des plus importantes maisons de constructions du monde entier.

Notre rôle ne s'est pas uniquement borné à la description des principaux générateurs électriques exposés. Nous avons tenu, en effet, à présenter une classification méthodique des machines dynamo-électriques en rapport avec les exigences actuelles de la pratique.

Nous avons cru devoir, en outre, faire précéder les parties descriptives de chaque groupe de machines d'un résumé donnant l'historique et les propriétés générales les plus saillantes de ces machines.

Les appareils reposant sur des propriétés nouvelles, et en particulier la classe intéressante des alternateurs asynchrones, ont été l'objet d'études théoriques permettant d'en comprendre le fonctionnement.

Pour faciliter les recherches, nous avons réuni, sous forme de tableaux, les constantes, les dimensions principales et les résultats d'essais qui nous ont été communiqués par les constructeurs. Les tableaux, comme les légendes des figures, ont été rédigés en trois langues, de façon à en permettre la lecture aux étrangers sans une connaissance approfondie du français.

Grâce à l'obligeance de M. Blondel, le savant professeur à l'École Nationale des Ponts et Chaussées, nous publions les courbes périodiques de la différence de potentiel aux bornes relevées avec l'oscillographe Blondel par M. Dobkéwith. Nous sommes heureux de remercier ici MM. Blondel et Dobkéwith de la communication de ces courbes qui constituent un précieux enseignement pour tous.

Nous terminons cette courte préface en adressant également nos remerciements les plus sincères aux nombreux constructeurs qui ont bien voulu nous communiquer les renseignements que nous publions.

(Avril 1902.)

C.-F. GUILBERT.

PREMIÈRE PARTIE

ALTERNATEURS

ERSTER THEIL — FIRST PART

WECHSELSTROMMASCHINEN — ALTERNATORS

CHAPITRE PREMIER

CONSIDÉRATIONS GÉNÉRALES

I KAPITEL — CHAPTER I

ALLGEMEINE UEBERLEGUNGEN — GENERAL CONSIDERATIONS

Généralités sur les alternateurs. — Parmi toutes les subdivisions de l'industrie électrique, celle de la construction des alternateurs a une importance capitale à cause du rôle prépondérant que jouent les courants alternatifs dans la transmission de l'énergie.

Par suite de la diversité des types de dynamos présentées par les différentes maisons, l'Exposition fut particulièrement instructive pour les ingénieurs qui s'intéressent à un titre quelconque au progrès des machines à courants alternatifs.

Avant de classer et de décrire la plupart des alternateurs exposés, nous pensons qu'il ne sera pas inutile de résumer les points principaux qui régissent, à l'heure actuelle, l'emploi et la construction de cette importante catégorie de machines.

Nombre de phases. — Un des points qui frappa le plus l'esprit des visiteurs du Palais de l'Électricité fut le triomphe, définitif à notre avis, des courants triphasés sur les autres systèmes à courants alternatifs simples ou polyphasés, même pour l'éclairage.

Il semble qu'on soit enfin revenu sur cette idée, fausse d'ailleurs, et qui eut cours pendant quelque temps chez nous, à savoir que les différences de charges sur les trois circuits d'un réseau d'éclairage par courants triphasés ne permettent pas d'obtenir des tensions égales sur les trois phases.

Les générateurs à courants alternatifs simples ou diphasés étaient, en effet, très réduits à l'Exposition. En particulier, parmi les groupes électrogènes affectés au service de l'éclairage et du transport de l'énergie, on n'en comptait qu'un seul à courants alternatifs simples, installé par les ateliers d'Oerlikon, et un seul à courants diphasés, celui de MM. Farcot, de Saint-Ouen. Encore faut-il ajouter que la nature du courant, dans ce dernier, avait été imposée par celle de l'installation existante à l'agrandissement de laquelle il était destiné.

Si l'on joint à ces machines un alternateur à courants diphasés Thury, destiné également à une installation existante, celle de Skajaerscelven, un alternateur à courants diphasés Thury-Creusot, type à carbure, et deux ou trois alternateurs à courants alternatifs simples, on obtient un total de 6 à 7 machines à courants alternatifs simples ou diphasés pour plus de 60 machines à courants triphasés.

Alternateurs hétéropolaires et homopolaires. — Un second point, non moins intéressant que le premier, est l'abandon, d'ailleurs prévu plus d'un an avant l'ouverture de l'Exposition, du type dit « alternateur inducteur » ou à flux ondulé et bobine inductrice centrale.

Le nombre de machines de ce type se réduisait, en effet, à 8 au plus, présentées par les ateliers d'Oerlikon, près Zurich, la Société d'électricité Alioth, de Bâle, et MM. Siemens et Halske, de Vienne, dans les sections étrangères, et par les ateliers du Creusot, les ateliers Farcot et la Société Gramme, en France.

La seule raison d'être des machines à fer tournant avait été leur grande vitesse périphérique, particulièrement commode pour obtenir une largeur de pôles suffisante dans les alternateurs à grande vitesse angulaire. Des vitesses linéaires de 35 à 40 m : s étant employées maintenant dans les machines à pôles séparés, grâce à l'adoption d'enroulements en conducteur à section carrée ou en bande de cuivre, les dynamos du type inducteur n'ont plus de chance d'être employées que pour l'obtension de vitesses linéaires comprises entre 50 et 100 m : s, comme celles que peut exiger la commande directe des alternateurs par turbines à vapeur.

Un alternateur de ce dernier genre, actionné par une turbine à vapeur Rateau, devait figurer dans la section française, dans l'exposition de MM. Sautter et Harlé. Malheureusement, ce groupe, dont les essais à l'usine ont donné toute satisfaction aux constructeurs, n'a pu être prêt à temps pour figurer à l'Exposition.

On peut objecter toutefois, qu'à l'Exposition l'emploi presque unique, pour la production de l'électricité sous forme de courants alternatifs, de grosses unités à faible vitesse angulaire, éliminait à priori ce type de machine.

Cette objection est valable ici, si l'on remarque que les alternateurs à fer tournant cités sont tous, sauf un, à vitesses angulaires assez élevées et sont destinés à être commandés par moteurs à vapeur à grande vitesse, par turbines ou par courroies. La seule exception est celle fournie par l'alternateur de MM. Farcot, de Saint-Ouen, où l'emploi d'un inducteur homopolaire est justifié par la réalisation d'une machine assez lourde supprimant l'adjonction d'un volant séparé dans la commande des alternateurs directement accouplés à des moteurs monocylindriques et destinés à fonctionner en parallèle avec d'autres machines.

Quoi qu'il en soit, ce type d'alternateur tend à disparaître de plus en plus à cause des nombreux inconvénients, très connus maintenant, qu'il présente.

Vitesses angulaires des alternateurs. — Comme nous venons de le dire, la plupart des machines à courants alternatifs exposées sont à faible vitesse angulaire. A part les alternateurs à flux ondulé déjà cités, ainsi que quelques alternateurs à pôles alternés, de puissance ne dépassant pas 300 kilovolts-ampères et commandés par courroies, les alternateurs exposés à Paris, sauf 2, ont des vitesses angulaires ne dépassant pas 126 tours par minute.

Tous ces alternateurs à faible vitesse angulaire sont naturellement accouplés directement ou calés sur l'arbre des moteurs à vapeur qui les conduisent.

Alternateurs à faible vitesse angulaire. — Dans l'établissement d'un alternateur à faible vitesse angulaire et à commande directe, le poids de la partie tournante, déterminé par les conditions électriques et mécaniques ordinaires, est insuffisant pour assurer au moteur à vapeur un coefficient d'irrégularité convenable pour le bon fonctionnement de la machine sur un réseau, soit seule, soit en parallèle avec d'autres du même type.

On sait que trois solutions sont généralement employées pour concilier les conditions de bonne régularité des moteurs à vapeur avec la construction des alternateurs.

Ces trois solutions sont les suivantes :

1° On peut *habiller* la dynamo, ou tout au moins la partie tournante, de façon à rendre celle-ci suffisamment lourde pour obtenir un moment d'inertie convenable. Ceci revient souvent à donner à l'inducteur des proportions beaucoup plus grandes que n'en exigeraient les conditions magnétiques seules.

En particulier, même dans la commande par machines jumelées, le rapport entre la largeur utile de la machine parallèlement à l'axe et la largeur de la jante descend quelquefois jusqu'à près de un quart;

2° Une seconde solution plus simple consiste à adjoindre un volant spécial à l'inducteur;

3° Il est possible, enfin, d'employer un genre de dynamo utilisant complètement la jante du volant au point de vue magnétique.

Ces trois solutions, les deux premières surtout, étaient représentées à l'Exposition.

Il est difficile de dire à priori quelle est la meilleure, car elle dépend encore de la fréquence ; on peut cependant prévoir que, par suite de l'emploi de moteurs à vapeur à vitesse angulaire forcée, comme on a tendance de le faire actuellement, la deuxième solution, à cause de sa simplicité, sera la plus communément employée dans l'avenir. Elle est, du reste, en parfait accord avec l'économie des matériaux dans la construction des alternateurs.

Toutefois, les alternateurs sans volants auxiliaires et à induit intérieur, qui n'étaient représentés à l'Exposition que par deux machines, celle du groupe russe Bromley-Brown-Boveri, et celle du groupe suisse Sulzer-Rieter, fournissent également une solution très économique qui serait préférable dans beaucoup de cas à la solution par volant séparé, si elle n'avait l'inconvénient d'exiger une manœuvre assez longue pour le dégagement de l'induit et principalement de sa partie inférieure.

Quoi qu'il en soit, même pour des vitesses angulaires de 125 tours par minute (alternateurs Ganz), la première solution était, dans les groupes exposés, généralement préférée à la seconde.

Vitesses linéaires des alternateurs. — L'emploi de faibles vitesses angulaires, emploi imposé, comme on vient de le voir, par les considérations de commande directe par moteurs à vapeur, a pour conséquence l'adoption de vitesses linéaires dépassant rarement 30 m : s ; dans beaucoup de cas, même, la vitesse n'atteint pas 25 m : s.

Malgré ces vitesses linéaires assez faibles, la largeur du pôle, perpendiculairement à l'axe, est encore relativement grande ; aussi les largeurs des machines parallèlement à l'axe sont-elles généralement assez réduites, ce qui a pour effet, lorsque la carcasse de l'induit n'est pas beaucoup plus large que la largeur utile de la dynamo, de donner à celle-ci une forme élancée généralement séduisante à l'œil ; tels sont les alternateurs de la Société Helios, de la Société Électricité et Hydraulique de Charleroi, des ateliers du Creusot, de MM. Kolben et Cie, etc., etc.

Nature des pôles inducteurs et chute de tension. — La majorité des constructeurs paraissent s'être préoccupés tout spécialement de la chute de tension. C'est en effet une des questions à l'ordre du jour dans la construction des alternateurs, et l'Exposition Universelle de Paris nous a paru très instructive à ce sujet.

Il est admis à l'heure actuelle que la valeur d'une machine à courants alternatifs, à part bien entendu certains cas particuliers, dépend de sa chute de tension, non seulement sur résistances non inductives, mais encore et surtout sur résistances inductives. Les valeurs généralement admises sont d'environ 5 p. 100 pour les charges non inductives et de 15 p. 100, pour celles présentant des facteurs de puissance assez divers suivant les cas ; quelques machines atteignent même une chute de tension assez voisine de 10 p. 100 seulement ; parmi celles-ci, il faut citer l'alternateur triphasé de la Société l'Éclairage Électrique, qui n'a que 9,8 p. 100 de chute de tension avec un facteur de puissance de 0,5 seulement ; celui de MM. Kolben et Cie, qui a 7 p. 100 avec un facteur de puissance de 0,9, et ceux de la Société Electricité et Hydraulique, dont la chute de tension est de 11 p. 100 environ avec un facteur de puissance de 0,85.

La question de la chute de tension est forcément liée avec la constitution des noyaux et des pièces polaires, aussi la plupart des alternateurs à faible chute de tension ont-ils des inducteurs pleins en acier.

Pour tous, la saturation dans le circuit magnétique inducteur est assez élevée, et le point correspondant à la marche à vide est toujours sur le genou de la courbe de magnétisation ou un peu au-dessus.

Parmi les constructeurs qui ont conservé l'emploi des tôles feuilletées pour les inducteurs, deux, l'Allgemeine Elektricitäts-Gesellschaft, de Berlin, et MM. Farcot, de Saint-Ouen, peuvent être mis à part par suite de la présence des circuits amortisseurs Hutin et Leblanc destinés à faciliter le maintien des alternateurs en synchronisme dans le fonctionnement en parallèle.

Les autres constructeurs utilisant les inducteurs feuilletés dans les alternateurs à pôles séparés sont : les ateliers d'Oerlikon, la Compagnie de Fives-Lille, MM. Siemens et Halske de Berlin, la Compagnie Française Thomson-Houston, la Société Alsacienne de Constructions Mécaniques, M. Thury, M. Maurice Leblanc et MM. Boucherot et Cie.

Si l'on en excepte ces deux derniers, par suite de l'asynchronisme de leurs alternateurs, on voit que l'emploi des inducteurs feuilletés est peu fréquent maintenant.

Les pôles en acier jouent de plus un rôle important pour le fonctionnement en synchronisme, car leur effet est, comme celui des amortisseurs Hutin et Leblanc, de diminuer les mouvements pendulaires au prix d'une plus grande perte d'énergie toutefois.

Un seul alternateur triphasé à pôles alternés, celui de MM. Kolben et Cie, de Prague, a des épanouissements polaires en tôles feuilletées, nécessités, du reste, par l'emploi de rainures assez larges dans l'induit.

Alternateurs compounds. — A la question de la chute de tension peut être rattachée celle du compoundage des alternateurs.

Les partisans du compoundage reprochent à ceux des alternateurs à faible chute de tension, et par suite à pôles très saturés, la mauvaise utilisation de l'induit par suite du faible poids de cuivre employé sur cette partie des alternateurs, relativement au poids total de cuivre, et proposent l'emploi de machines à faible entrefer et à répartition du cuivre en parties à peu près égales sur l'induit et sur l'inducteur.

Une seconde raison qui milite en faveur du compoundage est celle presque inséparable de l'asynchronisme, c'est-à-dire du fonctionnement en multiple des alternateurs sans que ceux-ci soient astreints à conserver le synchronisme.

Deux solutions du problème général du compoundage et de l'asynchronisme ont été présentées à l'Exposition : l'une par M. Maurice Leblanc, dont les travaux en électricité industrielle ont fait depuis dix ans l'admiration des électriciens du monde entier, et celle de M. Paul Boucherot, également connu par ses nombreux travaux sur les courants alternatifs.

Une troisième solution, celle de M. Blondel, une des personnalités les plus écoutées du monde électrique, devait aussi figurer dans l'exposition de MM. Sautter et Harlé, et appliquée à l'alternateur à grande vitesse linéaire dont nous avons parlé plus haut.

Entrefers. — Les entrefers employés sont assez variables ; réduits à de simples jeux imposés par les conditions mécaniques dans certaines machines à pôles séparés, ils ont une importance assez grande dans d'autres.

Dans beaucoup d'alternateurs l'entrefer n'est pas uniforme sous les épanouissements polaires ; ceux-ci présentent de légers chanfreins ou sont arrondis de façon à réaliser une meilleure répartition de l'induction et obtenir ainsi une tension aussi sinusoïdale que possible tout en évitant l'emploi d'un grand nombre d'encoches.

Parmi les maisons qui ont employé couramment les pièces polaires avec rebords abattus, il faut citer MM. Ganz et Cie, la Société l'Éclairage Électrique, les ateliers du Creusot, les ateliers Oerlikon (alternateurs à flux ondulé), la Compagnie Thomson-Houston, etc.

Formes des encoches. — Tous les alternateurs exposés sont à induit perforé; les alternateurs sans fer, comme les alternateurs à induit lisse, ont complètement disparu du marché.

En général, les encoches sont ouvertes, soit sur leur largeur complète, de façon à former de simples rainures pour permettre le bobinage sur gabarit, soit sur une faible partie de cette largeur.

Quelques constructeurs, cependant, conservent les induits à trous; ce sont : MM. Brown-Boveri et Cie, de Baden-Baden; la Société l'Éclairage Électrique ; la Société Électricité et Hydraulique; M. J.-J. Rieter, de Winterthur, etc. Les isthmes séparant les trous de l'entrefer sont très réduits, principalement dans les alternateurs Brown-Boveri et Cie.

Les encoches, qu'elles soient ouvertes ou fermées ont généralement une forme rectangulaire avec angles plus ou moins arrondis, du côté de l'entrefer seulement : alternateurs Heyland, alternateur Grammont (matériel Routin) etc., ou des deux côtés à la fois.

Quelques machines font exception à cette règle et ont des encoches ou des trous circulaires ; ce sont celles : de la Société anonyme de Francfort-sur-le-Mein, ci-devant W. Lahmeyer et Cie ; de la Société l'Éclairage Électrique (alternateur de 30 000 volts) ; de MM. Brown-Boveri et Cie (alternateur à inducteur extérieur) ; de M. F. Krizik, de Prague, etc.

Nombre d'encoches par phase. — Il semble que peu de constructeurs se soient réellement préoccupés de l'amélioration de l'induit au point de vue de la dispersion. L'importance de la dispersion est cependant le facteur prépondérant dans la chute de tension sous charges fortement inductives, et la diminution de la dispersion dans les induits doit, à notre avis, marcher de front avec la saturation des inducteurs puisque une faible diminution de la première peut donner lieu à une diminution importante du courant d'excitation pour la marche en charge.

La dispersion dans les alternateurs est analogue, jusqu'à un certain point, à celle des moteurs d'induction et sa diminution peut s'obtenir, non seulement par celle des ampère-tours par centimètre de l'induit, comme on l'admet habituellement, mais encore, toutes choses égales d'ailleurs, par la division de l'induit en un plus grand nombre d'encoches par pôle.

Cette idée a été utilisée très heureusement dans l'alternateur de l'Allgemeine Elektricitäts Gesellschaft où l'induit comprend 15 encoches par pôle, soit 5 par phase.

Il est bon de citer aussi l'alternateur Ganz du groupe autrichien et celui de MM. Siemens et Halske, de Berlin, qui ont chacun 3 encoches par pôle et par phase, ainsi que les alternateurs à induit mobile de MM. Siemens et Halske, de Vienne, et de la Compagnie de Fives-Lille.

Tous les autres alternateurs ont des nombres d'encoches par pôle et par phase de 2,5 (Ganz) 2 et 1.

Enroulements d'induit. — L'emploi des grosses unités rend possible celui des barres avec développantes pour l'enroulement de l'induit dans les alternateurs à haute tension.

Deux constructeurs, dont les alternateurs à courants triphasés sont, du reste, les deux plus puissants de l'Exposition, l'Allgemeine Elektricitäts Gesellschaft et MM. Siemens et Halske, de Berlin, ont utilisé des barres avec développantes pour l'enroulement de l'induit.

Le dispositif d'enroulement de l'Allgemeine Elektricitäts

Gesellschaft, dont nous donnerons le schéma, est un des plus ingénieux et réalise un des progrès les plus sérieux qu'il nous ait été permis de constater à l'Exposition.

Les alternateurs à basse tension sont tous, sauf un (celui de M. Krizik de Prague) munis d'enroulements à barres.

Le montage le plus adopté pour le groupement des phases est celui en étoile. Quelques maisons, MM. Ganz et Cie, en particulier, emploient souvent la disposition en triangle.

Un seul, enfin, celui de MM. Siemens et Halske, de Vienne, (alternateur à pôles séparés) est muni de deux enroulements, un en étoile et un en triangle, aboutissant aux mêmes bornes. Ce dispositif est employé pour permettre d'obtenir deux tensions différentes et pour rendre la machine auto-excitatrice, suivant le procédé imaginé par M. G. Ossanna.

La disposition la plus adoptée pour l'enroulement induit par bobine est la disposition ordinaire bien connue; il y a cependant une tendance à placer toutes les bobines d'une même phase de la même façon, de manière à éviter les erreurs de connexions.

Parmi les alternateurs à enroulement de ce genre, on peut citer ceux de MM. Brown-Boveri et Cie, de MM. Ganz et Cie, des ateliers du Creusot, etc.

La plupart des constructeurs ont adopté la disposition par bobines larges, c'est-à-dire, celle correspondant à une bobine complète par paire de pôles et par phase.

Un, cependant, utilise des bobines étroites, c'est-à-dire une bobine par pôle et par phase, et sans enchevêtrement : c'est la Société l'Éclairage Électrique.

Tension des alternateurs. — La tension employée dans les machines exposées dites à haute tension est presque toujours de 2 200 volts aux bornes; mais cela tient uniquement aux règlements élaborés par le service électrique de l'Exposition, qui a préconisé, de préférence, ce dernier voltage.

En réalité, la tension des alternateurs exposés varie généralement entre 2 000 volts et 6 000 volts; toutefois, un alternateur à 7 500 volts était présenté par les ateliers d'Oerlikon et un autre, à 30 000 volts, qui constitue le record de la haute tension à l'Exposition, existait dans le stand de la Société l'Éclairage Électrique, de Paris.

Pour les alternateurs à bas voltage, la tension généralement adoptée est aux environs de 200 volts. Une seule exception est celle de l'alternateur de l'Allmänna Svenska Elektriska Aktiebolaget dont la tension est de 800 volts.

Moteurs à vapeur. — L'aperçu général que nous venons de donner sur les alternateurs exposés à Paris serait incomplet, si nous ne disions quelques mots sur les moteurs à vapeur qui les commandaient.

Parmi les conditions exigées par les électriciens pour la commande de leur matériel, deux sont particulièrement importantes : celle de la possibilité de l'accouplement en parallèle et celle d'une marche économique, même avec le fonctionnement sous charge à facteur de puissance variable suivant les différentes heures de la journée.

La question du fonctionnement en parallèle des alternateurs n'a pas cessé d'être étudiée depuis dix ans ; à l'heure actuelle, avec les perfectionnements réalisés dans la construction et dans la conception des dynamos ordinaires à courants alternatifs, on en est venu à ne plus voir dans le problème du couplage des alternateurs modernes qu'une question d'ordre purement mécanique. On admet, en général, que les seules difficultés à réaliser sont d'obtenir :

1° Une constance suffisante de la fréquence, ou ce qui revient au même, un coefficient d'irrégularité du moteur à vapeur (rapport entre la demi-variation de vitesse instantanée et la vitesse moyenne par tour) assez petit.

2° Une action très prompte du régulateur et une chute

de vitesse convenable lorsqu'on passe de la marche à vide à la marche en charge.

Cette seconde condition, indispensable pour le bon fonctionnement en parallèle, a pour but, en somme, de permettre d'imposer aux alternateurs une charge déterminée et de diminuer par suite les réactions qui doivent s'exercer entre les deux alternateurs pour le maintien du synchronisme.

La valeur de la variation de vitesse qui doit être imposée entre la marche à vide et la marche en charge, dépend beaucoup des aptitudes *électriques* au couplage des alternateurs employés et du coefficient d'irrégularité des moteurs à vapeur.

En général, une variation de vitesse supérieure à 6 p. 100, 3 p. 100 en plus ou en moins, est nécessaire pour le bon fonctionnement en parallèle. L'importance de cette variation, ainsi d'ailleurs que la possibilité de pouvoir faire varier la vitesse dans la même proportion avec une charge constante, exige l'emploi d'un dispositif spécial pour obtenir une fréquence sensiblement constante.

Ce réglage de la fréquence se fait de deux manières, soit par l'action d'un dispositif adapté au régulateur lui-même, soit par étranglement de la vapeur dans la conduite d'amenée.

Le premier procédé est le plus généralement suivi; la variation de vitesse a été presque toujours jusqu'ici obtenue par une manœuvre à la main; il y a cependant maintenant quelques constructeurs qui ont tenté, avec succès, une manœuvre électrique du dispositif commandée du tableau de distribution.

On conçoit facilement, d'après ce que nous venons de dire, que la partie la plus délicate à étudier dans les moteurs à vapeur, pour le bon fonctionnement en parallèle, est le régulateur.

La rapidité d'action du régulateur tend à éliminer à priori

l'emploi de moteurs à plusieurs détentes, à moins, cependant, que l'action du régulateur se fasse sentir à la fois sur l'admission dans les différents cylindres, ce qui est très rarement le cas.

Nous ne voulons pas dire ici toutefois que l'emploi des moteurs à vapeur à détente multiple rende impossible le fonctionnement en parallèle ; nous pensons seulement que ce fonctionnement est rendu moins stable à égalité de variation de vitesse entre la marche à vide et la marche en charge, non par suite de la paresse naturelle du régulateur, mais à cause de la lenteur avec laquelle son action se fait sentir sur les différents cylindres, le régulateur n'agissant que sur la détente dans le cylindre à haute pression dans les moteurs à expansion multiple, tandis qu'il agit sur la totalité de cette détente dans les machines dites monocylindriques.

On a quelque peu médit des moteurs monocylindriques dans ces derniers temps. Sans vouloir faire ici une étude comparée des divers types de machines à vapeur, nous pouvons néanmoins rappeler que les moteurs monocylindriques présentent dans certains cas des avantages incontestables. La consommation de vapeur par cheval indiqué en pleine charge y est, en effet, peu différente de celle consommée dans les moteurs à plusieurs détentes, tandis que le rendement mécanique en est beaucoup meilleur par suite du plus petit nombre d'organes.

En outre, les machines monocylindriques ont ce grand avantage que leur consommation par cheval indiqué ne varie que très peu pour une grande variation de la puissance développée.

Il en résulte que l'emploi de ces machines est désirable pour la commande des alternateurs des stations centrales, à cause de la variation assez considérable de puissance aux différentes heures de la journée, et de la nécessité de fournir les courants déwattés destinés à l'excitation des transformateurs à vide, courants qui limitent la puissance vraie débitée par les machines.

Il resterait à considérer la question du coefficient d'irrégularité. La valeur de ce coefficient exigée par la plupart des constructeurs électriciens est de ± 1/200 au maximum; dans ces conditions, l'importance du volant est, en général, telle que les turbines, les moteurs jumelés, compounds ou non, et les moteurs à détentes multiples pourraient seuls être employés avec succès pour la commande des alternateurs destinés à fonctionner en parallèle.

A moins de dispositifs spéciaux permettant de réduire l'importance du volant pour le fonctionnement en parallèle, comme l'emploi des circuits amortisseurs Leblanc, la question du coefficient d'irrégularité seule empêche les machines à un seul cylindre d'être, en général, employées pour la conduite des alternateurs.

Le meilleur moyen de concilier les conditions de bonne régularité et de bon fonctionnement en parallèle, ainsi que de rendement moyen élevé, dans la commande des alternateurs, est d'employer des moteurs à vapeur jumelés, avec les deux cylindres à la même pression. Cette solution n'était, il est vrai, représentée par aucune maison à l'Exposition. La raison doit en être cherchée dans ce qu'aucun constructeur n'exposait, ou plus exactement, ne sollicitait de récompense pour le groupe complet, mais pour chacun des éléments séparés, même parmi les maisons s'occupant à la fois de constructions mécaniques et électriques.

Les moteurs commandant les alternateurs étaient, en somme, de tous types: monocylindriques, compound-tandem ou conjugués, machines à triple expansion, etc.

Quelques constructeurs de moteurs à vapeur se sont intéressés particulièrement à la question de la commande des alternateurs avec charges très variables, tel est en particulier le cas pour la maison Sulzer frères, de Winterthur, dans un moteur actionnant l'alternateur Rieter.

Classification des alternateurs. — La classification des alternateurs que nous ferons ici est surtout destinée à grouper les générateurs à courants alternatifs exposés à Paris et n'aura par suite aucune prétention à la généralité.

La classification par la nature de l'induit, qui a été adoptée bien souvent, nous paraît devoir être abandonnée d'une façon générale par suite de la disparition des types d'alternateurs à induit sans fer et à induit anneau, lisse ou non. La classification que nous préconisons pour les alternateurs modernes a pour base la nature de l'inducteur, eu égard au mode de production de la force électromotrice induite.

Nous diviserons donc les alternateurs en deux grands groupes :

I. Alternateurs à flux magnétique renversé, ou à pôles alternés, ou hétéropolaires.

II. Alternateurs à flux magnétique ondulé, ou à saillies polaires, ou homopolaires.

Le premier groupe peut se subdiviser en deux sous-groupes ou sections suivant la forme des pôles inducteurs :

1° Alternateurs à pôles inducteurs saillants.

2° Alternateurs à pôles inducteurs continus.

Les alternateurs de la deuxième section sont généralement asynchrones, c'est-à-dire ne sont pas assujettis à tourner en synchronisme lors de leur fonctionnement en parallèle avec d'autres alternateurs.

Chaque groupe ou sous-groupe d'alternateurs peut aussi se diviser en plusieurs classes suivant la constitution du circuit magnétique ou, plus exactement, des pôles inducteurs et des épanouissements polaires.

Nous distinguerons trois classes principales correspondant aux différentes constitutions de ces parties.

a. Alternateurs à pôles et épanouissements pleins.

b. Alternateurs à pôles et épanouissements feuilletés.

c. Alternateurs à pôles pleins et épanouissements feuilletés.

Dans chacune des classes d'alternateurs, nous séparerons ceux-ci : d'abord suivant la nature des perforations, puis suivant la fixité ou la mobilité de l'induit, et enfin d'après le nombre de phases.

Les familles ainsi obtenues seront ensuite divisées d'après le nombre des perforations par pôle et par phase.

Tableaux. — Pour la simplicité des comparaisons, nous avons résumé dans divers tableaux les principales constantes et données des alternateurs des différentes classes.

On conçoit facilement que, pour réduire les dimensions de ce tableau, nous n'ayons indiqué que les chiffres indispensables. Les renseignements qu'on peut en déduire ont été laissés généralement de côté toutes les fois qu'un calcul simple permet de les obtenir.

CHAPITRE II

ALTERNATEURS HÉTÉROPOLAIRES A POLES SAILLANTS

II KAPITEL

WECHSELPOLMASCHINEN MIT AUSGEBILDETEN POLEN

CHAPTER II

ALTERNATE AND SALIENT POLE ALTERNATORS

ALTERNATEURS A POLES INDUCTEURS PLEINS

WECHSELSTROMGENERATOREN MIT MASSIVEN POLEN

ALTERNATORS WITH SOLID FIELD POLES

Propriétés des alternateurs à inducteurs pleins. — La classe des alternateurs à pôles pleins, dont nous allons nous occuper tout d'abord, est actuellement de beaucoup la plus importante.

Les alternateurs à pôles pleins sont les premiers alternateurs à électro-aimants qui aient été faits; ils ont été, en effet, un premier perfectionnement aux magnétos de l'abbé Nollet et de la Compagnie l'Alliance, et il est intéressant de constater qu'après trente ans de recherches, on en revienne au type d'inducteur primitivement adopté.

La cause de leur abandon avait été l'échauffement des pièces polaires par les courants de Foucault dus au flux alternatif de réaction d'induit dans les machines à courants alternatifs simples.

L'introduction des courants polyphasés dans la pratique technique et l'emploi d'induits à pôles non saillants a rappelé l'attention des ingénieurs sur ce genre d'inducteurs particulièrement simple comme construction.

Dans les alternateurs actuels la principale propriété

due à l'emploi des inducteurs pleins, en dehors de leur facilité de construction, est le rôle important qu'ils jouent dans le fonctionnement en parallèle par suite des courants induits dans leur masse pendant les oscillations pendulaires.

Ces courants donnent encore lieu, il est vrai, à un échauffement des masses polaires, mais cet échauffement est généralement assez peu élevé pour n'entraîner qu'une diminution peu sensible du rendement, surtout si le coefficient d'irrégularité de la machine est assez petit.

Nature du métal du circuit magnétique inducteur. — Le métal le plus généralement employé dans la construction des inducteurs pleins est l'acier. La carcasse, sur laquelle sont fixés les pôles, peut être indifféremment en fonte ou en acier, mais le premier métal est naturellement préféré toutes les fois qu'une réduction de poids n'est pas nécessaire, c'est-à-dire par suite, dans tous les cas où les alternateurs sont accouplés directement aux moteurs à vapeur sans l'emploi d'un volant auxiliaire.

Dans ce dernier cas même, l'emploi de la fonte est plus souvent adopté que celui de l'acier à cause de la facilité de coulage de la première.

Si l'on est revenu à l'emploi d'inducteurs pleins, les propriétés des alternateurs modernes sont néanmoins tout à fait différentes de celles des anciens alternateurs.

Le point primordial dans le calcul d'un alternateur à pôles pleins actuel est l'emploi de saturations assez élevées.

Il y a cependant plusieurs degrés dans la valeur des saturations.

L'emploi de très fortes saturations dans l'établissement des alternateurs, s'il réduit beaucoup la chute de tension, présente néanmoins quelques inconvénients assez graves.

Tout d'abord, il exige une connaissance très rigoureuse

de la courbe de magnétisation du métal employé. Or cette courbe de magnétisation n'est pas toujours facile à obtenir exactement. Les aciers magnétiques d'un même constructeur ont généralement des courbes peu superposables, suivant les pièces, et les différences peuvent quelquefois entraîner l'emploi de courants d'excitation assez différents de ceux prévus.

En second lieu, il nécessite un calcul de machine d'une grande précision, non seulement en ce qui concerne les inducteurs, mais encore, et c'est là ce qui rend le calcul difficile, en ce qui concerne la dispersion de l'induit.

Les alternateurs à pôles très saturés peuvent, en outre, difficilement supporter une surcharge importante ou fournir simplement leur charge normale, avec un facteur de puissance plus petit que celui qui a été prévu dans le calcul, même en consentant à une plus grande chute de tension.

En somme, les alternateurs à pôles très saturés n'ont pas, malgré leur avantage évidemment capital d'une faible chute de tension, l'élasticité de puissance des types d'alternateurs à saturation moyenne.

On pourrait objecter que la difficulté peut être tournée en prévoyant un facteur de puissance assez faible, ce serait évidemment une bonne précaution qui a été prise, du reste, dans l'un des alternateurs exposés, mais en opérant ainsi on est souvent conduit à employer des machines assez lourdes, et par suite coûteuses, pour la puissance vraie à produire.

L'emploi de saturations élevées est donc difficilement recommandable pour les alternateurs destinés au transport de l'énergie avec utilisation par moteurs d'induction.

Pour les réseaux d'éclairage, la chute de tension admissible étant toujours supérieure à celle tolérée aux bornes des lampes, il n'y a qu'un intérêt assez faible à avoir une chute de tension de 3 à 5 p. 100 par exemple plutôt qu'une de 8 à 10 p. 100, puisqu'on est obligé, dans les deux cas de modifier le courant d'excitation, et généralement plus dans le premier que dans le second.

La solution la plus rationnelle pour les alternateurs à pôles pleins paraît donc être dans l'emploi de saturations modestes, de façon à avoir des caractéristiques pour lesquels le point à vide est à peu près au milieu du genou, genou qu'on a intérêt à peu prononcer en augmentant suffisamment l'entrefer, de façon à donner une prédominance aux ampèretours correspondant à cette partie du circuit magnétique.

Fixation des pôles. — Le procédé de fixation des pôles le plus employé est celui qui consiste à les retenir avec un ou plusieurs boulons traversant complètement la jante.

Les pôles ont généralement une partie encastrée dans la jante, tant pour assurer une rigidité mécanique suffisante que pour diminuer la résistance du joint fonte-acier lorsque la jante du volant, comme c'est le cas général, est en fonte.

Nature des perforations. — Pour des raisons faciles à comprendre, aucun des alternateurs à pôles pleins n'a d'induit à rainures ordinaires.

La plus grande partie a des encoches généralement peu ouvertes, de façon à diminuer la production des courants de Foucault dans les masses polaires.

Ces encoches sont le plus souvent rectangulaires avec angles arrondis; deux alternateurs seulement : celui de MM. Lahmeyer et Cie et celui de M. F. Krizik ont des encoches circulaires.

Les alternateurs à trous sont cependant assez nombreux et sortent de maisons dont le matériel est généralement très apprécié.

La forme des trous est rectangulaire avec parties arrondies près de l'entrefer ou aux deux extrémités de l'encoche.

Un alternateur, toutefois, a des trous dont la partie voisine de l'entrefer affecte la forme d'un angle assez obtus, c'est celui de la Société l'Éclairage Électrique (alternateur Labour de 1 200 kilovolts-ampères).

Classification des alternateurs à pôles pleins. — Nous avons indiqué au chapitre précédent quelles sont les règles que nous adoptions pour le classement des alternateurs.

D'après celles-ci, les alternateurs à pôles pleins se subdivisent en :

I. Alternateurs à induit denté;

II. Alternateurs à induit à trous.

La première classe se partage à son tour en :

1° Alternateurs à induit fixe;

2° Alternateurs à induit mobile.

La seconde ne comprendra que des alternateurs à induit fixe.

Dans chacune de ces subdivisions, nous distinguerons les alternateurs suivant le nombre de phases :

Alternateurs à courants triphasés;

Alternateurs à courants triphasés (montage Scott);

Alternateurs à courants diphasés;

Alternateurs à courants alternatifs simples.

Enfin chacune de ces familles d'alternateurs se partagera en plusieurs sections suivant le nombre de perforations par pôle et par phase.

Description des alternateurs à pôles pleins. — Dans les descriptions qui vont suivre, toutes les fois que l'alternateur étudié fera partie d'un groupe électrogène, nous donnerons les dimensions principales du moteur à vapeur et son genre de distribution.

A. — ALTERNATEURS A INDUIT DENTÉ.

A. — WECHSELSTROMGENERATOREN MIT ZAHNANKER

A. — ALTERNATORS WITH TOOTHED ARMATURE

I. — ALTERNATEURS TRIPHASÉS A INDUIT FIXE DENTÉ

I. — DREHSTROMGENERATOREN MIT FESTSTEHENDEM ZAHNANKER

I. — REVOLVING FIELD THREE-PHASE ALTERNATORS WITH TOOTHED ARMATURE

Cette série, la plus importante de la classe d'alternateurs qui nous occupe, comprend des types de MM. Ganz et Cie, de Budapest; des ateliers du Creusot; de la Compagnie Internationale d'Électricité, de Liège; de la Compagnie Générale Électrique, de Nancy; de l'Allmänna Svenska Elektriska Aktiebolaget, de Vesteras; des Vereinigte Elektricitäts Gesellschaft, de Vienne; de M. Lahmeyer et Cie; de M. Krizik, de Prague; de MM. Schuckert et Cie, etc.

GROUPE ÉLECTROGÈNE DE 1200 KILOVOLTS-AMPÈRES DE MM. GANZ ET Cie ET DES PREMIERS ATELIERS DE BRÜNN

1200 KVA. DAMPFDYNAMO DER FIRMA GANZ UND C° UND DER ERSTEN BRÜNNER MASCHINEN-FABRIK-GESELLSCHAFT

1200 KVA. GANZ AND ERSTE BRÜNNER MASCHINEN-FABRIK-GESELLSCHAFT THREE-PHASE GENERATING UNIT

La Maison Ganz et Cie, de Budapest, qui est un des plus anciens ateliers de constructions électriques et dont la réputation est universelle, avait exposé deux groupes électrogènes de même puissance dont l'un, celui qui nous occupera tout d'abord, installé dans la section autrichienne, était commandé par un moteur à vapeur de l'Erste Brünner Maschinen-Fabrik-Gesellschaft, de Brünn (Autriche).

Les alternateurs hétéropolaires construits par MM. Ganz

et Cie sont d'un type nouveau, cette maison ayant abandonné

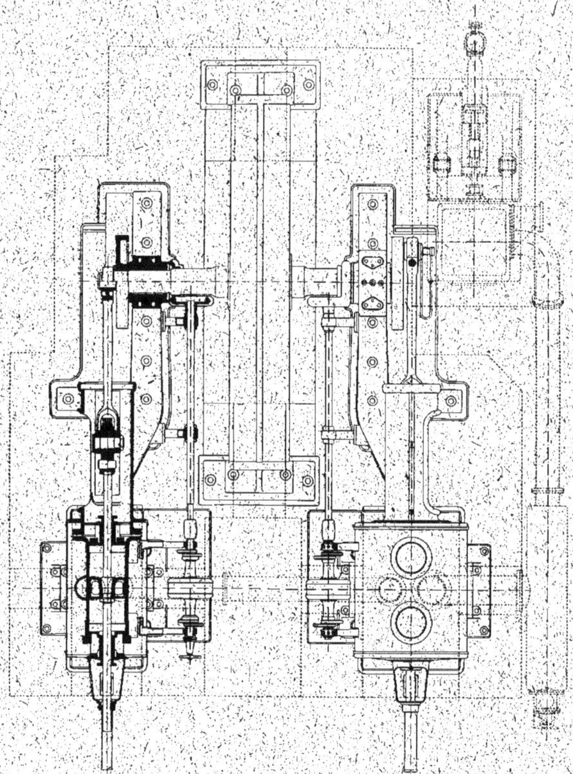

Fig. 1.

Groupe électrogène de 1 200 KVA. à courants triphasés de MM. Ganz et Cie, de Leobersdorf, et de la Société des premiers établissements de Brünn. — Vue en plan.

1 200 KVA. Drehstrom-Dampfdynamo der Firma Ganz und Co und der Ersten Brünner Maschinen-Fabrik-Gesellschaft. — Grundriss.

1 200 KVA. Ganz and Erste Brünner Maschinen-Fabrik-Gesellschaft, three-phase generating Unit. — Plan view.

maintenant le type Ganz-Zipernowsky qu'elle avait construit

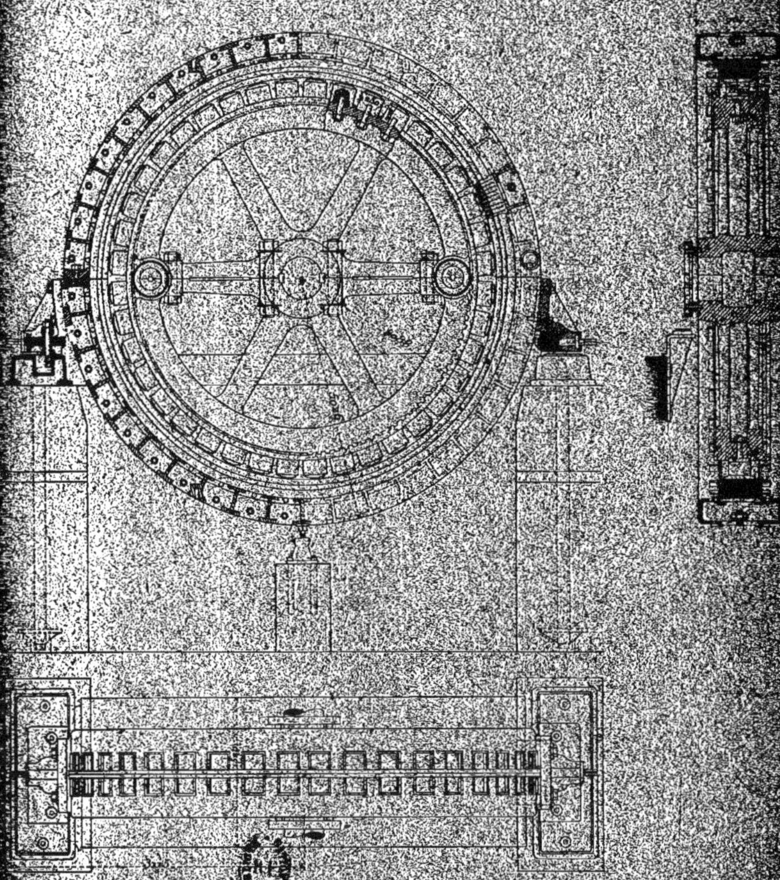

Fig. 2, 3 et 4.

Alternateur à courants triphasés de 1 200 KVA, de MM. Ganz et Cie (groupe autrichien). — Ensemble.
200 KVA. Drehstromgenerator der Firma Ganz und C^o^ (oesterreichische Maschine). — Zusammenstellungen.
1 200 KVA. Ganz three-phase Alternator (Austrian group). — Outline.

pendant de nombreuses années. Ils sont caractérisés par une construction spéciale du bobinage consistant à disposer toutes les bobines d'une même phase dans des positions identiques, de façon à éviter le croisement des conducteurs de phases différentes et les erreurs de groupement des bobines.

Ces alternateurs appartiennent à la classe des alternateurs à saturation magnétique modérée et ont par suite des chutes de tension assez faibles, même dans le fonctionnement avec un facteur de puissance relativement petit.

La figure 1 donne une vue en plan du groupe autrichien dont nous allons donner une description détaillée.

Alternateur. — L'alternateur Ganz et Cie, construit dans les ateliers de Leobersdorf, près de Vienne, est à courants triphasés et sert de volant au moteur à vapeur.

Sa puissance apparente est de 1 200 kilovolts-ampères et sa puissance vraie de 840 kilowatts, ce qui correspond à un facteur de puissance de 0,7.

La tension aux bornes, qui est en même temps la tension par phase, les enroulements induits étant groupés en triangle, est de 2 200 volts. Le débit par phase est de 182 ampères et l'intensité du courant dans la ligne de 315 ampères par conducteur.

Le nombre des pôles inducteurs est de 40 et correspond, à la vitesse de 126 tours par minute, à une fréquence de 42 périodes par seconde.

Les figures 2 à 4 représentent des vues de face, en bout et en plan de l'alternateur Ganz du groupe autrichien; les figures 5 et 6 sont des coupes longitudinale et transversale d'une portion de la machine.

Inducteur. — Le volant portant les pôles inducteurs est en fonte et est coulé en deux parties; la jante est réunie au moyeu par 6 doubles bras dont deux sectionnés en deux parties à l'endroit du joint des deux moitiés du volant.

L'assemblage de deux demi-volants est obtenu à l'aide de deux boulons par bras simple et de 4 frettes circulaires posées à chaud dans les gorges pratiquées sur les faces de la jante.

L'entraînement est fait par 2 clavettes à 180°.

La jante a une section en forme d'U à branches courtes ; son diamètre extérieur est de 3,70 m et sa largeur de 60,5 cm.

Elle est percée de deux trous par pôle, disposés un peu obliquement à sa surface extérieure et servant à la ventilation de l'induit.

Les pôles inducteurs en acier sont encastrés dans des logements ménagés à la surface polygonale de la jante ; ils sont maintenus sur celle-ci par de fortes vis et leur rotation autour de leur axe est empêchée par un ergot.

Un dispositif simple, consistant en une tôle recourbée, empêche le desserrage des vis de fixation des pôles.

Les noyaux polaires ont une forme tronconique ; le diamètre à la base encastrée dans la jante est de 23 cm ; près de l'épanouissement, ce diamètre est de 25 cm. Ils sont surmontés par des épanouissements polaires rectangulaires. Les bords des épanouissements polaires, parallèlement à l'axe de la machine, portent un léger chanfrein de façon à obtenir une répartition du flux dans l'entrefer plus voisine de la loi sinusoïdale.

Les dimensions des épanouissements polaires sont de 39 cm sur 22 cm ou 858 cm².

L'enroulement des pôles est constitué par une couche unique d'une bande de cuivre nu, de 25 mm sur 3 mm, enroulée sur champ et dont les spires sont isolées les unes des autres par du papier Japon.

La section du cuivre inducteur est de 75 mm² et le nombre de spires de chaque pôle de 50.

Toutes les bobines inductrices sont groupées en série et les extrémités du circuit ainsi formé aboutissent à deux

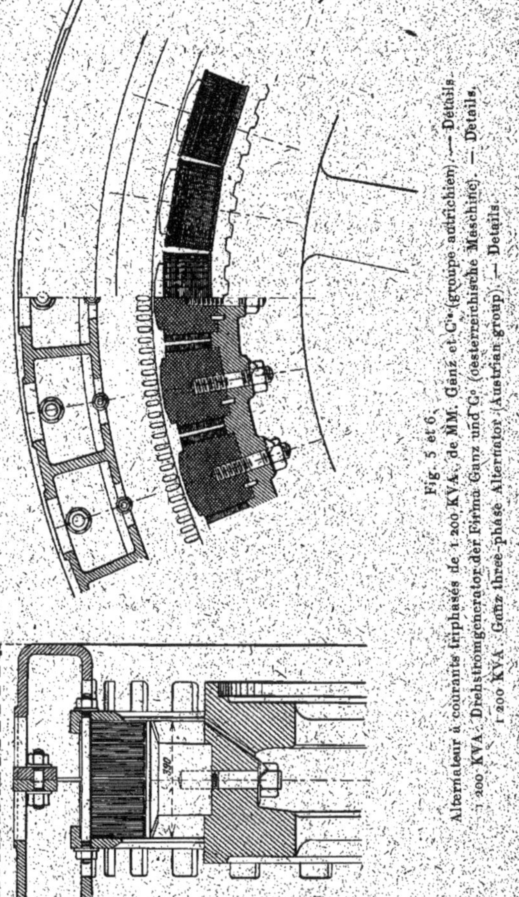

Fig. 5 et 6.

Alternateur à courants triphasés de 1 200 KVA, de MM. Ganz et Cie (groupe autrichien). — Détails.

1 200 KVA. Drehstromgenerator der Firma Ganz und Co (oesterreichische Maschine). — Details.

1 200 KVA. Ganz three-phase Alternator (Austrian group). — Details.

bagues placées une de chaque côté du volant et sur lesquelles frottent des balais en charbon.

La résistance du circuit inducteur est de 0,42 ohm à chaud.

Le poids du volant sans l'arbre est de 20 000 kg dont 1 080 kg pour le cuivre seul.

Le diamètre extérieur du volant est de 4,088 m et l'entrefer, de 6 mm.

Induit. — La carcasse de l'induit se compose de deux anneaux à section en forme d'U couché, placés concentriquement et serrant entre eux, à l'aide de deux disques venus de fonte avec eux, le noyau induit.

Les deux anneaux sont chacun en deux parties, assemblées dans un plan horizontal ; ils sont fixés entre eux par deux séries de boulons, l'une près de la surface extérieure et l'autre, traversant en même temps les tôles.

La carcasse porte intérieurement et extérieurement de larges ouvertures pour la ventilation.

La partie inférieure de la carcasse est boulonnée sur deux pattes épousant sa forme circulaire et reposant sur deux plaques de fondation par l'intermédiaire de vis calantes à filet carré.

Ces vis s'appuient sur deux larges sièges et sont creuses ; dans leur axe passe un boulon qui sert à fixer la carcasse induite une fois l'entrefer réglé.

Pour obtenir facilement un déplacement horizontal de l'induit dans un sens perpendiculaire à l'axe, on a muni chacune des plaques de fondation d'un écrou venu de fonte avec elle, et dans lequel s'engage une vis pouvant tourner librement dans un trou pratiqué dans les pattes rapportées.

Deux petits vérins placés au fond de la fosse du volant supportent la partie inférieure de l'induit.

Le diamètre extérieur de la carcasse est de 5,026 m et sa largeur de 90 cm.

Le noyau d'induit est composé de tôles de fer de 0,5 mm

d'épaisseur partagées en six couronnes entre lesquelles sont laissés des passages pour la ventilation. Les couronnes sont maintenues éloignées les unes des autres par des lames en matière isolante présentant des chicanes comme le montre la figure 5. La hauteur radiale des couronnes de tôle est de 22,5 cm et leur largeur de 5,7 cm environ. Elles sont séparées par des intervalles d'un centimètre ; la largeur totale est de 39 cm.

Le diamètre d'alésage de l'induit est de 4,10 m.

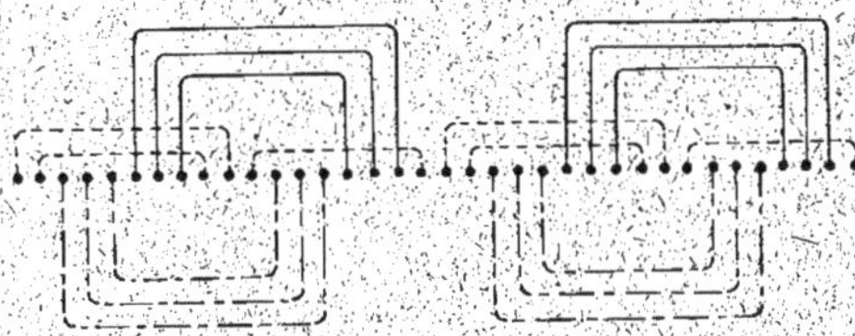

Fig. 7.

Schéma de l'enroulement induit de l'alternateur de 1 200 KVA, de MM. Ganz et Cie (groupe autrichien).

Schaltungsschema der Ankerwicklung des 1 200 KVA. Alternators von Ganz und Ce (œsterreichische Maschine).

Diagram of armature winding, 1 200 KVA. Ganz Alternator (Austrian group).

Dans le noyau d'induit sont pratiquées 360 encoches, très légèrement ouvertes, à raison de 9 par pôle.

Le bobinage est fait par des câbles en fils assez fins (toron de 19 fils de 1,6 mm), d'une section de 38 mm² et traversant des tubes en micanite.

Le bobinage, tout en comprenant trois encoches par pôle et par phase, n'est pas toutefois exécuté à la façon ordinaire. Toutes les bobines d'une même phase sont semblablement placées ; deux des phases ont leurs bobines formées de trois sections élémentaires de même axe, la troisième phase, au contraire, celle dont les bobines n'ont pas leurs parties extérieures rabattues, est formée de deux sortes de bobines, les unes comprenant quatre encoches et les autres deux. Chaque groupe de deux bobines est en série avec une bobine simple et constitue une bobine donnant la même tension que celle des autres phases.

La figure 7 représente le schéma de ce bobinage.

Le nombre des bobines complètes de chaque phase est de 20, et chacune comporte 12 spires ; le nombre de conducteurs par encoche est égal à 4.

Le groupement est en triangle.

La résistance de l'induit par phase est de 0,21 ohm à chaud.

Le poids de l'induit est de 23 000 kg dont 410 kg environ pour le cuivre.

Excitatrice. — L'excitatrice de l'alternateur Ganz du groupe autrichien n'est pas calée sur l'arbre de l'alternateur, mais est commandée par une contre-manivelle.

C'est une dynamo de 15 000 watts sous une tension de 84 volts ; elle est représentée sur les figures 8 et 9.

La carcasse inductrice est en fonte et les 6 pôles rapportés, en acier. Le diamètre extérieur de l'inducteur est de 1,38 m et le diamètre d'alésage, de 69 cm ; la largeur est de 50 cm.

L'induit denté est enroulé en tambour avec groupement en série.

Tableau de distribution. — Le tableau de distribution consiste en un châssis en fer forgé couvert d'un côté par une plaque de marbre ; l'intérieur est réservé aux diverses connexions entre les appareils et les coupe-circuits à haute tension.

Pour éviter que toute partie nue exposée à la haute tension ne soit accessible à la surface extérieure du tableau, l'interrupteur tripolaire à interruptions multiples est constitué avec des contacts placés derrière le tableau. De plus les ampèremètres sont reliés aux circuits secondaires de petits transformateurs spéciaux, dont les circuits primaires sont en série avec les circuits principaux à haute tension. Un rhéostat, monté à la partie inférieure du tableau, est inséré dans

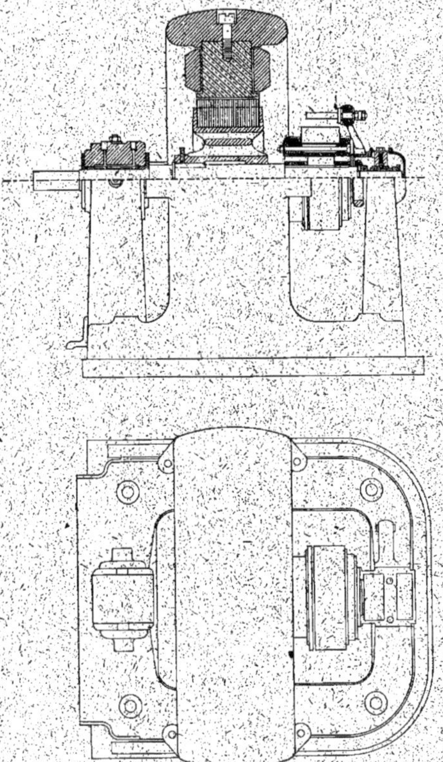

Fig. 8 et 9.
Excitatrice de l'alternateur de 1 200 KVA. de MM. Ganz et Cie (groupe autrichien).
Erregermaschine des 1 200 KVA. Drehstromgenerators der Firma Ganz und C^o (oesterreichischer Alternator).
Exciter of 1 200 KVA. Ganz Alternator (Austrian group).

le circuit d'excitation en dérivation de l'excitatrice et sert au réglage de la tension aux bornes de l'alternateur.

Résultats d'essais. — Le courant d'excitation nécessaire pour obtenir, à vide, à la vitesse de 126 tours par minute, la tension de 2 200 volts aux bornes, est de 86 ampères.

L'intensité normale de 315 ampères par conducteur extérieur, ou de 182 par phase, est obtenue en court-circuit pour une intensité du courant d'excitation de 48 ampères.

En pleine charge, avec une puissance apparente de 1 200 kilovolts-ampères et un facteur de puissance de 0,7 l'intensité du courant d'excitation atteint 180 ampères.

Si on maintient la vitesse et le courant d'excitation constants, et si l'on interrompt le courant fourni par la génératrice, à pleine charge inductive correspondant à un facteur de puissance de 0,7, la tension augmente de 15 p. 100 ; si la charge est non inductive, l'augmentation de la tension à l'interruption du courant n'est que de 5 à 6 p. 100.

La génératrice est dimensionnée de telle manière qu'en marche continue à pleine charge et avec un facteur de puissance de 0,7, aucune partie ne s'échauffe de plus de 35° C au-dessus de la température ambiante.

Quand la génératrice marche à vide, la courbe de la tension serait si près de la sinusoïde, qu'aucun écart ne pourrait être constaté ; à pleine charge la différence serait moins de ± 1 p. 100 sur la valeur de l'amplitude maxima.

Moteur à vapeur. — Le moteur de l'Erste Brünner Maschinenfabrik Gesellschaft est du type compound à deux cylindres conjugués et à condensation.

Les dimensions principales de la machine sont :

Diamètre du cylindre à haute pression	52,5 cm
Diamètre du cylindre à basse pression	95 »
Course commune des pistons	90 »

La vitesse normale de la machine est de 126 tours par minute et la pression initiale de la vapeur, de 12 kg : cm². La puissance de la machine avec une détente de 10 fois le volume de la vapeur est de 1 000 chevaux effectifs.

La distribution de vapeur dans les deux cylindres se fait par soupapes à course guidée de B. Hugo Lentz et W. Woit.

Le condenseur par mélange est disposé dans le sous-sol. La pompe à air à double effet, combinée avec la pompe d'alimentation, est commandée par le bouton de manivelle du côté du grand cylindre.

La machine est établie pour fonctionner également avec de la vapeur surchauffée.

ALTERNATEUR DE 100 KILOVOLTS-AMPÈRES DE MM. GANZ ET Cie, DE BUDAPEST

100 KVA. DREHSTROMGENERATOR DER FIRMA GANZ UND C° (BUDAPEST)

100 KVA. GANZ THREE-PHASE ALTERNATOR

Ce second alternateur de MM. Ganz et Cie est de leur type normal, dit type « O ».

Cet alternateur est à courants triphasés et a une puissance apparente de 100 kilovolts-ampères. Comme tous les types normaux de MM. Ganz et Cie, il est établi pour un facteur de puissance minimum de 0,7, ce qui correspond à une puissance utile de 70 kilowatts.

La tension aux bornes est de 330 volts et la tension par phase de 191 volts, l'induit étant groupé en étoile. Le débit par phase est de 173 ampères.

La vitesse angulaire est de 420 tours par minute et la fréquence, de 42 périodes par seconde ; le nombre de pôles inducteurs est de 12.

L'alternateur Ganz de 100 kilovolts-ampères est représenté sur la photographie de la figure 10.

Inducteur. — L'inducteur mobile est constitué par un manchon claveté sur l'arbre et portant une couronne en fonte soutenue par deux rangées de bras.

Les pôles inducteurs de section circulaire, en acier moulé,

sont encastrés à la surface extérieure de la couronne et y sont maintenus par des boulons traversant cette dernière. Un petit ergot empêche la rotation des pôles autour de leur axe.

Les pôles inducteurs sont surmontés d'épanouissements polaires rectangulaires vissés sur les noyaux. Les bords des épanouissements, dans le sens de l'axe, portent un léger chanfrein comme dans l'alternateur précédent.

Le diamètre des pôles inducteurs est de 13,5 cm et leur hauteur de 14 cm. La longueur des épanouissements polaires dans le sens de l'axe est de 14 cm et leur largeur, dans le sens perpendiculaire, un peu inférieure au diamètre du pôle.

L'enroulement de chaque pôle inducteur est formé par une bande de cuivre, de 18 mm de largeur et de 2,2 mm d'épaisseur, enroulée sur champ et dont les spires sont isolées entre elles par une bande de papier Japon.

La section de cette bande est de 40 mm² et le nombre de spires, de 65 par bobine.

Toutes les bobines inductrices sont disposées en série et les extrémités du circuit d'excitation aboutissent, l'une à la masse et l'autre, par un conducteur traversant l'arbre creux, à une bague de contact disposée en bout d'arbre à côté du collecteur de l'excitatrice.

La résistance du circuit d'excitation est de 0,185 ohm à 20°.

Le poids de l'inducteur sans l'arbre est de 880 kg dont 125 kg pour le cuivre.

Le diamètre de l'inducteur à l'extrémité des pièces polaires est de 1,02 m et l'entrefer, de 4 mm.

Induit. — La carcasse de l'induit se compose de deux couronnes de fonte réunies par des nervures ménageant entre elles de larges ouvertures pour la ventilation.

Les deux couronnes portent des rebords intérieurs entre lesquels sont serrées les tôles de l'induit.

Sur les deux couronnes sont rapportées deux flasques en fonte portant les paliers et les pattes par lesquelles la machine repose sur ses fondations.

Fig. 10.
Alternateur à courants triphasés de 100 KVA. de MM. Ganz et Cie.
100 KVA. Drehstromgenerator der Firma Ganz und Co,
100 KVA. Ganz three-phase Alternator.

Le noyau d'induit, en tôles de 0,5 mm d'épaisseur, est partagé en deux parties entre lesquelles est laissé un espace libre pour la ventilation.

Le diamètre d'alésage de l'induit est de 1,028 m et sa largeur, y compris l'espace de 10 mm ménagé entre les deux paquets, de 14 cm. La hauteur radiale des tôles est de 17 cm et le diamètre extérieur du noyau de tôles, de 1,368 m.

Le noyau induit est muni de 168 encoches à demi fermées, soit 9 par pôle.

L'enroulement triphasé est exécuté avec du câble souple de 60 mm² de section constitué par un toron de 19 fils de 2 mm de diamètre.

Chaque phase comporte 6 bobines complètes réparties dans 6 encoches chacune. Le nombre de spires par bobines est 9, ce qui correspond à 3 conducteurs par encoche.

Les trois phases de l'induit sont groupées en étoile et la résistance de chacune d'elles est de 0,022 ohm à froid.

Le poids de cuivre de l'induit est de 120 kg et celui des tôles de la même partie, de 600 kg.

Le poids total de la machine y compris l'excitatrice est d'environ 4 000 kg.

Excitatrice. — L'alternateur Ganz du type O est excité par une petite dynamo calée en bout d'arbre.

Sa puissance est de 2 200 watts sous une tension maxima de 22 volts, le débit maximum est par suite de 100 ampères.

L'inducteur de cette machine est fixé sur un support venu de fonte avec l'une des flasques portant les paliers. Il est à 4 pôles et en acier coulé ; son diamètre d'alésage est de 23,5 cm et sa largeur, parallèlement à l'axe, de 13 cm.

L'induit est enroulé en tambour multipolaire série. Son diamètre extérieur est de 23 cm et l'entrefer, de 2,5 mm ; sa largeur est de 13 cm.

L'induit denté comporte 174 rainures portant des barres de 6 mm de largeur et de 2,3 mm d'épaisseur, réparties en 29 sections de 3 spires chacune.

Le diamètre du collecteur est de 18,5 cm. Les deux lignes

Fig. 11. — Groupe électrogène à courants triphasés de 1 200 KVA. de MM. Ganz et Cie et de M. L. Lang.
1 200 KVA. Drehstrom-Dampfdynamo der Firma Ganz und Co und von L. Lang.
1 200 KVA. Ganz and L. Lang three-phase generating Unit.

de balais portent 2 balais en charbon et communiquent, l'une avec la masse et l'autre, avec une bague de prise de courant disposée à côté du collecteur.

Résultats d'essais. — Le courant d'excitation nécessaire pour obtenir la tension à vide à la vitesse de 420 tours par minute est de 52 ampères.

L'intensité normale de débit, 173 ampères, est obtenue en court-circuit avec un courant d'excitation de 34 ampères.

L'intensité du courant d'excitation en pleine charge de 100 kilovolts-ampères, avec un facteur de puissance de 0,7, est de 90 ampères, et correspond à une tension pour la marche à vide de 395 volts. La chute de tension en pleine charge avec le facteur de puissance minimum est donc de 20 p. 100 environ.

Le poids total de cuivre est de 245 kg, soit 2,45 kg par kilovolt-ampère ou 410 watts environ par kg de cuivre utilisé.

GROUPE ÉLECTROGÈNE DE 1 200 KILOVOLTS-AMPÈRES DE MM. GANZ ET Cie ET DE M. L. LANG

1 200 KVA. DAMPFDYNAMO VON GANZ UND C° UND VON L. LANG	1 200 KVA. GANZ AND C° — L. LANG STEAMALTERNATOR

Un troisième alternateur de MM. Ganz et Cie, construit dans les ateliers de Budapest était exposé dans la section hongroise ; il est attelé directement à un moteur à vapeur de M. Lang de Budapest. Ce second groupe de MM. Ganz et Cie est représenté sur la photographie de la figure 11. La figure 12 en est une vue en plan.

Alternateur. — L'alternateur Ganz de la section hongroise ne diffère de celui de la section autrichienne qu'en quelques points et présente les mêmes dispositions générales.

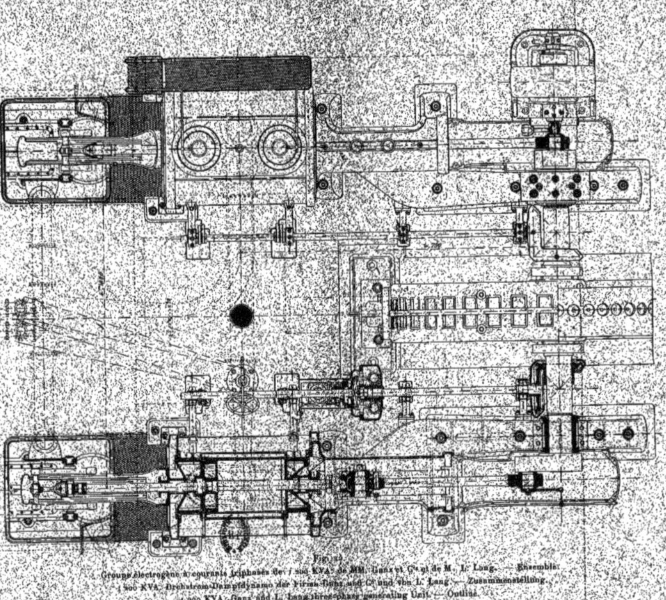

Fig. [illegible]

Groupe électrogène à courants triphasés de 1 200 KVA de MM. Ganz et Cie et de M. L. Lang. — Ensemble.

1 200 KVA. Drehstrom-Dampfdynamo der Firma Ganz und Co und von L. Lang. — Zusammenstellung.

1 200 KVA. Ganz and L. Lang three-phase generating Unit. — Outline.

p. 38

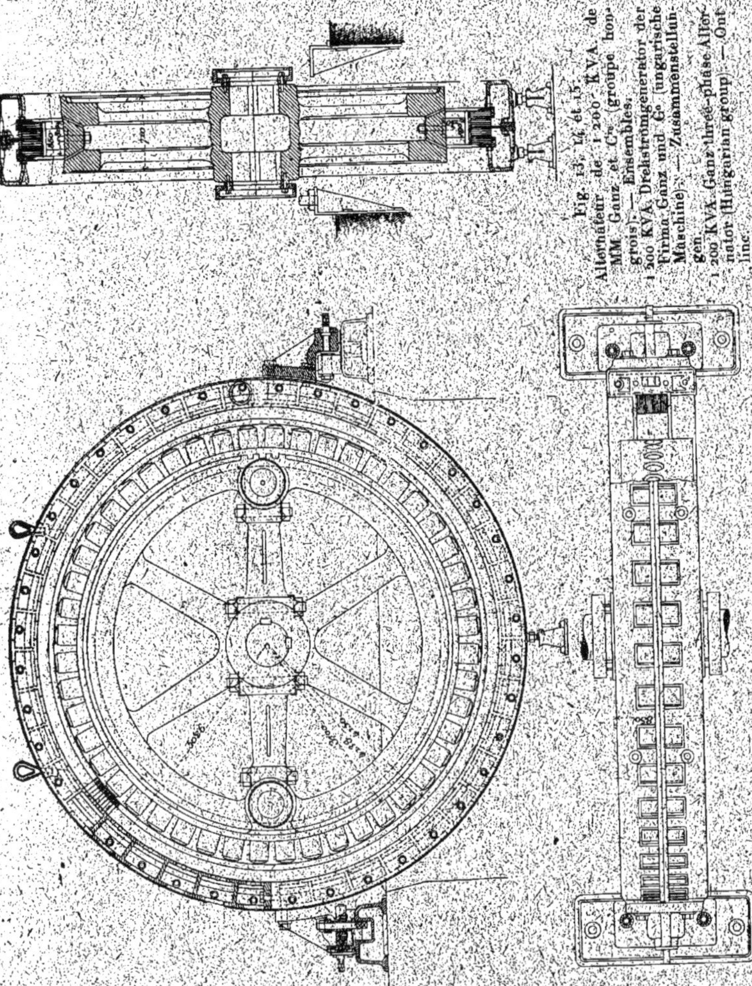

Fig. 13, 14 et 15.
Alternateur de 1 200 KVA de MM Ganz et Cie (groupe hongrois). — Ensembles.
1 200 KVA Drehstromgenerator der Firma Ganz und Co (ungarische Maschine). — Zusammenstellungen.
1 200 KVA Ganz three-phase Alternator (Hungarian group). — Outline.

Nous passerons donc en revue uniquement les différences entre ces deux machines.

La puissance apparente et la tension sont les mêmes, mais la fréquence est ici de 50 périodes par seconde.

Comme la vitesse est à peu près la même (125 tours par minute au lieu de 126) le nombre des pôles est de 48.

Les figures 13 à 15 donnent des vues d'ensemble de l'alternateur, et les figures 16 et 17 des coupes par l'axe et perpendiculaire à l'axe.

Inducteur. — Le volant, dont la jante polygonale a un diamètre de 3,70 m et une largeur de 71 cm, porte des pôles inducteurs en acier ; les noyaux ont une forme cylindrique dont le diamètre est de 19 cm.

La surface des pièces polaires, à bords chanfreinés, est de 31 cm sur 16,5 cm ou 512 cm².

Le diamètre extérieur de l'inducteur est de 4,138 m et l'entrefer, toujours de 6 mm.

L'enroulement inducteur est fait avec une bande de cuivre de 20 mm sur 3,5 mm ou de 70 mm² de section ; le nombre des spires est de 50 par pôle.

La résistance à chaud de l'inducteur dont toutes les bobines sont en série est de 0,45 ohm et le poids de cuivre employé sur l'inducteur, de 1 030 kg.

Le poids du volant est ici de 24 000 kg.

Induit. — La carcasse de l'induit a le même diamètre extérieur que dans l'alternateur du groupe autrichien ; sa largeur est un peu moins forte : 85 cm.

Le circuit magnétique induit est composé ici de 4 couronnes de tôles d'une largeur totale de 31 cm y compris les espaces de 1 cm environ ménagés pour la ventilation. La largeur utile est donc de 28 cm. La hauteur radiale des tôles est de 20 cm.

Le nombre total d'encoches étant le même que précédemment, celles-ci sont maintenant au nombre de 15 par paire de pôles.

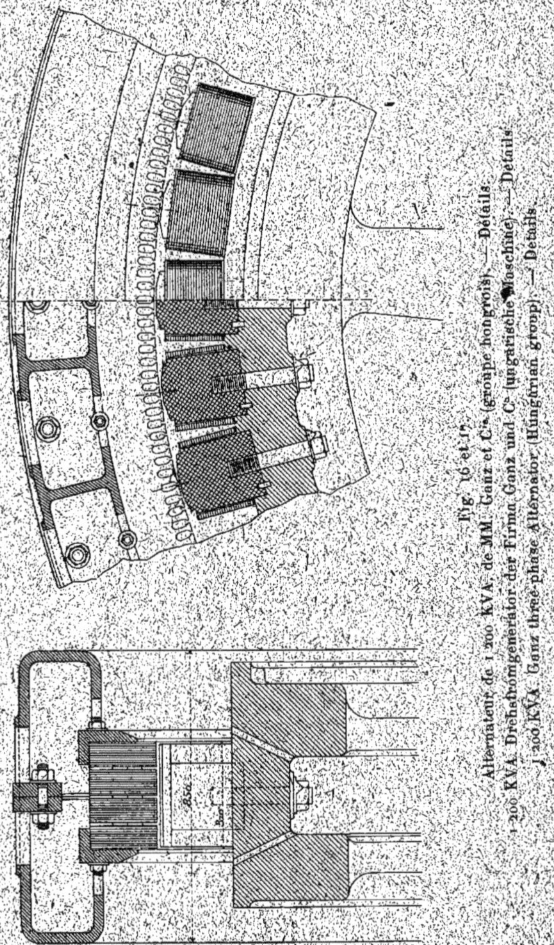

Fig. 16 et 17.
Alternateur de 1 200 KVA de MM. Ganz et Cie (groupe hongrois). — Détails.
1 200 KVA Drehstromgenerator der Firma Ganz und C^{o} (ungarische Maschine). — Details.
1 200 KVA Ganz three-phase Alternator (Hungarian group). — Details.

Ce qui rend intéressant le bobinage de cet alternateur

Ganz, c'est ce fait qu'il y a deux rainures et demie par pôle pour l'enroulement de chaque phase.

L'enroulement est exécuté à peu près comme un bobinage triphasé où toutes les bobines d'une même phase sont disposées de la même façon, mais toutes les bobines complètes d'une même phase n'occupent pas le même nombre d'encoches.

Pour deux des phases, une moitié de ces bobines comporte 3 éléments enroulés dans 6 encoches, tandis que l'autre

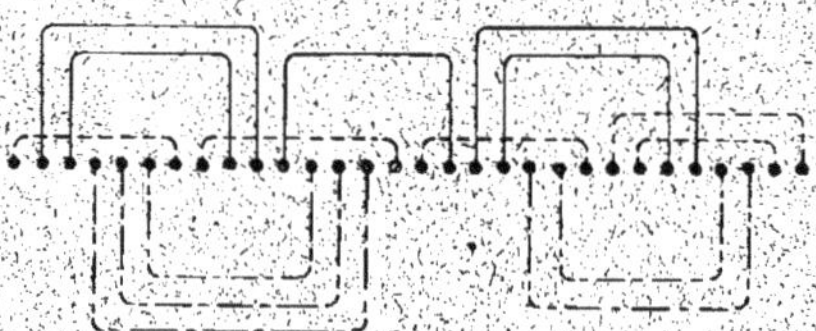

Fig. 18.
Schéma de l'enroulement induit de l'alternateur de 1 200 KVA. de MM. Ganz et Cie (groupe hongrois).
Schaltungsschema der Ankerwicklung des 1 200 KVA. Alternators von Ganz und Co (ungarische Maschine).
Diagram of armature winding 1 200 KVA. Ganz Alternator (Hungarian group).

moitié en comporte seulement 2 enroulés dans 4 encoches; les deux séries de bobines différentes sont naturellement intercalées l'une dans l'autre. Il en résulte que chacune de ces phases comprend bien 5 encoches par paire de pôles et, par suite, deux encoches et demie par pôle.

Ces deux phases ont les parties extérieures de leurs bobines rabattues l'une sur la circonférence extérieure, l'autre vers l'entrefer.

La troisième phase dont les bobines sont droites comprend, par paire de pôles, trois éléments enroulés dans deux encoches seulement et un dans quatre.

En somme, le dispositif consiste à occuper complètement, avec une des phases, l'encoche dont la seconde moitié appartient théoriquement à l'une des autres phases et à permuter ensuite les phases occupant ces encoches à partager.

La figure 18 représente le schéma de ce bobinage. Les

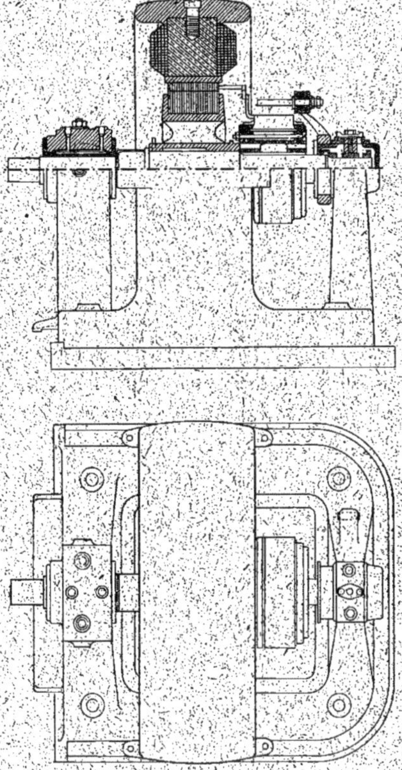

Fig. 19 et 20.
Excitatrice de l'alternateur de 1 200 KVA. de MM. Ganz et Cie (groupe hongrois).
Erregermaschine des 1 200 KVA. Drehstromgenerators von Ganz und Co, (ungarische Maschine).
Exciter of 1 200 KVA. Ganz Alternator (Hungarian group).

bobines peu élevées ont leurs parties extérieures droites et ne comportent qu'une ou deux bobines élémentaires ; les autres, comportant alternativement 2 et 3 bobines élémentaires, ont leurs parties externes rabattues vers le haut ou vers l'entrefer.

Le nombre de conducteurs par encoche étant encore de 4, chacune des deux premières phases comprend donc 12 bobines complètes à 12 spires et 12 bobines complètes à 8 spires toutes groupées en série. La troisième phase comporte 36 bobines à 4 spires et 12 à 8 spires.

La résistance de chacune des phases est de 0,185 ohm à chaud.

Le poids total de la machine y compris l'excitatrice et les plaques de fondation est de 44 400 kg.

Excitatrice. — L'excitatrice est analogue à celle du groupe autrichien et est commandée de la même façon.

Sa puissance est de 18 kilowatts ; 200 ampères sous 90 volts. La figure 19 en donne une coupe et la figure 20 une vue en plan.

Elle a des dimensions toutefois un peu moins fortes. Son diamètre extrême est de 1,30 m et sa largeur, de 45 cm.

Le diamètre d'alésage de l'inducteur est de 67 cm.

Tableau. — Le tableau est analogue à celui du groupe autrichien.

Résultats d'essais. — Le courant d'excitation, à vide, à la vitesse de 125 tours par minute et pour une tension de 2 200 volts aux bornes, est de 120 ampères.

En court-circuit, l'intensité normale de 182 ampères par phase est obtenue avec un courant d'excitation de 48 ampères comme pour l'alternateur du groupe hongrois.

En charge, avec un facteur de puissance de 0,7, l'intensité du courant d'excitation est de 200 ampères.

Les caractéristiques à vide (courbe I), en court-circuit (courbe II) et en charge, pour des facteurs de puissance égaux à l'unité et à 0,7 (courbes IV et V), sont représentées sur la figure 21.

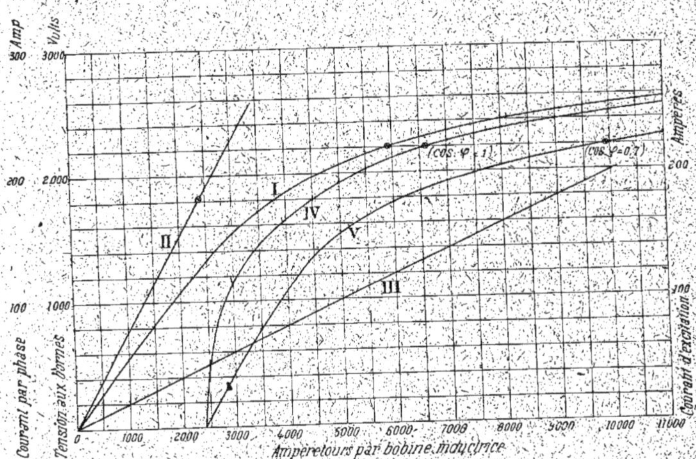

Fig. 21.

Caractéristiques de l'alternateur de 1 200 KVA. de MM. Ganz et Cie (groupe hongrois).

I. Caractéristique à vide. — II. Caractéristique en court-circuit. — III. Droite de correspondance du courant d'excitation aux ampèretours inducteurs par bobine. — IV. Caractéristique à intensité constante (182 ampères par phase, cos φ = 1). — V. Caractéristique à intensité constante (182 ampères par phase, cos φ = 0,7).

Kurven des 1 200 KVA Drehstromgenerators der Firma Ganz und Co (ungarische Maschine).

I. Leerlaufcharakteristik. — II Kurzschlusscharakteristik. — III. Verbindungsgerade des Erregerstromes mit den Feldamperewindungen pro Feldspule, oder Erregungsgerade. — IV. Charakteristik bei konstantem Strom (182 Amp. pro Phase, cos φ = 1). — V. Charakteristik bei konstantem Strom (182 Amp. pro Phase, cos φ = 0,7).

Charactéristics of 1 200 KVA. Ganz alternator (Hungarian set).

I. No load Saturation curve. — II. Short-circuit curve. — III. Correspondence line of exciting current at amperes-turns per pole or excitation line. — IV. Load characteristic with constant current (182 amperes per phase, cos φ = 1). — V. Load characteristic with constant current (182 amperes per phase, cos φ = 0,7).

La courbe III est la droite de correspondance des ampèretours inducteurs au courant d'excitation.

Moteur à vapeur. — Le moteur à vapeur de M. Lang,

accouplé à l'alternateur précédent, est du type compound à deux cylindres conjugués.

Les dimensions principales en sont les suivantes :

Diamètre du cylindre à haute pression	72,5 cm
Diamètre du cylindre à basse pression	115 »
Course commune des pistons	100 »

La vitesse angulaire normale est de 125 tours par minute et la pression de 10 kg : cm². La puissance normale de la machine est de 1 200 chevaux indiqués ; mais elle peut facilement être poussée jusqu'à 1 500 chevaux.

La distribution de la vapeur se fait par soupapes équilibrées.

Le régulateur à axe horizontal est calé sur l'axe de distribution du cylindre à haute pression ; il agit uniquement sur les soupapes d'admission de ce dernier.

La machine comporte deux condenseurs et deux pompes à air verticales commandées par des bielles articulées sur les prolongements des tiges de pistons.

GROUPE ÉLECTROGÈNE DE 1 400 KILOVOLTS-AMPÈRES DE MM. SCHNEIDER ET Cie ET DE MM. DUJARDIN ET Cie

1 400 KVA. DAMPFDYNAMO VON SCHNEIDER UND C° UND VON DUJARDIN UND C° — 1 400 KVA. SCHNEIDER AND C° — DUJARDIN AND C° SET.

Le groupe électrogène Dujardin-Schneider était le plus puissant, au point de vue électrique tout au moins, de la section française. La puissance apparente de l'alternateur est en effet de 1 400 kilovolts-ampères pour une puissance vraie de 1 120 kilowatts ou 1 525 chevaux.

Cet alternateur, étudié au point de vue électrique par M. Ganz et Cie de Budapest et construit par les ateliers du Creusot, sous la direction de M. O. Helmer, ingénieur du service électrique, est commandé par un moteur à vapeur

Fig. 22.

Groupe électrogène de 1 400 KVA. de MM. Schneider et Cie et de MM. Dujardin et Cie

1 400 KVA. Dampfdynamo von Schneider und C° und von Dujardin und C°.

1 400 KVA. Schneider and C° — Dujardin and C° Set.

qui est également le seul de son genre dans la section française ; il est représenté sur la photographie de la figure 22.

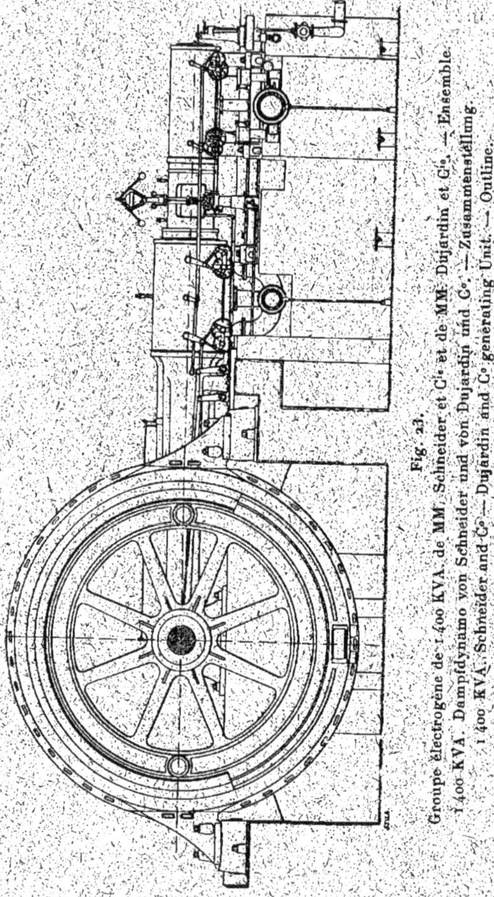

Fig. 23.
Groupe électrogène de 1 400 KVA de MM. Schneider et Cie et de MM. Dujardin et Cie. — Ensemble.
1 400 KVA Dampfdynamo von Schneider und von Dujardin und Co. — Zusammenstellung.
1 400 KVA. Schneider and Co — Dujardin and Co generating Unit. — Outline.

Les figures 23 et 24 en sont des vues en élévation et en plan.

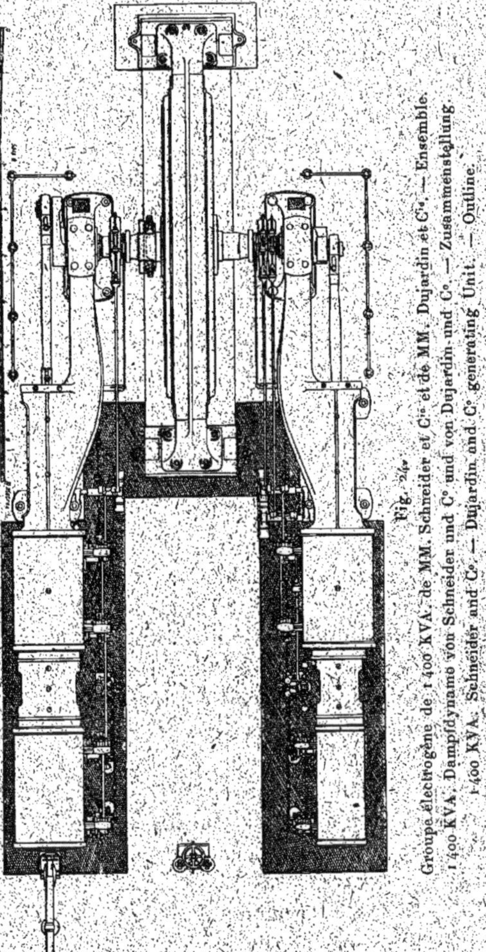

Fig. 24. — Groupe électrogène de 1 400 KVA. de MM. Schneider et Cie et de MM. Dujardin et Cie. — Ensemble.
1 400 KVA. Dampfdynamo von Schneider und Co und von Dujardin und Co. — Zusammenstellung.
1 400 KVA. Schneider and Co. — Dujardin and Co generating Unit. — Outline.

Alternateur. — L'alternateur des ateliers du Creusot est à courants triphasés et du type à inducteur mobile.

Sa puissance apparente est de 1 400 kilovolts-ampères avec un facteur de puissance de 0,8 au minimum, ce qui correspond à une puissance vraie minima de 1 120 kilowatts aux bornes.

La tension aux bornes est de 3 000 volts, c'est également la tension par phase l'induit étant monté en triangle. L'intensité du courant dans chaque phase est de 156 ampères, soit une intensité de 270 ampères dans chaque conducteur extérieur.

A la vitesse angulaire de 71,5 tours par minute, la fréquence est de 50 périodes par seconde.

La photographie de la figure 25 représente une vue de l'alternateur et du groupe transformateur servant à l'excitation.

Inducteur. — L'inducteur, constitué par un volant en fonte à 8 bras doubles nervurés, porte à sa périphérie des pôles rapportés entourés chacun de leur bobine inductrice.

Le volant, comme le montrent les figures 26 et 27, a été fondu en deux parties assemblées suivant un diamètre ; deux frettes d'acier forgé assurent l'assemblage du moyeu et sa fixation sur l'arbre de la machine à vapeur.

La jante, en forme d'U, est assemblée par quatre frettes ou anneaux en acier de haute résistance, posés à chaud, et logés dans des gorges pratiquées à cet effet sur les deux faces de la jante.

Indépendamment de ces deux frettages, deux boulons d'assemblage du moyeu facilitent le montage du volant et la mise en place des frettes ; l'entraînement est assuré par des clavettes à 120°.

Les pôles inducteurs, au nombre de 84, en acier moulé, sont répartis à la périphérie du volant. Les noyaux polaires (fig. 28 et 29) de forme circulaire et d'un diamètre de 16 cm, sont encastrés dans le volant.

Les épanouissements polaires ont une forme rectangu-

Fig. 25.

Alternateur Ganz de 1 400 KVA. de MM. Schneider et Cie (Creusot).

1 400 KVA. Ganz Drehstromgenerator von Schneider und Co (Creusot).

1 400 KVA. Ganz Alternator of Schneider and Co (Creusot).

p. 50.

laire et une section transversale, trapézoïdale, de façon à obtenir une répartition du flux permettant d'avoir une courbe périodique de tension voisine de la sinusoïde. Les dimensions des épanouissements sont de 25 cm sur 16 cm.

Les pôles sont retenus à la jante par une vis traversant celle-ci complètement; un petit ergot empêche leur rotation.

Chacun d'eux porte la bobine inductrice correspondante formée d'un ruban de cuivre enroulé sur champ en hélice; un serrage rationnel immobilise chacune d'elle et permet d'obtenir des éléments d'une grande rigité qui résistent sans se déformer aux effets de la force centrifuge à une vitesse tangentielle qui atteint 24 m par seconde.

La section du ruban de cuivre est de 25 mm $\times$ 3 mm ou 75 mm², et le nombre de spires de 45.

Les 84 bobines sont réunies en série et les extrémités du circuit ainsi formé, reliées à deux bagues de bronze montées sur un moyeu en fonte entraîné par l'arbre de la machine à vapeur. Des frotteurs métalliques solidaires d'un support fixe amènent le courant d'excitation aux bagues.

La résistance de l'inducteur est de 0,55 ohm environ à 25° C., et le poids de cuivre sur l'inducteur de 1 550 kg environ.

Le diamètre de l'inducteur est de 6,388 m et celui de la jante, de 6,038 m.

La largeur de la jante atteint 66 cm.

Le poids de l'inducteur sans l'arbre est de 54 000 kg; il assure un coefficient d'irrégularité au moteur à vapeur de $\pm$ 1/500 environ.

Induit. — La partie fixe comporte deux demi-couronnes en fonte assemblées suivant un diamètre horizontal et formées chacune de deux parties boulonnées emprisonnant entre elles les tôles de l'induit.

Deux pattes, rapportées et clavetées sur la couronne, servent à la fixation de l'induit sur deux caissons en fonte

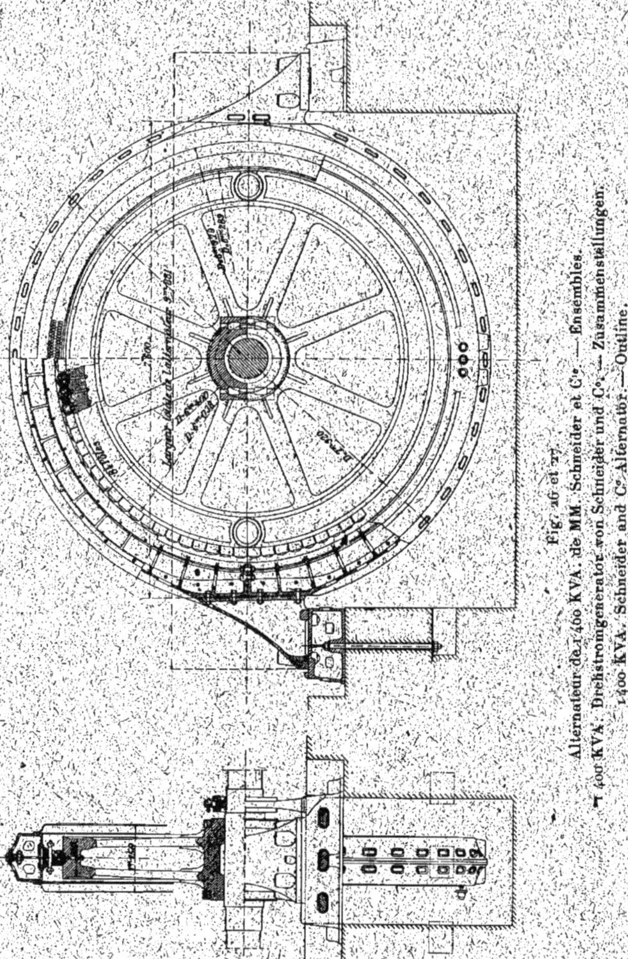

Fig. 26 et 27.
Alternateur de 1400 KVA. de MM. Schneider et Cie. — Ensembles.
1400 KVA. Drehstromgenerator von Schneider und Co. — Zusammenstellungen.
1400 KVA. Schneider and Co Alternator. — Outline.

qui reposent sur les fondations du groupe. L'assemblage des pattes et de la couronne présente des surfaces d'appui

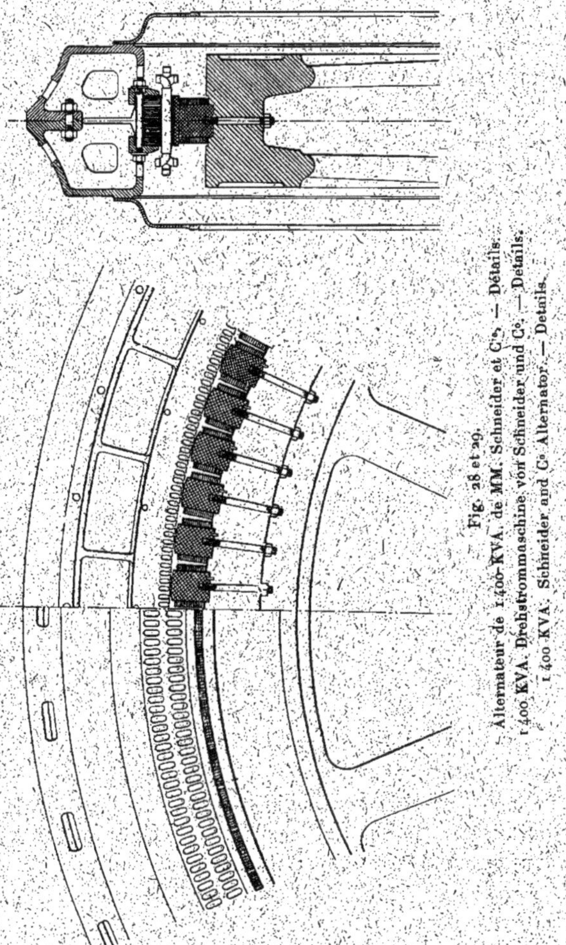

Fig. 28 et 29.
Alternateur de 1 400 KVA de MM. Schneider et Cie. — Détails.
1 400 KVA. Drehstrommaschine von Schneider und Co. — Details.
1 400 KVA. Schneider and Co Alternator. — Details.

inclinées suffisamment sur la verticale, pour permettre l'enlèvement de la demi-couronne supérieure en cas de nécessité.

Les tôles de l'induit sont groupées en quatre paquets laissant entre eux des intervalles d'air favorisant la ventilation et améliorant les conditions de refroidissement de l'induit.

Les tôles de l'induit ont une épaisseur de 0,5 mm et les quatre paquets sont serrés chacun entre des tôles de même forme que les premières, mais de 1 mm d'épaisseur pour les faces en regard des paquets et de 4 mm pour les faces extérieures des deux paquets extrêmes. Les tôles sont maintenues serrées par des boulons.

L'enroulement induit est réparti dans 504 encoches à raison

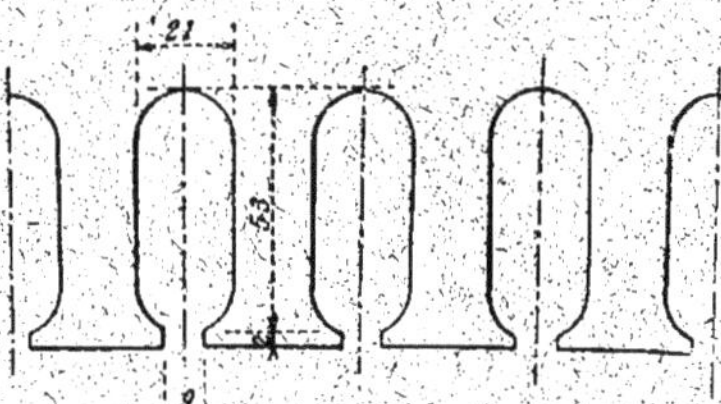

Fig. 30.
Forme des encoches de l'alternateur de 1 400 KVA. de MM. Schneider et Cie.
Nutenform der 1 400 KVA. Drehstrommaschine von Schneider und Co.
Form of Slots of 1 400 KVA. Schneider and Co Alternator.

de 6 encoches par pôle. Toutefois 492 encoches seulement reçoivent les bobines induites ; 12 rainures ont été laissées vides pour que le démontage de la demi-couronne supérieure puisse s'exécuter sans entraîner de modifications importantes dans le bobinage. Des connexions très simples complètent les circuits des 3 phases groupées en triangle et comprenant chacune 82 bobines élémentaires en série.

Les encoches (fig. 30) sont à demi fermées, la largeur de la rainure dans l'entrefer étant de 9 mm seulement pour une largeur de 21 mm dans l'encoche. La profondeur de chaque rainure est de 55 mm dont 2 pour la partie étroite voisine de l'entrefer.

Le bobinage induit est constitué par un câble en cuivre

laminé très maniable de 38 mm² de section. Pour éviter les risques de court-circuit, les trois phases occupent des positions différentes sur la surface de l'induit, et les bobines d'une même phase sont identiques comme forme et position. Grâce à cette précaution, les distances entre bobines permettent d'obtenir aux bornes des voltages très élevés avec un faible isolement du câble.

Le nombre des conducteurs par encoche est de 6 ; chaque bobine élémentaire a par suite 6 spires, et chaque bobine complète, 12 spires.

Les bornes placées à la partie inférieure de l'induit, sont formées de blocs de bronze montés sur isolateurs en porcelaine du genre « cloche ». Des vis de serrage fixent les câbles qui y aboutissent.

Une couronne de protection pour le bobinage induit, formée de segments en fonte ajourée, est fixée de chaque côté de la carcasse, dans la partie de l'alternateur qui émerge des fondations.

La largeur de l'ensemble des tôles induites est de 25 cm et celle de l'induit complet sans les couronnes protectrices, de 75 cm. Avec celles-ci, la largeur atteint 1,15 m.

Le diamètre d'alésage de l'induit est de 6,40 m, ce qui correspond à un entrefer de 6 mm. Le diamètre extérieur des tôles est de 6,78 m, leur hauteur radiale est donc de 19 cm.

Le diamètre extérieur de l'induit atteint 7,92 m par suite de la forme spéciale de la carcasse d'induit.

La résistance de l'induit est de 0,34 ohm par phase à froid (20°), et le poids de cuivre utilisé, de 750 kg.

Le poids de l'induit est de 34 tonnes, ce qui correspond à un poids total de l'alternateur proprement dit de 88 000 kg.

Excitation. — La tension d'alimentation de l'inducteur est de 140 volts, et l'intensité d'excitation en charge, de 230 ampères environ. L'Exposition n'ayant pu fournir que du courant à 450 volts, on a dû ramener la tension à 150 volts à l'aide d'un transformateur rotatif formé de deux dynamos à courant continu de 40 kilowatts accouplées mécaniquement par un manchon élastique.

Tableau de distribution. — Le tableau se compose d'une ossature métallique de 3 m de largeur, 2,60 m de hauteur et 1,10 m de profondeur. La façade supporte 3 panneaux de marbre avec soubassement en pitchpin verni et un fronton décoratif porteur d'une horloge. Toutes les autres faces sont boisées et une porte ménagée sur un des côtés permet de pénétrer derrière les panneaux pour la visite des connexions.

Un panneau se rapporte au moteur du transformateur rotatif; celui du milieu, à l'excitation de l'alternateur et enfin le troisième, au départ des feeders.

Pour les appareils de mesure on a adopté le type thermique ; le voltmètre alternatif est branché sur la basse tension fournie par un transformateur triphasé, et les ampèremètres alternatifs directement intercalés dans les circuits à haute tension. Aussi l'isolement de ceux-ci a-t-il été l'objet de précautions spéciales ; un commutateur à trois directions permet d'obtenir le voltage de l'une quelconque des phases.

Les différents interrupteurs sont à rupture rapide. Les coupe-circuits à courants alternatifs ont été placés dans les galeries des fondations sous le tableau pour éviter les conséquences qu'ils pourraient entraîner en cas de fusion.

Résultats d'essais. — Nous avons représenté sur la figure 31 les caractéristiques à vide et en court-circuit de l'alternateur du Creusot.

La courbe I représente la tension par phase et la courbe II l'intensité du courant en court-circuit par phase de l'induit, toutes deux en fonction des ampèretours par bobine inductrice.

La droite III indique la correspondance des ampèretours au courant d'excitation.

On voit que le courant d'excitation pour la marche à vide est de 140 ampères.

En charge, pour 1 120 kilowatts avec un facteur de puissance égal à l'unité, le courant d'excitation est de 160 ampères. Dans ce cas, la suppression complète de la charge, pour

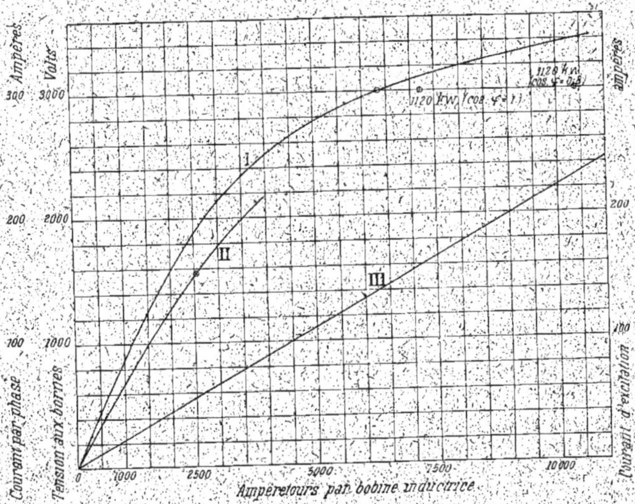

Fig. 31.

Caractéristiques de l'alternateur de 1 400 KVA. de MM. Schneider et Cie du Creusot.

I. Caractéristique à vide. — II. Caractéristique en court-circuit. — III. Droite d'excitation.

Kurven des 1 400 KVA. Drehstromgenerators von Schneider und Co.

I. Leerlaufcharakteristik. — II. Kurzschlusscharakteristik. — III. Erregungsgerade.

Charactericties of 1 400 KVA. Schneider und Co three-phase Alternator.

I. No load saturation curve. — II. Short-circuit curve. — III. Excitation line.

une vitesse restant constante, n'occasionne qu'une élévation de tension de 4 p. 100 aux bornes de l'alternateur.

Pour une charge normale de 1 126 kilowatts vrais, avec un facteur de puissance de 0,8, l'intensité du courant d'excitation monte à 230 ampères.

L'intensité du courant d'excitation, pour obtenir en court-circuit le courant normal de 156 ampères par phase ou de 270 ampères par conducteur extérieur, est de 57 ampères et correspond à une tension induite égale à un peu moins des deux tiers de la tension normale aux bornes. Le rendement de l'alternateur à 1 120 kilowatts avec un facteur de puissance égal à l'unité, est de 94 p. 100.

Moteur à vapeur. — Le moteur à vapeur de MM. Dujardin et Cie de Lille est du type horizontal à condensation et à triple expansion. Les quatre cylindres : un à haute pression, un à moyenne pression et deux à basses pressions, sont disposés par deux en tandem.

Les dimensions principales des deux moteurs ainsi formés sont :

Diamètre du cylindre à haute pression.	61 cm
Diamètre du cylindre à moyenne pression. . . .	105 »
Diamètre du cylindre à basse pression	105 »
Course commune des pistons	165 »
Vitesse angulaire en tours par minute.	72

A la pression de 11 kg: cm², avec une détente de 19 fois le volume de la vapeur, la puissance indiquée est de 1 700 chevaux : 550 sur le cylindre à haute pression, 560 sur le cylindre à moyenne pression, et 295 sur chacun des cylindres à basse pression.

La distribution de la vapeur dans le cylindre à haute pression se fait par 4 obturateurs genre Corliss, placés à la partie inférieure du cylindre, et par déclics commandés par le régulateur pour l'admission.

La distribution dans le cylindre à moyenne pression est du même genre, tandis que celle dans les deux cylindres à basse pression se fait par tiroirs sans déclic.

Chaque groupe de deux cylindres est pourvu d'un condenseur par mélange et de deux pompes à air.

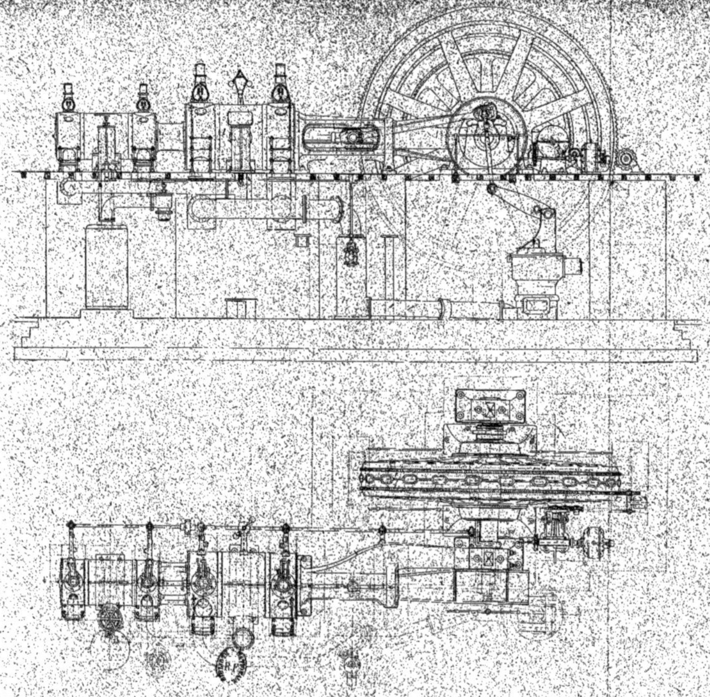

Fig. 32 et 33.
Groupe électrogène de la Compagnie Internationale d'Électricité (Liège) et de MM. Van den Kerchove et Cie. — Ensembles.
Dampfdynamo der Compagnie Internationale d'Électricité (Lüttich) und von Van den Kerchove und C^o (Gent). — Zusammenstellungen.
Compagnie Internationale d'Électricité (Liège) and Van den Kerchove (Ghent) generating Unit. — Outline.

p. 58

Fig. 34.

Alternateur triphasé de 1 000 KVA. de la Compagnie Internationale d'Électricité, de Liège.
1 000 KVA. Drehstromalternator der Compagnie Internationale d'Électricité in Lüttich.
1 000 KVA. Compagnie Internationale d'Electricité three-phase Alternator (Liège).

p. 58.

Fig. 35.

Montage de l'alternateur de 1 000 KVA. de la Compagnie Internationale d'Électricité de Liège.
Montage des 1 000 KVA. Drehstromgenerators der Compagnie Internationale d'Électricité in Lüttich.
Compagnie Internationale d'Électricité (Liège). — Setting up of 1 000 KVA. Alternator.

p. 58.

GROUPE ÉLECTROGÈNE DE 1 000 KILOVOLTS-AMPÈRES DE LA COMPAGNIE INTERNATIONALE D'ÉLECTRICITÉ DE LIÈGE ET DE MM. VAN DEN KERCHOVE ET Cie.

1 000 KVA. DAMPFDYNAMO DER COMPAGNIE INTERNATIONALE D'ÉLECTRICITÉ (LÜTTICH) UND VON VAN DEN KERCHOVE UND C° (GENT).

1 000 KVA. COMPAGNIE INTERNATIONALE D'ÉLECTRICITÉ (LIÈGE) AND VAN DEN KERCHOVE (GHENT) GENERATING UNIT.

La Compagnie Internationale d'Électricité (fondée par M. H. Pieper), de Liège, et la Société anonyme des anciens ateliers Van den Kerchove et Cie, de Gand, avaient exposé en commun, un groupe électrogène à courants triphasés de 1 000 chevaux dont les figures 32 et 33 donnent des vues en plan et en élévation.

Alternateur. — L'alternateur triphasé de la Compagnie Internationale d'Électricité de Liège, étudié par M. A. Rothert, est du type volant; il est d'un aspect robuste.

La puissance de l'alternateur est de 1 000 kilovolts-ampères et il est établi pour fonctionner avec un facteur de puissance ne descendant pas au-dessous de 0,85.

La tension aux bornes est de 2 200 volts et l'induit est groupé en étoile. La tension simple normale est donc de 1 270 volts; ce qui correspond à une intensité de 262 ampères par phase.

A la vitesse de 83,3 tours par minute, la fréquence est de 50 périodes, le nombre de pôles inducteurs étant de 72.

La photographie de la figure 34 représente une vue de l'alternateur de la Compagnie Internationale d'Électricité et celle de la figure 35, la mise en place, pendant le montage, de la moitié supérieure de l'induit.

Les figures 36 et 37 sont des vues d'ensemble de l'alternateur et les figures 38 et 39 des coupes d'une partie de l'induit et de l'inducteur.

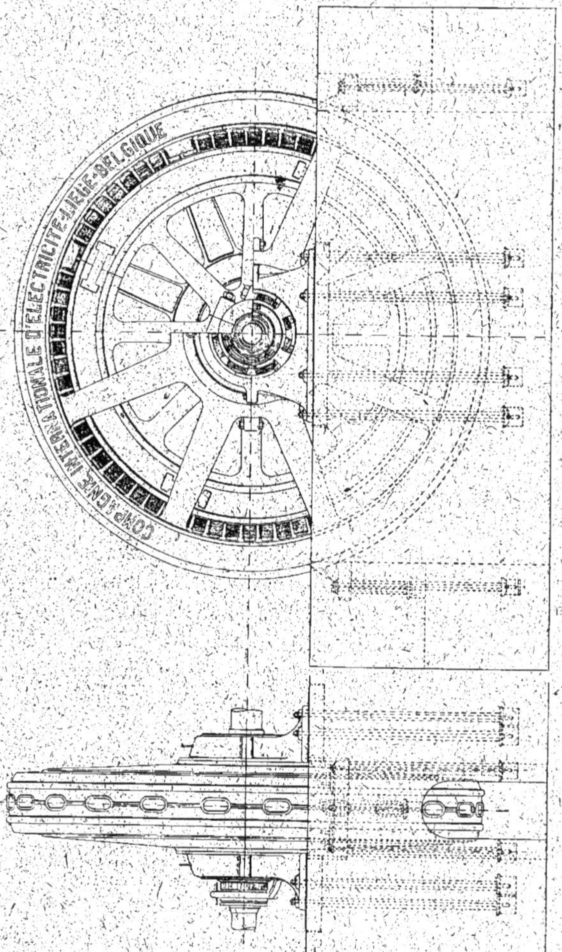

Fig. 36 et 37.
Alternateur de 1 000 KVA. de la Compagnie Internationale d'Électricité de Liège. — Ensembles.
1 000 KVA. Drehstromgenerator der C. I. E. in Lüttich. — Zusammenstellungen.
1 000 KVA. Liège Alternator. — Outline.

Inducteur. — Les pôles inducteurs sont disposés sur la jante d'un volant en fonte très lourd.

La jante du volant est en quatre parties, réunies chacune par deux bras doubles au moyeu. L'assemblage des quatre morceaux du volant est fait à l'aide de deux agrafes, en forme

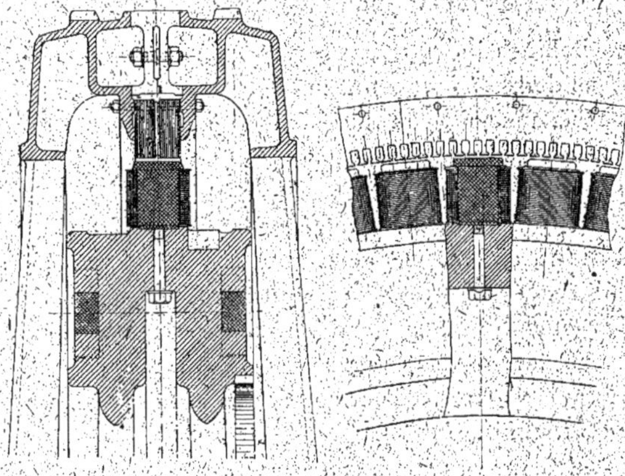

Fig. 38 et 39.
Alternateur de 1 000 KVA. de la Compagnie Internationale d'Électricité de Liège. — Détails.
1 000 KVA. Drehstromgenerator der C. I. E. in Lüttich. — Details.
1 000 KVA. Liège Alternator. — Details.

de double T, par joint. Ces agrafes sont placées à chaud dans des logements pratiqués sur les faces de la jante. L'assemblage du moyeu est assuré par 12 boulons, 3 par joint.

La jante a une section en forme d'U à branches assez longues. Les pôles inducteurs, légèrement encastrés dans sa surface, sont fixés par des vis la traversant complètement. Ces pôles inducteurs, en acier, ont une section circulaire de 13,5 cm de diamètre et sont terminés par des épanouissements polaires de forme à peu près carrée. Les dimensions des épanouissements polaires sont de 15 cm sur 16 cm.

Le diamètre extérieur de la jante est de 5,10 m et sa largeur, de 61 cm. Le diamètre extérieur de l'inducteur est de 5,50 m.

L'enroulement inducteur est fait en fil carré, d'une section de 42 mm^2.

Chaque bobine comporte 105 spires réparties en 5 couches.

Les bobines inductrices sont montées en deux séries de 36 et les deux groupes sont disposés en parallèle.

La résistance à chaud du circuit inducteur est de 0,5 ohm.

Le poids de l'inducteur atteint 39 tonnes.

Induit. — La carcasse induite est formée d'une caisse cylindrique en fonte coulée en 4 parties, lesquelles sont assemblées ensuite par des boulons. Chacune des quatre parties constitue une demi-couronne et porte intérieurement une nervure; c'est entre les nervures des demi-couronnes adjacentes que sont serrées, à l'aide de boulons, les tôles de l'induit.

Des ouvertures sont ménagées sur la surface extérieure de la carcasse pour assurer une bonne ventilation de l'induit.

La carcasse de l'induit est en outre supportée par deux anneaux auxquels elle est réunie par des bras venus de fonte avec elle et qui viennent s'appuyer sur deux supports entourant complètement l'arbre. L'excitatrice est logée dans l'un de ces supports.

La carcasse porte, extérieurement, deux dentures sur l'une desquelles s'engrène un pignon qu'on peut commander par le vireur même du volant. On peut ainsi faire tourner l'induit pour le visiter ou pour réparer une bobine avariée.

En temps ordinaire, la rotation de l'induit est empêchée par deux oreilles dans lesquelles passent des boulons fixés d'autre part dans des projections venues de fonte avec les plaques scellées sur les fondations.

Le diamètre extérieur de la carcasse est de 6,40 m; la largeur à la circonférence atteint 90 cm. Les tôles induites, isolées entre elles par une légère couche d'émail, sont réparties en deux couronnes présentant entre elles un canal pour leur ventilation.

La hauteur radiale des tôles est de 18,5 cm et la largeur totale du noyau, de 15 cm, y compris la largeur du canal laissé entre les deux couronnes qui est de 1,5 cm.

Le diamètre intérieur de l'induit est de 5,517 m et l'entrefer de 8,5 mm.

L'enroulement est logé dans des rainures de forme rectangulaire et à angles arrondis, les rainures sont légèrement fermées; leur hauteur radiale est de 47 mm et leur largeur de 24,5 mm pour une ouverture de 10 mm.

Elles sont au nombre de 6 par pôles, soit 432 pour tout le pourtour de l'induit.

Les bobines induites occupent chacune deux encoches seulement, elles sont donc au nombre de 72 par phase, c'est-à-dire 3 par pôle. Elles sont faites sur gabarit, logées dans des caniveaux en micanite et maintenues en place par des cales en matière isolante. Chaque bobine est essayée par rapport à la masse avec une tension supérieure de 3 000 volts à la tension normale.

Les bobines toutes identiques sont enchevêtrées les unes dans les autres; leur largeur est égale à celle du pas polaire.

Chaque bobine comporte 5 spires de 2 fils de 32 mm² de section. Toutes les bobines d'une même phase sont montées en série et les trois circuits groupés en étoile.

La résistance de chacun d'eux est à chaud de 0,125 ohm.

Le poids de l'induit, avec ses supports, est de 20 500 kg.

Excitatrice. — L'excitatrice de l'alternateur est calée sur l'arbre de la machine et logée dans un des supports de l'induit; elle est représentée en coupe sur la figure 40. Ce dispositif a l'avantage de réduire l'encombrement au minimum.

La puissance de l'excitatrice est de 23 kilowatts sous 110 volts.

Cette dynamo est à 8 pôles et à induit tambour denté.

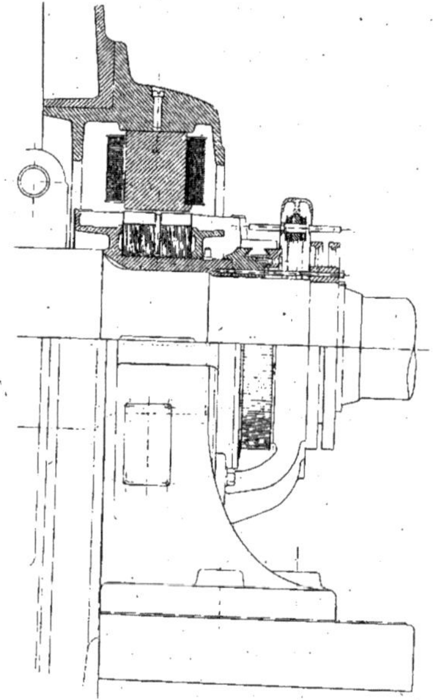

Fig. 40.
Excitatrice de l'alternateur de 1 000 KVA. de la Compagnie Internationale d'Électricité de Liège.
Erregermaschine der 1 000 KVA. Drehstromdynamo der Compagnie Internationale d'Électricité (Lüttich).
Exciter of 1 000 KVA. Compagnie Internationale d'Électricité (Liège) Alternator.

Le diamètre d'alésage de l'inducteur est de 80 cm et l'entrefer, de 4 mm.

La largeur des tôles induites, partagées en deux couronnes séparées par un canal de ventilation, est de 22 cm y compris le canal.

L'enroulement induit se compose de 243 sections de 2 spires de fil de 54 mm², réparties dans 81 encoches.

Le collecteur comporte 243 lames; son diamètre est de 64 cm et sa largeur, de 10 cm.

Tableau de distribution. — Le tableau de distribution est composé de divers panneaux de marbre blanc. Il porte les appareils de mesure et de réglage ainsi que les interrupteurs; la manœuvre de ceux-ci se fait au moyen de leviers munis de bielles ouvrant ou fermant les lames qui sont derrière le tableau et à sa partie supérieure pour éviter qu'on puisse s'en approcher.

Différents circuits étaient dérivés sur les barres du tableau; l'un d'eux alimentait un transformateur à courants triphasés de 10 kilowatts abaissant la tension à 190 volts et fournissait le courant à des dynamos réceptrices à courants triphasés sur lesquelles nous reviendrons plus loin.

Résultats d'essais. — Le courant d'excitation nécessaire pour obtenir à vide la tension de 2 200 volts est de 110 ampères. L'intensité normale de débit, 262 ampères, est obtenue en court-circuit avec un courant d'excitation de 75 ampères. En pleine charge, avec un facteur de puissance de 0,85, l'intensité du courant doit être de 160 ampères.

Dans ce cas, la décharge brusque de la machine sans variation de vitesse ni d'excitation n'occasionnerait qu'une augmentation de tension de 11 p. 100.

Avec une charge de 1 000 kilowatts et un facteur de puissance égal à l'unité, l'intensité calculée du courant d'excitation est de 136 ampères et l'augmentation de tension, en cas de décharge brusque, de 7 p. 100.

Moteur à vapeur. — La machine à vapeur de la Société anonyme des anciens ateliers de constructions Van den Kerchove est du type compound-tandem.

Les dimensions principales sont :

Diamètre du cylindre à haute pression	63 cm
— à basse pression	109 »
Course commune des pistons	120 »
Vitesse angulaire en tours par minute	100

La puissance en marche normale est de 1 000 chevaux indiqués avec une pression de vapeur de 9 kg : cm², une introduction de 2 dixièmes et une détente totale d'environ 13 fois le volume introduit.

A 6 dixièmes d'introduction la puissance atteint 1 800 chevaux indiqués.

La distribution de la vapeur est d'un type nouveau, par pistons-valves travaillant dans des chemises rapportées dans les fonds des cylindres.

La condensation est en sous-sol ; la pompe à air est verticale.

ALTERNATEUR DE 80 KILOVOLTS-AMPÈRES DE LA COMPAGNIE INTERNATIONALE D'ÉLECTRICITÉ DE LIÈGE

80 KVA. DREHSTROMGENERATOR DER COMPAGNIE INTERNATIONALE D'ÉLECTRICITÉ (LÜTTICH)

80 KVA. THREE-PHASE ALTERNATOR OF THE COMPAGNIE INTERNATIONALE D'ÉLECTRICITÉ (LIÈGE)

Cette seconde machine de la Compagnie Internationale d'Électricité, de Liège, est du type pour commande par courroie. Sa puissance est de 80 kilovolts-ampères, avec un facteur de puissance égal ou supérieur à 0,85, ce qui correspond à une puissance utile de 68 kilowatts.

La tension aux bornes est de 530 volts et le débit par phase, de 87 ampères, l'induit étant groupé en étoile.

La vitesse angulaire est de 600 tours par minute et le nombre de pôles inducteurs, de 10 ; la fréquence est par suite de 50 périodes par seconde.

Un alternateur de la même série, mais à 12 pôles et à

500 tours par minute, est représenté sur les figures 41 et 42 qui sont des vues d'ensemble avec coupes partielles. Les figures 43 et 44 montrent des coupes et vues d'une partie de l'induit et de l'inducteur à plus grande échelle.

Inducteur. — L'inducteur est constitué par une jante polygonale en acier, en une seule pièce, réunie par 6 bras à un moyeu claveté sur l'arbre et portant, venus de fonte avec elle, les 10 noyaux polaires.

Ceux-ci ont une section rectangulaire ; ils sont surmontés d'épanouissements polaires en fer retenus chacun par 3 vis et emprisonnant la bobine inductrice.

La largeur de la couronne inductrice est de 25 cm et le diamètre extérieur de l'inducteur, de 63,9 cm.

Les épanouissements polaires ont une longueur parallèlement à l'axe de 26 cm et une largeur, dans l'entrefer, de 13,5 cm. La largeur des noyaux polaires est de 7,5 cm.

Chaque noyau polaire est muni d'une bobine inductrice comportant 260 spires de fil de 3,2 mm de diamètre ou de 8 mm² de section. Toutes les bobines sont montées en série et les extrémités du circuit inducteur aboutissent à deux bagues de prise de courant.

La résistance du circuit inducteur est de 4,2 ohms à la température ordinaire.

Le poids de l'inducteur sans l'arbre est de 450 kg, dont 140 kg pour le cuivre.

Induit. — La carcasse supportant l'induit est formée par deux caisses cylindriques concentriques en fonte et réunies par des nervures. La caisse annulaire ainsi formée porte, d'un côté, un anneau venu de fonte et, de l'autre, un anneau boulonné à la caisse. C'est entre ces deux anneaux que sont serrées, à l'aide de boulons, les tôles de l'induit.

La caisse extérieure porte, également venus de fonte, deux protecteurs destinés à protéger l'induit en même temps qu'à donner une grande rigidité à la carcasse qui repose sur un bâti muni de paliers rapportés.

Le diamètre extérieur de la carcasse induite est de 1,10 m environ et sa largeur totale, de 50 cm.

Les tôles induites sont partagées en trois couronnes dont la plus large, placée au milieu des deux autres, a une largeur double de celles-ci.

La largeur totale des tôles, y compris les espaces libres ménagés pour la ventilation, est de 24 cm, et celles des espaces libres, de 10 mm environ chacun.

Le diamètre d'alésage de l'induit est de 65 cm et son diamètre extérieur, de 95 cm ; la hauteur radiale des couronnes est par suite de 15 cm.

L'entrefer est de 5,5 mm.

Dans l'induit sont pratiquées 60 rainures très légèrement ouvertes, dans lesquelles est logé un enroulement triphasé analogue à celui de l'alternateur de 1 000 kilovolts-ampères, c'est-à-dire que les bobines sont enchevêtrées les unes dans les autres ; elles sont enroulées préalablement sur gabarit.

Le nombre des bobines par phase est de 10, soit une par pôle ; chaque bobine comprend 7 spires de fil de 24,6 mm^2 de section.

Toutes les bobines d'une même phase sont réunies en série et les trois phases, groupées en étoile.

La résistance de chaque phase est de 0,075 ohm à chaud.

Le poids de l'induit sans le bâti est de 800 kg et le poids de cuivre sur l'induit, de 60 kg.

Excitatrice. — Le courant d'excitation de l'alternateur est fourni par une petite excitatrice montée en bout d'arbre. C'est une machine de 2 200 watts : 20 ampères sous 110 volts.

L'inducteur est à 4 pôles et en acier. Les noyaux polaires sont en deux parties assemblées par un boulon qui fixe en même temps le pôle à la couronne inductrice.

L'induit est enroulé en tambour multipolaire série.

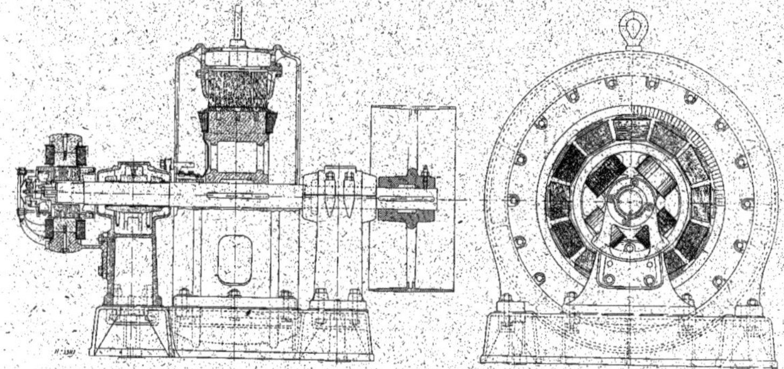

Fig. 41 et 42.
Alternateur triphasé de 140 KVA. de la Compagnie Internationale d'Électricité. — *Ensembles.*
140 KVA. Drehstromgenerator der Compagnie Internationale d'Electricité. — Zusammenstellungen.
140 KVA. three-phase Alternator of Compagnie Internationale d'Électricité. — Outline.

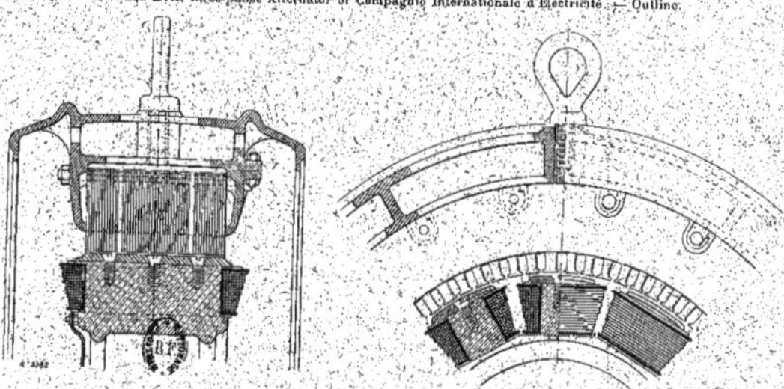

Fig. 43 et 44.
Alternateur de 140 KVA. de la Compagnie Internationale d'Electricité de Liège. — Détails.
140 KVA. Drehstromalternator der C. I. E. (Lüttich). — Details.
140 KVA. Liège Alternator. — Details.

p. 68

Fig. 45.

Groupe électrogène de 450 KVA. de la Compagnie Générale Électrique, de Nancy, et de MM. Weyher et Richemond, de Pantin.
450 KVA. Dampfdynamo der Compagnie Générale Électrique in Nancy und von Weyher et Richemond in Pantin.
450 KVA. Compagnie Générale Électrique of Nancy-Weyher et Richemond of Pantin three-phase generating Unit.

p. 68.

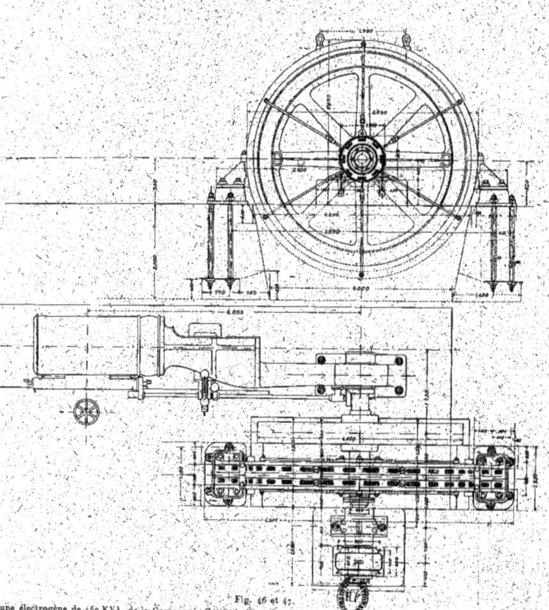

Fig. 46 et 47.

Groupe électrogène de 450 KVA. de la Compagnie Générale Électrique de Nancy et de MM. Weyher et Richemond. — Ensembles 450 KVA. Dampfdynamo der Compagnie Générale Electrique de Nancy und von Weyher et Richemond. — Zusammenstellungen 450 KVA. Nancy-Weyher et Richemond Steamdynamo. — Outline.

p. 68.

Résultats d'essais. — Le courant d'excitation nécessaire pour obtenir, à vide, la tension normale de 530 volts à la vitesse de 600 tours par minute est de 10,6 ampères, et celui correspondant à un débit de 87 ampères en court-circuit est de 5,2 ampères.

L'intensité du courant d'excitation en charge normale de 80 kilovolts-ampères avec un facteur de puissance de 0,85 est de 14,5 ampères.

La chute de tension en charge sur résistance non inductive est de 8 p. 100.

Le rendement industriel de cet alternateur est de 90 p. 100.

GROUPE ÉLECTROGÈNE DE 450 KILOVOLTS-AMPÈRES DE LA COMPAGNIE GÉNÉRALE ÉLECTRIQUE DE NANCY ET DE MM. WEYHER ET RICHEMOND.

450 KVA. DAMPFDYNAMO DER COMPAGNIE GÉNÉRALE ÉLECTRIQUE IN NANCY UND VON WEYHER UND RICHEMOND IN PANTIN.

450 KVA. COMPAGNIE GÉNÉRALE ÉLECTRIQUE OF NANCY-WEYHER AND RICHEMOND OF PANTIN THRIE-PHASE GENERATING UNIT

Le groupe électrogène de la Compagnie Générale Électrique, de Nancy, et de MM. Weyher et Richemond, de Pantin, était affecté à l'alimentation d'une commutatrice Alioth, installée au grand Palais. Il est représenté sur la photographie de la figure 45 et sur les figures 46 et 47, qui sont des vues en élévation et en plan.

Alternateur. — L'alternateur triphasé de la Compagnie Générale Électrique de Nancy a une puissance apparente de 450 kilovolts-ampères et est établi pour fonctionner avec un facteur de puissance minimum de 0,8 ; sa puissance vraie avec ce facteur de puissance est de 360 kilowatts.

La tension aux bornes est de 3 000 volts et la tension simple de 1 730 volts ; l'intensité du courant par phase est de 87 ampères.

La fréquence est de 50 périodes et le nombre de pôles de 64, correspondant à une vitesse angulaire de 93,8 tours par minute.

Inducteur. — L'inducteur est constitué par un volant en acier coulé en deux parties reliées au moyeu par 8 bras doubles à section en forme de T. Ces deux parties sont assemblées le long de deux des bras à l'aide de gros boulons et de frettes posées à chaud dans des logements pratiqués à cet effet.

Les 64 pôles, en acier coulé, sont fixés chacun sur la jante du volant, au moyen de deux vis, traversant complètement celle-ci. Ces noyaux, d'une forme ovale, sont surmontés par des épanouissements polaires venus de fonte avec eux et ayant une surface rectangulaire.

Le rapport de la largeur du pôle au pas est de deux tiers.

Le diamètre extérieur du volant est de 4,488 m et l'entrefer de 6 mm.

Les bobines des électros sont enroulées mécaniquement sur des carcasses isolantes et de façon à éviter tout croisement et tout raccord long. Ces bobines sont faites avec une barre de section rectangulaire enroulée sur plat ; la section de la barre constituant le circuit inducteur est de 46 mm² et le poids du cuivre de ce circuit, de 1650 kg, soit 25,8 kg par bobine.

Toutes les bobines sont réunies en série et le circuit ainsi formé aboutit, par l'intermédiaire de deux câbles logés à l'intérieur de l'un des bras doubles, à deux bagues par où, à l'aide de frotteurs, est amené le courant continu nécessaire à l'excitation.

La résistance du circuit d'excitation à chaud est de 1,7 ohm.

Le poids de l'inducteur complet, sans l'arbre, est de 10 200 kg.

Induit. — La carcasse de l'induit (fig. 48) est formée par une caisse très légère en fonte en quatre parties et portant de nombreuses ouvertures pour la ventilation. Cette car-

Fig. 38.
Induit de l'alternateur de la Compagnie Générale Électrique de Nancy.
Anker des Drehstromgenerators der Cie Générale Électrique in Nancy.
Armature of Nancy alternator.

casse porte intérieurement, venus de fonte avec elle, deux anneaux qui y sont reliés par des nervures ménageant entre elles des ouvertures assez larges; c'est entre ces deux anneaux que sont serrées les tôles induites à l'aide de boulons traversant les tôles dans des trous légèrement ouverts pratiqués à la surface extérieure de l'anneau magnétique induit.

La carcasse induite est supportée par deux pattes en forme d'équerre reposant sur les plaques de fondation scellées aux massifs.

De chaque côté de l'induit se trouvent, suivant le dispositif de Schuckert, 6 tirants en fer forgé aboutissant à un collier formé de deux anneaux concentriques; ces tirants peuvent être réglés à l'aide d'écrous et leur ensemble procure à l'induit une bonne rigidité mécanique et lui donne un aspect de grande légèreté en même temps qu'il diminue le poids brut de fonte par rapport au poids actif des tôles de l'induit.

Le diamètre extérieur de la carcasse est de 5,05 m et sa largeur, de 56 cm.

Le diamètre d'alésage de l'induit est de 4,50 m.

Le noyau induit en tôle de 0,5 mm d'épaisseur comporte 384 encoches, soit 6 par pôle, dans lesquelles sont réparties les trois phases de l'enroulement triphasé.

Le bobinage de l'induit est tel que les 32 bobines complètes de chaque phase sont toutes semblablement placées de façon à éviter les croisements.

Les encoches de l'induit sont légèrement ouvertes et l'enroulement est isolé du fer par des tubes en micanite.

Chaque bobine comprend deux bobines élémentaires de 6 spires, enroulées chacune dans deux encoches; ces bobines sont effectuées avec un câble d'une section totale de 29 mm^2. Le poids du cuivre de l'induit est de 540 kg; ce qui correspond à 5,625 kg par bobine complète.

La résistance de chaque phase de l'induit groupé en étoile est de 0,33 ohm à chaud.

Le poids total de l'induit avec les plaques de fondation est de 15000 kg.

Excitatrice. — L'excitatrice, calée sur l'arbre et en porte-à-faux, a une puissance de 9 000 watts sous 120 volts.

C'est une machine à 6 pôles : la carcasse inductrice, en acier, est coulée en une seule pièce et les noyaux polaires sont venus de fonte avec elle. Le diamètre extérieur de l'inducteur est de 1 m et sa largeur totale de 35 cm. Le diamètre d'alésage des inducteurs est de 57,8 cm et l'entrefer, de 6 mm.

L'induit denté est enroulé en tambour, il a un diamètre de 56,6 cm et comporte 184 sections.

Le collecteur porte un même nombre de lames isolées au mica et a un diamètre de 39 cm ; les balais sont en charbon.

L'excitatrice est excitée en série ; un seul rhéostat est disposé dans le circuit de l'inducteur de l'alternateur pour le réglage de la tension aux bornes de l'induit.

Résultats d'essais. — L'intensité du courant d'excitation, pour obtenir aux bornes, à la vitesse angulaire de 93,8 tours par minute et à vide, la tension normale de 3 000 volts, est de 40 ampères.

L'intensité du courant de débit de 87 ampères par phase est obtenue, en court-circuit, avec un courant d'excitation de 13,5 ampères et correspond à une tension induite égale environ au tiers de la tension normale aux bornes.

En charge de 450 kilowatts avec un facteur de puissance égal à l'unité, l'intensité du courant d'excitation est de 45 ampères. En cas de décharge brusque sans variation de la vitesse, la tension n'augmente dans ces conditions que de 5,5 p. 100.

Moteur à vapeur. — Le moteur à vapeur Weyher et Richemond est du type monocylindrique horizontal à condensation.

Les dimensions et constantes principales sont les suivantes :

Diamètre du cylindre	65 cm
Course du piston	130 »
Pression de la vapeur d'admission	10 kg : cm²
Vitesse angulaire en tours par minute	93,5

A cette pression et à cette vitesse, la puissance normale de la machine est de 500 chevaux effectifs et peut être poussée jusqu'à 800 chevaux.

La distribution est du système Lefer par obturateurs placés dans les fonds de cylindre.

En dehors de l'inducteur de l'alternateur, le moteur à vapeur comporte un volant spécial d'un diamètre de 4,5 m.

ALTERNATEUR DE 270 KILOVOLTS-AMPÈRES DE L'ALLMANNA SVENSKA ELEKTRISKA AKTIEBOLAGET DE VESTERAS (Suède)

270 KVA. DREHSTROMGENERATOR DER ALLMANNA SVENSKA ELEKTRISKA AKTIEBOLAGET IN VESTERAS (Schweden)

270 KVA. THREE-PHASE ALTERNATOR OF THE ALLAMNNA SVENSKA ELEKTRISKA AKTIEBOLAGET OF VESTERAS (Suede)

L'Allmanna Svenska Elektriska Aktiebolaget de Vesteras, qui exploite les brevets de MM. Wenström et Danielson, avait exposé, entre autres machines, un alternateur du type hétéropolaire qui fut particulièrement remarqué.

Cet alternateur, à courants triphasés, est d'une puissance de 270 kilovolts-ampères et établi pour fonctionner sur un circuit ayant un facteur de puissance égal ou supérieur à 0,75 ce qui correspond, en pleine charge, à une puissance utile de 202,5 kilowatts.

La tension aux bornes est de 800 volts; l'induit étant groupé en étoile, la tension simple est de 462 volts et le débit par phase de 195 ampères.

La vitesse angulaire est de 250 tours par minute et la fré-

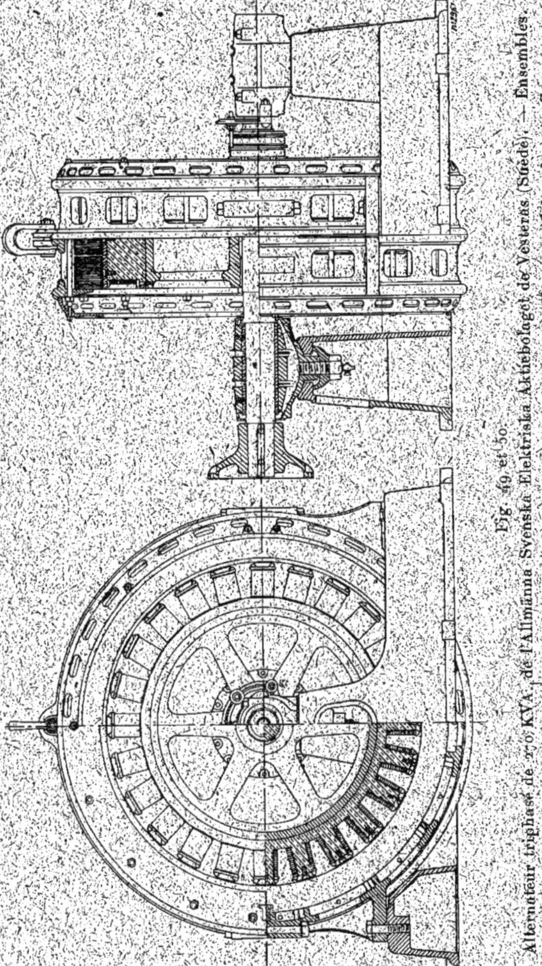

Fig. 49 et 50.

Alternateur triphasé de 270 KVA. de l'Allmänna Svenska Elektriska Aktiebolaget de Vesteras (Suède). — Ensembles.

270 KVA. Drehstromalternator der Allmänna Svenska Elektriska Aktiebolaget in Vesteras (Schweden). — Zusammenstellungen.

270 KVA. Allmänna Svenska Elektriska Aktiebolaget of Vesteras three-phase Alternator. — Outline.

quence de 50 périodes par seconde; le nombre de pôles est par suite de 24.

Cet alternateur est représenté sur les figures 49 et 50, qui sont des vues en élévation et en bout avec coupes partielles. Les figures 51 et 52 montrent des coupes et vues d'une partie de l'induit et de l'inducteur.

Inducteur. — L'inducteur est constitué par un volant en fonte, en une seule partie, claveté sur l'arbre de l'alternateur et sur lequel est rapportée une couronne en acier portant les noyaux polaires venus de fonte avec elle.

La couronne en acier est fixée sur la jante du volant à l'aide de deux vis par pôle, placées en face de ceux-ci de chaque côté de l'inducteur.

Le diamètre extérieur de la jante est de 1,15 m et sa largeur, de 50 cm.

Les 24 pôles inducteurs ont une hauteur de 15 cm; leur section a la forme d'un rectangle terminé par deux demi-cercles; la longueur de la section est de 41 cm et sa largeur, de 7,5 cm. La section est par suite de 295 cm².

Ces pôles sont surmontés par des épanouissements polaires retenus à l'aide de deux vis et ayant une section trapézoïdale ; ces épanouissements polaires sont rectangulaires ; leur longueur est de 50 cm et leur largeur, de 10 cm.

Le diamètre de l'inducteur à l'extrémité des pièces polaires est de 1,592 m et l'entrefer, de 4 mm.

Les bobines inductrices sont enroulées avec une bande de cuivre sur champ de 17 mm de largeur et 1,1 mm d'épaisseur. Ces bobines sont retenues, contre l'action de la force centrifuge, par une joue en bronze qui s'appuie contre les épanouissements polaires.

Le nombre de spires de chaque bobine est de 110 et toutes les bobines sont groupées en série ; la résistance du circuit inducteur calculée à froid est de 2,65 ohms.

Le poids de l'inducteur sans l'arbre est de 3 418 kg, dont 395 kg pour le cuivre seul.

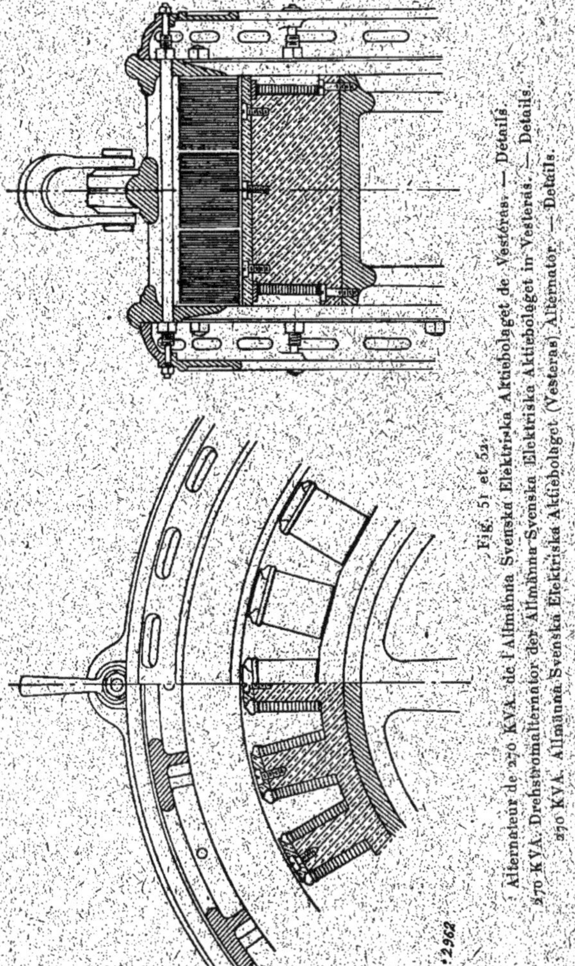

Fig. 51 et 52.
Alternateur de 270 KVA de l'Allmänna Svenska Elektriska Aktiebolaget de Vesteras. — Détails.
270 KVA Drehstromalternator der Allmänna Svenska Elektriska Aktiebolaget in Vesteras. — Details.
270 KVA Allmänna Svenska Elektriska Aktiebolaget (Vesteras) Alternator. — Details.

L'une des extrémités de l'arbre porte un plateau d'accouplement destiné à atteler l'alternateur sur une turbine.

Induit. — La carcasse supportant l'induit comporte deux cylindres en fonte, chacun en deux parties, et percés de nombreuses ouvertures pour la ventilation. Les deux cylindres portent, venus de fonte avec eux, deux disques entre lesquels les tôles induites sont serrées à l'aide de 16 boulons ne les traversant pas.

Sur les faces latérales de la carcasse de l'induit sont rapportés deux protecteurs en fonte destinés à préserver l'enroulement induit contre les chocs extérieurs.

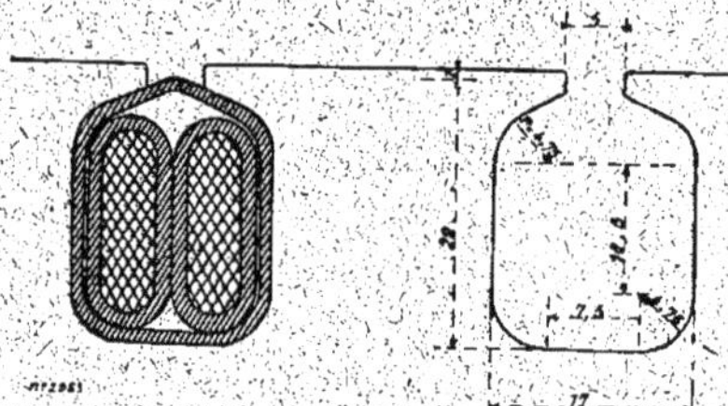

Fig. 53.
Forme des encoches de l'alternateur de 270 KVA. de l'Allmänna Svenska Elektriska Aktiebolaget de Vesteras.
Nutenform des 270 KVA. Drehstromgenerators der Allmänna Svenska Elektriska Aktiebolaget in Vesteras.
Form of Slots of 270 KVA. Alternator of the Allmänna Svenska Elektriska Aktiebolaget in Vesteras.

Le diamètre extérieur maximum de la carcasse est de 2,10 m et sa largeur, y compris les protecteurs, de 78 cm.

Les tôles induites, d'une épaisseur de 0,7 mm, sont partagées en trois paquets séparés par des intervalles vides permettant d'activer la ventilation ; la largeur totale de l'induit est de 50 cm et celle de chacun des paquets, de 16 cm environ.

Le diamètre d'alésage de l'induit est de 1,60 m et le diamètre extérieur des tôles de 1,87 m, ce qui correspond à une hauteur radiale de 13,5 cm.

Sur la surface intérieure de l'anneau induit sont pratiquées 144 encoches, 6 par pôle, destinées à recevoir l'enroulement. Ces encoches, représentées sur la figure 53, sont

Fig. 54.

Schema de l'enroulement induit de l'alternateur de 270 KVA. de l'Allmanna Svenska Elektriska Aktiebolaget.

Schaltungsschema der Ankerwicklung der 270 KVA. Drehstrommaschine der Allmänna Svenska Elektriska Aktiebolaget.

Scheme of armature winding of 270 KVA. Allmänna Svenska Elektriska Aktiebolaget Alternator.

p. 78

légèrement ouvertes : 5 mm pour une largeur de 17 mm ; leur profondeur est de 23 mm.

Chacune des rainures reçoit deux barres de section rectangulaire, avec bords arrondis, isolées fortement l'une de l'autre et placées côte à côte dans une gaine en matière isolante épousant la forme intérieure de l'encoche. La largeur de ces barres est de 15 mm et leur épaisseur, de 4,5 mm ; leur section est de 53 mm^2.

Le nombre des conducteurs totaux sur l'induit étant de 288, chaque phase en comporte 96 ; les conducteurs de chaque phase sont tous disposés en série, la résistance d'une phase est à froid de 0,027 ohm.

Le poids de cuivre sur l'induit est de 109 kg.

Les connexions des barres entre elles sont faites avec des barres en forme de V suivant le schéma de la figure 54. La partie centrale de la figure représente une partie du schéma de l'enroulement à plus grande échelle.

Le poids de l'induit complet sans le bâti est de 4 590 kg.

L'induit repose sur le bâti par quatre larges empattements fortement boulonnés.

Les paliers sont venus de fonte avec le bâti. Ce sont des paliers à rotule, comme le montre la figure 50. L'axe de fixation du palier est creusé et muni d'un robinet de vidange.

Résultats d'essais. — L'intensité du courant d'excitation nécessaire pour obtenir à vide et à la vitesse de 250 tours la tension normale de 800 volts aux bornes est de 27 ampères.

En court-circuit, le courant normal de débit de 195 ampères est obtenu avec un courant d'excitation de 10 ampères.

Le courant d'excitation en charge, avec un facteur de puissance de 0,75, est de 42 ampères et correspond à une tension induite à circuit ouvert de 912 volts ; la chute de tension est donc de 14 p. 100 avec ce facteur de puissance.

Le poids de cuivre total de l'alternateur est de 504 kg, soit 1,87 kg par kilovolt-ampère produit ou 535 volts-ampères par kg de cuivre.

La vitesse tangentielle est de 29,8 m par seconde.

Cet alternateur est destiné à être excité par une excitatrice séparée.

GROUPE ÉLECTROGÈNE DE 220 KILOVOLTS-AMPÈRES DES VEREINIGTE ELEKTRICITÄTS GESELLSCHAFT ET DE MM. MARKY, BROMOVSKY ET SCHULZ.

220 KVA. DAMPFDYNAMO DER VEREINIGTEN ELEKTRICITÄTS GESELLSCHAFT (WIEN) UND VON MARKY, BROMOVSKY UND SCHULZ.

220 KVA. STEAMALTERNATOR OF THE VEREINIGTE ELEKTRICITÄTS GESELLSCHAFT (VIENNA) AND OF MARKY BROMOVSKY UND SCHULZ

Les Vereinigte Elektricitäts Gesellschaft (Sociétés anonymes réunies d'électricité), de Vienne, avaient exposé ce groupe en collaboration avec MM. Märky, Bromovsky et Schulz. Il est représenté sur les figures 55 et 56.

Alternateur. — L'alternateur (fig. 57 à 61) est du type volant; il est placé entre les cylindres du moteur à vapeur. C'est une machine à courants triphasés à basse tension.

La puissance normale est de 220 kilowatts, et la tension aux bornes de 220 volts. L'induit étant groupé en étoile, la tension simple est de 127 volts et l'intensité du courant par phase, de 525 ampères.

La fréquence à la vitesse de 110,4 tours est de 46 périodes par seconde; ce qui correspond à un nombre de pôles inducteurs de 50.

Inducteur. — L'inducteur tournant est constitué par un volant en fonte coulé en un seul morceau et des pièces polaires en acier rapportées sur la jante.

La jante du volant a une section en forme d'U à branches

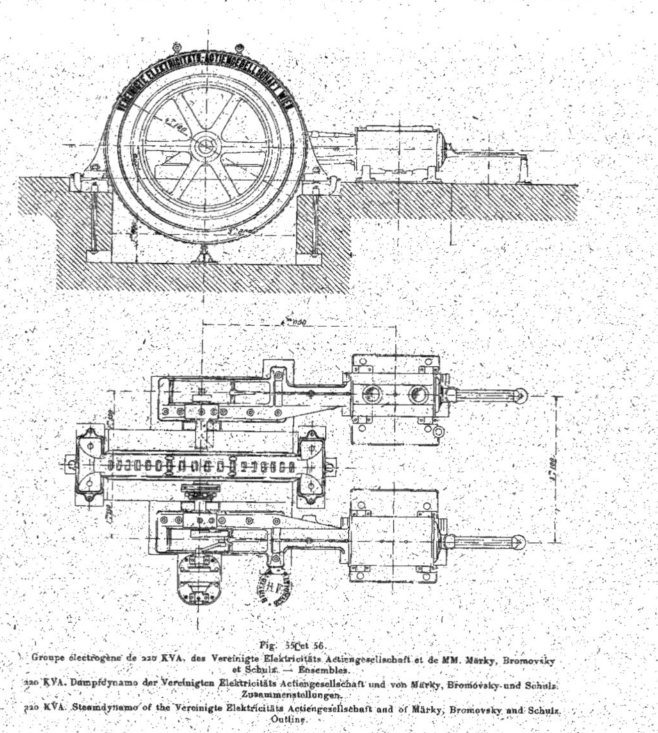

Fig. 55 et 56.

Groupe électrogène de 220 KVA, des Vereinigte Elektricitäts Actiengesellschaft et de MM. Märky, Bromovsky et Schulz. — Ensembles.

220 KVA. Dampfdynamo der Vereinigten Elektricitäts Actiengesellschaft und von Märky, Bromovsky und Schulz. Zusammenstellungen.

220 KVA. Steamdynamo of the Vereinigte Elektricitäts Actiengesellschaft and of Märky, Bromovsky and Schulz. Outline.

p. 80

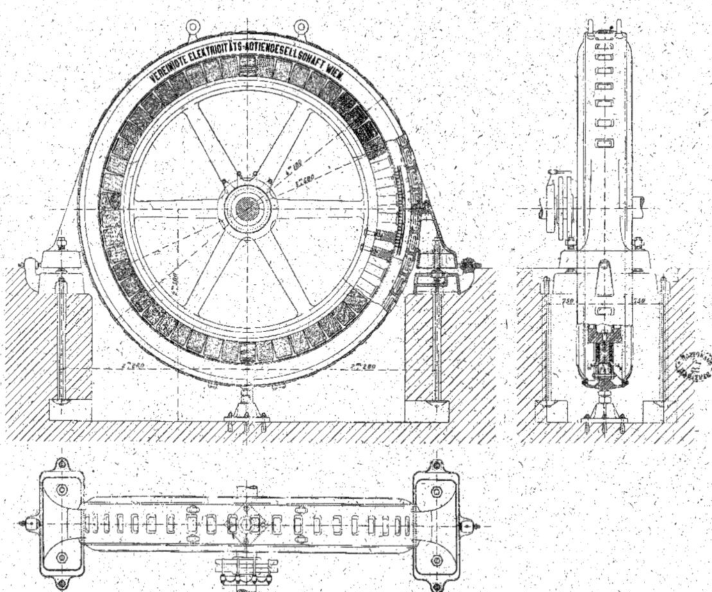

Fig. 57, 58, 59.
Alternateur de 220 KVA. des Vereinigte Elektricitäts Actiengesellschaft de Vienne. — Ensembles.
220 KVA. Drehstromgenerator der Vereinigten E. A. G. in Wien. — Zusammenstellungen.
220 KVA. three-phase Alternator of the Vereinigte Elektricitäts Actiengesellschaft of Vienna. — Outline

p. 80.

très courtes, elle est réunie au moyeu par six bras à section ovale.

Le volant est serré sur l'arbre en acier coulé à l'aide de deux bagues en fer forgé. L'entraînement se fait par deux clavettes à 90°.

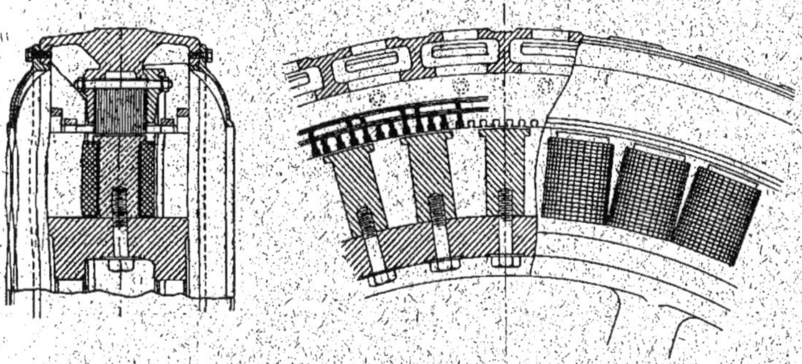

Fig. 60 et 61.
Alternateur de 220 KVA. des Vereinigte Elektricitäts Actiengesellschaft. — Détails.
220 KVA. Drehstromalternator der Vereinigten E. A. G. — Details.
220 KVA. three-phase-alternator of the V. E. A. G. of Vienne. — Details.

Le diamètre extérieur de la jante est de 3,12 m et sa largeur, de 40,8 cm.

Les pôles inducteurs ont une section circulaire de 11 cm de diamètre, ils sont terminés par des pièces polaires de forme carrée de 15 cm de côté.

Les pôles sont posés directement sur la jante sans encastrement, ils sont protégés contre le déplacement tangentiel par des goujons.

Leur fixation est faite par une vis traversant complètement la jante et munie d'un dispositif pour empêcher le desserrage en marche.

Les pôles sont ainsi rendus facilement démontables, condition nécessaire pour un remplacement éventuel rapide d'une bobine avariée.

L'enroulement inducteur est constitué par une bande de

cuivre nu de 3,5 mm × 37 mm enroulée sur champ et sans isolant autre que l'air entre spires. Le nombre de spires de chaque bobine est de 42.

Le poids total du cuivre sur l'inducteur est de 1200 kg.

Toutes les bobines inductrices sont groupées en série et la résistance du circuit ainsi formé est de 0,165 ohm à chaud.

La tension du courant d'excitation nécessaire est au maximum d'environ 30 volts. La puissance absorbée pour l'excitation est d'environ 2,5 p. 100 de la puissance de l'alternateur.

Le courant d'excitation est conduit aux bobines inductrices par des frotteurs et des bagues.

Le diamètre extérieur de l'inducteur est de 3,580 m.

Le poids de l'inducteur est de 10 000 kg et est suffisant pour assurer un coefficient d'irrégularité de ± 1/600 au moteur à vapeur.

Induit. — La carcasse de l'induit fixe est en deux parties. C'est une caisse constituée par deux cylindres de même axe réunis par des nervures laissant entre elles des ouvertures pour la ventilation et supportant un troisième cylindre sur lequel sont placées les tôles.

Celles-ci sont serrées, à l'aide de boulons, entre un anneau venu de fonte avec la carcasse et des segments rapportés portant un rebord s'engageant sous le support des tôles.

Le diamètre extérieur de la carcasse est de 4,18 m et sa largeur totale, y compris deux protecteurs en fonte rapportés latéralement, de 65 cm.

Le noyau induit est formé d'une seule pile de tôles de 0,6 mm, d'une largeur totale de 15 cm et d'une hauteur radiale de 15 cm.

L'enroulement induit est réparti dans 300 encoches, de forme rectangulaire avec angles très arrondis. Les dimensions de ces encoches sont de 19 mm en largeur et de 24 mm en profondeur.

Chacune des 6 encoches de chaque pôle reçoit une seule

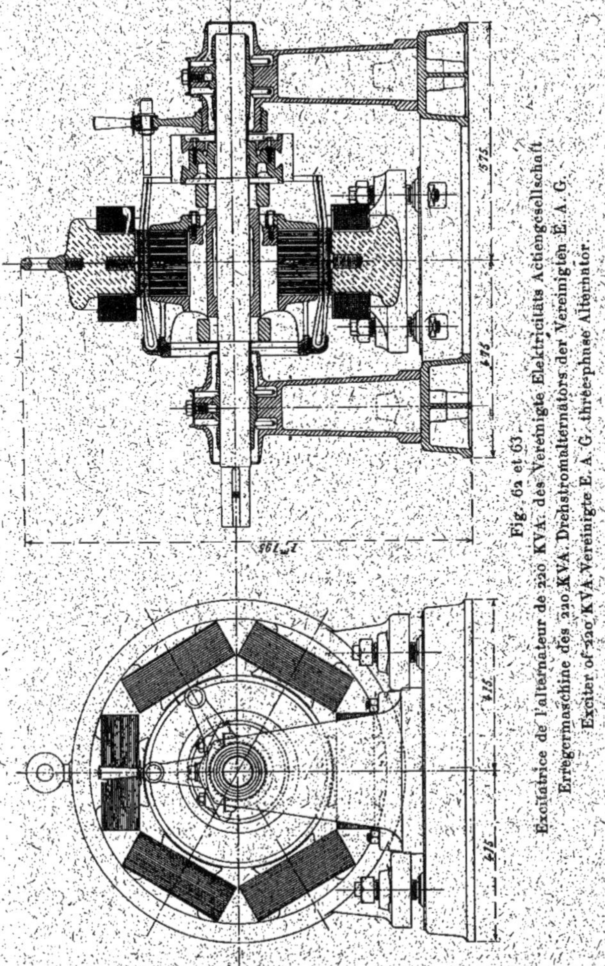

Fig. 62 et 63.
Excitatrice de l'alternateur de 220 KVA. des Vereinigte Elektricitäts Actiengesellschaft.
Erregermaschine des 220 KVA Drehstromalternators der Vereinigten E. A. G.
Exciter of 220 KVA Vereinigte E. A. G. three-phase Alternator.

barre sectionnée en deux parties isolées, à l'aide d'une

légère couche de gomme laque, pour diminuer les courants de Foucault.

La section totale de chaque barre est 300 mm²; ces barres sont isolées au papier et maintenues en place par des cales en fibre qui ferment les encoches.

Les barres d'une même phase sont réunies toutes en séries par des lames de cuivre.

La résistance de chaque phase de l'enroulement induit est de 0,005 ohm à chaud.

Le poids de cuivre total de l'induit est de 580 kg.

Le diamètre extérieur de l'induit est de 3,60 m et l'entrefer de 10 mm à chaud.

Le réglage de l'entrefer peut se faire très facilement. A cet effet, la moitié inférieure de l'induit repose par les deux pattes sur les plaques de fondation à l'aide de vis calantes à contre-écrou et les plaques de fondation portent chacune une vis de butée qui permet un déplacement horizontal de l'induit.

La partie inférieure de l'induit est supportée par deux vis placées au fond de la fosse et empêchant ainsi la déformation de l'induit.

Les plaques de fondation sont reliées aux bâtis du moteur à vapeur.

Le poids total de l'induit y compris les plaques de fondation est de 12 500 kg.

Excitatrice. — L'excitatrice (fig. 62 et 63) est, comme il a été dit, conduite par une contre-manivelle. C'est une machine à 6 pôles. Sa puissance est de 5 500 watts sous une tension de 30 volts.

La carcasse inductrice et les noyaux polaires sont en acier. Les épanouissements polaires qui retiennent en même temps les bobines inductrices sont en fonte et vissés dans les noyaux.

Le diamètre extérieur de l'inducteur est de 82,5 cm et son

Fig. 6

Groupe électrogène de 1 000 KVA, de l'Elektricitäts-Actien-Gesellschaft ci-devant Lahmeyer et Cie et de la Vereinigte Maschinen Fabrik Ausgburg und Maschinenbaugesellschaft Nurnberg.

1 000 KVA. Dampfdynamo der E. A. G. vorm. Lahmeyer und C^o, und der Vereinigten Maschinenfabrik Augsburg und Maschinenbaugesellschaft Nürnberg.

1 000 KVA. E. A. G. vorm. Lahmeyer and C^o and Vereinigte Maschinenfabrik Augsburg und Maschinenbaugesellschaft Nürnberg Set.

p. 86.

diamètre d'alésage de 47,6 cm. La largeur de la carcasse est de 22 cm.

L'entrefer peut être réglé facilement, car la carcasse magnétique repose sur le bâti à l'aide de vis calantes à contre-écrous.

L'induit est en tôles minces séparées en huit paquets serrés entre un anneau de fonte venu avec le manchon d'induit et un second anneau rapporté.

L'enroulement est en tambour multipolaire et est groupé en série ; il est réparti dans des rainures fraisées et isolées avec de la micanite.

Le manchon de l'induit porte des projections soutenant une couronne sur laquelle repose la partie de l'enroulement induit extérieur aux rainures. Ces projections fonctionnent de plus comme un véritable ventilateur servant au refroidissement de l'induit.

Le diamètre extérieur du noyau d'induit est de 47 cm et son diamètre intérieur, de 30 cm.

La largeur de l'induit est de 16 cm.

Les paliers sont pourvus de graisseurs à bagues.

Tableau. — Le tableau est monté sur le bâti même de la machine dont le courant est pris à la partie inférieure.

Près du tableau principal se trouve un second tableau qui sert à faire les connexions des trois phases ; ce qui permet de séparer complètement celles-ci, dispositif très commode pour les essais.

Moteur à vapeur. — Le moteur à vapeur construit par MM. Märky, Bromovsky et Schulz est du type compound conjugué à cylindres horizontaux et à condensation.

Les dimensions principales en sont les suivantes :

Diamètre du cylindre à haute pression	46 cm
Diamètre du cylindre à basse pression	70 »
Course commune des pistons des cylindres . . .	90 »
Vitesse angulaire en tours par minute	110

La pression normale de la vapeur est de 12 kg : cm², la vapeur arrive à la machine surchauffée à 280° centigrades.

La puissance normale de la machine est de 350 chevaux indiqués.

La distribution de la vapeur se fait sur le cylindre à haute pression d'après le système à soupapes du docteur Proel et sur le cylindre à basse pression, par tiroirs cylindriques ordinaires.

Pour mettre la machine en synchronisme avec une autre, pour le couplage des alternateurs, on a disposé un appareil spécial qu'on peut actionner électriquement depuis le tableau de distribution, et au moyen duquel on peut faire varier la vitesse angulaire de la machine pendant la marche de 3 p. 100 environ.

GROUPE ÉLECTROGÈNE MIXTE DE LA SOCIÉTÉ ANONYME D'ÉLECTRICITÉ CI-DEVANT W. LAHMEYER ET Cie ET DES ATELIERS D'AUGSBOURG ET NUREMBERG RÉUNIS

DAMPFDYNAMOS DER ELEKTRICITÄTS-ACTIEN-GESELLSCHAFT VORM. W. LAHMEYER UND C° UND DER VEREINIGTEN MASCHINENFABRIK AUGSBURG UND MASCHINENBAUGESELLSCHAFT NÜRNBERG.

STEAMDYNAMOS OF THE E. A. G. HERETOFORE W. LAHMEYER AND C° AND OF THE AUGSBOURG AND NUREMBERG UNITED WORKS

L'Elektricitäts-Actien-Gesellschaft vorm. Lahmeyer (Société anonyme d'Électricité, ci-devant Lahmeyer et Cie), de Francfort-sur-le-Mein, et les Vereinigte Maschinenfabrik Augsburg und Maschinenbaugesellschaft Nürnberg (Société des Ateliers réunis d'Augsbourg et de Nuremberg) avaient exposé un groupe électrogène fournissant à la fois du courant continu et des courants alternatifs triphasés.

Les deux espèces de courants sont produites par deux dynamos distinctes, un alternateur d'une puissance de 1 000 kilovolts-ampères sous une tension de 5 000 volts et une génératrice à courant continu de 350 kilowatts sous une différence de potentiel aux bornes de 550 volts. Les deux dynamos sont montées chacune à l'une des extrémités de l'arbre du moteur à vapeur.

L'emploi des groupes mixtes pour la génération de l'énergie électrique dans les stations centrales alimentant à la fois des réseaux d'éclairage et de traction, au développement duquel la Société anonyme d'Électricité de Francfort-sur-le-Mein a beaucoup contribué en Allemagne, présente des avantages très sérieux au point de vue du fonctionnement économique des stations, par suite de la meilleure utilisation du matériel à vapeur, et il serait à souhaiter qu'il se répandit en France.

Le groupe Lahmeyer-Nuremberg est représenté sur la figure 64 qui donne une vue de l'ensemble prise en avant du moteur à vapeur.

Alternateur. — L'alternateur exposé par la Société anonyme d'Électricité ci-devant W. Lahmeyer et Cie est à courants triphasés; il est identique à ceux déjà installés par cette Société à la station centrale d'Essen-sur-la-Ruhr. Sa puissance est de 1 000 kilovolts-ampères avec un facteur de puissance de 0,70 au minimum.

La tension aux bornes est de 5 000 volts et la tension par phase, l'induit étant groupé en étoile, de 2 890 volts. L'intensité du courant par phase est ainsi de 115 ampères.

La fréquence est de 50 périodes et correspond, à la vitesse de 93,8 tours par minute, à un nombre de pôles de 64.

L'alternateur Lahmeyer a une forme extérieure assez originale qui le distingue des formes communément adoptées. Il a été étudié spécialement en vue d'avoir une très faible chute de tension, résultat obtenu en saturant fortement les électros.

Les figures 65 et 66 sont des croquis d'ensemble avec coupes partielles; des coupes à plus grande échelle de l'induit et de l'inducteur, par l'axe et perpendiculairement à l'axe, ont été représentées à part sur les figures 67 et 68.

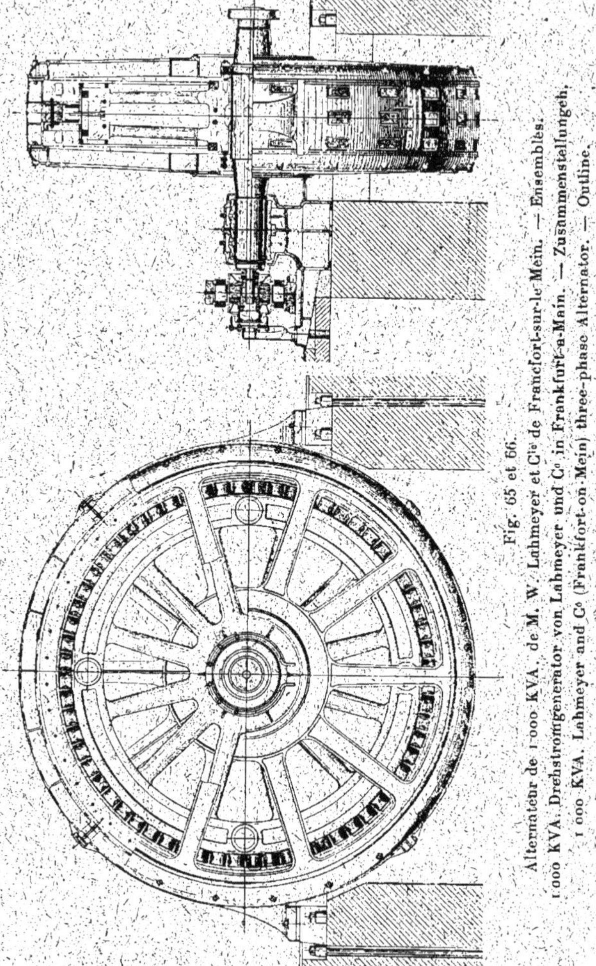

Fig. 65 et 66.
Alternateur de 1 000 KVA. de M. W. Lahmeyer et Cie de Francfort-sur-le-Mein. — Ensembles.
1 000 KVA. Drehstromgenerator von Lahmeyer und C° in Frankfurt-a-Main. — Zusammenstellungen.
1 000 KVA. Lahmeyer and C° (Frankfort-on-Mein) three-phase Alternator. — Outline.

Inducteur. — L'inducteur est formé d'un lourd volant en

fonte, en quatre parties assemblées au moyen de boulons

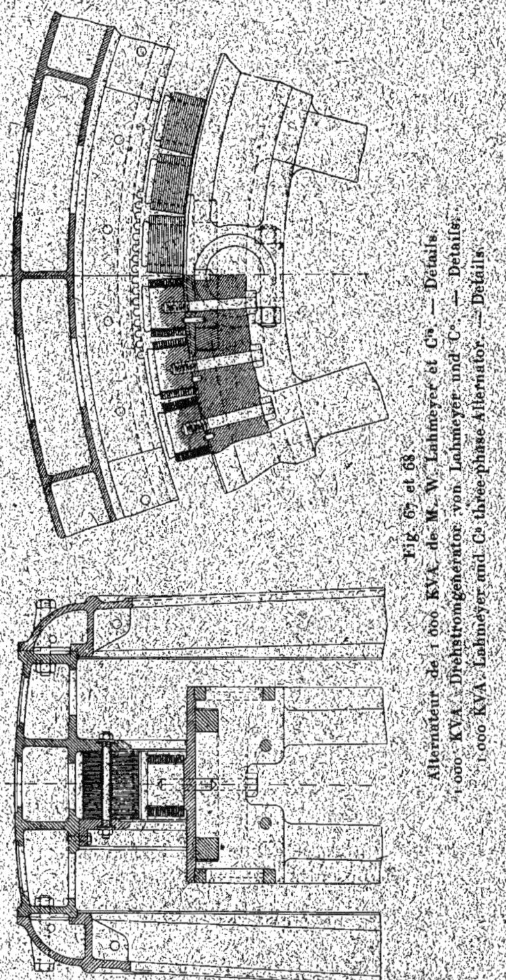

Fig. 67 et 68.
Alternateur de 1 000 KVA de M. W. Lahmeyer et Cie. — Détails.
1 000 KVA Drehstromgenerator von Lahmeyer und Co. — Details.
1 000 KVA Lahmeyer and Co three-phase Alternator. — Details.

et par deux frettes en fer forgé posées à chaud sur les

quatre parties du moyeu. A la jante, l'assemblage est fait par des frettes circulaires en fer forgé à raison de trois par joints; deux de ces frettes sont disposées dans des gorges pratiquées sur les deux faces du volant et la troisième, de dimensions plus fortes, à la surface même de la jante. Cette dernière frette une fois posée dans son logement est recouverte d'une plaque de fonte arrondie extérieurement et serrée sur la jante par les boulons servant à la fixation des pôles qui se trouvent à l'endroit du joint.

Les 64 pôles inducteurs, fixés à la jante par des boulons goupillés la traversant tout entière, ont leurs noyaux circulaires et en acier coulé; leur diamètre est de 18 cm environ. Les épanouissements polaires sont massifs et en fer forgé et la production exagérée de courants de Foucault dans leur masse y a été réduite en dimensionnant convenablement l'entrefer et en donnant une forme spéciale aux encoches de façon à obtenir une répartition convenable du flux.

La rotation des noyaux autour de leur axe est empêchée par un petit ergot.

La figure 69 représente une photographie montrant deux quarts du volant sans leurs pôles inducteurs.

Le diamètre extérieur de la jante est de 5,33 m et sa largeur, de 84 cm.

Le diamètre à l'extrémité des pièces polaires est de 5,784 m. La largeur de celles-ci parallèlement à l'axe est de 30 cm, et celle dans un plan perpendiculaire à l'axe, égale aux deux tiers du pas, soit 20 cm environ. La surface des pièces polaires est donc de 600 cm^2 environ.

Les bobines inductrices sont constituées à l'aide d'une bande de cuivre enroulée sur champ; les spires ainsi formées, au nombre de 34 par bobine, sont isolées entre elles au papier mâché.

Toutes les bobines inductrices sont réunies en série et le circuit ainsi formé aboutit à deux bagues de prise de courant en acier montées sur l'arbre de la dynamo.

Fig. 69.

Vue d'une moitié de la carcasse inductrice de l'alternateur de 1 000 KVA de MM. Lahmeyer et Cie dans les ateliers.

Magnetradhälfte des 1 000 KVA Drehstromalternators von Lahmeyer und Co in der Werkstatt.

View of half of fly wheel of 1 000 KVA Lahmeyer and Co Alternator in the Works.

p. 90.

Fig. 70.
Vue de l'induit de l'alternateur de 1 000 KVA. de MM. Lahmeyer et Cie dans les ateliers.
Anker des 1 000 KVA. Drehstromalternators von Lahmeyer und Co in der Werkstatt.
Armature of 1 000 KVA. Lahmeyer and Co Alternator in the Works.

La résistance du circuit inducteur est de 0,25 ohm.

L'arbre de l'alternateur est couplé rigidement à celui du moteur à vapeur, et n'est soutenu que par un seul palier.

L'entraînement se fait par deux clavettes à 90°.

Le poids de l'inducteur sans l'arbre est de 54 000 kg et son rayon de giration, de 2,365 m.

La vitesse tangentielle à la circonférence extérieure du volant atteint 28,5 m par seconde.

Induit. — La carcasse de l'induit est constituée par une caisse cloisonnée, formée de deux parties cylindriques concentriques réunies par des nervures, et présentant de nombreuses ouvertures pour la ventilation.

Cette caisse porte, venu de fonte avec elle, un anneau sur lequel s'appuient les tôles induites serrées contre cet anneau par des cornières cintrées fixées à la caisse et par des boulons isolés.

La carcasse induite est fondue en quatre parties assemblées dans deux plans inclinés à 45°, par des boulons à raison de trois par joint.

Deux des quarts d'induit portent des projections par lesquelles la machine repose sur les plaques de fondation.

Sur les côtés de la machine sont boulonnés deux protecteurs chacun en deux parties et formés de deux couronnes concentriques réunies par dix bras nervurés. Les flasques ainsi formées donnent une grande rigidité à l'induit et empêchent toute déformation.

L'ensemble de l'induit monté, mais sans bobinage, est représenté sur la figure 70 prise dans l'un des halls de montage de la Société anonyme d'Électricité de Francfort-sur-le-Mein.

Le diamètre extérieur de la carcasse induite est de 6,92 m et sa largeur totale maxima, de 1,63 m.

Le diamètre intérieur de l'induit est de 5,80 m, ce qui

laisse un entrefer de 8 mm. La largeur totale des tôles induites est de 30 cm.

L'enroulement induit est logé dans des encoches de forme circulaire et très légèrement ouvertes, de façon à obtenir une distribution suffisamment homogène du flux dans l'entrefer et à réduire au minimum les pertes par hystérésis et par courants de Foucault dans les dents. Ces encoches sont au nombre de 6 par pôle, soit 384 pour toute la surface de l'induit; elles sont munies de tubes de micanite sans joint.

L'enroulement induit est un bobinage triphasé ordinaire avec 4 encoches par phase et par paire de pôles. Les 32 bobines de chaque phase sont formées de deux parties concentriques.

Chaque bobine complète comporte 12 spires, formées de plusieurs fils en parallèle ; le nombre de conducteurs distincts par encoche est donc de 6.

Les trois phases sont groupées en étoile et la résistance de chacune d'elle est de 0,34 ohm.

Le poids de l'induit avec ses plaques de fondation est de 55 000 kg.

Excitatrice. — L'excitatrice calée sur l'arbre est montée en porte-à-faux.

C'est une dynamo de 17 000 watts sous 65 volts au maximum. Elle a 6 pôles et est excitée en dérivation.

L'inducteur est en acier coulé, son diamètre extérieur est de 1,41 m et sa largeur de 32,5 cm, le diamètre d'alésage de l'inducteur est de 72 cm.

L'induit denté est enroulé en tambour multipolaire série; le collecteur a une largeur utile de 9,3 cm et un diamètre de 45,3 cm. Le nombre de lames est de 104.

Tableau de distribution. — Le tableau de distribution ne présente aucune particularité spéciale. C'est un panneau en marbre placé sur une face latérale d'une cabine constituée par des cornières et dont les autres faces sont revêtues d'un grillage.

Ce tableau contient : un voltmètre et trois ampèremètres, un pour chacune des phases de l'alternateur, un wattmètre, et un ampèremètre pour le circuit d'excitation de l'alternateur.

A l'intérieur de la cabine sont placés les shunts des ampè-

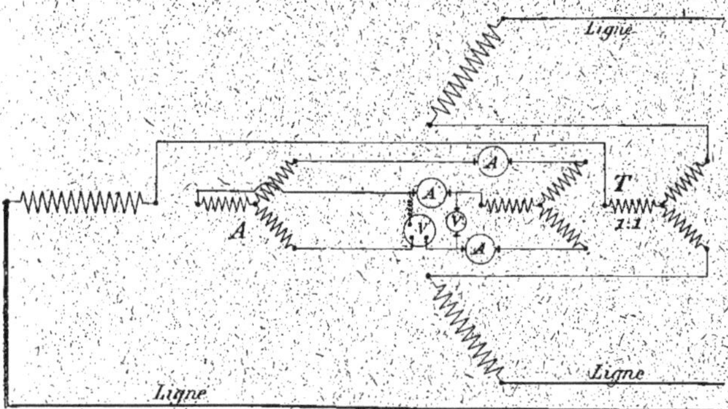

Fig. 71.
Schéma des connexions des appareils de mesure de l'alternateur de 1 000 KVA. MM. Lahmeyer et Cie.
Schaltungsschema der Messinstrumente des 1 000 KVA. Drehstromgenerators von W. Lahmeyer und Co.
Scheme of connections of measuring instruments of 1 000 KVA. Lahmeyer three-phase Alternator.

remètres caloriques, l'interrupteur tripolaire et le rhéostat d'excitation de l'excitatrice ; ces deux derniers appareils sont maniables du dehors.

Le réglage de la tension aux bornes de l'alternateur se fait uniquement par celui de la tension aux bornes de l'excitatrice à l'aide du rhéostat de champ de cette dernière, sans interposition de résistance en série avec l'inducteur de l'alternateur.

Un point particulièrement intéressant dans les connexions des appareils de mesure avec l'alternateur, c'est qu'aucun appareil n'est en relation avec les circuits à haute tension.

Le dispositif employé par la Société anonyme d'Électricité, ci-devant Lahmeyer et Cie, et breveté récemment par elle, est des plus ingénieux. Il consiste, comme le montre schématiquement la figure 71, à séparer du circuit de chaque phase, à partir du point de jonction des trois phases, un certain nombre de spires de l'induit, par exemple une seule des bobines élémentaires, soit 1/64 de l'enroulement, et à connecter le circuit étoilé ainsi formé avec le primaire d'un petit transformateur triphasé dont le rapport de transformation est égal à l'unité et dont la puissance est, avec celle de la dynamo, dans le même rapport que celui du nombre de spires séparées sur une phase au nombre total de spires par phase.

C'est sur les conducteurs de jonction du circuit isolé, ou primaire du transformateur, que se trouvent les appareils de mesure : un voltmètre entre deux des conducteurs, un ampèremètre sur chaque phase et un wattmètre sur l'une des phases avec connection du fil fin au point neutre.

Le secondaire du transformateur est réuni en série avec les phases tronquées de l'alternateur et son point neutre est mis à la terre.

On voit facilement qu'avec ce montage, l'intensité du courant dans le primaire est sensiblement la même que celle dans le secondaire, c'est-à-dire dans l'enroulement de l'alternateur, et que la tension y est proportionnelle à la tension totale.

Cette disposition des appareils de mesure a déjà été appliquée par la maison Lahmeyer à un grand nombre de machines et des essais très soigneux ont été faits pour vérifier que l'exactitude des mesures n'est pas amoindrie par l'emploi de ce dispositif et que les petites irrégularités de l'entrefer n'ont aucune influence.

Résultats d'essais. — Nous avons représenté sur la figure 72 les caractéristiques à vide (courbe I) et en court-circuit (courbe II) de l'alternateur de la Société anonyme d'Électricité de Francfort-sur-le-Mein ; elles montrent bien que la saturation y est très forte et que le point correspondant à la marche à vide est juste au-dessus du coude.

L'intensité du courant d'excitation pour obtenir 5 000 volts

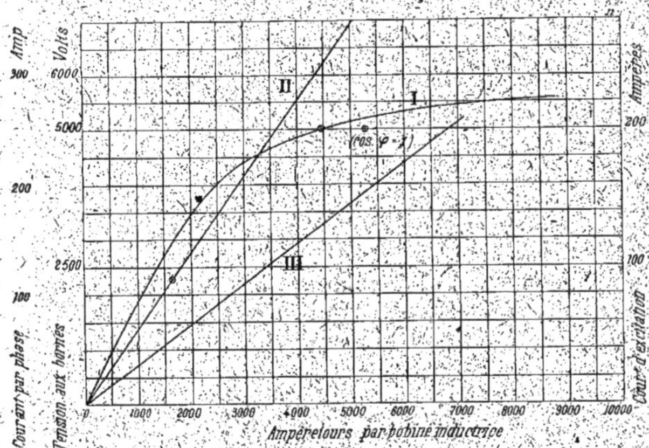

Fig. 72.

Caractéristiques de l'alternateur de 1 000 KVA. de MM. Lahmeyer et Cie. — I. Caractéristique à vide. — II. Caractéristique en court-circuit. — III. Ligne d'excitation.

Kurven des 1 000 KVA. Drehstromgenerators von Lahmeyer und Co. — I. Leerlaufcharakteristik. — II. Kurzschlusscharakteristik. — III. Erregungsgerade.

Characteristics of 1 000 KVA. Lahmeyer three-phase Alternator. — I. No load saturation curve. — II. Short-circuit curve. — III. Excitation line.

aux bornes, à vide à la fréquence de 50 périodes par seconde, est de 131 ampères.

L'intensité du courant d'excitation pour obtenir, en court-circuit, l'intensité normale de débit dans l'induit est de 49 ampères et correspond à une tension induite égale environ au tiers de la tension normale aux bornes.

En charge de 1 000 kilowatts, avec un facteur de puissance égal à l'unité, le courant d'excitation est d'environ 155 ampères.

Dans ces conditions le rendement électrique est de 96 p. 100.

En cas de décharge brusque et sans variation de vitesse la tension augmente seulement de 6 p. 100.

Les pertes d'énergie en charge normale avec $\cos\varphi = 0{,}7$ sont les suivantes :

Pertes par effet Joule dans l'induit	13 700 watts
» par courants de Foucault et hystérésis dans l'induit	13 100 »
» » » dans les dents	9 100 »
» par effet Joule dans l'inducteur	13 800 »
Total	49 700 watts

Le rendement est alors de 93,5 p. 100.

Moteur à vapeur. — Le moteur à vapeur construit par les Ateliers réunis d'Augsbourg et de Nuremberg est du type pilon compound à deux manivelles et à condensation.

Les principales dimensions de la machine sont les suivantes :

Diamètre du cylindre à haute pression	86,5 cm
» » à basse pression	135 »
Course commune des pistons	110 »

La vitesse angulaire est de 93,8 tours par minute et la pression de la vapeur, de 10 kg : cm². A cette vitesse et à cette pression la machine peut développer normalement une puissance effective de 1 400 chevaux.

La distribution est faite par soupape tubulaire à double siège sur le petit cylindre et par tiroirs genre Corliss sur le gros cylindre.

Les deux manivelles étant à 180° on a dû prévoir un dispositif spécial pour la mise au point. On a employé à ce sujet un petit volant avec denture sur lequel engrène un pignon monté sur l'axe de la vis sans fin d'un renvoi commandé par un moteur électrique.

Ce moteur, du type cuirassé, est représenté sur la figure 73.

Sa puissance est de 7 chevaux à 700 tours par minute et il fonctionne à la tension de 220 volts.

Fig. 73.
Moteur cuirassé de MM. Lahmeyer et Cie de Francfort-sur-le-Mein.
Kapselmotor von Lahmeyer und Co in Frankfurt-a-Main.
Iron-clad motor of Lahmeyer and Co of Francfort-on-Mein.

Le pignon engrenant avec le volant est à contrepoids et se renverse, lorsqu'on fait démarrer la machine avec le petit moteur, dès que la vitesse a atteint une certaine valeur.

GROUPE ÉLECTROGÈNE DE 215 KILOVOLTS-AMPÈRES
DE M. F. KRIZIK, DE PRAGUE, ET MM. RUSTON ET Cie

215 KVA. DAMPFDYNAMO VON F. KRIZIK IN PRAG UND DER MASCHINENBAU-ACTIEN-GESELLSCHAFT, VORM. RUSTON UND C^o^.

215 KVA. F. KRIZIK AND RUSTON AND C^o^ THREE-PHASE GENERATING UNIT.

La Prager Maschinenbau-Actien-Gesellschaft, ci-devant Ruston et Cie, de Prague, et M. Krizik, également de Prague, présentaient en commun un groupe électrogène à courants alternatifs triphasés.

Ce groupe, non en service à l'Exposition, est destiné à l'éclairage de la gare de Pilsen en Bohême. Il est représenté sur la photographie de la figure 74 et sur les figures 75, 76 et 77, qui en sont des vues diverses.

Alternateur. — L'alternateur triphasé Krizik accouplé avec le moteur à vapeur des anciens établissements Ruston et Cie est du type volant à inducteur mobile.

Sa puissance apparente est de 215 kilovolts-ampères avec un facteur de puissance minimum de 0,7. La puissance vraie est par suite, avec ce facteur de puissance, de 150 kilowatts.

La tension aux bornes est 220 volts et l'induit est groupé en étoile ; le débit par phase est de 565 ampères.

La vitesse angulaire est de 120 tours par minute et la fréquence de 32 périodes, ce qui correspond à un nombre de pôles de 32. Les figures 78, 79 et 80 sont des vues d'ensemble avec coupes ; les figures 81 et 82 représentent des coupes d'une partie de l'induit et de l'inducteur.

Inducteur. — L'inducteur est formé d'un volant en fonte en deux parties réunies au moyeu par 4 bras doubles très courts.

Fig. 74.
Groupe électrogène de 215 KVA. de M. F. Krizik et de MM. Ruston et Cie. de Prague.
215 KVA. Dampfdynamo der Firma Krizik und von Ruston und C^o in Prag.
215 KVA. Krizik and Ruston (Prag) three-phase Steamdynamo.

p. 98.

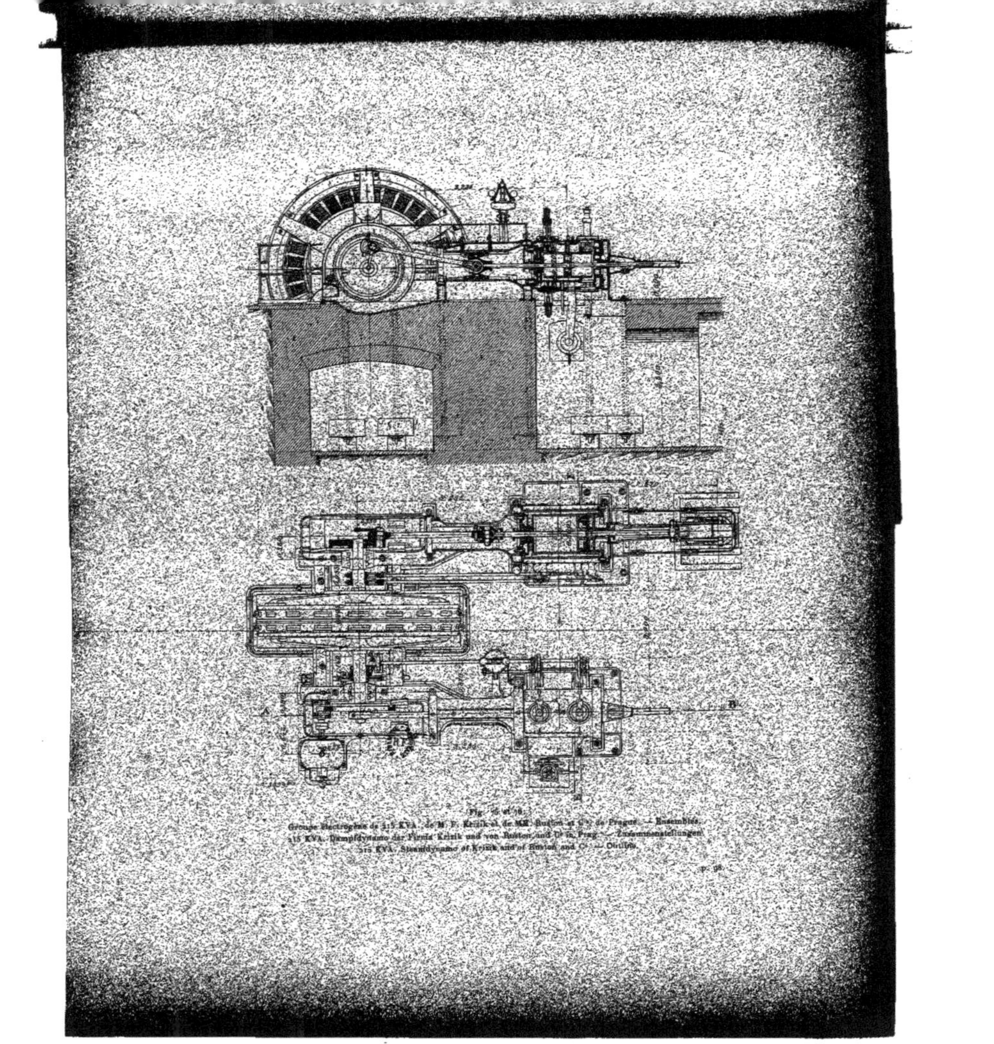

Fig. 75 et 76.

Groupe Electrogène de 215 KVA. de M. F. Křižik et de MM. Ruston et Cie de Prague. — Ensembles.
215 KVA. Dampfdynamo der Firma Křižik und von Ruston and Co in Prag. — Zusammenstellungen.
215 KVA. Steamdynamo of Křižik and of Ruston and Co. — Outline.

p. 98.

L'assemblage des deux parties du volant est fait à la jante par 4 boulons et par 4 frettes posées à chaud dans des logements pratiqués à cet effet. Au moyeu, les deux moitiés du

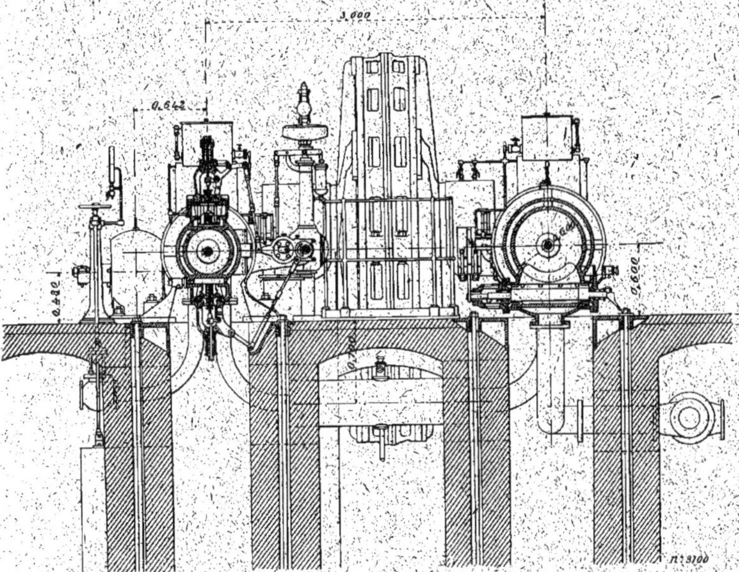

Fig. 77.
Groupe électrogène de 215 KVA. de M. F. Krizik et de MM. Ruston et Cie, de Prague, — Ensemble.
215 KVA. Dampfdynamo der Firma Krizik und von Ruston und Co in Prag. — Zusammenstellung.
215 KVA. Steamdynamo of Krizik and of Ruston and Co. — Outline.

volant, assemblées suivant deux des doubles bras, sont serrées par 4 boulons et par 2 frettes en fer forgé.

La jante a une section affectant la forme d'un U à branches très courtes ; son diamètre est de 2,118 m et sa largeur de 50 cm environ. Elle porte les 32 pôles légèrement encastrés dans sa surface et retenus par des vis la traversant complètement. Un petit ergot empêche la rotation des pôles autour de leur axe.

Ceux-ci ont une section circulaire de 14,5 cm de diamètre

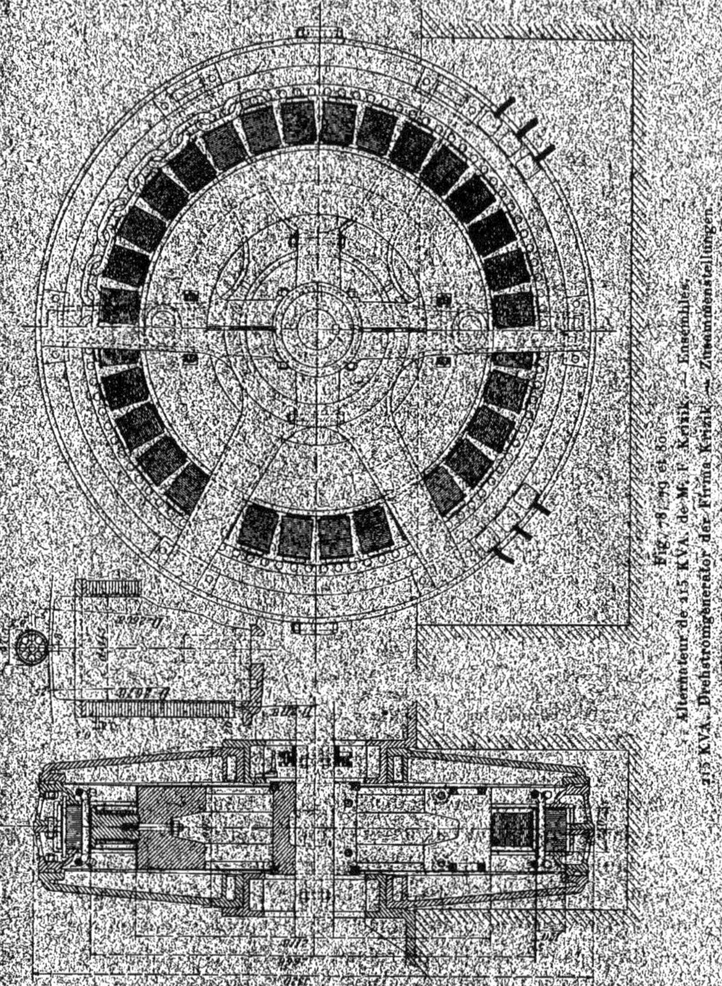

Fig. 78, 79 et 80.
Alternateur de 215 KVA, de M. F. Krizik. — Ensembles.
215 KVA. Drehstromgenerator der Firma Krizik. — Zusammenstellungen.
215 KVA. Krizik three-phase Alternator. — Outline.

et sont surmontés par une pièce polaire de forme rectangulaire dont les bords sont légèrement arrondis. La largeur

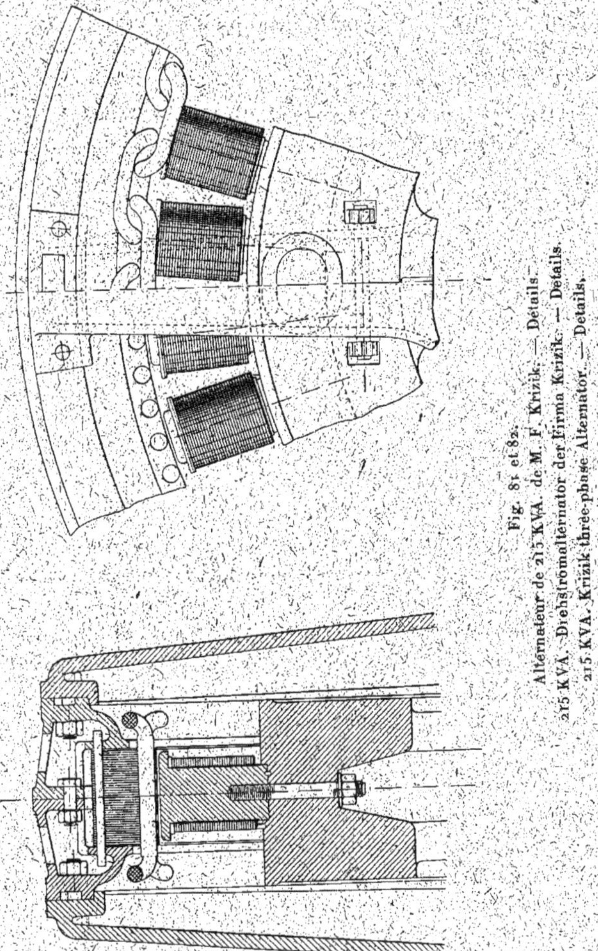

Fig. 81 et 82.
Alternateur de 215 KVA. de M. F. Krizik. — Détails.
215 KVA. Drehstromalternator der Firma Krizik. — Details.
215 KVA. Krizik three-phase Alternator. — Details.

de ces pièces polaires parallèlement à l'axe, est de 23 cm et leur largeur perpendiculairement à l'axe, de 15 cm à la base et de 14 cm dans l'entrefer ; leur hauteur est de 32 cm.

La hauteur des pôles inducteurs non compris la partie encastrée est de 27,5 cm.

Les bobines inductrices sont formées par une bande de cuivre, de 20 mm de largeur et 3,8 mm d'épaisseur, enroulée sur champ. Elles sont retenues à la partie supérieure contre l'épanouissement polaire par une bague de bronze.

Le nombre de spires de chaque bobine est de 50 et toutes les bobines sont montées en série ; le circuit d'excitation ainsi formé aboutit à deux bagues de prises de courants calées sur l'arbre, sa résistance à chaud est de 0,22 ohm.

Le poids de l'inducteur sans l'arbre est de 7 934 kg, dont 595 kg pour le cuivre.

Le diamètre extérieur de l'inducteur est de 2,668 m et l'entrefer de 8 mm.

Induit. — L'induit très robuste est formé de deux caisses faites chacune en deux parties. Ces deux caisses, munies de nombreuses ouvertures pour la ventilation, sont boulonnées ensemble et serrent entre elles le noyau induit formé d'un anneau de tôles minces.

Le diamètre extérieur de la carcasse de l'induit est de 3,32 m.

Sur les deux faces de l'induit sont boulonnés deux disques réunis à deux colliers supportés par deux anneaux venus de fonte avec des équerres fixées à la maçonnerie.

L'ensemble de l'induit peut tourner autour de ces deux anneaux de façon à permettre de visiter ou de réparer facilement une partie quelconque de cet organe.

La largeur maxima de la carcasse de l'induit est de 90,5 cm.

Le noyau d'induit a un diamètre d'alésage de 2,684 m et une hauteur radiale de 17 cm. Sa largeur est de 25 cm.

L'enroulement induit est réparti dans 96 rainures circulaires légèrement ouvertes. Le diamètre de ces rainures est de 47 mm et la largeur de l'ouverture dans l'entrefer, de 8 mm.

Chaque phase comporte 16 bobines enroulées chacune dans deux encoches ; le nombre de spires par bobine est de 9 et le diamètre du fil, de 8,2 mm.

Les seize bobines de chaque phase sont groupées en quatre séries de 4 disposées en parallèle et les trois phases couplées en étoile.

La résistance de chaque phase à chaud est de 0,0054 ohm.

Le poids total de l'induit, non compris les supports, est de 9 452 kg dont 315 kg pour le cuivre.

Excitatrice. — L'excitatrice de l'alternateur Krizik est commandée à l'aide d'engrenages par le plateau-manivelle. Sa puissance est de 8,5 kilowatts sous 42 volts.

C'est une machine à quatre pôles à inducteur en acier, les noyaux polaires sont venus de fonte avec la carcasse.

Les inducteurs sont excités en dérivation.

La largeur de la carcasse inductrice est de 46 cm et son diamètre extérieur de 70 cm. Le diamètre d'alésage est de 28 cm et l'entrefer de 5 mm.

Chaque pôle inducteur comporte une bobine de 652 spires de fil de 3 mm de diamètre.

L'induit est bobiné en tambour, son diamètre extérieur est de 27 cm et sa largeur utile, de 19 cm ; il comporte 37 sections de 4 spires. L'enroulement est réparti dans 37 encoches.

Le collecteur a un diamètre de 15 cm et une largeur de 17 cm ; les lames sont au nombre de 37.

Les balais sont en charbon.

Rendement. — Le courant d'excitation prévu pour la marche en charge de 215 kilovolts-ampères avec un facteur de puissance de 0,7 est de 180 ampères.

Les pertes calculées en pleine charge sont les suivantes :

Pertes par effet Joule dans l'induit.	5 200 watts
Pertes par hystérésis et courants de Foucault . .	3 700 »
Pertes par effet Joule dans l'inducteur	7 200 »
Pertes totales	16 100 watts

Le rendement apparent en pleine charge de 150 kilowatts avec un facteur de puissance de 0,7 et donc de 93,2 p. 100.

L'utilisation du cuivre ressort à 6 kg par kilowatt et à 4,2 kg par kilovolt-ampère.

Moteur à vapeur. — Le moteur à vapeur de la Société anonyme de construction de machines de Prague est du type compound conjugué.

Ses principales dimensions sont les suivantes :

Diamètre du petit cylindre	37 cm
Diamètre du grand cylindre	60 »
Course commune des pistons	70 »

La pression de la vapeur d'admission est de 10 kg : cm² et la vitesse de régime, de 120 tours par minute. Dans ces conditions, la puissance effective est de 240 chevaux pour la marche à condensation.

Cette machine peut également fonctionner avec de la vapeur surchauffée, sa vitesse peut être portée à 150 tours par minute sans inconvénient.

La distribution de la vapeur se fait par soupapes, pour le cylindre à haute pression et, par tiroirs Corliss, pour le cylindre à basse pression.

Le type de soupapes adopté pour la distribution du cylindre à haute pression est celui de Radovanovic, mais avec une légère modification.

GROUPE ÉLECTROGÈNE MIXTE DE MM. SCHUCKERT ET Cie ET DES ATELIERS RÉUNIS D'AUGSBOURG ET DE NUREMBERG.

DAMPFDYNAMOS DER ELEKTRICITÄTS AKTIENGESELLSCHAFT VORM. SCHUCKERT UND C° UND DER VEREINIGTEN MASCHINENFABRIK AUGSBURG UND MASCHINENBAU GESELLSCHAFT NÜRNBERG.

STEAMDYNAMOS OF THE E. A. G. HERETOFORE SCHUCKERT AND C° AND OF THE AUGSBOURG AND NUREMBERG UNITED WORKS.

L'Elektricitäts Aktiengesellschaft vorm. Schuckert und C° (Société anonyme d'Électricité ci-devant Schuckert et Cie), de Nuremberg, et les Vereinigte Maschinenfabrik Augsburg und Maschinenbaugesellschaft Nürnberg, avaient exposé un groupe électrogène donnant à la fois des courants alternatifs triphasés et du courant continu fournis, les premiers par un alternateur, et les seconds, par une dynamo à courant continu placés chacun à l'extrémité de l'arbre du moteur à vapeur.

La figure 83 est une photographie du groupe prise du côté de l'alternateur.

Alternateur. — L'alternateur exposé par la Société anonyme d'Électricité, anciennement Schuckert, de Nuremberg, est à courants triphasés, sa puissance est de 850 kilovolts-ampères et la tension aux bornes de 5 000 volts. Les trois phases de l'induit étant groupées en étoile, la tension simple est de 2 890 volts et le débit par phase est de 98 ampères.

La fréquence est de 50 périodes par seconde et le nombre de pôles de 72 ; la vitesse angulaire correspondante est de 83,3 tours par minute.

Les figures 84 et 85 montrent des vues en élévation et en bout, et les figures 86 et 87 des coupes et vues d'une partie de l'induit et de l'inducteur de l'alternateur.

Inducteur. — L'inducteur est formé par un volant en fonte en deux parties reliées au moyeu par huit bras à section en forme de double T. L'assemblage des deux moitiés du volant se fait suivant deux bras partagés par moitié et il

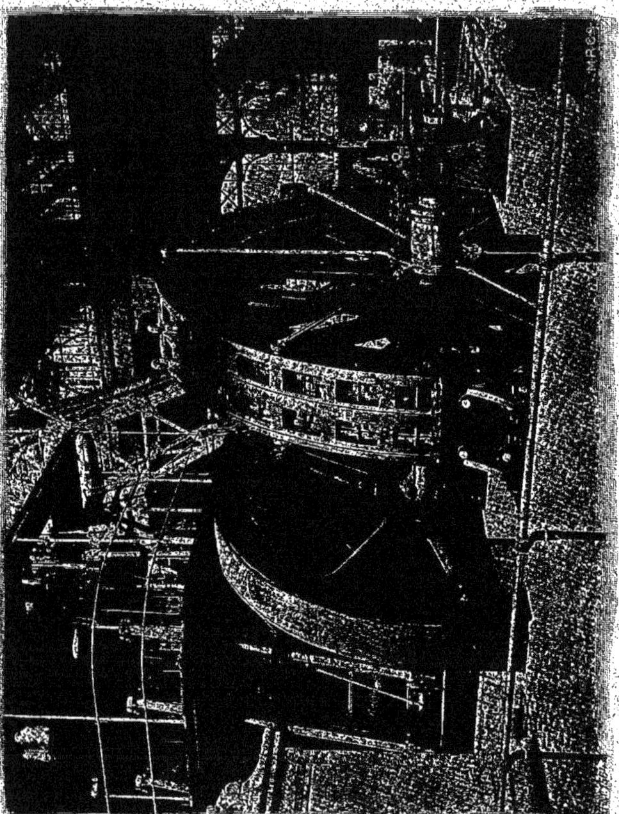

Fig. 83.
Groupe électrogène de MM. Schuckert et Cie et de la Société des Ateliers d'Augsbourg et de Nuremberg.
Dampfdynamo der E. A. G. vorm. Schuckert und Co und der V. M. F. Augsburg und M. B. G. Nurnberg.
E. A. G. vorm. Schuckert and Co and united Works of Augsbourg and Nuremberg Set.

est assuré par huit frettes en fer forgé posées à chaud dans des logements pratiqués sur les faces de la jante et sur celles du moyeu.

Les 72 pôles inducteurs sont en acier et fixés à la jante chacun par deux boulons la traversant complètement.

Le desserrage des écrous de ces boulons est empêché par

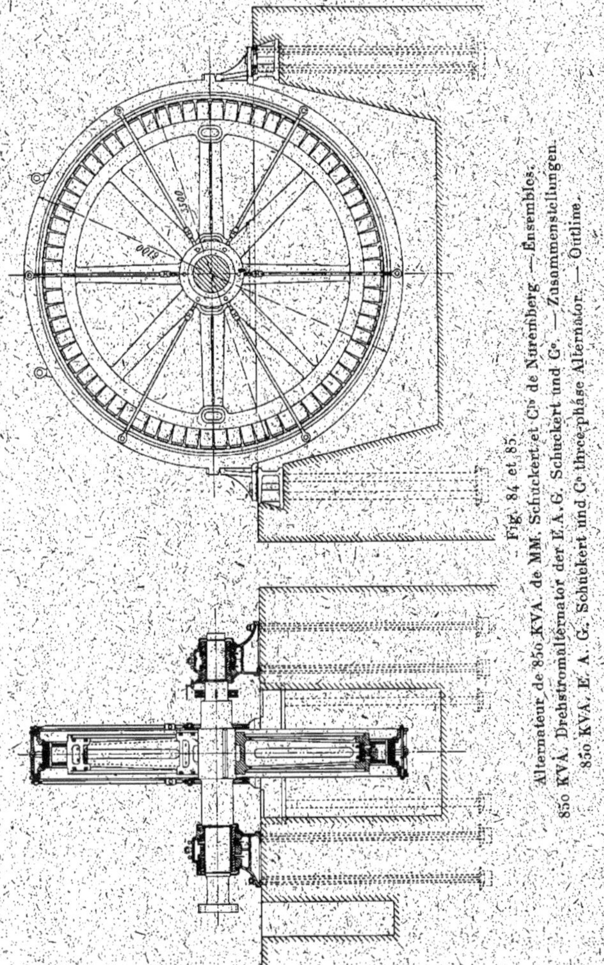

Fig. 84 et 85.
Alternateur de 850 KVA de MM. Schuckert et Cie de Nuremberg. — Ensembles.
850 KVA Drehstromalternator der E. A. G. Schuckert und Co. — Zusammenstellungen.
850 KVA. E. A. G. Schuckert und Co three-phase Alternator. — Outline.

des pièces en fonte dans lesquelles les écrous viennent se

loger; ces pièces sont retenues, à l'intérieur de la jante, par de petits écrous vissés sur les prolongements des boulons.

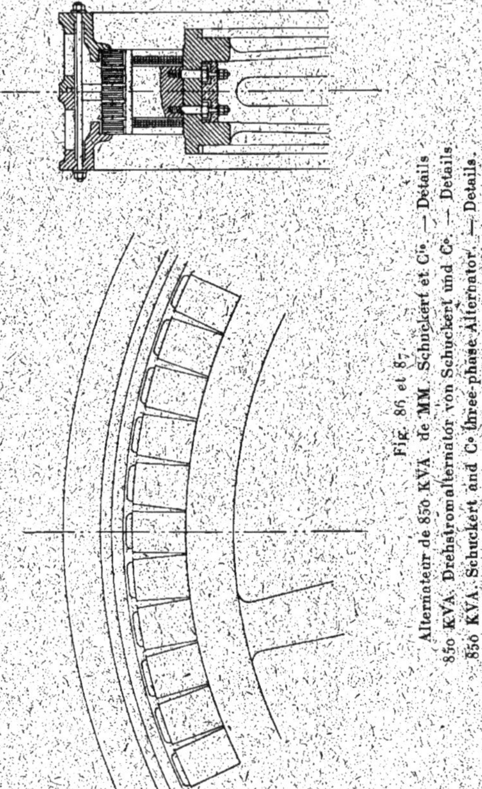

Fig. 86 et 87.
Alternateur de 850 KVA de MM. Schuckert et Cie. — Details
850 KVA. Drehstromalternator von Schuckert und Co. — Details.
850 KVA. Schuckert and Co three-phase Alternator. — Details.

Le diamètre extérieur de la jante est de 4,86 m environ et sa largeur, de 60 cm.

Le diamètre de l'inducteur à l'extrémité des pièces polaires est de 5,484 m et la largeur des pièces polaires, parallèlement à l'axe, de 40 cm.

Fig. 88.

Inducteur de l'alternateur de 850 KVA de MM. Schuckert et Cie de Nuremberg. — Montage des pôles.
Magnetrad des 850 KVA. Drehstromgenerators von Schuckert in Nürnberg. — Montierung des Polrades.
Field of 850 KVA. Schuckert three-phase Alternator. — Setting up of poles.

p. 168.

Le rapport de largeur du pôle au pas est de $\frac{3}{4}$ environ ; les dimensions des pièces polaires sont de 40 cm et 18 cm.

Les bobines inductrices sont constituées avec un câble à section rectangulaire enroulé sur plat. Toutes les bobines sont en série et le circuit inducteur aboutit à deux bagues de prises de courants.

Le courant d'excitation était fourni à 250 volts par la canalisation générale de l'Exposition.

Le poids total de l'inducteur est de 26150 kg ; la vitesse tangentielle est de 24 m environ par seconde.

La figure 88 représente une photographie de l'inducteur pendant le montage des pôles.

Induit. — L'induit est d'un aspect très léger : il est constitué par une carcasse en fonte en quatre parties formant deux couronnes s'emboîtant l'une dans l'autre et serrées entre elles par des boulons.

Les tôles induites, partagées en cinq anneaux d'égale épaisseur et laissant entre eux des intervalles pour la ventilation, sont serrées par des boulons entre des projections venues de fonte avec les deux parties de la carcasse.

La partie supérieure de la carcasse porte des pitons d'enlevage pour faciliter le montage.

Pour empêcher toute déformation qui serait produite, soit par de légers tassements dans la fondation, soit par l'échauffement de la machine en marche, d'exercer la moindre influence sur l'exactitude du centrage, MM. Schuckert et Cᵒ emploient un système de tirants radiaux qui a fait ses preuves dans nombre de modèles de machines ; ces tirants, très légers rendent l'enroulement à haute tension très facilement accessible pour l'inspection et le nettoyage.

Le bâti annulaire repose sur des plaques de fondation au moyen de supports démontables boulonnés sur la carcasse induite, et de telle façon que, ces supports étant déboulonnés, il est très facile de faire tourner tout d'une pièce l'anneau autour de son axe ; de cette manière, on peut toujours, soit pour inspecter ou nettoyer à fond, ou faire les réparations nécessaires, rendre accessibles aussi toutes les parties de l'enroulement à haute tension qui se trouvent en temps ordinaire en contre-bas du sol.

Le diamètre extérieur de la carcasse est de 6,1 m et le diamètre intérieur de l'anneau induit de 5,5 m ; la largeur de la machine extérieurement est de 90 cm et la longueur du noyau d'induit, y compris les espaces vides de 1 cm environ, de 40 cm. L'entrefer est de 8 mm.

L'enroulement induit est réparti dans 3 × 72 ou 216 encoches légèrement ouvertes. Chaque phase compte 36 bobines de 9 spires logées dans des tubes en micanite.

Le poids de l'induit complet est de 14 350 kg dont 6600 kg pour la partie supérieure 7 750 kg pour la partie inférieure.

La photographie de la figure 89 montre les deux moitiés pendant l'opération du bobinage.

Le poids de la machine y compris l'arbre et les deux paliers est de 50 810 kg.

Le rendement électrique est de 94 p. 100 à pleine charge et de 91 p. 100 à demi-charge.

A pleine charge les pertes se décomposent de la manière suivante :

Pertes par hystérésis et courants de Foucault . . .	19 000 watts
Pertes par effet Joule dans l'induit.	14 000 »
Pertes par effet Joule dans l'inducteur	18 000 »
Pertes totales	51 000 watts

Tableau. — Les appareils nécessaires au service des dynamos et au réglage de la tension du réseau sont disposés sur deux tableaux-kiosques, un pour le courant continu, l'autre pour les courants triphasés.

Sur la première face du kiosque correspondant à l'alternateur sont disposés : un voltmètre, deux ampèremètres, deux manettes et trois interrupteurs tripolaires. Les voltmètres et ampèremètres à haute tension sont branchés sur des

Fig. 89.

Induit de l'alternateur de 850 KVA. de MM. Schuckert et Cie de Nuremberg. — Bobinage de l'induit.

Anker des 850 KVA. Drehstromgenerators von Schuckert in Nürnberg. — Bewickelung des Ankers.

Armature of 850 KVA. Schuckert three-phase Alternator. — Winding of Armature.

p. 110.

transformateurs de mesure qui se trouvent à l'intérieur du

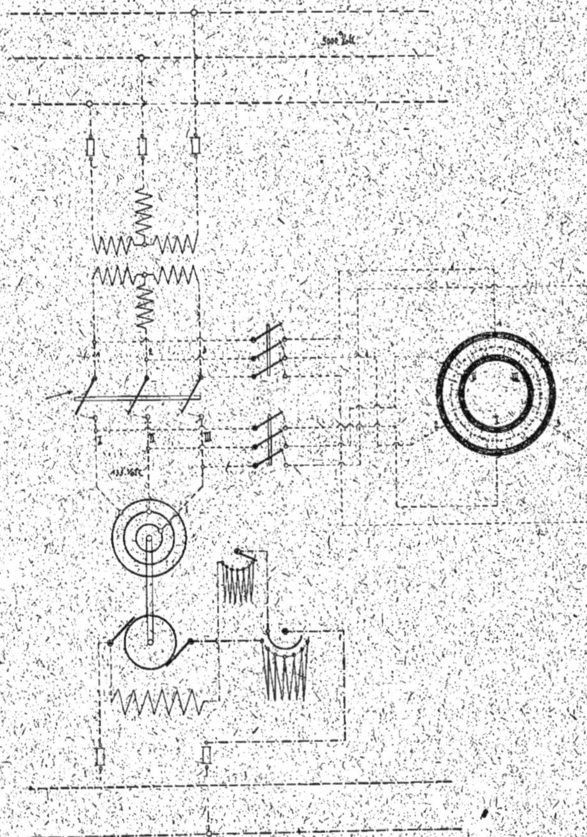

Fig. 90.
Schéma des connexions de l'indicateur de synchronisme de MM. Schuckert et Cie.
Schaltungsschema des synchronismusanzeigers von Schuckert.
Scheme of connections of Schuckert synchronism indicator.

kiosque, de même que les coupe-circuits à haute tension

correspondants. La première des deux manettes actionne, au moyen de tiges et de pignons d'angle, un rhéostat de champ placé dans le sous-sol; la seconde manœuvre un rhéostat dont la résistance est montée à l'intérieur et sert au démarrage et au réglage de la vitesse d'un transformateur rotatif.

Ce dernier, qui est construit spécialement pour les laboratoires et peut transformer à volonté des courants alternatifs simples, diphasés ou triphasés en courant continu ou inversement, sert ici à transformer du courant continu à 220 volts emprunté au réseau général de l'Exposition en courants triphasés à une tension composée de 135 volts. D'autre part une ligne se détache du réseau à haute tension de la dynamo à courants triphasés pour se rendre à un transformateur statique à courants triphasés qui réduit de 5 000 à 135 volts la tension du courant.

Ce dernier dispositif a été aménagé dans le but de pouvoir montrer en service un indicateur de synchronisme du système Schuckert.

Les interrupteurs tripolaires mentionnés plus haut servent à relier les deux sources d'énergie avec l'indicateur de synchronisme et à les coupler en parallèle. La disposition adoptée ressort clairement du schéma de la figure 90.

L'indicateur de synchronisme système Schuckert se compose d'un certain nombre de lampes à incandescence disposées en cercle sur un tableau en marbre; la progression de l'onde lumineuse rotative renseigne exactement sur la marche relative des deux machines et le moment qui convient à la mise en parallèle peut être reconnu de loin par l'apparition d'un certain nombre de lampes.

Sur la deuxième face du kiosque de distribution à courants triphasés se trouvent un interrupteur à haute tension, un compteur à courant continu, un interrupteur et deux coupe-circuits.

L'interrupteur à haute tension se trouve à l'intérieur du

kiosque; seule la poignée, à laquelle il est réuni par une longue bielle, se trouve à l'extérieur.

L'interrupteur est basé sur ce fait d'expérience que c'est entre des galets métalliques, séparés les uns des

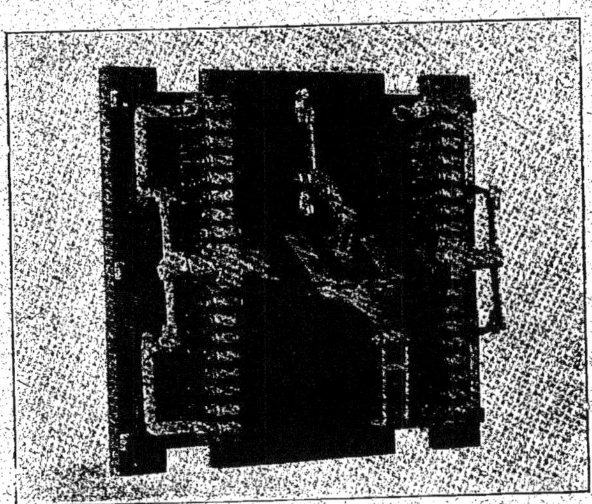

Fig. 91.
Interrupteur à haute tension de MM. Schuckert et Cie.
Hochspannungsausschalter der E. A. G. vorm. Schuckert und Co.
High tension breaker of E. A. G. heretofore Schuckert and Co.

autres par un espace de quelques millimètres seulement, qu'un arc lumineux à courants alternatifs s'éteint le plus facilement.

L'interrupteur (fig. 91) se compose essentiellement d'une série de galets très mobiles disposés sur des ressorts plats; ces galets forment une ligne continue et sont poussés de côté et serrés les uns contre les autres par des cames excentriques quand le levier à main est tourné dans la position de marche, tandis que les plots de ces cames les rendent libres, quand le levier est ramené dans la position d'interruption.

La course des galets extrêmes est limitée par de forts ressorts à lame de façon qu'ils ne cèdent que peu ou pas à la pression exercée par les autres.

Les galets sont montés de telle sorte qu'ils soient forcés de tourner aussi bien quand on ferme que quand on ouvre le circuit ; les points en contact de ces galets se renouvelant continuellement et l'oxyde formé par l'arc lumineux étant enlevé au fur et à mesure par le frottement, l'appareil peut servir longtemps sans nécessiter de réparation, ce qui est d'une grande importance dans un interrupteur à haute tension.

Les étincelles qui se produisent avec cet appareil sont si faibles, même à une tension très élevée, qu'il peut être monté sans danger dans le voisinage de n'importe quel instrument.

Moteur à vapeur. — Le moteur à vapeur des Ateliers réunis d'Augsbourg et de Nuremberg est du type vertical à triple expansion à trois cylindres et à trois manivelles.

Les dimensions principales sont les suivantes :

Diamètre du cylindre à haute pression	77,5 cm
Diamètre du cylindre à moyenne pression	124 »
Diamètre du cylindre à basse pression	180 »
Course commune des pistons	110 »

La machine est établie pour fonctionner à la vitesse de 100 tours par minute et à la pression de 10 kg : cm²; sa puissance normale est alors de 2 500 chevaux effectifs.

A l'Exposition, la vitesse a été réduite à 88,3 tours par minute pour lui permettre d'actionner l'alternateur.

La distribution de la vapeur se fait par soupapes pour le petit cylindre et par tiroirs Corliss pour les deux autres.

La machine comporte deux volants, un de chaque côté,

Fig. 92.

Groupe électrogène de 3 000 KVA. de la Société d'Électricité Helios de Cologne et de la Société des Ateliers réunis d'Augsbourg et de Nuremberg.

3 000 KVA. Dampfdynamo der Helios Elektricitäts-Aktiengesellschaft in Cöln-Ehrenfeld und der Vereinigten Maschinenfabrik Augsburg und Maschinenbaugesellschaft Nürnberg.

3 000 KVA. Helios, E. A. G. (Cologne) and united Works of Augsbourg and Nuremberg generating Unit.

p. 114.

Fig. 93.

Groupe électrogène de 3 000 KVA. de la Société Helios et des Ateliers réunis d'Augsbourg et de Nuremberg.

3 000 KVA. Dampfdynamo der Helios E.A.G. und der Vereinigten Maschinenfabrik Augsburg und Maschinenbaugesellschaft Nürnberg.

3 000 KVA. Helios E.A.G. and Works of Augsbourg and Nuremberg Set.

p. 114.

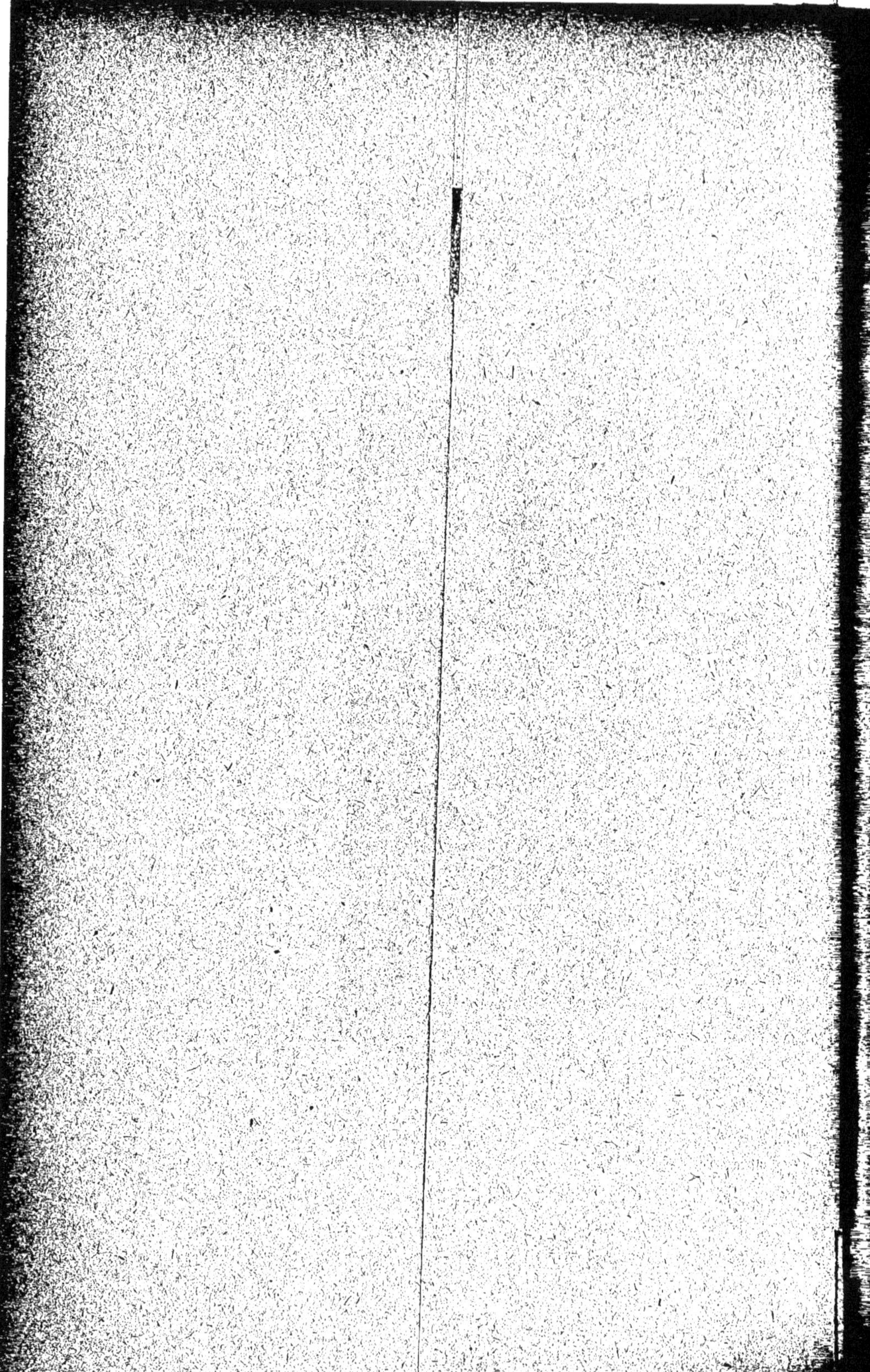

d'un poids total de 40 000 kg. L'un d'eux porte une denture sur laquelle engrène un pignon à contre-poids monté sur l'axe de la vis sans fin d'un renvoi actionné par un moteur électrique.

II. — ALTERNATEUR A DISPOSITIF SCOTT ET A INDUIT FIXE DENTÉ

II. — DREHSTROMGENERATOR MIT SCOTT'SCHER SCHALTUNG UND FESTSTEHENDEM ZAHNANKER.

II. — REVOLVING FIELD THREE-PHASE ALTERNATOR WITH SCOTT CONNEXION.

Cette série comprend un seul alternateur, celui de la Société Helios de Cologne.

GROUPE ÉLECTROGÈNE DE 3 000 KILOVOLTS-AMPÈRES DE LA SOCIÉTÉ HELIOS ET DES ATELIERS D'AUGSBOURG ET NUREMBERG RÉUNIS

3 000 KVA. DAMPFDYNAMO DER HELIOS E. A. G. UND DER VEREINIGTEN. MASCHINENFABRIK AUGSBURG UND MASCHINENBAUGESELLSCHAFT NÜRNBERG.

3 000 KVA. GENERATING UNIT OF HELIOS AND OF THE AUGSBOUR GAND NUREMBERG UNITED WORKS.

Le groupe électrogène des Vereinigte Maschinenfabrik Augsburg und Machinenbaugesellschaft Nürnberg et de l'Helios Elektricitäts-Aktien-Gesellschaft était le plus puissant de l'Exposition. Il est formé d'un moteur à vapeur sortant des Ateliers de construction réunis d'Augsburg et de Nuremberg accouplé directement à un alternateur de la Société anonyme d'Électricité Helios de Cologne, alternateur caractérisé par cette particularité qu'il a été établi pour donner à la fois des courants alternatifs simples ou des courants alternatifs triphasés.

Ce groupe, le seul de la section allemande avec moteur horizontal, est représenté sur les photographies des figures

92 et 93 prises : l'une du premier étage du côté de l'alternateur et l'autre du côté des cylindres.

Les figures 94 et 95 montrent des vues en élévation et en plan de ce groupe.

Alternateur. — L'alternateur exposé par la Société d'Électricité Helios est le plus puissant, nominalement, des générateurs à courants alternatifs simples ou polyphasés fonctionnant à l'Exposition. Il est actuellement le représentant le plus perfectionné d'un type installé par cette importante Société dans les stations centrales de Saint-Pétersbourg, de Cologne et d'Amsterdam, mais d'une puissance beaucoup plus grande.

C'est, en somme, un alternateur à courants alternatifs simples de 2 000 kilovolts-ampères auquel on a adjoint, pour lui permettre de fournir des courants triphasés, un enroulement auxiliaire, monté par rapport au premier comme l'enroulement auxiliaire d'un alternateur monocyclique de Steinmetz, mais différent de ce dernier par le rapport entre les tensions de l'enroulement auxiliaire et de l'enroulement principal, rapport qui est ici de $\frac{\sqrt{3}}{2}$ au lieu de $\frac{1}{4}$. Ce rapport $\frac{\sqrt{3}}{2}$ est celui indiqué par Scott pour la transformation des courants triphasés en diphasés ou réciproquement et le montage des deux enroulements est identique à celui préconisé par le savant ingénieur américain.

La puissance de l'enroulement auxiliaire est de 1 500 kilovolts-ampères.

L'alternateur ayant été établi pour 2 000, 3 000 ou 6 000 volts, suivant que l'on dispose toutes les bobines de chaque enroulement en série, ou en deux ou en trois séries en parallèle, la tension a été portée à 2 200 volts en augmentant la vitesse de l'alternateur de 2 tours par minute environ (de 70 à 72 t : m), de façon à ramener la fréquence à 50 périodes par seconde.

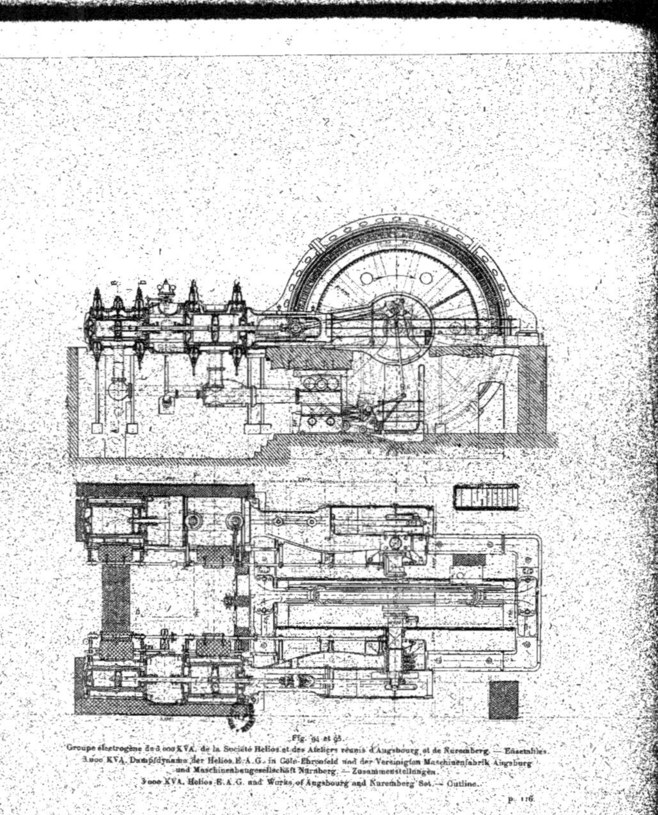

Fig. 94 et 95.

Groupe électrogène de 3 000 KVA. de la Société Helios et des Ateliers réunis d'Augsbourg et de Nuremberg. — Ensembles.

3 000 KVA. Dampfdynamo der Helios E. A. G. in Cöln-Ehrenfeld und der Vereinigten Maschinenfabrik Augsburg und Maschinenbaugesellschaft Nürnberg. — Zusammenstellungen.

3 000 KVA. Helios E. A. G. and Works of Augsbourg and Nuremberg Set. — Outline.

A la tension de 2 200 volts, la machine peut donc donner une puissance apparente de 2 000 kilovolts-ampères, soit 910 ampères de courants alternatifs simples avec un facteur de puissance supérieur ou égal à 0,7.

La tension aux bornes de l'enroulement auxiliaire est de 1 910 volts et correspond, pour une puissance apparente de 1 500 kilovolts-ampères, à un débit de 788 ampères.

La puissance de la machine utilisée comme alternateur à courants triphasés pour une même densité de courant dans le fil induit de l'enroulement auxiliaire devra correspondre au même débit de 788 ampères par phase; la tension simple étant alors de 1 270 volts, la puissance apparente est de $3 \times 1\,270 \times 788 = 3\,000$ kilovolts-ampères, ce qui, avec un facteur de puissance égal à 0,7, correspond à une puissance utile de 2 100 kilowatts au minimum.

En conservant au contraire dans l'enroulement principal la même densité de courant que pour le fonctionnement en alternateur à courants alternatifs simples, soit un débit de 910 ampères dans ce circuit, on vérifie facilement que l'alternateur peut fournir à la fois une puissance apparente de 1 200 kilovolts-ampères en courants alternatifs simples et une puissance apparente de 1 500 kilovolts-ampères en courants alternatifs triphasés, toutes deux avec le même facteur de puissance.

L'intensité du courant dans la phase auxiliaire est alors seulement de 394 ampères.

Inducteur. — L'inducteur mobile (fig. 96 et 97), calé sur l'arbre de la machine à vapeur, est en fonte; il est en quatre parties assemblées par de forts clavetages.

Les noyaux inducteurs, en acier coulé, au nombre de 84, sont placés sur la jante du volant dans des trous pratiqués à cet effet et sont fixés chacun par deux boulons traversant complètement la jante.

Les figures 98 et 99 qui représentent des coupes d'une

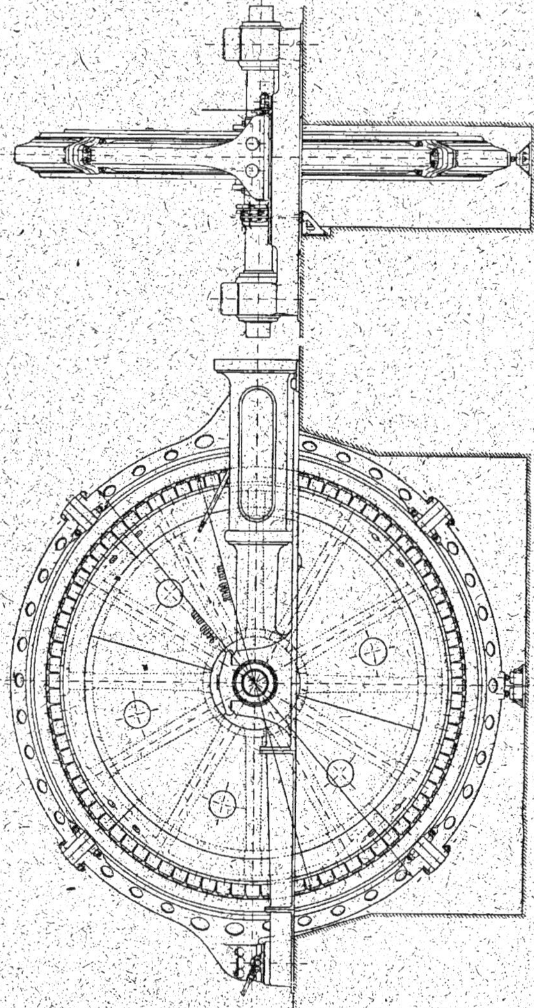

Fig. 96 et 97.
Alternateur de 3 000 KVA de la Société Helios de Cologne. — Ensembles.
3 000 KVA Alternator der Helios E.A.G. — Zusammenstellungen.
3 000 KVA. Helios Alternator. — Outline.

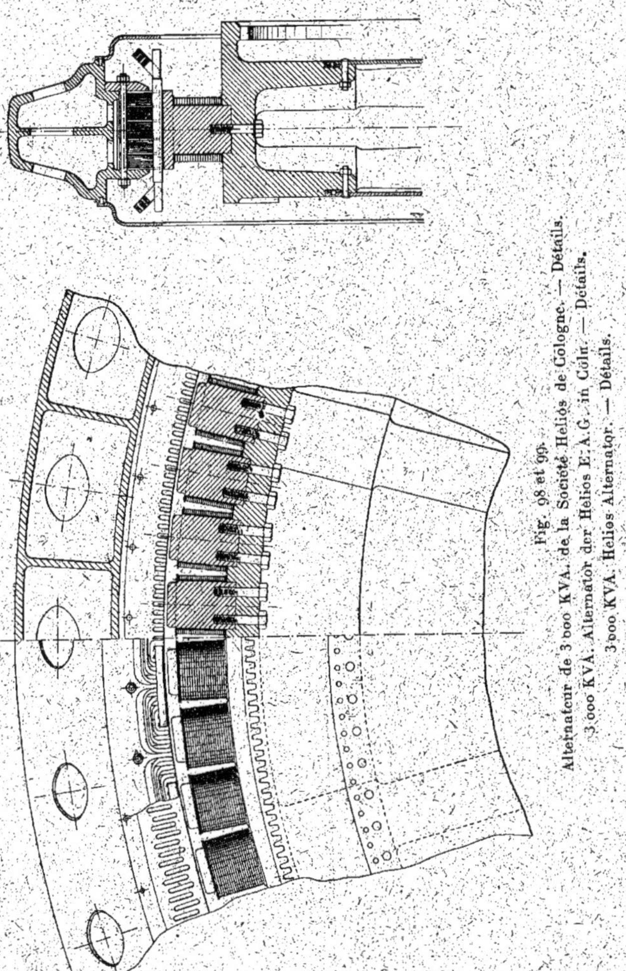

Fig. 98 et 99.
Alternateur de 3 000 KVA. de la Société Helios de Cologne. — Détails.
3 000 KVA. Alternator der Helios E.A.G. in Cöln. — Details.
3 000 KVA. Helios Alternator. — Details.

partie de l'induit et de l'inducteur, montrent bien ce dispositif.

Les noyaux polaires, d'une section circulaire d'un diamètre de 21 cm environ, sont surmontés par des épanouissements de telle forme et de telle largeur que la courbe de la tension se rapproche le plus possible d'une sinusoïde. La longueur de ces épanouissements, parallèlement à l'axe de la machine, est de 35 cm et leur largeur de 20 cm environ.

Chaque noyau porte une bobine formée d'un ruban de cuivre enroulé sur champ; le nombre de spires de chaque hélice est de 50 et le poids de cuivre total de l'inducteur de 3 500 kg. Toutes ces bobines sont montées en série et la résistance du circuit ainsi formé est de 0,7 ohm.

Le volant est muni de flasques en tôle qui en augmentent la solidité.

Le diamètre de celui-ci est de 8 m ; c'est le plus grand diamètre atteint pour les alternateurs de l'Exposition; le poids du volant complet, sans l'arbre, est de 76 tonnes dont le quart seulement est utilisé au point de vue électromagnétique.

La masse du volant a un moment d'inertie de 415 000 kg-m² correspondant à une durée d'oscillation propre de l'alternateur d'une seconde.

Le rapport de la durée d'une oscillation à la durée d'un tour est dans les bonnes limites pour permettre une mise en parallèle facile et durable.

Le coefficient d'irrégularité est de $\pm$ 1/1000.

L'influence de la force centrifuge, mesurée par le rapport entre cette force et le poids du volant, est assez faible.

La force centrifuge a pour valeur $F = \frac{mv^2}{r}$ et le poids $P = mg$. Le rapport K de ces deux quantités est : $K = \frac{v^2}{gr} = \frac{v^2}{10r}$.

La vitesse circonférencielle étant ici d'environ 30 m : s, le rapport K est égal approximativement à 23, chiffre très faible et permettant sans dangers l'emploi de la fonte.

La jante, dont la section trapézoïdale assez haute a été déterminée par des considérations mécaniques, est raidie encore par des nervures, de façon à pouvoir résister à des différences d'entrefer assez sensibles.

La largeur de la jante est d'environ 80 cm.

Fig. 100.
Alésage de la carcasse de l'induit de l'alternateur de la Société Helios de Cologne.
Das Ausbohren des Armaturgehäuses des Helios Alternators.
Boring of armature frame of Helios Alternator.

Induit. — L'induit est supporté par une carcasse de section trapézoïdale; cette carcasse est en quatre parties assemblées avec des boulons. Les joints sont situés dans deux plans inclinés à 45° et la partie inférieure porte un support qui limite la déformation possible de cette partie.

Cette couronne peut être glissée latéralement à l'aide de deux cliquets actionnant des vis tangentes.

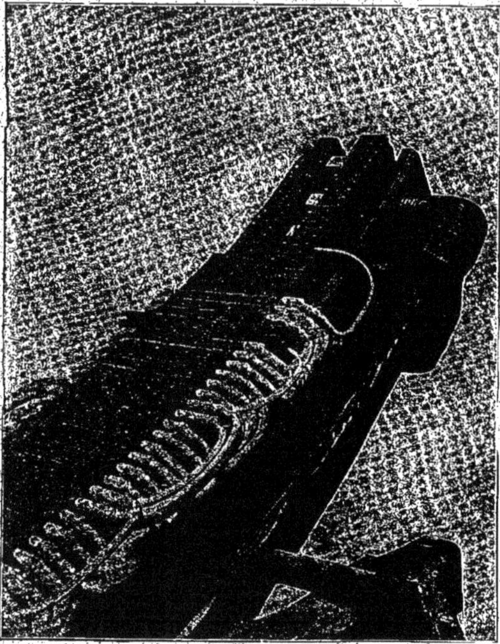

Fig. 101.
Partie d'induit de l'alternateur Helios montrant l'emplacement des paquets de tôles des joints.
Zusammensetzung der Ankerbleche des Drehstromgenerators von Helios.
Part of armature of Helios alternator showing arrangement of laminations at joints.

Pour éviter les déformations de l'induit, on a été forcé d'aléser la carcasse dans sa position naturelle, c'est-à-dire en la plaçant verticalement. L'alésage de cette pièce, de

9 m environ de diamètre, n'a pas été sans présenter quelques difficultés ; on a dû construire une machine à aléser spéciale comportant deux outils placés à 180° l'un de l'autre. La photographie de la figure 100 montre cette opération.

L'alésage terminé, les quatre morceaux de la couronne ont été démontés et bobinés, sauf aux extrémités (fig. 101).

Les tôles induites sont partagées en cinq parties, dont l'une, la partie centrale, est un peu plus large que les autres ; les paquets de tôles ménagent ainsi entre eux des canaux de ventilation importants qui permettent de ne pas dépasser une surélévation de température supérieure à 35°. Des ouvertures sont en outre disposées sur la carcasse en regard des tôles et sur la partie extérieure.

Pour éviter l'influence des joints des diverses parties de la couronne, on a reporté les joints correspondants à trois des séries de paquets de tôles en dehors du joint de la carcasse.

Les paquets de tôle correspondants sont mis en place, à cheval sur les deux voussoirs voisins, seulement après l'assemblage de la carcasse.

Le diamètre d'alésage de l'induit est de 8,024 m et la largeur totale des tôles de l'induit de 35 cm. L'entrefer est donc de 12 mm.

Le diamètre extérieur atteint 9,40 m et la largeur totale, y compris les protecteurs, 84 cm environ.

Le bobinage est réparti dans 672 encoches, soit 8 par pôles. Sur ces 8 encoches, 6 reçoivent une bobine du circuit principal faite en trois parties coaxiales. Les 84 bobines du circuit principal sont partagées en trois séries de 28 bobines et les trois séries sont montées en parallèle. Les milieux de ces trois séries sont connectés entre eux et avec l'une des extrémités du circuit auxiliaire.

Cet enroulement auxiliaire ne comporte qu'une seule bobine par paire de pôles ; chaque bobine est formée de deux bobines élémentaires de même axe. Les 42 bobines de ce circuit sont partagées en trois séries de 14 bobines et les trois séries sont montées en parallèle.

On voit facilement que les forces électromotrices induites dans les deux enroulements sont exactement déphasées d'un quart de période.

Par suite de la plus faible intensité du courant dans le circuit auxiliaire et par suite aussi de la plus faible chute de tension inductive dans ce circuit, les bobines auxiliaires ont pu être faites avec un câble de section beaucoup plus faible que celui employé pour les bobines du circuit principal.

On arrive ainsi facilement à créer une tension en charge d'environ 136 volts par bobine auxiliaire pour une tension de 78,5 par bobine principale, de façon à obtenir les tensions totales de 1 910 volts pour le circuit auxiliaire et 2 200 volts, pour le circuit principal.

Un calcul approximatif de l'alternateur montre qu'on obtient un rapport suffisamment voisin de $\sqrt{\frac{3}{2}}$ en employant pour la phase auxiliaire un nombre de conducteurs par encoche double de celui admis pour la phase principale. Le même calcul conduit à un nombre de conducteurs de 3 par encoche pour la phase principale et 6 pour la phase auxiliaire; ce sont là probablement les chiffres adoptés par la Société Helios.

La différence de chute de tension inductive dans les deux circuits tient à ce que pour des charges non inductives, par exemple, et égales sur les trois conducteurs de la ligne, le circuit auxiliaire est chargé avec un facteur de puissance égale à l'unité, tandis que les deux moitiés de la charge principale le sont avec un facteur de puissance de 0,886 (cos 30°), ainsi qu'on peut s'en rendre compte facilement en construisant le diagramme des tensions et des courants. Pour des charges inductives égales, le phénomène est analogue.

La plus grande chute de tension ohmique consentie dans

l'enroulement auxiliaire permet donc d'équilibrer plus ou moins exactement la chute de tension dans les deux moitiés du circuit principal.

La dissymétrie introduite par la prise simultanée de courants alternatifs simples et de courants alternatifs triphasés, a pour effet de remplacer le triangle équilatéral des tensions par un triangle isocèle dont la base sera d'autant plus raccourcie qu'on prendra une plus forte charge en courants alternatifs simples pour un débit constant en courants triphasés.

Ces dissymétries sont d'ailleurs du même ordre de grandeur que celles introduites dans les alternateurs à courants triphasés avec charge non équilibrée sur les trois circuits.

La photographie de la figure 102 montre le bobinage des quatre quarts de l'induit dans les ateliers de la Société Hélios.

Les encoches de l'induit sont légèrement fermées et les rebords servent à maintenir en place des cales qui retiennent les bobines isolées par des caniveaux en micanite.

Excitatrice. — L'excitatrice est séparée ; c'est une machine à courant continu à 6 pôles, accouplée directement avec une petite machine à vapeur verticale à double expansion sortant des ateliers Schichau d'Elbing (fig. 103). Sa puissance est de 50 kilowatts sous 110 volts à 240 tours par minute.

La carcasse inductrice est en fonte et les noyaux polaires y sont fixés chacun par un boulon maintenu dans sa position par une clavette.

L'induit porte un enroulement en tambour bien ventilé dont les conducteurs sont directement soudés aux lames du collecteur sans interposition de connecteur. L'ensemble des balais peut être déplacé pour le nettoyage ; la position des balais est invariable depuis la marche à vide jusqu'à la pleine charge.

Résultats d'essais. — L'intensité du courant d'excitation pour obtenir une tension de 2 200 volts à vide aux bornes de l'alternateur est de 120 ampères ; en pleine charge avec un

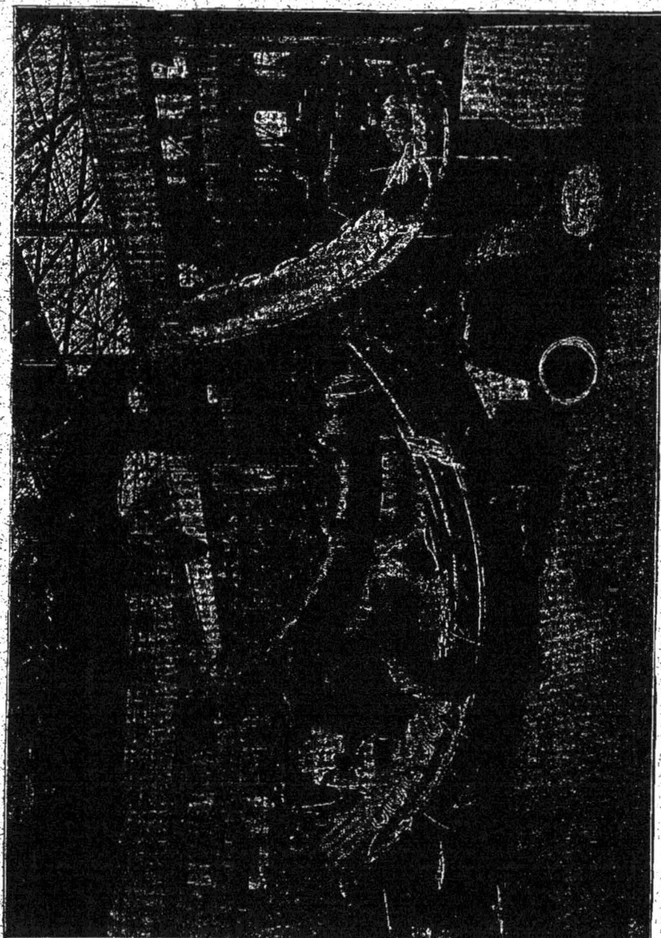

Fig. 102.

Induit de l'alternateur de 3 000 KVA de la Société Helios. — Bobinage de l'induit.
Anker des 3 000 KVA. Drehstromgenerators der Helios E.A.G. — Bewickelung des Ankers.
Armature of 3 000 KVA. Helios three-phase Alternator. — Winding of armature.

facteur de puissance de 0,7, l'intensité du courant d'excitation atteint 180 ampères correspondant à une perte de puissance de 24 000 watts, soit environ 1 p. 100 de la puissance vraie utilisée.

Montage. — Le montage du groupe des Sociétés réunies

Fig. 103.
Excitatrice séparée de l'alternateur de 3 000 KVA. de la Société Helios.
Separate Erregermaschine des 3 000 KVA. Drehstromgenerators der Helios E.A.G.
Separate exciter of 3 000 KVA. Helios three-phase Alternator.

d'Augsbourg et de Nuremberg et de la Société Helios a été assez difficile à l'Exposition par suite du poids exagéré des pièces à manœuvrer. Le pont Karl Flohr de 25 tonnes de la section allemande étant insuffisant, on a dû installer un pont spécial. Le poids total du groupe est de 350 tonnes.

Moteur à vapeur. — La machine à vapeur sortant des Ateliers d'Augsbourg est à triple expansion à condensation et à quatre cylindres : deux à basse pression, un à moyenne pression et un à haute pression.

Les principales dimensions de la machine sont les suivantes :

Diamètre du cylindre à haute pression	70 cm
» » à moyenne pression	110 »
» commun des cylindres à basse pression	115 »
Course des pistons	160 »
Vitesse angulaire normale en tours par minute	70

La pression de la vapeur est de 12 kg : cm².

A l'Exposition, la machine tournait à 72 tours environ par minute.

La puissance du moteur à vapeur est de 2.000 chevaux indiqués, elle correspond par suite à la puissance de l'alternateur considéré comme générateur à courants alternatifs simples et avec un facteur de puissance de 0,7.

Cet emploi d'un moteur à vapeur d'une puissance aussi faible, comparée à celle de l'alternateur travaillant sur résistances non-inductives, est assez courant maintenant et a pour raison le maintien d'un rendement journalier assez élevé, l'alternateur dans son service de jour n'ayant en général à fournir, comme nous l'avons dit, qu'une puissance vraie assez faible, correspondant à un facteur de puissance dans les installations modernes assez voisin de 0,7.

La distribution de la vapeur s'effectue à l'aide de soupapes équilibrées à double siège.

Le régulateur agit uniquement sur les soupapes d'admission du cylindre à haute pression, mais un dispositif est prévu pour permettre de le faire agir également sur les soupapes d'admission du cylindre à moyenne pression ou des cylindres à basse pression, de façon à permettre éventuellement le fonctionnement avec le cylindre à moyenne pression et les cylindres à basse pression ou avec ces derniers seulement. Enfin, par la manœuvre d'un simple levier, on peut, soit supprimer l'action du régulateur sur les organes de distribution, soit mettre le petit cylindre en dehors de la canalisation de vapeur.

III. — ALTERNATEURS TRIPHASÉS A INDUIT MOBILE DENTÉ

III. — DREHSTROMGENERATOREN MIT ROTIRENDEM ZAHNANKER

III. — THREE-PHASE ALTERNATORS WITH REVOLVING TOOTHED ARMATURE

Deux alternateurs faisaient partie de cette classe, l'un présenté par MM. Siemens et Halske, de Vienne (alternateur à enroulements Ossanna), et l'autre exposé par la Compagnie de Fives-Lille.

GROUPE ÉLECTROGÈNE A DOUBLE COURANT DE MM. SIEMENS ET HALSKE, DE VIENNE, ET DE MM. BRAND ET LHUILLIER, DE BRÜNN.

DAMPFDYNAMO DER SIEMENS UND HALSKE A. G. (WIEN) UND DER ACTIENGESELLSCHAFT FÜR MASCHINENBAU VORM. BRAND UND LHUILLIER (BRÜNN)

SIEMENS AND HALSKE (VIENNA) BRAND AND LHUILLIER DOUBLE CURRENT GENERATING UNIT

Parmi les machines diverses exposées par MM. Siemens et Halske, de Vienne, deux ont particulièrement attiré l'attention des électriciens.

Ces machines étaient un alternateur à courants triphasés auto-excitateur et un compensateur pour distribution à 5 fils basés tous deux sur l'emploi d'un enroulement spécial dû à l'ingéniosité de M. Giovanni Ossanna, ingénieur en chef de MM. Siemens et Halske, de Vienne.

Nous nous occuperons uniquement de la première machine que nous décrirons avec détails.

L'alternateur auto-excitateur de MM. Siemens et Halske, de Vienne, était accouplé à un moteur à vapeur de MM. Brand et Lhuillier. Ce groupe est représenté sur la photographie de la figure 104 et sur les figures d'ensemble 105 et 106.

Alternateur. — L'alternateur auto-excitateur de MM. Siemens et Halske, accouplé au moteur Brand et Lhuillier, est d'une puissance de 150 kilovolts-ampères avec un facteur de puissance minimum de 0,8 ; sa puissance utile dans ce cas est de 120 kilowatts.

La tension aux bornes est de 270 volts et la tension simple de 156. Le débit par phase, ou mieux par conducteur extérieur, est de 320 ampères.

La vitesse angulaire est de 120 tours par minute et le nombre de pôles, de 48 ; la fréquence est par suite de 48 périodes par seconde.

La principale particularité de cette machine réside dans la constitution de l'enroulement induit, lequel est composé de deux enroulements différents, l'un en étoile et l'autre en triangle, et donnant des tensions aux bornes identiques de façon à pouvoir être connectés entre eux.

Le but de ce double enroulement est de pouvoir alimenter à la fois un circuit d'éclairage à une tension qui ne doit pas dépasser 150 volts et un circuit de transport d'énergie pour lequel la tension, à cause de la distance, ne peut être inférieure à 250 volts, tout en conservant la possibilité d'exciter l'alternateur en redressant une partie du courant produit, l'espace disponible ne permettant pas d'employer une excitatrice séparée ou calée sur l'arbre.

Eventuellement, la machine peut aussi produire du courant continu en plus grande proportion que pour son excitation.

Un alternateur ordinaire avec enroulement groupé en trian-

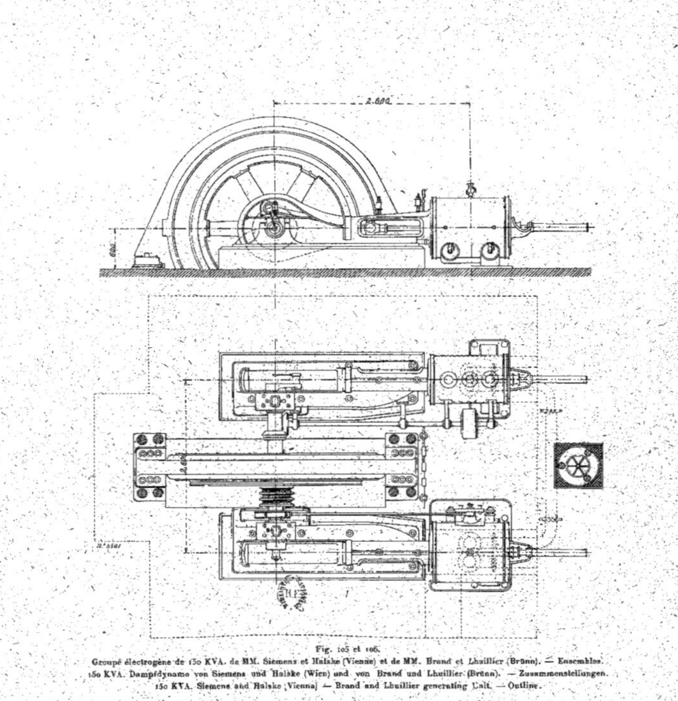

Fig. 105 et 106.

Groupé électrogène de 150 KVA. de MM. Siemens et Halske (Vienne) et de MM. Brand et Lhuillier (Brünn). — Ensembles.
150 KVA. Dampfdynamo von Siemens und Halske (Wien) und von Brand und Lhuillier (Brünn). — Zusammenstellungen.
150 KVA. Siemens and Halske (Vienna) — Brand and Lhuillier generating Unit. — Outline.

p. 130.

Fig. 104.

Groupe électrogène de 150 KVA. de MM. Siemens et Halske de Vienne et de MM. Brand et Lhuillier de Brünn.

150 KVA. Dampfdynamo der Siemens und Halske A.-G. (Wiener Werk) und der A.G. für Maschinenbau vorm. Brand und Lhuillier in Brünn.

150 KVA. Steam-alternator of Siemens and Halske of Vienna and of Brand and Lhuillier of Brünn.

gle n'aurait pu remplir le but, car il eût été nécessaire d'employer des transformateurs ou des auto-transformateurs pour permettre le montage des phases en étoile ou obtenir un point neutre pour le connecter au quatrième conducteur du circuit d'éclairage.

L'obtention de deux bobinages séparés sur l'induit, un pour le courant continu, l'autre pour le courant alternatif avec montage en étoile, est pratiquement difficile à réaliser, parce que ces deux enroulements demandent en général des nombres d'encoches différents. Le dispositif imaginé par M. G. Ossanna, et breveté par MM. Siemens et Halske, résout facilement ce problème, comme nous le verrons plus loin.

L'alternateur auto-excitateur de MM. Siemens et Halske est représenté sur les figures 107 et 108, qui sont des vues d'ensemble avec coupes partielles de l'induit et de l'inducteur. Les figures 109 et 110 montrent des coupes par l'axe et perpendiculaire à l'axe d'une partie de la machine.

Inducteurs. — Les inducteurs fixes sont constitués par une caisse cylindrique en fonte, en deux parties, portant les pôles inducteurs, venus de fonte, ainsi que deux protecteurs. La partie inférieure est munie de deux larges pattes qui reposent sur deux bancs scellés à la maçonnerie.

Pour faciliter le réglage de l'entrefer, on a disposé sur la carcasse des vis calantes qui permettent d'obtenir un déplacement vertical de la machine. Le réglage une fois terminé, des cales en acier, en forme d'U, sont glissées entre les empattements et les bancs, et les boulons de fixation, à clavettes, sont serrés. Des cales placées verticalement sont également glissées entre les pattes et les rebords des bancs parallèles à l'axe, de façon à prévoir toute déformation dans le sens horizontal.

A la partie inférieure la carcasse inductrice repose sur un support placé au fond de la fosse et muni d'un coin de rat-

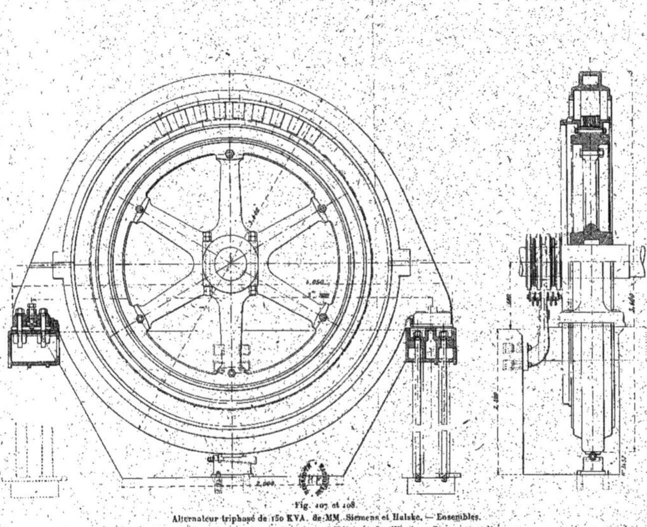

Fig. 107 et 108.
Alternateur triphasé de 150 KVA. de MM. Siemens et Halske. — Ensembles.
150 KVA. Drehstromgenerator von Siemens und Halske A.G. (Wien). — Zusammenstellungen.
150 KVA. Siemens and Halske (Vienna) three-phase Alternator. — Outline.

p. 132.

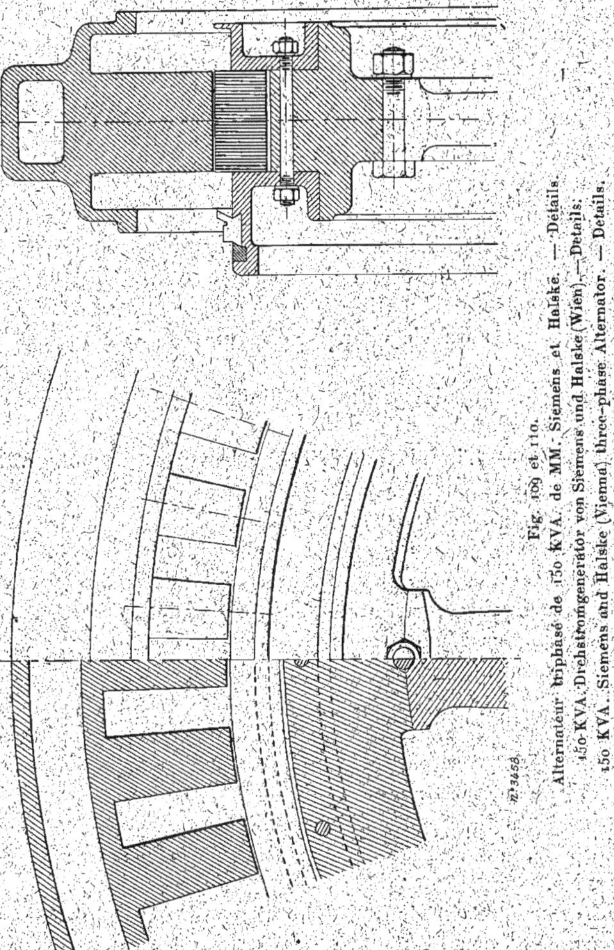

Fig. 109 et 110.
Alternateur triphasé de 150 KVA de MM. Siemens et Halske. — Détails.
150-KVA Drehstromgenerator von Siemens und Halske (Wien). — Details.
150 KVA Siemens and Halske (Vienna) three-phase Alternator. — Details.

trapage qu'on déplace avec un écrou. Le diamètre extérieur de la carcasse est de 3,4 m et sa largeur de 40 cm.

Les 48 pôles inducteurs, de forme prismatique, ont une largeur parallèle à l'axe de 18 cm.

Leur largeur perpendiculaire à l'axe est de 10 cm dans l'entrefer et de 12 cm près de la carcasse. Il n'y a pas d'épanouissements polaires.

Le diamètre d'alésage des inducteurs est de 2,61 m et l'entrefer, de 5 mm.

Les bobines inductrices sont enroulées sur des carcasses métalliques fixées aux pôles inducteurs. Chacune d'elles comporte 430 spires de fil de 3,05 mm de diamètre.

Toutes les bobines inductrices sont montées en série ; la résistance du circuit ainsi obtenu est de 36,5 ohms à chaud.

Le poids du cuivre utilisé sur l'inducteur est de 900 kg.

Induit. — L'induit mobile forme le volant du moteur. Il est constitué par une jante en fonte coulée en une seule pièce et supportée par une étoile à 6 branches, en deux parties, serrées sur le moyeu par 4 boulons. Le diamètre extérieur de la jante du volant est de 2,4 m et sa largeur est de 36 cm dans la partie la plus large et de 18 cm dans la partie la plus étroite.

Deux couronnes à section en forme d'U sont disposées de chaque côté de la partie la plus étroite du volant et sont serrées entre elles par des boulons. L'une de ces couronnes est prolongée sur sa partie de plus grand diamètre de façon à servir de support au collecteur.

Les tôles induites, empilées sur des clavettes en queue d'aronde, sont serrées en un seul bloc entre ces deux couronnes.

Le diamètre extérieur de l'induit est de 2,60 m et sa largeur, de 18 cm. La hauteur radiale des tôles est de 10 cm.

La surface extérieure de l'induit porte 345 rainures demi-fermées dans lesquelles sont répartis les enroulements induits.

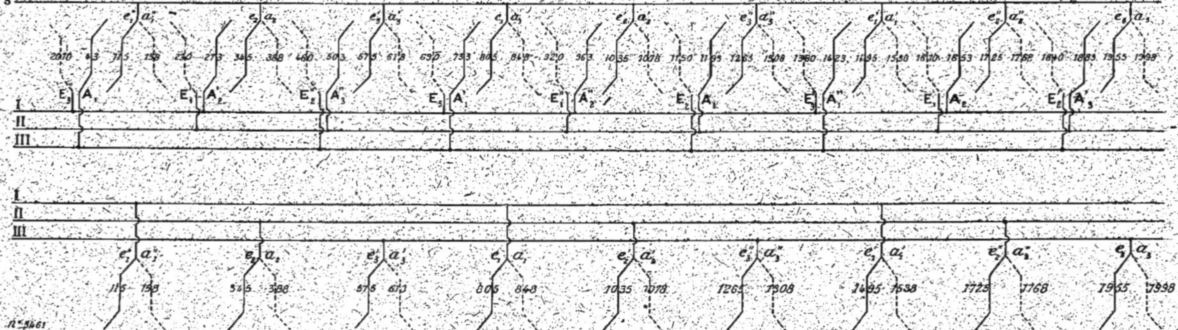

Fig. 111 et 112.

Schéma des enroulements induits de l'alternateur de MM. Siemens et Halske, de Vienne.

Schaltungsschema der Ankerwichelungen des Drehstromgenerators von Siemens und Halske (Wien).

Diagram of armature windings of Siemens and Halske (Vienna) three-phase alternator.

Ces enroulements induits, au nombre de deux comme on l'a dit plus haut, sont formés par deux enroulements multipolaires ondulés en séries parallèles superposés l'un à l'autre et connectés convenablement entre eux.

L'enroulement en étoile est tout d'abord placé dans les encoches. C'est un enroulement ondulé séries parallèles du type Arnold avec 6 circuits en parallèle et avec un pas d'enroulement égal à 43.

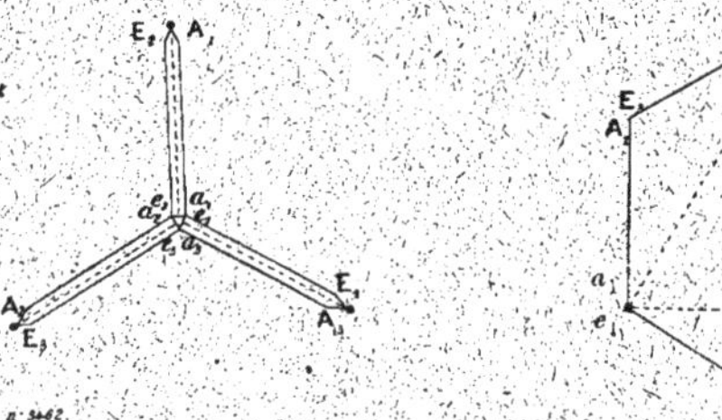

Fig. 113 et 114.

Diagrammes des tensions des enroulements étoilés et triangulaires de l'alternateur Siemens et Halske.

Spannungsdiagramm des Alternators von Siemens und Halske für Stern- und Dreieckschaltung.

Diagram of star and delta voltages of Siemens and Halske three-phase alternator.

Pour obtenir un enroulement triphasé étoilé avec cet enroulement on l'a ouvert, comme le montre le schéma de la figure 111, en des points convenables qu'on a connectés à trois conducteurs destinés à réunir les points homologues et qui aboutissent à trois bagues de prise de courants.

On forme ainsi 3 circuits par phase : $A_1 E_1$, $A'_1 E'_1$ et $A''_1 E''_1$, par exemple, pour la phase I connectés aux conducteurs II et III, dont les points milieux $a_1 e_1$, $a'_1 e'_1$, $a''_1 e''_1$, sont réunis à un conducteur neutre qui aboutit à une quatrième bague de contact correspondant au point neutre de l'enroulement.

Le nombre de barres par encoche, pour cet enroulement, est de 6, soit 2 070 conducteurs pour tout l'induit. Chaque circuit tel que $A_1 E_1$ comprend par suite 230 conducteurs.

Les deux parties telles que $A_1\ a_1$ et $e_1\ E_1$ d'un circuit ont le même nombre de conducteurs et donnent, comme on le voit facilement, des tensions décalées entre elles de 60°. Le système est donc en réalité un système à 6 phases qu'on a connecté convenablement pour le transformer en système triphasé.

La figure 113 résume schématiquement les connexions des circuits $A_1\ a_1\ e_1\ E_1$, $A_2\ a_2\ e_2\ E_2$, $A_3\ a_3\ e_3\ E_3$ et les directions des tensions. Il y a 3 systèmes analogues et par suite 6 circuits en parallèle par phase.

Le second enroulement est identique au premier et placé dans les mêmes dents au-dessus de celui-ci, mais aucune coupure n'est faite dans cet enroulement qui reste ainsi fermé sur lui-même (fig. 112).

Il est connecté tout d'abord à la façon ordinaire aux 1035 lames du collecteur et forme ainsi un enroulement de machine à courant continu séries parallèles avec 1035 sections de 2 conducteurs chacune et 6 circuits seulement en parallèle. De plus, les points qui, dans le premier enroulement, étaient réunis au conducteur neutre, sont maintenant connectés à un des trois conducteurs du circuit étoilé ; le milieu $a_1\ e_1$ du nouveau circuit $(E_3''\ A_1)\ (E_1\ A_2)$ étant réuni au conducteur I.

Le diagramme des tensions des deux circuits du second enroulement, et se rapportant comme plus haut à un tiers de cet enroulement, se déduit de celui de la figure 113. Il est représenté sur la figure 114 et montre que les tensions aux bornes sont bien égales en grandeur et décalage à celles du premier circuit. Il y a encore ici 3 systèmes analogues, chaque phase comporte par suite 3 circuits seulement en parallèle.

La figure 115 représente le diagramme des tensions d'un groupe complet des circuits induits, il y a 3 groupes identiques.

Les deux circuits étant superposés l'un à l'autre, les conducteurs seront dans des conditions identiques d'induction, les tensions induites réelles dans les deux circuits seront donc égales, et par suite les deux circuits fourniront chacun des débits dans le rapport inverse des résistances ohmiques.

La section des barres induites des deux enroulements est de 4 mm sur 2,5 mm, soit 10 mm².

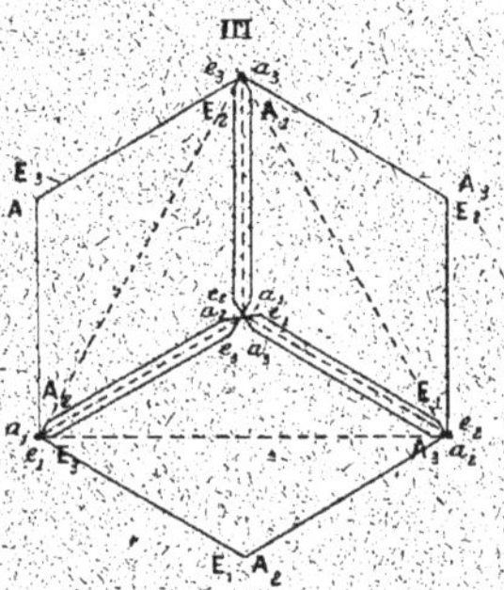

Fig. 115.

Diagramme total des tensions des circuits de l'alternateur Siemens et Halske.

Diagramm der Gesammtspannungen des Alternators von Siemens und Halske.

Complet diagram of voltages of Siemens and Halske alternator.

La résistance réduite de l'induit par phase est de 0,0087 ohm et le poids de cuivre utilisé sur l'induit, de 170 kg.

Les courants alternatifs sont recueillis par les quatre bagues calées sur l'arbre dont nous avons parlé plus haut. Ces bagues ont un diamètre de 50 cm et une largeur de 3 cm, sur chacune d'elles frottent 4 balais métalliques.

Le collecteur, dont les lames sont serrées sur son support par une frette en acier, a un diamètre de 2,6 m et une largeur utile de 3 cm. Sur ce collecteur frottent 4 balais métalliques.

Résultats d'essais. — L'intensité du courant d'excitation, nécessaire pour obtenir la tension à vide de 270 volts à la vitesse normale, est de 8,5 ampères. En court-circuit l'intensité normale de débit dans l'induit est obtenue avec un courant d'excitation de 2,3 ampères.

L'intensité du courant d'excitation, en pleine charge de 150 kilovolts-ampères avec un facteur de puissance de 0,8, est de 10,2 ampères. Cette intensité correspondrait à vide à une tension de 289 volts, la chute de tension est par suite de 7,2 p. 100.

Moteur à vapeur. — Le moteur à vapeur de MM. Brand et Lhuillier est du type horizontal compound jumelé et à condensation.

Les dimensions et constantes principales en sont les suivantes :

Diamètre du petit cylindre	36 cm
» du grand cylindre	55 »
Course commune des pistons	60 »
Vitesse angulaire en tours par minute	120
Pression de la vapeur en kg : cm²	10

La puissance normale de la machine est de 150 chevaux indiqués avec la marche à condensation.

La distribution sur le petit cylindre se fait par soupape du type Knöller, à course contrainte. Dans ce dispositif le mouvement des soupapes d'admission est obtenu par un système de deux cames.

Celle du cylindre à basse pression s'effectue par tiroirs cylindriques, genre Corliss ; l'admission et l'échappement sont réglables à la main.

Le régulateur, du type Knöller également, est calé sur l'arbre même de commande de la distribution entre les cames de commande des soupapes d'admission.

ALTERNATEUR DE 175 KILOVOLTS-AMPÈRES DE LA COMPAGNIE DE FIVES-LILLE

175 KVA. DREHSTROMGENERATOR DER COMPAGNIE DE FIVES-LILLE

175 KVA. COMPAGNIE DE FIVES-LILLE THREE-PHASE ALTERNATOR

Cet alternateur, à courants triphasés, de la Compagnie de Fives-Lille est du type à induit mobile. Sa puissance apparente est de 175 kilovolts-ampères avec un facteur de puissance minimum de 0,4, soit une puissance vraie de 70 kilowatts au minimum.

La tension aux bagues est de 200 volts et la tension par phase de 115 volts. Le débit par phase est de 520 ampères.

La vitesse angulaire est de 430 tours par minute, ce qui, avec un nombre de pôles inducteurs de 14, correspond à une fréquence de 50 périodes par seconde.

L'alternateur est représenté sur la photographie de la figure 116; les figures 117 à 119 sont des vues d'ensemble avec

Fig. 116.
Alternateur à courants triphasés de 175 KVA. de la Compagnie de Fives-Lille.
175 KVA. Drehstromgenerator der Cie de Fives-Lille.
175 KVA. Fives-Lille three-phase Alternator.

coupes partielles par l'axe. Les figures 120 et 121 montrent des coupes et vues d'une partie de l'induit et de l'inducteur.

Inducteurs. — La carcasse inductrice, en acier, est coulée en deux parties et est fixée sur un bâti portant des paliers rapportés.

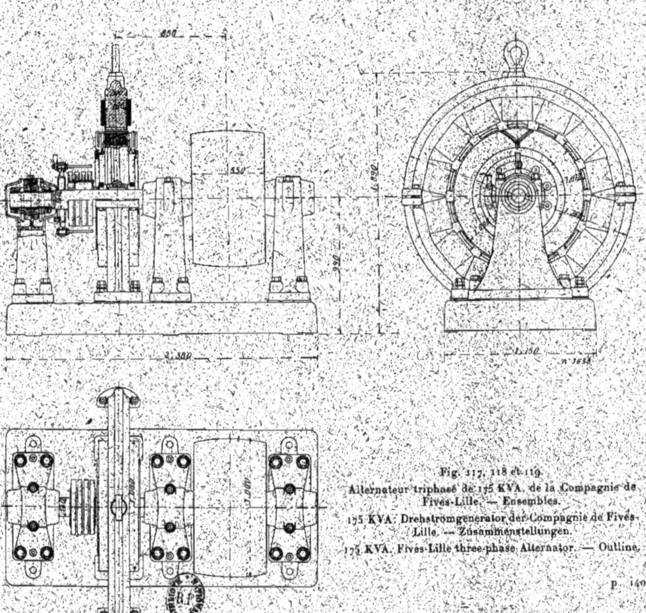

Fig. 117, 118 et 119.
Alternateur triphasé de 175 KVA. de la Compagnie de Fives-Lille. — Ensembles.

175 KVA. Drehstromgenerator der Compagnie de Fives-Lille. — Zusammenstellungen.

175 KVA. Fives-Lille three-phase Alternator. — Outline.

P. 140.

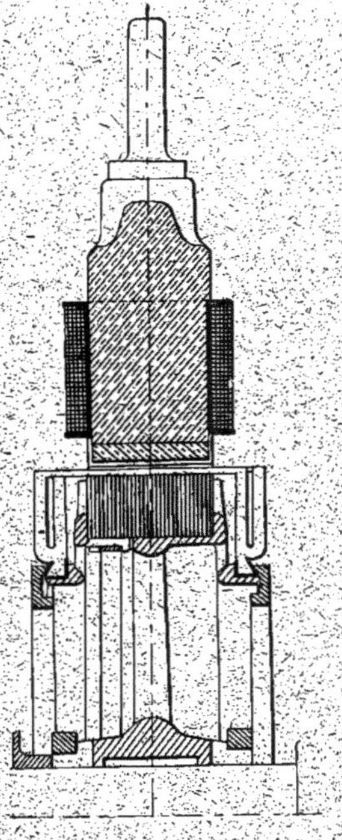

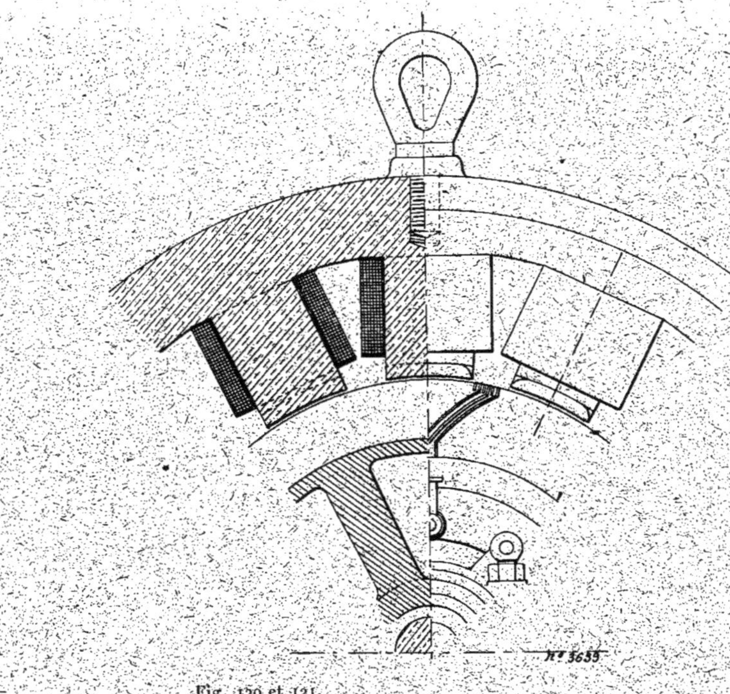

Fig. 120 et 121.
Alternateur triphasé de 175 KVA. de la Compagnie de Fives-Lille. — Détails.
175 KVA. Drehstromgenerator der Cie de Fives-Lille. — Details.
175 KVA. Fives-Lille three-phase Alternator. — Details.

Cette carcasse forme dos d'âne de façon à augmenter la résistance du métal ; son diamètre extérieur maximum est de 1,76 m et sa largeur, de 17 cm.

Les noyaux polaires, de section circulaire, sont venus de fonte avec les carcasses, ils portent des épanouissements en acier de forme carrée.

Le diamètre des noyaux et la longueur des épanouissements polaires sont de 16 cm.

Le diamètre d'alésage est de 1,012 m et l'entrefer, de 6 mm.

L'enroulement inducteur est constitué par 14 bobines enroulées sur des carcasses isolantes et retenues par les épanouissements. Chaque bobine comporte 280 spires de fil de 4 mm de diamètre réparties en 7 couches.

Toutes les bobines inductrices sont montées en série et la résistance du circuit est de 3,95 ohms à chaud.

Le poids du cuivre utilisé sur l'inducteur est de 280 kg.

Induit. — La carcasse de l'induit est constituée par une couronne en fonte en deux parties et supportée par un croisillon retenu sur l'arbre par deux frettes posées à chaud.

Les deux parties du support présentent des projections entre-croisées et sont maintenues serrées par un anneau en fer logé dans une rainure pratiquée dans ces projections.

Les tôles induites sont disposées sur ce support et serrées entre deux disques dentés, l'un venu de fonte avec la jante du support, et l'autre formé de divers segments fixés à l'aide de vis.

Le diamètre extérieur de l'induit est de 1 m et la largeur totale des tôles, de 17 cm. La hauteur radiale du noyau est de 10 cm.

L'induit est denté et comporte 156 encoches circulaires légèrement ouvertes. Le diamètre de ces encoches est de 10 mm et leur ouverture de 0,75 mm ; chaque encoche contient une barre de 50 mm² de section.

Les barres d'un même circuit sont réunies par des développantes en V dont la partie inférieure est terminée en queue d'aronde et est serrée entre deux anneaux venus de fonte avec le support et deux cercles en fer supportés sur chaque côté de l'induit.

Les 156 barres sont réparties en 3 circuits formés chacun de 52 barres groupées en série.

Les extrémités de ces circuits aboutissent, d'une part, à une bague formant point neutre, et, d'autre part, à 3 bagues de prises de courant normales.

Les 4 bagues sont montées sur un support en fonte claveté sur l'arbre, leur diamètre est de 40 cm et leur largeur de 4 cm.

Les axes des porte-balais sont montés sur un balancier fixé à l'un des paliers.

La résistance de l'induit par phase est de 0,011 ohm à chaud et le poids de cuivre induit de 40 kg.

Le poids total de l'alternateur est de 4800 kg.

Résultats d'essais. — L'intensité du courant d'excitation nécessaire pour obtenir la tension à vide est de 26 ampères.

Le courant d'excitation correspondant à l'intensité normale de débit en court-circuit est de 8,5 ampères.

En charge, avec un facteur de puissance égal à l'unité, le courant d'excitation est de 28 ampères.

B. — ALTERNATEURS A INDUIT A TROUS

B. — WECHSELSTROMGENERATOREN MIT LOCHANKER

B. — ALTERNATORS WITH HOLE ARMATURE

I. — ALTERNATEURS TRIPHASÉS A INDUIT FIXE ET A TROUS

I. — DREHSTROMGENERATOREN MIT FESTSTEHENDEM LOCHANKER

I. — REVOLVING FIELD THREE-PHASE ALTERNATORS WITH HOLE ARMATURE

Cette série réunit les alternateurs de la Société l'Éclairage Électrique (type de 1 200 kilovolts-ampères); de la Société

Électricité et Hydraulique (types de 760 kilovolts-ampères); de MM. Brown, Boveri et Cie; de MM. J.-J. Rieter et Cie.

ALTERNATEUR DE 400 KILOVOLTS-AMPÈRES DE MM. J.-J. RIETER ET Cie

400 KVA. DREHSTROMGENERATOR DER ACTIENGESELLSCHAFT VORM. J.-J. RIETER UND Co.

400 KVA. J.-J. RIETER AND Co THREE-PHASE ALTERNATOR

En dehors des alternateurs à inducteurs extérieurs dont nous décrirons l'un des types plus loin, MM. J.-J. Rieter et Cie de Winterthur construisent des alternateurs à induit extérieur.

L'alternateur que nous étudierons ici a une puissance de 400 kilovolts-ampères avec un facteur de puissance minimum de 0,8 ; la puissance vraie fournie est de 320 kilowatts.

La tension aux bornes ou par phase, l'induit étant groupé en triangle, est de 220 volts et l'intensité du courant de débit, de 606 ampères.

La vitesse angulaire est de 300 tours par minute et la fréquence de 45 périodes par seconde.

L'alternateur J.-J. Rieter et Cie à induit extérieur est représenté sur la photographie de la figure 122. Les figures 123 et 124 sont des vues d'ensemble avec coupes partielles et les figures 125 et 126 des coupes et vues d'une partie de l'induit et de l'inducteur.

Inducteur. — L'inducteur est constitué par une couronne, en acier coulé, portant les 18 pôles et maintenue par des boulons entre deux plateaux en fonte clavetés sur l'arbre.

Le diamètre extérieur de cette couronne est de 1,64 m et sa hauteur radiale, de 14 cm ; sa largeur est d'environ 32 cm.

Les pôles inducteurs en fer forgé sont légèrement encastrés dans la couronne et ont une forme cylindrique ; ils sont terminés par une partie de plus faible diamètre qui traverse complètement la jante et sert de boulons de fixation. Les noyaux polaires sont munis d'épanouissements polaires rectangulaires.

Fig. 122.
Alternateur à courants triphasés de 400 KVA. de l'Actiengesellschaft vorm. J.-J. Rieter und Cᵒ de Winterthur.
400 KVA. Drehstromgenerator der A.-G. vormals J.-J. Rieter und Cᵒ in Winterthur.
400 KVA. J.-J. Rieter and Cᵒ three-phase Alternator.

Le diamètre des noyaux polaires est de 23 cm ; les épanouissements polaires ont une longueur de 30 cm et une largeur de 21 cm.

Le diamètre de l'inducteur à l'extrémité des pièces polaires est de 2,18 m et l'entrefer, de 10 mm.

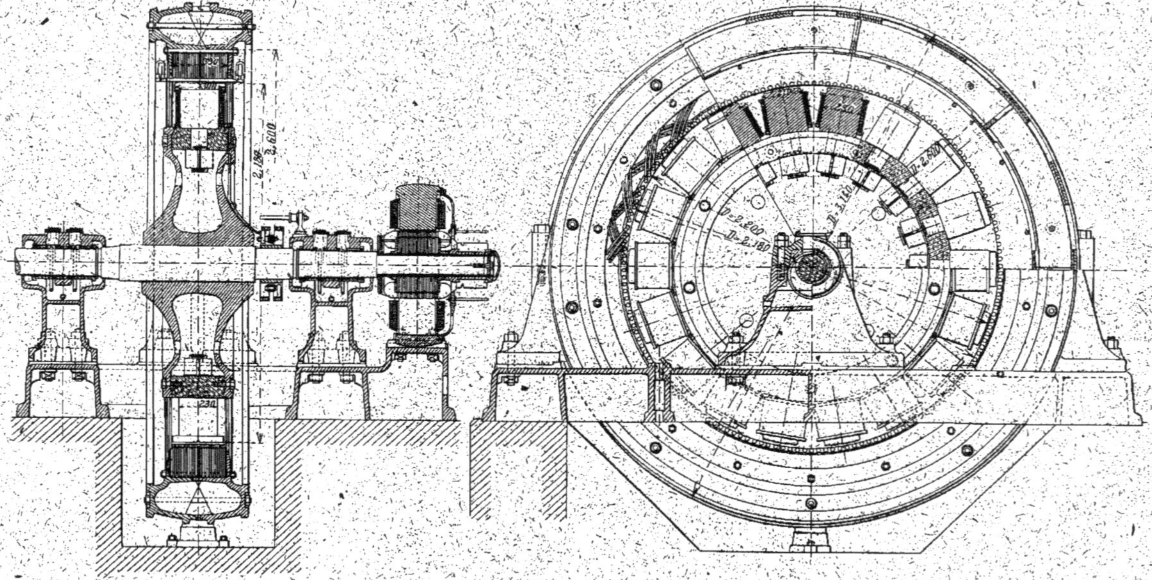

Fig. 123 et 124.

Alternateur de 400 KVA. de MM. J.-J. Rieter et Cie. — Ensembles.

400 KVA. Drehstromgenerator von J.-J. Rieter und Co — Zusammenstellungen.

400 KVA. J.-J. Rieter three-phase Alternator. — Outline.

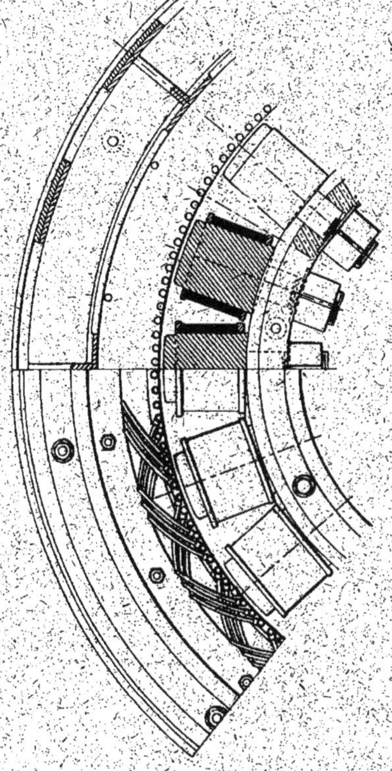

Fig. 125 et 126.
Alternateur triphasé de 400 KVA. de MM. J.-J. Rieter et Cie. — Détails.
400 KVA. Drehstromalternator von J.-J. Rieter und Co. — Details.
400 KVA. J.-J. Rieter and Co three-phase Alternator. — Details.

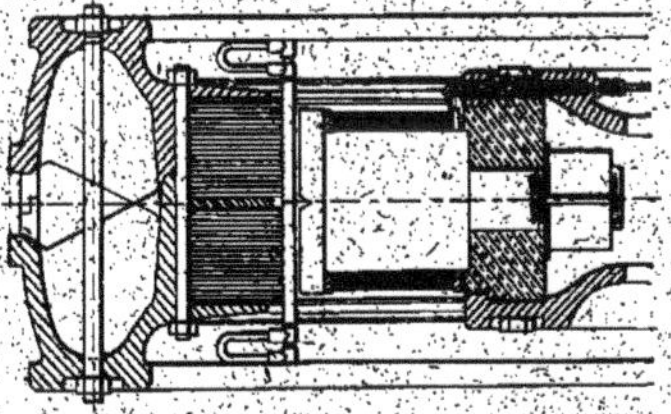

L'enroulement inducteur comporte 18 bobines enroulées

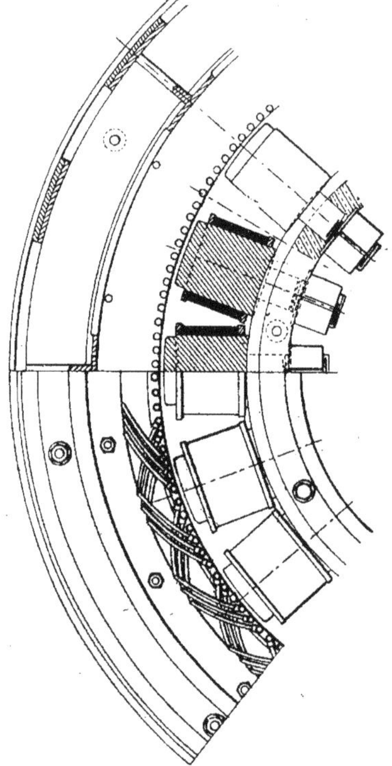

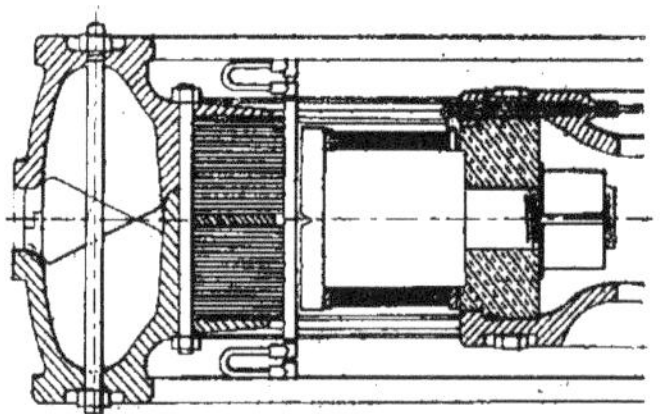

Fig. 125 et 126.
Alternateur triphasé de 400 KVA. de MM. J.-J. Rieter et Cie. — Détails.
400 KVA. Drehstromalternator von J.-J. Rieter und Co. — Details.
400 KVA. J.-J. Rieter and Co three-phase Alternator. — Details.

L'enroulement inducteur comporte 18 bobines enroulées

avec une bande de cuivre sur champ de 24 mm de largeur et 2 mm d'épaisseur, soit 48 mm² de section. Le nombre de spires de chaque bobine est de 80.

Toutes les bobines inductrices sont réunies en série et aboutissent à deux bagues de frottement ; le circuit d'excitation a une résistance à froid de 0,43 ohm.

Le poids de cuivre utilisé sur l'inducteur est de 520 kg.

Induit. — Le support de l'induit se compose de deux couronnes de fonte, chacune en deux parties assemblées dans un plan horizontal. Les parties inférieures portent des pattes boulonnées sur le bâti, sur lequel sont rapportés les deux paliers à bagues.

Les deux caisses supportant l'induit ont une section en forme d'U couché et s'emboîtent l'une dans l'autre. Elles sont serrées entre elles par des boulons les traversant complètement et par les boulons assemblant les tôles.

Celles-ci, serrées entre deux anneaux venus de fonte avec les couronnes, sont partagées en deux noyaux séparés par des plaques-évents en bronze.

Le diamètre extérieur maximum de la carcasse est de 3,14 m et sa largeur, de 60 cm.

Le diamètre d'alésage de l'induit est de 2,20 m et la hauteur radiale des tôles de 20 cm. La largeur de l'induit est de 33 cm y compris l'épaisseur des cales qui est de 20 mm.

La surface intérieure de l'induit est percée de 162 trous circulaires, soit 3 par pôle et par phase. Chacun de ces trous reçoit une barre ronde de 16 mm de diamètre ou 200 mm² environ de section.

Toutes les barres d'une même phase sont réunies en série par des connecteurs en V. Les trois phases sont montées en triangle.

La résistance de l'induit par phase est de 0,005 ohm à chaud et le poids de cuivre de l'enroulement, de 250 kg.

Excitatrice. — L'alternateur à induit extérieur de MM. J.-J. Rieter est excité par une petite dynamo dont l'induit est calé en porte à faux sur l'arbre. La puissance de cette machine est de 8 000 watts environ.

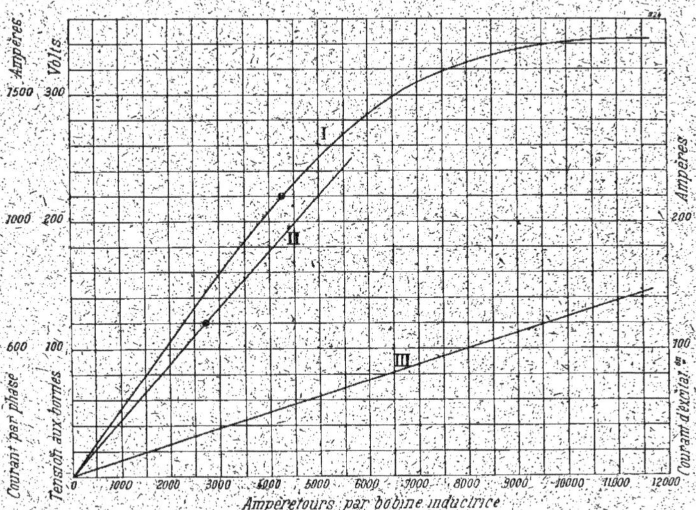

Fig. 127.

Caractéristiques de l'alternateur de 400 KVA. de MM. J.-J. Rieter et Cie.
I. Caractéristique à vide — II. Caractéristique en court-circuit. — III. Droite d'excitation.

Kurven der 400 KVA. Drehstrommaschine von J.-J. Rieter und Co
I. Leerlaufcharakteristik. — II. Kurzschlusscharakteristik. — III. Erregungsgerade.

Characteristics of 400 KVA. J.-J. Rieter Alternator.
I. No load saturation curve. — II. Short-circuit curve. — III. Excitation line.

L'inducteur, à 4 pôles, est en acier et supporté par un prolongement du bâti. Son diamètre extérieur est de 98 cm, et sa largeur de 26 cm.

L'enroulement inducteur est en dérivation; les 4 bobines inductrices, montées en série, comportent chacune 930 spires de fil de 2,6 mm de diamètre.

L'induit, enroulé en tambour multipolaire série, a un diamètre extérieur de 40 cm et une largeur de 24 cm. L'enroulement est réparti dans 57 rainures et comporte 4 conducteurs de 5,8 mm de diamètre ou 26,4 mm² de section par encoche.

Le support des porte-balais est formé par une couronne fixée à la carcasse inductrice ; il y a 4 rangées de 5 balais en charbon.

Résultats d'essais. — Les caractéristiques à vide et en court-circuit de l'alternateur J.-J. Rieter sont représentées respectivement par les courbes I et II de la figure 127. La courbe III est la ligne de correspondance des ampèretours inducteurs au courant d'excitation. On voit que les circuits magnétiques de l'alternateur sont peu saturés.

L'intensité du courant d'excitation, correspondant à la marche à vide avec une tension de 220 volts aux bornes, est de 54 ampères.

L'intensité du courant de débit, 602 ampères par phase, est obtenue en court-circuit avec un courant d'excitation de 34 ampères.

GROUPE ÉLECTROGÈNE DE 1 200 KILOVOLTS-AMPÈRES DE LA SOCIÉTÉ L'ÉCLAIRAGE ÉLECTRIQUE ET DE MM. DUJARDIN ET Cie

1 200 KVA. DAMPFDYNAMO DER SOCIÉTÉ L'ÉCLAIRAGE ÉLECTRIQUE UND VON DUJARDIN UND C°

1 200 KVA. SOCIÉTÉ L'ÉCLAIRAGE ÉLECTRIQUE AND DUJARDIN AND C° SET

La Société l'Éclairage Électrique, une des plus anciennes maisons d'électricité en France et qui fut chez nous le berceau des courants alternatifs, avait exposé plusieurs dynamos en service dont un alternateur étudié spécialement pour le transport de la force motrice par petits et

Fig. 128.
Groupe électrogène de 1 200 KVA. de la Société l'Éclairage Électrique et MM. Dujardin et Cie.
1 200 KVA. Dampfdynamo der Société l'Éclairage Électrique und von Dujardin et Cie.
1 200 KVA. Société l'Éclairage Électrique-Dujardin et Cie Set.

moyens moteurs et accouplé directement à un moteur à vapeur de MM. Dujardin et Cie de Lille.

Ce groupe est représenté sur la photographie de la figure 128 et sur les figures d'ensemble 129 à 131.

Alternateur. — L'alternateur à courants triphasés de la Société l'Éclairage Électrique est dû aux travaux de M. E. Labour, directeur technique de la Société. C'était un des plus curieux et des mieux étudiés de l'Exposition.

Cet alternateur, destiné à alimenter des moteurs asynchrones, fonctionnant généralement avec des charges assez petites, a en effet dû être calculé pour pouvoir fournir sa puissance apparente avec un facteur de puissance particulièrement faible. On a adopté la valeur de 0,5, mais la machine peut fonctionner facilement avec un facteur de puissance presque nul, sans donner lieu à une chute de tension aux bornes beaucoup plus grande que celles admises normalement.

La puissance apparente de l'alternateur est de 1 200 kilovolts-ampères et la puissance vraie minimum de 600 kilowatts. L'induit est groupé en étoile.

La tension aux bornes est normalement de 5 000 volts et le débit par phase de 138 ampères.

La vitesse angulaire est de 79 tours par minute et la fréquence de 50 périodes par seconde.

A l'Exposition, où l'alternateur était inscrit pour une puissance de 600 kilowatts avec le facteur de puissance admis ordinairement pour un service d'éclairage, la tension avait été réduite à 3 200 volts aux bornes, de façon à permettre l'utilisation de transformateurs à 3 000 volts dont la Société l'Éclairage Électrique s'est fait depuis longtemps une spécialité pour les secteurs à courants alternatifs de Paris et de la province.

Inducteur. — L'inducteur (fig. 132 et 133), a une forme tout à fait caractéristique et originale. Il a l'aspect d'un volant ordinaire en fonte, à la jante duquel la couronne induc-

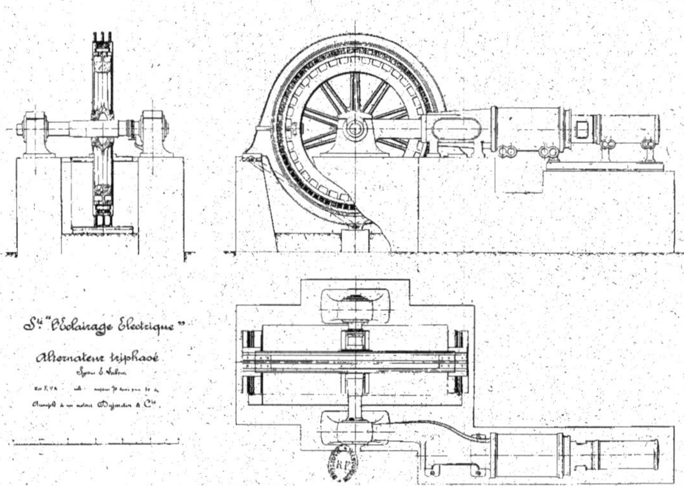

Fig. 129, 130 et 131.
Groupe électrogène de 1 200 KVA. de la Société l'Éclairage Électrique et de MM. Dujardin et Cie. — Ensembles.
1 200 KVA. Dampfdynamo der Société l'Éclairage Electrique und von Dujardin et Cie. — Zusammenstellungen.
1 200 KVA. Société l'Éclairage Électrique-Dujardin et Cie Set. — Outline.

trice, également en fonte, serait fixée par des nervures radiales, une par paire de pôles, et par un anneau courant tout autour de la jante.

Le volant et la carcasse inductrice sont coulés en deux parties assemblées à la jante par des boulons et par des agrafes, en forme de T, introduites à chaud dans des logements pratiqués sur les faces latérales.

En outre, deux frettes circulaires sont posées, à l'endroit des joints, sur les surfaces extérieures de la jante.

Chaque demi-couronne est supportée par 4 bras qui la réunissent au moyeu dont le serrage sur l'arbre est obtenu uniquement à l'aide de deux frettes en acier. L'entraînement se fait par une seule clavette.

Les pôles inducteurs, au nombre de 76, sont en acier doux et ont une section rectangulaire. Les noyaux polaires sont très bas, afin de réduire la dispersion, il sont élargis à leur partie inférieure en contact avec la jante, de façon à diminuer la résistance magnétique du joint.

Les pièces polaires ont une section, perpendiculaire à l'axe, trapézoïdale : elles présentent un évidement en leur milieu en face d'un canal de ventilation, ménagé entre les tôles induites.

La fixation des pôles est faite par des vis serrées par des écrous et des contre-écrous sur la couronne inductrice dans les niches formées par les nervures.

Le diamètre extérieur de l'inducteur est de 5,69 m et la largeur de la jante de 65 cm.

La longueur utile des pièces polaires dans le sens de l'axe est de 40 cm, et celle de l'évidement central, de 6 cm, soit en tout une largeur de 46 cm. La largeur des épanouissements est de 18 cm à la base et de 12 cm dans l'entrefer.

Les bobines inductrices sont enroulées sur des carcasses métalliques avec joues en bois.

Elles sont faites en fil rond de 8 mm de diamètre et portent chacune 44 spires réparties en 4 couches de 11 spires.

Toutes les bobines sont montées en série ; la résistance du circuit inducteur à chaud est de 1,60 ohm.

Le poids du cuivre de l'inducteur est de 1 817,5 kg ou 24,7 kg par électro.

Le poids total du volant sans l'arbre atteint 45 000 kg.

Induit. — La carcasse de l'induit est coulée en deux parties ; elle se compose d'un cylindre de fonte, muni d'ouvertures pour la ventilation, et consolidé par trois anneaux égaux.

La partie inférieure de la carcasse porte deux pattes par lesquelles elle repose sur deux bancs ou plaques de fondation. Un troisième banc est placé à la partie la plus basse de la moitié inférieure.

L'ensemble de l'induit peut glisser le long des trois bancs, à l'aide d'un système de vis tangentes et de chaînes, de façon à permettre le dégagement complet de l'inducteur pour visiter l'induit et y faire l'entretien et les réparations nécessaires.

La photographie de la figure 134 représente l'alternateur avec son induit déplacé.

Le diamètre extérieur de la carcasse de l'induit est de 6,72 m et son diamètre intérieur de 6 m.

La largeur de cette carcasse ne dépasse pas 72 cm.

Le circuit magnétique induit est formé par deux couronnes de tôles de 0,4 mm d'épaisseur, isolées magnétiquement de la carcasse. A cet effet, la carcasse porte un certain nombre de bras en bronze, un par pôle, et à section en forme de T sur les branches duquel viennent s'appuyer des projections ménagées sur les tôles.

Ce système a l'avantage de laisser les couronnes de tôles complètement dans l'air, ce qui assure leur ventilation parfaite et permet de réduire le volume du fer.

L'enroulement induit est réparti dans des trous dont la section est formée d'un rectangle surmonté, du côté de l'en-

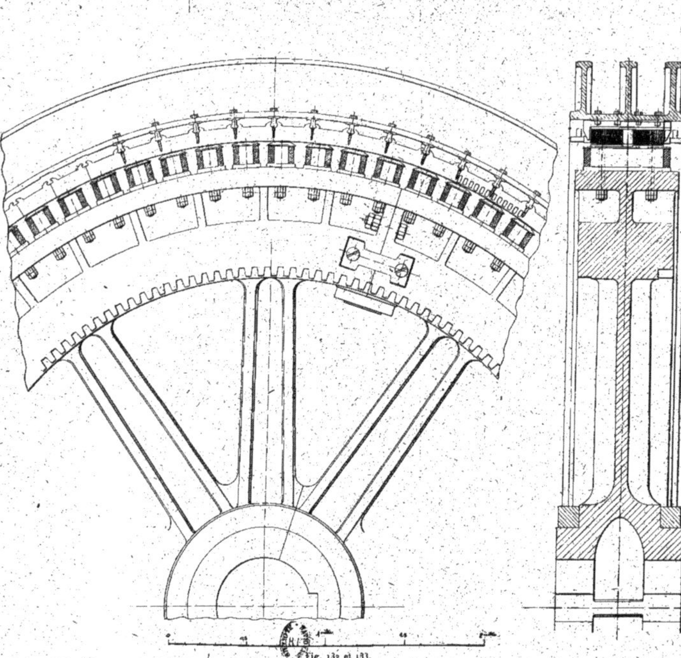

Fig. 132 et 133.
Alternateur à courants triphasés de 1 200 KVA. de la Société l'Éclairage Électrique. — Détails.
1 200 KVA. Drehstromalternator der Société l'Éclairage Électrique. — Details.
1 200 KVA. Société l'Éclairage Électrique three-phase Alternator. — Details.

p. 154.

trefer, d'un triangle isocèle à angle au sommet très obtus. Le

Fig. 134.
Alternateur de 1 200 KVA de la Société l'Éclairage Électrique. — Induit déplacé.
1 200 KVA Drehstromgenerator der Société l'Éclairage Électrique. — Anker verschoben.
1 200 KVA l'Éclairage Électrique three-phase Alternator. — Armature removed.

sommet de ce triangle détermine ainsi un isthme très étranglé dont la largeur est de 2 mm environ et qui par suite se sature très vite. Chaque trou est muni d'un tube en micanite de 3 mm d'épaisseur.

Chaque pôle induit comporte 6 trous dans lesquels sont réparties trois bobines comme dans les enroulements triphasés ordinaires à 6 bobines par paire de pôles.

La largeur de chaque bobine est sensiblement la même que celle de la partie supérieure des pièces polaires.

Chaque bobine est formée de 5 spires de deux câbles de 20 mm² de section disposés en parallèle.

Les 76 bobines d'une même phase sont montées en série et les trois phases groupées en étoile.

La résistance de chacune d'elles est de 0,30 ohm à chaud.

Le poids de cuivre de l'induit est de 715 kg.

Le poids de l'induit sans les plaques de fondation est de 17 700 kg.

Le diamètre d'alésage de l'induit est de 5,70 m laissant un entrefer de 5 mm seulement.

La hauteur radiale des tôles induites est de 9 cm dont la moitié est occupée par les trous. La largeur de chacune des couronnes de tôle est de 20 cm ; ces couronnes sont séparées par un intervalle de 6 cm assurant leur ventilation.

Résultats d'essais. — Les courbes de la figure 135 représentent la caractéristique à vide (courbe I) pour une vitesse normale de 79 tours par minute et la caractéristique en court-circuit (courbe II) en fonction des ampères-tours par bobine inductrice. La droite III indique la correspondance des ampères-tours inducteurs et de l'intensité du courant d'excitation.

L'intensité du courant d'excitation, pour obtenir à vide la tension normale de 5 000 volts à la fréquence de 50 périodes, est de 100,5 ampères. L'intensité du courant d'excitation, nécessaire pour obtenir l'intensité normale du débit en court-circuit, est de 40 ampères et correspond à une tension induite égale environ à la moitié de la tension normale.

En charge, avec un facteur de puissance égal à l'unité, l'intensité calculée du courant d'excitation est de 113 ampères et l'augmentation de tension en cas de décharge brusque sans variation de vitesse de 4 p. 100 environ. Avec

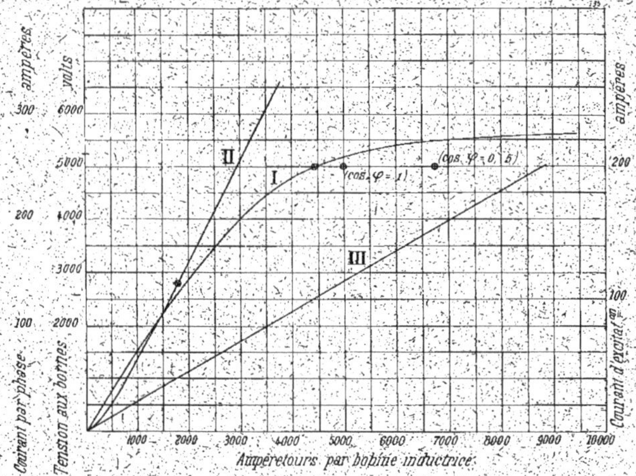

Fig. 135.

Caractéristiques de l'alternateur de 1 200 KVA. de la Société l'Éclairage Électrique.
I. Caractéristique à vide. — II. Caractéristique en court-circuit. — III. Droite d'excitation.

Kurven des 1 200 KVA. Drehstromgenerators der Société l'Éclairage Électrique.
I. Leerlaufcharakteristik. — II. Kurzschlusscharakteristik. — III. Erregungsgerade.

Caracteristics of 1 200 KVA. l'Éclairage Électrique three-phase Alternator.
I. No load saturation curve. — II. Short-circuit curve. — III. Excitation line.

un facteur de puissance de 0,5, le courant d'excitation atteindra 153 ampères et la chute de tension sera de 9,8 p. 100 seulement.

La caractéristique en court-circuit a une forme spéciale; elle s'incurve légèrement au voisinage de l'origine contrairement à ce qui se passe en général. La résistance apparente est donc plus grande pour un très faible courant de court-circuit que pour un courant normal.

Cette particularité qui se rencontre dans les machines à induit à trous tient à ce que, pour de faibles intensités, les isthmes ne sont pas saturés.

Le rendement électrique de l'alternateur en charge, avec un facteur de puissance égal à l'unité, est de 94,8 p. 100.

Les pertes sont les suivantes :

Pertes par hystérésis et courants Foucault	27 000 watts
Pertes par effet Joule dans l'induit	17 200 »
Pertes par effet Joule dans l'inducteur	20 500 »
Total	64 700 watts

Avec un facteur de puissance de 0,5, le rendement apparent est de 93,5 p. 100 et le rendement réel de 88 p. 100.

Le poids de cuivre total est de 2 532 kg soit 4,2 kg par kilowatts réels ou 2,1 kg par kilovolt-ampère. En volts-ampères par kilo de cuivre on obtient le chiffre de 475, chiffre très élevé indiquant une utilisation très bonne des matériaux.

Moteur à vapeur. — Le moteur de MM. Dujardin et Cie est du type compound, à deux cylindres horizontaux en tandem, à condensation.

La distribution de la vapeur dans les deux cylindres est du système à 4 tiroirs genre Corliss, placés à la partie inférieure des cylindres et à déclic commandé par le régulateur pour les tiroirs d'admission du cylindre à haute pression.

Les dimensions principales du moteur sont :

Diamètre du petit cylindre	65 cm
Diamètre du grand cylindre	110 »
Course commune des pistons	135 »
Vitesse angulaire en tours par minute	80

A la pression de 9 kg : cm² la puissance est de 850 chevaux indiqués : 480 chevaux pour le cylindre à haute pression et 370 chevaux sur le cylindre à basse pression.

GROUPES ÉLECTROGÈNES DE 760 KILOVOLTS-AMPÈRES DE LA SOCIÉTÉ ÉLECTRICITÉ ET HYDRAULIQUE

760 KVA. DAMPFDYNAMOS DER SOCIÉTÉ ÉLECTRICITÉ ET HYDRAULIQUE

760 KVA. SOCIÉTÉ ÉLECTRICITÉ ET HYDRAULIQUE THREE-PHASE GENERATING UNITS

La Société Électricité et Hydraulique de Charleroi avait exposé deux alternateurs à courants triphasés, l'un, dans la

Fig. 136.
Groupe électrogène de 760 KVA. de la Société Électricité et Hydraulique de Jeumont et de MM. Weyher et Richemond.
760 KVA. Dampfdynamo der Société Électricité et Hydraulique (Jeumont) und von Weyher et Richemond.
760 KVA. Électricité et Hydraulique and Weyher et Richemond generating Unit.

section française, accouplé à un moteur de MM. Weyher et Richemond, l'autre, dans la section belge, conduit directement par un moteur Bollinckx.

Les deux groupes ainsi formés ont une même puissance et sont représentés sur les photographies des figures 136 et 137.

Les figures 138 et 139 montrent des vues d'ensemble du groupe belge.

Fig. 137.

Groupe électrogène de 760 KVA. de la Société Électricité et Hydraulique (Charleroi) et de MM. Bollinckx et Cie (Bruxelles).

760 KVA. Dampfdynamo der Société Électricité et Hydraulique (Charleroi) und von Bollinckx et Cie (Brussel).

760 KVA. Électricité et Hydraulique (Charleroi) and Bollinckx et Cie (Bruxelles) Set.

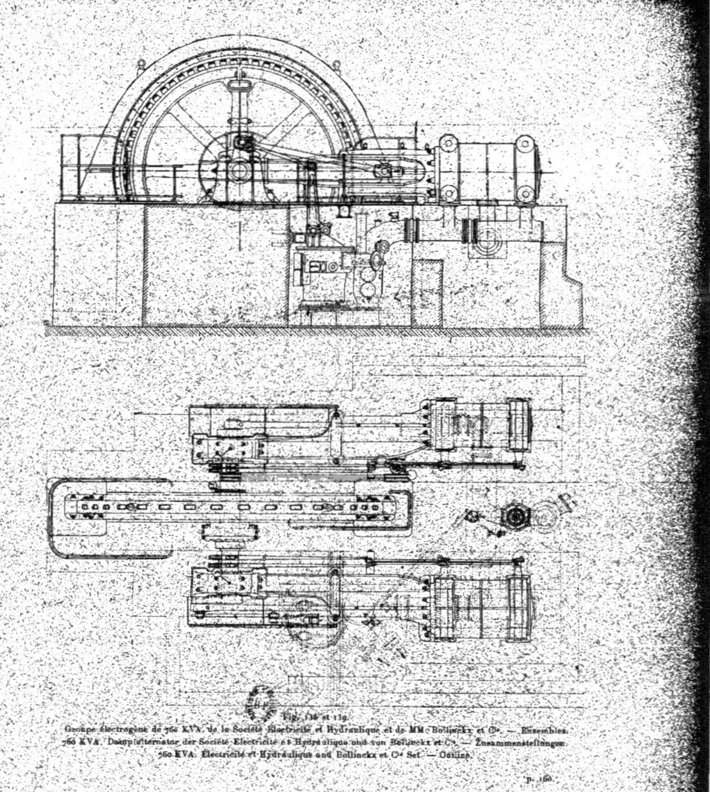

Fig. 138 et 139.

Groupe électrogène de 760 KVA. de la Société Electricité et Hydraulique et de MM. Bollinckx et Cie. — Ensembles.
760 KVA. Dampfalternator der Société Electricité et Hydraulique und von Bollinckx et Cie. — Zusammenstellungen.
760 KVA. Électricité et Hydraulique and Bollinckx et Cie Set. — Outline.

Alternateur du groupe français. — L'alternateur exposé par la Société Électricité et Hydraulique a été étudié

Fig. 140.
Alternateur à courants triphasés de 760 KVA. de la Société Électricité et Hydraulique.
760 KVA. Drehstromgenerator der Société Électricité et Hydraulique.
760 KVA. Électricité et Hydraulique three-phase Alternator.

par M. Heyland ; il est caractérisé surtout par sa légèreté.

Cet alternateur triphasé est du type volant.

Sa puissance apparente est de 760 kilovolts-ampères, et sa

puissance vraie de 646 kilowatts, ce qui correspond à un facteur de puissance de 0,85 environ.

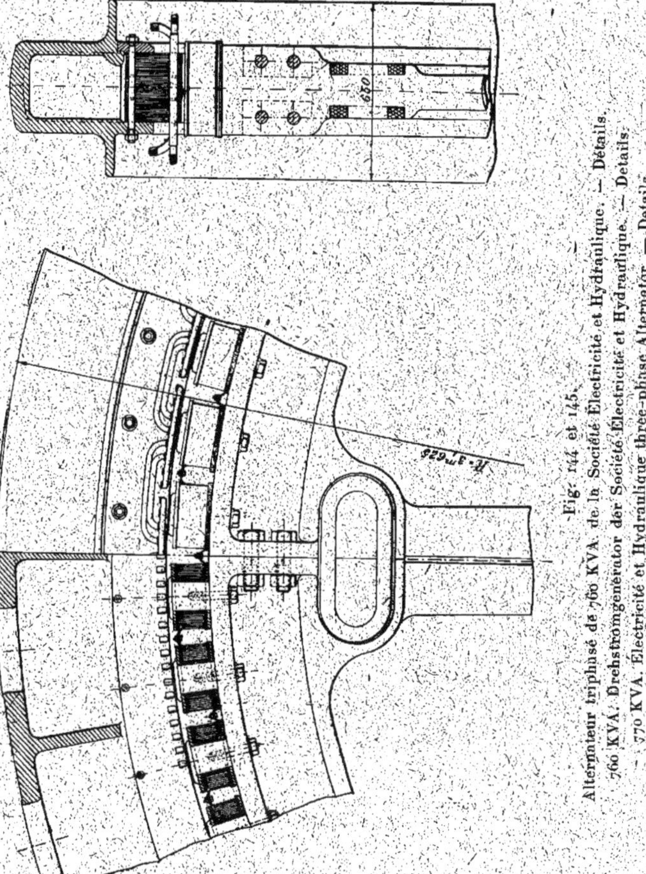

Fig. 144 et 145. — Alternateur triphasé de 760 KVA de la Société Électricité et Hydraulique. — Détails.
760 KVA. Drehstromgenerator der Société Électricité et Hydraulique. — Details.
— 770 KVA. Électricité et Hydraulique three-phase Alternator. — Details.

La tension aux bornes est de 2 200 volts ; l'induit étant groupé en étoile, la tension simple est de 1 270 volts, et l'intensité du courant de débit par phase, de 200 ampères.

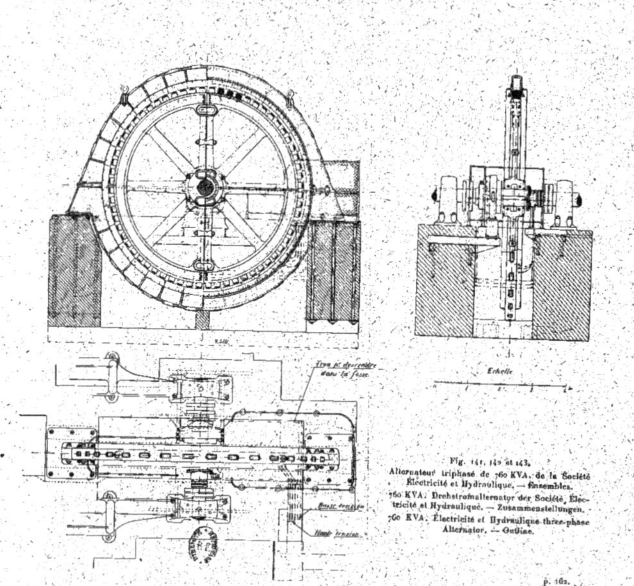

Fig. 141, 142 et 143.
Alternateur triphasé de 760 KVA, de la Société Électricité et Hydraulique. — Ensembles.
760 KVA. Drehstromalternator der Société Électricité et Hydraulique. — Zusammenstellungen.
760 KVA. Électricité et Hydraulique three-phase Alternator. — Outline.

p. 162.

La fréquence est de 50 périodes par seconde et le nombre de pôles, de 64.

L'alternateur est représenté sur la photographie de la figure 140.

Les figures 141, 142 et 143 sont des vues d'ensemble diverses et les figures 144 et 145 des coupes d'une partie de l'induit et de l'inducteur.

Inducteur. — L'inducteur est coulé en deux parties et est assemblé suivant deux bras par des boulons : un pour chaque bras, deux pour le moyeu et quatre pour chaque joint de la jante.

En outre, 8 frettes, de forme allongée, sont logées à chaud dans des gorges pratiquées à cet effet sur les faces de la jante et sur celles du moyeu.

Le diamètre extérieur de la jante est de 5,65 m et sa largeur, de 32 cm seulement.

L'entraînement se fait par une seule clavette.

Les pôles inducteurs, en acier, ont une forme ovale et sont placés directement sur la surface de la jante sans encastrement ; ils sont fixés chacun par deux vis la traversant complètement.

La section des noyaux polaires est de 205 cm² et leur hauteur, de 14 cm.

Les épanouissements polaires, venus de fonte avec les noyaux, sont rectangulaires et légèrement arrondis pour obtenir une courbe de tension aussi sinusoïdale que possible. Leurs dimensions sont de 25 cm sur 15 cm.

L'enroulement des pôles inducteurs présente une particularité qui en rend le bobinage, et éventuellement le débobinage, excessivement simple. Chaque bobine inductrice est en effet composée d'une bande de cuivre de 104 mm de hauteur sur 0,8 mm d'épaisseur enroulée à plat sur un manchon isolant. Les 50 spires ainsi formées sont séparées par de la toile isolante.

L'extrémité extérieure de chaque bobine est maintenue en place par des plaques de cuivre boulonnées. Par mesure de précaution, on a soudé cette extrémité, qui acquiert, par ce fait, une résistance mécanique plus grande.

A surface égale, les bobines ainsi construites ont un coefficient de refroidissement plus élevé que les bobines formées de fil ou de câble isolé, car les isolements peuvent être beaucoup plus minces à cause de la faible différence de potentiel entre chaque spire consécutive.

Cette propriété existe également dans les bobines formées d'une bande de cuivre enroulée sur champ ; mais les bobines à bande enroulée sur plat sont d'une construction beaucoup plus facile.

Les isolants perpendiculaires à l'axe de la bobine se composent de rondelles en fibre vulcanisée recouvertes de toile isolante.

Des plaques en bronze, retenues par les épanouissements polaires, reçoivent la poussée des bobines sollicitées par la force centrifuge.

Toutes les bobines inductrices sont montées en série et les extrémités du circuit ainsi formé aboutissent à deux bagues de contact.

La résistance du circuit d'excitation est de 0,70 ohm à chaud ; la perte par effet Joule dans l'inducteur est de 2,6 p. 100 environ de la pleine charge.

Le poids de cuivre de l'inducteur est de 2 100 kg.

Le poids de l'inducteur complet n'est que de 20 200 kg ; l'emploi de moteurs à vapeur jumelés permet toutefois d'obtenir avec ce volant un coefficient d'irrégularité de $\pm$ 1/400.

Le diamètre extérieur de l'inducteur est de 5,980 m et l'entrefer, de 10 mm.

Induit. — La carcasse induite a une forme élancée qui contribue pour beaucoup à réduire le poids de l'alternateur. La section de la carcasse est celle d'un U renversé muni de larges rebords latéraux normaux au plan perpendiculaire à l'axe.

Une des branches de l'U est prolongée pour servir de support à la couronne induite, laquelle est serrée entre l'anneau ainsi formé et un second anneau en plusieurs parties en acier forgé portant un rebord logé dans une rainure circulaire pratiquée dans la seconde branche de l'U.

Le diamètre extérieur de la carcasse est de 7,265 m et sa largeur totale, de 64 cm.

La couronne induite se compose d'un grand anneau, en deux parties, formé par l'assemblage de 460 couches environ de tôles de fer extra doux de 0,5 mm; ces tôles sont isolées au vernis et montées à joints alternants. Elles sont serrées d'endroit en endroit par des boulons (un par pôle induit).

Afin de faciliter la ventilation du fer induit, celui-ci a été divisé en six parties ménageant entre elles des canaux de ventilation. De plus, la carcasse induite porte des ouvertures laissant libre accès à l'air extérieur.

Les dimensions de l'anneau induit ainsi formé sont les suivantes : diamètre d'alésage, 6,000 m ; diamètre extérieur, 6,400 m, et largeur de l'ensemble des tôles y compris les espaces d'air pour la ventilation, 25 cm.

Le poids total du fer est d'environ 3 550 kg.

L'anneau induit est pourvu de 384 trous, 6 par pôle, dont la section a la forme d'un rectangle surmonté d'un demi-cercle du côté de l'entrefer.

Les dimensions de ces trous sont de 34 mm sur 22 mm et les isthmes les séparant de l'entrefer ont une largeur de 2 mm environ.

L'enroulement comporte une bobine par paire de pôles et par phase, soit 32 bobines par phase. Chacune d'elle occupe 4 trous et comporte deux bobines concentriques formées de trois spires constituées par deux câbles de 25 mm² (19 fils de 1,3 mm de diamètre), isolés du fer par des caniveaux en micanite et enroulés en parallèle ; chaque bobine complète de l'induit a donc 6 spires.

Toutes les bobines d'une même phase sont en série et les trois phases sont groupées en étoile. La résistance de chacune des phases est de 0,13 ohm à chaud.

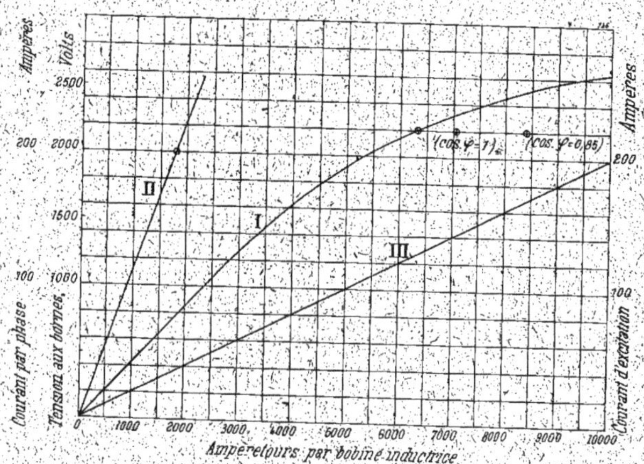

Fig. 146.

Caractéristiques de l'alternateur de la Société Électricité et Hydraulique (groupe français).

I. Caractéristique à vide. — II. Caractéristique en court-circuit. — III. Droite d'excitation.

Kurven des Alternators der Société Électricité et Hydraulique (französische Maschine).

I. Leerlaufcharakteristik. — II. Kurzschlusscharakteristik. III. Erregungsgerade.

Characteristics of Electricity and Hydraulic alternator (french group).

I. No load saturation curve. — II. Short-circuit curve. — III. Excitation line.

Le poids de cuivre de l'induit est de 500 kg environ.

Le poids total de l'induit est de 20 tonnes.

L'induit repose sur les plaques de fondation par des pattes venues de fonte avec la partie inférieure de la carcasse.

En outre, un dé en maçonnerie est placé à la partie inférieure de l'induit pour éviter les déformations.

Le réglage de l'entrefer se fait à l'aide de coins glissés sous les points d'appui.

Excitatrice. — L'excitatrice est une petite dynamo de 20 kilowatts dont l'induit est calé directement sur l'arbre de la machine à vapeur à côté du volant.

La tension du courant de débit est de 110 à 120 volts et le débit lui-même, de 170 ampères.

C'est une machine à 12 pôles à induit tambour avec enroulement multipolaire.

Résultats d'essais. — Les caractéristiques à vide (courbe I) et en court-circuit (courbe II) de l'alternateur de la Société Électricité et Hydraulique, construit dans les ateliers Jeumont, sont représentées sur la figure 146. La courbe III est la droite de correspondance des ampèretours inducteurs par bobine au courant d'excitation.

Le courant d'excitation nécessaire pour la marche à vide est de 127,5 ampères.

L'intensité du courant d'excitation, pour obtenir l'intensité normale du débit de 200 ampères par phase en court-circuit, est de 36 ampères et correspond à une tension d'environ le tiers de la tension normale.

En charge, avec un facteur de puissance égal à l'unité et une puissance aux bornes de 760 kilowatts, le courant d'excitation nécessaire est de 141 ampères.

La chute de tension entre la marche à vide et la marche en charge est de 5 p. 100 environ pour une charge non inductive.

Pour une charge inductive, de facteur de puissance égal à 0,85, l'intensité du courant d'excitation atteint 168 ampères et la chute de tension n'est que 12 p. 100.

Le poids de cuivre total de 2 600 kg correspond à une utilisation de 3,4 kg environ par kilovolt-ampère.

Alternateur du groupe belge. — Le second alternateur de la Société anonyme Électricité et Hydraulique, commandé par le moteur Bollinckx diffère, peu de celui commandé par le moteur des ateliers Weyher et Richemond. Il a en effet la même puissance et les seules différences entre les deux alternateurs tiennent uniquement à l'adaptation de l'alternateur français pour fonctionner à 79,7 tours par minute au lieu de 94 tout en donnant la même tension.

L'induit est identique à celui de l'alternateur de Jeumont; toutefois dans cette génératrice les bobines complètes, au lieu d'être formées de 6 spires de deux câbles en parallèle, comportent maintenant 12 spires d'un seul câble de même section; on a en somme mis en série les deux bobines élémentaires disposées primitivement en quantité.

De plus les trois phases sont maintenant groupées en triangle.

La courbe de saturation étant maintenue la même, la tension aux bornes avec le même entrefer serait, en réduisant la vitesse, à 79,7 tours par minute, de

$$\frac{1270 \times 2 \times 79,7}{94}$$

ou 2 160 volts.

Pour obtenir la même tension malgré une chute de tension un peu plus forte dans l'induit où l'intensité par fil est maintenant de 115 ampères au lieu de 100, on a réduit l'entrefer à 8 mm seulement au lieu de 10.

Le diamètre d'alésage de l'induit est resté le même, c'est le diamètre extérieur de l'inducteur qui a été porté à 5,984 m au lieu de 5,980 m.

La fréquence n'est plus maintenant que de 42,5 périodes par seconde.

La résistance par phase est maintenant de 0,52 ohm à chaud.

Les caractéristiques à vide et en court-circuit de cet alternateur sont représentées sur la figure 147.

L'intensité du courant d'excitation pour la marche à vide est de 137 ampères et celle correspondant au débit de

200 ampères en court-circuit, de 43 ampères. L'intensité du courant d'excitation en charge sur résistance non induc-

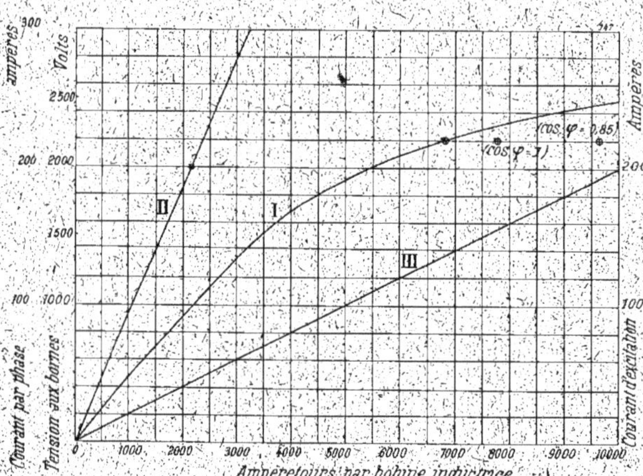

Fig. 147.

Caractéristiques de l'alternateur de la Société Électricité et Hydraulique (groupe belge).
I. Caractéristique à vide. — II. Caractéristique en court-circuit.
III. Droite d'excitation.

Kurven des Alternators der Société Électricité et Hydraulique (belgische Maschine).
I. Charakteristik bei Leerlauf. — II. Kurzschlusscharakteristik.
III. Erregungsgerade.

Characteristics of Electricity and Hydraulic alternator (Belgian group).
I. No load saturation curve. — II. Short-circuit curve. — III. Excitation line.

tive est de 155,5 ampères et celle sur un circuit de facteur de puissance égal à 0,85, de 193 ampères.

Moteurs à vapeur. — Le moteur à vapeur du groupe français de la Société Électricité et Hydraulique est du type compound à deux cylindres horizontaux et jumelés et à condensation.

Ses principales dimensions et constantes sont les suivantes :

Diamètre du cylindre à haute pression . . . . . . 65 cm

Diamètre du cylindre à basse pression	100 cm
Course commune des pistons	130 »
Vitesse angulaire en tours par minute	94

La puissance normale de la machine à la pression de 10 kg : cm² est de 1 000 chevaux effectifs ; cette puissance peut être portée à 1 500 chevaux.

La distribution de vapeur est faite sur les deux cylindres par obturateurs système Lefer.

Le moteur à vapeur du groupe belge est également du type compound à deux cylindres horizontaux conjugués.

Les dimensions principales de cette machine sont les suivantes :

Diamètre du petit cylindre	76 cm
Diamètre du grand cylindre	115 »
Course commune des pistons	150 »
Vitesse angulaire en tours par minute	80

La distribution de la vapeur est du genre Corliss.

GROUPE ÉLECTROGÈNE DE 1 760 KILOVOLTS-AMPÈRES DE MM. BROWN, BOVERI ET Cie ET DE MM. SULZER FRÈRES

1 760 KVA. DAMPFALTERNATOR VON BROWN, BOVERI UND C^o UND VON GEBRÜDER SULZER

1 760 KVA BROWN, BOVERI AND C^o-SULZER BROTHERS SET

MM. Brown, Boveri et Cie de Baden-Suisse, présentaient, en dehors d'un grand nombre de moteurs à courants continus et alternatifs, deux groupes électrogènes non utilisés pour le service de l'éclairage et du transport d'énergie, mais qui, toutefois, fonctionnaient à vide.

L'un de ces groupes (fig. 148) est constitué par un alternateur du type volant actionné par un moteur à vapeur de MM. Sulzer frères de Winterthur.

Alternateur. — L'alternateur est d'un type normal triphasé de la maison Brown, Boveri et Cie. Quoique sa puis-

Fig. 148.
Groupe électrogène de 1 760 KVA. de MM. Brown, Boveri et Cie et de MM. Sulzer frères.
1 760 KVA. Stromerzeuger von Brown, Boveri und Co und von Gebr. Sulzer.
1 760 KVA. Brown, Boveri and Co-Sulzer Brothers Set.

p. 170.

Fig. 149.
Alternateur à courants triphasés de 1 760 KVA. de MM. Brown, Boveri et Cie.
1 760 KVA. Drehstromgenerator von Brown, Boveri und Co.
1 760 KVA. Brown, Boveri and Co three-phase Alternator.

sance le place parmi les alternateurs les plus puissants de l'Exposition, il n'est pas, comme pour beaucoup d'autres exposants, le plus important construit par cette maison [1]. Il a une puissance apparente de 1 760 kilovolts-ampères avec un facteur de puissance de 0,85 et par suite une puissance réelle utile de 1 500 kilowatts ou 2 040 chevaux.

La tension aux bornes est de 6 000 volts, et la tension par phase, de 3 465 volts. L'intensité du courant dans chaque phase est de 170 ampères. La fréquence est de 50 périodes par seconde, et la vitesse angulaire, de 83,3 tours par minute.

Utilisé comme alternateur à courants alternatifs simples, la puissance est, pour un même courant dans l'induit, de 1 000 kilowatts avec un facteur de puissance égal à l'unité.

Le type d'alternateur Brown, Boveri et Cie est très connu, nous en donnerons cependant une description très rapide qui nous permettra d'indiquer les principales dimensions de la machine.

La figure 149 est une photographie de l'alternateur et les figures 150, 151 et 152 des vues de face, de bout, et en plan de la même machine.

Inducteur. — L'inducteur est coulé en deux parties assemblées le long de deux bras par quatre boulons ; l'assemblage de la jante est fait par des boulons dont les écrous sont logés dans des niches pratiquées dans la jante. Le moyeu est réuni à cette dernière par huit paires de bras et est serré sur l'arbre par quatre boulons.

L'entraînement se fait par une seule clavette.

La jante dont la section a la forme d'un U (fig. 153) porte les 72 pôles inducteurs en fer, lesquels sont rapportés sur

---

[1] Les machines les plus puissantes sorties des ateliers de MM. Brown, Boveri et Cie, sont celles du transport d'énergie de Paderno, qui atteignent 2 200 chevaux et qui sont bobinées directement pour 15 000 volts. Leur vitesse angulaire est toutefois assez élevée.

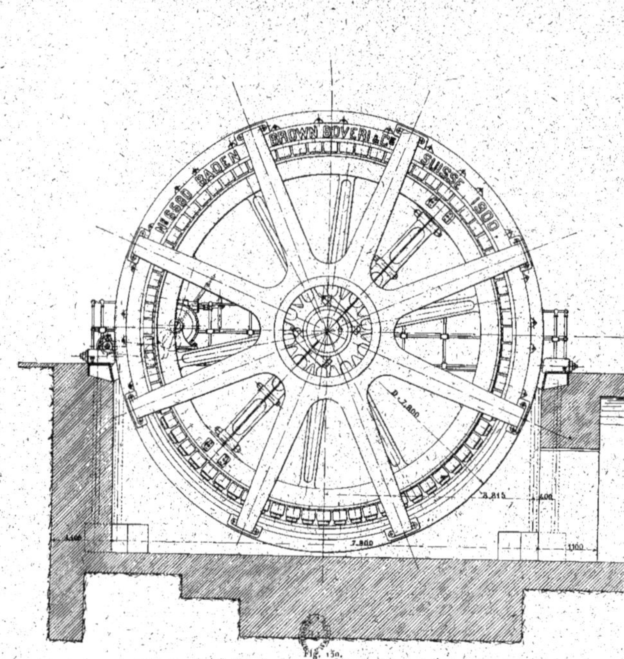

Fig. 130.

Alternateur triphasé de 1 760 KVA. de MM. Brown, Boveri et Cie. — Ensemble.

1 760 KVA. Drehstromgenerator von Brown, Boveri und C°. — Zusammenstellung.

1 760 KVA. Brown, Boveri and C° three-phase Alternator. — Outline.

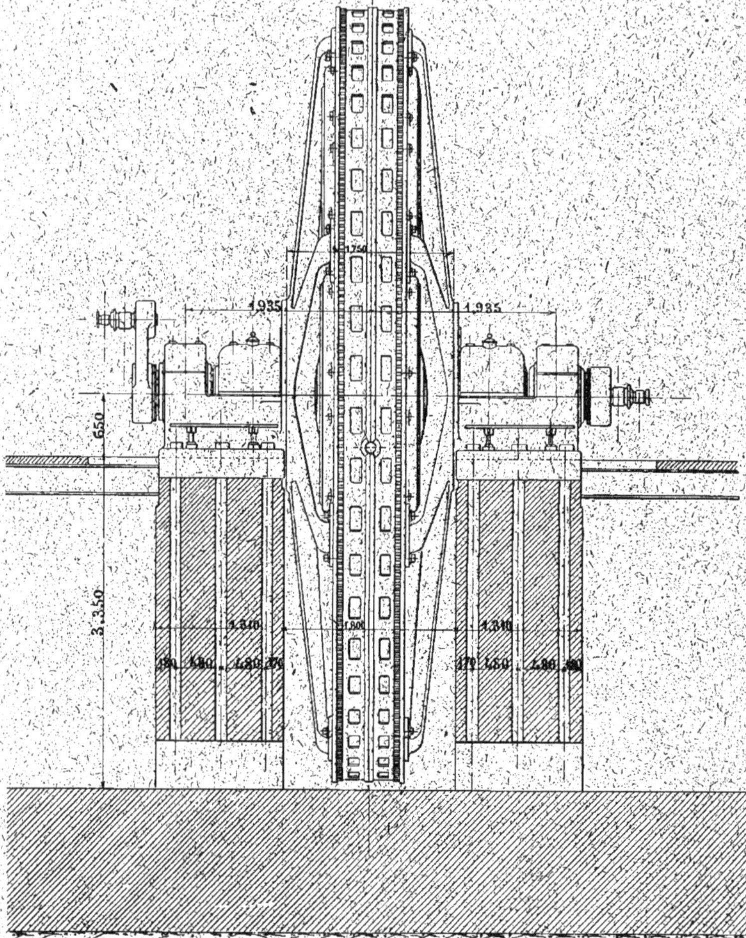

Fig. 151.
Alternateur triphasé de 1 760 KVA, de MM. Brown, Boveri et Cie. — Ensemble.
1 760 KVA. Drehstromgenerator von Brown, Boveri und Co. — Zusammenstellung.
1 760 KVA. Brown, Boveri and Co three-phase Alternator. — Outline.

des fraisures pratiquées dans la jante et sont fixés à celle-ci par des vis qui la traversent complètement.

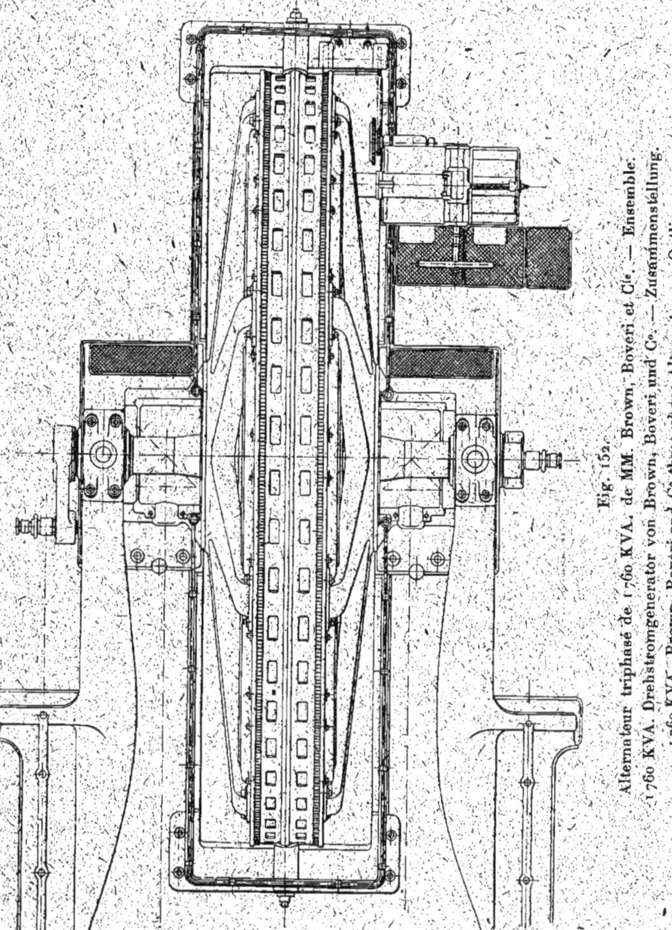

Fig. 152.
Alternateur triphasé de 1760 KVA. de MM. Brown, Boveri et Cie. — Ensemble.
1760 KVA. Drehstromgenerator von Brown, Boveri und Co. — Zusammenstellung.
1760 KVA. Brown, Boveri and Co three-phase Alternator. — Outline.

Les noyaux polaires (fig. 154 et 155) sont circulaires et leur déplacement autour de l'axe est empêché par un petit ergot. Ils sont surmontés par un épanouissement polaire de forme

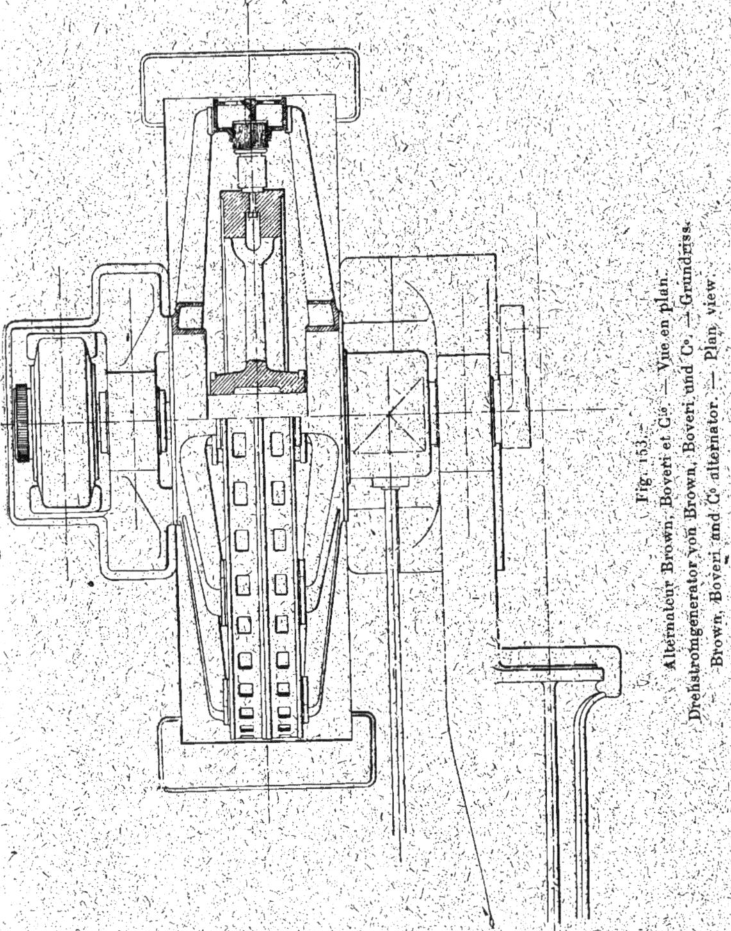

Fig. 153. Alternateur Brown, Boveri et Cie. — Vue en plan.
Drehstromgenerator von Brown, Boveri und Co. — Grundriss.
Brown, Boveri and Co alternator. — Plan view.

rectangulaire à bords légèrement arrondis. La largeur des

épanouissements polaires est à peu près les deux tiers de celle du pas, soit 20 cm.

Leur longueur parallèlement à l'axe est de 33 cm.

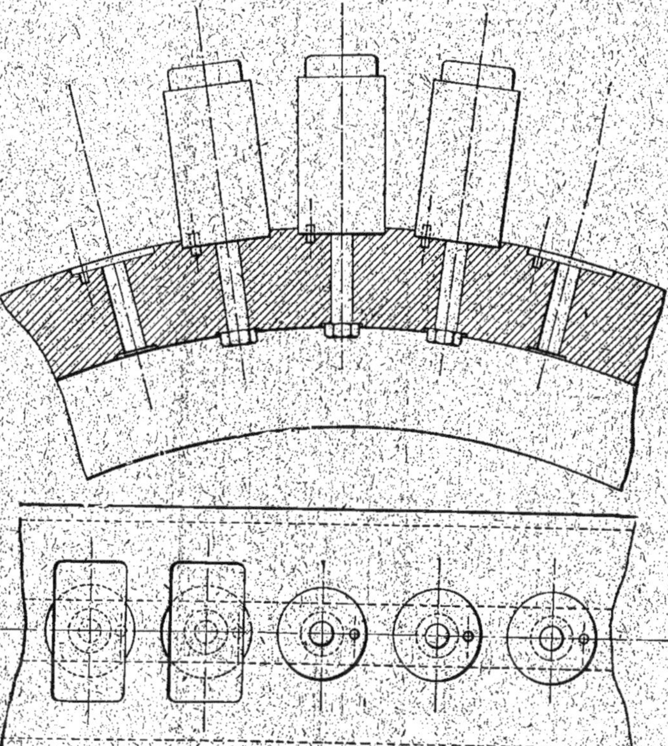

Fig. 154 et 155.
Fixation des pôles des alternateurs Brown, Boveri et Cie.
Befestigung der Pole der Alternatoren von Brown, Boveri und Co.
Fixing of poles of Brown, Boveri and Co. alternators.

Le diamètre de la jante est de 6,30 m et le diamètre à l'extrémité des épanouissements polaires de 6,90 m. L'entrefer est de 10 mm.

Fig. 156.

Induit d'alternateur Brown, Boveri et Cie.

Anker eines Alternators von Brown, Boveri und Co.

Armature of a Brown, Boveri and Co alternator.

p. 176.

L'enroulement inducteur est fait avec une bande de cuivre enroulé sur champ. Ce dispositif a été employé pour la première fois par MM. Brown, Boveri et Cie dans une machine à courants alternatifs simples de 600 chevaux installée à Lucerne en 1893.

Chaque pôle inducteur comporte une hélice de 45 spires et toutes les bobines ainsi formées sont en série. La résistance du circuit d'excitation est de 0,33 ohm.

Induit. — La carcasse de l'induit est formée d'une caisse en fonte supportée par deux séries de bras rayonnants qui lui assurent une grande rigidité et qui lui permettent de résister sans être obligé de lui donner un poids trop considérable.

Le principal but de cette disposition est de faire reposer l'armature, non directement sur le sol, mais sur deux anneaux venus de fonte avec les paliers de la machine à vapeur. La carcasse peut alors tourner à volonté autour de ces anneaux dès que l'on veut amener à la portée de la main les enroulements à visiter ou à réparer. C'est à cet effet que la carcasse est pourvue extérieurement d'une denture analogue à celle d'un volant. La rotation de la carcasse induite est du reste obtenue avec le vireur même du volant, vireur qui agit par l'intermédiaire d'une chaîne sur un pignon engrenant avec la denture de la carcasse. La rotation est empêchée en temps ordinaire par des vis de butée que l'on retire au moment voulu.

Grâce à cette disposition, l'armature n'ayant pas de fondations propres, on n'a pas à craindre qu'un tassement inégal de ses fondations et de celles du moteur à vapeur ne puisse dérégler l'entrefer.

Le centrage de l'induit par rapport à l'inducteur est établi au moment du tournage des pièces. La photographie de la figure 156 montre bien la constitution des induits des alternateurs Brown, Boveri et Cie.

La carcasse de l'induit est constituée par deux flasques, qui viennent serrer entre elles les tôles de l'induit en ne les laissant dépasser que du côté intérieur où doivent être logés les enroulements.

Les deux parties de la carcasse sont serrées entre elles par des boulons répartis sur deux rangs concentriques, le premier rang placé à l'extérieur des tôles et le second les traversant en même temps que les joues des flasques.

Les bras des deux étoiles supportant l'induit sont boulonnés sur les flasques.

Le diamètre extérieur de la carcasse de l'induit est de 7,86 m.

Le diamètre d'alésage de l'induit est de 6,92 m et la largeur totale des tôles, de 33 cm.

Le noyau d'induit est partagé en quatre parties laissant entre elles des canaux pour la ventilation. Des ouvertures sont ménagées dans la carcasse de l'induit dans le même but.

L'enroulement de l'induit est réparti dans des trous oblongs, assez allongés et très voisins de l'entrefer. La surface interne de l'induit comprend 6 trous par pôle, soit 432 trous.

Chaque phase comporte une bobine complète par paire de pôles ou 36 bobines en tout. Les bobines sont isolées de la masse par d'épais tubes en micanite.

Le nombre de spires est de 12 par bobine complète et de 6 par bobine simple ou par encoche.

La figure 157 est une vue des ateliers de bobinage de MM. Brown, Boveri et Cie.

Excitatrice. — L'excitatrice fournissant le courant d'excitation est une dynamo à courant continu de 25 kilowatts environ sous 110 volts ; elle est commandée directement par un petit moteur à vapeur vertical, tournant à la vitesse angulaire de 300 tours par minute.

Fig. 157.
Ateliers de bobinage de MM. Brown, Boveri et Cie.
Wickelei der Firma Brown, Boveri und Co.
Winding department of Brown, Boveri and Co.

p. 178.

L'excitatrice a 4 pôles; l'induit denté est enroulé en tambour série. Les balais sont en charbon.

Le petit moteur actionnant l'excitatrice a été construit, comme le moteur à vapeur de l'alternateur, par MM. Sulzer frères.

C'est une machine verticale à un seul cylindre et à distribution par tiroirs à piston.

Ses dimensions sont :

Diamètre du cylindre	20 cm
Course du piston	20 »
Vitesse angulaire en tours par minute	300

Résultats d'essais. — Nous avons représenté sur la figure 158 les caractéristiques à vide et en court-circuit de l'alternateur Brown, Boveri et Cie en fonction du courant d'excitation.

La tension à vide de 6 000 volts aux bornes, à la fréquence de 50 périodes par seconde, est obtenue avec un courant d'excitation d'une intensité de 176 ampères.

En court-circuit, l'intensité du courant d'excitation nécessaire, pour obtenir l'intensité normale de débit de 170 ampères par phase, est de 60 ampères et correspond à une tension induite de 2 500 volts environ, soit un peu plus du tiers de la tension normale.

En pleine charge de 1 760 kilowatts, avec un facteur de puissance égal à l'unité, le courant d'excitation nécessaire pour maintenir la tension de 6 000 volts aux bornes est de 193 ampères et correspond à une tension induite de 6 300 volts. En cas de décharge sans modification de vitesse, l'augmentation serait donc dans ce cas de 5 p. 100 seulement.

Avec un facteur de puissance de 0,85, pour une charge effective de 1 500 kilowatts, le courant d'excitation a une intensité de 232 ampères. La tension induite est dans ce cas de 6 850 volts ; en cas de décharge à vitesse constante, l'augmentation de la tension serait de 14 p. 100.

La puissance perdue dans l'enroulement inducteur n'est dans ce dernier cas que de 1 p. 100 de la puissance apparente de l'alternateur.

La marge laissée pour l'excitation permet de porter la

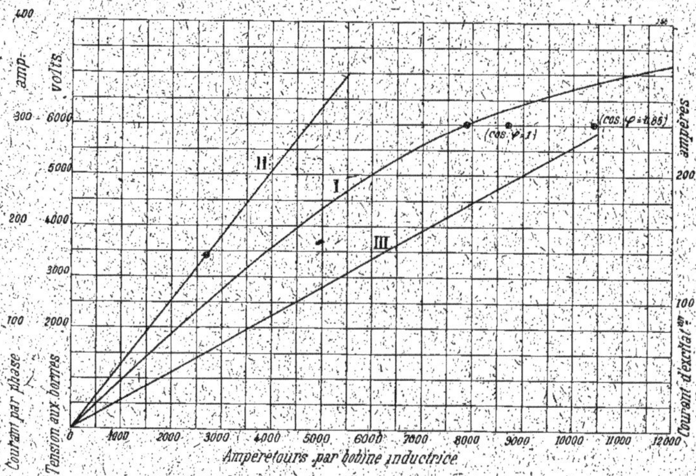

Fig. 158.

Caractéristiques de l'alternateur de MM. Brown, Boveri et Cie.
I. Caractéristique à vide. — II. Caractéristique en court-circuit.
III. Droite d'excitation.

Kurven des Alternators von Brown, Boveri und Co.
I. Charakteristik bei Leerlauf. — II. Kurzschlusscharakteristik.
III. Erregungsgerade.

Characteristics of Brown, Boveri and Co Alternator.
I. No load saturation curve. — II. Short-circuit curve. — III. Excitation line.

puissance effective de la machine à une valeur maxima de 1 800 kilowatts avec un facteur de puissance de 0,8.

Moteur à vapeur. — Le moteur à vapeur de MM. Sulzer frères est du type à triple expansion et à quatre cylindres horizontaux : un à haute pression, un à moyenne pression et deux à basse pression.

Les dimensions et constantes principales de cette machine sont :

Diamètre du petit cylindre	60 cm
Diamètre du cylindre à moyenne pression	85 »
Diamètre du cylindre à basse pression	102,5 »
Course commune des pistons	150 »
Vitesse angulaire en tours par minute	80
Pression de la vapeur	11 kg : cm²

La puissance normale de cette machine est de 1 700 chevaux indiqués avec une admission de 3/10 ; avec une admission de 4/10 la puissance de la machine peut être élevée à 1 950 chevaux indiqués.

Chacun des cylindres à basse pression est accouplé en tandem avec l'un des deux autres et les deux groupes de pistons actionnent chacun une manivelle disposée sur un arbre unique ; les deux manivelles sont calées à 90° l'une de l'autre.

La distribution se fait par soupapes Sulzer, à double siège pour tous les cylindres.

Les condenseurs, un pour chaque groupe de deux cylindres, sont logés dans le sous-sol.

GROUPE ÉLECTROGÈNE DE 860 KILOVOLTS-AMPÈRES DE M. A. GRAMMONT ET DE MM. PIGUET ET Cie

860 KVA. STROMERZEUGER VON A. GRAMMONT UND VON PIGUET UND C°

860 KVA. A. GRAMMONT-PIGUET AND C° THREE-PHASE GENERATING UNIT

Le groupe électrogène à courants triphasés (fig. 159) exposé par M. A. Grammont de Pont-de-Cheruy et MM. Piguet et Cie de Lyon, constituait, en ce qui concerne l'excitation de l'alternateur, une des curiosités de l'Exposition.

L'excitatrice était, en effet, une dynamo à excitation par courants alternatifs suivant le procédé de M. Maurice Leblanc. Cette excitatrice sera étudiée plus loin à propos des alternateurs compounds, nous nous contenterons de donner ici la description de l'alternateur.

Alternateur. — L'alternateur, étudié par M. J.-L. Routin, a une puissance vraie de 600 kilowatts sous une tension aux bornes de 2 400 volts. La puissance apparente peut atteindre 860 kilovolts-ampères avec un facteur de puissance de 0,7. Le montage des trois circuits est en étoile, la tension par phase est par suite de 1 385 volts et le débit de 207 ampères.

La fréquence est de 50 périodes par seconde à la vitesse de 94 tours par minute environ.

Inducteur. — L'inducteur en fonte, formant volant (fig. 160 et 161), a été coulé en deux parties assemblées à la jante par quatre boulons et par quatre agrafes posées à chaud ; le moyeu est également assemblé par quatre boulons et est fretté par deux anneaux en fer.

Le diamètre de la jante du volant est de 3,9 m et sa largeur de 70 cm.

Les noyaux polaires au nombre de 64, en acier coulé, ont une section circulaire de 16,5 cm de diamètre et sont surmontés d'un épanouissement polaire rectangulaire ; ils sont serrés à la surface de la jante dans des logements spéciaux à l'aide de boulons ; le desserrage est évité au moyen d'un frein spécial.

Le diamètre extérieur de l'inducteur est de 4,986 m et l'entrefer de 7 mm.

L'enroulement est fait avec une bande de cuivre sur champ de 19 mm de largeur et de 3 mm d'épaisseur, soit 57 mm^2 de section, et les spires sont séparées entre elles par du papier ; l'hélice ainsi formée est retenue à la partie supérieure par une bague en bronze. Les pôles ont été tournés après bobinage. Le nombre de spires est de 70 par bobine et toutes les bobines sont montées en série. La

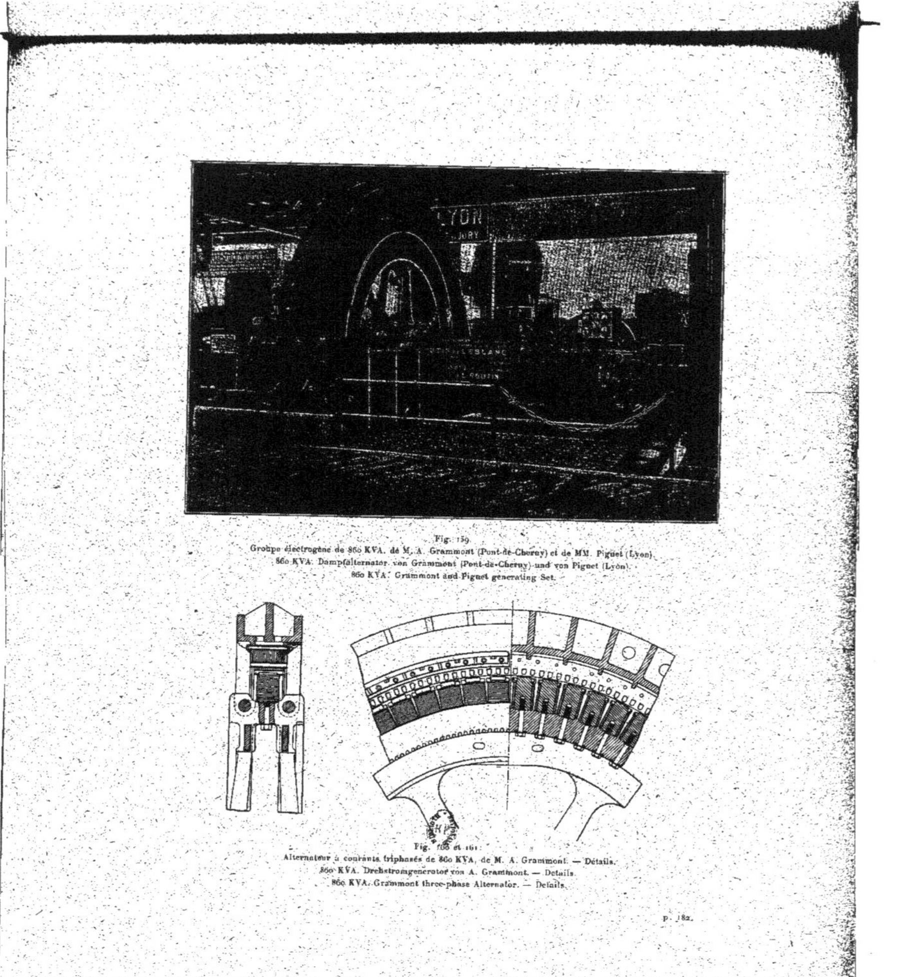

Fig. 159.
Groupe électrogène de 860 KVA. de M. A. Grammont (Pont-de-Chéruy) et de MM. Piguet (Lyon).
860 KVA. Dampfalternator von Grammont (Pont-de-Cheruy) und von Piguet (Lyon).
860 KVA. Grammont and Piguet generating Set.

Fig. 160 et 161.
Alternateur à courants triphasés de 860 KVA. de M. A. Grammont. — Détails.
860 KVA. Drehstromgenerator von A. Grammont. — Details.
860 KVA. Grammont three-phase Alternator. — Details.

résistance de l'inducteur à chaud est de 0,825 ohm. Le poids de cuivre inducteur atteint 1 470 kg.

Les dimensions des épanouissements polaires sont de 25,5 cm dans le sens de l'axe et de 15 cm, dans le sens perpendiculaire. La surface des pièces polaires est de 382 cm^2.

Le poids du volant sans l'arbre atteint environ 35 000 kg.

Induit. — La carcasse de l'induit, séparée en deux parties, est formée par un cylindre de fonte portant trois nervures principales, dans des plans perpendiculaires à l'arbre, et des nervures transversales. Des trous sont percés dans la carcasse pour permettre la ventilation des tôles d'induit.

Le diamètre extérieur maximum de l'induit est de 6,32 m et sa largeur de 62 cm.

Les tôles sont partagées en trois séries, séparées par des canaux de ventilation de 1,5 cm de largeur ; elles sont assemblées à l'aide d'une cornière en acier coulé et de boulons de serrage ; la largeur totale des tôles induites, y compris celle des canaux de ventilation, est de 28 cm et le diamètre d'alésage, de 5 m.

La hauteur radiale des tôles est de 17 cm.

Le bobinage induit est disposé dans des trous de forme spéciale, semi-circulaire dans le voisinage de l'entrefer, et rectangulaire ensuite. La hauteur radiale des trous est de 65 mm et leur largeur de 38 mm. L'isolation est obtenue par des tubes en micanite.

Le nombre des trous est de 3 par pôle et le bobinage est fait à la façon ordinaire. Chaque bobine comporte 7 spires de câbles formés de 37 fils de 1,5 mm de diamètre et d'une section totale de 65,4 mm^2.

La résistance de chaque circuit de 32 bobines est de 0,1 ohm à chaud et le poids de cuivre utilisé sur l'induit de 590 kg.

Le poids total de l'induit, non compris les supports, est de 15 000 kg.

Résultats d'essais. — Les caractéristiques à vide et en court-circuit de l'alternateur ont été représentées sur la figure 162.

Le courant d'excitation à vide pour obtenir 2 400 volts est

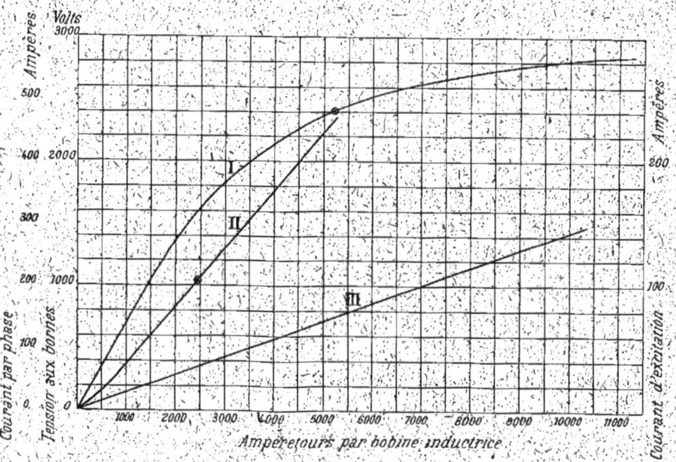

Fig. 162.

Caractéristiques de l'alternateur A. Grammont.
I. Caractéristique à vide. — II. Caractéristique en court-circuit. — III. Droite d'excitation.

Kurven des Drehstromgenerators von A. Grammont.
I. Charakteristik bei Leerlauf. — II. Kurzschlusscharakteristik. — III. Erregungsgerade.

Characteristics of A. Grammont alternator.
I. No load saturation curve. — II. Short-circuit curve. — III. Excitation line.

de 74 ampères ; en court-circuit, l'intensité normale de débit est obtenue avec un courant d'excitation de 34 ampères.

Moteur à vapeur. — Le moteur à vapeur de MM. Piguet, de Lyon, est du type monocylindrique à condensation.

Ses principales constantes sont les suivantes :

Diamètre du piston	85 cm
Course du piston	110 »
Vitesse angulaire en tours par minute	93,8
Pression de la vapeur	8 kg : cm^2

Fig. 163.
Groupe électrogène de 700 KVA, de l'Actiengesellschaft ci-devant J.-J. Rieter et Cie et de MM. Sulzer frères.
700 KVA. Stromerzeuger der A. G. vormals J.-J. Rieter und Co und von Gebr. Sulzer.
700 KVA A. G. vorm. J.-J. Rieter und Co and Sulzer Brothers generating Unit.

p. 184.

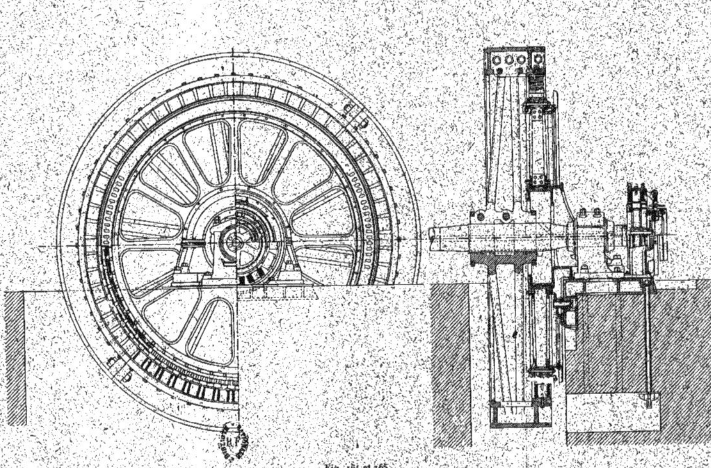

Fig. 164 et 165.
Alternateur à courants triphasés de 700 KVA. de MM. J.-J. Rieter et Cie. — Ensembles.
700 KVA. Drehstromgenerator der A. G. vorm. J.-J. Rieter und Cie. — Zusammenstellungen.
700 KVA. J.-J. Rieter three-phase Alternator. — Outline.

P. 184.

La puissance normale du moteur est de 1 000 chevaux indiqués.

La distribution de la vapeur se fait par tiroir plan.

GROUPE ÉLECTROGÈNE DE 700 KILOVOLTS-AMPÈRES DE MM. J.-J. RIETER ET Cie ET DE MM. SULZER FRÈRES.

700 KVA. DAMPFDYNAMO DER A. G. VORM. J.-J. RIETER UND C° UND VON GEBR. SULZER

700 KVA. J.-J. RIETER C°-SULZER BROTHERS SET.

Le groupe de la Société anonyme ci-devant Joh. Jacob Rieter et Cie, de Winterthur, et de MM. Sulzer frères était très remarqué autant à cause de la dynamo à inducteur mobile extérieur que du moteur à vapeur d'un nouveau système de distribution.

Ce groupe est représenté sur la photographie de la figure 163 prise du côté de l'alternateur.

Alternateur. — L'alternateur appartient, comme nous venons de le dire, au type, assez rare à l'Exposition, d'alternateurs à inducteur mobile extérieur.

Sa puissance apparente est de 700 kilovolts-ampères, avec un facteur de puissance égal ou supérieur à 0,8. La puissance utile est donc de 560 kilowatts, soit 800 chevaux environ.

La tension aux bornes est de 3 300 volts, la tension simple par phase, de 1 900 volts et l'intensité du courant par phase en pleine charge, de 123 ampères.

La fréquence est de 50 périodes par seconde, ce qui, à la vitesse de 100 tours par minute, correspond à un nombre de pôles égal à 60.

On a adopté, pour cette dynamo, le type à inducteur mobile extérieur, parce que l'emploi d'une machine tandem exige un très lourd volant et que le dispositif à inducteur

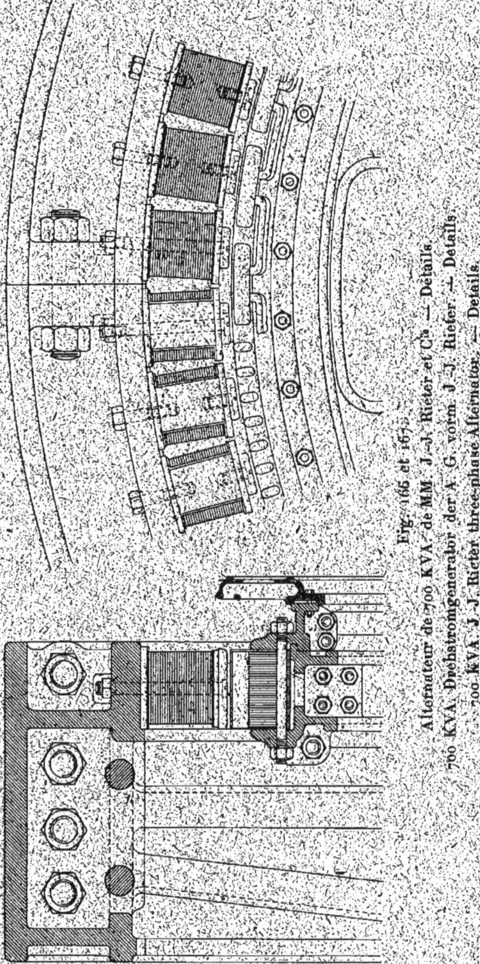

Fig. 166 et 167.
Alternateur de 700 KVA de MM. J.-J. Rieter et Cie. — Détails.
700 KVA Drehstromgenerator der A. G. vorm. J.-J. Rieter. — Details.
700 KVA J.-J. Rieter three-phase Alternator. — Details.

extérieur permet de réduire le poids de la partie tournante en reportant la majeure partie de la masse du volant aux extrémités du plus grand diamètre.

Les figures 164 et 165 représentent des vues d'ensemble avec coupes partielles de l'alternateur de J. J. Rieter et Cie; les figures 166 et 167 sont des coupes à plus grande échelle d'une portion de l'induit et de l'inducteur.

Inducteur. — Le volant est solidement construit; il a été coulé d'une seule pièce, puis sectionné en deux parties assemblées à l'aide de 4 boulons par joint, à la jante, et de 2 au moyeu.

La jante est réunie par 4 paires de bras au moyeu, ce qui donne une grande stabilité. La partie de la jante destinée à soutenir les pôles inducteurs est en porte-à-faux.

Le diamètre extérieur de la jante est de 5,80 m et son diamètre intérieur de 4,95 m. La largeur totale est de 97,5 cm.

Les pôles inducteurs sont en acier coulé et sont fixés à la jante par des boulons traversant la couronne intérieure formant celle-ci.

Ils sont formés par des noyaux polaires, de forme circulaire, et de 14,5 cm de diamètre. Sur ces noyaux sont rapportées des pièces polaires, retenues par une vis et de forme rectangulaire, dont les bords, parallèlement à l'axe, sont légèrement arrondis.

Les dimensions des pièces polaires sont de 24 cm sur 13 cm ou 312 cm^2 de section.

Le diamètre d'alésage de l'inducteur est de 4,422 m et l'entrefer, de 5,5 mm.

L'enroulement des inducteurs est constitué par des bobines en fil carré de 36 mm^2 de section. Chaque bobine comporte 137 spires enroulées en 5 couches.

Les 60 bobines du circuit inducteur sont montées en série et la résistance à chaud du circuit ainsi formé est de 2,73 ohms.

Le poids de cuivre de l'inducteur est de 1 550 kg environ.

Induit. — Le support de l'induit est boulonné sur la plaque de fondation d'un des paliers de la machine à vapeur.

La carcasse de l'induit est formée par une caisse annulaire en fonte, ouverte sur sa surface extérieure de façon à recevoir le noyau d'induit formé d'une pile unique de tôles de 0,5 mm d'épaisseur. Ces tôles sont serrées par des boulons entre deux anneaux, formant les faces de la carcasse, l'un venu de fonte avec cette dernière, l'autre, rapporté et divisé en plusieurs segments.

La carcasse est supportée par une étoile à 12 bras pouvant tourner, autour d'un support fixé au palier, de façon à rendre accessible n'importe quelle partie de l'induit pour visiter les bobines ou les réparer s'il y a lieu. Des boulons fixent en temps normal la carcasse au support.

Le diamètre extérieur de la carcasse de l'induit est de 4,04 m.

Le diamètre extérieur de l'induit est de 4,411 m et sa largeur de 24 cm. La hauteur radiale des tôles est de 18 cm.

L'enroulement induit est réparti dans 180 trous, c'est-à-dire 3 par pôle. Ces trous sont formés d'un rectangle terminé sur ses petits côtés par deux demi-cercles. Les dimensions de ces trous sont de 55 mm sur 28 mm.

L'enroulement de chaque phase comporte 30 bobines, une par paire de pôles. Chaque bobine est formée de 12 spires de 3 fils de 4,2 mm de diamètre enroulés en parallèle.

La résistance de chaque phase est de 0,29 ohm à chaud; les 3 phases sont groupées en étoile.

Le poids de cuivre de l'induit est d'environ 670 kg.

Excitatrice. — Le courant d'excitation de l'alternateur est fourni par une excitatrice dont l'induit est monté en bout d'arbre. Les figures 168 et 169 représentent des vues et coupes de cette machine.

C'est une dynamo de 10 à 12 kilowatts sous 160 à 170 volts.

L'inducteur a 12 pôles, la carcasse inductrice est en fonte et les noyaux polaires en acier.

Le diamètre d'alésage de l'inducteur est de 1 m.

L'induit denté a un diamètre extérieur de 99 cm et une largeur utile de 14 cm.

L'enroulement induit est en tambour série.

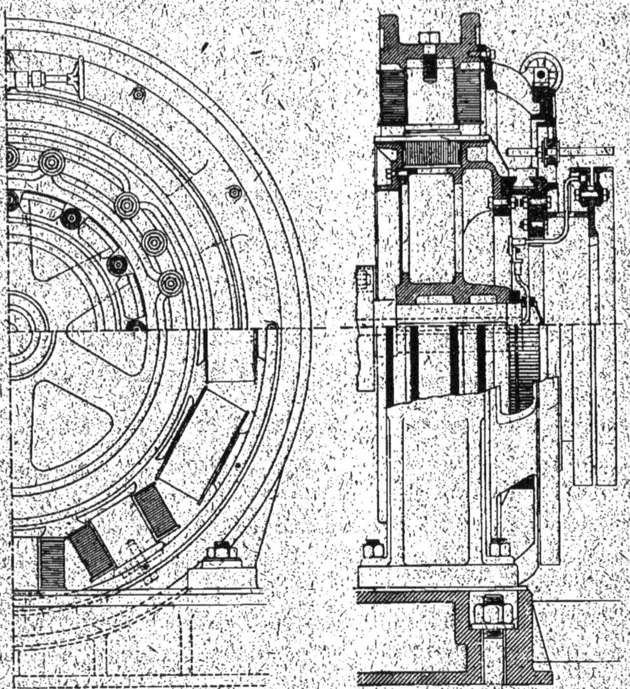

Fig. 168 et 169
Excitatrice de l'alternateur J.-J. Rieter et Cie.
Erregermaschine des Drehstromgenerators der A. G. vorm. J.-J. Rieter.
Exciter of J.-J. Rieter three-phase alternator.

Résultats d'essais. — L'intensité du courant d'excitation nécessaire pour obtenir la tension de 3 300 volts aux bornes, à la fréquence de 50 périodes par seconde, est de 43 ampères.

L'intensité du courant d'excitation, calculée pour obtenir

en court-circuit l'intensité normale de débit de 123 ampères par phase, est de 15 ampères.

En charge, avec un facteur de puissance de 0,8, l'intensité du courant d'excitation calculée est de 57 ampères.

Le poids de cuivre total utilisé sur la machine est de 2 200 kg environ, soit 3,96 kg par kilowatt effectif ou 3,17 kg par kilovolt-ampère.

Le rendement, en pleine charge avec un facteur de puissance égal à 0,80, est de 94 p. 100.

Moteur à vapeur. — Le moteur à vapeur de MM. Sulzer frères accouplé à l'alternateur J. J. Rieter, est du type compound tandem à condensation et horizontal.

Ses principales dimensions et constantes sont les suivantes :

Diamètre du petit cylindre	52,5 cm
Diamètre du grand cylindre	87,5 »
Course commune des pistons	110 »
Vitesse angulaire en tours par minute	100

La pression de la vapeur d'admission du petit cylindre est de 11 kg : cm². A cette pression et à la vitesse normale, la puissance de la machine est de 750 chevaux indiqués ou 650 chevaux effectifs et correspond à un degré d'admission dans le petit cylindre de 23 p. 100.

Par une admission dans le petit cylindre de 0,4, la puissance peut être portée à 1 000 chevaux indiqués ou 900 chevaux effectifs.

La principale particularité de ce moteur est son système de distribution par soupapes, qui est étudié tout spécialement au point de vue de la commande des alternateurs et des dynamos en général et de façon à obtenir une grande régularité dans la marche, même pour de très faibles charges.

La distribution sur le grand cylindre se fait par soupapes Sulzer ordinaires.

Fig. 170.
Groupe électrogène de 410 KVA de M. Brown, Boveri et Cie et de MM. Bromley frères (Moscou).
410 KVA. Dampfdynamo von Brown, Boveri und Co und von Gebr. Bromley (Moscou).
410 KVA. Brown, Boveri and Co and Bromley Brothers (Moscou) Set.

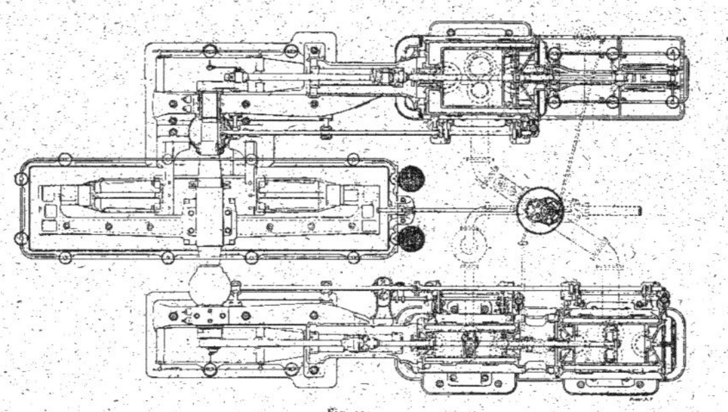

Fig. 171.
Groupe électrogène de 410 KVA. de MM. Brown, Boveri et Cie et de MM. Bromley frères. — Vue en plan.
410 KVA. Dampfdynamo der Firma Brown, Boveri und Co und von Gebr. Bromley. — Grundriss.
410 KVA. Brown, Boveri and Co and Bromley Brothers. — Plan view.

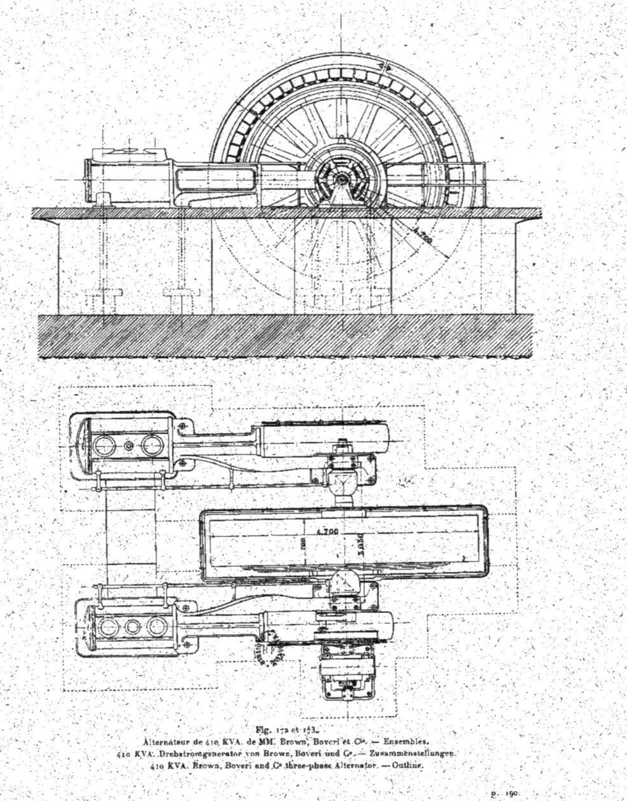

Fig. 172 et 173.
Alternateur de 410 KVA. de MM. Brown, Boveri et Cie. — Ensembles.
410 KVA. Drehstromgenerator von Brown, Boveri und Co. — Zusammenstellungen.
410 KVA. Brown, Boveri and Co three-phase Alternator. — Outline.

GROUPE ÉLECTROGÈNE DE 410 KILOVOLTS-AMPÈRES DE MM. BROWN, BOVERI ET Cie ET DE MM. BROMLEY FRÈRES

410 KVA. STRÖMERZEUGER VON BROWN, BOVERI UND C° UND VON GEBR. BROMLEY	410 KVA. STEAMDYNAMO OF BROWN, BOVERI AND C° AND OF BROMLEY BROTHERS

Le second alternateur de MM. Brown, Boveri et Cie était exposé dans la section russe où il était accouplé avec un moteur de MM. Bromley frères de Moscou. Il est représenté sur la photographie de la figure 170 et en plan sur la figure 171.

Alternateur. — L'alternateur triphasé actionné par le moteur à vapeur de M. Bromley est, comme celui de MM. J.-J. Rieter et Cie, du type à inducteur mobile extérieur. Ce type est employé par MM. Brown, Boveri et Cie lorsque la puissance de la machine n'est pas trop grande et lorsque la disposition de la machine à vapeur s'y prête.

La puissance apparente de l'alternateur Brown, Boveri et Cie à induit fixe intérieur, est de 410 kilovolts-ampères avec un facteur de puissance égal ou supérieur à 0,85, ce qui correspond à une puissance effective maxima de 350 kilowatts ou 475 chevaux.

Cette machine est à basse tension, 200 volts aux bornes, et l'enroulement induit est disposé en étoile. L'intensité du courant par phase est de 1 200 ampères.

A la vitesse angulaire de 92,5 tours par minute, la fréquence est de 40 périodes par seconde et correspond à un nombre de pôles de 52.

Utilisée comme alternateur à courants alternatifs simples, la puissance de la machine est de 240 kilowatts avec un facteur de puissance égal à l'unité.

Les figures 172 et 173 sont des vues de face et en plan d'un groupe analogue à celui qui nous occupe.

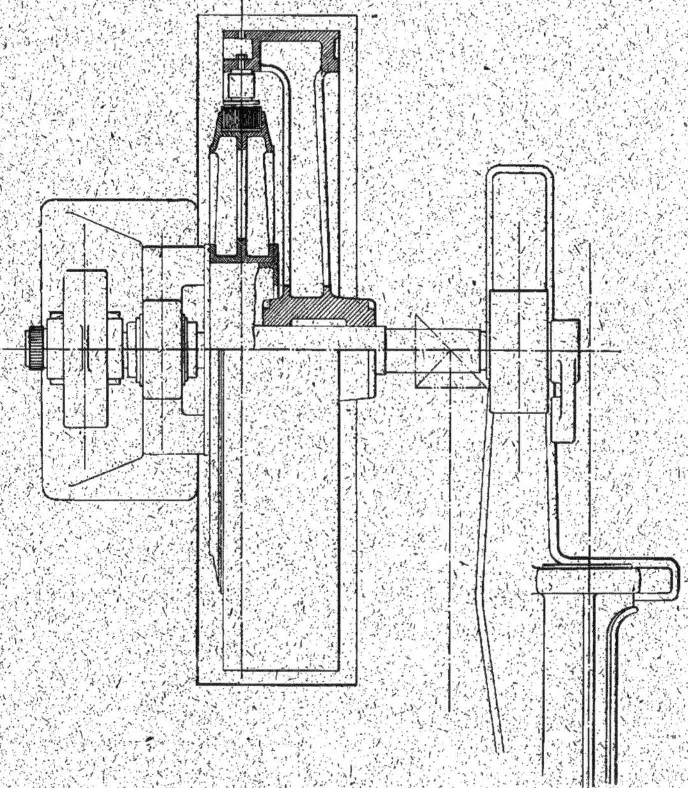

Fig. 174.
Alternateur Brown, Boveri et Cie. — Vue en plan.
Drehstromgenerator von Brown, Boveri und Co. — Grundriss.
Brown, Boveri alternator. — Plan view.

Inducteur. — Les pôles inducteurs en fer sont fixés (fig. 174, 175 et 176) à l'intérieur d'un volant à large jante reliée au moyeu par une série de bras doubles désaxés. Le

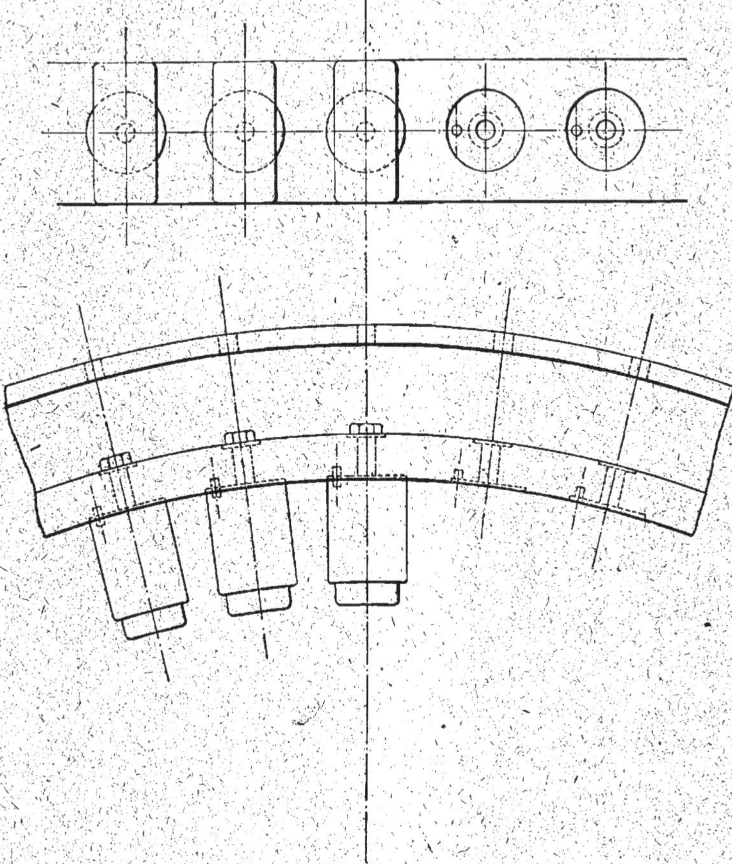

Fig. 175 et 176.
Fixation des pôles des alternateurs Brown, Boveri et Cie.
Befestigung der Pole der Alternatoren von Brown, Boveri und Co.
Fixing of poles of Brown, Boveri and Co alternators.

serrage du moyeu sur l'arbre est obtenu par deux frettes posées à chaud et l'entraînement se fait par deux clavettes à 90°.

La fixation des pôles est du même genre que pour la machine de 1 500 kilowatts décrite plus haut ; toutefois les vis de fixation des pôles, au lieu de traverser toute la jante, viennent aboutir à une profonde gorge ménagée dans l'épaisseur du volant de manière à éviter de laisser dépasser les têtes de vis.

Le diamètre extérieur de la jante est de 4,70 m et sa largeur totale, de 70 cm. Les épanouissements polaires ont encore une forme rectangulaire à bords légèrement arrondis et la largeur du pôle est d'environ les 3/5 de celle du pas, soit 13 cm.

Le diamètre d'alésage est de 3,60 m et la largeur des pôles parallèlement à l'axe de la machine, de 30 cm.

L'entrefer a une valeur de 6 mm.

L'enroulement inducteur est en fil rond et comporte 80 spires par bobine.

Toutes les bobines sont en série et la résistance du circuit ainsi formé est de 0,95 ohm.

Induit. — La carcasse de l'armature est en deux pièces formées d'une sorte de caisse annulaire supportée par une étoile à branches, réunies par des boulons et reposant sur deux demi-anneaux en fonte.

Le demi-anneau inférieur se prolonge jusqu'au palier voisin avec lequel il fait corps. Le demi-anneau supérieur a juste la largeur de la carcasse de l'induit et peut coulisser sur la partie supérieure du précédent à l'aide de vis de rappel placées sur le palier du côté opposé au moyeu du volant.

On peut donc, par ce procédé, en dévissant les boulons d'assemblage de l'armature, en tirer facilement une moitié hors de son emplacement avec le demi-anneau supérieur et visiter ainsi la moitié de l'induit qui se trouve sur le demi-anneau supérieur.

Comme la carcasse de l'induit peut tourner sans difficulté

autour de l'anneau qui la supporte, on peut amener facilement la seconde partie de l'induit à la partie supérieure et la déplacer de même, pour la visiter.

Le diamètre extérieur de l'induit est de 3,588 m et la largeur de l'anneau induit en tôles feuilletées, de 30 cm.

L'enroulement induit se compose de barres de cuivre rigides, isolées, logées dans des trous pratiqués dans le voisinage de l'entrefer. Le nombre de trous est de 156 ou 3 par pôles. Les 52 barres d'une même phase sont réunies entre elles, en série, par des lames de cuivre.

Excitation. — La puissance nécessaire à l'excitation est de 10 kilowatts environ.

Résultats d'essais. — L'intensité du courant d'excitation nécessaire pour obtenir la tension normale de 200 volts aux bornes est de 65 ampères.

Celle du courant d'excitation capable de créer, dans l'alternateur en court-circuit, l'intensité normale de 1.200 ampères, est de 35 ampères.

En pleine charge, avec un facteur de puissance égal à 0,8, l'intensité du courant d'excitation calculée serait de 100 ampères.

Moteur à vapeur. — Le moteur à vapeur de MM. Bromley frères est du type horizontal à triple expansion et à trois cylindres.

Les principales dimensions de la machine de MM. Bromley frères sont les suivantes :

Diamètre du cylindre à haute pression	34 cm
Diamètre du cylindre à moyenne pression	55 »
Diamètre du cylindre à basse pression	82 »
Course commune des pistons	81 »

La vitesse normale de la machine est de 92 tours par minute et la pression, de 10 à 12 kg : cm². La puissance normale de la machine est de 350 chevaux indiqués.

La distribution se fait par soupapes, sans déclic, dans les trois cylindres, aussi bien pour l'admission que pour l'échappement.

ALTERNATEUR DE 260 KILOVOLTS-AMPÈRES DE LA SOCIÉTÉ NOUVELLE DECAUVILLE AINÉ

260 KVA. DREHSTROMGENERATOR DER SOCIÉTÉ NOUVELLE DECAUVILLE AÎNÉ.

260 KVA. SOCIÉTÉ NOUVELLE DECAUVILLE AÎNÉ THREE-PHASE ALTERNATOR.

La Société Nouvelle des Établissements Decauville aîné qui exploite en France les brevets de l'Elektricitäts Actien Gesellschaft, ci-devant Kolben et Cie, construit des alternateurs de toutes puissances du type Kolben.

L'alternateur à courants triphasés de 260 kilovolts-ampères que nous allons décrire est d'un type analogue à celui exposé par MM. Kolben et Cie dans la section autrichienne (voir p. 284), mais il en diffère sensiblement comme constitution, car l'induit est à trous et les épanouissements polaires ne sont pas feuilletés, mais pleins.

L'alternateur Kolben de 260 kilovolts-ampères de la Société Nouvelle des Établissements Decauville aîné est du type volant. Il est établi pour un facteur de puissance minimum de 0,9 ; sa puissance vraie est par suite de 235 kilowatts.

La tension aux bornes est de 200 volts et la tension par phase est de 115 volts. Le débit par phase est de 750 ampères.

La vitesse angulaire est de 120 tours par minute et la fréquence de 40 périodes par seconde ; le nombre de pôles est par conséquent de 40.

Les figures 177 et 178 représentent des vues d'ensemble de l'alternateur Kolben-Decauville. Les figures 179 et 180 sont des coupes et vues d'une partie de l'induit et de l'inducteur.

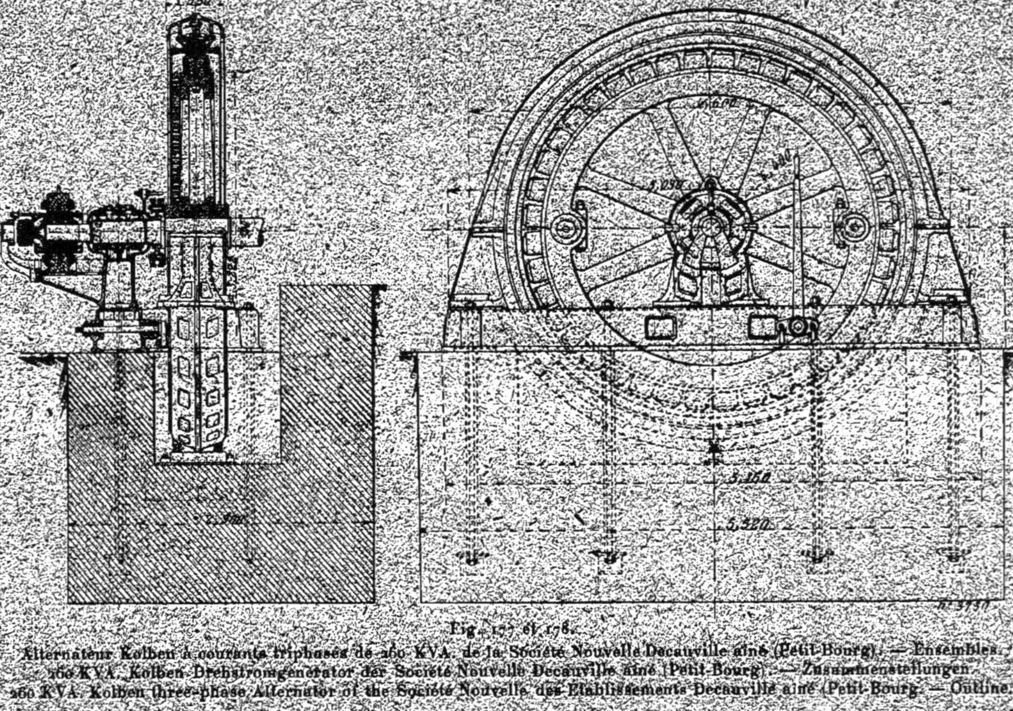

Fig. 177 et 178.
Alternateur Kolben à courants triphasés de 260 KVA. de la Société Nouvelle Decauville aîné (Petit-Bourg). — Ensembles.
260 KVA. Kolben Drehstromgenerator der Société Nouvelle Decauville aîné (Petit-Bourg). — Zusammenstellungen.
260 KVA. Kolben three-phase Alternator of the Société Nouvelle des Établissements Decauville aîné (Petit-Bourg. — Outline.

Inducteur. — L'inducteur volant est constitué par une jante en fonte à section en forme d'U coulée en deux parties et réunie au moyeu par 8 bras doubles. L'assemblage se fait au moyeu par des boulons et à la jante, par des boulons et par 4 frettes annulaires placées à chaud dans des rainures pratiquées à l'endroit des joints.

Le diamètre extérieur de la jante est de 3,222 m et sa largeur de 41 cm.

Les noyaux polaires, à section circulaire, sont en acier coulé et portent venus de fonte des épanouissements polaires de forme carrée.

Les pôles inducteurs sont encastrés dans la jante et sont retenus sur celle-ci par des boulons la traversant complètement.

Le diamètre des pôles inducteurs est de 14,5 cm et leur hauteur de 21,3 cm y compris la partie encastrée et la pièce polaire.

Les pièces polaires ont un côté de 16,5 cm et une surface par suite de 272,5 cm².

Le diamètre extérieur de l'inducteur est de 3,586 m et l'entrefer, de 7 mm.

L'enroulement inducteur comprend 40 bobines enroulées sur des carcasses isolantes et comportant chacune 95 spires de fil de 30,2 mm² de section et 6,2 mm de diamètre.

Toutes les bobines inductrices sont montées en série et la résistance du circuit ainsi formé est de 1,65 ohm à chaud.

Le poids de cuivre utilisé sur l'inducteur est de 640 kg.

Les deux extrémités du circuit inducteur aboutissent à deux bagues de prise de courant fixées sur un anneau claveté sur l'arbre et sur lesquelles frottent deux paires de balais amenant le courant d'excitation.

Induit. — L'induit est formé par une caisse cloisonnée en fonte coupée en quatre parties par un plan horizontal et par un plan vertical.

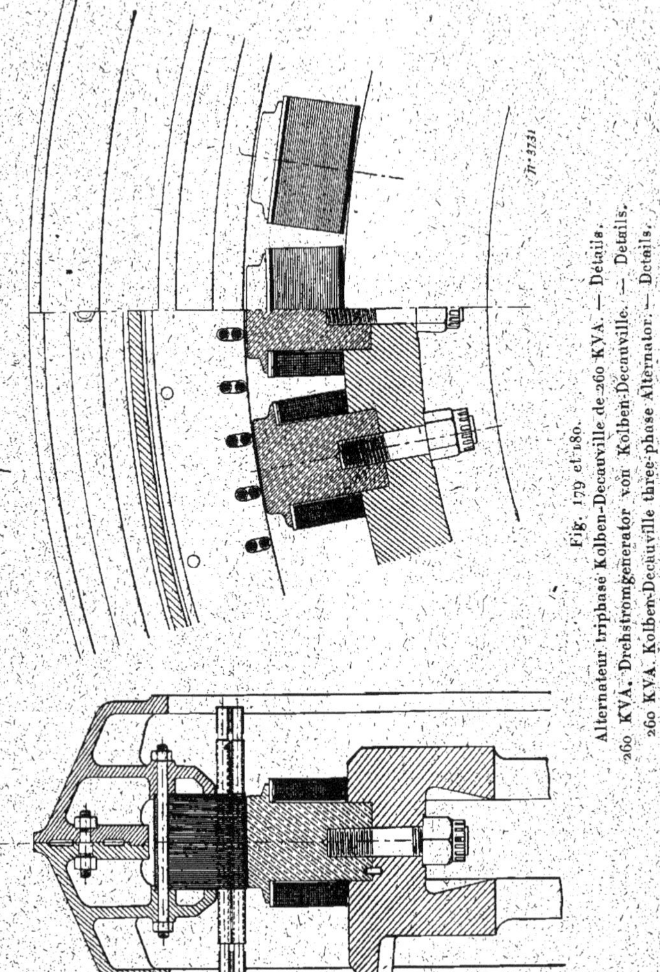

Fig. 179 et 180.
Alternateur triphasé Kolben-Decauville de 260 KVA. — Détails.
260 KVA. Drehstromgenerator von Kolben-Decauville. — Details.
260 KVA. Kolben-Decauville three-phase Alternator. — Details.

Ces quatre parties sont boulonnées entre elles par deux séries de boulons et serrent les tôles induites réparties en un seul noyau.

La partie inférieure de la carcasse repose sur un bâti fixé à la maçonnerie et portant l'un des paliers.

Deux petits vérins placés au fond de la fosse permettent de soutenir l'ensemble et de régler exactement l'entrefer dans le sens vertical.

Le diamètre extérieur maximum de la carcasse de l'induit est de 4,40 m et sa largeur totale de 53 cm.

Les tôles induites, serrées entre deux cloisons en fonte, ont un diamètre extérieur de 3,94 m et un diamètre d'alésage, de 3,60 m ; la hauteur radiale est par suite de 17 cm.

La largeur du noyau induit est de 17 cm.

L'enroulement induit est disposé dans 120 trous oblongs de 53 mm de hauteur et de 23 mm de largeur. Chacun des trous contient deux conducteurs cylindriques, de 260 mm² de section et de 48 cm de longueur, placés l'un au-dessus de l'autre et isolés du fer par un tube en micanite.

Les 80 conducteurs de chaque phase sont réunis en série par des bandes de cuivre et les 3 phases sont montées en étoile.

Excitatrice. — L'excitatrice est une petite dynamo dont l'induit est calé sur l'arbre même de l'alternateur et en porte-à-faux. Sa puissance est de 4 000 watts sous une tension de 50 volts.

L'inducteur à 4 pôles est en acier coulé avec pièces polaires rapportées ; il est porté par une console venue de fonte avec le palier de l'alternateur.

L'induit est denté et porte un enroulement en tambour multipolaire série. Il est fixé sur un manchon en bronze serré sur l'arbre de l'alternateur.

Le support des porte-balais est monté sur un anneau maintenu par une paire de bras fixés à la console supportant l'induit.

Résultats d'essais. — Nous avons représenté sur la figure 181 les caractéristiques à vide et en court-circuit de l'alternateur de la Société Nouvelle des Établissements Decauville aîné.

On voit que l'intensité du courant d'excitation nécessaire

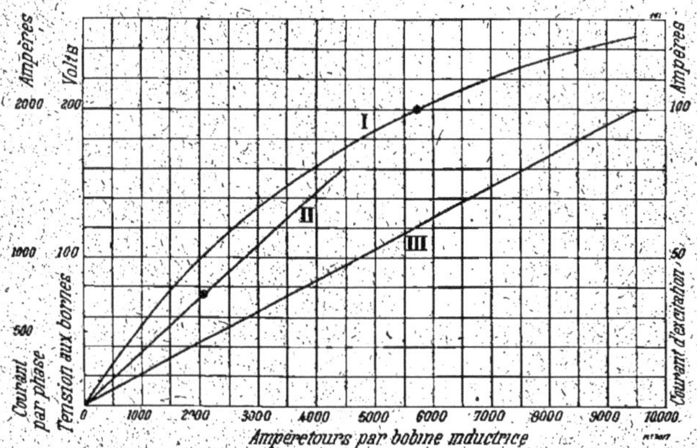

Fig. 181.

Caractéristiques de l'alternateur Kolben-Decauville.
I. Caractéristique à vide. — II. Caractéristique en court-circuit. — III. Droite d'excitation.

Kurven des Drehstromgenerators von Kolben-Decauville.
I. Charakteristik bei Leerlauf. — II. Kurzschlusscharakteristik. — III. Erregungsgerade.

Characteristics of Kolben-Decauville alternator.
I. No load Saturation curve. — II. Short-circuit curve. — III. Excitation line.

pour obtenir la tension de 200 volts, à vide à la vitesse de 120 tours par minute est de 60 ampères.

L'intensité du courant de débit est obtenue, en court-circuit, avec un courant d'excitation de 21 ampères.

II. — ALTERNATEURS A COURANTS ALTERNATIFS SIMPLES ET A INDUIT FIXE ET A TROUS

II. — EINPHASENGENERATOREN MIT FESTSTEHENDEM LOCHANKER.

II. — REVOLVING FIELD SINGLE PHASE ALTERNATORS WITH HOLE ARMATURE.

Cette série comprend deux alternateurs : celui de la Société Électricité et Hydraulique de Charleroi et celui de la Société l'Éclairage Électrique.

GROUPE ÉLECTROGÈNE DE 350 KILOVOLTS-AMPÈRES DE LA SOCIÉTÉ ÉLECTRICITÉ ET HYDRAULIQUE DE CHARLEROI ET DES ATELIERS RÉUNIS D'AUGSBOURG ET NUREMBERG.

350 KVA. DAMPFDYNAMO DER SOCIÉTÉ ÉLECTRICITÉ ET HYRAULIQUE (CHARLEROI) UND DER V. M. F. AUGSBURG UND M. B. G. NÜRNBERG.

350 KVA. STEAMDYNAMO OF THE SOCIÉTÉ ÉLECTRICITÉ ET HYDRAULIQUE (CHARLEROI) AND THE UNITED WORKS OF AUGSBOURG AND NUREMBERG.

Les Vereinigte Maschinenfabrik Augsburg und Maschinenbaugesellschaft Nürnberg et la Société Électricité et Hydraulique de Charleroi avaient exposé en commun, dans la section belge, un groupe électrogène de 350 kilowatts destiné à la station centrale de Saint-Pétersbourg.

La photographie de la figure 182 représente une vue de ce groupe.

Alternateur. — L'alternateur de la Société Électricité et Hydraulique est du type volant et à courants alternatifs simples. Cette génératrice est du même genre que les alternateurs de 760 kilovolts-ampères de la même Société dont nous avons donné plus haut la description (voir p. 159).

Elle a été étudiée également par M. Heyland.

Sa puissance vraie est de 350 kilowatts, avec un facteur de puissance voisin de l'unité. La tension aux bornes est de 2 000 volts et l'intensité du courant en charge de 175 ampères.

La fréquence est de 42,5 périodes par seconde et le nombre de pôles, de 36 ; ce qui correspond bien à la vitesse angulaire de 142 tours par minute du moteur à vapeur.

Inducteur. — L'inducteur, comme le montrent les figures 183, 184 et 185, est formé par un volant en fonte, coulé en une seule partie et réuni au moyeu par six bras doubles à section elliptique. L'entraînement se fait par une seule clavette.

Fig. 182.

Groupe électrogène de 350 KVA. de la Société Électricité et Hydraulique et des Ateliers réunis d'Augsbourg et de Nuremberg.

350 KVA. Einphasen-Wechselstromerzeuger der Société Électricité et Hydraulique und der V. M. F. Augsburg und M. B. G. Nürnberg.

350 KVA. Électricité et Hydraulique and Works of Augsbourg and Nuremberg alternating current generating Unit.

La jante, à section sensiblement rectangulaire (fig. 186 et 187), porte à sa surface 36 pôles en acier épousant sa forme ; ils sont fixés chacun par deux vis la traversant complètement.

La section des noyaux polaires est ovale comme dans les machines de 760 kilovolts-ampères déjà décrites ; le dia-

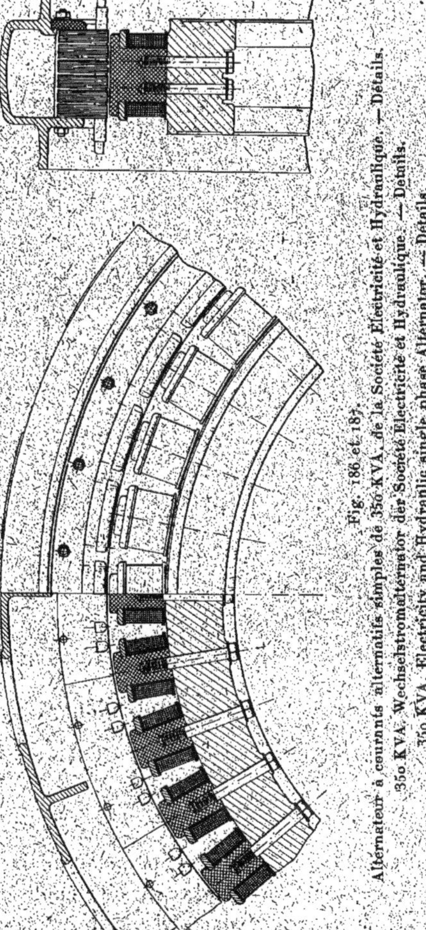

Fig. 186 et 187.
Alternateur à courants alternatifs simples de 350 KVA de la Société Électricité et Hydraulique. — Détails.
350 KVA. Wechselstromalternator der Société Électricité et Hydraulique. — Details.
350 KVA. Electricity and Hydraulic single phase Alternator. — Détails.

mètre maximum de cette section est de 23 cm et le diamètre minimum de 10 cm. La section est de 208 cm².

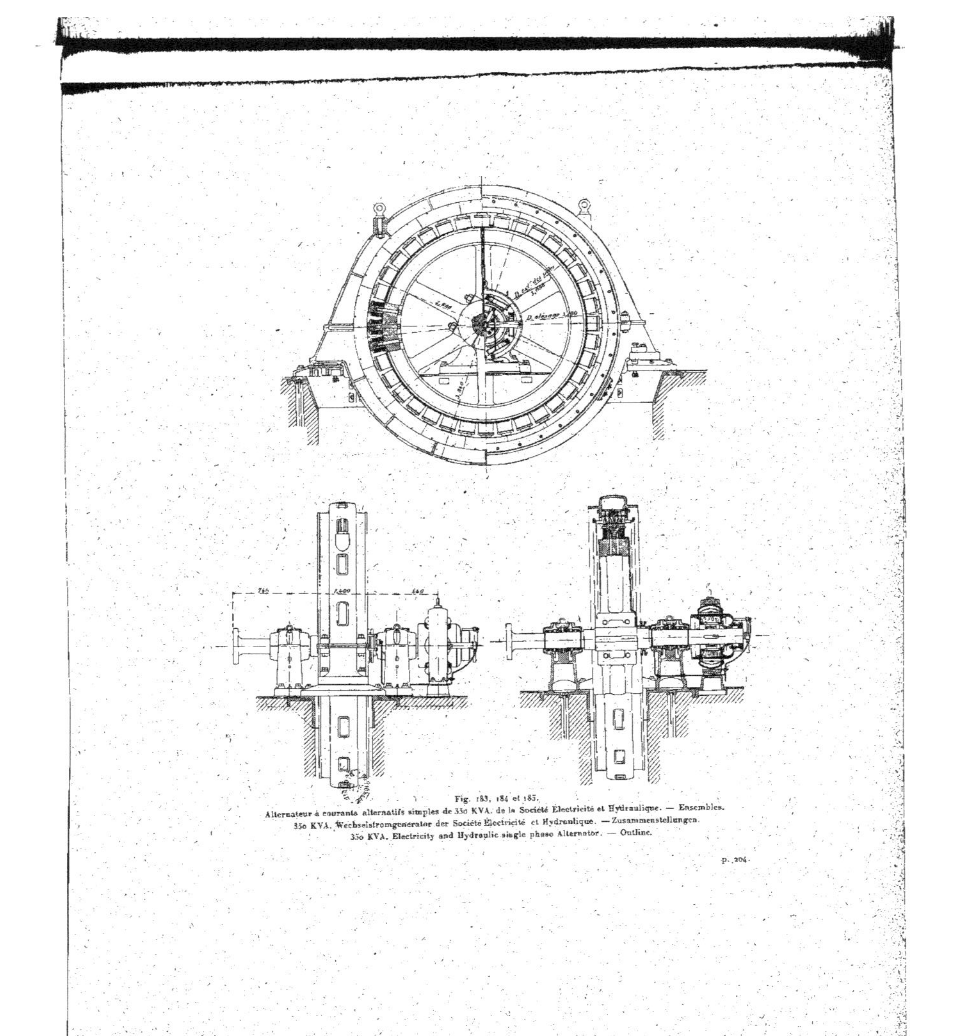

Fig. 183, 184 et 185.

Alternateur à courants alternatifs simples de 350 KVA. de la Société Électricité et Hydraulique. — Ensembles.

350 KVA. Wechselstromgenerator der Société Électricité et Hydraulique. — Zusammenstellungen.

350 KVA. Electricity and Hydraulic single phase Alternator. — Outline.

p. 204.

La hauteur des pôles est de 20 cm ; les épanouissements polaires, venus de fonte avec les noyaux, sont rectangulaires et légèrement arrondis sur les bords parallèles à l'axe de la machine. Leurs dimensions sont de 28 cm, parallèlement à l'axe, et de 13,5 cm, dans le sens perpendiculaire à l'axe.

Le diamètre du volant à l'extrémité des pôles est de 3,088 m et celui de la jante, de 2,688 m. La largeur de la jante est de 39 cm et sa hauteur radiale, de 23 cm.

L'enroulement des bobines inductrices est fait ici avec un fil à section circulaire de 21,2 mm², et un diamètre de 5,2 mm. Chaque bobine comporte 176 spires réparties en 8 couches. Ces bobines sont enroulées sur des carcasses avec joues en bronze et retenues par les épanouissements polaires.

Toutes les bobines inductrices sont montées en série et les extrémités du circuit aboutissent à deux bagues de prise de courant calées sur l'arbre.

La résistance du circuit d'excitation est de 4,5 ohms à chaud.

Le poids net de cuivre sur l'inducteur est de 920 kg et le poids total de l'inducteur sur l'arbre est de 12 700 kg.

Induit. — L'induit a une forme identique à celle des alternateurs de la même Société décrits précédemment, mais est d'une largeur un peu plus grande relativement.

Le diamètre extérieur de la carcasse est 3,85 m et sa largeur, de 65 cm.

La carcasse de l'induit est en deux parties et la partie inférieure porte des pattes boulonnées sur un bâti.

Ce dernier, sur lequel sont fixés les deux paliers de la machine, est en quatre parties assemblées entre elles par des boulons à raison de 4 par joint et par des pattes en fer forgé placées à chaud dans des logements pratiqués à cet effet. Le réglage de l'entrefer se fait à l'aide de vis calantes.

La couronne induite se compose d'une série de 3 paquets, chacun en deux parties, séparés par des cales ménageant des espaces pour la ventilation, et serrés entre eux par des boulons.

Le diamètre intérieur de l'induit est de 3,10 m et la largeur totale des tôles, y compris les espaces vides, de 30 cm ; ceux-ci ont une largeur de 10 mm environ. La hauteur radiale des tôles est de 17 cm et l'entrefer de 6 mm.

L'anneau induit est percé de 72 trous dont la section a la forme d'un rectangle terminé du côté de l'entrefer par un demi-cercle. Les dimensions de ces trous sont de 43 mm sur 34 mm et les isthmes qui les séparent de l'entrefer ont une largeur de 2 mm environ.

L'enroulement induit comporte 36 bobines, une par pôle, réparties chacune dans deux encoches. Chaque bobine se compose de 11 spires d'un câble formé de 19 fils de 1,5 mm de diamètre ; la section du câble est de 33,6 mm² et son diamètre extérieur, y compris l'isolant, de 9 mm environ. Les bobines sont isolées du fer par des canaux en micanite.

Toutes les bobines sont disposées en série et le circuit ainsi formé a une résistance à chaud de 0,336 ohm.

Le poids de cuivre de l'induit est de 170 kg et celui de l'induit, non compris le bâti, de 7 400 kg.

Excitatrice. — L'excitatrice est calée sur l'arbre de l'alternateur et en porte-à-faux. C'est une petite machine de 9 kilowatts, à 200 volts et capable par suite de débiter un courant de 45 ampères.

L'inducteur est formé d'une carcasse en fonte, en une seule pièce, portant six pôles inducteurs avec pièces polaires rapportées.

Le diamètre extérieur de cette carcasse est de 1 m et le diamètre d'alésage de l'inducteur, de 60,6 cm ; la largeur des épanouissements parallèlement à l'axe est de 25 cm. Chacune des bobines inductrices comporte 625 spires.

L'induit, bobiné en tambour multipolaire série, a un diamètre de 60 cm ; l'entrefer est par suite de 3 mm. Cet induit est denté et porte 185 rainures; chaque rainure contient 4 spires et le nombre des sections est également de 185.

Le collecteur comportant un même nombre de lames a un diamètre de 40 cm et une largeur utile de 10 cm. Les deux lignes de balais sont placées à 60°.

Résultats d'essais. — Le courant d'excitation nécessaire pour obtenir, à vide et à 142 tours par minute, la tension normale de 2 000 volts est de 40 ampères.

L'intensité du courant d'excitation correspondant au débit normal de l'induit, en court-circuit, est de 12 ampères.

Pour un facteur de puissance égal à l'unité, l'intensité du courant d'excitation à pleine charge est 45 ampères.

Le poids de cuivre total de l'alternateur est de 1 120 kg, ce qui correspond à une utilisation de 3,2 kg par kilowatt ou à 313 watts environ par kilogramme de cuivre.

Moteur à vapeur. — Le moteur à vapeur des Ateliers réunis d'Augsbourg et de Nuremberg, attelé à l'alternateur de la Société Électricité et Hydraulique, est d'un type analogue à celui des mêmes ateliers commandant le groupe mixte de la société Schuckert, mais d'une puissance bien moindre.

Sa puissance normale n'est que de 500 chevaux à la vitesse de 142 tours par minute et pour une pression de 11 kg : cm^2.

Les principales dimensions de la machine sont les suivantes :

Diamètre du cylindre à haute pression	45 cm
Diamètre du cylindre à moyenne pression	71,5 »
Diamètre du cylindre à basse pression	106 »
Course commune des pistons	55 »

La distribution, au lieu de se faire par soupape, se fait ici, sur la demande de la station centrale de Saint-Pétersbourg, par tiroirs cylindriques pour le cylindre à haute pression et par tiroirs plans pour les deux autres cylindres. Les tiroirs cylindriques du petit cylindre sont du type Rider et équilibrés.

ALTERNATEUR DE 180 KILOVOLTS-AMPÈRES DE LA SOCIÉTÉ L'ÉCLAIRAGE ÉLECTRIQUE

180 KVA. EINPHASEN-WECHSELSTROMGENERATOR DER SOCIÉTÉ L'ÉCLAIRAGE ÉLECTRIQUE.

180 KVA. L'ÉCLAIRAGE ÉLECTRIQUE SINGLEPHASE ALTERNATOR.

La Société l'Éclairage Électrique avait exposé dans son stand un alternateur à courants alternatifs simples dont la principale particularité était d'être établi pour fournir directement une tension de 30 000 volts, tension la plus élevée obtenue directement jusqu'ici.

Bien que cette machine, étudiée par M. E. Labour, soit plutôt une dynamo d'essai qu'un alternateur destiné à un service industriel, elle montre la possibilité d'obtenir, directement, des tensions beaucoup plus élevées que celles que l'on a admises jusqu'ici pour les alternateurs. Elle marque donc un progrès réel dans la construction des alternateurs au point de vue de l'obtention directe de tensions très élevées, et il est heureux de constater que cette tentative ait été menée à bien par une maison française.

L'alternateur à courants alternatifs simples de la Société l'Éclairage Électrique a une puissance de 180 kilovolts-ampères avec un facteur de puissance de 0,7, son débit est donc de 6 ampères.

La fréquence de l'alternateur peut varier, de 40 à 60 périodes par seconde, par modification de la vitesse. Pour la fréquence de 50 périodes par seconde, la vitesse angulaire est de 428 tours par minute. Le nombre de pôles est de 14.

L'alternateur de 30 000 volts de la Société l'Éclairage Électrique est représenté sur la photographie de la figure 188. Les figures 189 et 190 sont des vues d'ensemble avec coupes partielles et les figures 191 et 192 des coupes et vues d'une partie de l'induit et de l'inducteur.

Inducteur. — L'inducteur est formé par une jante polygonale, en acier doux, portant les pôles inducteurs venus de fonte.

Fig. 188.
Génératrice à courants alternatifs simples de 180 KVA. de la Société l'Éclairage Électrique.
180 KVA. Einphasen-Wechselstromgenerator der Société l'Éclairage Électrique.
180 KVA. l'Éclairage Électrique alternating current Generator.

La jante a une section en forme d'U à branches courtes et est réunie au moyeu par deux séries de 4 bras.

L'inducteur est en une seule pièce et claveté sur l'arbre.

Les épanouissements polaires sont en acier doux et ont une section, perpendiculaire à l'axe, trapézoïdale; ils sont maintenus à l'extrémité des noyaux polaires par des boulons traversant complètement les noyaux et la jante et serrés à l'intérieur de celle-ci par des écrous avec contre-écrous.

Le diamètre extérieur maximum de la jante est de 97 cm et sa largeur de 53 cm.

Le diamètre extérieur de l'inducteur est de 1,248 m et la longueur des pièces polaires dans le sens de l'axe de 42 cm.

La largeur des pièces polaires est de 19 cm.

Les noyaux polaires ont une section rectangulaire de 42 cm de longueur et de 11 cm de largeur.

Les bobines inductrices sont enroulées sur des carcasses métalliques; elles sont constituées à l'aide d'un fil de 7,1 mm de diamètre, soit 40 mm² de section; chacune d'elles comporte 96 spires.

Toutes les bobines inductrices sont montées en série et le circuit obtenu est amené à deux bagues de contact sur lesquelles frottent des balais en connexion avec la source d'excitation.

La résistance du circuit d'excitation est de 0,37 ohm à chaud.

Le poids de cuivre employé sur l'inducteur est de 280 kg.

Le poids total du volant sans l'arbre est de 2 000 kg.

Induit. — La carcasse de l'induit est formée par une couronne en fonte en une seule partie et repose sur deux supports venus de fonte avec le bâti. Ces supports sont alésés concentriquement à l'induit qui peut ainsi tourner autour de son axe pour faciliter la visite et les réparations.

L'ensemble de l'induit peut dans le même but être glissé parallèlement à l'axe de façon à dégager complètement sa surface intérieure.

Le diamètre extérieur maximum de la carcasse de l'induit est de 1,85 m et son diamètre intérieur, de 1,58 m. La largeur de la carcasse atteint 60 cm.

Le noyau des tôles induites, en quatre parties, est isolé magnétiquement de la carcasse et est soutenu par des bras

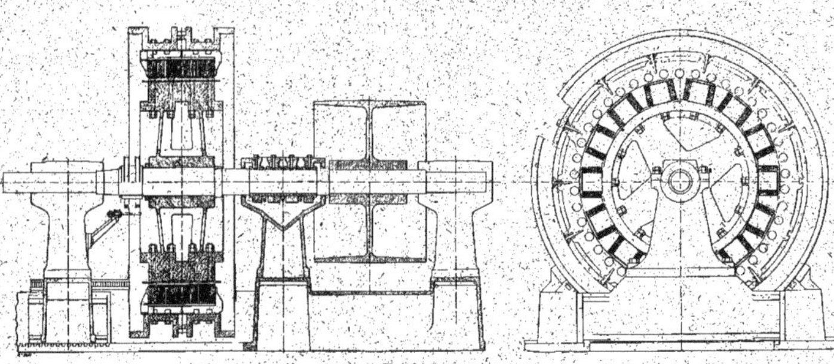

Fig. 189 et 190.
Génératrice à courants alternatifs simples de 180 KVA, de la Société l'Éclairage Électrique. — Ensembles.
180 KVA, Wechselstromgenerator der Société l'Éclairage Électrique. — Zusammenstellungen.
180 KVA, l'Éclairage Électrique alternating current Generator. — Outline.

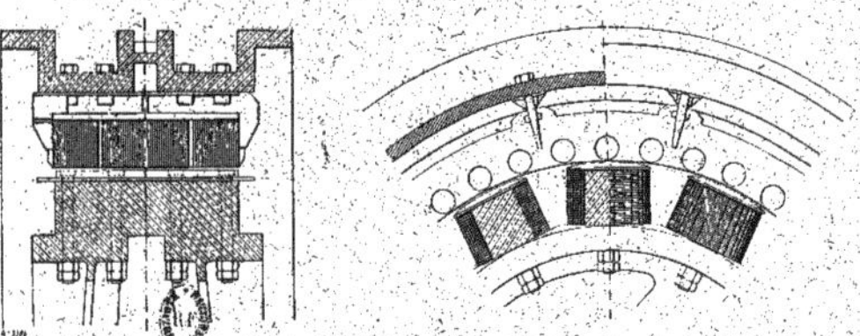

Fig. 191 et 192.
Génératrice à courants alternatifs simples de 180 KVA, de la Société l'Éclairage Électrique. — Détails.
180 KVA, Wechselstromgenerator der Société l'Éclairage Électrique. — Details.
180 KVA, l'Éclairage Électrique alternating current Generator. — Details.

radiaux en bronze à section en forme de T dont la tête vient s'engager dans des rainures ménagées sur des oreilles laissées sur les tôles. Ce dispositif est d'ailleurs identique à celui employé dans l'alternateur de 1 200 kilovolts-ampères de la Société l'Éclairage Électrique et que nous avons décrit précédemment (voir p. 150).

Le diamètre d'alésage de l'induit est de 1,26 m et sa largeur totale de 42 cm (y compris 3 intervalles de 10 mm ménagés pour la ventilation des tôles de l'induit) ; la hauteur radiale des tôles est de 10,5 cm. L'entrefer est de 6 mm.

L'enroulement est réparti dans des trous circulaires très voisins de la surface intérieure de l'anneau induit.

Le nombre de trous est de 42, soit 3 pôles, mais deux de ceux-ci seulement sont utilisés. Chaque bobine est enroulée dans deux trous de façon à embrasser sensiblement la surface d'un pôle de l'inducteur.

Les trous sont isolés par des tubes en micanite sans discontinuité et d'une épaisseur suffisante pour assurer une résistance parfaite à l'étincelle.

Les tubes sont prolongés extérieurement au fer et les bobines sont bien dégagées de façon à se trouver à une distance suffisante de toute partie métallique.

Les 14 bobines de l'induit sont réunies en série, elles comportent chacune 156 spires de fil de 1,6 mm de diamètre réparties en 4 bobines élémentaires isolées entre elles.

La résistance totale du circuit induit est de 30 ohms à chaud et le poids de cuivre utilisé sur l'induit de 91 kg.

Les prises de courants sont disposées à la partie supérieure et isolées par des isolateurs spéciaux en porcelaine.

Résultats d'essais. — Nous avons représenté sur la figure 193 les caractéristiques à vide, pour une fréquence de 50 périodes par seconde, et en court-circuit de l'alternateur de 30 000 volts de la Société l'Éclairage Électrique.

L'intensité du courant d'excitation nécessaire, pour obtenir à vide la tension de 30 000 volts, est de 42,5 ampères.

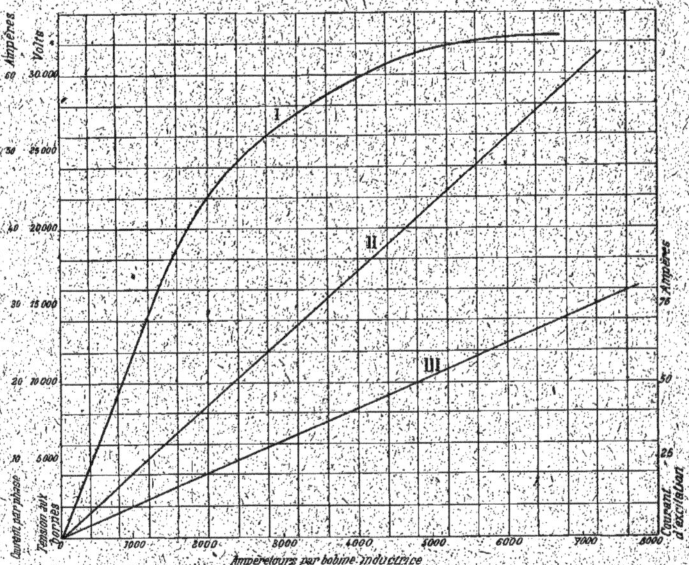

Fig. 193.

Caractéristiques de l'alternateur de 180 KVA. de la Société l'Éclairage Électrique.
I. Caractéristique à vide. — II. Caractéristique en court-circuit.
III. Droite d'excitation.

Kurven des 180 KVA. Wechselstromalternators der Société l'Éclairage Electrique.
I. Charakteristik bei Leerlauf. — II. Kurzschlusscharakteristik.
III. Erregungsgerade.

Characteristics of 180 KVA. l'Eclairage Electrique Alternator.
I. No load saturation curve. — II. Short-circuit curve. — III. Excitation line.

Le courant d'excitation correspondant à l'intensité normale de 6 ampères en court-circuit est de 8,1 ampères.

Le courant d'excitation calculé en pleine charge pour un facteur de puissance de 0,7 est de 104 ampères.

Le rendement de l'alternateur est de 92,7 p. 100; les pertes se décomposent de la manière suivante :

Pertes à vide (hystérésis, courants de Foucault et frottements.	4 860 watts
Pertes par effet Joule dans l'induit	1 080 »
Pertes par excitation	4 000 »
Pertes totales	9 940 watts

CHAPITRE III

ALTERNATEURS HÉTÉROPOLAIRES A POLES SAILLANTS

III KAPITEL	CHAPTER III
WECHSELPOLMASCHINEN MIT AUSGEBILDETEN POLEN	ALTERNATE AND SALIENT POLE ALTERNATORS

ALTERNATEURS A POLES INDUCTEURS FEUILLETÉS

WECHSELSTROMGENERATOREN MIT UNTERTHEILTEN POLEN	ALTERNATORS WITH LAMINATED FIELD POLES

Propriétés générales. — Les alternateurs à pôles inducteurs feuilletés ont été employés surtout avec les induits à pôles saillants. Le type classique de ces alternateurs fut celui du professeur Zipernowsky, dont il existe encore de nombreux exemplaires dans beaucoup de stations centrales du continent, et qui n'a été abandonné que dans ces dernières années.

Les induits à pôles continus avec rainures plus ou moins larges n'ont pu faire abandonner ce type d'inducteurs; seuls, les alternateurs à trous ou à encoches plus ou moins fermées ont facilité la réadoption des inducteurs à pôles pleins, dont nous nous sommes occupés au chapitre précédent.

Toutefois, certains constructeurs ont conservé les pôles feuilletés, même avec des induits à encoches plus ou moins fermées.

Malgré la présence de nombreux alternateurs à pôles pleins à l'Exposition, nous ne pensons pas que leur emploi deviendra universel et remplacera celui des alternateurs à pôles feuilletés.

Les alternateurs à pôles feuilletés présentent bien quelques inconvénients, qui sont, du reste, facilement surmontables.

Tout d'abord, la réduction des courants de Foucault, si elle est poussée trop loin, peut nuire au bon fonctionnement en parallèle, par suite de la réduction de l'amortissement des effets pendulaires.

Le meilleur moyen d'éviter cet inconvénient est d'employer des circuits amortisseurs Leblanc, dont la résistance ohmique est toujours très faible, et qui donnent, par suite, à égalité de poids et avec une dépense beaucoup plus petite que dans les alternateurs à pôles pleins, un amortissement plus énergique des oscillations pendulaires.

Un second inconvénient est celui qui réside dans l'adoption de rainures au lieu d'encoches.

Les induits rainés ont l'avantage sérieux de permettre le bobinage sur gabarit, ce qui donne non seulement une plus grande sécurité dans l'isolation, mais diminue la main-d'œuvre du bobinage.

Par contre, l'emploi de rainures a pour effet de créer dans la force électromotrice induite des harmoniques toujours préjudiciables au bon fonctionnement des installations, lorsque la capacité des lignes a une importance assez grande, comme cela existe sur les réseaux à câbles concentriques ou sur les transmissions à très longues distances.

On peut diminuer considérablement les effets dus aux rainures par l'adoption des amortisseurs Leblanc qui s'opposent, en partie tout au moins, au passage de flux tournants non fixes par rapport à l'inducteur et en particulier de ceux dus aux harmoniques du courant.

L'alternateur de l'Allgemeine Elektricitäts Gesellschaft est une des plus belles applications de cet ingénieux dispositif à ce dernier point de vue.

Un dernier inconvénient des pôles feuilletés, d'importance capitale au point de vue du prix de revient, est leur plus grande difficulté de construction à cause du découpage des tôles. Cet inconvénient ne peut être atténué que par la construction des types en série ou par l'utilisation d'un même poinçon pour différents types.

A côté des inconvénients précédents, les alternateurs à pôles feuilletés présentent un avantage considérable.

Au point de vue du calcul des alternateurs, en effet, l'emploi des pôles feuilletés est beaucoup plus commode que celui des pôles pleins.

La courbe de magnétisation est en effet beaucoup plus facile à connaître avec exactitude puisqu'elle peut être prise sur une série d'échantillons de tôles destinées à la machine à construire.

Malgré cette plus grande possibilité d'exactitude, des saturations assez élevées ont été très rarement employées jusqu'ici dans les alternateurs à pôles feuilletés, aussi ces alternateurs ont-ils toujours une chute de tension plus grande que les alternateurs à pôles pleins.

Comme conclusion, on peut dire que les succès obtenus par l'emploi des amortisseurs Leblanc, en France par MM. Farcot et Cie (secteur des Champs-Élysées, secteur de la Société d'Éclairage et de Force, station centrale de Saumur, station centrale de Bourganeuf, etc.); en Allemagne par l'Allgemeine Elektricitäts Gesellschaft (station centrale d'Oberspree et de Moabit, etc.) et en Amérique par la Compagnie Westinghouse (usine de Manhattan), et la possibilité d'obtenir des chutes de tension analogues à celles des alternateurs à pôles pleins, permettent de supposer que le type d'alternateurs à pôles feuilletés avec amortisseurs est destiné à une extension considérable et à éclipser le type à pôles pleins.

Il nous reste, avant de décrire les alternateurs à pôles feuilletés qui figuraient à l'Exposition, à donner quelques détails généraux de construction.

Fixation des pôles. — Le procédé de fixation des pôles le plus généralement adopté est celui de MM. Siemens et Halske de Berlin, de la Compagnie de Fives-Lille, de la Compagnie Française Thomson-Houston, de la Société Alsacienne de Constructions Mécaniques, de M. Thury, etc., qui consiste en une barre prismatique s'engageant dans une partie évidée du noyau et fixée à la jante par des vis la traversant complètement.

L'Allgemeine Elektricitäts Gesellschaft et les ateliers Oerlikon ont seuls des procédés spéciaux qu'on trouvera décrits plus loin.

Nature des perforations. — Les induits des alternateurs à pôles feuilletés sont généralement dentés, toutefois, certains constructeurs emploient avec ce genre de pôles, des induits à encoches plus ou moins fermées; parmi les alternateurs de ce type exposés; il y a lieu de citer ceux de la Compagnie de Fives-Lille et de M. Thury.

Classification des alternateurs à pôles feuilletés. — La classification des alternateurs à pôles feuilletés sera beaucoup plus simple que celle des alternateurs à pôles pleins.

Tous les alternateurs exposés sont à induit denté et fixe.

Eu égard au nombre de phases, nous n'aurons à considérer que des alternateurs à courants triphasés et un alternateur à courants diphasés.

Les alternateurs à courants triphasés seront partagés en deux familles suivant la nature des perforations, rainures ou encoches plus ou moins fermées.

L'alternateur à courants diphasés a des encoches presque fermées.

Description des alternateurs à pôles feuilletés. — D'après la classification précédente, nous n'aurons donc que trois séries d'alternateurs à étudier ici.

I. — ALTERNATEURS TRIPHASÉS A INDUIT FIXE DENTÉ

I. — DREHSTROMGENERATOREN MIT FESTSTEHENDEM ZAHNANKER

I. — REVOLVING FIELD THREE-PHASE ALTERNATORS WITH TOOTHED ARMATURE

Cette série comprend trois des alternateurs les plus puissants de l'Exposition : ceux de l'Allgemeine Elektricitäts Gesellschaft, de MM. Siemens et Halske de Berlin et des ateliers d'Oerlikon. Elle contient en outre les alternateurs de la Société Alsacienne de Constructions Mécaniques, de la Compagnie Française Thomson-Houston et de la Compagnie de Fives-Lille.

Alternateur de 3 000 kilovolts-ampères de l'Allgemeine Elektricitäts Gesellschaft

3 000 KVA. DREHSTROMGENERATOR DER ALLGEMEINEN ELEKTRICITÄTS GESELLSCHAFT

3 000 KVA. ALLGEMEINE ELEKTRICITÄTS GESELLSCHAFT THREE-PHASE ALTERNATOR

L'alternateur de 3 000 kilovolts-ampères exposé par l'Allgemeine Elektricitäts Gesellschaft (Société générale d'Électricité, de Berlin) est une des plus puissantes dynamos à courants alternatifs triphasés [1].

A l'Exposition, cet alternateur n'avait comme concurrent que celui de la Société Helios dont la puissance apparente est également de 3 000 kilovolts-ampères, mais qui, à cause

(1) Il aurait eu chances d'être le plus puissant alternateur à courants triphasés du siècle dernier, si la General Electric C° de Schenectady, n'avait installé en 1899 des groupes triphasés de 3 500 kilowatts pour le Métropolitain de New-York.

Il est juste d'ajouter toutefois que ces derniers groupes sont destinés uniquement à alimenter des convertisseurs et sont à faible fréquence, 25 périodes seulement par seconde.

du montage spécial de son induit, paraît avoir été étudié plutôt en vue d'une utilisation éventuelle en alternateur à courant alternatif simple.

L'alternateur de la Société générale d'Électricité de Berlin est destiné à l'une des stations centrales de la Berliner Elektricitäts Werke. Les deux stations d'Oberspreé et de Moabit doivent contenir 22 machines identiques dont 8 sont actuellement en service et 13, en construction.

Ces dynamos triphasées de 3 000 kilovolts-ampères sont actionnées directement par des moteurs à vapeur horizontaux à triple expansion et à quatre cylindres d'une puissance effective de 4 000 chevaux.

Au point de vue électrique, l'alternateur de la Société générale d'Électricité de Berlin est l'un des plus intéressants et l'un des mieux étudiés de l'Exposition.

Deux particularités principales sont à signaler dans cette machine.

Une de ces particularités est l'emploi des amortisseurs Hutin et Leblanc dont la Société générale d'Électricité est concessionnaire en Allemagne ainsi du reste que des autres brevets de nos savants compatriotes.

La seconde particularité est l'emploi de conducteurs au lieu de bobines comme cela a lieu sur la plupart des alternateurs à haute tension et avec un nombre d'encoches par pôle et par phase beaucoup plus grand que celui que l'on a l'habitude d'admettre dans les alternateurs à induit fixe.

L'emploi d'un nombre suffisant d'encoches par phase et par pôle a pour effet de diminuer notablement la dispersion magnétique de l'induit, dispersion qui intervient pour beaucoup dans la chute de tension des alternateurs, surtout lorsque le facteur de puissance est assez faible, et dont l'effet est généralement plus important dans la plupart des alternateurs que celui des contre-ampèretours de l'induit.

Ce dispositif est en somme emprunté aux propriétés des moteurs d'induction.

Fig. 194.
Alternateur à courants triphasés de 3 000 KVA de l'Allgemeine Elektricitäts Gesellschaft de Berlin.
3 000 KVA. Drehstromgenerator der Allgemeinen Elektricitäts Gesellschaft in Berlin.
3 000 KVA. Allgemeine Elektricitäts Gesellschaft three-phase Alternator (Berlin).

La puissance normale du groupe est de 3 000 kilovolts-ampères avec un facteur de puissance de 0,9, la puissance vraie est donc au minimum de 2 700 kilowatts.

La tension aux bornes est de 6 000 volts et l'induit est groupé en étoile. La tension par phase est par suite de

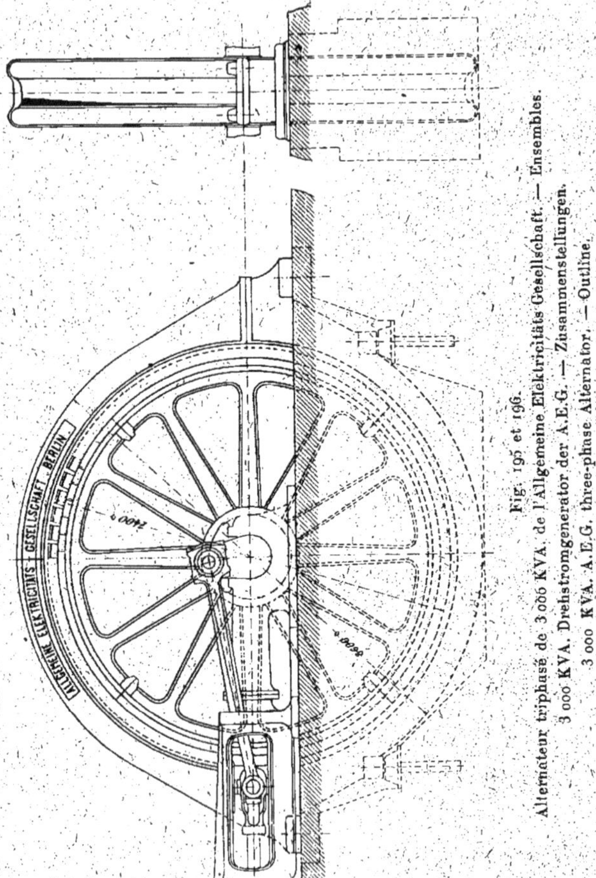

Fig. 195 et 196.
Alternateur triphasé de 3 000 KVA de l'Allgemeine Elektricitäts Gesellschaft. — Ensembles.
3 000 KVA. Drehstromgenerator der A.E.G. — Zusammenstellungen.
3 000 KVA. A.E.G. three-phase Alternator. — Outline.

3 465 volts et l'intensité du courant de débit, en pleine charge de 3 000 kilovolts-ampères, de 288 ampères.

La vitesse angulaire est de 83,3 tours par minute et le

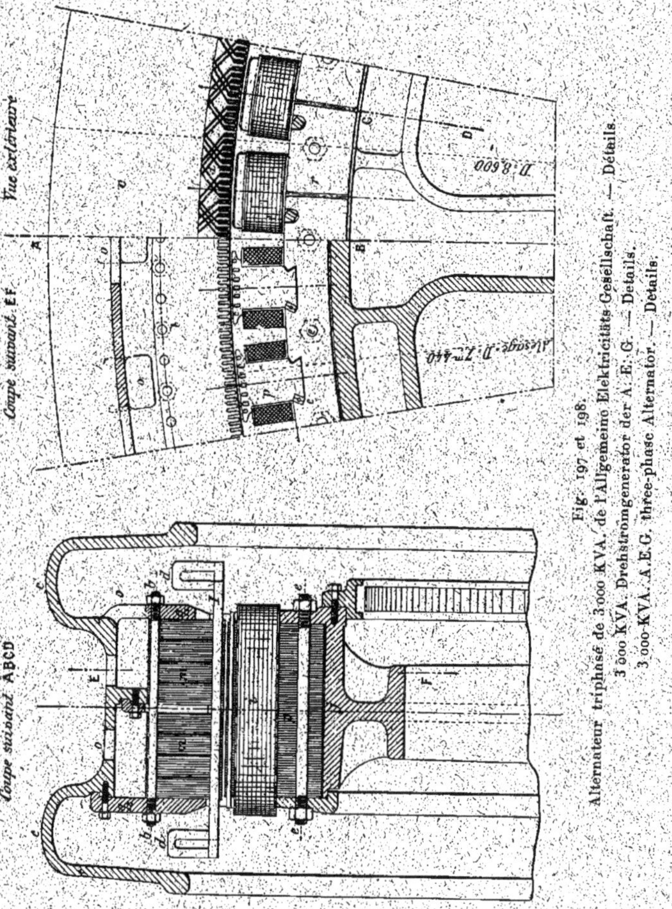

Fig. 197 et 198.
Alternateur triphasé de 3 000 KVA. de l'Allgemeine Elektricitäts-Gesellschaft. — Détails.
3 000 KVA. Drehstromgenerator der A. E. G. — Details.
3 000-KVA. A.E.G. three-phase Alternator. — Details.

nombre de pôles inducteurs de 72, ce qui correspond à une fréquence de 50 périodes par seconde.

Ces considérations posées, nous allons donner successivement la description de l'inducteur et de l'induit qui présentent quelques dispositions mécaniques dignes d'être signalées. Nous donnerons ensuite quelques détails sur le montage qui a été particulièrement difficultueux non seulement en raison de l'importance des pièces à manœuvrer, mais surtout par suite de l'absence de pont roulant dans l'annexe de la section allemande où l'alternateur se trouvait exposé.

La figure 194 reproduit une photographie de l'alternateur. Les figures 195 et 196 sont des vues d'ensemble de la même machine et les figures 197 et 198 des coupes et vues d'une partie de l'induit et de l'inducteur.

Inducteur. — Le volant en fonte est en quatre parties assemblées au moyeu à l'aide de deux boulons par joint et de deux frettes posées à chaud. Chaque portion de jante est réunie au moyeu par trois bras solidement nervurés.

Etant donnée la vitesse tangentielle assez forte de 32,2 m par seconde, l'assemblage des quatre parties de la jante a été fait d'une façon toute spéciale.

Les surfaces en regard de chaque portion de jante, assemblées chacune par deux boulons, sont en outre percées pour laisser passer un noyau circulaire en fer de 15 cm de diamètre présentant à ses extrémités deux logements dans lesquels sont chassées à force deux clavettes sans tête.

L'entraînement se fait à l'aide de 2 clavettes disposées à 90°. Le diamètre de l'arbre est de 66 cm et la longueur totale du moyeu de 1,20 m.

Le circuit magnétique inducteur est en tôles feuilletées. Il est formé d'une couronne de tôles composée de segments correspondant à la largeur de trois pôles. Chaque segment des tôles inductrices est serré, à l'aide de trois boulons, entre une couronne venue de fonte avec le volant et trois segments rapportés, en fonte, s'embèquetant dans la jante.

Les noyaux polaires sont terminés en queue d'aronde

et viennent se loger dans des mortaises de forme spéciale et asymétrique. L'une des extrémités de la queue d'aronde est emprisonnée dans la couronne inductrice, l'autre est séparée par un système de trois clavettes triangulaires dont l'une en forme de triangle isocèle occupe toute la largeur de la couronne et les deux autres à section en forme de triangle, la moitié seulement de cette largeur. Le serrage est obtenu à l'aide de tiges de fer chassées à force dans des rainures demi-rondes ménagées en regard dans les clavettes triangulaires (1).

Des encoches sont pratiquées dans les segments rapportés sur l'inducteur pour faciliter ce clavetage.

Le diamètre extérieur de l'inducteur est de 7,39 m et l'entrefer de 10 mm.

La largeur des tôles inductrices est de 56 cm et celle du volant complet, de 73 cm.

La surface des pièces polaires est de 56 cm $\times$ 24 cm ou 1344 cm².

L'enroulement inducteur est fait en câble à section rectangulaire enroulé sur plat ; il y a 10 couches environ à raison de 9 spires chacune.

L'enroulement inducteur est groupé en deux séries de 36 bobines, en quantité.

La puissance absorbée pour l'excitation en pleine charge avec un facteur de puissance de 0,9 est de 31 000 watts soit environ 1 p. 100 de la puissance apparente de la machine.

En dehors du circuit inducteur les pôles portent des circuits amortisseurs Hutin et Leblanc. Ces circuits sont formés, par pôle, de six tiges à section rectangulaire et deux à section circulaires placées aux cornes polaires. Ces huit tiges sont rivées dans deux segments en cuivre disposés de chaque côté du pôle.

---

(1) Voir pour plus de détails C.-F. Guilbert, « Machines dynamo-électriques », *L'Éclairage Électrique*, t. XVI, p. 179, 1898.

Le rôle des circuits amortisseurs est ici à la fois de faciliter le fonctionnement des alternateurs en parallèle et aussi d'étouffer les harmoniques du flux de réaction d'induit, puisque celles-ci donnent naissance à des flux se déplaçant par rapport aux inducteurs avec une vitesse d'autant plus grande que l'ordre de l'harmonique est plus élevé.

Le poids de l'inducteur complet est de 70 tonnes environ.

Une dynamo à courant continu est calée sur l'arbre de l'alternateur et servait, à l'Exposition, à l'entraîner sous l'action du courant pris sur le réseau.

La puissance consommée pour faire tourner l'alternateur à vide à la vitesse normale est assez faible puisque la seule perte d'énergie correspond uniquement aux pertes par frottements.

Sous l'influence des variations de voltage du réseau le moteur à courant continu entraînant le volant peut facilement passer du fonctionnement en moteur au fonctionnement en génératrice. Le volant de l'alternateur servait donc dans une certaine mesure de tampon pour les à-coups un peu brusques qui pouvaient se produire sur le réseau.

Induit. — La carcasse extérieure de l'induit est en quatre parties assemblées par des boulons. Cette carcasse a une section étudiée spécialement pour donner une rigidité parfaite à l'ensemble. Intérieurement, elle porte trois anneaux : deux venus de fonte avec elle et un troisième, rapporté, formé d'un certain nombre de segments.

C'est entre l'anneau fixe, qui porte un certain nombre d'encoches, 120, de façon à en diminuer le poids sans nuire à sa solidité, et les segments amovibles que sont serrées les tôles de l'induit à l'aide de deux boulons par pôle. Les tôles induites sont partagées en deux parties séparées par un intervalle de quelques centimètres dans lequel sont logés des segments en acier fixés à la nervure centrale. Ces segments ne sont pas pleins, mais portent des rainures très profondes débouchant en dehors des paquets de tôles pour assurer une bonne ventilation de celles-ci. Chacune des piles de tôles induites est elle-même subdivisée en quatre paquets séparés entre eux par des pièces métalliques assez étroites placées de distance en distance et maintenues par un bossage entrant dans les trous percés dans les tôles.

Les joints magnétiques de l'induit ont été effectués de manière à éviter leur influence sur une seule bobine induite.

A cet effet les tôles ont été disposées de façon à croiser les joints et on a placé, seulement au moment de l'assemblage, les petits paquets de tôles passant à travers les joints de la carcasse.

Les segments amovibles sont fixés par des vis à la carcasse de l'induit.

Des ouvertures sont ménagées dans la nervure fixe et dans la partie inférieure de la carcasse de façon à augmenter la ventilation de l'induit.

L'induit repose sur un ensemble de deux tréteaux réunis par deux poutres horizontales supportant elles-mêmes l'inducteur et un plancher avec garde-corps pour la visite de la machine.

La carcasse induite repose sur son support par l'intermédiaire de deux projections venues de fonte avec les quarts d'induit inférieurs.

Le réglage en hauteur peut se faire à l'aide de vis calantes.

Des vis de butée placées horizontalement permettent de régler l'entrefer dans le sens horizontal.

En dehors des supports proprement dits, la partie inférieure est encore soutenue par deux tréteaux s'appuyant sur des embases situées un peu au-dessus de la ligne à 45°, et par deux petits vérins placés à la partie inférieure et destinés à prévenir toute déformation de cette partie.

L'ensemble du support est en fer et d'aspect très léger. Ce support est suffisant pour permettre de faire tourner la machine à vide sans excitation et à la vitesse normale en l'entraînant uniquement à l'aide de son excitatrice fonctionnant comme moteur à courant continu.

Le diamètre extérieur de l'enveloppe de l'induit est de 8,60 m, sa largeur de 1,2 m.

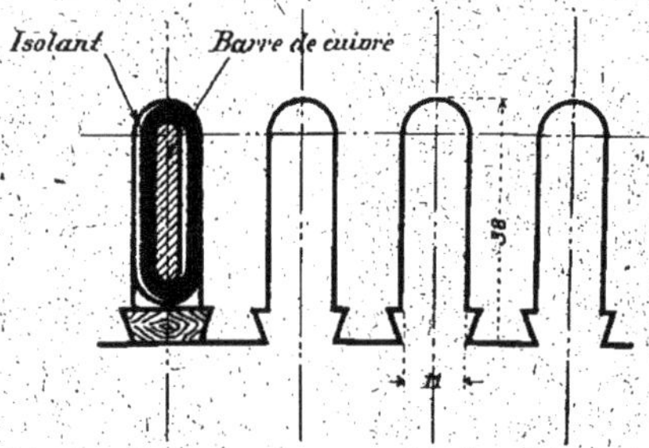

Fig. 199.
Forme des rainures de l'alternateur de l'Allgemeine Elektricitäts Gesellschaft.
Nutenform des A.E.G. Drehstromgenerators.
Form of slots of A.E.G. three-phase Alternator.

La largeur totale des tôles n'a que 58 cm sans déduction des espaces entre les différents paquets.

Le diamètre intérieur de l'induit est de 7,41 m.

Les tôles induites représentées partiellement sur la figure 199 ont une hauteur radiale de 25,5 cm. Elles portent des rainures rectangulaires à fonds arrondis ; le nombre de ces rainures est de 15 par pôle induit, soit 1 080 pour toute la machine.

La largeur de ces encoches est de 11 mm et leur profondeur totale, de 38 mm.

Les bords des dents sont légèrement échancrés pour permettre de glisser des cales en matière isolante tenant en place les conducteurs induits.

L'enroulement de l'induit est formé par des conducteurs

de 93 mm² de section environ réunis par des développantes en forme de V de section un peu plus faible et placés dans des tubes en micanite de 3,5 mm d'épaisseur.

Ces conducteurs sont de trois types différents comme longueur, ainsi que le montre le schéma du bobinage représenté sur la figure 200.

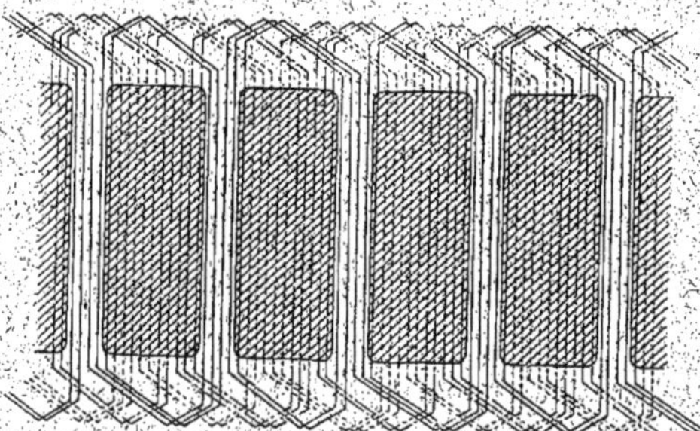

Fig. 200.
Schéma de l'enroulement induit de l'alternateur de l'Allgemeine Elektricitäts Gesellschaft.
Schaltungsschema der Ankerwickelung des A.E.G. Drehstromgenerators.
Diagram of armature winding of A.E.G. three-phase Alternator.

Ce schéma montre que, pour chaque paire de pôle, chacune des phases de l'enroulement induit comprend une bobine de trois spires et une de deux. La tension aux extrémités de chaque conducteur ne dépassant pas 9 à 10 volts, la tension entre deux développantes voisines n'atteint jamais plus de 20 volts, ce qui explique pourquoi les développantes sont simplement recouvertes d'une couche de vernis isolant et pourquoi l'on n'a à se préoccuper que de l'isolation par rapport à la masse.

Les prises de courants sont montées sur des isolateurs en porcelaine placés à la partie inférieure de la dynamo.

La résistance de l'induit à chaud est de 0,098 ohm; la

perte par effet Joule dans l'induit en pleine charge est donc de 25 000 watts environ, soit 0,83 p. 100.

Le poids de l'induit est de 80 000 kg environ.

Transport et montage. — Le transport des différentes pièces de l'alternateur aurait nécessité l'emploi de dispositifs spéciaux, si la Société générale d'Électricité de Berlin

Fig. 201.
Transport de l'alternateur de l'Allgemeine Elektricitäts Gesellschaft.
Transport des A. E. G. Alternators
Transportation of Allgemeine Elektricitäts Gesellschaft Alternator.

n'avait imaginé de se servir de systèmes de deux wagons sur l'ensemble desquels reposait chacune des pièces dépassant le gabarit indiqué par les Compagnies de Chemin de fer.

De plus, pour faciliter le montage, on a, tout au moins en ce qui concerne les portions du volant, disposé ceux-ci sur le wagon dans la position la plus convenable pour la commodité du montage. La figure 201 représente l'un des quarts du volant destiné à être placé à la partie inférieure.

Comme nous l'avons dit plus haut, l'annexe de la section allemande ne permettant pas l'emploi de grue ni de pont

roulant, on a dû recourir à des dispositifs tout à fait spéciaux pour le montage de l'alternateur.

Le montage a été dirigé de la manière suivante :

On a tout d'abord placé sur les deux quarts supérieurs du volant les deux quarts supérieurs de l'induit en remplaçant l'entrefer par des cales de cuivre ; puis chacun de ces ensembles a été amené sur l'emplacement que devait occuper la machine et où s'est fait l'assemblage des deux quarts de l'induit et des deux quarts de l'inducteur.

L'ensemble a ensuite été enlevé à l'aide de deux poutres en fer placées sous les bras, puis amené à la position normale à l'aide de 4 vérins formés chacun d'une tige filetée placée verticalement entre deux fers à U et sur laquelle montent des écrous mobiles actionnés par des vis tangentes.

La demi-machine une fois en place et calée, on a monté l'arbre muni du moteur continu et des paliers.

La partie inférieure, dont les voussoirs ont été retournés dans le hall de la section étrangère du palais de l'Électricité, munie des morceaux correspondants de l'inducteur, a été ensuite amenée sous la première et, après assemblage, montée à la hauteur voulue.

Pour faciliter les assemblages des quarts supérieurs ou inférieurs entre eux, l'un a été placé sur des petits vérins permettant un déplacement vertical tandis que l'autre était placé sur des rouleaux assurant le déplacement horizontal.

L'ensemble une fois monté, le support a été mis en place.

La première pièce a été entrée le 17 mars 1900 et l'assemblage terminé le 25.

Le montage complet a été achevé le 11 avril, sa durée avait donc été d'environ 3 semaines.

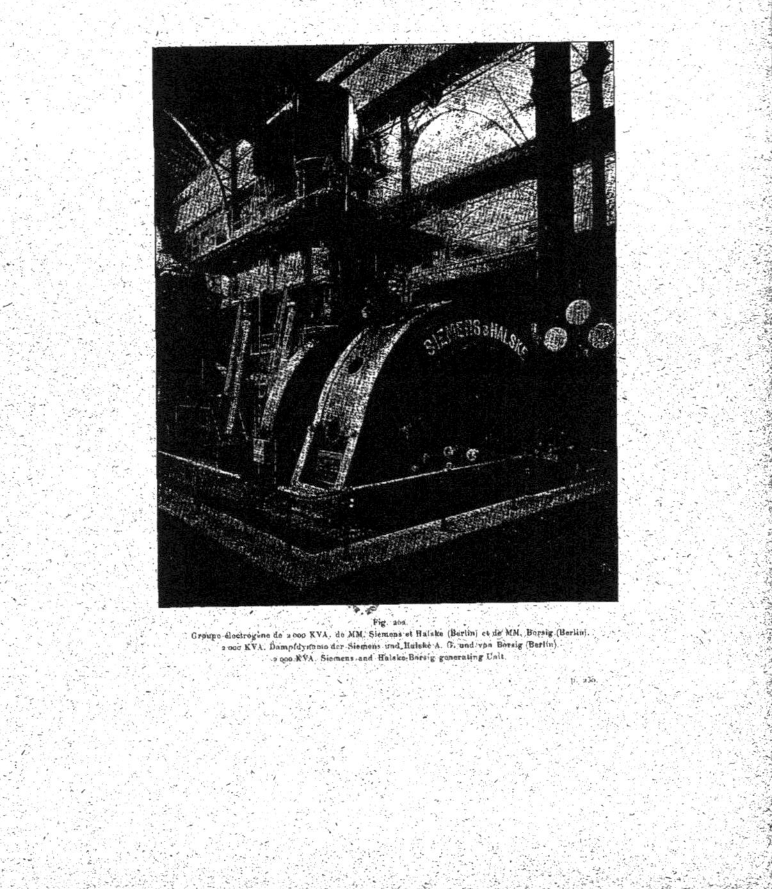

Fig. 202.

Groupe électrogène de 2 000 KVA. de MM. Siemens et Halske (Berlin) et de MM. Borsig (Berlin).
2 000 KVA. Dampfdynamo der Siemens und Halske A. G. und von Borsig (Berlin).
2 000 KVA. Siemens and Halske-Borsig generating Unit.

p. 230.

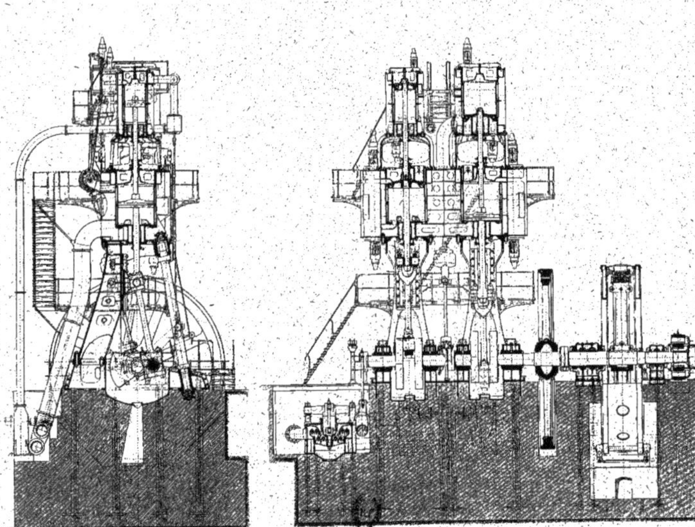

Fig. 203 et 204.
Groupe électrogène de 2 000 KVA. de MM. Siemens et Halske et de MM. Borsig. — Ensembles.
2,000 KVA. Dampfdynamo der Siemens und Halske A. G. und von Borsig. — Zusammenstellungen.
2000 KVA. Siemens and Halske-Borsig generating Unit. — Outline.

p. 230.

GROUPE ÉLECTROGÈNE DE 2 000 KILOVOLTS-AMPÈRES DE MM. SIEMENS ET HALSKE ET BORSIG

2 000 KVA. DREHSTROMERZEUGER DER SIEMENS UND HALSKE A. G. UND VON BORSIG

2 000 KVA. SIEMENS AND HALSKE AND BORSIG GENERATING UNIT

Le groupe électrogène Borsig-Siemens était un des plus puissants des quatre groupes installés dans la section allemande. Il était formé d'un moteur à vapeur de 2 500 chevaux de la maison Borsig, de Berlin, et d'un alternateur de 2 000 kilovolts-ampères sortant des ateliers de MM. Siemens et Halske, de Charlottenburg. La figure 202 est une photographie du groupe et les figures 203 et 204 des vues d'ensemble.

Alternateur. — L'alternateur à courants triphasés de MM. Siemens et Halske, de Berlin, dont les figures 205 et 206 représentent des vues extérieures avec coupes, et les figures 207 et 208 des coupes, perpendiculaires à l'axe et par l'axe, d'une partie de l'induit et de l'inducteur, a une puissance normale apparente de 2 000 kilovolts-ampères; cette puissance peut être poussée au besoin jusqu'à 2 500 kilovolts-ampères, c'est-à-dire augmentée de 25 p. 100.

La tension aux bornes est de 2 000 à 2 200 volts et l'intensité par phase de 525 ampères à la tension la plus élevée.

La fréquence est de 50 périodes par seconde.

Inducteur. — La carcasse inductrice en fonte, d'une largeur de 60 cm, a été coulée en deux parties assemblées par 8 boulons : 4 au moyeu et 4 à la jante, ces derniers logés dans des oreilles placées extérieurement.

Cette carcasse est formée d'une jante à section rectangulaire, de 12 cm d'épaisseur, réunie au moyeu par 8 bras soli-

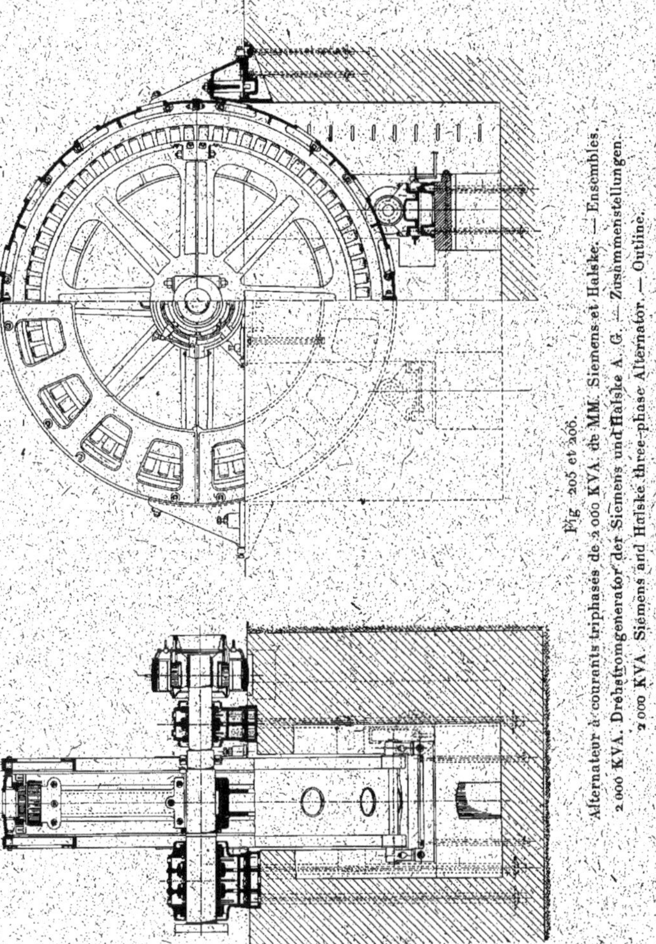

Fig. 205 et 206.

Alternateur à courants triphasés de 2 000 KVA de MM. Siemens et Halske. — Ensembles.

2 000 KVA. Drehstromgenerator der Siemens und Halske A. G. — Zusammenstellungen.

2 000 KVA Siemens and Halske three-phase Alternator. — Outline.

dement nervurés et à section en double T. Elle est percée de fentes radiales dans un plan perpendiculaire à son axe. Ces

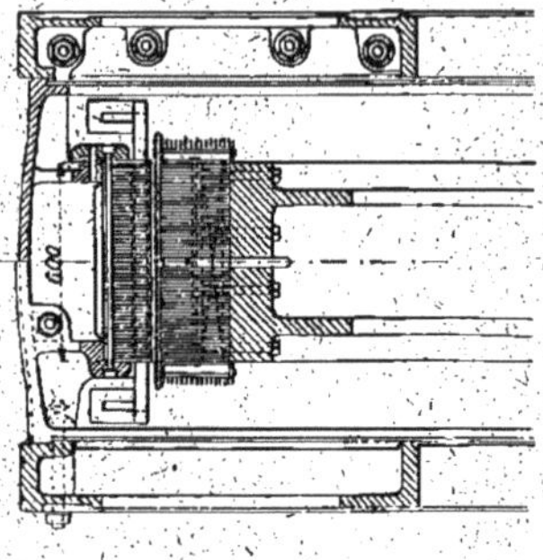

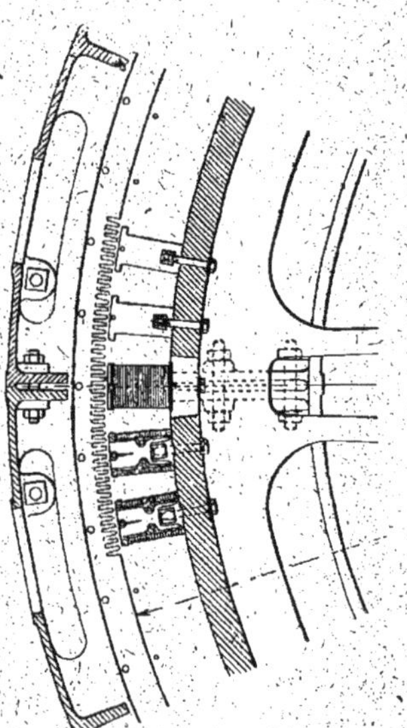

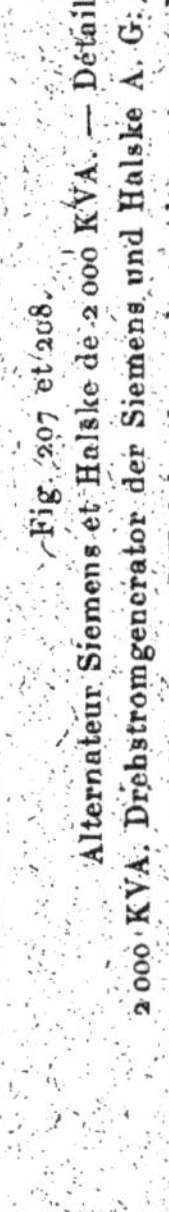

Fig. 207 et 208. Alternateur Siemens et Halske de 2 000 KVA. — Détails.
2 000 KVA. Drehstromgenerator der Siemens und Halske A. G. — Details.
2 000 KVA. Siemens and Halske three-phase Alternator. — Details.

fentes, d'une largeur de 2 cm environ, se répartissent sur la largeur de trois pôles, sauf à l'endroit des joints des deux parties du volant; elles sont destinées à la ventilation de l'induit et de l'inducteur.

L'alternateur a un arbre spécial manchonné à celui du moteur à vapeur entre l'un des paliers de l'alternateur et le volant de la machine; l'entraînement se fait par 3 clavettes à 120°.

Les 72 pôles inducteurs sont en tôles, à section rectangulaire, et sont disposés radialement sur la carcasse inductrice; ils sont maintenus par 4 vis traversant complètement celle-ci et venant se fixer dans une barre rectangulaire, en acier, glissée dans un évidement pratiqué dans le noyau.

Chaque pôle est formé de deux paquets de tôles placés l'un à côté de l'autre et séparés par un intervalle de 2 cm environ, à l'aide de cales permettant le passage de l'air pour la ventilation de l'induit et de l'inducteur.

Pour faciliter le refroidissement des bobines inductrices, celles-ci sont enroulées sur des carcasses en bronze évidées à l'intérieur et faisant saillie en dehors de la couronne. L'évidement constitue ainsi un canal radial où l'air circule librement pendant la rotation. Ces carcasses sont fixées aux noyaux polaires par des boulons traversant ceux-ci de part en part et servant, conjointement avec des rivets, à maintenir serrées les tôles inductrices.

Chaque noyau porte à sa partie inférieure une saillie qui vient se loger dans une rainure pratiquée à la surface de la carcasse inductrice.

L'enroulement de chaque pôle est formé à l'aide d'une bande de cuivre sur champ et les spires sont isolées entre elles au moyen de toile imprégnée de matière isolante.

Le nombre de spires de chaque bobine est de 40 et les dimensions de la bande sont de 4 mm sur 23 mm, soit une section de 92 mm². La résistance de toutes les bobines inductrices en série est de 1 ohm et le poids total du cuivre inducteur, de 4 000 kg.

Le diamètre extérieur de l'inducteur est de 5,982 m et la largeur des tôles inductrices, y compris l'évent, de 60 cm.

La vitesse tangentielle n'atteint que 26 m par seconde.

Le poids total de l'inducteur est de 38000 kg.

Deux bagues servent de prise de courant à l'inducteur.

Induit. — La carcasse de l'induit supportant les tôles est formée d'une caisse cylindrique en fonte en quatre morceaux assemblés par des boulons. Sur cette caisse sont boulonnées deux équerres qui reposent sur deux supports horizontaux fixés dans la maçonnerie.

Les piles de tôles sont fixées entre deux nervures à l'aide de boulons.

La carcasse induite est percée de trous pour la ventilation et porte deux couronnes latérales protégeant à la fois l'induit et l'inducteur.

La principale particularité de construction de l'induit réside dans le dispositif employé pour régler l'entrefer après usure des coussinets ou après un déplacement quelconque.

A cet effet la partie extérieure de la carcasse induite a été tournée soigneusement et vient reposer sur deux rouleaux placés symétriquement par rapport à un plan vertical passant par l'axe de la dynamo. Ces rouleaux, comme le montre la figure 206, peuvent être déplacés dans le sens vertical au moyen d'une vis sans fin actionnée par une manivelle.

Si l'on agit simultanément sur les deux rouleaux, on peut déplacer l'induit dans le sens vertical et parer ainsi à l'usure du coussinet. Si l'on élève seulement un des rouleaux, on obtiendra un déplacement dans une direction oblique et, par la combinaison des mouvements des deux rouleaux, on obtiendra facilement un déplacement horizontal de l'induit. Pour empêcher celui-ci de se déplacer sur les rouleaux après ce réglage, on fixe la couronne extérieure à l'aide de boulons sur les équerres en fonte dont nous avons parlé.

La largeur des tôles induites est de 60 cm et leur hauteur radiale de 14,3 cm. Comme pour l'inducteur les piles de tôles sont partagées en deux parties égales maintenues entre elles à la distance voulue par des cales.

L'enroulement induit est réparti dans 648 rainures de 13 mm de largeur sur 55 mm de hauteur radiale.

Chacune des trois phases comporte trois barres par pôle, c'est-à-dire une dans chaque encoche. Les dimensions des conducteurs induits sont de 7 mm de largeur et 44 mm de hauteur ; ces conducteurs sont logés dans des tubes en mica comprimé de 3 mm d'épaisseur.

Toutes les barres d'une même phase sont réunies en série à l'aide de connecteurs en forme de V, recouverts simplement d'une couche de vernis isolant.

L'enroulement est ondulé et par suite analogue à ceux des alternateurs à basse tension ; la tension entre deux développantes voisines d'une même phase peut au maximum atteindre 425 volts, tension qui permet encore, à la rigueur, d'employer des développantes en barres non isolées autrement qu'avec un vernis.

Les trois phases sont montées en étoile.

La résistance de chaque phase est de 0,019 ohm à chaud. La puissance perdue dans l'enroulement induit est par suite de $3 \times 0{,}019 \times 525^2 = 15\,700$ watts, soit 0,8 p. 100 de la puissance totale.

Le poids du cuivre de l'induit est de 2 400 kg. ; le poids de l'induit atteint 44 tonnes.

Le diamètre d'alésage de l'induit est de 6 m, ce qui assure un entrefer de 9 mm.

Le diamètre extérieur de l'induit est de 6,80 m, sa largeur totale de 1,50 m.

Excitatrice. — Le courant d'excitation de l'alternateur est fourni par une excitatrice calée sur l'arbre de l'alternateur et en porte à faux. C'est une dynamo-série à 8 pôles avec induit tambour enroulé en quantité. Le courant est recueilli par 8 paires de balais en charbon dont les porte-balais sont d'un modèle spécial permettant de vérifier la pression sur les lames du collecteur. Le support des porte-balais est formé d'une couronne que l'on peut déplacer à l'aide d'une vis tangente.

La puissance normale de l'excitatrice est de 44 kilowatts, 210 ampères, sous 210 volts.

Tableau. — Le tableau de distribution de la génératrice est réduit à une colonne de fonte de 4,3 m de hau-

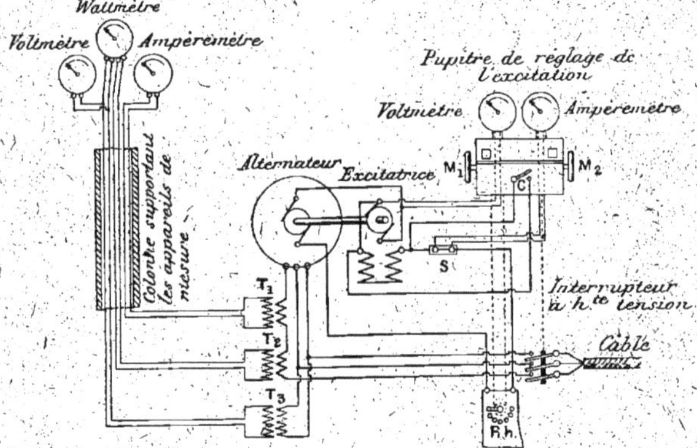

Fig. 209.
Schéma des connexions de l'alternateur Siemens et Halske et de son excitatrice aux appareils de mesure.
Schematische Anordnung der Messinstrumente des Siemens und Halske Alternators und dessen Erregermaschine.
Diagram of connections of Siemens and Halske alternator and exciter with the measuring instruments.

teur (que l'on aperçoit sur la droite de la figure 202) à l'extrémité de laquelle sont disposés un voltmètre, un ampèremètre et un wattmètre à lecture directe.

Aucun de ces appareils (fig. 209) n'est traversé par le courant principal; tous les trois sont munis de transformateurs réducteurs, un en dérivation entre deux des conducteurs pour le voltmètre et deux en série sur un des conducteurs.

Un interrupteur tripolaire placé dans la fosse de l'alternateur permet de couper le courant.

Le rhéostat de réglage de l'alternateur est également logé dans la fosse de la machine. L'interrupteur tripolaire et le rhéostat de réglage sont commandés à l'aide de chaînes par deux volants M_1 et M_2 placés de chaque côté d'un petit pupitre sur lequel sont disposés le voltmètre et l'ampèremètre du courant d'excitation.

Le couvercle du pupitre est muni de petites fenêtres permettant d'apercevoir des divisions indiquant la partie du rhéostat en service.

Le pupitre porte en outre un commutateur C qui permet, en cas d'accident, de mettre en court-circuit les inducteurs de l'excitatrice. On évite ainsi d'interrompre le courant inducteur, ce qui, étant donné l'énorme self-induction du circuit qu'il traverse, pourrait ne pas être sans danger pour la machine.

Résultats d'essais. — La figure 210 donne les caractéristiques à vide et en court-circuit de l'alternateur Siemens et Halske en fonction des ampèretours par bobine inductrice. La droite III indique la correspondance entre les ampèretours et le courant d'excitation.

On voit que cette machine appartient à la classe, peu répandue à l'Exposition, des alternateurs à faible saturation.

L'intensité du courant d'excitation pour la marche à vide à 2 200 volts est de 120 ampères. En charge avec un facteur de puissance égal à l'unité, l'intensité du courant d'excitation est de 135 ampères.

Le courant d'excitation, nécessaire pour obtenir en court-circuit l'intensité normale de 525 ampères par phase, est de 42 ampères et correspond à une tension induite égale à un peu plus du tiers de la tension normale.

Moteur à vapeur. — Le moteur à vapeur de MM. Borsig accouplé à l'alternateur Siemens et Halske est du type vertical, à triple expansion et à quatre cylindres : deux à basse pression, un à moyenne pression et un à haute pression.

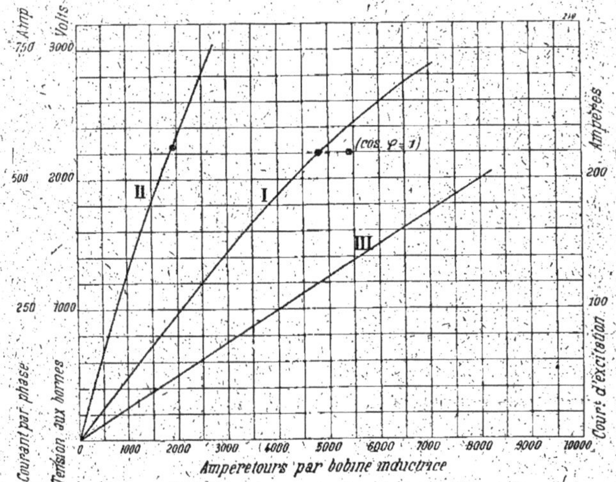

Fig. 210

Caractéristiques de l'alternateur Siemens et Halske.

I. Caractéristique à vide. — II. Caractéristique en court-circuit. — III. Droite d'excitation.

Kurven des Drehstromgenerators der Siemens und Halske A. G.

I. Charakteristik bei Leerlauf. — Kurzschlusscharakteristik. — III. Erregungsgerade.

Characteristics of Siemens and Halske alternator.

I. No load saturation curve. — II. Short-circuit curve. — III. Excitation line.

Chacun des deux cylindres à basse pression est accouplé en tandem avec un des autres.

Les principales dimensions de la machine sont les suivantes :

Diamètre du cylindre à haute pression.	76 cm
Diamètre du cylindre à moyenne pression. . . .	148 »
Diamètre des cylindres à basse pression	134 »
Longueur de la course	120 »

La vitesse normale est de 90 tours par minute et la pression, de 14 kg : cm². Avec une détente de 20 et avec condensation, la puissance de la machine est de 2 500 chevaux.

A l'Exposition où la pression n'était que de 10 kg : cm² et la vitesse angulaire de 83,3 tours par minute, la puissance de la machine était réduite à environ 2 000 chevaux.

L'admission et l'échappement de la vapeur dans les quatre cylindres se fait par des soupapes équilibrées à double siège, disposées par paire, une pour l'admission, une pour l'échappement, dans les boîtes de distribution. Le rappel des soupapes est obtenu par des cataractes d'huile système Collman.

L'arbre porte à l'une de ses extrémités un volant pesant 41 800 kg placé entre l'un des paliers du moteur et l'un des deux paliers de l'alternateur.

Le réglage de la vitesse peut se faire en marche en agissant sur un ressort spécial.

Le condenseur est placé dans le sous-sol du côté opposé à la dynamo.

ALTERNATEUR DE 1 340 KILOVOLTS-AMPÈRES DE LA SOCIÉTÉ ALSACIENNE DE CONSTRUCTIONS MÉCANIQUES

1 340 KVA. DREHSTROMGENERATOR DER SOCIÉTÉ ALSACIENNE DE CONSTRUCTIONS MÉCANIQUES

1 340 KVA. SOCIÉTÉ ALSACIENNE THREE-PHASE ALTERNATOR

L'alternateur de la Société Alsacienne de Constructions Mécaniques de Belfort, dont l'induit seul, pour des raisons d'emplacement, figurait à l'Exposition, était destiné à la station génératrice de la Société « le Triphasé » inaugurée en 1900 à Asnières. Cette station comprend actuellement cinq alternateurs identiques à celui qui nous occupe ; quatre autres machines semblables sont en service également à la station centrale de Marseille de la Compagnie générale

Fig. 211.

Induit de l'alternateur à courants triphasés de la Société Alsacienne de Constructions Mécaniques de Belfort.

Anker des Drehstromgenerators der Société Alsacienne de Constructions Mécaniques de Belfort.

Armature of Société Alsacienne three-phase Alternator

p. 240.

française de tramways. Dans les deux cas les courants fournis sont destinés à l'alimentation de commutatrices construites aussi par la Société Alsacienne.

Une commutatrice de ce genre figurait également à l'Exposition ; nous en donnons une description plus loin.

Les alternateurs de la Société Alsacienne des stations centrales d'Asnières et de Marseille sont à courants triphasés et à faible fréquence. Ils sont clavetés directement sur l'arbre des moteurs à vapeur, mais ceux-ci comportent en outre un volant spécial d'un poids suffisant pour que l'ensemble de l'inducteur et du volant assure au moteur à vapeur un coefficient d'irrégularité d'environ ± 1/600.

Leur puissance apparente est de 1 340 kilovolts-ampères avec un facteur de puissance de 0,9, ce qui correspond à une puissance vraie de 1 200 kilowatts.

La tension aux bornes est de 5 500 volts et la tension simple, l'induit étant groupé en étoile, de 3 170 volts. L'intensité du courant de débit est de 140 ampères par phase.

La fréquence des courants induits est de 25 périodes par seconde et la vitesse angulaire de 75 tours par minute ; le nombre de pôles inducteurs est par suite de 40.

La photographie de la figure 211 représente une vue de l'induit de cet alternateur ; les figures 212 et 213 sont des vues d'ensemble, en élévation et de bout, de l'alternateur complet et les figures 214 et 215, des coupes et vues détaillées d'une partie de l'induit et de l'inducteur.

Inducteur. — L'inducteur, en fonte, est coulé en deux parties ; il est constitué par un volant dont la jante, à section rectangulaire, est réunie au moyeu par 8 bras à section ovale. L'assemblage des deux parties du volant se fait, au moyeu, par quatre boulons et, à la jante, par un dispositif spécial constitué de pièces en fer forgé comme le montrent les figures.

Ces pièces sont disposées les unes à la surface extérieure

de la jante et les autres à la surface intérieure. Les per-

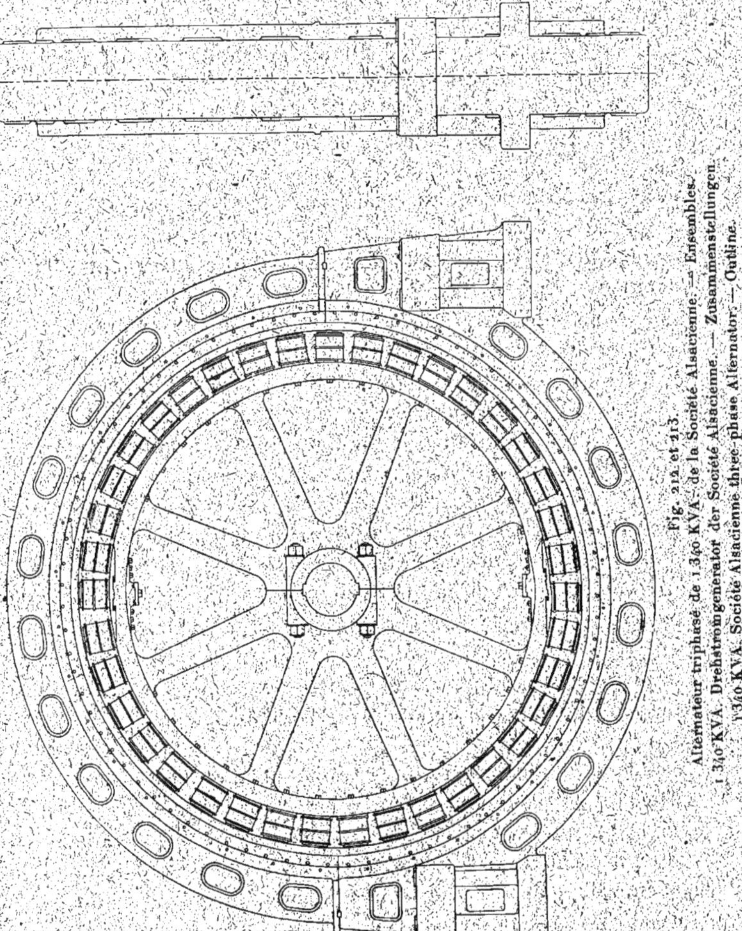

Fig. 212 et 213.
Alternateur triphasé de 1 340 KVA de la Société Alsacienne. — Ensembles.
1 340 KVA. Drehstromgenerator der Société Alsacienne. — Zusammenstellungen.
1 340 KVA. Société Alsacienne three-phase Alternator. — Outline.

mières enserrent, à l'aide de clavettes chassées à force des projections ménagées sur chaque partie du volant; les

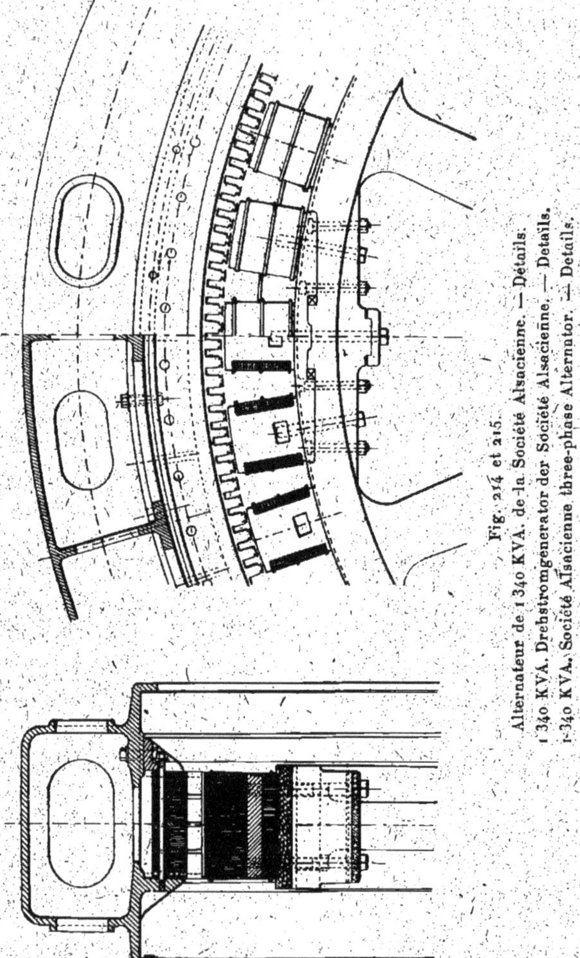

Fig. 214 et 215.
Alternateur de 1 340 KVA. de la Société Alsacienne. — Détails.
1 340 KVA. Drehstromgenerator der Société Alsacienne. — Details.
1-340 KVA. Société Alsacienne three-phase Alternator. — Details.

secondes, en forme d'U, serrées par les boulons de fixation

des pôles, sont à cheval sur la partie intérieure de l'assemblage.

Le diamètre extérieur de la jante de l'inducteur à l'endroit où sont placés les pôles est de 4,778 m et la largeur totale de la jante, de 50 cm.

Les pôles inducteurs sont formés d'une pile de tôles en forme de double T et sont maintenus entre deux plaques de fonte.

Les pôles sont légèrement cintrés de façon à épouser exactement la surface de la jante, la fixation des pôles est faite par des barres en acier dans lesquelles sont vissés des boulons traversant complètement la jante.

La largeur des piles de tôles, parallèlement à l'axe, est de 40 cm et la largeur totale des pôles, de 42,4 cm ; la largeur des épanouissements polaires, dans le sens perpendiculaire à l'axe, est de 27,5 cm.

Le diamètre de l'inducteur est de 5,378 m.

Les bobines inductrices sont constituées par une bande de cuivre de 110 mm de largeur et 1,2 mm d'épaisseur enroulée sur plat. Chaque bobine est formée de deux parties, enroulées en sens contraires, et réunies entre elles à la première spire. On constitue ainsi une bobine dont l'entrée et la sortie se trouvent à la surface extérieure. La dernière spire de chacune des deux bobines élémentaires est fermée sur elle-même par une soudure de façon à empêcher le tout de se dérouler. Le nombre de spires de chacune de ces bobines est de 24 ; chaque pôle comporte donc 48 spires dont deux sont inactives ; les connexions des bobines entre elles sont faites à l'aide d'une bande de cuivre en double équerre soudée aux spires extérieures des bobines. Toutes les bobines sont disposées en série et le circuit fermé aboutit à deux bagues de prises de courant.

Le poids de cuivre de l'inducteur est de 3 100 kg, soit 77,5 kg par électro.

Le poids total de l'inducteur sans l'arbre est de 26 000 kg.

La résistance à chaud calculée du circuit d'excitation est de 0,39 ohm.

Induit. — La carcasse de l'induit est formée par une caisse cloisonnée en fonte, en deux parties et munie de nombreuses ouvertures pour la ventilation.

Le diamètre extérieur maximum de la carcasse est de 6,90 m et sa largeur totale de 1,15 m.

La partie intérieure de cette carcasse porte, outre des rebords destinés à servir de protecteurs à l'enroulement induit, un anneau vertical venu de fonte avec elle et consolidé par des nervures radiales disposées de distance en distance. C'est entre cet anneau et une sorte de cornière formant des segments fixés à la carcasse par des boulons, que sont serrées les tôles de l'induit.

Ces tôles, maintenues et serrées par des boulons, sont assemblées en quatre parties séparées par des plaques-évents en laiton.

La largeur des tôles, y compris les évents ménagés entre les paquets, est de 43 cm; l'espace libre formant un de ces évents est de 10 mm.

La hauteur radiale des tôles est de 20 cm et le diamètre d'alésage de l'induit, de 5,40 m; l'entrefer est donc de 11 mm.

Le noyau induit porte 240 rainures, soit 6 par pôle, dans lesquelles sont logées les 20 bobines de chaque phase occupant chacune 4 rainures.

Ces bobines sont constituées par une bande de cuivre de 50 mm de largeur et 1,4 mm d'épaisseur enroulée sur gabarit; les bobines sont placées dans un caniveau en micanite et sont ensuite disposées sur l'induit où elles sont maintenues par des cales en bois retenues par les dents des encoches découpées dans les tôles.

Le démontage d'une spire n'exige que celui de deux pôles inducteurs; cette opération est facilitée par un petit chariot à galets sur lequel le pôle déboulonné de la jante tombe parallèlement à l'axe de la machine.

Le nombre de spires de chaque bobine est de 20 et correspond à 10 conducteurs par rainure.

Toutes les bobines d'une même phase sont montées en série et les trois phases groupées en étoile.

Le poids de cuivre sur l'induit est de 1 950 kg et celui de l'induit complet y compris les plaques de fondation de 34 000 kg.

La résistance calculée à chaud de chaque phase est de 0,29 ohm.

Résultats d'essais. — L'intensité du courant d'excitation nécessaire pour obtenir à vide, à la vitesse normale, la tension de 5 500 volts aux bornes est de 140 ampères.

L'intensité du courant en court-circuit pour le courant d'excitation correspondant à la marche à vide est égale à 2,7 fois l'intensité de débit pour la marche à 1 200 kilowatts avec un facteur de puissance égal à l'unité, c'est-à-dire 126 ampères. L'intensité du courant d'excitation pour obtenir un courant de 140 ampères par phase en court-circuit est donc de 58 ampères.

Avec une charge de 1 200 kilowatts et un facteur de puissance égal à l'unité, le rendement de l'alternateur est de 96,5 p. 100 ; les pertes sont alors les suivantes :

Pertes par hystérésis et courants de Foucault	14 400 watts
Pertes par frottements de l'air.	3 600 —
Pertes par effet Joule dans l'induit.	13 100 —
Pertes par effet Joule dans l'inducteur (y compris le rhéostat)	13 200 —
Pertes totales.	44 300 watts.

Le courant d'excitation calculé pour la marche à 1 200 kilowatts sur résistance sans induction est de 155 ampères environ, et la chute de tension, d'environ 4 p. 100.

Avec la même charge de 1 200 kilowatts, mais avec un facteur de puissance de 0,9, le courant d'excitation nécessaire est de 200 ampères et la chute de tension atteint 15 p. 100, chiffre nullement exagéré quand il s'agit de l'alimentation de commutatrices.

Dans ce dernier cas, le rendement est encore de près de 96 p. 100, les pertes dans les enroulements induits et inducteurs étant alors de 17 100 et 15 600 watts respectivement.

GROUPE ÉLECTROGÈNE DE 1 375 KILOVOLTS-AMPÈRES DES ATELIERS D'OERLIKON ET DE MM. ESCHER WYSS ET Cie

1 375 KVA. DAMPFDYNAMO DER MASCHINENFABRIK ŒRLIKON UND VON ESCHER WYSS UND Co.

1 375 KVA. OERLIKON AND ESCHER WYSS AND Co SET.

Les Ateliers d'Oerlikon, près de Zurich, avaient exposé différents alternateurs, dont deux étaient affectés au service de l'Exposition.

L'un de ces derniers, un alternateur à courants triphasés était accouplé avec un moteur de MM. Escher Wyss, de Zurich, et constituait un des groupes les plus justement remarqués parmi les ensembles électrogènes à courants alternatifs ; ce groupe est représenté sur la photographie de la figure 216.

Alternateur. — L'alternateur à courants triphasés, exposé par les Ateliers de constructions d'Oerlikon, est du type normal de cette importante maison. C'est un des plus puissants construits par ces ateliers.

Il a une puissance apparente de 1 375 kilovolts-ampères avec un facteur de puissance minimum de 0,8 ; la puissance vraie de la machine est alors 1 100 kilowatts.

La tension normale aux bornes de l'alternateur est de 5 500 volts ; l'induit étant monté en étoile, l'intensité du courant de débit, par phase, est de 145 ampères. La fréquence est de 50 périodes par seconde et le nombre de pôles, de 64 ; la vitesse est par suite de 93,8 tours par minute.

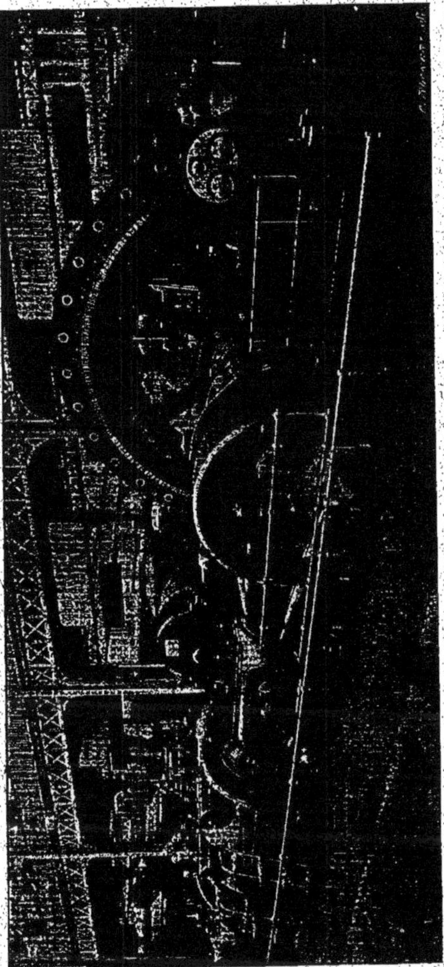

Fig. 216.
Groupe électrogène de 1 375 KVA des Ateliers d'Oerlikon et de MM. Escher Wyss et Cie.
1 375 KVA Dampfalternator der Maschinenfabrik Oerlikon und von Escher Wyss und Co.
1 375 KVA Oerlikon-Escher Wyss and Co Set.

A l'Exposition, l'alternateur n'était utilisé que pour une

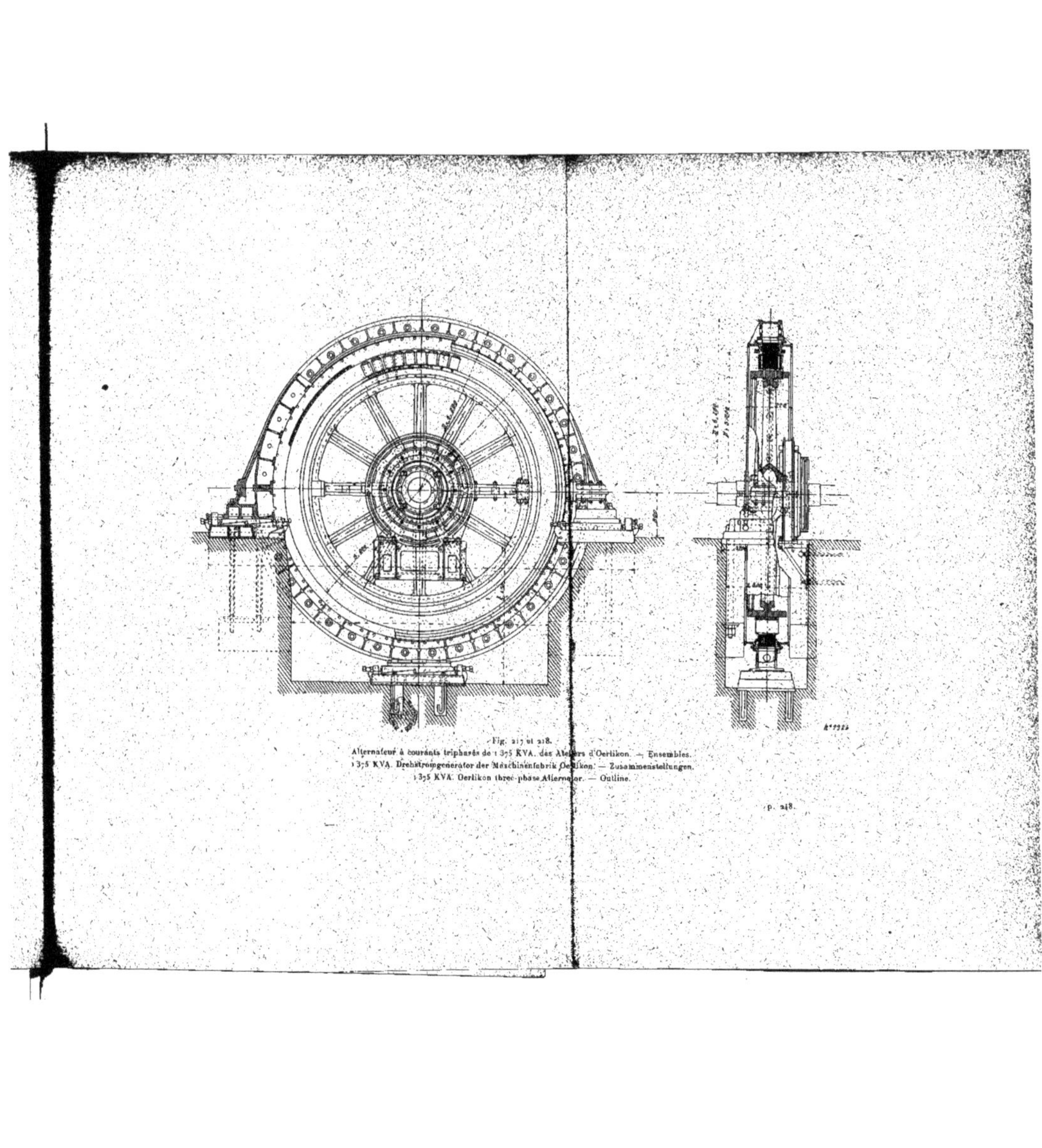

Fig. 217 et 218.
Alternateur à courants triphasés de 1 375 KVA. des Ateliers d'Oerlikon. — Ensembles.
1 375 KVA. Drehstromgenerator der Maschinenfabrik Oerlikon. — Zusammenstellungen.
1 375 KVA. Oerlikon three-phase Alternator. — Outline.

p. 248.

puissance de 1 000 kilovolts-ampères à la tension de 2200

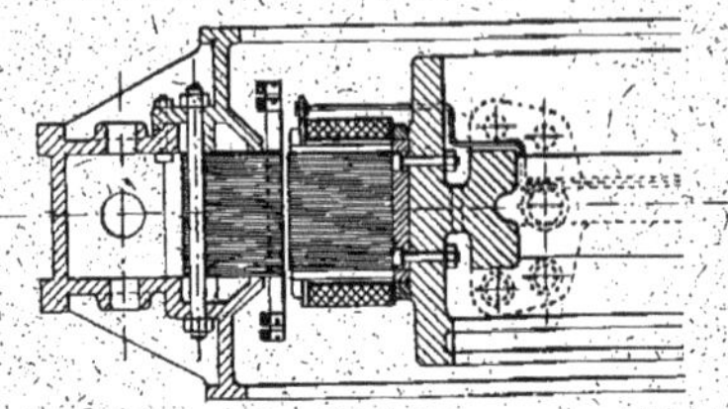

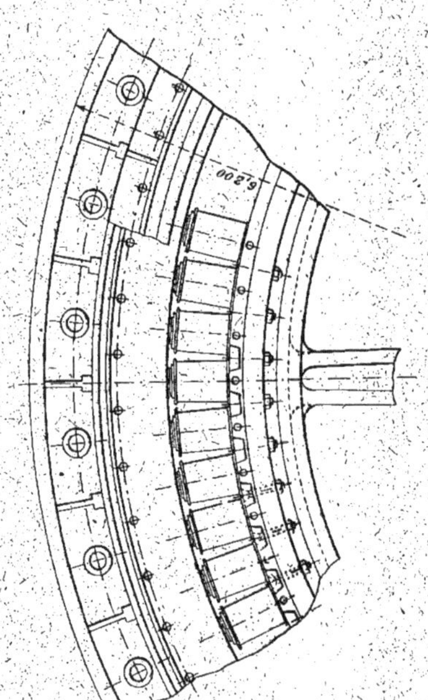

Fig. 219 et 220.
Alternateur de 1 375 KVA. des Ateliers d'Oerlikon. — Détails.
1 375 KVA. Drehstromgenerator der Maschinenfabrik Oerlikon. — Details.
1 375 KVA. Oerlikon three-phase Alternator. — Details.

volts ; on s'est contenté, pour abaisser la tension, de disposer les bobines inductrices en deux séries en parallèle au lieu de les grouper toutes en série, comme il est prévu pour la marche à 5 500 volts.

Cet alternateur, dont les figures 217 et 218 donnent des vues d'ensemble avec coupes et les figures 219 et 220, des coupes à plus grande échelle d'une partie de l'induit et de l'inducteur, présente quelques particularités intéressantes que nous allons signaler.

Inducteur. — L'inducteur, servant en même temps de volant, est en deux parties assemblées le long de deux bras. L'assemblage est obtenu à l'aide de quatre boulons au moyeu et de quatre boulons par joint à la jante, deux à l'extrémité des bras et deux passant dans des oreilles venues de fonte à l'intérieur de la jante. Les demi-bras sont serrés entre eux par deux boulons.

La jante a une section en forme de T et est réunie au moyeu par 8 bras nervurés ; son diamètre extérieur est de 4,40 m et sa largeur de 75 cm. Son épaisseur radiale est de 13 cm sur les branches horizontales du T.

Les 64 pôles inducteurs sont en tôles feuilletées de 1 mm d'épaisseur et maintenues serrées par deux rivets. Leur partie supérieure est un peu plus large que le noyau et va en se rétrécissant légèrement vers l'entrefer ; leur partie inférieure est terminée en queue d'aronde. La fixation des pôles sur la jante est obtenue à l'aide de pièces en acier, à section trapézoïdale, se glissant entre les deux pôles voisins et maintenues sur la jante à l'aide de deux vis la traversant complètement.

La largeur des épanouissements polaires, parallèlement à l'axe, est de 30 cm et leur largeur, perpendiculairement à l'axe, de 12,5 cm dans l'entrefer et de 14 cm à la base.

Le diamètre extérieur de l'inducteur est de 4,991 m et l'entrefer de 4,5 mm.

Les bobines inductrices sont enroulées sur des carcasses

avec joues en bronze; elles sont arrondies sur les faces latérales de façon à laisser un espace assez large entre le noyau et la carcasse pour assurer une ventilation énergique de l'enroulement.

Chaque bobine comporte 54 spires de fil de 11 mm de diamètre et réparties en 3 couches de 18 spires.

Pour la marche à 5 500 volts, toutes les bobines inductrices seront réunies en série et la résistance du circuit ainsi formé sera de 0,7 ohm à chaud. Comme il a été dit, les bobines étaient, à l'Exposition, groupées en deux séries disposées en parallèle.

Le poids du cuivre sur l'inducteur est de 3 200 kg environ.

L'entraînement se fait avec une seule clavette.

Induit. — La carcasse de l'induit est formée d'une caisse annulaire en deux parties assemblées suivant un diamètre horizontal, et munie de nombreuses ouvertures sur les faces latérales pour assurer une bonne ventilation du noyau.

La section de la carcasse est celle d'un U à angles non arrondis et dont les branches portent, dans une direction parallèle à l'axe, des rebords munis de nervures qui les réunissent à la carcasse.

L'un des rebords est venu de fonte avec la caisse et porte un anneau intérieur s'appuyant sur le noyau d'induit.

L'autre rebord est rapporté et vient s'embéqueter sur la carcasse à laquelle il est fixé par des boulons traversant en même temps les tôles de l'induit ; il est muni également d'un anneau intérieur serrant les tôles.

La carcasse de l'induit repose sur trois plaques de fondation dont une située au fond de la fosse et deux sous les supports venus de fonte avec la partie inférieure.

Des doubles coins de rattrapage, munis de vis pour leurs déplacements, sont disposés entre l'induit et chacune des plaques de fondation de façon à permettre d'obtenir un centrage parfait.

Les plaques de support portent, en outre, des oreilles dans lesquelles passent des vis de butée permettant un déplacement perpendiculaire à l'axe et dans le sens horizontal.

Le diamètre extérieur de la couronne est de 6,20 m et sa largeur totale de 92 cm.

Le noyau d'induit est formé d'une seule pile de tôles de 0,5 mm d'épaisseur; il a un diamètre intérieur de 5 m et une largeur de 32 cm, sa hauteur radiale est de 24 cm. Dans le noyau induit sont pratiquées 192 rainures, soit 3 par pôle, destinées à recevoir l'enroulement induit.

Celui-ci est constitué par des bobines enroulées d'avance sur un gabarit et isolées dans un tube en micanite sans joint. Ces bobines sont ensuite placées dans les encoches de l'induit, où elles sont maintenues par des plaquettes en fibre glissées latéralement dans des petites rainures ménagées sur le bord des encoches.

Les bobines induites sont au nombre de 32 par phase et comportent chacune 11 spires formées avec quatre fils de 3,8 mm de diamètre enroulés en parallèle.

La résistance de chaque phase est de 0,25 ohm à chaud ; les trois circuits de l'induit sont groupés en étoile.

Excitatrice. — L'excitatrice est calée sur l'arbre entre le volant et le palier de manivelle.

C'est une dynamo à 12 pôles avec induit en anneau Gramme ; elle est excitée en dérivation. Sa puissance est de 28 kilowatts, soit 200 ampères sous 140 volts.

Tableau de distribution. — Le tableau de distribution est réduit à une colonnette placée en avant de l'alternateur et portant trois appareils, un voltmètre pour l'alternateur, disposé aux bornes d'un petit transformateur, un ampèremètre placé dans l'un des circuits de l'induit et un ampèremètre disposé en série sur le circuit inducteur.

Le réglage de la tension est obtenu à l'aide d'un rhéostat en série avec le circuit inducteur ; toutefois, pour éviter les pertes d'énergie, ce rhéostat ne sert qu'à parfaire le réglage, celui-ci étant déjà obtenu approximativement à l'aide d'un rhéostat placé dans le circuit d'excitation de l'excitatrice.

Résultats d'essais. — Les courbes de la figure 221 représentent les essais effectués sur l'alternateur en le supposant groupé pour le fonctionnement à 5 500 volts.

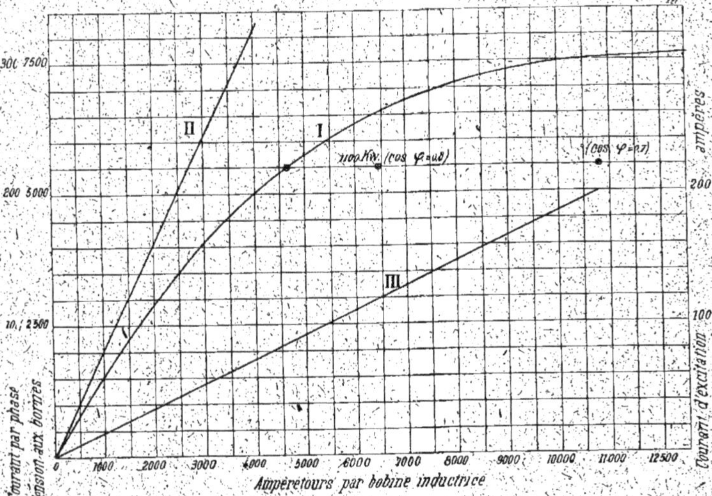

Fig. 221.

Caractéristiques de l'alternateur de 1 375 KVA. des Ateliers d'Oerlikon.
I. Caractéristique à vide. — II. Caractéristique en court-circuit.
III. Droite d'excitation.

Kurven der 1 375 KVA. Drehstrommaschine der Maschinenfabrik Oerlikon.
I. Charakteristik bei Leerlauf. — Kurzschlusscharakteristik. — Erregunsgerade.

Characteristics of 1 375 KVA. Oerlikon Alternator.
I. No load saturation curve. — II. Short-circuit curve. — III. Excitation line.

On voit que l'alternateur est peu saturé, la tension pouvant atteindre 7 500 volts avec le maximum du courant d'excitation.

L'intensité du courant d'excitation, pour obtenir à vide la tension normale de 5 500 volts, est de 86 ampères.

Le courant normal de 145 ampères par phase est obtenu, en court-circuit, avec un courant d'excitation de 33 ampères correspondant à une tension induite apparente un peu moindre que la moitié de la tension normale aux bornes.

Avec une charge de 1 100 kilowatts et un facteur de puissance voisin de 0,8, le courant d'excitation nécessaire pour maintenir la tension de 5 500 volts aux bornes est de 120 ampères, ce qui correspond à une tension induite de 6 500 volts environ ; la chute de tension est donc alors de 18 p. 100 environ.

Pour l'excitation maxima de 200 ampères avec un facteur de puissance voisin de 0,7, la puissance de la machine peut être poussée à 1 500 kilowatts avec un débit par phase de 220 ampères, soit une puissance apparente de 2 100 kilovolts-ampères. Le rendement réel dans ces conditions serait de 93,5 p. 100 et la chute de tension atteindrait alors 38 p. 100.

Au régime normal de 1 100 kilowatts, avec un facteur de puissance de 0,8, le rendement est de 96,2 p. 100.

A la puissance normale, l'échauffement dans aucune partie de la machine ne dépasse de plus de 35° C. la température ambiante.

Moteur à vapeur. — Le moteur à vapeur de MM. Escher Wyss et Cie est du type compound-tandem à condensation.

La machine est construite pour une vitesse angulaire n'excédant pas 105 tours par minute et la pression de la vapeur d'admission est de 9 à 10 kg : cm².

Les dimensions principales de cette machine sont :

Diamètre du cylindre à haute pression	65 cm
Diamètre du cylindre à basse pression	110 »
Course des pistons	120 »

La puissance normale de la machine est de 1 000 chevaux effectifs et peut être poussée à 1 200 chevaux.

A l'Exposition, la machine tournait à une vitesse de 94 tours par minute.

Fig. 222.

Groupe électrogène de la Compagnie française Thomson-Houston et de la Société française de Constructions Mécaniques (anciens établissements Cail).

Dampfalternator der Compagnie française Thomson-Houston und der Société française de Constructions Mécaniques (vorm. Etablis. Cail).

Steamdynamo of the Compagnie française Thomson-Houston and of the Société française de Constructions Mécaniques (heretofore Etablis. Cail).

p. 254.

La distribution de la vapeur se fait, sur chaque cylindre, par quatre tiroirs genre Corliss, actionnés par des excentriques indépendants. La distribution dans le petit cylindre est réglée par un déclic d'un nouveau système breveté par MM. Escher Wyss et Cie. Le condenseur et la pompe à air sont placés en sous-sol en avant du gros cylindre.

GROUPE ÉLECTROGÈNE DE 1 000 KILOVOLTS-AMPÈRES DE LA COMPAGNIE FRANÇAISE THOMSON-HOUSTON ET DES ANCIENS ÉTABLISSEMENTS CAIL.

1 000 KVA. DAMPFALTERNATOR DER Cie THOMSON-HOUSTON UND DER SOCIÉTÉ FRANÇAISE DE CONSTRUCTIONS MÉCANIQUES (VORM. CAIL ET Cie).

1 000 KVA. FRENCH THOMSON-HOUSTON Co AND SOCIÉTÉ FRANÇAISE DE CONSTRUCTIONS MÉCANIQUES (HERETOFORE CAIL ET Cie) SET.

La Société française de Constructions Mécaniques (Anciens Établissements Cail) et la Compagnie française pour l'exploitation des procédés Thomson-Houston avaient exposé un des groupes les plus puissants de la section française. Ce groupe est remarquable surtout pour la façon particulière dont l'énergie produite est fournie à l'Exposition.

Les courants triphasés à faible fréquence produits par l'alternateur Thomson-Houston sont en effet transformés entièrement en courants continus à 550 volts dans deux sous-stations situées l'une aux Invalides, l'autre aux Champs-Elysées.

L'ensemble, générateur et récepteur, constitue un transport d'énergie analogue à ceux qu'a installé l'an dernier la General Electric Co au Métropolitain de New-York, mais la puissance est ici environ cinq fois moindre.

La photographie de la figure 222 représente le groupe Cail-Thomson. Les figures 223, 224 et 225 sont des vues d'ensemble.

Alternateur. — L'alternateur triphasé de la Compagnie française Thomson-Houston a été construit dans les ateliers

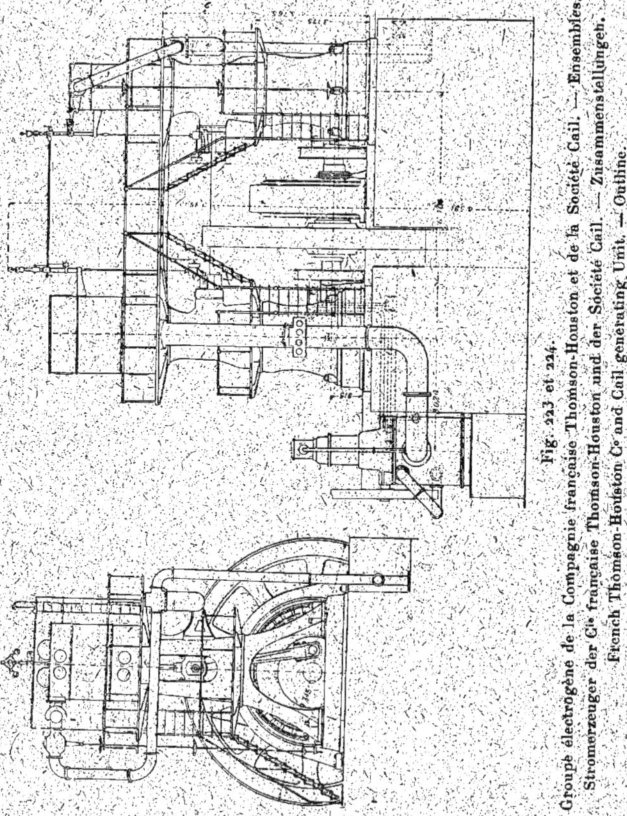

Fig. 223 et 224.
Groupe électrogène de la Compagnie française Thomson-Houston et de la Société Cail. — Ensembles.
Stromerzeuger der Cie française Thomson-Houston und der Société Cail. — Zusammenstellungen.
French Thomson-Houston Co and Cail generating Unit. — Outline.

Postel-Vinay. Sa puissance est de 1 000 kilovolts-ampères avec un facteur de puissance égal à 0,9.

La tension aux bornes étant de 5 500 volts et l'enroulement de l'induit étant groupé en étoile, la tension correspondante par phase est de 3 170 volts. L'intensité du courant, pour la

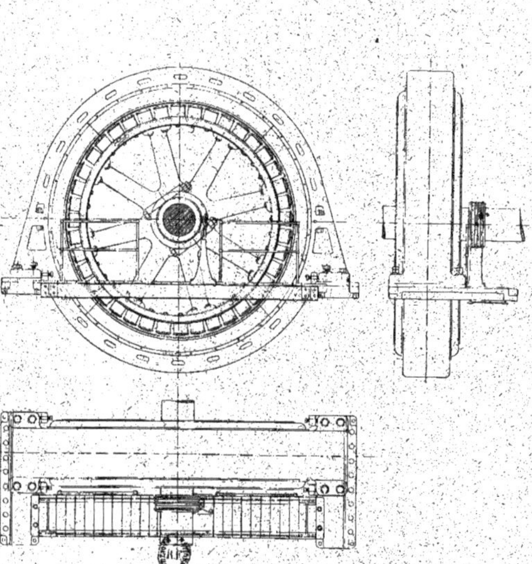

Fig. 226, 227 et 228.
Alternateur à courants triphasés de 1000 KVA, de la Compagnie Thomson-Houston. — Ensembles.
1000 KVA. Drehstromgenerator der Cie Thomson-Houston. — Zusammenstellungen.
1000 KVA, French Thomson-Houston C^o three-phase Alternator. — Outline.

p. 256.

charge normale complètement wattée, est de 105 ampères.

La fréquence est de 25 périodes par seconde et la vitesse, de 75 tours par minute ; le nombre de pôles est de 40.

L'alternateur a été étudié spécialement dans le but d'utiliser le mieux possible les matériaux au point de vue magnétique ; l'adjonction d'un volant à la machine à vapeur a permis en particulier de réduire au strict minimum le poids de la partie tournante. Ces considérations montrent pourquoi l'alternateur Thomson-Houston, malgré sa puissance élevée et sa faible vitesse angulaire, a des dimensions et un poids beaucoup plus petits que les alternateurs exposés par les autres maisons de construction.

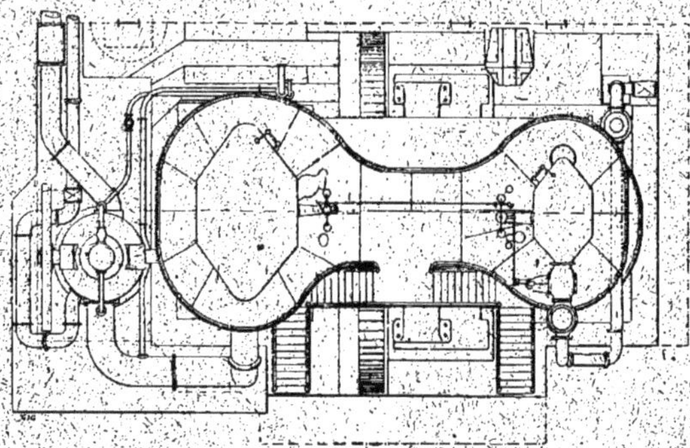

Fig. 225.
Groupe électrogène de la Cie Thomson-Houston et de la Société Cail. — Vue en plan.
Stromerzeuger der Cie Thomson-Houston und der Société Cail. — Grundriss.
French Thomson-Houston Co and Cail Set. — Plan view.

L'alternateur Thomson-Houston est représenté sur les figures 226, 227 et 228. Les figures 229 et 230 sont des coupes à plus grande échelle d'une partie de l'induit et de l'inducteur.

Inducteur. — L'inducteur mobile est constitué par une

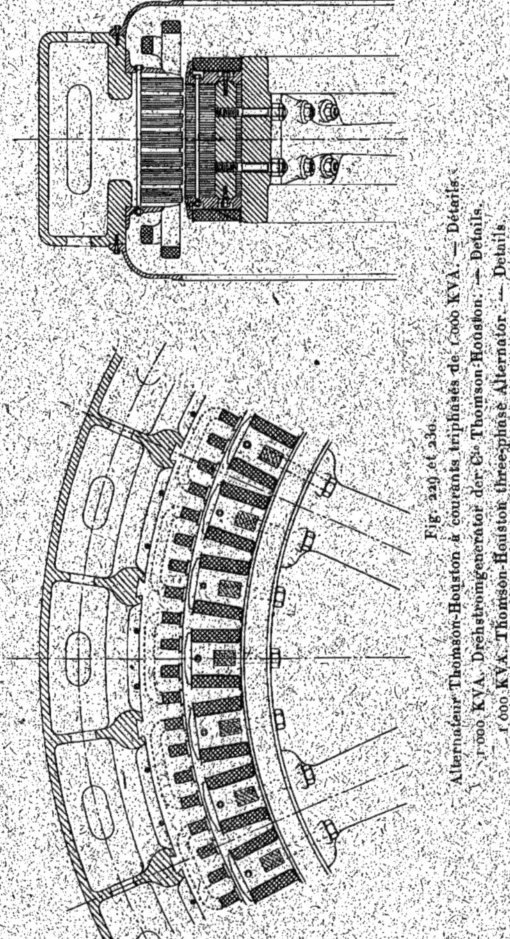

Fig. 229 et 230.

Alternateur Thomson-Houston à courants triphasés de 1 000 KVA. — Détails.
1 000 KVA. Drehstromgenerator der Cie Thomson-Houston. — Details.
1 000 KVA. Thomson-Houston three-phase Alternator. — Details.

étoile à 8 branches coulée en deux parties assemblées par huit boulons.

A cette étoile est fixée une jante en acier en deux parties réunies par des agrafes posées à chaud sur les faces latérales.

L'entraînement se fait par deux clavettes.

Les pôles inducteurs, au nombre de 40, sont formés chacun d'un paquet de tôles feuilletées; ils sont maintenus sur la jante par deux vis venant se fixer dans une barre d'acier, de section carrée, emmanchée dans un évidement ménagé dans les tôles et maintenue à ses deux extrémités par des plaques en bronze servant en même temps à serrer les tôles inductrices entre elles. Ces tôles sont en outre traversées par un boulon également maintenu par les plaques de serrage.

Les boulons de fixation des pôles qui se trouvent en face des projections des bras de l'étoile traversent ces projections et servent par suite à fixer la jante après elles.

Les épanouissements polaires ont une section trapézoïdale, de façon à obtenir une répartition du flux dans l'entrefer aussi sinusoïdale que possible. Les dimensions des épanouissements polaires sont de 41 cm sur 19 cm ou 780 cm².

Chaque pôle porte une bobine inductrice formée d'une bande de cuivre isolée, enroulée de champ sur un mandrin, puis glissée sur une carcasse en laiton.

La section de ce ruban est de 38 mm sur 2,3 mm ou 87,5 mm² et le nombre de spires actives, alternativement de 67 et de 68.

Toutes les bobines sont réunies en série et les extrémités du circuit inducteur aboutissent à deux bagues de frottement en fonte montées sur l'arbre de la machine et sur lesquelles s'appuient des balais en charbon supportés par des colonnettes qui amènent le courant aux inducteurs. La résistance du circuit d'excitation est de 0,8 ohm à chaud.

Le diamètre de la couronne inductrice est de 3,11 m et le diamètre extérieur de l'inducteur, de 3,54 m.

La largeur de la jante atteint 61 cm; les dimensions des noyaux polaires (tôles seulement) sont de 41 cm sur 12 cm.

Le poids de l'inducteur de l'alternateur n'est que de 18 000 kg.

La vitesse linéaire à la circonférence de l'inducteur ne dépasse pas 14 m par seconde.

La photographie de la figure 231 montre une partie de l'inducteur.

Induit. — L'induit, fixe, est formé par une sorte d'anneau creux en fonte, coulé en deux parties, dont l'une, la partie inférieure, porte deux pattes qui reposent sur deux plaques de fondation le long desquelles elles peuvent être déplacées.

Ce déplacement s'obtient à l'aide de deux écrous fixes, un pour chaque support, et de deux vis à filets carrés. Ces deux vis n'ont pas une longueur correspondant au déplacement total de l'induit, mais sont beaucoup plus petites ; aussi les écrous doivent-ils être déplacés à chaque déplacement d'une longueur de vis.

A cet effet, les écrous portent un goujon qui vient se placer dans des logements pratiqués sur les plaques de fondation.

Le réglage de l'entrefer en cas de déplacement éventuel peut être obtenu à l'aide de vis de calage pour le sens vertical et de vis de butée pour le déplacement horizontal.

Les tôles induites, de 0,35 mm d'épaisseur, portent des queues d'aronde qui viennent se loger dans des rainures pratiquées dans la carcasse. Elles sont serrées entre deux cornières qui viennent buter contre des épaulements ménagés dans la carcasse et qui sont réunies entre elles par des boulons ne traversant pas les tôles.

Les tôles sont partagées en 7 paquets de façon à augmenter la surface de refroidissement. Les piles de tôles sont maintenues à la distance voulue les unes des autres par des cales en acier de 10 mm d'épaisseur.

La largeur totale des tôles induites, y compris les espaces laissés entre les paquets, est de 45,6 cm et leur hauteur radiale, de 17,8 cm.

Fig. 231.
Alternateur de 1 000 KVA. de la Compagnie française pour l'exploitation des procédés Thomson-Houston.
1 000 KVA. Drehstromgenerator der Compagnie française Thomson-Houston.
1 000 KVA. French Thomson-Houston C° three-phase Alternator.

L'enroulement induit est réparti dans 120 rainures à raison de 3 par pôle. Ces rainures ont une profondeur de 81 mm et une longueur de 46 mm. Les dents sont terminées en queue d'aronde de façon à maintenir en place, à l'aide de cales en bois, les bobines, logées dans des tubes rectangulaires en toile huilée, et enroulées préalablement sur gabarit.

Les vingt bobines de chaque phase sont montées en série ; elles sont constituées par 25 spires d'un câble simple de 12,2 mm sur 5,8 mm de dimensions extérieures et de 55 mm² de section.

La résistance de l'induit par phase est de 0,34 ohm à froid.

Le diamètre d'alésage de l'induit est de 3,554 m et le diamètre extérieur des tôles de 3,912 m. L'entrefer a une valeur de 7 mm.

Le diamètre extérieur de l'induit est de 4,65 m et la largeur totale, y compris deux protecteurs en fonte, de 1,02 m.

Le poids de l'induit est de 20 000 kg.

La ventilation de l'induit est obtenue par des trous ménagés sur les faces de la carcasse, sur les cloisons qui supportent les tôles et sur la surface intérieure de la carcasse.

Excitation. — Le courant d'excitation de l'alternateur était fourni par une petite dynamo Postel-Vinay accouplée directement à un moteur à vapeur Boulte, Larbodière et Cie.

La puissance de cette dynamo est de 20 kilowatts à la vitesse angulaire de 350 tours par minute. La tension normale est de 125 volts.

L'inducteur a 4 pôles ; la couronne inductrice est en deux parties et les pôles sont venus de fonte avec elle.

L'induit est en tambour et lisse.

Tableau de distribution. — Le tableau de distribution est formé par une cabine en cornière sur le devant de laquelle sont disposés trois panneaux en marbre. Les autres faces de la cabine sont revêtues d'un grillage.

Le panneau central contient les appareils nécessaires à la génératrice et à l'excitatrice; ce sont un voltmètre statique, un ampèremètre placé sur l'une des phases, un interrupteur à huile, un ampèremètre pour l'excitation et l'interrupteur du champ de l'alternateur.

Les deux autres panneaux sont aménagés pour servir de départ à deux réseaux. Chacun d'eux comporte un ampèremètre de 150 ampères, placé sur l'une des phases, un interrupteur à huile et un indicateur de terre.

Cet indicateur est formé de deux électromètres à quadrants. Une paire de quadrants pour chacun des électromètres est à la terre à travers une résistance en graphite de 6000 ohms environ. Les deux autres quadrants de chaque électromètre sont en relation chacun avec un des conducteurs de la ligne, de façon que l'un de ceux-ci se trouve en relation avec un quadrant de chaque électromètre et les deux autres avec un seul quadrant de l'un des deux électromètres.

Des fusibles constitués par des ressorts sont disposés à la partie inférieure à l'intérieur de la cabine.

Résultats d'essais. — Les courbes de la figure 232 reproduisent la caractéristique à vide et la caractéristique en court-circuit de l'alternateur de la Compagnie française Thomson-Houston.

L'intensité du courant d'excitation, pour obtenir à vide la tension de 5500 volts aux bornes est de 110 ampères.

L'intensité normale de débit de 105 ampères, dans l'alternateur en court-circuit, est obtenue avec un courant d'excitation de 57 ampères, correspondant à une tension induite de plus de la moitié de la tension normale à vide.

En charge de 1000 kilowatts, avec un facteur de puissance égal à l'unité, l'intensité calculée du courant d'excitation est de 126 ampères. La chute de tension dans ce cas est de 9,5 p. 100.

Cette intensité du courant d'excitation en charge est déduite des caractéristiques à vide et en court-circuit ou plus exactement de la première et de la courbe de la figure 233 représentant le produit de l'impédance synchrone ou rapport de la tension induite au courant en court-circuit, pour une même

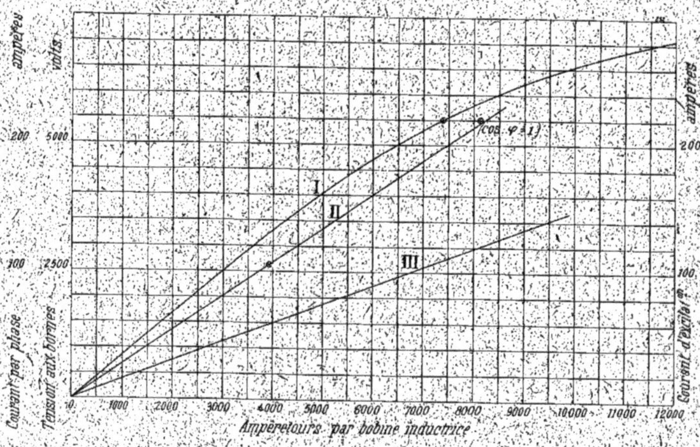

Fig. 232.

Caractéristiques de l'alternateur Thomson-Houston.
I. Caractéristique à vide. — II. Caractéristique en court-circuit. — III. Droite d'excitation.

Kurven des Drehstromgenerators der Cie Thomson-Houston.
I. Charakteristik bei Leerlauf. — II. Kurzschlusscharakteristik. — III. Erregungsgerade.

Characteristics of Thomson-Houston alternator.
I. No load saturation curve. — II. Short-circuit curve. — III. Excitation line.

excitation, par ce courant de court-circuit, en fonction dudit courant.

Le rendement électrique de l'alternateur, c'est-à-dire abstraction faite des pertes par frottements dans les paliers du volant, est de 95,6 p. 100 à pleine charge.

Les pertes dans ce cas se décomposent ainsi :

Pertes dans le fer induit	19 700 watts
Pertes par effet Joule dans l'induit	13 700 »
Pertes par effet Joule dans l'inducteur	12 730 »
Total	46 130 watts

A trois quarts de charge, le rendement est encore de 95,3 p. 100; à demi-charge, il est de 94,1.

En fermant les enroulements induits en court-circuit, le

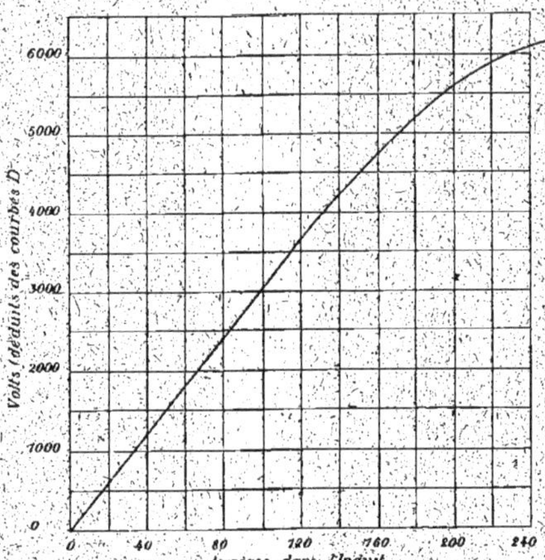

Fig. 233.

Courbe de la tension à vide de l'alternateur Thomson-Houston en fonction du courant en court-circuit pour une même excitation.

Leerlaufspannung des Alternators der Cie Thomson-Houston in Funktion des Kurzschlussstromes für dieselbe Erregung.

Curve of no load tension of Thomson-Houston alternator in function of short circuit current for same excitation.

courant dans ceux-ci, pour l'excitation correspondant à la pleine charge, est de 232 ampères soit 2,2 fois le courant normal.

Moteur à vapeur. — Le moteur à vapeur était le plus puissant de la section française. Il est du type Allis vertical compound jumelé à détente Reynolds-Corliss.

Les dimensions principales et les conditions de fonctionnement de la machine sont les suivantes :

Diamètre du cylindre à haute pression	81,3 cm
Diamètre du cylindre à basse pression	172,6 »

Course des pistons	122 cm.
Nombre de tours par minute	75
Pression initiale de la vapeur	12 kg : cm²
Poids total du volant	65 000 kg

Les puissances indiquées aux cylindres à vapeur, correspondant à diverses pressions de vapeur et à divers degrés d'admission, sont données dans le tableau suivant :

1° Avec une pression initiale effective de 12 kg : cm²

Admission au cylindre à haute pression	0,15	0,25	0,40
Puissance indiquée	1330 chx	2020 chx	3130 chx

Le condenseur est indépendant et commandé par un petit moteur spécial.

GROUPE ÉLECTROGÈNE DE 800 KILOVOLTS-AMPÈRES DE LA COMPAGNIE DE FIVES-LILLE.

800 KVA. STROMERZEUGER DER Cie DE FIVES-LILLE

800 KVA. FIVES-LILLE GENERATING UNIT

La Compagnie de Fives-Lille quoique concessionnaire des brevets de l'Allgemeine Elektricitäts Gesellschaft avait exposé un groupe électrogène, dont l'alternateur, étudié complètement par elle, sous la direction de M. D. Korda, chef du service électrique, présente au point de vue mécanique quelques dispositions intéressantes.

La figure 234 est une photographie du groupe.

Alternateur. — La dynamo génératrice à courants triphasés est montée directement sur l'arbre du moteur à vapeur entre les deux paliers. Elle comporte un induit fixe et un inducteur mobile, ce dernier est à pôles alternés et fixés sur la jante du volant de la machine à vapeur. La puissance apparente de l'alternateur est de 800 kilovolts-ampères pour un facteur de puissance égal ou supérieur à 0,7.

La tension aux bornes est de 2 200 volts et par suite l'in-

Fig. 234.
Groupe électrogène de 800 KVA. de la Compagnie de Fives-Lille
800 KVA. Dampfdynamo der Compagnie de Fives-Lille.
800 KVA. Fives-Lille generating Unit.

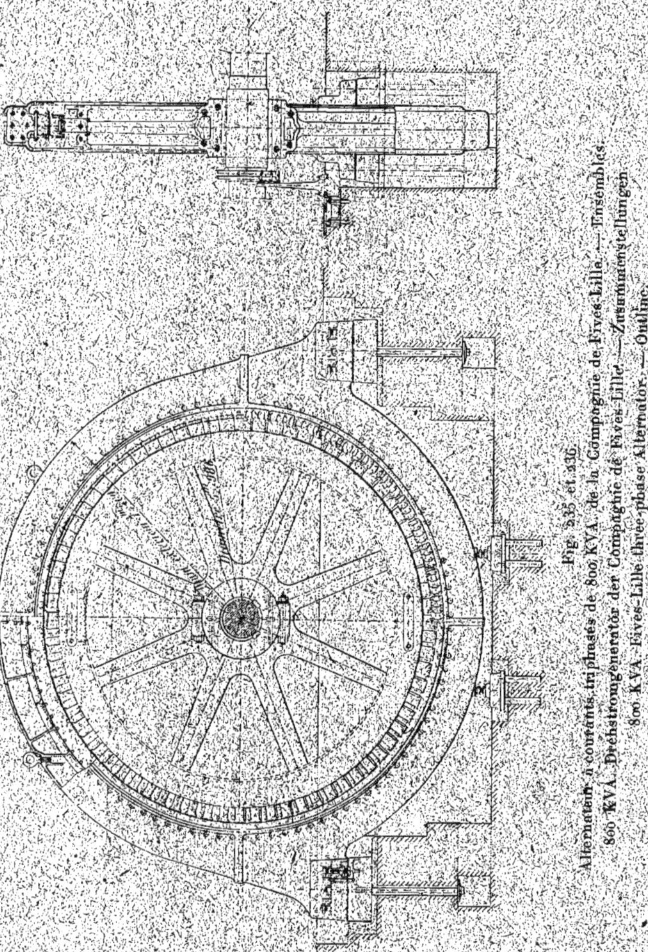

Fig. 335 et 336.

Alternateur à courants triphasés de 800 KVA de la Compagnie de Fives-Lille. — Ensembles.

800 KVA Drehstromgenerator der Compagnie de Fives-Lille. — Zusammenstellungen.

800 KVA Fives-Lille three-phase Alternator. — Outline.

tensité du courant par phase, de 210 ampères. La fréquence est de 50 périodes par seconde.

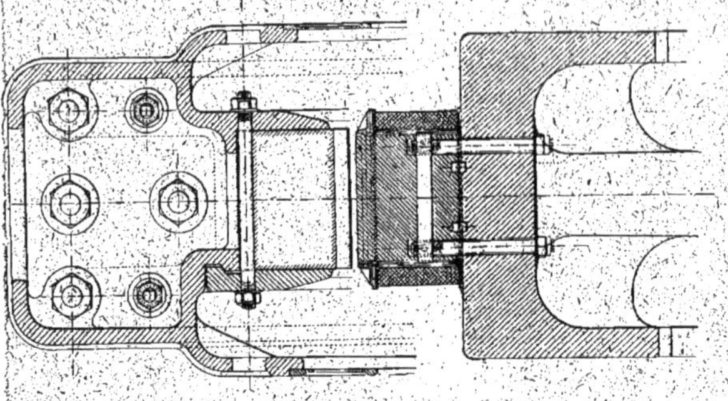

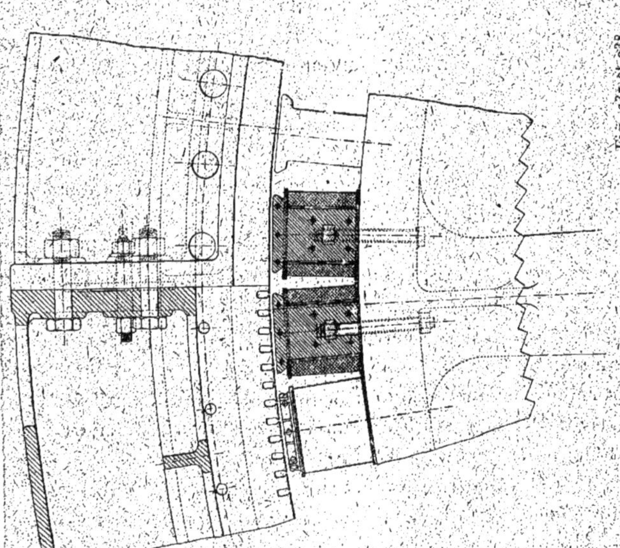

Fig. 237 et 238.
Alternateur de 800 KVA de la Compagnie de Fives-Lille. — Détails.
800 KVA Drehstromalternator der Cie de Fives-Lille. — Details.
800 KVA. Fives-Lille three-phase Alternator. — Details.

L'alternateur de la Compagnie de Fives-Lille est représenté sur les figures 235 et 236 ; les figures 237 et 238 sont des coupes à plus grande échelle d'une partie de l'induit et de l'inducteur.

Inducteur. — Les noyaux inducteurs, au nombre de 76, sont montés sur la jante du volant de la machine à vapeur; ils sont constitués par des tôles, d'un millimètre d'épaisseur, réunies par sept rivets dont trois à l'endroit de l'épanouissement polaire. Chaque noyau est en outre traversé dans toute sa longueur par une barre d'acier de section rectangulaire entrée à force et formant écrou double pour les deux vis qui maintiennent le noyau. Ces vis sont engagées par l'intérieur de la jante qu'elles traversent complètement pour venir se visser dans la traverse du noyau. Chaque noyau est ajusté sur le volant de façon à diminuer l'importance du joint magnétique; son centrage est assuré par des goujons vissés dans la jante et qui viennent s'engager à une profondeur de 5 mm environ dans des trous pratiqués à la base du noyau. L'entrefer entre la surface extérieure du pôle et la surface intérieure des tôles de l'induit étant de 7 mm, on peut, en retirant les deux vis qui maintiennent le pôle, le démonter latéralement sans toucher à la carcasse d'induit et remplacer sans perte de temps une bobine inductrice avariée. Le desserrage des vis est empêché en plaçant, entre la jante et les têtes des deux vis à six pans qui retiennent un pôle, une plaque de tôle dont on relève les extrémités après serrage de façon à constituer un frein énergique.

Pour rebobiner une bobine avariée dans l'induit, il suffit de retirer deux ou trois noyaux polaires de façon à dégager l'induit sur une portion suffisante.

Les bobines inductrices entourant les pôles sont enroulées, sur des carcasses en laiton fondu, isolées intérieurement et maintenues en place par les rebords des pièces polaires et par des équerres en bronze, rivées sur les tôles par les rivets d'assemblage de celles-ci. Ces bobines sont groupées en deux circuits réunis en parallèle et alimentés de courant continu à 220 volts, pour l'excitation, par l'inter-

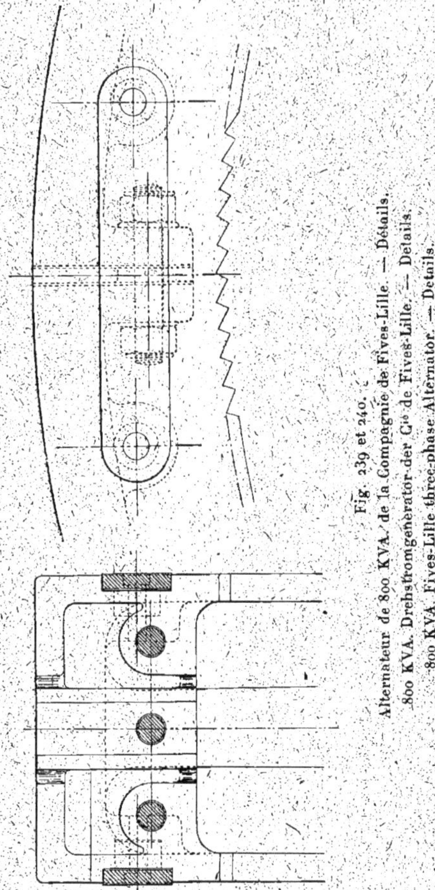

Fig. 239 et 240.
Alternateur de 800 KVA. de la Compagnie de Fives-Lille. — Détails.
800 KVA. Drehstromgenerator der Cie de Fives-Lille. — Details.
800 KVA. Fives-Lille three-phase Alternator. — Details.

médiaire de quatre frotteurs et de deux bagues isolées montées sur l'arbre.

Le nombre de spires par bobine inductrice est de 155; elles sont réparties en 5 couches de 31 spires chacune. Le diamètre du fil inducteur est de 4,7 mm et de 5,2 mm avec un double guipage ; la section est de 17,35 mm^2.

La résistance à chaud des deux circuits inducteurs en parallèle est de 3,06 ohms environ.

La jante, en fonte, a une section en forme d'U et est réunie au moyeu du volant par 8 bras à section ovale.

Ce volant a été coulé en deux parties, lesquelles sont assemblées à la jante par 3 boulons à chaque joint. En outre deux frettes, en acier très résistant, sont placées dans des logements spéciaux, ménagés sur les deux faces du volant à l'endroit de chaque joint, et sont serrées à l'aide de deux boulons traversant l'épaisseur de la jante. Les figures 239 et 240 se rapportent à cette disposition spéciale.

Les deux parties du moyeu sont assemblées à l'aide de 8 boulons et l'entraînement du volant se fait par deux clavettes à 90°. Le diamètre extérieur du volant est de 5,986 m et celui de la jante, de 5,560 m. La largeur totale de cette dernière atteint 65 cm, tandis que la longueur utile ou du paquet de tôles est de 26 cm seulement.

La hauteur des pôles est de 21,3 cm et le développement de l'épanouissement polaire de 20 cm.

Le poids total du volant, sans l'arbre, est de 35 000 kg ; il est suffisant pour assurer au moteur un coefficient d'irrégularité d'environ $\pm 1/500$.

Induit. — L'induit enveloppe complètement l'inducteur ; la carcasse supportant les tôles est en fonte et divisée en quatre segments par des joints verticaux et horizontaux. Ces segments, assemblés deux à deux par quatre boulons et des petits boulons de centrage, forment par leur réunion un anneau à l'intérieur duquel sont montées les tôles de l'induit.

La carcasse de l'induit repose sur ses plaques de fondation par l'intermédiaire de vis de calage V, ainsi que le montrent les figures 241 et 242, vis qui permettent d'obtenir un centrage précis dans le sens vertical. Le réglage dans le sens horizontal est fait une fois pour toutes et est maintenu le

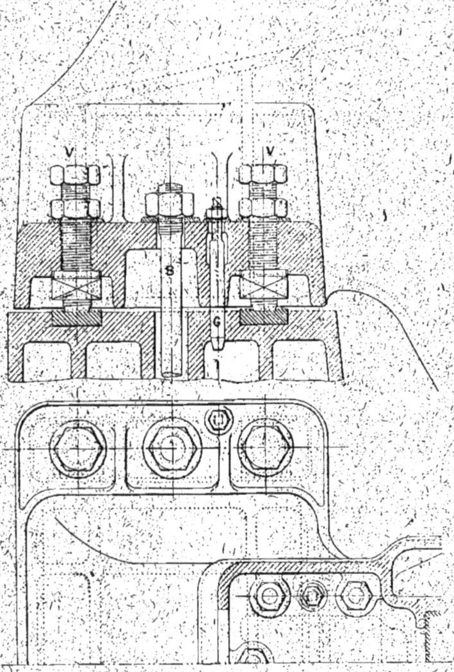

Fig. 241 et 242.
Alternateur de 800 KVA. de la Cie de Fives-Lille. — Détails.
800 KVA. Drehstromgenerator der Cie de Fives-Lille. — Details.
800 KVA. Fives-Lille three-phase Alternator. — Details.

même à l'aide de goujons de centrage G. Après le réglage, l'induit est rendu immobile à l'aide de boulons B.

Le noyau d'induit est formé de feuilles de tôles de 0,5 mm d'épaisseur, isolées par du papier de soie de 3 centièmes de millimètre et découpées en segments; elles sont serrées dans la carcasse, entre une bride fixe et des segments amovibles, par des tiges filetées aux deux bouts et qui les traversent. La distance entre ces tiges et le bord extérieur des tôles est très faible, de telle sorte qu'il ne passe pour ainsi dire aucun flux derrière elles et qu'il est par suite inutile de les isoler, ce qui simplifie la construction tout en rendant l'ensemble plus solide.

Ces segments sont percés de trous légèrement ouverts, qui forment, après leur juxtaposition, des encoches dans lesquelles on enfonce les tubes en micanite destinés à recevoir l'enroulement. Les bobines d'induit sont fixes; on exécute à l'atelier le bobinage des quatre voussoirs moins les bobines correspondant aux joints qu'on fait sur place une fois la machine montée. Les extrémités des bobines sont recouvertes de rubans isolants et protégées contre les chocs par des segments ajourés en fonte, fixés sur des rebords venus avec la carcasse. La sortie du courant se fait par trois bornes placées sur le côté de l'induit et à la partie inférieure.

Le nombre des encoches de l'induit est de 6 par pôle; ceux-ci étant au nombre de 76, il y a 456 trous. Les encoches ont une forme rectangulaire et sont légèrement ouvertes; leur hauteur radiale est de 29 mm et leur largeur de 15,2 mm. L'épaisseur de l'isthme ménagé entre le caniveau et l'entrefer est de 2 mm environ et la largeur de l'ouverture, de 3 mm. L'épaisseur du tube en micanite qui est destiné à contenir l'enroulement est de 3 mm.

Chacune des $38 \times 3 = 114$ bobines est répartie dans 4 encoches et comprend cinq spires de 4 fils en quantité. Chaque encoche contenant 10 fils on voit facilement que chaque bobine comprend : deux spires larges, c'est-à-dire enroulées dans les encoches extrêmes correspondant à une section, deux spires étroites bobinées dans les encoches intérieures et 1 spire mixte, enroulée dans une encoche extrême et une intérieure pour chacun des deux groupes de deux fils en quantité.

Un tel bobinage peut se faire facilement sans croisements, il suffit pour s'en assurer de jeter les yeux sur le schéma de la figure 243 représentant l'enroulement d'une bobine induite et sur laquelle chacun des traits pleins ou ponctués est supposé représenter un groupe de deux fils en quantité.

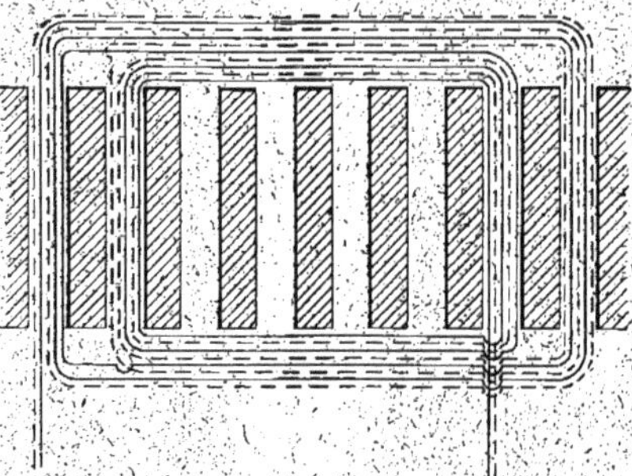

Fig. 243.
Schéma de bobinage d'induit de l'alternateur de la Cie de Fives-Lille.
Schema der Ankerwicklung des Drehstromgenerators der Cie de Fives-Lille.
Diagram of armature winding of Fives Lille Alternator.

Le diamètre du fil induit est de 3,9 mm nu et 4,4 mm guipé.

La résistance de chaque phase à chaud est de 0,105 ohm environ; le montage de l'induit est en étoile.

La perte dans l'enroulement induit est de 1,75 p. 100 de la puissance apparente.

La ventilation des tôles induites est assurée, à l'aide de trous percés dans la carcasse enveloppant ces tôles.

La largeur utile du paquet de tôles induites est de 27 cm et sa hauteur radiale, de 22,5 cm.

Le diamètre d'alésage de l'induit est de 6 m et le diamètre extérieur des tôles, de 6,45 m.

Le diamètre maximum extérieur de la carcasse atteint 7,40 m et la largeur totale de l'induit 70 cm.

Le poids de l'induit complet, sans les plaques de fondation, est de 33 500 kg.

Tableau de distribution. — Le tableau de distribution comporte un interrupteur tripolaire à rupture brusque et 3 coupe-circuits. La rupture se fait en 4 points et les fils fusibles se trouvent isolés du circuit lorsque l'interrupteur est ouvert ; on peut ainsi les remplacer rapidement en cas d'accident sans qu'il soit nécessaire d'arrêter la machine.

La tension est lue seulement entre deux fils, à l'aide d'un voltmètre statique. Deux ampèremètres de 300 ampères sont branchés en série sur deux des conducteurs, le troisième conducteur ne comporte aucun appareil de mesure.

Le voltmètre et l'ampèremètre du circuit d'excitation sont placés à la partie supérieure du tableau.

L'interrupteur tripolaire, protégé par une plaque de verre, et les appareils de mesure ainsi que le cadran du rhéostat sont placés sur la partie antérieure du tableau, sur la partie arrière duquel sont montés les plombs fusibles.

L'arrière du tableau est entouré de panneaux en bois, masquant les rhéostats et les connexions ; les fusibles sont formés de fils d'argent réunis en parallèle.

Résultats d'essais. — Nous reproduisons sur la figure 244 les caractéristiques à vide (courbe I) et en court-circuit (courbe II) en fonction du nombre d'ampèretours par bobine inductrice.

La droite III représente la correspondance des ampèretours avec le courant d'excitation total.

On voit que le courant d'excitation pour la marche à vide est de 54 ampères et que l'intensité normale de 210 ampères est obtenue, en court-circuit, avec 15 ampères seulement d'excitation, ce qui correspond à un peu plus du quart de la tension à vide.

Moteur à vapeur. — Le moteur à vapeur de la Compagnie de Fives-Lille est du type compound à deux cylindres horizontaux.

Les dimensions des cylindres et la course sont :

Diamètre du petit cylindre. . . .	80 cm
Diamètre du grand cylindre. . . .	130 »
Course commune des pistons . . .	140 »

La vitesse angulaire est de 78,9 tours par minute et la pression de la vapeur d'admission au petit cylindre de 10 kg : cm².

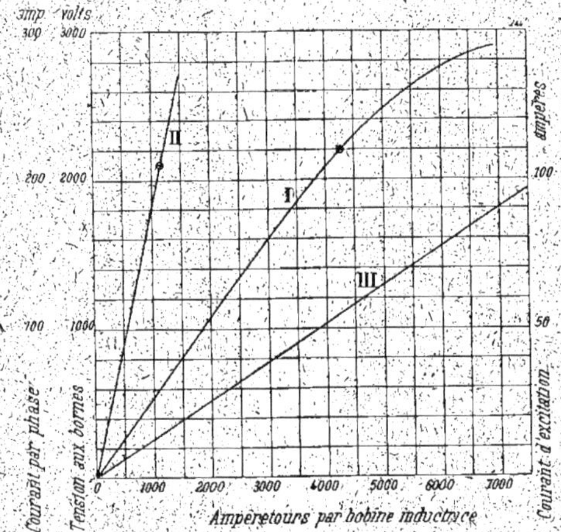

Fig. 244.

Caractéristiques de l'alternateur de la Compagnie de Fives-Lille.
I. Caractéristique à vide. — II. Caractéristique en court-circuit. — III. Droite d'excitation.

Kurven des Alternators der Compagnie de Fives-Lille.
I. Charakteristik bei Leerlauf. — II. Kurzschlusscharakteristik. III. Erregungsgerade.

Characteristics of Fives-Lille alternator.
I. No load saturation curve. — II. Short-circuit curve. — III. Excitation line.

La distribution de la vapeur dans les deux cylindres est du genre Corliss.

L'admission dans chaque cylindre est contrôlée par un régulateur; les deux régulateurs sont identiques et reliés par un arbre transversal.

Le condenseur et la pompe à air sont installés dans le sous-sol.

II. — ALTERNATEUR DIPHASÉ A INDUIT FIXE DENTÉ

I. — ZWEIPHASENGENERATOR MIT FESTSTEHENDEM ZAHNANKER

I. — REVOLVING FIELD TWO-PHASE ALTERNATOR WITH TOOTHED ARMATURE.

Un seul alternateur appartenait à cette classe ; c'est celui de la Compagnie l'Industrie Électrique de Genève.

GROUPE ÉLECTROGÈNE DE 230 KILOVOLTS-AMPÈRES DE LA COMPAGNIE DE L'INDUSTRIE ÉLECTRIQUE ET DE MM. ESCHER WYSS ET Cie

230 KVA. DAMPFDYNAMO DER Cie L'INDUSTRIE ÉLECTRIQUE UND VON ESCHER WYSS UND Co.

230 KVA. STEAMDYNAMO OF THE Cie L'INDUSTRIE ÉLECTRIQUE AND OF ESCHER WYSS AND Co.

La Compagnie l'Industrie Électrique de Genève présentait en collaboration avec MM. Escher Wyss, de Zurich, un groupe électrogène de 230 kilovolts-ampères à courants diphasés dont l'alternateur est destiné à la station centrale génératrice de Skjaerscelven, alimentant le réseau d'éclairage et de traction de Christiania.

L'ensemble représente un groupe très compact qui n'a fonctionné qu'à vide à l'Exposition.

Alternateur. — L'alternateur de la Compagnie de l'Industrie Électrique a été étudié par M. Thury.

Cet alternateur du type hétéropolaire est à courants diphasés ; sa puissance normale à la vitesse de 350 tours par minute est de 460 kilovolts-ampères, 230 par circuit, avec un facteur de puissance minima de 0,9, ce qui correspond à une puissance utile de 410 kilowatts ; pour une vitesse de 175 tours, la puissance est 230 kilowatts.

La tension normale aux bornes est de 5 000 volts par phase

et l'intensité du courant de débit de 46 ampères. La fréquence

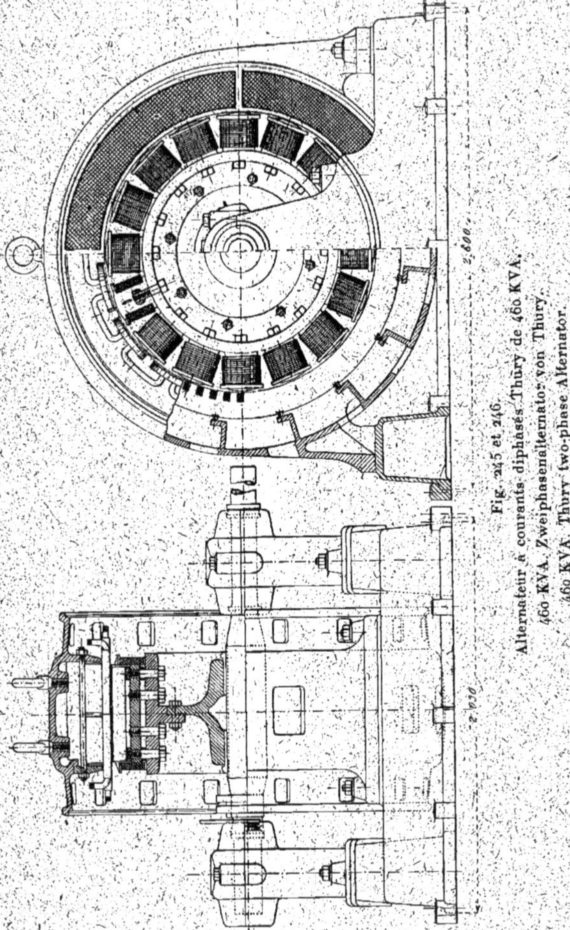

Fig. 245 et 246.
Alternateur à courants diphasés Thury de 460 KVA.
460 KVA. Zweiphasenalternator von Thury.
460 KVA. Thury two-phase Alternator.

est de 46,66 périodes par seconde, ce qui, avec une vitesse de

350 tours par minute, correspond à un nombre de pôles de 16.

L'alternateur est représenté sur les figures 245 et 246.

Inducteur. — L'inducteur mobile, formant volant, est constitué par une couronne en fonte, fixée, au moyen de 8 boulons, à un disque venu de fonte avec le moyeu.

Le diamètre de la carcasse inductrice est de 1,12 m et sa largeur de 65 cm environ.

Les pôles inducteurs sont en tôles feuilletées, ils sont élargis un peu à la base et cintrés de façon à s'appliquer exactement sur la jante.

Les épanouissements polaires sont arrondis de façon à ce que l'entrefer décroisse suivant une certaine loi depuis l'axe des pôles jusqu'à l'extrémité des cornes polaires; on obtient ainsi une courbe de la tension très sensiblement sinusoïdale. Les noyaux portent une fente radiale très voisine de l'entrefer, analogue à celle pratiquée dans quelques types de machines à courant continu et destinée, comme dans ces machines, à diminuer l'importance du flux transversal dû aux ampèretours de l'induit.

La fixation des pôles sur la jante est obtenue à l'aide de clavettes à section rectangulaire traversant les tôles et formant écrou pour des vis de fixation traversant complètement la jante. Les bobines inductrices sont enroulées sur une carcasse et protégées du côté de l'entrefer par une bague en bronze retenue par l'épanouissement polaire. Le fil inducteur est à section carrée. Toutes les bobines inductrices sont montées en série et le circuit ainsi formé aboutit à deux bagues de contact.

La largeur des paquets de tôles, parallèlement à l'axe, est de 52 cm et celle des épanouissements, perpendiculairement à l'axe, de 19 cm environ. Le diamètre de l'inducteur à l'extrémité des pièces polaires est de 1,49 m et l'entrefer minimum de 5 mm.

Induit. — L'induit est formé d'une caisse en fonte munie de nombreuses ouvertures pour la ventilation et portant des nervures radiales disposées dans des plans passant par l'axe. Sur ces nervures s'appuient des clavettes, à section trapézoïdale, le long desquelles sont empilées les tôles de l'induit, disposées en deux paquets séparés par un intervalle de quelques millimètres et serrées entre un disque venu de fonte avec la carcasse et un anneau de fonte rapporté. Le serrage s'effectue avec les clavettes elles-mêmes dont les extrémités sont filetées.

Le diamètre extérieur de la carcasse induite est de 2,20 m et sa largeur totale de 1,09 m. Le diamètre d'alésage de l'induit est de 1,50 m et la largeur totale des tôles y compris l'intervalle ménagé pour la ventilation de 54 cm ; la hauteur radiale des tôles atteint 15 cm.

Le noyau induit est muni de rainures légèrement fermées ; chaque pôle de l'induit comporte quatre rainures et l'enroulement de chaque phase comprend 16 bobines de 24 spires réparties chacune dans deux rainures et isolées du fer par des tubes en micanite à section rectangulaire.

Toutes les bobines d'une même phase sont couplées en série et les extrémités des circuits aboutissent à des prises de courants montées sur des isolateurs en porcelaine.

La machine entière repose sur son bâti séparé du sol par des isolateurs en porcelaine sur lesquels elle repose.

L'induit et les balais sont boulonnés sur le bâti.

Résultats d'essais. — L'intensité du courant d'excitation nécessaire pour obtenir la tension normale de 5 000 volts par phase, à vide et à la vitesse de 350 tours par minute, est de 17,3 ampères.

L'intensité correspondant au courant normal de débit en court-circuit est de 6 ampères.

D'après les chiffres qui nous ont été communiqués par la Compagnie de l'Industrie Électrique, l'augmentation du courant d'excitation, entre la marche à vide et la marche en pleine charge, relevée sur les alternateurs identiques de Skjaerscelven, n'est que de 4 p. 100; la chute de tension est donc assez faible.

Moteur à vapeur. — Le moteur à vapeur de MM. Escher Wyss et Cie, commandant l'alternateur de la Compagnie de l'Industrie Électrique, est du type vertical à triple expansion, à trois cylindres et à condensation.

Les principales dimensions et constantes de cette machine sont :

Diamètre du cylindre à haute pression	32 cm
Diamètre du cylindre à moyenne pression.	52 »
Diamètre du cylindre à basse pression	80 »
Course commune des pistons	45 »
Vitesse angulaire en tours par minute	175

La pression normale de la vapeur d'admission au petit cylindre est de 12 à 13 kg : cm² et la puissance correspondante, de 260 à 300 chevaux effectifs.

La distribution de la vapeur dans le petit cylindre est faite par des tiroirs cylindriques système Rider avec admission à l'intérieur. Dans les deux autres cylindres, la distribution se fait par tiroirs, système Penn.

Le régulateur est muni d'un dispositif permettant de régler la vitesse pour les mises en parallèle.

CHAPITRE IV

ALTERNATEURS HÉTÉROPOLAIRES A POLES SAILLANTS

IV KAPITEL
WECHSELPOLMASCHINEN MIT AUSGEBILDETEN POLEN

CHAPTER IV
ALTERNATE AND SALIENT POLE ALTERNATORS

ALTERNATEURS A ÉPANOUISSEMENTS FEUILLETÉS

WECHSELSTROMGENERATOREN MIT UNTERTHEILTEN POLSCHUHEN

ALTERNATORS WITH LAMINATED POLE PIECES

Propriétés générales. — Les alternateurs à épanouissements feuilletés n'étaient représentés à l'Exposition que par un seul type, celui de MM. Kolben et Cie, de Prague.

Cette classe d'alternateurs, qui, il y a quatre ou cinq ans, eut beaucoup de vogue avant la rentrée en lice des alternateurs à pôles pleins, est à l'heure actuelle à peu près abandonnée et est destinée à disparaître.

La nécessité d'employer des épanouissements feuilletés pour réduire la production des courants de Foucault est due à l'extension des induits à rainures rectangulaires, dont la propriété principale est, comme nous l'avons dit, de permettre le bobinage sur gabarit.

Toutefois, les épanouissements à pôles feuilletés ont été employés, même avec des induits à trous par MM. Brown, Boveri et Cie.

Fixation des épanouissements polaires. — La principale difficulté dans la construction des alternateurs à pièces polaires lamellées réside dans la fixation des lamelles à l'extrémité des pôles.

Le procédé adopté par M. Kolben est celui qui consiste à ménager dans les tôles des queues d'aronde et à couler les pôles avec les épanouissements en place.

Nous verrons plus loin, à propos des alternateurs à flux ondulé, d'autres procédés de fixation des pièces polaires feuilletées par clavettes à section trapézoïdale. Nous pouvons rappeler toutefois ici les dispositifs de MM. Brown Boveri et Cie : rainures rectangulaires dans les épanouissements et fixation par boulons noyés mi-partie dans les tôles, mi-partie dans le noyau, et celui de M. Ganz et Cie : coulage de zinc dans des encoches circulaires peu ouvertes pratiquées dans les tôles et dans le noyau, etc.

Description de l'alternateur à épanouissements feuilletés.

GROUPE ÉLECTROGÈNE DE 780 KILOVOLTS-AMPÈRES
DE MM. KOLBEN ET CARELS FRÈRES

780 KVA. STROMERZEUGER DER E.A.G. VORM. KOLBEN UND C° UND VON GEBRÜDER CARELS

780 KVA. KOLBEN-CARELS SET

Le groupe électrogène Carels-Kolben, l'un des premiers qui aient été mis en service dans la section étrangère était constitué par un moteur à vapeur de MM. Carels frères, de Gand et un alternateur de l'Elektricitäts Actien Gesellschaft, de Prague-Vysocan (Autriche), anciennement MM. Kolben et Cie. L'ensemble est très élégant de forme, comme le montre la photographie de la figure 247.

Les figures 248 et 249 représentent des vues en élévation et en plan de ce groupe.

Alternateur. — L'alternateur exposé par l'Elektricitäts Actien Gesellschaft ci-devant Kolben et Cie, de Prague est identique à ceux déjà installés par cette société à la station

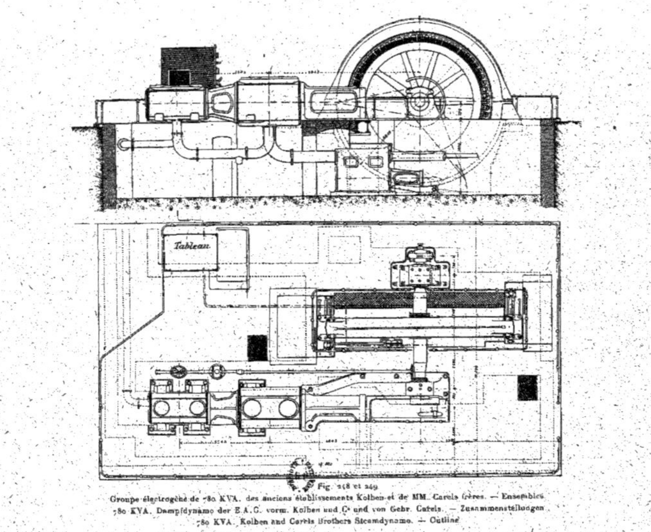

Fig. 248 et 249.

Groupe électrogène de 780 KVA. des anciens établissements Kolben et de MM. Carels frères. — Ensembles
780 KVA. Dampfdynamo der E.A.G. vorm. Kolben und Cie und von Gebr. Carels. — Zusammenstellungen
780 KVA. Kolben and Carels Brothers Steamdynamo. — Outline

p. 384.

Fig. 247.

Groupe électrogène de 780 KVA. de l'Electricitäts Actiengesellschaft ci-devant Kolben et Cie, de Prague, et de MM. Carels frères, de Gand.

780 KVA. Dampfdynamo der E. A. G. vorm. Kolben und C° in Prag und von Gebr. Carels in Gent.

780 KVA. Steamdynamo of E. A. G. heretofore Kolben and C° (Prague) and of Carels Brothers (Ghent).

centrale de Prague, lesquels sont actuellement au nombre de cinq, le dernier servant de réserve. On a simplement, pour les besoins de l'Exposition, augmenté la fréquence de 48 à 50 périodes par seconde en élevant la vitesse angulaire de 90 à 94 tours par minute.

Cette machine est faite pour absorber 1 000 chevaux environ sur l'arbre; elle est capable de donner une puissance vraie aux bornes de 665 kilowatts ce qui avec un facteur de puissance de 0,85, correspond à une puissance apparente de 780 kilovolts-ampères. L'alternateur peut du reste être surchargé de 25 p. 100 sans inconvénient.

La tension aux bornes de l'induit est de 3 000 volts et l'enroulement de l'induit est groupé en étoile; l'intensité du courant par phase est de 150 ampères. Le nombre de pôles sur l'inducteur est de 64.

Cet alternateur, comme ceux de la station centrale de Prague, a été étudié spécialement pour un service combiné de traction, de distribution de force motrice et d'éclairage; c'est dire que les conditions magnétiques et les enroulements sont déterminés de telle sorte que, pour de fortes variations de charge, il n'y ait que de faibles variations de tension.

Cette dynamo a donc été établie avec une induction élevée dans l'entrefer, une saturation suffisante dans le fer et une faible réaction d'induit.

Les figures 250 et 251 montrent des vues d'ensemble avec coupes de l'alternateur Kolben et les figures 252 et 253 des coupes et vues d'une partie de l'induit et de l'inducteur.

Inducteur. — L'inducteur se compose d'une jante à section en forme d'U qu'une série de 8 bras doubles réunit au moyeu. La couronne inductrice a été fondue en deux parties assemblées au moyeu et à la jante par des boulons; en outre, quatre frettes annulaires ont été introduites à chaud dans des logements pratiqués sur les faces du volant

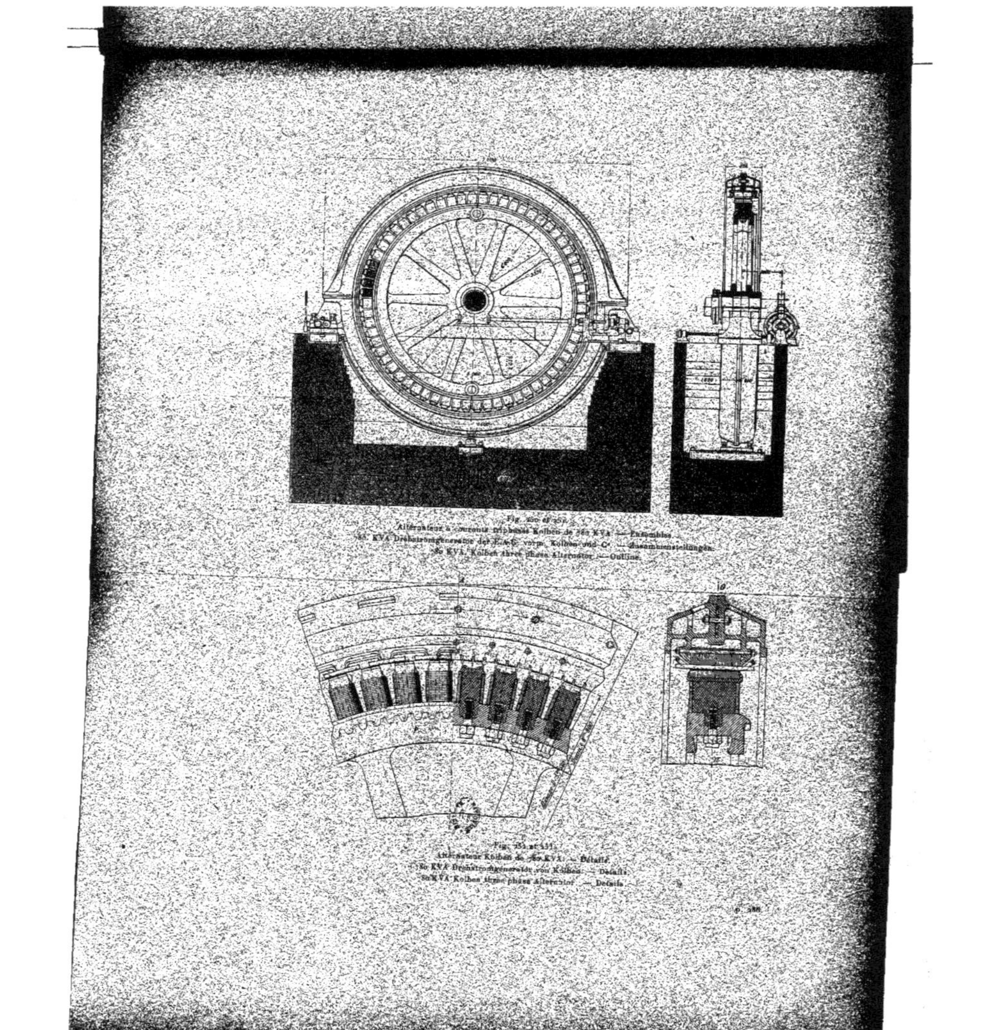

Fig. 250 et 251.
Alternateur à courants triphasés Kolben de 780 KVA. — Ensemble.
780 KVA Drehstromgenerator der E.A.G. vorm. Kolben und Cie. — Zusammenstellungen.
780 KVA. Kolben three phase Alternator. — Outline.

Fig. 252 et 253.
Alternateur Kolben de 780 KVA. — Détails.
780 KVA Drehstromgenerator von Kolben. — Details.
780 KVA Kolben three phase Alternator. — Details.

à l'endroit des joints des deux morceaux de la couronne.

Les pôles inducteurs sont en acier coulé, ils ont une section ovale et sont encastrés, par un prolongement cylindrique, dans la couronne de fonte du volant afin d'augmenter la section de passage du flux de la fonte à l'acier proportionnellement aux inductions admises dans ces deux parties. Les noyaux sont retenus à la jante par des boulons la traversant complètement.

Les épanouissements polaires sont constitués par des tôles terminées en queue d'aronde et prises dans une projection polaire du noyau au moment de la coulée. L'emploi des tôles est ici rendu nécessaire par l'induction élevée dans l'entrefer, par la petitesse de celui-ci et par l'adoption de dents ouvertes, pour la mise en place des bobines après bobinage sur gabarit. La production des courants de Foucault dans les pièces polaires est ainsi évitée sans l'emploi de liaisons mécaniques compliquées.

Les dimensions des surfaces polaires sont de 39 cm sur 15 cm ou 585 cm².

L'enroulement inducteur est fait avec un ruban de cuivre de 4 mm × 25 mm ou 100 mm² placé sur champ.

Les spires formées autour de chaque noyau sont isolées entre elles avec du papier; elles sont soumises à une pression hydraulique très élevée, puis placées sur les noyaux ovales.

Toutes les bobines inductrices sont montées en série et la résistance du circuit inducteur est de 0,728 ohm.

L'entrefer est de 5 mm et le diamètre extérieur du volant, de 5,55 m.

Le poids du volant est de 24 700 kg, avec ce poids il assure à la vitesse normale un coefficient d'irrégularité de ± 1/400.

L'excitation de l'alternateur est fournie par une petite excitatrice calée sur l'arbre et en porte-à-faux, c'est une dynamo à 6 pôles capable de fournir sous une tension de 100 à 120 volts un courant de 80 à 100 ampères.

Le poids total de l'alternateur sans l'excitatrice est de 63 tonnes.

Induit. — L'induit est constitué par une caisse cloisonnée en fonte coupée en quatre parties par un plan horizontal et par un plan vertical perpendiculaire à l'axe.

Ces quatre parties sont boulonnées ensemble et reposent sur deux bancs le long desquels elles peuvent coulisser pour permettre la sortie de l'induit et le dégagement de l'inducteur de façon à faciliter le nettoyage et le remplacement d'une bobine de l'induit.

Les tôles induites sont maintenues entre les deux cloisons en fonte de la carcasse et sont serrées par des boulons traversant également ces cloisons.

L'épaisseur totale de la pile de tôles induite, en une seule partie, est de 39 cm ; sa hauteur radiale est de 18 cm environ.

L'enroulement induit est réparti dans 192 rainures à raison d'une seule encoche par pôle et par phase.

Les encoches sont complètement ouvertes de façon à permettre l'enroulement des bobines sur gabarit ; celles-ci sont ensuite placées dans des caniveaux en micanite introduits préalablement dans les encoches. Les bobines sont maintenues en place, une fois posées, par des baguettes en fibres s'engageant sur de légers rebords ménagés sur le côté des dents.

Le nombre total des bobines est de 96, soit 32 par phase et chacune d'elle comporte 6 spires de fil. Le diamètre d'alésage de l'induit est de 5,56 m et le diamètre extérieur de 6,80 m. La largeur totale de l'induit est de 82,4 cm.

Le poids de l'induit atteint 27 000 kg.

Des ouvertures nombreuses sur la surface de la carcasse et dans le cloisonnement intérieur assurent une bonne ventilation de l'induit.

Tableau de distribution. — Des bornes de l'alternateur les courants se rendent au tableau de distribution composé d'un panneau en marbre formant l'une des parois d'une chambre contenant les rhéostats de réglage et l'interrupteur à haute tension.

La tension est indiquée par un voltmètre connecté sur le secondaire d'un transformateur de mesure et le courant est mesuré sur chaque phase par un ampèremètre.

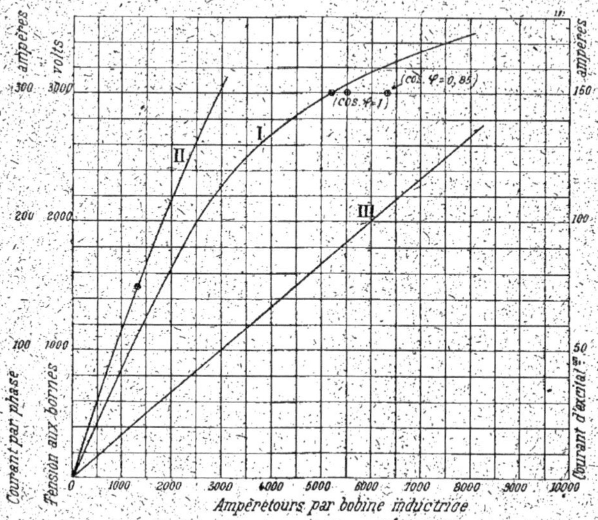

Fig. 254.

Caractéristiques de l'alternateur Kolben.

I. Caractéristique à vide. — II. Caractéristique en court-circuit. III. — Droite d'excitation.

Kurven des Drehstromalternators von Kolben.

I. Charakteristik bei Leerlauf. — II. Kurzschlusscharakteristik. — III. Erregungsgerade.

Characteristics of Kolben alternator.

I. No load saturation curve. — II. Short-circuit curve. — III. Excitation line.

Un ampèremètre et un voltmètre sont placés dans le circuit d'excitation.

Le réglage de la tension aux bornes se fait en agissant sur le rhéostat placé dans le circuit d'excitation de l'excitatrice.

Résultats d'essais. — Les courbes de la figure 254 représentent la caractéristique à vide à la vitesse de 94 tours par minute et la caractéristique en court-circuit. La première montre bien que l'induction du régime normal est élevée dans l'inducteur, le point de la courbe correspondant à la tension normale à vide (86 ampères) étant situé au-dessus du genou de la caractéristique.

La caractéristique en court-circuit indique que l'intensité du courant est obtenue en court-circuit avec une excitation de 22,5 ampères correspondant au tiers environ de la tension normale.

A la station centrale de Prague, où les alternateurs Kolben fonctionnent en parallèle, on dispose en série avec l'induit des bobines de self-induction dont le but est, en cas d'une concordance imparfaite des phases lors de la mise en parallèle, d'empêcher la production d'un courant de circulation un peu fort. Ces bobines servent en outre, en temps ordinaire, à diminuer les phénomènes de résonance et le mouvement pendulaire des génératrices qui peut résulter des irrégularités de marche des machines à vapeur ainsi que le mouvement pendulaire des grands moteurs synchrones des sous-stations, particulièrement dans la marche à vide. Leur suppression amène en effet, surtout dans la marche à vide des moteurs, une oscillation de 2 p. 100 environ à chaque coup de piston et une oscillation pendulaire de 3 p. 100.

La perte totale en watts dans chaque groupe de bobines est de 800 watts en pleine charge soit 0,1 p. 100 de la puissance de chaque alternateur et la perte de tension, de 3,5 p. 100 soit 60 volts par bobine et par phase.

Les bobines de réaction sont à entrefer réglable.

Moteur à vapeur. — La machine à vapeur de MM. Carels frères est du type compound-tandem à vitesse accélérée. Sa vitesse normale est de 100 tours par minute, mais pendant la durée de l'Exposition, cette vitesse avait été réduite à 93,8 tours pour amener la fréquence de l'alternateur à 50 périodes.

Les diamètres des cylindres et la course des pistons sont les suivants :

Diamètre du cylindre à haute pression	66 cm
Diamètre du cylindre à basse pression	1 05 »
La course des pistons est de	1 15 »

En marche, avec condensation, la puissance normale, à la pression de 10 kg : cm² et avec une détente de 13 fois le volume primitif de la vapeur, est de 1 000 chevaux. La puissance maxima est de 1 300 chevaux.

La distribution de la vapeur est faite par quatre soupapes équilibrées Sulzer pour chaque cylindre.

L'admission de la vapeur dans le petit cylindre est réglée par l'action d'un régulateur Porter très sensible. La distribution dans le grand cylindre est variable à la main dans certaines limites.

Le condenseur horizontal à double effet est placé dans le sous-sol et est commandé par le bouton de la manivelle.

CHAPITRE V

ALTERNATEURS HÉTÉROPOLAIRES A POLES CONTINUS

V KAPITEL	CHAPTER V
WECHSELPOLMASCHINEN MIT CONTINUIRTEN POLEN	ALTERNATE AND NO SALIENT POLE ALTERNATORS

ALTERNATEURS ASYNCHRONES ET COMPOUNDS

ASYNCHRON- UND COMPOUNDGENERATOREN	INDUCTION ALTERNATORS AND COMPOUNDED FIELD ALTERNATORS

Généralités. — Le compoundage des alternateurs paraît devoir prendre dans l'avenir un développement du même genre que celui des dynamos à courant continu.

Le développement du transport de la force motrice par courants polyphasés nécessite, en effet, l'étude d'alternateurs capables de supporter les démarrages des moteurs sans occasionner de chutes de tension appréciables, non seulement parce que ces chutes de tension peuvent rendre impossible la distribution simultanée de l'énergie pour l'éclairage et la force motrice, mais aussi parce qu'elles peuvent se répercuter désagréablement sur les moteurs déjà en service.

De même qu'il serait impossible à l'heure actuelle de faire admettre qu'un réseau de traction peut être alimenté par des machines à courant continu en dérivation, de même, croyons-nous qu'on ne puisse plus concevoir, dans un délai plus ou moins éloigné, un transport d'énergie pour distribution de force motrice avec ou sans éclairage simultané, sans alternateurs avec dispositif de compoundage.

Les dynamos shunt, bien construites, ont des chutes de tension de 5 p. 100 environ, tandis que les alternateurs les plus modernes atteignent près de 15 p. 100, le compoundage serait donc plus rationnel pour ceux-ci que pour celles-là.

A l'heure actuelle, les applications des alternateurs compoundés sont encore peu nombreuses, mais comprennent des installations de puissance assez forte, qui permettent d'espérer, dans un avenir peu éloigné, une extension plus grande de ce genre de machines.

Différents genres d'alternateurs compounds. — Le compoundage peut être appliqué naturellement aux alternateurs ordinaires ; c'est ce qui a eu lieu dans les premières tentatives des inventeurs.

Toutefois, la possibilité de compounder les alternateurs a conduit les ingénieurs à créer des types de machines plus économiques, c'est-à-dire présentant une utilisation meilleure des matériaux, mais ayant, par contre, des conditions électriques qui les rendraient complètement impropres à tout service sans l'emploi d'un dispositif de compoundage.

Alternateurs asynchrones. — A la question du compoundage est venue se greffer celle de l'asynchronisme.

On sait que les moteurs asynchrones, conduits par des moteurs primaires de façon à tourner à une vitesse supérieure à celle du synchronisme, deviennent des génératrices dont la charge dépend du taux de l'augmentation de vitesse par rapport à celle correspondant au synchronisme.

Ces génératrices, dites asynchrones, comme les moteurs d'induction, empruntent les courants déwattés nécessaires à leur excitation au réseau, qui, par suite, doit être alimenté également par une génératrice synchrone ou encore comprendre un moteur synchrone surexcité fonctionnant à vide ou comme appareil d'utilisation.

Les courants d'excitation ainsi fournis à l'alternateur ont donc la même fréquence que les courants d'utilisation. Si l'on veut bien remarquer que, même avec de très faibles entrefers, les moteurs asynchrones absorbent des courants magnétisants égaux, au minimum, au tiers ou au quart des courants normaux, on voit que la génératrice ou le moteur synchrone nécessaire pour exciter un générateur asynchrone a beaucoup plus d'importance qu'une excitatrice ordinaire puisqu'elle représente une machine d'une puissance égale, au moins, au tiers ou au quart de celle de la génératrice à exciter.

Comme, en somme, il importe peu que les flux inducteurs soient produits par l'un ou l'autre circuit, on conçoit facilement qu'on puisse exciter l'alternateur en envoyant dans son induit, au lieu de le fermer sur lui-même, des courants de la fréquence du glissement.

Les connexions sont telles que le flux inducteur ainsi créé se déplace en sens contraire du mouvement de l'alternateur avec la vitesse du glissement ; il a, par suite, par rapport à l'inducteur, une vitesse relative égale à celle correspondant au synchronisme et induit par suite, dans les circuits en communication avec le réseau, des courants de la fréquence voulue.

Cette idée ingénieuse, due à M. Maurice Leblanc, et utilisée par plusieurs inventeurs, permet de ramener l'excitatrice à des proportions analogues à celles d'une excitatrice ordinaire.

Les alternateurs de ce genre conservent toutes les propriétés des alternateurs asynchrones à induit en court-circuit en même temps qu'ils en acquièrent d'autres, comme celle de pouvoir s'accoupler en série.

Fonctionnant seuls, ils deviennent des alternateurs synchrones.

Dans les deux cas, la chute de tension serait considérable, si le maintien d'une tension constante aux bornes n'était assuré par un compoundage spécial ; car, par suite de la presque égalité des ampèretours sur les deux circuits, ils se comporteraient comme des machines à intensité constante.

Deux des alternateurs à compoundage dont nous aurons à nous occuper étaient du type asynchrone.

Différents procédés de compoundage. — La question du compoundage des alternateurs a préoccupé depuis longtemps les ingénieurs.

Au début, on s'était attaché uniquement au compoundage en fonction du débit; tel est le procédé bien connu de Ganz et qui remonte déjà à plus de vingt-cinq ans.

L'idée de rechercher un procédé de compoundage tenant compte, non seulement de l'intensité du courant de débit, mais encore du décalage de ce courant par rapport à la tension aux bornes, est beaucoup plus nouvelle et ne date que de sept à huit ans.

On peut se rendre compte facilement, tout au moins dans un cas idéal, des conditions à réaliser pour obtenir le compoundage d'un alternateur.

Considérons, en effet, le diagramme élémentaire des tensions dans un alternateur.

Admettons, pour plus de simplicité, que les circuits magnétiques sont assez éloignés de la saturation pour que la caractéristique à vide soit une droite, et supposons que la résistance apparente intérieure de l'alternateur se réduise à l'inductance ωl et reste constante, quels que soient le débit et le décalage.

Le diagramme des tensions est alors des plus simples.

Si $OA = U$ (fig. 255) est la différence de potentiel aux bornes d'un alternateur, OI la direction du courant débité par la machine avec un décalage φ par rapport à la tension aux bornes, on obtiendra la tension induite en apparence dans l'alternateur en menant par A un vecteur AB égal à $\omega l I$ et perpendiculaire à la direction du courant, puis en joignant OB.

Cette tension est celle qu'on obtiendrait à vide avec le courant d'excitation nécessaire pour maintenir la tension U aux bornes avec un courant de débit I décalé de l'angle φ par rapport à U.

La force électromotrice OB est donc la somme géométrique de deux vecteurs OA et OA'.

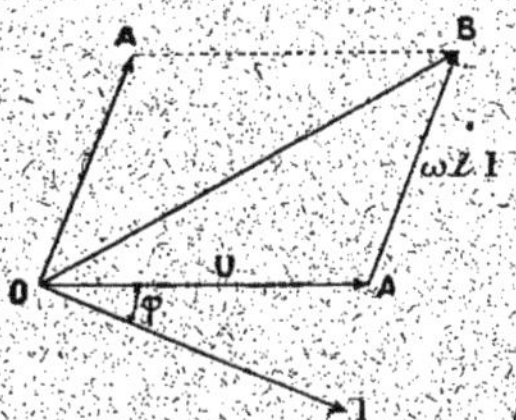

Fig. 255.
Diagramme des tensions d'un alternateur.
Spannungsdiagramm eines Alternators.
Voltage diagram of an alternator.

Avec l'hypothèse de la proportionnalité des forces électromotrices au courant d'excitation, on voit donc que l'excitatrice de l'alternateur devra fournir un courant et avoir, par suite, une tension aux bornes, proportionnels à la résultante OB.

Deux procédés généraux sont employés, à l'heure actuelle, pour obtenir la variation convenable du courant d'excitation avec le débit et le décalage.

L'un d'eux, le premier en date, consiste à employer un convertisseur ou une commutatrice dont l'induit est monté en dérivation aux bornes de l'alternateur, mais avec introduction dans le circuit dérivé, du secondaire d'un petit transformateur, dit transformateur de compoundage, dont le primaire est en série avec la ligne alimentée par l'alternateur.

Les connexions sont disposées de telle façon que, pour un déphasage d'un quart d'onde du courant par rapport à la tension aux bornes, la tension induite dans le secondaire du transformateur, pour le courant de débit, s'ajoute, ou mieux, soit exactement en coïncidence de phase avec la première tension.

En réalité, les hypothèses faites plus haut : proportionnalité des forces électromotrices aux courants d'excitation, constance du coefficient de self-induction avec le décalage et le débit, ne sont pas vérifiées en général ; aussi le calcul du transformateur de compoundage doit-il être fait par tâtonnements, de façon à obtenir une tension sensiblement constante entre des limites données de déphasage et de débit.

Le problème présente donc en cela une analogie complète avec celui du compoundage des dynamos à courant continu et n'est susceptible, comme lui, que d'une solution approchée.

Le convertisseur ou la commutatrice employé pour redresser le courant nécessaire à l'excitation peut être, ou calé sur l'arbre de l'alternateur, ou entraîné par celui-ci à l'aide d'un dispositif mécanique quelconque.

L'emploi d'un convertisseur calé sur l'arbre a été adopté par M. Rice en 1894 et 1896, et par la General Electric C°, et celui d'une commutatrice séparée, par M. Blondel en 1896.

Dans le cas où le convertisseur est calé sur l'arbre de l'alternateur, il doit avoir autant de pôles que l'alternateur, ce qui peut être impossible en réalité si la vitesse angulaire de ce dernier est assez faible.

Si la conduite de l'excitatrice se fait par engrenage, le nombre de pôles doit être, avec celui de l'alternateur, dans un rapport inverse de celui des vitesses angulaires.

Cette solution n'est pas encore applicable dans tous les cas, car avec des vitesses angulaires assez faibles des alternateurs, elle peut conduire à l'emploi de plusieurs trains d'engrenages, ce qui est une complication sérieuse.

Pour éviter ces inconvénients, on peut employer des excitatrices excitées, non plus par un électro-aimant ordinaire, mais par un champ tournant dont l'intensité est une fonction linéaire de la tension composée dont nous avons parlé plus haut, c'est-à-dire de la somme géométrique de la tension aux bornes et d'une tension égale à la force électromotrice de self-induction de l'alternateur.

Une solution de ce genre, imaginée par M. Boucherot, lui a permis de réaliser des excitatrices, dont le nombre de pôles peut être dans un rapport simple quelconque avec celui des pôles de l'alternateur, que l'excitatrice soit calée sur l'arbre de l'alternateur ou qu'elle soit conduite par un train d'engrenage, dont le rapport des rayons de la roue et du pignon est lui-même un rapport simple.

Cette solution sera étudiée plus longuement lorsque nous décrirons l'alternateur Boucherot.

Le second procédé utilise également l'emploi d'excitatrice à champ inducteur tournant ; mais, tandis que dans le procédé précédent le champ tournant est unique, dans le cas actuel le champ inducteur résulte de la combinaison de deux champs tournants convenablement décalés et proportionnels, l'un à la tension aux bornes et l'autre au débit.

Plusieurs solutions basées sur ce second procédé ont été imaginées par M. Leblanc, deux de ces solutions ont été appliquées à des alternateurs exposés, nous y reviendrons plus loin.

Classification des alternateurs compounds. — Nous laisserons de côté les alternateurs ordinaires munis simplement d'une excitatrice spéciale ; ces alternateurs doivent être en effet classés dans les sections correspondant à leur constitution particulière. Nous nous contenterons pour eux d'étudier leur excitatrice.

Les alternateurs compounds dont nous nous occuperons ici seront donc uniquement les alternateurs du type dit

Fig. 256.

Groupe électrogène de 875 KVA. de la Maison Bréguet et de MM. Delaunay-Belleville et Cie.

875 KVA. Stromerzeuger der Firma Bréguet und von Delaunay-Belleville et Co.

875 KVA. Breguet-Delaunay-Belleville generating Unit.

p. 298.

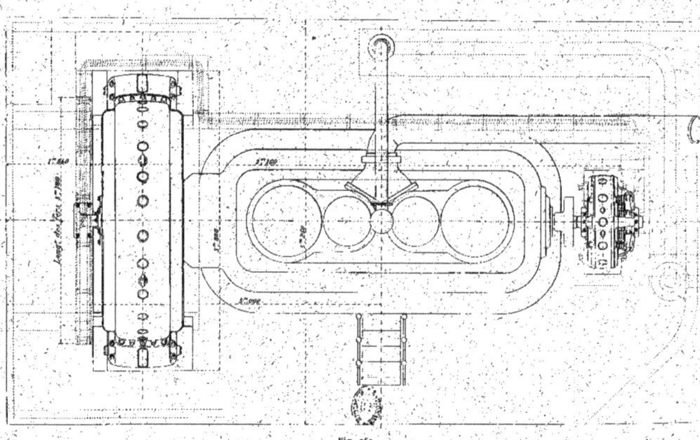

Fig. 257.
Groupe électrogène de 875 KVA. de la Maison Bréguet et de MM. Delaunay-Belleville et Cie. — Ensemble.
875 KVA. Dampfalternator der Firma Bréguet und von Delaunay-Belleville et Co. — Zusammenstellung.
875 KVA. Bréguet and Delaunay-Belleville Set. — Outline.

p. 298.

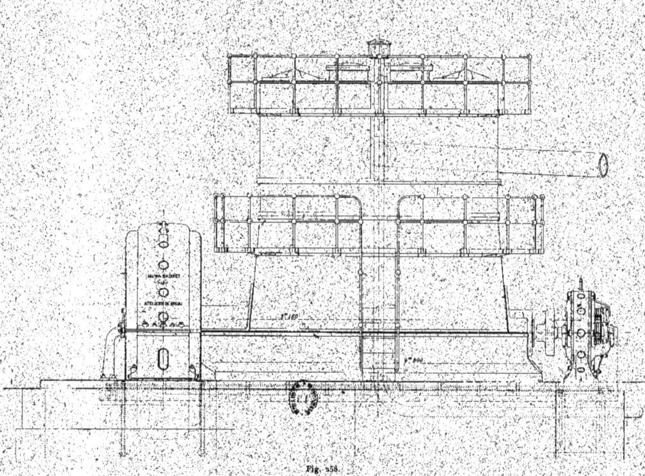

Fig. 258.
Groupe électrogène de 875 KVA. de la Maison Bréguet et de MM. Delaunay-Belleville et Cie. — Ensemble.
875 KVA. Dampfelterostor der Firma Bréguet und von Delaunay-Belleville et Cie. — Zusammenstellung.
875 KVA. Bréguet and Delaunay-Belleville Set. — Outline.

p. 398.

asynchrone, c'est-à-dire à excitation polyphasée ou continue, suivant qu'ils fonctionnent en parallèle ou seuls.

Les alternateurs de ce type ayant une constitution analogue à celle des moteurs asynchrones, nous n'aurons à les distinguer en première ligne que suivant leur nombre de phases.

Description des alternateurs compounds.— Trois alternateurs munis de compoundage, dont deux du type asynchrone, étaient exposés. Ce sont ceux de MM. Boucherot et Cie, de M. M. Leblanc et de M. A. Grammont.

I. — ALTERNATEUR COMPOUND A COURANTS TRIPHASÉS

I. — COMPOUNDIRTER DREHSTROM-GENERATOR

I. — THREE-PHASE ALTERNATOR WITH COMPOUNDED FIELDS

L'alternateur de ce type est celui de M. Boucherot.

GROUPE ÉLECTROGÈNE DE 875 KILOVOLTS-AMPÈRES DE LA MAISON BRÉGUET ET DE MM. DELAUNAY-BELLEVILLE ET Cie.

875 KVA. STROMERZEUGER DER FIRMA BRÉGUET UND VON DELAUNAY-BELLEVILLE ET Cie

875 KVA. BRÉGUET AND DELAUNAY-BELLEVILLE GENERATING UNIT

Le groupe électrogène exposé par la Maison Bréguet et par MM. Delaunay-Belleville et Cie était le seul groupe à grande vitesse de la section française. Il était formé d'un alternateur compound Boucherot du type asynchrone et d'un moteur vertical.

Ce groupe intéressant est représenté sur la photographie de la figure 256.

Les figures 257 et 258 sont des vues d'ensemble en élévation et en plan.

L'alternateur a une constitution analogue à celle d'un moteur d'induction.

L'induit fixe (qui serait l'inducteur dans un moteur asynchrone, puisqu'il est branché sur le réseau à alimenter) est muni d'un enroulement triphasé ordinaire ; l'inducteur (analogue à l'induit du moteur asynchrone) est à courants diphasés et comporte, par suite, deux circuits identiques décalés, l'un par rapport à l'autre, d'un quart de période, et dont un seul a été utilisé à l'Exposition ; ils seraient utilisés tous les deux si l'alternateur fonctionnait en asynchrone.

Avant de donner les particularités de construction de cet alternateur, nous exposerons le fonctionnement du compoundage et la façon spéciale dont est constituée l'excitatrice.

Théorie du compoundage de M. Boucherot. — Nous avons dit, dans l'exposé général des propriétés des alternateurs compounds, que la condition du compoundage était la proportionnalité de la tension aux bornes de l'excitatrice à la tension induite dans l'alternateur sous l'hypothèse de la non-saturation des circuits magnétiques de ce dernier, ce qui est sensiblement le cas ici.

L'excitatrice de M. Boucherot est étudiée de façon à ne plus donner à cette machine un nombre de pôles inducteurs égal à celui de l'alternateur si l'excitatrice est calée sur le même arbre que l'alternateur, ou dans un rapport avec celui du nombre de pôles de l'alternateur, égal au rapport des vitesses angulaires, si les deux machines ne sont pas montées sur le même arbre.

Le dispositif de M. Boucherot, qui permet de donner au nombre de pôles un rapport simple quelconque, est basé sur le principe suivant :

Considérons (fig. 259) une machine, bipolaire par exemple, formée d'une partie fixe portant un enroulement d'inducteur de moteur asynchrone à courants polyphasés, et d'une partie mobile constituée par un anneau identique à celui d'une machine à courant continu, mais qui, au lieu d'avoir un bobinage régulier comme celui d'un anneau Gramme, porte deux enroulements dont les sections ont un nombre de spires variable, tout le long de la périphérie de l'induit, suivant une loi sinusoïdale.

Connectons les sections entre elles et avec les lames d'un collecteur, de façon à ce que, entre deux lames consécutives du collecteur, nous ayions en série une section B ayant un

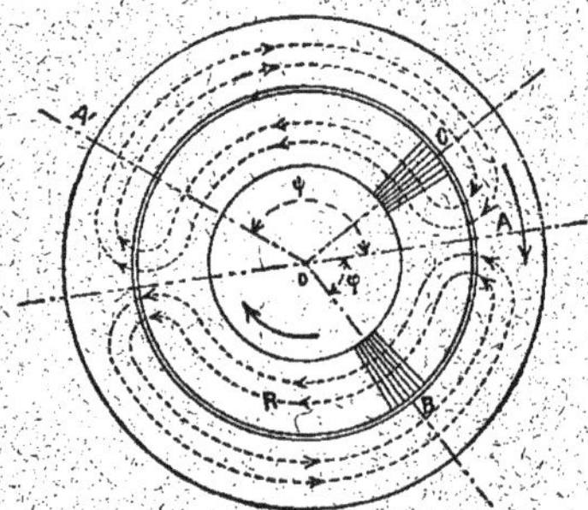

Fig. 259.
Principes de la dynamo à enroulements sinusoïdaux.
Prinzipen der Maschine mit Sinusoïdalen Wickelungen.
Principles of sinusoïdal armature winding.

nombre de spires égal à $n \cos k\varphi$ (φ étant l'angle de la section avec une section origine quelconque et n et k des nombres quelconques) et une section C disposée à 90° de la première et ayant un nombre de spires égal à $n \sin k\varphi$. L'ensemble des connexions se présentera alors suivant l'un des schémas des figures 260 et 261, correspondant aux valeurs 1 et — 2 de k.

L'excitatrice a ainsi la forme générale indiquée par la figure 262.

Admettons que le champ inducteur tourne avec la vitesse angulaire ω dans le sens de la flèche et que l'induit tourne avec une vitesse angulaire absolue Ω.

Il est facile de montrer que, si l'on dispose sur le collecteur des balais régulièrement et convenablement espacés, les forces électromotrices induites dans les circuits en parallèle aboutissant sur ces balais sont égales et sont des fonctions périodiques de fréquence $\frac{\omega + k\Omega}{2\pi}$.

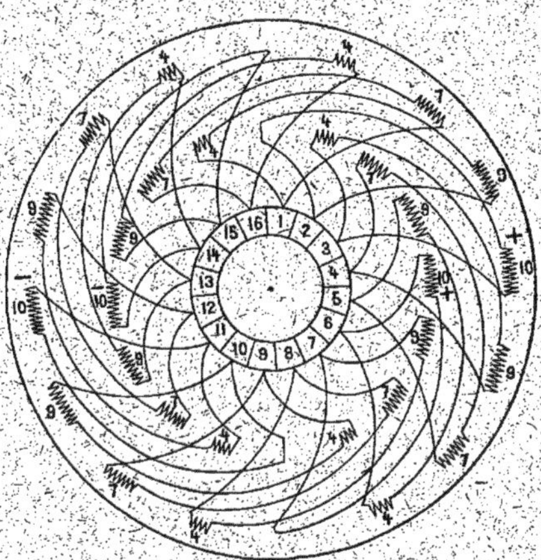

Fig. 260.
Schéma de bobinage induit de dynamo à enroulements sinusoïdaux Boucherot. ($k = 1$).
Schaltungsschema des Ankers der Boucherot'schen Maschine mit Sinusoïdalen Wickelungen. ($k = 1$).
Diagram of Boucherot sinusoïdal armature winding. ($k = 1$).

La vitesse relative de l'induit, par rapport à l'inducteur, étant $\Omega - \omega$ on peut écrire immédiatement que la tension induite dans une spire de l'induit a pour expression

$$-e(\Omega - \omega)\sin[(\Omega - \omega)t + \chi]$$

e étant une constante dépendant du flux inducteur et χ définissant la position du rayon origine. On peut toujours supposer que cet angle n'est autre que l'angle φ, cela revient en effet à dire qu'on choisit pour rayon origine la perpendiculaire à OA.

La tension dans une spire décalée de 90° en arrière de la première serait de même

$$-e(\Omega - \omega) \cos [(\Omega - \omega) t + \varphi].$$

On déduit de là que la force électromotrice induite dans

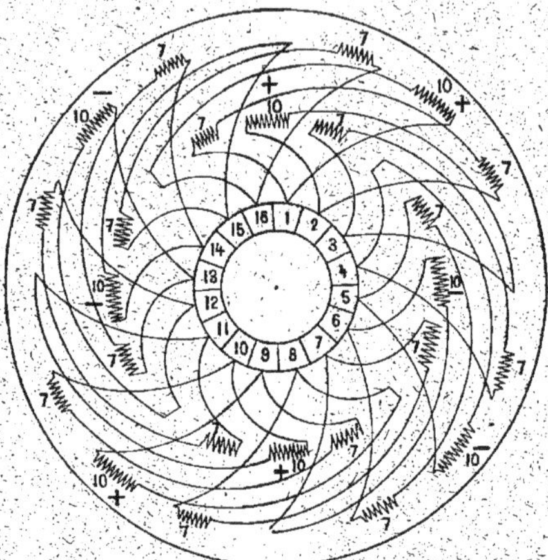

Fig. 261.
Schéma de bobinage induit de dynamo à enroulements sinusoïdaux Boucherot. ($k = -2$).
Schaltungsschema des Ankers der Boucherot'schen Maschine mit Sinusoïdalen Wickelungen. ($k = -2$).
Diagram of Boucherot sinusoïdal armature winding. ($k = -2$).

la section formée des éléments B et C montés en série et dont les nombres de spires sont respectivement $n \cos k\varphi$, $n \sin k\varphi$, a pour expression

$$-ne(\Omega - \omega) \{ \sin [(\Omega - \omega) t + \varphi] \cos k\varphi + \cos [(\Omega - \omega) t + \varphi] \sin k\varphi \}$$
$$= -ne(\Omega - \omega) \sin [(\Omega - \omega) t + (k + 1)\varphi].$$

Telle est la valeur de la tension, en fonction du temps, entre deux lames consécutives du collecteur.

Si l'on veut avoir la tension induite entre deux points

déterminés du collecteur et dont la distance angulaire est ψ, il suffira évidemment d'intégrer l'expression précédente, considérée comme fonction de φ, entre deux limites ψ_1 et ψ_2 telles que

$$\psi_1 - \psi_2 = \psi$$

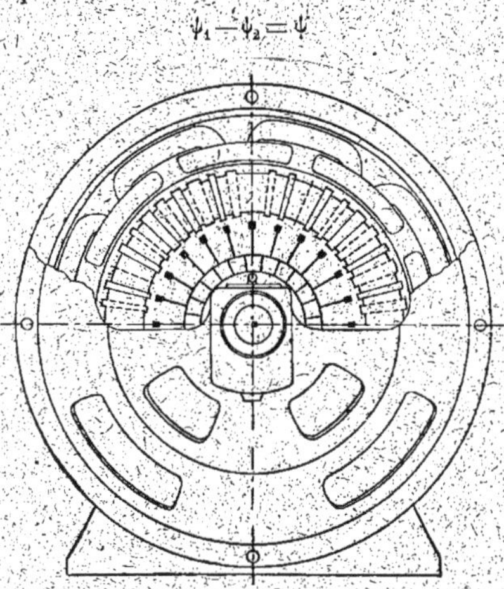

Fig. 262.
Excitatrice à enroulements sinusoïdaux.
Erregermaschine mit sinusoïdalen Wickelungen.
Exciter with sinusoidal armature winding.

La différence de potentiel entre les deux points considérés du collecteur est donc :

$$\frac{ne(\Omega - \omega)}{k+1}\left\{\cos\left[(\Omega - \omega)t + (k+1)\psi_1\right] - \cos\left[(\Omega - \omega)t + (k+1)\psi_2\right]\right\}$$

$$= -\frac{2ne(\Omega - \omega)}{k+1}\sin\frac{k+1}{2}\psi\sin\left[(\Omega - \omega)t + \frac{k+2}{2}(\psi_1 + \psi_2)\right].$$

De cette expression il est facile de déduire la tension entre deux balais frottant sur le collecteur et dont la distance angulaire est égale à l'angle ψ ; il suffit, en effet, de supposer que les deux côtés de la portion angulaire que nous considérons sur l'induit ne sont pas fixes par rapport à ce dernier, mais animés eux-mêmes d'une vitesse angulaire déterminée.

Dans le cas particulier qui nous occupe, les balais sont fixes dans l'espace, nous n'aurons qu'à écrire que les vecteurs définis par ψ_1 et ψ_2 sur l'induit ont une vitesse angulaire égale à $-\Omega$. Nous poserons donc :

$$\psi_2 = -\Omega t + \alpha,$$

d'où

$$\psi_1 = \psi - \Omega t + \alpha.$$

L'expression de la tension entre deux balais, dont la distance angulaire est ψ_1 est finalement, en faisant $\alpha = 0$, ce qui revient à un calage convenable des balais,

$$-\frac{2ne}{k+1}(\Omega - \omega)\sin\frac{k+1}{2}\psi \sin\left[(\omega + k\Omega)t + \frac{k+1}{2}\psi\right]$$

expression qui est bien de fréquence $\frac{\omega + k\Omega}{2\pi}$, comme nous l'avions annoncé.

L'amplitude maxima de cette fonction sinusoïdale est fonction de l'angle ψ ; or, on conçoit facilement que si nous prenions pour ψ une valeur telle que cette amplitude maxima soit la plus grande possible, les différents circuits mis en parallèle par les balais auront des tensions égales.

Nous sommes donc amenés à prendre pour ψ la valeur donnée par la relation

$$\frac{k+1}{2}\psi = \frac{\pi}{2},$$

d'où

$$\psi = \frac{\pi}{k+1}.$$

L'expression de la tension aux balais sera dans cette hypothèse

$$E = \frac{2ne}{k+1}(\Omega - \omega)\cos(\omega + h\Omega)t.$$

Dans le cas particulier où les vitesses du champ inducteur

et de l'induit satisfont à la relation

$$\omega + k\Omega = 0.$$

L'expression de la tension aux balais devient

$$E = 2ne\Omega.$$

Cette tension est par suite continue.

Deux valeurs de k sont, comme le fait remarquer M. Boucherot, plus particulièrement à considérer, ce sont 1 et -2.

La valeur $k=1$ correspond au schéma de la figure 260 ; elle montre la possibilité d'exciter l'alternateur avec des courants alternatifs simples. Tout champ alternatif simple fixe peut, d'après un théorème dû à M. Leblanc, être regardé comme la résultante de deux champs constants, tournant en sens contraires avec des vitesses égales à ω. L'un ayant la même vitesse que l'induit, puisque l'on a $\omega = -\Omega$, n'y induira aucune force électromotrice et, par suite, tout se passera comme s'il n'y avait qu'un champ tournant avec la vitesse 2ω, par rapport à l'induit.

Dans ce cas, pour une excitatrice bipolaire, les balais sont au nombre de 4, placés à 90° les uns des autres.

La valeur $k=-2$ (fig. 261) est intéressante parce qu'elle montre que l'excitatrice peut tourner avec la même vitesse angulaire que l'alternateur et avoir moitié moins de pôles ; on a en effet alors $\omega = 2\Omega$, c'est-à-dire que le champ tourne dans le même sens que l'induit et avec une vitesse angulaire double.

L'angle des balais de polarité différente est ici de $-\pi$, il n'y a par suite que 2 balais, c'est-à-dire un par pôle.

C'est ce dispositif de connexion qui a été adopté dans l'excitatrice de l'alternateur exposé.

Il nous reste quelques mots à dire du fonctionnement de la machine comme génératrice asynchrone.

Nous avons trouvé pour la tension entre deux balais de

polarité différente :

$$E = \frac{2ne}{k+1}(\Omega - \omega)\cos(\omega + k\Omega)t.$$

Si nous avions placé une seconde série de balais au milieu des intervalles séparant ceux de la première série, nous aurions obtenu, entre les balais de polarités différentes de cette nouvelle série, une tension ayant pour expression en fonction du temps

$$E' = \frac{2ne}{k+1}(\Omega - \omega)\sin(\omega + k\Omega)t.$$

Pour que ces courants puissent exciter l'alternateur comme machine génératrice d'induction, on sait qu'il faut que, si la machine a un glissement $-\frac{\varepsilon}{\omega}$ en avant du synchronisme, les courants d'excitation aient une fréquence $\frac{\varepsilon}{2\pi}$ et fournissent un champ tournant en sens contraire de l'inducteur avec la vitesse ε.

La question du sens de rotation dépend des connexions ; quant à la première condition, nous l'obtiendrons si nous pouvons satisfaire à la relation

$$\omega + k\Omega = -\varepsilon,$$

car alors nous aurons

$$E = 2ne\left(\Omega + \frac{\varepsilon}{k+1}\right)\cos \varepsilon t,$$

et

$$E' = 2ne\left(\Omega + \frac{\varepsilon}{k+1}\right)\sin \varepsilon t.$$

Or, cette relation est satisfaite si l'on augmente la vitesse Ω_1 de l'induit de l'excitatrice correspondant au synchronisme dans le rapport $\frac{\varepsilon}{\omega}$. La nouvelle vitesse de l'excitatrice est en effet alors

$$\Omega = \Omega_1\left(1 + \frac{\varepsilon}{\omega}\right)$$

et l'on a, si l'on porte dans la relation à satisfaire,

$$\omega + k\Omega_1\left(1 + \frac{\varepsilon}{\omega}\right) = -\varepsilon,$$

expression qui est une identité puisque l'on a au synchronisme

$$\omega + k\Omega_1 = 0.$$

Cette machine peut encore fonctionner suivant une disposition nouvelle que M. Boucherot appelle un fonctionnement panchrone.

La machine n'est plus alors une machine d'induction à proprement parler, puisque l'on annule tout d'abord toutes les forces électromotrices d'induction développées dans l'inducteur par le champ résultant. Dans ce cas, les courants débités par la machine ne sont plus fonction du glissement et la puissance débitée est sensiblement indépendante de la vitesse, d'où le nom de *panchrone*. Les variations de vitesse, quelle qu'en soit la cause, n'ont pas d'influence sur les courants fournis, comme dans une machine asynchrone ordinaire où ces perturbations ont une influence énorme à cause de la faible variation de vitesse correspondant au passage de la charge nulle à la pleine charge.

L'annulation des forces électromotrices induites dans l'inducteur par le flux résultant de l'induit et de l'inducteur est obtenue par M. Boucherot :

1° Par l'introduction de self-inductions à réactance variable avec le glissement à l'aide d'une disposition mécanique.

2° Par l'introduction, dans les circuits inducteurs de l'excitatrice, de forces électromotrices proportionnelles au glissement et obtenues par une petite machine auxiliaire.

3° Par l'introduction, dans les circuits inducteurs de l'excitatrice, de condensateurs de capacités convenables.

Alternateur. — L'alternateur Boucherot de la maison Bréguet a une puissance apparente de 875 kilovolts-ampères

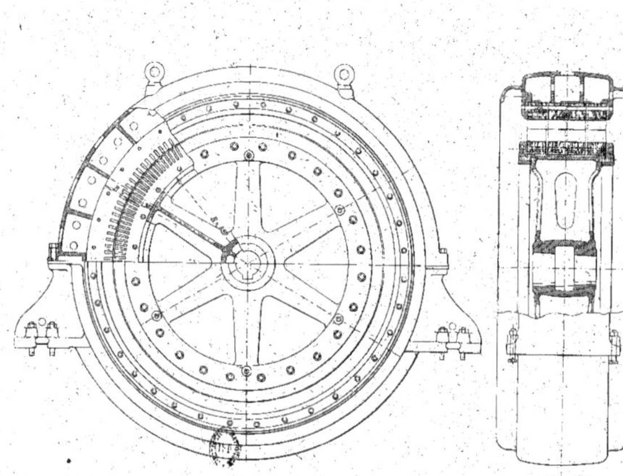

Fig. 263 et 264.
Alternateur à courants triphasés de 875 KVA. de M. Boucherot. — Ensembles.
875 KVA. Drehstromgenerator von Boucherot. — Zusammenstellungen.
875 KVA. Boucherot three-phase alternator. — Outline.

p. 308.

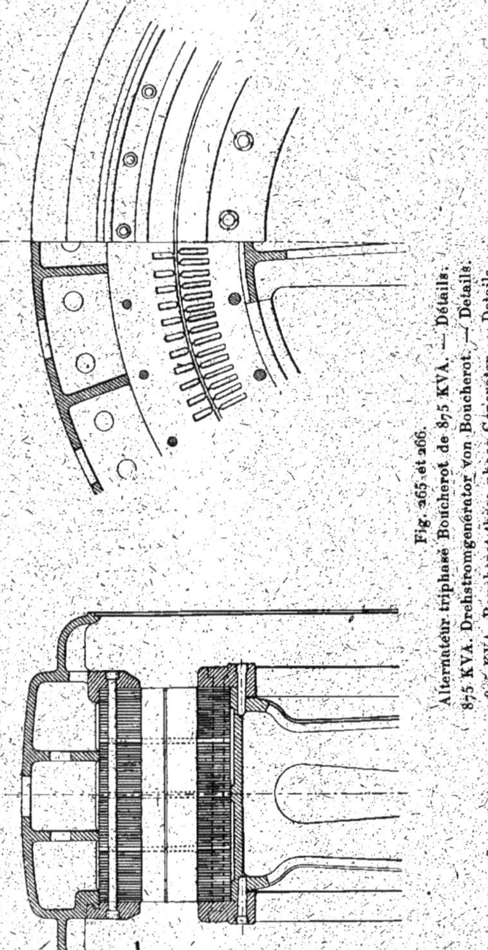

Fig. 265 et 266.
Alternateur triphasé Boucherot de 875 KVA. — Détails.
875 KVA. Drehstromgenerator von Boucherot. — Details.
875 KVA. Boucherot three-phase Generator. — Details.

avec un facteur de puissance minimum de 0,8, ce qui correspond à une puissance vraie de 700 kilowatts.

La tension aux bornes est de 2 200 volts et l'intensité du cou-

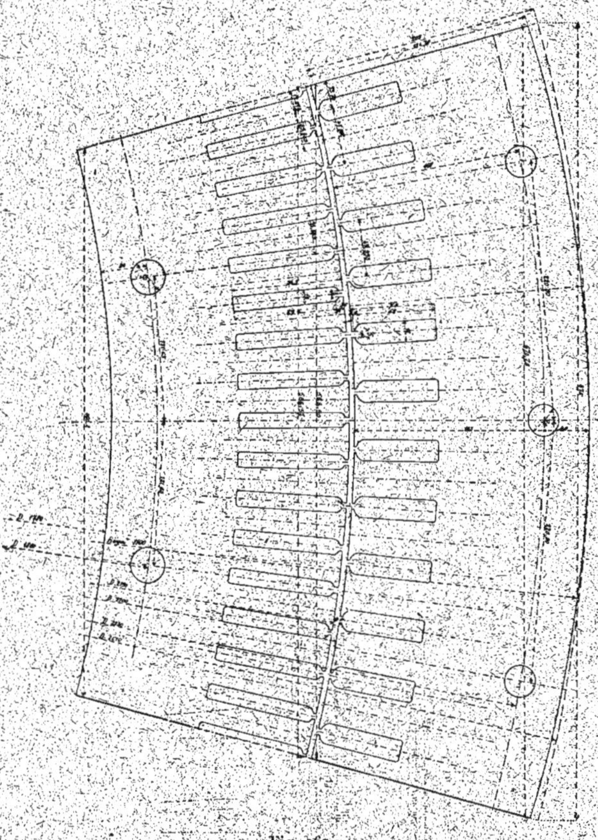

Fig. 267.
Forme des encoches de l'induit et de l'inducteur de l'alternateur de la Maison Bréguet.
Nutenform des Ankers und der Magnete des Generators von Bréguet.
Form of slots of armature and field of Bréguet alternator.

rant par phase de 230 ampères, l'induit étant groupé en étoile.

La vitesse est de 250 tours par minute et la fréquence de 50 périodes par seconde, le nombre de pôles est de 24.

L'alternateur Boucherot est représenté sur les figures 263 et 264 qui sont des vues d'ensemble avec coupes partielles.

Les figures 265 et 266 montrent des coupes et vues d'une partie de l'induit et de l'inducteur et la figure 267 le plan de découpage des tôles.

Inducteur. — L'inducteur formant volant est constitué par un cylindre en fonte réuni, par 6 bras doubles entretoisés, au moyeu à emmanchement conique.

Le noyau inducteur, analogue à celui d'un moteur asynchrone à inducteur mobile, est placé sur trois bossages circulaires ménagés sur la carcasse et est serré entre deux anneaux de fonte fixés sur celle-ci par des goujons de centrage, comme le montre la figure 268 représentant une coupe d'une partie de la carcasse.

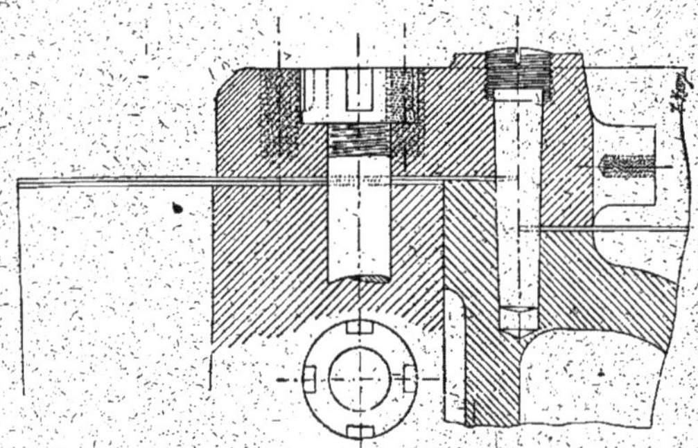

Fig. 268.
Alternateur triphasé Boucherot de 875 KVA. — Détails.
875 KVA. Drehstromgenerator von Boucherot. — Details.
875 KVA. Boucherot three-phase Alternator. — Details.

Le noyau inducteur est partagé en quatre parties égales ménageant entre elles des canaux pour la ventilation et serrées par des boulons.

La largeur de chacun des noyaux est de 15 cm et celle des canaux, de 2,4 cm; la largeur totale des tôles, y compris les intervalles, est donc de 64,6 cm.

Le diamètre extérieur de l'inducteur est de 2,19 m, le diamètre intérieur du noyau de 1,78 m et sa hauteur radiale, de 20,5 cm. La largeur totale de l'inducteur est de 74 cm environ.

Sur le noyau inducteur sont pratiquées 192 encoches légèrement ouvertes, soit 8 par pôle. Leur largeur est de 13 mm pour une ouverture de 5 mm seulement dans l'entrefer; leur hauteur est de 94,5 mm.

Ces encoches reçoivent un enroulement diphasé en tambour et à 24 pôles; chaque phase comprend 24 bobines montées en série et réparties dans quatre encoches chacune. Chaque bobine a 20 spires ce qui correspond à 10 spires par encoches.

Les deux circuits inducteurs ne sont utilisés que dans le fonctionnement de la machine comme génératrice asynchrone ou panchrone; à l'Exposition, où l'alternateur fonctionnait comme une génératrice synchrone, un seul circuit est employé pour l'excitation qui se fait par un courant continu.

Les extrémités des deux circuits aboutissent à des bagues de prises de courant sur lesquelles frottent des balais métalliques.

Chacun des enroulements inducteurs constitué en câble souple a une résistance de 0,5 ohm.

Induit. — La carcasse de l'induit est constituée par une caisse en fonte cloisonnée présentant de nombreuses ouvertures pour la ventilation. Cette caisse est en deux parties dont l'une, la partie inférieure, porte deux pattes reposant sur les plaques de fondation fixées à la maçonnerie.

De chaque côté de cette carcasse sont fixées deux couronnes de protection dont l'une, celle placée à l'extérieur, est réunie par six bras à une couronne portant un palier de guidage et de centrage.

Le noyau induit, en tôle de 0,4 mm d'épaisseur, est serré par des boulons entre un anneau venu de fonte avec la carcasse et des segments rapportés s'embéquetant sur la carcasse.

Le noyau d'induit est partagé, comme celui de l'inducteur, en quatre parties de 15 cm de large séparées entre elles par des cales en bronze nervurées. Les anneaux de tôles sont isolés de la carcasse par des plaques isolantes placées sur les bossages sur lesquels reposent ces tôles.

Le diamètre extérieur de la carcasse est de 3,09 m et sa largeur de 1,10 m.

Le diamètre extérieur des noyaux d'induit est de 2,61 m et le diamètre intérieur de 2,20 m. L'entrefer est donc de 5 mm.

La hauteur radiale des tôles est de 20,5 cm.

L'enroulement induit est un bobinage triphasé ordinaire réparti dans 6 encoches par pôle, soit 144 encoches pour toute la circonférence.

Ces encoches sont légèrement ouvertes, 5 mm d'ouverture pour une largeur de 18 mm; leur hauteur radiale est de 70 mm.

Chaque phase comprend 12 bobines et chaque bobine est enroulée dans 4 encoches. Chacune de ces 12 bobines comporte 12 spires formées par une bande de cuivre, le nombre de conducteurs par encoche est par suite de 6.

Les trois phases de l'induit sont groupées en étoile.

Excitatrice. — L'excitatrice de M. Boucherot a, en ce qui concerne l'inducteur, une constitution analogue à celle d'un moteur asynchrone. Elle est représentée sur la photographie de la figure 269.

Cet inducteur fixe est constitué (fig. 270) par une carcasse en fonte, formée d'une caisse portant intérieurement deux anneaux venus de fonte avec elle et entre lesquels sont serrées les tôles. Sur les faces de cette enveloppe sont rapportées deux flasques portant chacune un des paliers de l'excitatrice.

Le diamètre extérieur de la carcasse inductive est d'environ 1,20 m et sa largeur de 55 cm.

Fig. 269.
Excitatrice à enroulements sinusoïdaux de l'alternateur de la Maison Bréguet.
Erregermaschine zum Drehstromgenerator System Boucherot der Firma Bréguet.
Exciter with sinusoidal windings for Bréguet alternator.

Le diamètre extérieur de la couronne de tôles inductrices est de 1,11 m et son diamètre d'alésage de 86 cm. La largeur du paquet de tôles est de 15 cm et sa hauteur radiale de 12,5 cm.

Le noyau inducteur comporte 72 encoches, soit 6 par pôle.

L'enroulement inducteur est un enroulement triphasé à barres à 12 pôles. Le nombre de conducteurs par phase est de 48, soit 4 par pôle ; il y a deux barres placées l'une au-

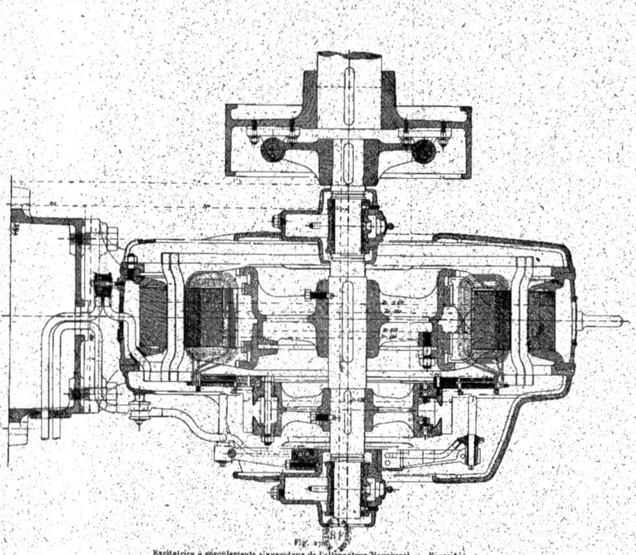

Fig. 270

Excitatrice à enroulements sinusoïdaux de l'alternateur Boucherot. — Ensemble.

Erregermaschine zum Drehstromgenerator System Boucherot der Firma Bréguet. — Zusammenstellung.

Exciter with sinusoidal winding for Boucherot alternator. — Outline.

dessus de l'autre par encoche. Les trois circuits sont groupés en étoile, et les trois bornes de l'inducteur réunies avec celles du transformateur de compoundage.

La section des barres de l'inducteur est de 110 mm².

L'induit est formé par une caisse en fonte fixée au croisillon ; sur cette caisse en fonte vient se fixer, à l'aide de boulons, un anneau également en fonte. La face libre de la caisse et l'anneau rapporté portent des projections terminées par des équerres qui viennent soutenir l'anneau de tôles induites d'endroit en endroit.

L'anneau induit, formé d'une seule pile de tôles, a un diamètre extérieur de 85,8 cm et un diamètre intérieur de 66 cm ; sa largeur est de 15 cm et sa hauteur radiale de 9,9 cm.

L'entrefer est de 1 mm.

Sa surface est percée de 288 encoches qui reçoivent un enroulement anneau ou plus exactement deux enroulements sinusoïdaux.

Chaque encoche comporte deux bobines dont les nombres de spires sont proportionnels, pour la première, au sinus du double de l'angle changé de signe que fait le plan de l'encoche avec un plan origine et pour le second, au cosinus du double du même angle changé de signe.

Le nombre d'encoches par pôle est de 12 ; c'est également le nombre de sections de chaque enroulement, sections dont les nombres de spires varient de 1 à 8.

Les sections sont groupées ensemble, suivant le schéma indiqué plus haut, et aux 288 lames du collecteur à l'aide d'un connecteur réduisant le nombre de lignes de balais à deux de chaque polarité.

Comme l'excitatrice doit fournir, dans les fonctionnements en asynchrone et en panchrone, deux courants décalés d'un quart d'onde, il y a en tout 8 rangées de balais.

Le collecteur a un diamètre de 55 cm et une longueur utile de 10 cm.

Les ailettes du collecteur sont en maillechort. Le collecteur est monté sur un croisillon en fonte portant deux nervures courant sur toute la surface extérieure et contre lesquelles sont serrés les anneaux retenant entre eux les queues d'aronde des lames du collecteur.

Sur ce collecteur frottent les 8 rangées de 4 balais en charbon supportées par un balancier permettant le déplacement de l'ensemble des porte-balais. En outre, chaque rangée peut être réglée indépendamment des autres.

Les huit lignes de balais sont réunies par paires aux 4 bagues de prise de courant de l'alternateur.

L'excitatrice à enroulements sinusoïdaux est entraînée par l'arbre de la machine à vapeur à l'aide d'un manchon d'accouplement représenté sur la partie gauche de la figure.

L'excitatrice est calculée pour débiter un courant maximum de 200 ampères sous une tension maxima d'excitation de 250 volts.

Transformateur de compoundage. — Le transformateur de compoundage (fig. 271 à 273) est formé de trois transformateurs à courant alternatif simple disposés, l'un à côté de l'autre, dans une caisse unique.

Ces transformateurs sont du type à noyau, à une seule bobine primaire et une seule bobine secondaire, toutes deux disposées concentriquement et horizontalement.

Le noyau est formé par des tôles découpées en forme d'U surmontées par un noyau droit portant les enroulements.

Les dimensions des tôles en forme d'U sont de 56 cm de largeur et 29 cm de hauteur; les largeurs de la partie inférieure et des jambes verticales sont respectivement de 15 cm et 12 cm, l'épaisseur de la pile de tôles est de 15,4 cm.

Le noyau formant le circuit magnétique a une largeur de 56 cm et une hauteur de 15 cm.

Un entrefer, réglable à volonté à l'aide de cales, est ménagé entre le noyau et les branches de l'U.

L'enroulement primaire est placé à l'intérieur et comporte

39 spires formées d'une barre de cuivre à section rectangulaire.

L'enroulement secondaire est disposé extérieurement et comprend un même nombre de spires de même section que le primaire. De plus, les spires de la couche extérieure sont

Fig. 271.
Transformateur de compoundage de l'alternateur de la Maison Bréguet.
Compoundirungstransformator des Drehstromgenerators der Firma Bréguet.
Compounding transformer for Bréguet alternator.

nues afin de permettre de disposer l'extrémité du circuit sur telle ou telle spire de cette couche de façon à faciliter le réglage pour obtenir le compoundage le plus précis possible.

Les connexions de l'alternateur, de son excitatrice et du transformateur de compoundage sont représentées par la figure 274.

Résultats d'essais. — Dans le fonctionnement de l'alternateur à l'Exposition comme génératrice synchrone, c'est-à-dire en alimentant l'inducteur avec du courant continu par un seul de ses circuits, l'intensité du courant d'excitation pour

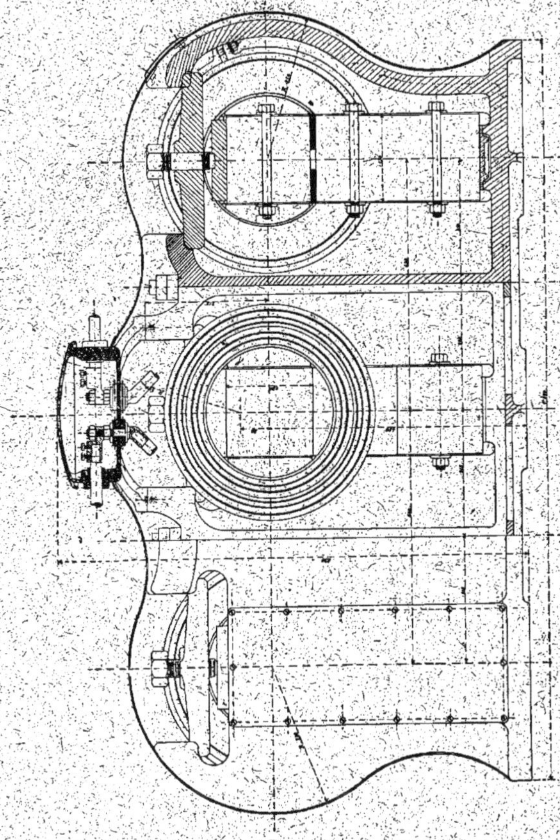

Fig. 272
Transformateur de compoundage de l'alternateur Boucherot. — Ensemble.
Compoundirungstransformator von Boucherot. — Zusammenstellung.
Compounding transformer for Boucherot alternator. — Outline.

obtenir, à vide et à vitesse normale, la tension de 2 200 volts, est de 140 ampères.

En court-circuit, le courant normal de débit de 230 ampères est obtenu avec un courant d'excitation de 97 ampères.

Moteur à vapeur. — Le moteur à vapeur est à triple expansion et à 4 cylindres : un à haute pression, un à moyenne pression et deux à basse pression.

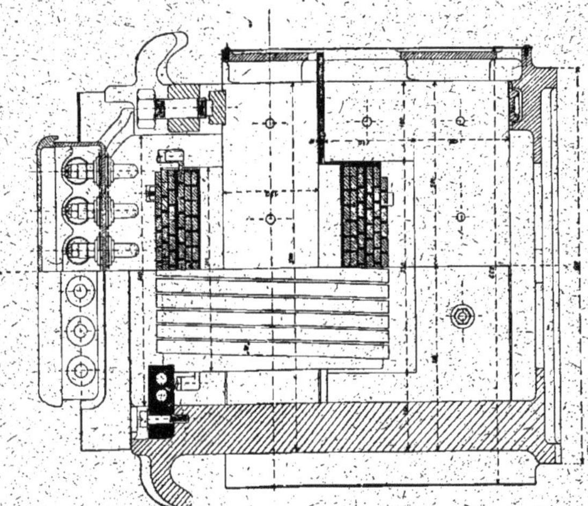

Fig. 273.
Transformateur de compoundage de l'alternateur Boucherot. — Ensemble.
Compoundirungstransformator von Boucherot. — Zusammenstellung.
Compouding transformer for Boucherot alternator. — Outline.

Les dimensions et la vitesse de ce moteur sont les suivantes :

Diamètre du cylindre à haute pression	55 cm
Diamètre du cylindre à moyenne pression . . .	82 »
Diamètre du cylindre à basse pression	85 »
Course commune des pistons	46 »
Vitesse angulaire en tours par minute	250

Cette machine est établie pour fonctionner avec une pression de vapeur de 13,5 kg : cm². Dans ces conditions, elle

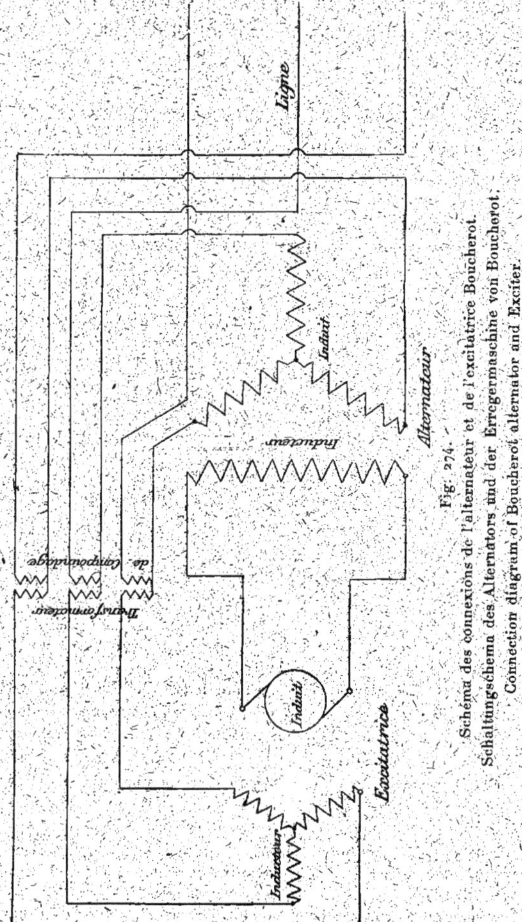

Fig. 274.
Schéma des connexions de l'alternateur et de l'excitatrice Boucherot.
Schaltungsschema des Alternators und der Erregermaschine von Boucherot.
Connection diagram of Boucherot alternator and Exciter.

peut développer une puissance indiquée de 1 750 chevaux à 250 tours par minute.

A l'Exposition, où la pression de la vapeur n'était que de 9 à 10 kg : cm², elle ne pouvait développer que 1 250 chevaux à 250 tours.

La distribution de la vapeur est faite par tiroirs ; le régulateur agit directement sur la vanne d'arrivée de vapeur.

Le condenseur est indépendant.

II. — ALTERNATEUR COMPOUND A COURANTS DIPHASÉS

II. — COMPOUNDIRTER ZWEIPHASEN-GENERATOR

II. — TWO-PHASE ALTERNATOR WITH COMPOUNDED FIELDS

L'alternateur de M. Leblanc appartient seul à cette classe.

ALTERNATEUR DE 60 KILOVOLTS-AMPÈRES DE MM. HUTIN ET LEBLANC

60 KVA. ZWEIPHASENGENERATOR VON HUTIN UND LEBLANC

60 KVA. HUTIN AND LEBLANC TWO PHASE ALTERNATOR

L'alternateur de 60 kilovolts-ampères que M. Maurice Leblanc avait exposé dans le stand de M. A. Grammont est le premier type d'alternateur compound construit sur les principes que nous allons étudier.

Théorie du compoundage de M. M. Leblanc. — La genèse du procédé de compoundage Hutin et Leblanc peut se retrouver dans le diagramme des tensions d'un alternateur.

Reprenons le diagramme de tension de la figure 255, on voit que le vecteur OB peut représenter la direction de l'axe d'un pôle de l'inducteur et par suite qu'il a une direction indépendante du débit et du décalage ; les vecteurs OA et OA′ varient au contraire, l'un OA en direction seulement, et l'autre OA′ en grandeur et en direction avec ces deux quantités, mais toujours de façon à ce que leur résultante conserve la même direction OB.

Avec l'hypothèse de la proportionnalité des forces électromotrices aux courants d'excitation, on conçoit facilement que, si l'on peut réaliser une excitatrice excitée non plus par un inducteur ordinaire, mais par deux inducteurs à courants polyphasés (fournis naturellement par l'alternateur lui-même) donnant des flux proportionnels aux deux vecteurs OA et OA' et conservant entre eux, et par rapport au vecteur fixe OB, les mêmes angles que ces vecteurs, on obtiendra un compoundage parfait de l'alternateur.

L'excitatrice ayant le même nombre de pôles que l'alternateur, bipolaire par exemple, il suffira évidemment, pour réaliser en grandeur les champs inducteurs, de disposer deux enroulements polyphasés convenablement déterminés, l'un en dérivation aux bornes de l'alternateur et l'autre en série avec le réseau, puis de les faire agir sur un induit commun disposé sur l'ensemble des anneaux portant les bobinages polyphasés. Reste à voir si les décalages entre les deux champs et par rapport à l'axe OB peuvent être également obtenus.

Supposons l'excitatrice calée sur l'arbre même de l'alternateur et inversons les connexions des champs inducteurs de façon à les faire tourner en sens contraire du mouvement de la machine. Ces champs inducteurs deviendront fixes dans l'espace puisqu'ils tournent maintenant en sens contraire de l'inducteur de l'alternateur et avec la même vitesse que lui.

Le flux dû au champ tournant dont l'enroulement est en dérivation aux bornes de l'alternateur sera décalé d'un quart de période par rapport à la différence de potentiel aux bornes, représentons-le en $O\psi$ (fig. 275); celui dû à l'enroulement série sera au contraire en coïncidence de phase avec le courant, et si les prises de courant des deux circuits se correspondent, c'est-à-dire sont en regard les unes des autres, le flux correspondant au courant pourra être représenté par le vecteur $O\psi'$.

Les vecteurs $O\psi$ et $O\psi'$ étant proportionnels aux vecteurs

OA et OA′ et perpendiculaires respectivement à ceux-ci, leur résultante sera proportionnelle à OB et perpendiculaire à cette direction.

Le champ inducteur résultant dans l'excitatrice sera donc non seulement proportionnel à la tension induite à obtenir

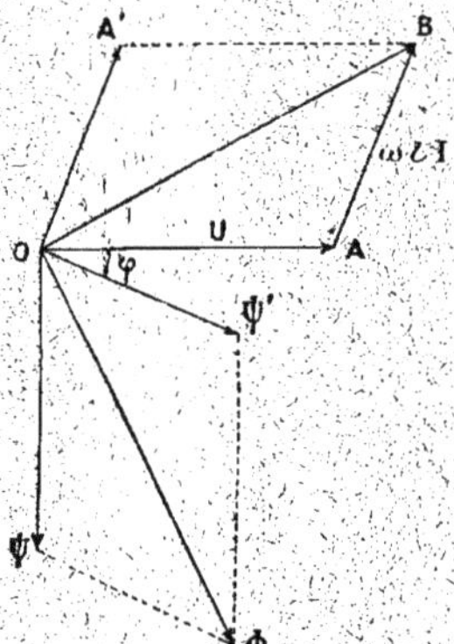

Fig. 275.

Diagramme des tensions d'un alternateur et des champs inducteurs tournants de l'excitatrice Hutin et Leblanc.

Spannungsdiagramm des Alternators und der Drehfelder der Erregermaschine von Hutin und Leblanc.

Voltage diagram of Hutin and Leblanc alternator and of revolving field exciter.

dans l'alternateur, et par suite, d'après nos hypothèses, au courant d'excitation à produire dans l'alternateur, mais aura de plus une direction fixe dans l'espace.

Si l'on fait agir ces champs inducteurs sur un induit ordinaire de machine à courant continu, l'axe de la zone neutre, et partant la position des balais, sera fixe dans l'espace si l'on a soin toutefois d'annuler les réactions d'induit, comme l'a proposé M. Leblanc, par l'adjonction d'un enroulement compensateur.

Tel est le fonctionnement de l'excitatrice compoundeuse de MM. Hutin et Leblanc décrite par M. Leblanc et dont nous reproduisons en figure 276 la constitution schématique.

M. Leblanc donnait de cette excitatrice la description suivante :

« Sur un même axe OO sont disposés deux anneaux A et B.

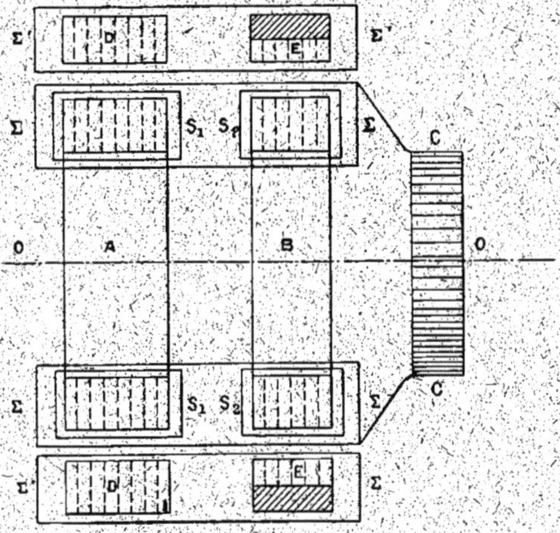

Fig. 276.

Excitatrice Hutin et Leblanc (Schéma).

Erregermaschine von Hutin und Leblanc (Schema).

Hutin and Leblanc Exciter (Diagram).

Autour de l'anneau A est monté un premier enroulement S_1S_1 de machine à champ tournant qui comporte un nombre de circuits régulièrement décalés égal à celui de l'armature de l'alternateur. Ces circuits sont reliés en série avec les circuits correspondants de l'alternateur et par l'intermédiaire de bagues et de frotteurs.

Sur l'anneau B est monté un autre enroulement de machine à champ tournant S_2S_2 dont les circuits sont aussi en nombre égal à ceux de l'armature de la génératrice, mais sont dérivés entre les points d'entrée de ces circuits et les points de sortie des circuits S_1 de l'excitatrice.

Un troisième enroulement de machine à courant continu Σ recouvre les anneaux A et B et aboutit à un collecteur CC. Deux balais diamétralement opposés, appuyés sur ce collecteur, permettront de recueillir un courant qui servira à exciter l'alternateur.

Les anneaux A et B tournent à l'intérieur d'anneaux de fer extérieurs DD et EE où se ferment les flux qu'ils engendrent.

Les sections de ces anneaux DD et EE sont déterminées de telle manière que les circuits magnétiques le long desquels se propageront les flux engendrés par l'anneau A soient toujours dans un état éloigné de la saturation et qu'au contraire, les circuits magnétiques le long desquels se propageront les flux engendrés par l'anneau B, soient fortement saturés lorsque l'excitatrice fonctionnera dans ces conditions normales.

Enfin un circuit Σ'Σ' entoure les anneaux DD et EE. Il comporte autant de spires que le circuit ΣΣ et est parcouru par le courant issu des balais du collecteur CC, comme le représente le schéma. Les points d'entrée et de sortie de ce circuit sont choisis de telle manière que la force magnétisante développée par lui soit toujours égale et de signe contraire à celle développée par le circuit ΣΣ. Dans ces conditions, les courants qui traverseront ces deux circuits ne pourront engendrer aucun flux dans l'excitatrice.

L'axe OO est assujetti à tourner synchroniquement avec celui de l'alternateur et lui est relié invariablement soit par accouplement direct, si les deux machines ont le même nombre de pôles, soit par l'intermédiaire d'un train d'engrenages, soit par tout autre procédé équivalent.

On groupe les circuits à courants alternatifs des anneaux A et B de manière que les champs qu'ils engendrent tournent en sens inverse du mouvement des anneaux. Dès lors, ces champs sont fixes dans l'espace et l'enroulement à courant continu Σ, se déplaçant au milieu des champs fixes, développe entre les balais du collecteur CC une force électromotrice continue dont la grandeur ne dépend, pour une machine donnée, que de l'intensité des deux champs tournants et du calage des balais. »

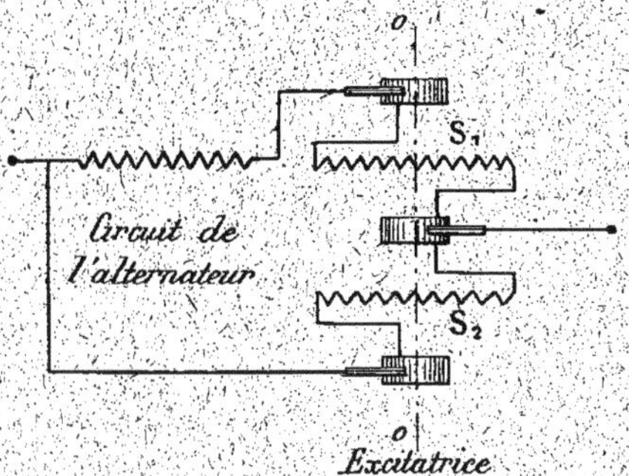

Fig. 277.

Schéma des connexions de l'inducteur de l'alternateur Hutin et Leblanc et de son excitatrice.

Schaltungsschema der Magnete des Hutin und Leblanc Drehstromgenerators und dessen Erregermaschine.

Field connections of Hutin and Leblanc alternator and exciter.

Telle est la théorie du fonctionnement du compoundage Leblanc. Il nous reste maintenant à donner les principales dimensions de l'alternateur et de son excitatrice.

Les connexions de ces deux parties entre elles sont représentées schématiquement sur les figures 277 et 278.

Alternateur. — La puissance de l'alternateur Leblanc est de 60 kilovolts-ampères avec un facteur de puissance de 0,7. La tension aux bornes par phase est de 110 volts et l'intensité du courant par phase de 272 ampères.

La vitesse angulaire est de 800 tours par minute et la fréquence de 40 périodes par seconde. Le nombre de pôles est de 6.

L'alternateur Leblanc est représenté sur la photographie de la figure 279. Les figures 280 à 282 sont des vues d'ensemble avec coupes partielles de l'alternateur et de son excitatrice; la figure 283 montre la forme des encoches de l'inducteur et de l'induit de l'alternateur.

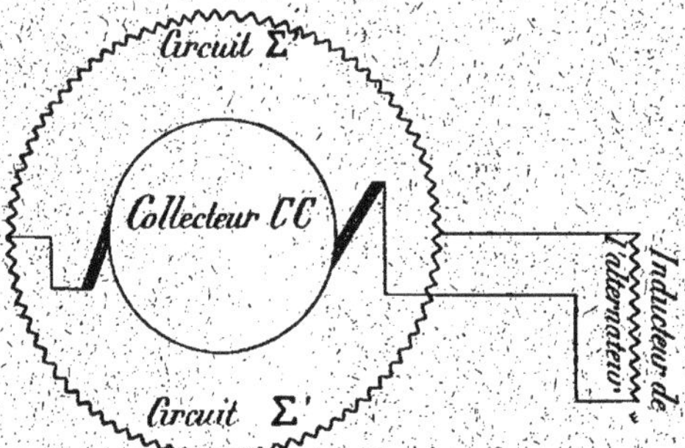

Fig. 278.
Schéma de l'enroulement induit et du circuit compensateur de l'excitatrice Hutin et Leblanc.
Schaltungsschema der Ankerwickelung und des Kompensationskreises der Erregermaschine von Hutin und Leblanc.
Armature and compensator circuit of Hutin and Leblanc exciter.

Inducteur. — L'inducteur a, comme pour l'alternateur Boucherot, une constitution analogue à celle de l'inducteur d'un moteur asynchrone à courants triphasés.

Le support des tôles inductrices est constitué par une poulie en fonte clavetée sur l'arbre et sur les faces de laquelle sont rapportés deux disques en bronze fixés à l'aide de vis.

Les tôles, d'une épaisseur de 0,6 mm, sont serrées entre deux disques en bronze et sont retenues par des clavettes logées en partie dans la jante du support.

Le diamètre extérieur dn support en fonte est de 52,5 cm et sa largeur totale de 19,5 cm.

Le diamètre extérieur des tôles de l'inducteur est de

73,3 cm et la largeur du noyau de 16,5 cm. La hauteur radiale des tôles est de 10,4 cm.

La surface extérieure du noyau inducteur est percée de 36 encoches très peu ouvertes, soit 2 par pôle et par phase.

La hauteur radiale des encoches est de 63 mm et leur largeur de 33 mm pour une ouverture de 6 mm seulement.

L'enroulement inducteur est du type Gramme-Pacinotti. Il est formé par 36 bobines de 72 spires de fil de 4 mm de diamètre.

Les 12 bobines de chaque phase sont groupées en série.

Les trois phases sont montées en triangle, et les extrémités libres des circuits aboutissent à 3 bagues de prise de courant, montées sur un manchon en fonte claveté sur l'arbre, avec 5 autres bagues servant pour l'excitatrice.

Le diamètre des 3 premières bagues correspondant à l'inducteur est de 25 cm et leur largeur de 15 mm.

Les 5 autres bagues ont des largeurs respectives de 15 mm pour les 2 premières et 28 mm pour les 3 autres.

La résistance de l'inducteur par phase est de 0,93 ohm à froid et le poids de cuivre utilisé sur les circuits, de 225 kg.

Induit. — L'induit fixe est formé par une caisse cylindrique en fonte reposant par deux pattes sur un bâti portant 3 paliers rapportés.

Les tôles induites sont empilées sur des clavettes et sont serrées sur le couvercle annulaire de la caisse à l'aide de vis.

Le diamètre extérieur de la carcasse est de 1,025 m et sa largeur de 19,5 cm.

Le diamètre extérieur du noyau des tôles est de 99,5 cm et sa largeur de 16,5 cm.

Le diamètre d'alésage de l'induit est de 73,9 cm et l'entrefer, de 3 mm.

L'enroulement induit est diphasé et logé dans des encoches de forme analogue à celles de l'inducteur.

Ces encoches, au nombre de 48, 4 par pôle et par phase

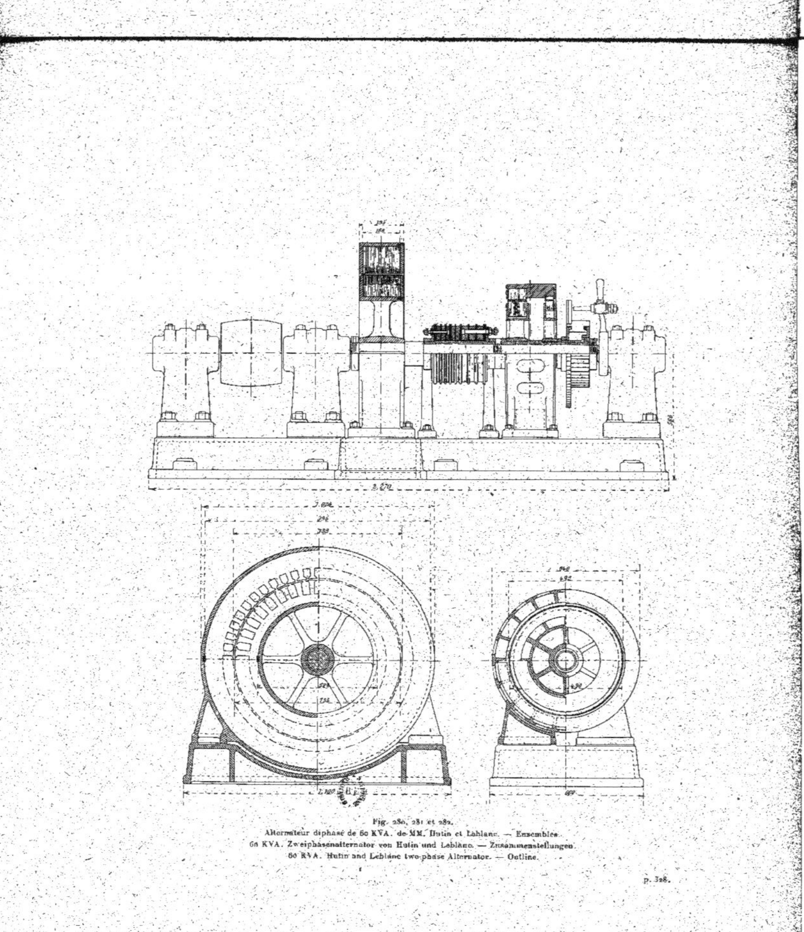

Fig. 280, 281 et 282.
Alternateur diphasé de 60 KVA. de MM. Hutin et Leblanc. — Ensembles.
60 KVA. Zweiphasenalternator von Hutin und Leblanc. — Zusammenstellungen.
60 KVA. Hutin and Leblanc two-phase Alternator. — Outline.

p. 328.

Fig. 279.
Alternateur à courants diphasés de 60 KVA. de MM. Hutin et Leblanc.
60 KVA. Zweiphasenalternator von Hutin und Leblanc.
60 KVA. Hutin and Leblanc two-phase Alternator.

ont une hauteur radiale de 48 mm et une largeur de 32 mm; la largeur de l'ouverture dans l'entrefer est de 6 mm.

L'enroulement induit est exécuté suivant le schéma de la

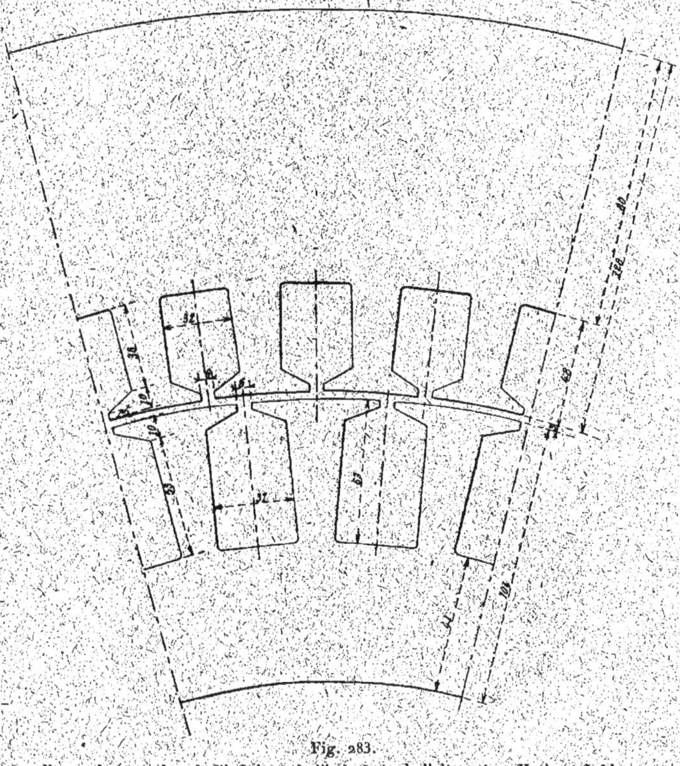

Fig. 283.
Forme des encoches de l'induit et de l'inducteur de l'alternateur Hutin et Leblanc.
Nutenform des Ankers und der Magnete des Alternators von Hutin und Leblanc.
Armature and field punchings of Hutin and Leblanc alternator.

figure 284; il comprend une bobine par pôle et par phase. Chaque bobine enroulée dans 4 encoches est constituée par des barres de cuivre de 25 mm de largeur et de 6 mm d'épaisseur, et les différentes barres sont réunies entre elles par des parties cintrées de même section.

Le nombre de spires de chaque bobine est de 8, ce qui correspond à 4 conducteurs par encoche. Les 6 bobines de chaque phase sont montées en série et leur résistance est de 0,0069 ohms à froid. Le poids du cuivre utilisé sur l'induit est de 160 kg.

Les deux circuits induits aboutissent, d'une part, à deux

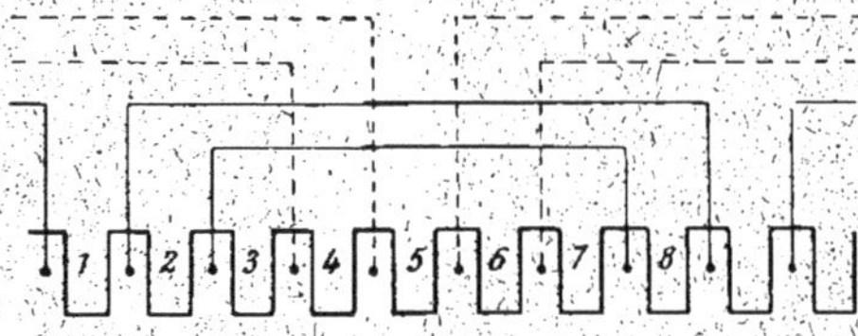

Fig. 284.
Schéma de l'enroulement de l'induit de l'alternateur Hutin et Leblanc.
Schaltungsschema der Ankerwickelung des Alternators von Hutin und Leblanc.
Diagram of armature winding of Hutin and Leblanc alternator.

prises de courants de la machine, et, d'autre part, à 2 séries de balais frottant sur les 5 bagues signalées plus haut, et par lesquelles ces courants pénètrent dans les enroulements série de l'excitatrice.

A leur sortie les courants passent tous deux par une bague unique, sur laquelle frottent une série de balais en communication avec une borne commune aux deux phases.

Les deux dernières bagues sont en relation avec les bornes de l'alternateur, elles correspondent aux circuits en dérivation de l'excitatrice dont les autres extrémités sont également reliées à la bague commune.

Excitatrice. — L'excitatrice de l'alternateur Leblanc est calée sur l'arbre de ce dernier et a par suite le même nombre de pôles que lui.

Sa puissance est de 10 000 watts environ sur une tension maxima de 80 volts.

Elle a une carcasse magnétique assez semblable à celle d'un double moteur asynchrone.

La partie mobile se compose de deux anneaux de tôle serrés chacun dans un support en bronze formé d'une couronne avec joues également en bronze et dont l'une seule est venue de fonte avec le support.

Les noyaux de tôles reposent sur des nervures ménagées à la surface de la couronne et sont retenus dans leur rotation par des clavettes à section rectangulaire logées, mi-partie dans les nervures plus large et mi-partie dans les tôles.

Les deux noyaux ont un diamètre extérieur commun de 49 cm.

Ces noyaux portent une série de rainures rectangulaires de 11 mm de hauteur radiale et de 4 mm de largeur. Ces rainures, au nombre de 192, sont destinées à recevoir l'enroulement aboutissant au collecteur toutes les quatre rainures; celles-ci sont terminées, vers l'intérieur, par un trou circulaire de 16 mm de diamètre qui reçoit l'enroulement inducteur polyphasé.

Le noyau portant l'enroulement en dérivation a un diamètre intérieur de 39,2 cm, ce qui correspond à une hauteur radiale de 4,9 cm.

Sa longueur parallèlement à l'axe est de 3,5 cm.

L'enroulement inducteur diphasé, monté en dérivation, est du genre anneau; il comprend 48 bobines, soit 4 par pôle et par phase. Chaque bobine comporte 12 spires de fil de 1,4 mm de diamètre.

Toutes les bobines d'une même phase sont groupées en série.

Les deux circuits ont un pôle commun aboutissant à la bague commune annoncée plus haut. Les deux extrémités libres sont connectées avec deux des bagues plus étroites.

Le second anneau, portant l'enroulement en série avec les circuits induits de l'alternateur, a un diamètre intérieur de

34,2 cm et une hauteur radiale de 7,4 cm. La largeur parallèle à l'axe est de 8,2 cm.

Dans les trous est logé un enroulement diphasé du même genre que celui de l'alternateur et formé par des barres de cuivre, de 14 mm de diamètre ou de 154 mm² de section, réunies entre elles, par phase, par des lames de même nature. Les extrémités des circuits aboutissent aux 3 bagues plus larges dont l'une est commune aux deux circuits.

L'enroulement induit de l'excitatrice est bobiné sur l'ensemble des deux anneaux. Il est du type Gramme-Pacinotti et comprend 192 sections de 2 spires de fil de 2,4 mm de diamètre chacune.

Le collecteur est monté sur une douille en fonte emmanchée sur le moyeu portant les supports des deux anneaux; les lames sont serrées par un écrou vissé sur l'arbre, entre deux plateaux, dont l'un est venu de fonte avec la douille.

Le diamètre du collecteur est de 20 cm et sa largeur de 8 cm.

Les lames des collecteurs sont réunies par groupe de 6 à l'aide de développantes de cercle de façon à réduire le nombre de balais au minimum avec groupement en quantité de l'enroulement.

Les connexions de l'induit aux développantes avaient tout d'abord été faites de façon à constituer deux induits distincts aboutissant, l'un aux lames paires et l'autre aux lames impaires, suivant le dispositif de Weston.

L'expérience a montré l'inutilité de ce dispositif, les étincelles n'existant pas même avec un recouvrement de balais supérieur à une lame et deux isolants, et quel que soit le calage des balais.

Les balais ont leurs axes supportés par un balancier en fonte pouvant tourner autour d'un anneau venu de fonte avec l'un des paliers. Ces balais sont répartis en 3 lignes de 2 chacune et décalés d'un angle de $\frac{120^\circ}{3}$ ou 40°, de façon à recueillir dans le fonctionnement en génératrice asynchrone 3 courants décalés d'un tiers de période.

La partie fixe de l'excitation se compose de deux noyaux de tôles feuilletées maintenues dans une caisse de bronze.

Ces noyaux ont la même largeur que celle des deux anneaux bobinés. Leur diamètre d'alésage commun est de 49,2 cm.

Celui situé en face de l'anneau correspondant à l'enroulement en dérivation a un diamètre extérieur de 52,6 cm et une hauteur radiale de 1,7 cm.

Celui correpondant au second anneau a un diamètre extérieur de 60,2 cm et une hauteur radiale de 5,5 m.

Ces deux noyaux portent intérieurement des rainures rectangulaires de 10 mm de hauteur et 4 mm de largeur. Dans ces rainures est réparti un enroulement du genre Gramme formé de 192 bobines de 2 spires de fil de 2,4 mm de diamètre chacune.

Ces bobines sont réparties en 36 sections, 2 par pôle et par phase.

Les 12 sections de chaque phase sont montées en dérivation entre deux cercles collecteurs de cuivre, et le circuit ainsi obtenu est monté en série avec les 3 conducteurs d'excitation de l'alternateur.

Ce dispositif a pour but de créer dans l'anneau fixe un nombre d'ampèretours égal à celui de l'induit et réparti de la même façon de manière à annuler la réaction d'induit.

Résultats d'essais. — Nous avons représenté sur la figure 286 la caractéristique à vide et en court-circuit (courbe I et II) de l'alternateur Leblanc.

Ces caractéristiques sont obtenues en envoyant un courant continu par deux des trois bagues de prises de courant de l'inducteur.

On voit que, tandis qu'il faut un courant d'excitation de 28 ampères pour obtenir la tension normale à vide à la vitesse de 800 tours par minute, le courant d'excitation nécessaire

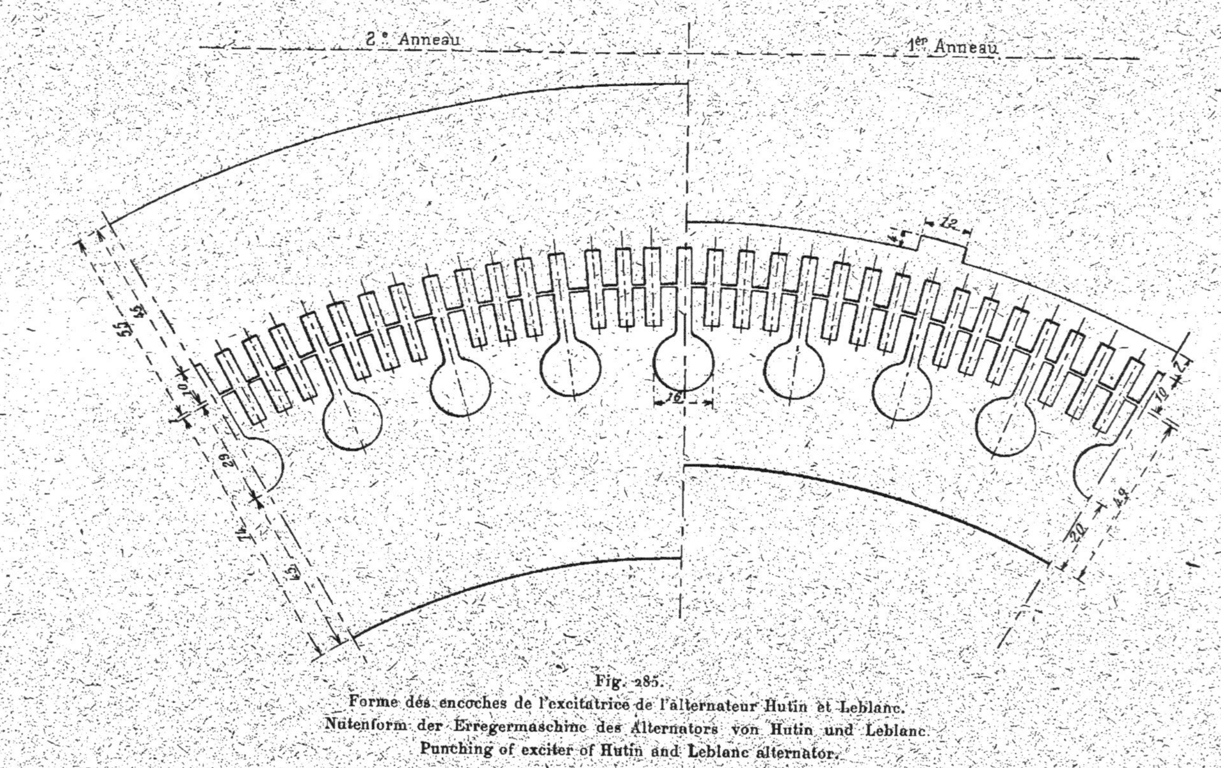

Fig. 285.
Forme des encoches de l'excitatrice de l'alternateur Hutin et Leblanc.
Nutenform der Erregermaschine des Alternators von Hutin und Leblanc.
Punching of exciter of Hutin and Leblanc alternator.

pour obtenir l'intensité de débit, en court-circuit, est de 91 ampères, soit 3,25 fois plus.

Cette machine a été essayée sous différentes charges avec son excitation. A vide, la tension n'est que de 98 volts, il y

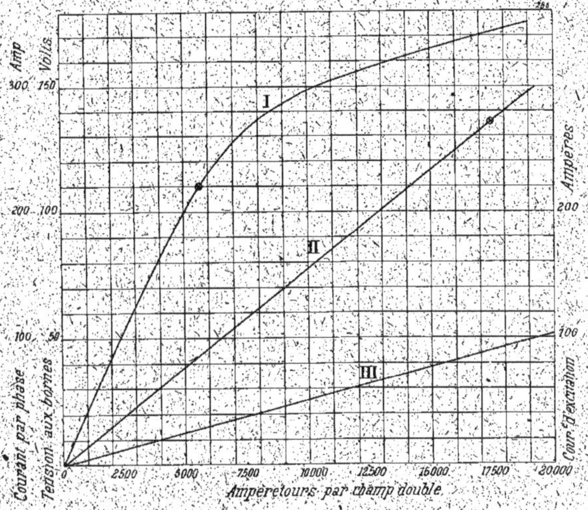

Fig. 286.
Caractéristiques de l'alternateur Hutin et Leblanc.
I. Caractéristique à vide. — II. Caractéristique en court circuit. — III. Droite d'excitation.

Kurven des Alternators von Hutin und Leblanc.
I. Charakteristik bei Leerlauf. — II. Kurzschlusscharakteristik. — III. Erregungsgerade.

Characteristics of Hutin and Leblanc alternator.
I. No load saturation curve. — II. Short-circuit curve. — III. Excitation line.

aurait donc lieu d'augmenter un peu, de 12 p. 100 environ, les dimensions de l'anneau correspondant à l'enroulement en dérivation.

En charge la tension augmente avec le débit, ce qui indique une action un peu trop forte de l'enroulement série ; la section de l'anneau correspondant serait donc à réduire.

Les résultats obtenus par M. Leblanc ont été les suivants :

VITESSE ANGULAIRE	DÉBIT DU CIRCUIT SINUS		DÉBIT DU CIRCUIT COSINUS		TENSIONS AUX BORNES
	Courant déwatté	Courant watté	Courant déwatté	Courant watté	
792	0	0	0	0	98
794	74,5	0	74,5	0	104
789	78	68	78	63	116
794	78,5	75	78,5	73	118
786	79	85	79	73	114,5
770	80	108	80	108	116,5
772	79	125	79	122	118,5
780	80	120	80	120	115,5
792	79	152	79	158	116,5
770	79	155	79	155	114
788	77,5	190	77,5	205	110
762	77,5	223	77,5	208	104
754	74	240	74	250	96

Des essais de couplage en parallèle ont été également faits avec des alternateurs synchrones fonctionnant comme générateur ou comme moteur, et ont pleinement réussi. Dans le second cas, l'alternateur a fonctionné comme génératrice asynchrone.

III. — ALTERNATEUR TRIPHASÉ AVEC EXCITATRICE COMPOUNDEUSE

III. — DREHSTROMGENERATOR MIT COMPOUNDIRUNGSERREGERMASCHINE

III. — THREE-PHASE ALTERNATOR WITH COMPOUNDING EXCITER

L'alternateur dont il s'agit ici est celui de M. A. Grammont, que nous avons déjà décrit plus haut (voir p. 181).

EXCITATRICE LEBLANC DE L'ALTERNATEUR A. GRAMMONT DE 860 KILOVOLTS-AMPÈRES.

ERREGERMASCHINE SYSTEM « LEBLANC » DES 860 KVA. DREHSTROMGENERATORS VON A. GRAMMONT

LEBLANC EXCITER OF 860 KVA. A. GRAMMONT THREE-PHASE ALTERNATOR

Fonctionnement de l'excitatrice. — Le fonctionnement de l'excitatrice Leblanc exposé plus haut resterait évidemment le même si l'alternateur et l'excitatrice n'avaient pas le même nombre de pôles, mais des vitesses dans le rapport inverse de ces nombres de pôles. Dans ce cas, l'excitatrice serait commandée par un engrenage.

Ce dispositif a, en général, au point de vue de la construction de l'excitatrice, des inconvénients assez sérieux que MM. Hutin et Leblanc ont fait disparaître en employant le dispositif très ingénieux qui permet de recueillir, avec des

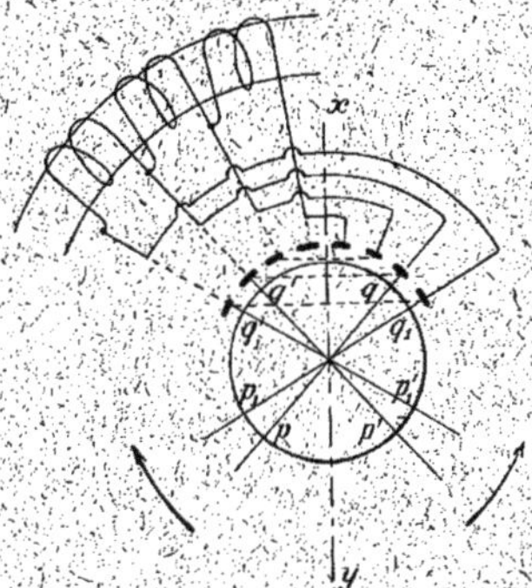

Fig. 287.
Induit Gramme à connexions inversées.
Gramme-Anker mit umgekehrten Verbindungen.
Gramme armature with inverted connections.

balais fixes, un courant continu sur le collecteur d'un induit soumis à l'action d'un champ, tournant par rapport à celui-ci et composé, comme plus haut, de deux champs tournants proportionnels à la tension aux bornes et à la force électromotrice de self-induction de l'alternateur.

Ce dispositif repose sur les deux propriétés suivantes :

1° Considérons une dynamo à courant continu bipolaire, à anneau Gramme par exemple, dont l'induit tourne avec une vitesse angulaire n dans le sens qq_1 (fig. 287) et supposons qu'on inverse toutes les connexions des points de jonction des sections par rapport à un diamètre quelconque xy. (Sur la figure, les connexions ordinaires ont été indiquées en traits ponctués et les connexions inversées, en traits pleins.)

Si l'on veut recueillir un courant continu avec cette nouvelle machine, il faut que les lames défilent sous les balais dans le même sens que dans le montage ordinaire. Pour cela il nous suffit évidemment de faire tourner les balais à la vitesse angulaire n par rapport à l'induit et dans le même sens que lui.

Comme l'induit est déjà animé d'une vitesse n, les balais auront une vitesse absolue égale à $2n$.

On peut encore dire plus simplement que la zone neutre, fixe dans le cas où les connexions sont comme à l'ordinaire, se déplace maintenant symétriquement par rapport à l'axe xy ; celui-ci se déplaçant avec l'induit et, par suite, avec une vitesse n, la vitesse de la zone neutre sera de $2n$.

Si maintenant nous supposons que l'ensemble de l'inducteur et de l'induit tourne avec la vitesse $2n$ en sens contraire, les balais redeviendront fixes et l'inducteur tournera dans l'espace avec la vitesse $2n$ et avec une vitesse n par rapport à l'induit animé lui-même de la vitesse n. Si nous faisons tourner seulement l'ensemble en sens contraire avec la vitesse n l'induit restera fixe et l'inducteur et les balais tourneront à la même vitesse n, mais tous deux en sens contraire.

Pour une machine à $2p$ pôles, on obtiendra évidemment le même résultat en adoptant p axes de symétrie.

2° Considérons en second lieu une dynamo à courant continu multipolaire avec enroulement induit en quantité. Soient $2p$ le nombre de pôles et $2pm$ le nombre de lames au collecteur.

Pour recueillir un courant continu sur cette machine dont l'induit tourne avec une vitesse angulaire n, il faut, comme on le sait, soit réunir les p lignes de balais au même potentiel en quantité, soit employer seulement deux balais et réunir entre elles par des connecteurs les différents systèmes de p lames homologues.

Nous recueillerions encore du courant continu si nous réduisions les $2\,pm$ lames du collecteur à $2\,m$ en réunissant les p points de jonction au même potentiel à une seule lame et si nous faisions tourner deux balais aux extrémités d'un même diamètre avec une vitesse p fois plus grande que celle de l'induit ou pn, car le nombre de lames qui passera sous un balai pendant un temps donné restera ainsi le même.

Si comme plus haut, nous imprimons à l'ensemble une vitesse pn en sens contraire de la rotation de l'induit et des balais, ceux-ci deviendront fixes ; tandis que l'induit et l'inducteur tourneront dans le même sens avec des vitesses respectivement égales à $(p-1)\,n$ et pn.

Supposons maintenant qu'au lieu de réduire le nombre de lames p fois, on le réduise seulement k fois, k étant un diviseur de p ; on conçoit facilement qu'il suffira de faire tourner les balais avec une vitesse égale à $\frac{pn}{k}$ pour que le courant recueilli soit un courant continu.

En augmentant le nombre de lames d'un multiple p, c'est-à-dire en prenant pour k un multiple de p, on diminuerait cette fois la vitesse, mais toujours dans le rapport inverse de k et la vitesse des balais serait encore égale à $\frac{pn}{k}$.

Ceci posé, voyons comment on peut utiliser ces deux propriétés, ou même seulement l'une d'entre elles, pour réaliser une excitatrice à courant continu avec des balais fixes et un champ inducteur tournant, résultant de la composition de deux champs tournants, constitués comme il a été dit par deux inducteurs de moteurs asynchrones dont les enroulements sont connectés, l'un en dérivation aux bornes de l'alternateur, l'autre en série avec les circuits de cet alternateur.

Soient α la fréquence des courants produits par la dynamo et $2\,p$ le nombre de pôles de chacun des deux inducteurs et de l'induit de l'excitatrice ; la vitesse angulaire n des champs tournants inducteurs et par suite du champ résultant sera donnée par la relation

$$np = \alpha, \qquad \text{d'où} \qquad n = \frac{\alpha}{p}.$$

La vitesse angulaire de l'induit étant n', la vitesse relative du champ inducteur de l'excitatrice par rapport à l'induit sera, en admettant que l'induit tourne dans le même sens que le champ inducteur,

$$\frac{\alpha}{p} - n'.$$

Ce serait également la vitesse relative des balais par rapport à l'induit s'il y avait $2p$ lignes de balais ; si nous en mettons $2k$, la vitesse des balais sera modifiée ainsi qu'on l'a vu dans le rapport de $\frac{p}{k}$ et deviendra

$$\frac{p}{k}\left(\frac{\alpha}{p} - n'\right).$$

Inversons maintenant, comme il a été dit plus haut, les connexions de l'induit par rapport à p axes de symétrie ; les balais vont conserver la même vitesse relative par rapport à l'induit, mais en sens contraire de la précédente. Il en résulte que la vitesse absolue des balais aura pour valeur

$$\frac{p}{k}\left(\frac{\alpha}{p} - n'\right) - n'.$$

La condition de fixité des balais est donc

$$\frac{p}{k}\left(\frac{\alpha}{p} - n'\right) = n'; \qquad \text{d'où} \qquad p + k = \frac{\alpha}{n'}$$

relation où α seul est connu. (Nous verrons plus loin les valeurs de k et p qui ont été choisies pour la réalisation de l'excitatrice.)

En faisant tourner l'induit en sens contraire de l'inducteur on pourrait arriver à la fixité des balais sans renverser les connexions de l'induit.

La vitesse relative de l'induit par rapport à l'inducteur est alors $\frac{\alpha}{n} + n'$ et la vitesse relative des balais, par rapport à l'induit pour $2\,k$ lignes, est $\frac{p}{k}\left(\frac{\alpha}{p} + n'\right)$.

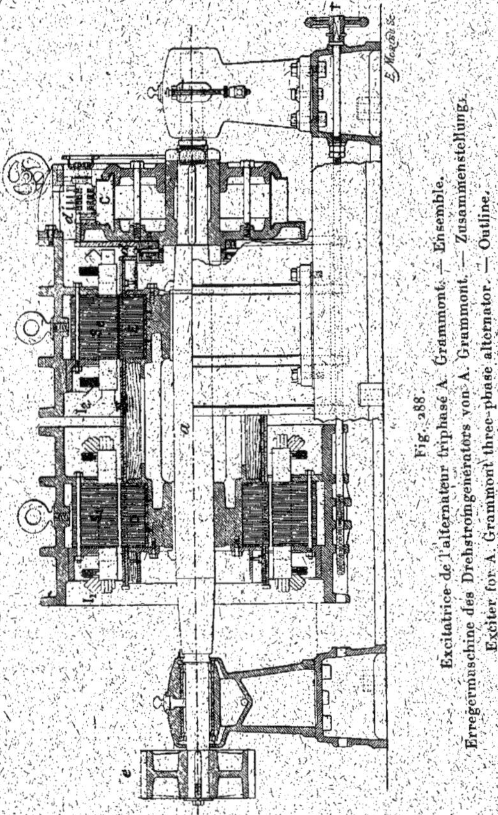

Fig. 288.
Excitatrice de l'alternateur triphasé A. Grammont. — Ensemble.
Erregermaschine des Drehstromgenerators von A. Grammont. — Zusammenstellung.
Exciter for A. Grammont three-phase alternator. — Outline.

Les balais tournant dans le même sens que le champ, leur

vitesse absolue est

$$\frac{p}{k}\left(\frac{\alpha}{p} + n'\right) - n';$$

ce qui donne pour la condition de fixité

$$k - p = \frac{\alpha}{n'}.$$

Cette solution exige que α soit un multiple de n' et conduit à l'emploi d'un nombre très grand de lignes de balais pour une valeur convenable de la vitesse n' de l'excitatrice. Elle n'a par suite aucune valeur pratique.

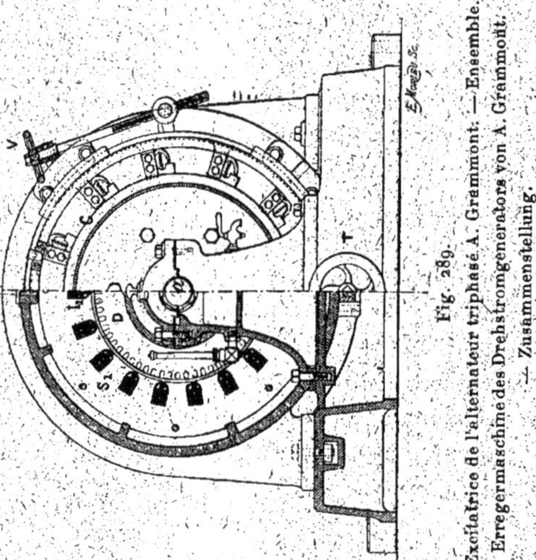

Fig. 289.
Excitatrice de l'alternateur triphasé A. Grammont. — Ensemble.
Erregermaschine des Drehstromgenerators von A. Grammont. — Zusammenstellung.
Exciter for A. Grammont three-phase alternator. — Outline.

Avant de passer à la description de l'excitatrice, nous ferons une dernière remarque au sujet de cette dernière.

En constituant l'excitatrice par un système inducteur à champ tournant et un induit tournant dans le même sens que le champ, on constitue en somme un véritable moteur transformateur à qui la commande par engrenages impose un glissement déterminé.

L'action des inducteurs tend ainsi à amener l'induit à la

vitesse $\frac{\alpha}{p}$, de sorte que le pignon monté sur l'arbre de l'induit tend à entraîner l'arbre de l'alternateur. L'énergie empruntée par les inducteurs de l'excitatrice à l'induit de l'alternateur est donc rendue partiellement à ce dernier sous forme de travail mécanique, la partie qui en est enlevée étant transformée en courant continu pour l'excitation.

Le rapport du travail mécanique ainsi restitué au travail électrique total fourni sera évidemment, au rendement près, dans le rapport de n' à $\frac{\alpha}{p}$.

Excitatrice. — L'excitatrice est représentée en coupes et vues partielles sur les figures 288 et 289.

Le nombre de pôles de chacun des inducteurs S_1 et S_2 est de 6, celui des lignes de balais étant de 12, la vitesse angulaire de l'induit est de $n' = \frac{\alpha}{p + k} = \frac{50 \times 60}{3 + 6} = 333$ tours par minute.

Les deux stators A et B comportent chacun un enroulement triphasé ordinaire réparti dans 18 encoches.

Les enroulements I_1 de l'inducteur S_1 sont bobinés en fil de 3 mm de diamètre et ont chacun 3 bobines montées en série de 92 spires chacune. Le montage est en étoile.

Les enroulements I_2 de l'inducteur S_2 sont, comme l'induit de l'alternateur, bobinés avec du câble de 65,4 mm² de section avec également 7 spires par trou. Les sections de chaque phase sont en série avec les circuits induits de l'alternateur.

L'induit Σ de l'excitatrice porte un bobinage en tambour à 6 pôles.

L'inversion des connexions se fait à l'aide des développantes d (fig. 290 à 292) formées de deux bandes de cuivre étroites de longueurs différentes, réunies aux deux côtés opposés d'une bande plus large et aux extrémités d'une même diagonale de cette bande.

Toutes les bandes larges correspondant à l'intervalle de

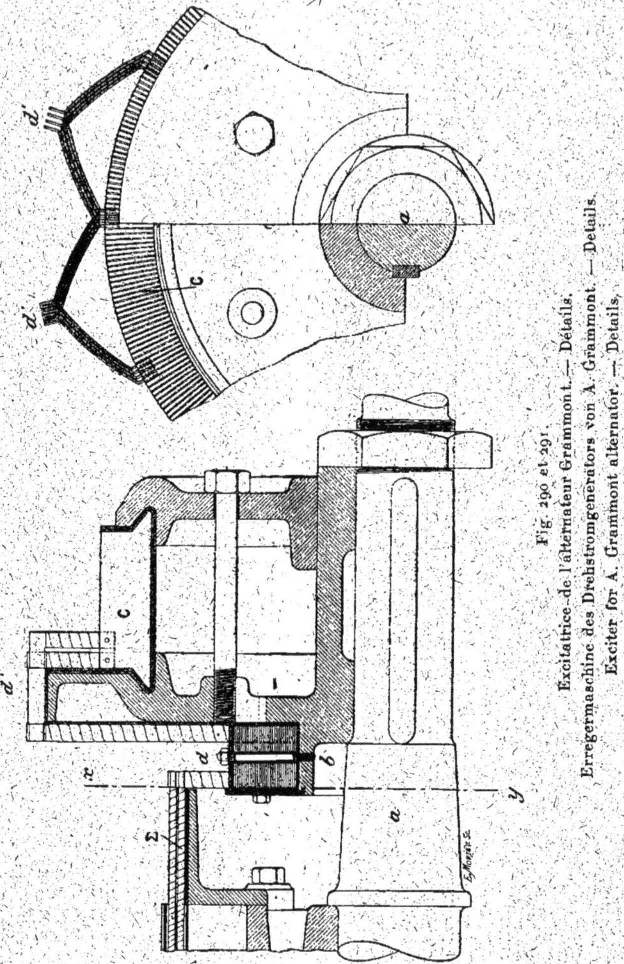

Fig. 290 et 291.
Excitatrice de l'alternateur Grammont. — Détails.
Erregermaschine des Drehstromgenerators von A. Grammont. — Details.
Exciter for A. Grammont alternator. — Details.

deux pôles, sont isolées entre elles et serrées sur un support cylindrique par des boulons b.

Les connexions des sections aux lames du collecteur sont faites à l'aide de barrettes fixées dans les développantes longues *d* réunissant celles-ci à un système de développantes *d'* identique à ceux des induits multipolaires en quantité.

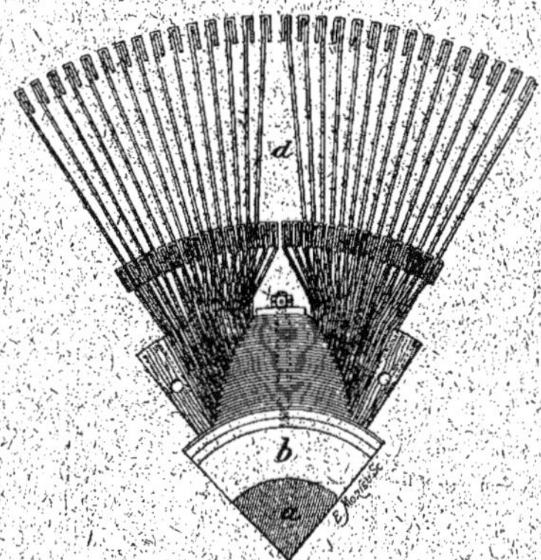

Fig. 292.
Excitatrice de l'alternateur Grammont.
Erregermaschine des Alternators von A. Grammont.
Exciter for A. Grammont alternator.

Le collecteur C comporte 360 lames ; son diamètre est de 50 cm. Les balais au nombre de 36, 3 par ligne, sont montés sur un support qu'on peut déplacer à l'aide d'une vis tangente V.

La figure 293 indique le schéma des connexions de l'induit de l'excitatrice aux lames du collecteur.

Pour pouvoir hypercompounder l'alternateur, on a rendu mobile l'inducteur S_1 à l'aide d'une vis T qui permet de le faire coulisser sur le bâti de façon à enfoncer plus ou moins l'induit dans ce stator et par suite à modifier son action.

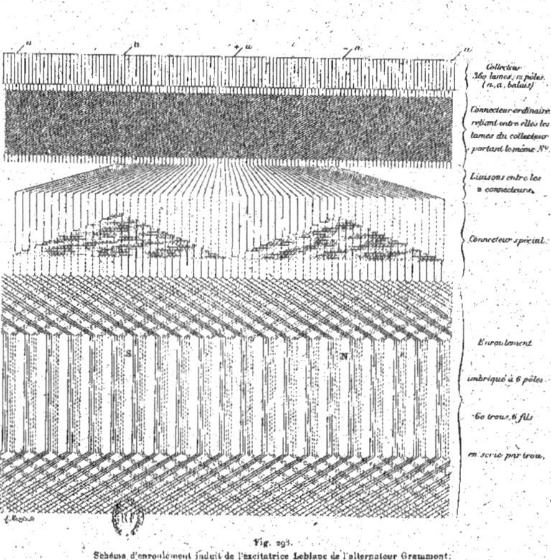

Fig. 293.
Schéma d'enroulement induit de l'excitatrice Leblanc de l'alternateur Grammont.
Ankerwickelung der Leblanc'schen Erregermaschine des Alternators von A. Grammont.
Armature winding of Leblanc exciter for A. Grammont alternator.

p. 346.

CHAPITRE VI

ALTERNATEURS A FLUX ONDULÉ

VI KAPITEL

GLEICHPOLMASCHINEN INDUCTORTYPE

CHAPTER VI

ALTERNATORS WITH UNDULATING FLUX

Propriétés générales. — Les alternateurs à flux ondulé, dont nous avons constaté l'abandon presque complet au chapitre premier, auront été presque aussi vite délaissés qu'ils avaient été adoptés.

Entrés dans la pratique industrielle peu de temps après l'Exposition de Francfort, les alternateurs à flux ondulé auront eu un peu plus de vogue que les alternateurs à bobine centrale et flux renversé qu'on a désignés sous le nom d'alternateurs du type Francfort.

Les alternateurs du type Francfort avaient surtout comme inconvénient d'exiger la rotation de la bobine inductrice.

L'emploi d'alternateurs à flux ondulé permit bien de supprimer la mobilité du circuit inducteur, mais à part cet avantage, donnant la possibilité d'admettre une vitesse tangentielle assez élevée, ce type d'alternateurs n'en conserva pas moins les inconvénients du type Francfort : fuites magnétiques exagérées, difficulté de remplacement du circuit inducteur, etc., et en introduisit d'autres malheureusement très importants.

Notre intention n'est pas de refaire, après tant d'autres, le procès de ce genre de machines; nous devons signaler toutefois que deux inconvénients principaux ont contribué pour beaucoup à son abandon. C'est d'abord la différence d'attraction considérable exercée en cas d'entrefers inégaux, particularité très commune dans ces machines, par suite des inductions assez élevées et des entrefers très petits employés, puis la dissymétrie des courbes périodiques de tension.

Si l'on peut corriger plus ou moins en pratique ce dernier défaut par l'adoption d'un assez grand nombre d'encoches par paire de pôles ou par celui d'amortisseurs Leblanc agissant de façon à amoindrir les harmoniques de la courbe du courant, le premier reste avec tout son effet lorsqu'on veut profiter de la réduction des pertes d'excitation que peut procurer l'emploi des machines à flux ondulé.

La seule raison qui puisse militer en faveur des alternateurs à flux ondulé et à grande vitesse angulaire est donc bien celle que nous avons signalée au chapitre premier, c'est-à-dire l'emploi de vitesses tangentielles impossibles à obtenir avec les alternateurs à pôles séparés et qui permettent la commande des machines par turbines à vapeur ou hydrauliques.

Les alternateurs à flux ondulé présentent dans ce cas une grande supériorité sur les alternateurs à pôles séparés fixes, comme les alternateurs Parsons, par suite de la possibilité de laisser les enroulements induits fixes.

Dans les alternateurs à faible vitesse angulaire et destinés à être commandés directement par moteur à vapeur, le poids de la dynamo est en quelque sorte imposé par les conditions de régularité du moteur primaire. La question dans ce cas est donc un peu différente et les machines à flux ondulé ont pu rendre quelques services.

Les inconvénients que nous signalons plus haut sont, du reste, quelque peu amoindris ici.

En construisant des machines à flux ondulé pour lesquelles l'induction dans l'entrefer a la même valeur que dans les machines à pôles séparés, on a moins à craindre les effets d'attraction magnétique exagérée en cas d'entrefer dissymétrique.

Enfin, l'emploi des circuits amortisseurs ou d'un grand nombre d'encoches permet de réduire la dissymétrie des courbes périodiques de tension en charge.

Toutefois, ce genre de machine est d'un emploi forcément limité à quelques cas par commande à faible vitesse angulaire.

Types d'inducteur. — La forme d'inducteur la plus adoptée est celle à double circuit et à deux rangées de saillies polaires.

Il est toutefois bon de signaler l'apparition d'un type à un seul induit et une seule série de saillies polaires avec pôles conséquents créé par MM. Sautter, Harlé et Cie.

Les avantages qu'on peut tirer d'un pareil dispositif sont très importants en ce qui concerne les répartitions du flux dans l'entrefer dans le sens de l'axe et la diminution des fuites magnétiques de l'inducteur.

L'emploi des alternateurs homopolaires à double noyau d'induit a l'inconvénient de donner aux circuits magnétiques élémentaires des résistances très différentes, surtout avec des entrefers assez petits, par suite de la différence relativement considérable des longueurs de ces circuits dans les parties magnétiques saturées de l'inducteur. Il en résulte une induction croissante dans l'entrefer et, par suite dans l'induit, dès qu'on se rapproche du plan de symétrie de la machine, ce qui conduit à une augmentation des pertes par hystérésis et par courants de Foucault, pour un même volume de fer induit et une même induction moyenne le long de l'entrefer.

Au point de vue des fuites magnétiques, la nécessité de donner à la machine une largeur assez réduite conduit à rapprocher autant que possible les deux couronnes portant les saillies polaires ; on augmente ainsi les fuites entre les deux rangées de saillies. On a toutefois tenté de diminuer les fuites entre les saillies de nom contraire en décalant l'une des séries par rapport à l'autre de l'espace correspondant au pas polaire, mais ce dispositif entraîne plutôt de ce chef une complication dans la construction de l'alternateur et allonge le circuit magnétique.

Ces inconvénients disparaissent ou tout au moins sont sensiblement amoindris dans le dispositif à circuits magnétiques conséquents.

Fixation des pôles. — Les saillies polaires dans les machines à flux ondulé, comme les pôles séparés dans les alternateurs hétéropolaires sont en métal plein, ou feuilletées ou avec épanouissements feuilletés.

Dans les alternateurs à saillies pleines ou à épanouissements feuilletés, celles-ci sont naturellement venues de fonte avec le moyeu ou la jante du volant.

Dans les alternateurs à saillies feuilletées la fixation des pôles est généralement faite par des clavettes à section trapézoïdale et sur lesquelles sont empilées les tôles présentant des rainures de même forme. Les clavettes sont elles-mêmes retenues à la jante par des boulons ou des vis la traversant complètement.

Pour les épanouissements polaires feuilletés, le procédé de fixation est analogue et un peu plus simple. De simples rainures à section trapézoïdale reçoivent des parties, terminées en queue d'aronde, ménagées sur les tôles ou sur les noyaux pleins suivant les cas.

Les bords des saillies ou des épanouissements sont toujours légèrement arrondis ou chanfreinés de façon à obtenir une répartition de flux plus ondulée.

Nature des encoches. — Le genre de perforations le plus adopté pour les induits dépend naturellement de la constitution des saillies. En général, les saillies et les épanouissements étant lamellés, ce sont de simples rainures rectangulaires de façon à permettre la confection des bobines sur gabarit.

Les machines à saillies pleines comportent des encoches plus ou moins fermées ou de véritables pièces polaires induites avec épanouissement.

Un dispositif assez communément adopté consiste à employer des bobines recouvrant les deux induits à la fois; dans ce cas, les deux rangées de saillies polaires sont décalés entre elles d'un intervalle correspondant à la moitié de celui séparant deux saillies voisines.

Classification des alternateurs à flux ondulé. — Comme pour les alternateurs à pôles séparés, nous distinguerons les alternateurs à flux ondulé en plusieurs classes suivant la nature du métal des inducteurs.

Nous considérerons successivement :

Les alternateurs à saillies polaires pleines;

Les alternateurs à saillies polaires feuilletées;

Les alternateurs à épanouissements feuilletés.

Dans une classification générale, chacune de ces classes devrait être subdivisée en deux, ou même trois autres, suivant la constitution du circuit magnétique. Toutefois, la classe des alternateurs à une seule couronne de saillies polaires et deux induits (type de l'Allgemeine Elektricitäts Gesellschaft) étant complètement abandonnée actuellement, et celle à une seule couronne et un seul induit (type Sautter Harlé) étant d'origine récente, nous ne subdiviserons que la première classe pour le type à un seul induit.

Dans chacune des classes précédentes, les alternateurs à flux ondulé seront groupés suivant la nature du courant débité, et suivant le nombre de rainures ou d'encoches par pôle et par phase, de façon à suivre les mêmes règles que pour les alternateurs à pôles séparés.

Description des alternateurs à flux ondulé. — Les alternateurs que nous décrirons sortent tous de maisons très connues et pour lesquelles ce type de machines est accessoire, ce sont les ateliers du Creusot, MM. Farcot et MM. Sautter-Harlé en France, les ateliers d'Oerlikon et MM. Alioth, de Bâle, en Suisse, MM. Ganz et Cie et MM. Siemens et Halske, de Vienne, en Autriche, etc.

A. — ALTERNATEURS A SAILLIES POLAIRES PLEINES

A. — WECHSELSTROMGENERATOREN MIT MASSIVEN POLZACKEN	A. — ALTERNATORS WITH SOLID POLES

Ce groupe comprend plusieurs types à courants triphasés et un à courants diphasés.

I. — ALTERNATEURS TRIPHASÉS A SAILLIES POLAIRES PLEINES

I. — DREHSTROMGENERATOREN MIT MASSIVEN POLZACKEN	I. — THREE-PHASE ALTERNATORS WITH SOLID POLES

Les alternateurs de cette classe sont ceux de MM. Siemens et Halske, de Vienne, et de MM. Sautter et Harlé, de Paris.

ALTERNATEUR DE 122 KILOVOLTS-AMPÈRES DE MM. SIEMENS ET HALSKE DE VIENNE

122 KVA. DREHSTROMGENERATOR DER SIEMENS UND HALSKE A. G. (WIENER WERK).	122 KVA. SIEMENS AND HALSKE (VIENNA) THREE-PHASE ALTERNATOR

Le second alternateur exposé par MM. Siemens et Halske de Vienne est du type à flux ondulé et présente plusieurs propriétés intéressantes.

C'est un alternateur à courants triphasés ; sa puissance est de 122 kilovolts-ampères avec un facteur de puissance minimum de 0,82, ce qui correspond à une puissance utile de 100 kilowatts.

La tension aux bornes est de 2 100 volts et la tension par

Fig. 291.

Stand de MM. Siemens et Halske, de Vienne.

Ausstellung der Siemens und Halske A. G. (Wiener Werk).

Exhibit of Siemens und Halske A. G. (Vienna Works).

p. 352.

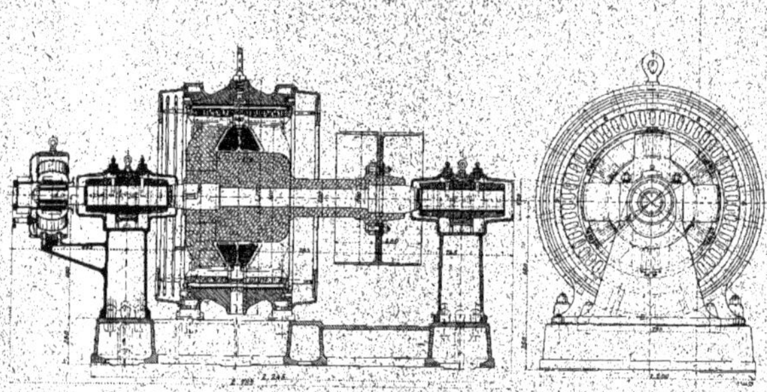

Fig. 295 et 296.
Alternateur triphasé de 122 KVA. de MM. Siemens et Halske, de Vienne. — Ensembles.
122 KVA. Drehstromgenerator der Siemens und Halske A. G. (Wien). — Zusammenstellungen.
122 KVA. Siemens and Halske (Vienna) three-phase Alternator. — Outline.

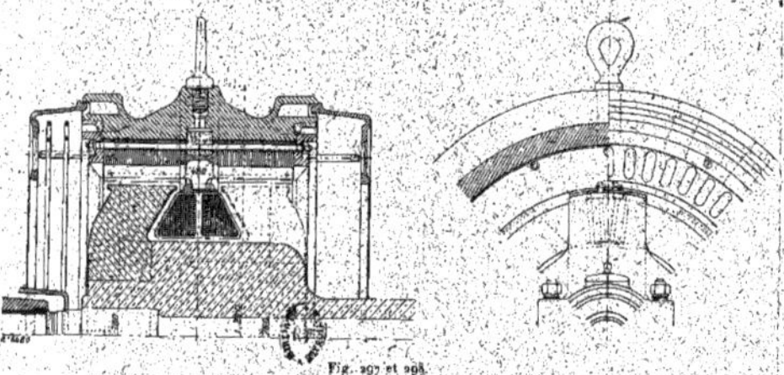

Fig. 297 et 298.
Alternateur triphasé de 122 KVA. de MM. Siemens et Halske, de Vienne. — Détails.
122 KVA. Drehstromgenerator der Siemens und Halske A. G. (Wien). — Details.
122 KVA. Siemens and Halske (Vienna) three-phase Alternator. — Details.

p. 352

phase de 1 210 volts, l'induit étant groupé en étoile. L'intensité du courant par phase est de 33,5 ampères.

La fréquence est de 50 périodes par seconde et la vitesse angulaire de 750 tours par minute, ce qui correspond à 4 saillies polaires par couronne.

L'alternateur à flux ondulé de MM. Siemens et Halske de Vienne est représenté sur la photographie de la figure 294 et sur les figures 295 et 296 qui sont des vues d'ensemble avec coupes de cette machine. Les figures 297 et 298 montrent des coupes et vues partielles, à plus grande échelle, d'une partie de l'induit et de l'inducteur.

Inducteur. — Le système inducteur a une constitution originale ; il est formé d'une sorte de moyeu en acier coulé, portant l'une des séries de saillies polaires et prolongé à une des extrémités par une partie de diamètre plus faible. Ce prolongement porte, venu de fonte, un plateau sur lequel est boulonnée la poulie de commande de la machine.

Aux deux extrémités du moyeu sont pratiquées des ouvertures cylindriques dans lesquelles les deux parties de l'arbre sont emmanchées à chaud.

La seconde série de saillies polaires est disposée sur une couronne qui, une fois la bobine inductrice mise en place, est glissée sur une partie tournée du moyeu et de façon à ce que les saillies des deux couronnes soient décalées d'un angle égal à la moitié de celui que font deux saillies voisines.

Le diamètre du moyeu est de 48 cm et sa largeur de 57 cm. La partie de diamètre plus faible a une longueur de 68 cm et un diamètre minimum de 20 cm.

Le diamètre de l'inducteur, à l'extrémité des saillies polaires est de 76 cm et l'entrefer de 10 mm. Les saillies ont une longueur parallèle à l'axe de 18 cm et une largeur dans le sens perpendiculaire, de 20 cm.

La longueur des deux parties de l'arbre emmanchées

dans le moyeu est de 20 cm et le diamètre de l'arbre dans ces parties, de 14 cm.

Induit. — La carcasse supportant l'induit est en fonte et en une seule pièce ; elle est formée par une caisse à section en dos d'âne et est munie d'ouvertures radiales.

La carcasse de l'induit repose par quatre pattes sur un bâti auquel elle est boulonnée ainsi que les deux paliers.

Les deux couronnes de tôles induites sont serrées, par des anneaux, contre une couronne à section en forme d'H, à l'aide de boulons isolés des tôles.

Pour diminuer la flexion de ces boulons, on a coulé dans les ouvertures radiales de la carcasse un métal fusible qui se soude à cette carcasse et sert ainsi de support au boulon en son milieu.

Deux couronnes en fonte ajourées servent de protecteurs aux enroulements et sont portées par des anneaux venus de fonte avec la carcasse.

Le diamètre extérieur maximum de la carcasse est de 1,27 m et sa largeur, y compris celles des protecteurs, de 90 cm. La largeur de la carcasse seule est de 62 cm.

Le diamètre intérieur de la carcasse est de 1 m environ et le diamètre d'alésage des couronnes induites, de 78 cm.

Le diamètre extérieur des induits est de 99 cm, ce qui correspond à une hauteur radiale des anneaux de 10,5 cm. La largeur de chacun d'eux atteint 20 cm.

La surface intérieure des deux anneaux induits porte 48 encoches demi-fermées, soit 4 par saillie et par phase, dans lesquelles est réparti l'enroulement de l'induit.

Celui-ci comprend 4 bobines par phase, enroulées à la fois sur les deux induits. Chaque bobine est constituée par deux bobines élémentaires enroulées dans 2 encoches des deux induits chacune et comprenant 21 spires de fil de 10 mm^2 de section. Le nombre de conducteurs par encoche est ainsi de 21.

La résistance de l'induit par phase est de 1,1 ohm à chaud et le poids du cuivre utilisé sur l'induit, de 150 kg.

Le circuit inducteur placé entre les deux séries de saillies polaires est maintenu par des supports fixés à la carcasse de l'induit. Il est formé de deux bobines disposées l'une à côté de l'autre.

Le nombre total de spires du circuit inducteur est de 710 et la section du fil qui le constitue de 17 mm².

La résistance du circuit inducteur est de 1,63 ohm à chaud et le poids du cuivre de cette partie, de 230 kg.

Excitatrice. — Le courant d'excitation de l'alternateur à fer tournant de MM. Siemens et Halske de Vienne est fourni par une petite excitatrice montée sur l'arbre de l'alternateur et en porte-à-faux.

Cette dynamo a une puissance de 1,5 kilowatts sous une tension de 45 volts.

L'inducteur, à 4 pôles, est en acier et supporté par une console venue de fonte avec l'un des paliers; son diamètre extérieur est de 48 cm et sa largeur, de 17 cm. Le diamètre d'alésage est de 20,6 cm et l'entrefer, de 3 mm.

L'induit en tambour multipolaire série a un diamètre de 20 cm et une largeur de 11 cm. Il porte 67 rainures, contenant chacune 4 conducteurs de 6,2 mm² de section.

Le collecteur, fixé sur un prolongement du support d'induit, a un diamètre de 20 cm et une largeur utile de 6 cm.

Les balais sont en charbon.

Résultats d'essais. — L'intensité du courant d'excitation nécessaire pour obtenir la tension à vide est de 25 ampères.

Le courant de débit de 33,5 ampères est obtenu en court-circuit avec un courant d'excitation de 7,5 ampères.

En charge de 100 kilowatts utile, avec un facteur de puissance de 0,82, l'intensité du courant d'excitation est de 32 ampères. La chute de tension est, pour cette charge, de 14 p. 100.

ALTERNATEUR DE 60 KILOWATTS DE MM. SAUTTER ET HARLÉ

60 KW. DREHSTROMGENERATOR VON SAUTTER, HARLÉ UND C°

60 KW. SAUTTER, HARLÉ AND C° THREE-PHASE ALTERNATOR

MM. Sautter, Harlé et Cie qui ont entrepris depuis quelque temps l'étude d'alternateurs à flux ondulé en vue de leur commande directe par turbine à vapeur, ont créé un type d'alternateur homopolaire particulièrement intéressant à divers points de vue.

Ce type d'alternateur est à un seul induit et deux systèmes magnétiques inducteurs conséquents.

En dehors des avantages principaux signalés plus haut, l'emploi d'un seul induit rend la construction de l'alternateur plus économique à cause des difficultés et du prix de l'isolation.

En outre, la division de la bobine inductrice en deux parties bien distinctes placées extérieurement et que MM. Sautter, Harlé et Cie partagent encore en deux moitiés superposées, augmente le refroidissement de cet enroulement, refroidissement qui a toujours été une cause d'ennui dans les machines à flux ondulé et qui a forcé jusqu'ici à diminuer les pertes dans cette partie au prix d'une augmentation du poids de cuivre inducteur.

Le dispositif de MM. Sautter, Harlé et Cie exige bien, comme on le verra par la description qui va suivre, un entrefer supplémentaire, mais son importance peut être réduite énormément sans inconvénients mécaniques.

L'alternateur Sautter, Harlé et Cie de ce type, que nous décrirons ici, est destiné à être commandé par courroie.

La puissance de cet alternateur à flux ondulé est de 60 kilowatts sur résistance non inductive et de 45 kilovolts-ampères sur résistances inductives de facteur de puissance égal à 0,75.

Fig. 299.
Alternateur à courants triphasés de 60 KW. de MM. Sautter, Harlé et Cie.
60 KW. Drehstromgenerator der Firma Sautter, Harlé et Cie.
60 KW. Sautter, Harlé et Cie three-phase Alternator.

p. 356.

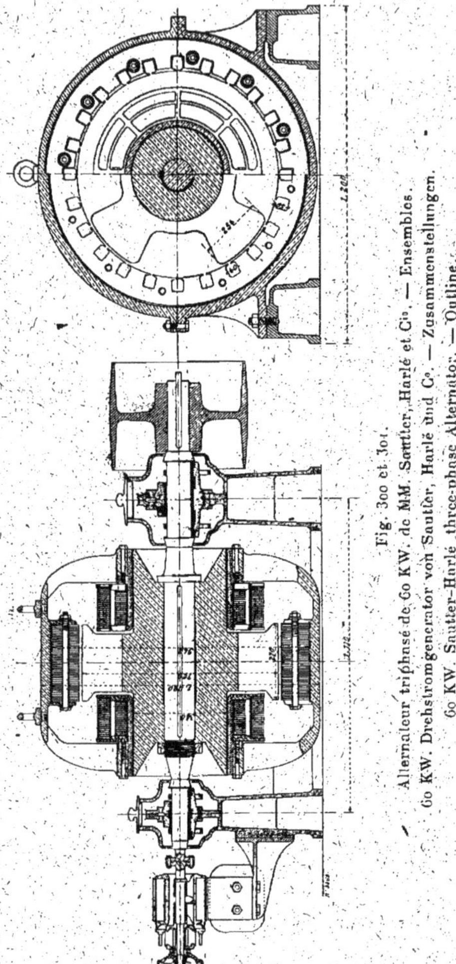

Fig. 300 et 301.
Alternateur triphasé de 60 KW. de MM. Sautter, Harlé et Cie. — Ensembles.
60 KW. Drehstromgenerator von Sautter, Harlé und Co. — Zusammenstellungen.
60 KW. Sautter-Harlé three-phase Alternator. — Outline.

La tension aux bornes est de 5 200 volts et la tension par phase de 3 000 volts, l'induit étant groupé en étoile. Le

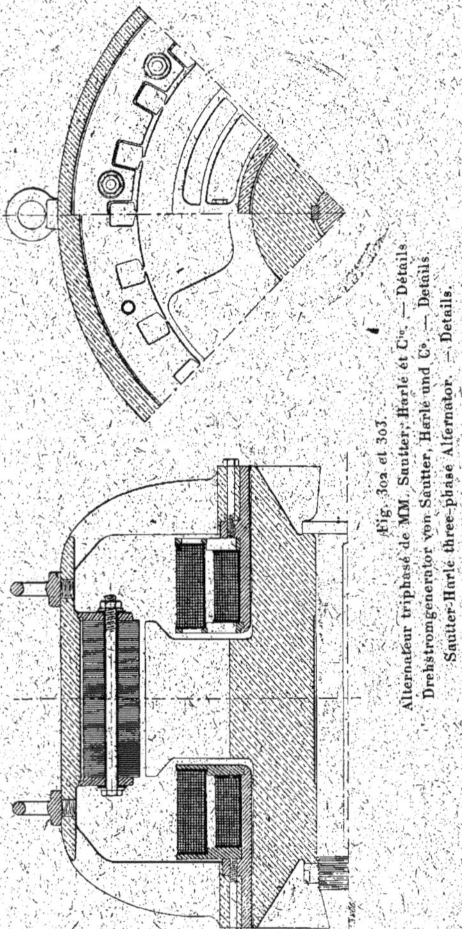

Fig. 302 et 303.
Alternateur triphasé de MM. Sautter, Harlé et Cie. — Détails.
Drehstromgenerator von Sautter, Harlé und Co. — Details.
Sautter-Harlé three-phase Alternator. — Details.

débit par phase pour la marche sur résistance sans induction est de 6,7 ampères ; sur résistances inductives le débit par phase est de 5 ampères.

La vitesse angulaire est de 750 tours par minute et la fréquence de 50 périodes par seconde, le nombre des saillies polaires étant de 4.

L'alternateur est représenté sur la photographie de la figure 299.

Les figures 300 et 301 sont des vues d'ensemble avec coupes partielles et les figures 302 et 303 des coupes et vues, à plus grande échelle, d'une partie de l'induit et de l'inducteur.

Inducteur. — L'inducteur en acier est constitué par un moyeu claveté sur l'arbre et serré à l'aide d'un écrou vissé sur ce dernier. Ce moyeu porte, venues de fonte, 4 saillies polaires.

La longueur du moyeu est de 80 cm. Ce moyeu a un diamètre de 34 cm dans les parties extrêmes et de 43 cm au milieu.

Le diamètre extérieur de l'inducteur à l'extrémité des saillies polaires est de 72 cm et la largeur de celles-ci parallèlement à l'axe de 27 cm.

Les saillies polaires ont une section, perpendiculaire à l'axe, trapézoïdale avec angles légèrement arrondis ; leur largeur maxima dans le sens perpendiculaire à l'axe est de 25,4 cm.

La vitesse tangentielle à la circonférence de l'inducteur est de 28,3 m par seconde.

Le poids de la partie mobile est de 810 kg, y compris l'induit de l'excitatrice dont l'arbre est accouplé par plateaux avec celui de l'alternateur.

Induit. — La carcasse magnétique supportant l'induit est formée par une caisse en acier coulé. Cette carcasse est en deux parties, dont l'une, la partie inférieure, porte des pattes qui reposent sur un bâti auquel elles sont boulonnées.

Le circuit magnétique inducteur est complété latéralement par des bras courbes radiaux venus de fonte avec la carcasse extérieure et portant des couronnes à l'intérieur desquelles sont fixés des cylindres en fer forgé qui entourent les parties extrêmes du moyeu en ménageant un jeu ou un entrefer de 2 mm.

Les cylindres en fer forgé, qui sont destinés à supporter les bobines inductrices, portent un renflement annulaire dans lequel viennent se fixer les vis de serrage.

Les tôles induites, constituant un anneau unique, sont serrées à l'intérieur de la carcasse entre deux disques en bronze, dentés intérieurement, par des boulons isolés, 6 par demi-couronne.

Le diamètre extérieur de la carcasse est de 1,02 m et son diamètre intérieur, de 95 cm.

Le diamètre extérieur des tôles induites est de 94,2 cm et le diamètre d'alésage de 74 cm; la hauteur radiale des tôles est par suite de 10,1 cm. La largeur de l'anneau induit est de 27 cm.

L'entrefer normal est de 10 mm; il y a en outre un entrefer de 2 mm entre la partie extérieure de l'induit et la carcasse extérieure. La machine a donc 3 entrefers.

La surface intérieure de l'induit est munie de 24 rainures, soit 6 par saillie, destinées à recevoir l'enroulement.

Ces rainures affectent une forme sensiblement rectangulaire et sont très peu ouvertes. Leur largeur est de 40 mm et leur hauteur radiale de 50 mm.

L'enroulement induit est un bobinage triphasé ordinaire; il comprend 12 bobines, 4 par phase, formées chacune de 165 spires de fil de 1,3 mm de diamètre et d'une section par suite de 1,32 mm².

Les 4 bobines de chaque phase sont montées en série et les 3 phases groupées en étoile.

La résistance de chaque phase est de 16 ohms à chaud et le poids de cuivre employé sur l'induit de 60 kg.

Les bobines inductrices sont partagées chacune en deux parties.

Les deux parties de chaque bobine sont placées entre deux joues en bronze ajourées de façon à permettre une ventilation très énergique des bobines.

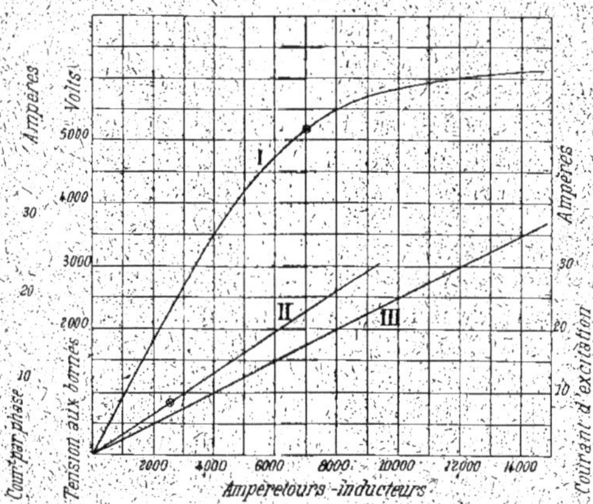

Fig. 304.

Caractéristiques de l'alternateur Sautter, Harlé et Cie.
I. Caractéristique à vide. — II. Caractéristique en court-circuit. — III. Droite d'excitation.

Kurven des Drehstromgenerators von Sautter, Harlé und C^{o}.
I. Charakteristik bei Leerlauf. — II. Kurzschlusscharakteristik.
III. Erregungsgerade.

Characteristics of Sautter-Harlé alternator.
I. No load saturation curve. — II. Short-circuit curve. — III. Excitation line.

Chaque bobine est formée de 400 spires d'un fil de 5 mm de diamètre et, par suite, de 19,6 mm^2 de section. Les deux bobines sont montées en série et leur résistance totale est de 1 ohm. Le poids total de la machine est d'environ 3800 kg.

Excitation. — Le courant d'excitation est fourni par une petite excitatrice à un seul palier.

L'inducteur à 4 pôles est supporté par une console fixée à l'un des paliers de l'alternateur.

L'induit est un anneau Pacinotti.

Résultats d'essais. — Nous avons représenté sur la figure 304 diverses caractéristiques de l'alternateur.

La courbe I est la caractéristique à vide, tension aux bornes relevée en fonction du courant d'excitation pour une vitesse constante de 750 tours par minute. Elle montre que le courant d'excitation, correspondant à la marche à vide, est de 17,6 ampères.

La courbe II est la caractéristique en court-circuit ; le courant de débit normal est obtenu, en court-circuit, avec un courant d'excitation de 6,25 ampères.

L'alternateur a été essayé sur résistance non inductive à différentes tensions et différentes excitations, et à une vitesse constante de 750 tours par minute. Les résultats obtenus sont consignés dans le tableau suivant :

EXCITATION	INTENSITÉ I	TENSION U par phase.	RÉSISTANCE réduite des courants de Foucault f	RÉSISTANCE ohmique par phase r (à chaud).	$r' = r + f$ en ohms.	RÉSISTANCE extérieure $R = \frac{U}{I}$ en ohms.	E MESURÉE sur la caractéristique à vide.
a	a.	v.	ω	ω	ω	ω	v
11,2	3,98	2 020	18	16	34	508	2 240
14,8	4,71	2 410	22	16	38	512	2 730
17,8	5,08	2 640	25	16	41	520	3 020
20,0	5,35	2 780	27	16	43	520	3 180
25,0	5,55	2 900	29	16	45	523	3 380

Le rendement de l'alternateur travaillant sur résistance non inductive est de 88,8 p. 100.

Les pertes sont les suivantes :

Pertes par frottement et ventilation	1 910 watts
Pertes par hystérésis et courants de Foucault	2 250 »
Pertes par effet Joule dans l'induit	2 150 »
Pertes par effet Joule dans l'inducteur	1 170 »
Pertes totales	7 480 watts

Les pertes à vide ont été déterminées en entraînant l'alternateur par un moteur à courant continu taré, calé sur l'arbre même de l'alternateur.

II. — ALTERNATEUR DIPHASÉ A SAILLIES POLAIRES PLEINES

II. — ZWEIPHASENGENERATOR MIT MASSIVEN POLZACKEN

II. TWO-PHASE ALTERNATOR WITH SOLID POLES

Un seul alternateur appartenait à ce type, c'est celui de MM. Schneider et Cie.

ALTERNATEUR THURY DE 460 KILOVOLTS-AMPÈRES DES ATELIERS DU CREUSOT

460 KVA. ZWEIPHASENGENERATOR VON THURY-CREUSOT

460 KVA. THURY-CREUSOT TWO PHASE ALTERNATOR

Les Ateliers du Creusot, en ce qui concerne le matériel générateur à courants alternatifs, exploitent les brevets de M. Thury et de MM. Ganz et Cie de Budapest.

Le matériel Thury à courants alternatifs des ateliers du Creusot était représenté à l'Exposition par un alternateur à courants diphasés du type à flux ondulé.

Ces machines sont destinées plus spécialement à la fabrication du carbure et aux applications électro-métallurgiques en général ; elles sont d'une construction très robuste pouvant résister à de forts à-coups et supporter, à l'emballement, une vitesse linéaire atteignant 100 m par seconde.

Ces machines sont équilibrées d'une façon parfaite ; elles se construisent pour des puissances de 400 à 1 500 chevaux.

L'alternateur exposé a une puissance apparente de 460,8 kilovolts-ampères, 230,4 kilovolts-ampères par phase, avec un facteur de puissance minimum de 0,85. La tension aux bornes, suivant le groupement des divers enroulements d'une même phase, est de 40, 80, ou 160 volts, ce qui correspond à des débits respectifs par phase de 5 760, 2 880 et 1 440 ampères.

La vitesse angulaire est de 600 tours par minute et la fréquence de 60 périodes par seconde, le nombre des saillies polaires par couronne étant de 6.

Fig. 305.
Alternateur Thury de 460 KVA. des Ateliers du Creusot.
460 KVA. Thury-Zweiphasengenerator von Schneider et Cie in Creusot.
460 KVA. Thury-Schneider two-phase Alternator.

Cet alternateur est représenté sur la photographie de la figure 305. Les figures 306 et 307 sont des vues d'ensemble avec coupes partielles et les figures 308 et 309, des coupes et vues d'une partie de l'induit et de l'inducteur.

Inducteur. — Le circuit magnétique inducteur est constitué par un volant en acier moulé, claveté sur l'arbre et

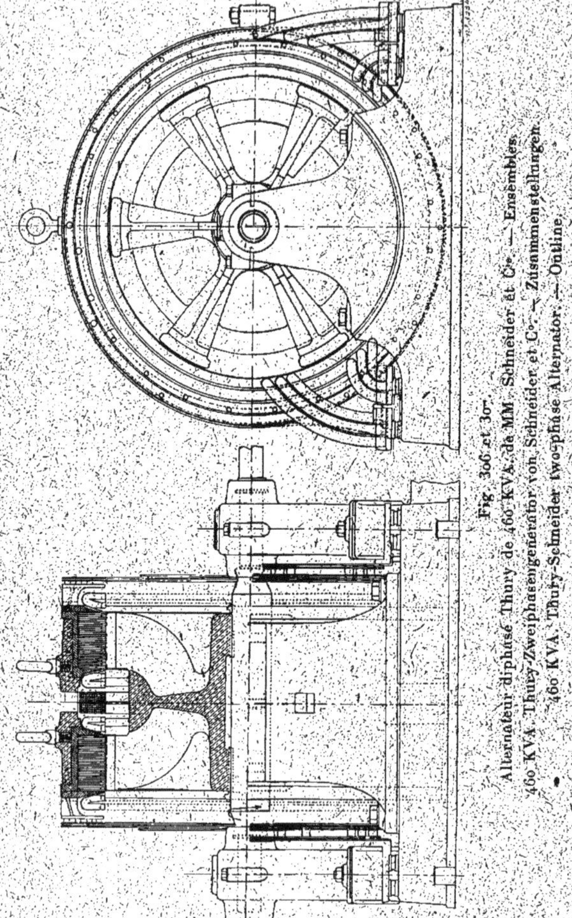

Fig. 306 et 307.
Alternateur diphasé Thury de 460 KVA, de MM. Schneider et Cie. — Ensembles.
460 KVA. Thury-Zweiphasengenerator von Schneider et Co. — Zusammenstellungen.
460 KVA. Thury-Schneider two-phase Alternator. — Outline.

portant deux séries de 6 saillies polaires, correspondant chacune à un des induits.

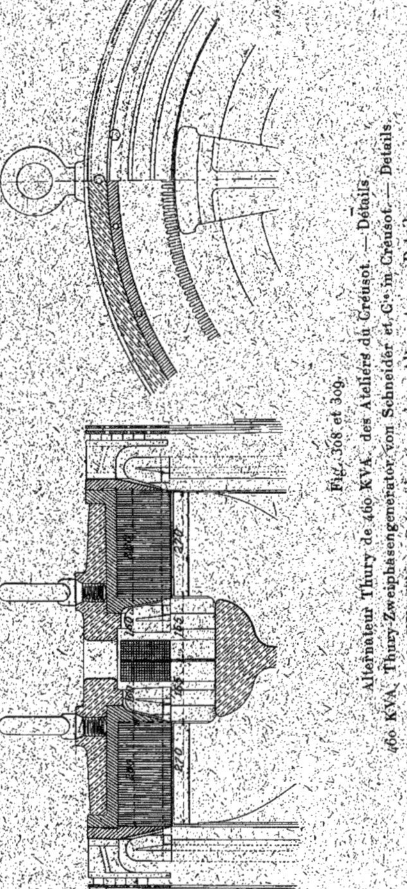

Fig. 308 et 309.
Alternateur Thury de 460 KVA, des Ateliers du Creusot. — Détails.
460 KVA Thury-Zweiphasengenerator von Schneider et Cie in Creusot. — Details.
460 KVA Thury-Schneider two-phase Alternator. — Details.

Le volant est formé par une couronne réunie au moyeu par un disque plein et les saillies polaires sont retenues par de fortes nervures.

Les deux faces du volant sont munies de tôles, de façon à diminuer les pertes par ventilation.

Le diamètre extérieur de la couronne formant support est de 1,25 m et sa largeur, de 30 cm. Le diamètre extérieur des saillies polaires est de 1,47 m. Ces saillies polaires ont leur rebords parallèlement à l'axe légèrement arrondis ; leur largeur dans le sens de l'axe est de 27 cm et leur largeur dans le sens perpendiculaire, de 28 cm.

La vitesse linéaire à la périphérie de l'inducteur atteint 46,2 m par seconde.

Le poids de la partie tournante et de 4964 kilos.

Induit. — La carcasse supportant l'induit est en acier coulé et en deux parties. La partie inférieure porte, venus de fonte avec elle, deux empattements par lesquels l'induit repose sur le bâti.

Ce dernier est en une seule pièce et supporte les deux paliers qui se raccordent avec lui suivant des surfaces cylindriques alésées avec la carcasse induite. Les coussinets sont en bronze et sont maintenus uniquement sur une portion médiane.

Le diamètre extérieur de la carcasse fixe est de 2 m et sa largeur, de 94 cm.

Les deux induits proprement dits, en tôles minces, sont logés dans des chemises annulaires en fonte emmanchées à frottement dur dans la carcasse. Chacune des enveloppes en fonte porte un couvercle annulaire qui sert à serrer les tôles entre elles et qui est boulonné à la fois sur la carcasse en acier et sur l'enveloppe.

La largeur de chacun des induits est de 28 cm et leur hauteur radiale de 15 cm : le diamètre d'alésage de l'induit est de 1,48 m et l'entrefer, de 5 mm.

Les deux induits sont munis de 288 rainures très légèrement ouvertes. Ces encoches ont une hauteur totale de 28 mm et une largeur de 5,5 mm. Elles reçoivent chacune une barre de 25,5 mm de hauteur et de 3 mm de largeur, soit 76,5 mm^2 de section.

Ces barres sont reliées entre elles par des lames de cuivre en forme de V de façon à constituer 12 bobines de 6 spires par induit et par phase. Ces bobines sont groupées, par 6 en quantité, à l'aide de cercles de couplage en cuivre rouge aboutissant à des bornes en bronze placées sur le bâti et isolées. Les 6 bobines, normalement en parallèle, sont placées sur chaque demi-machine à droite ou à gauche d'un plan vertical ; un dispositif de couplage très simple, constitué par des barrettes, permet de réunir en tension ou en quantité les deux circuits de chaque induit.

Les deux induits peuvent en outre être réunis en série ou en parallèle, de façon à obtenir les trois modes de couplage correspondant aux tensions de 40, 80 et 160 volts aux bornes.

Les deux induits peuvent être aussi complètement séparés de façon à permettre à la machine d'alimenter 4 fours au lieu de 2.

La résistance de chaque induit, ou demi-machine, par phase pour le fonctionnement à 40 volts, qui est le plus normal, est de 0,000163 ohm à chaud.

Le poids du cuivre induit est de 380 kg et le poids de la partie fixe sans le bâti est de 9 395 kg.

Les deux couronnes induites sont séparées par un intervalle de 32 cm où sont logées les connexions des barres induites et la bobine inductrice, laquelle est maintenue par la carcasse extérieure.

Cette bobine est en deux parties et comporte 700 spires de fil de 4 mm de diamètre.

Sa résistance est de 5,4 ohms à chaud et le poids de cuivre employé de 450 kg.

Résultats d'essais. — Les courbes de la figure 310 représentent les caractéristiques de l'alternateur à courants diphasés Thury construit par les ateliers du Creusot. La courbe I est la caractéristique à vide avec le couplage correspondant à la plus faible tension, on voit que le courant d'excitation nécessaire pour obtenir la tension de 40 volts à vide est de 5,85 ampères.

La courbe II est la caractéristique en court-circuit; l'inten-

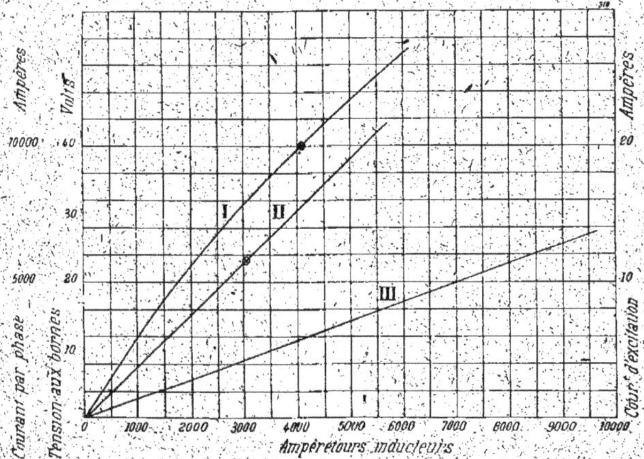

Fig. 310.

Caractéristiques de l'alternateur Thury de MM. Schneider et Cie.
I. Caractéristique à vide. — II. Caractéristique en court-circuit.
III. Droite d'excitation.

Kurven des Alternators von Thury-Schneider und Co.
I. Charakteristik bei Leerlauf. — II. Kurzschlusscharakteristik.
III. Erregungsgerade.

Characteristics of Thury-Schneider alternator.
I. No load saturation curve. — Short-circuit curve. — III. Excitation line.

sité normale de débit de 5 760 ampères par phase est obtenu avec un courant d'excitation de 4,35 ampères.

En charge, la dépense d'excitation ne dépasse pas 0,5 p. 100 et le rendement est de 92 p. 100 environ.

La courbe périodique de la tension aux bornes en circuit ouvert est assez voisine de la sinusoïde ; elle est représentée en trait plein sur la figure 311. La courbe pointillée est une sinusoïde de même ordonnée moyenne.

B. — ALTERNATEURS A SAILLIES POLAIRES FEUILLETÉES

B. — WECHSELSTROMGENERATOREN MIT UNTERTHEILTEN POLZACKEN.

B. — ALTERNATORS WITH LAMINATED POLES.

Ce groupe comprend deux alternateurs des ateliers d'Oerlikon et un de MM. Farcot frères et Cie, de Saint-Ouen.

I. — ALTERNATEUR TRIPHASÉ A SAILLIES POLAIRES FEUILLETÉES

I. — DREHSTROMGENERATOR MIT UNTERTHEILTEN POLZACKEN

I. — THREE-PHASE ALTERNATOR WITH LAMINATED POLES

L'alternateur unique de cette classe est l'un de ceux exposés par les Ateliers d'Oerlikon.

1

ALTERNATEUR DE 650 KILOVOLTS-AMPÈRES DES ATELIERS D'OERLIKON

650 KVA. DREHSTROMGENERATOR DER MASCHINENFABRIK OERLIKON.

650 KVA. OERLIKON THREE-PHASE ALTERNATOR

Cet alternateur à courants triphasés, accouplé à une turbine Piccard, Pictet et Cie, de Genève, a une puissance apparente de 650 kilovolts-ampères avec un facteur de puissance minimum de 0,8. La puissance utile est donc de 520 kilowatts.

La tension aux bornes est de 7500 volts, soit 4330 volts par phase, l'induit étant groupé en étoile. Le débit par phase est de 50 ampères.

La vitesse angulaire est de 250 tours par minute, ce qui avec 12 saillies par couronne correspond à une fréquence de 50 périodes par seconde.

La photographie de la figure 312 est une vue de l'alternateur. Les figures 313 et 314 montrent des vues d'ensemble avec coupe partielle par l'axe d'un alternateur de mêmes dimensions, mais établi pour 40 périodes seulement et les figures 315 et 316 des coupes et vues d'une partie de l'induit et de l'inducteur du même alternateur.

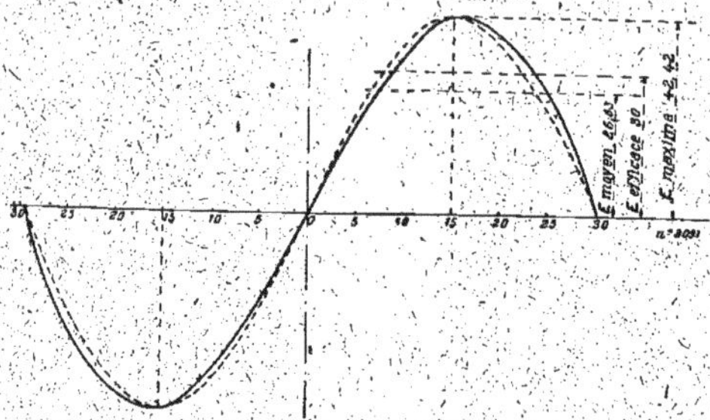

Fig. 311.
Courbe périodique de la tension à vide de l'alternateur Thury des Ateliers du Creusot.
Periodische Spannungskurve bei Leerlauf des Thury-Creusot Alternators.
Wave form of no load voltage of Thury-Schneider alternator.

Inducteur. — L'inducteur mobile est constitué par une couronne, en acier coulé, boulonnée sur un support en fonte claveté sur l'arbre. Les 6 bras du support sont doubles et solidement nervurés.

Le diamètre extérieur de cette couronne est de 1,89 m et sa largeur, de 92 cm. L'épaisseur est de 12,5 cm.

Les saillies polaires sont disposées en deux séries et placées en regard les unes des autres. Elles sont formées par une pile de tôles feuilletées et présentent une rainure en queue d'aronde dans laquelle est glissée une clavette de même forme fixée à la jante par deux boulons la traversant complètement.

Les saillies, dont les bords parallèles à l'axe sont légèrement abattus, ont une hauteur radiale de 15 cm ; leur largeur dans le sens de l'axe est de 24 cm et leur largeur dans le sens perpendiculaire, de 23,5 cm.

Le diamètre extérieur de l'inducteur est de 2,192 m et l'entrefer de 4 mm.

Fig. 312.
Alternateur à courants triphasés de 650 KVA, des Ateliers d'Oerlikon.
650 KVA, Drehstromgenerator der Maschinenfabrik Oerlikon.
650 KVA. Oerlikon three-phase Alternator.

La bobine inductrice est en deux parties; elle est placée entre les deux séries de saillies et est centrée par rapport à l'inducteur à l'aide de supports en forme de T qui la retiennent à la carcasse de l'induit.

Les deux parties de l'enroulement inducteur sont constituées par une bande de cuivre de 60 mm de largeur et de 2 mm d'épaisseur, le nombre de spires de chaque partie est de 83 et les deux demi-bobines sont groupées en série.

Le nombre de spires total est donc de 166; et le circuit ainsi formé a une résistance de 0,199 ohm à chaud.

Le poids du cuivre inducteur est de 1 250 kg, celui de la partie mobile complète atteint 7600 kg.

Induit. — La carcasse supportant les anneaux induits est formée par une couronne en fonte, en deux parties, et de section trapézoïdale. Cette carcasse présente, dans sa partie cylindrique, 12 fentes radiales destinées à assurer la ventilation de la bobine inductrice.

Le diamètre extérieur maximum de cette carcasse est de 3,09 m et sa largeur de 1,28 m. Le diamètre intérieur est de 2,54 m.

Les couronnes de tôle de l'induit sont serrées par des boulons entre deux anneaux venus de fonte avec la carcasse et deux anneaux en deux parties s'embéquetant sur cette carcasse.

Les anneaux rapportés supportent deux disques de protection percés d'ouvertures oblongues.

Le diamètre extérieur des noyaux de tôles est de 2,54 m et leur hauteur radiale de 17 cm. Le diamètre d'alésage des induits est de 2,20 m et la largeur de chacune des couronnes, de 25 cm.

Sur les deux induits sont pratiquées 72 rainures, 1 par pôle et par phase, lesquelles reçoivent deux enroulements triphasés constitués par des bobines enroulées sur gabarit et isolées par des gaines en micanite. Ces bobines sont maintenues dans les encoches par des cales en fibre glissées dans de petites rainures triangulaires pratiquées sur les bords des dents.

Chaque induit comporte 12 bobines par phase. Chaque

bobine est formée de 33 spires de deux fils de 3,2 mm de diamètre enroulés en parallèle. Les 12 bobines de chaque phase sont montées en série ainsi que les phases correspondantes des deux induits. La résistance de chaque phase ainsi

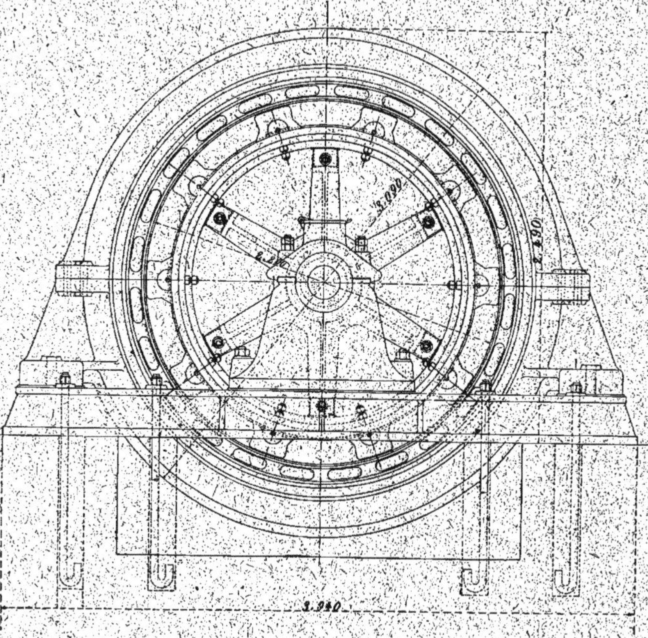

Fig. 313.
Alternateur triphasé de 650 KVA. des Ateliers d'Oerlikon. — Ensemble.
650 KVA. Drehstromgenerator der Maschinenfabrik Oerlikon. — Zusammenstellung.
650 KVA. Oerlikon three-phase Alternator. — Outline.

composée de l'alternateur est de 1,37 ohm à chaud. Le poids du cuivre utilisé sur l'induit est de 600 kg.

Le poids de la partie fixe est de 15 393 kg.

Les prises de courants de l'induit et de l'inducteur sont placées à la partie inférieure de la machine.

Résultats d'essais. — Les principales caractéristiques de l'alternateur de 650 kilovolts-ampères des Ateliers d'Oerlikon sont représentées sur la figure 317.

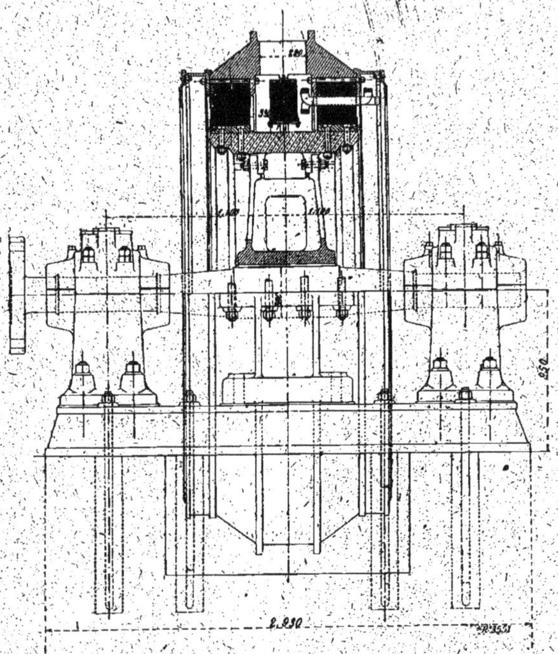

Fig. 314.
Alternateur triphasé de 650 KVA. des Ateliers d'Oerlikon. — Ensemble.
650 KVA. Drehstromgenerator der Maschinenfabrik Oerlikon. — Zusammenstellung.
650 KVA. Oerlikon three-phase Alternator. — Outline.

La courbe I est la caractéristique à vide et la courbe II, celle en court-circuit.

L'intensité du courant d'excitation correspondant à la marche à vide est de 56 ampères; celle nécessaire pour obtenir l'intensité normale en court-circuit est de 31 ampères.

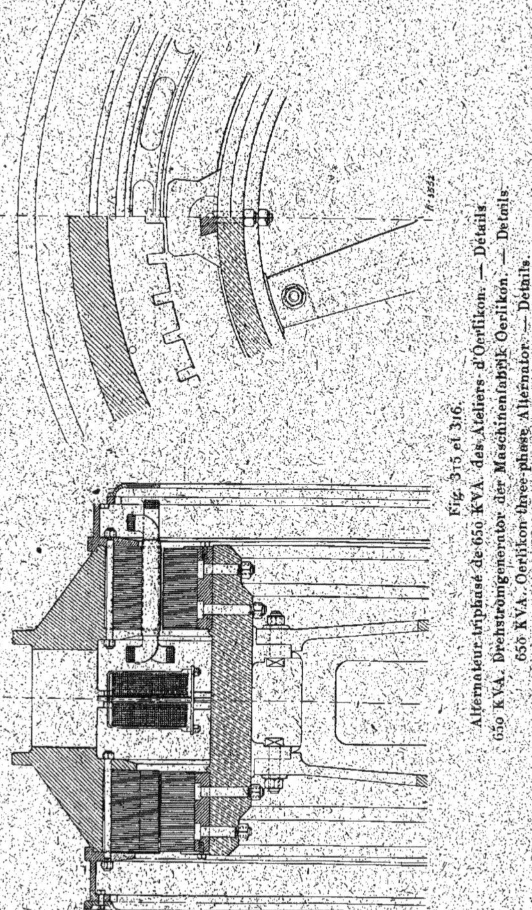

Fig. 315 et 316.
Alternateur triphasé de 650 KVA des Ateliers d'Oerlikon. — Détails.
650 KVA. Drehstromgenerator der Maschinenfabrik Oerlikon. — Details.
650 KVA. Oerlikon three-phase Alternator. — Details.

Deux points de régime en charge obtenus expérimentalement ont été représentés sur la figure. L'un correspond à un débit de 46 ampères, soit une charge réelle de 480 kilowatts avec un facteur de puissance de 0,8. L'excitation correspondante est de 80 ampères et la chute de tension de 19 p. 100.

Le second point se rapporte à une charge réelle de 910 kilowatts avec un facteur de puissance de 0,7 ; c'est une charge double de celle de la charge normale et avec un facteur de puissance un peu plus faible que le facteur normal. L'excitation correspondante est de 130 ampères.

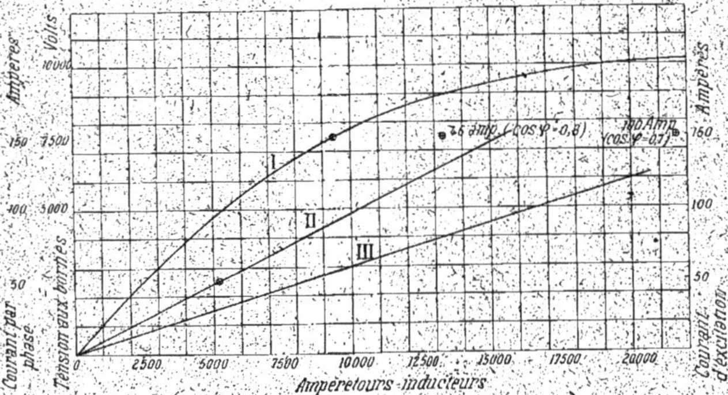

Fig. 317.

Caractéristiques de l'alternnteur de 650 KVA. des Ateliers d'Oerlikon.
I. Caractéristique à vide. — II. Caractéristique en court-circuit.
III. Droite d'excitation.

Kurven des 650 KVA. Drehstromalternators der Maschinenfabrik Oerlikon.
I. Leerlaufcharakteristik. — Kurzschlusscharakteristik. — III. Erregungsgerade.

Characteristics of 650 KVA. Oerlikon three-phase Alternator.
I. No load saturation curve. — II. Short-circuit curve. — Excitation line.

Ce régime qu'il est possible de maintenir quelques instants, montre la grande capacité de surcharge de cette machine.

Au régime normal de 50 ampères de débit par phase, avec un facteur de puissance de 0,8, l'intensité du courant d'excitation serait de 90 ampères. La chute de tension est alors de 25 p. 100.

Le rendement à charge normale est de 93,5 p. 100.

Les pertes se décomposent ainsi :

Pertes à vide	24 300 watts
Pertes par effet Joule dans l'induit.	10 300 »
Pertes par effet Joule dans l'inducteur	1 800 »
Pertes totales.	36 410 watts

Excitatrice. — L'excitatrice, non représentée sur les figures 313 et 314, est calée sur l'arbre en porte-à-faux.

Sa puissance est de 3 600 watts sous une tension d'environ 30 volts.

Elle est à 4 pôles et excitée en dérivation, l'inducteur en acier est annulaire ; les noyaux polaires sont fixés à l'aide de vis.

L'induit denté est enroulé en tambour multipolaire en quantité, type Arnold.

II. — ALTERNATEUR DIPHASÉ A SAILLIES POLAIRES FEUILLETÉES

ZWEIPHASENGENERATOR MIT UNTERTHEILTEN POLZACKEN — TWO-PHASE ALTERNATOR WITH LAMINATED POLES

Un seul alternateur appartenait à cette classe, c'est celui de MM. Farcot frères et Cie.

GROUPE ÉLECTROGÈNE A COURANTS DIPHASÉS DE 835 KILOVOLTS-AMPÈRES DE MM. FARCOT

835 KVA. DAMPFDYNAMO DER FIRMA FARCOT — 835 KVA. FARCOT GENERATING UNIT

La maison J. Farcot était une des rares maisons qui exposaient un groupe électrogène construit complètement dans leurs ateliers ; l'alternateur, comme le moteur à vapeur, sort en effet des ateliers de Saint-Ouen.

La figure 318 est une photographie et les figures 319 et 320 des vues de face et en plan du groupe complet.

Fig. 318.
Groupe électrogène à courants diphasés de 835 KVA, de MM. Farcot (Saint-Ouen).
835 KVA. Stromerzeuger der Firma Farcot (Saint-Ouen).
835 KVA. Farcot generating Set.

p. 378.

Alternateur. — L'alternateur de MM. Farcot est à cou-

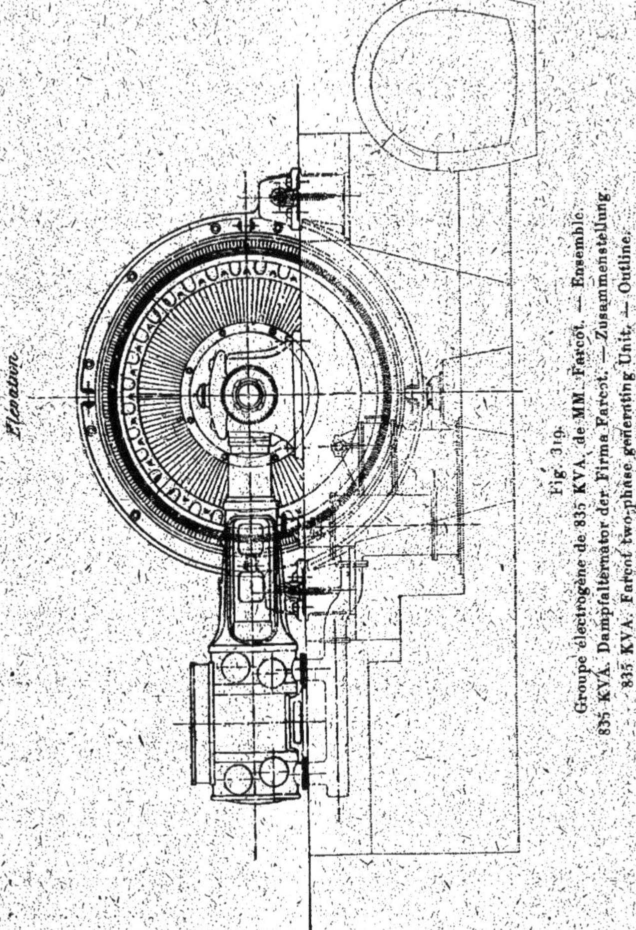

Fig. 319.
Groupe électrogène de 835 KVA. de MM. Farcot. — Ensemble.
835 KVA. Dampfalternator der Firma Farcot. — Zusammenstellung.
835 KVA. Farcot two-phase generating Unit. — Outline.

rants diphasés, nature de courants imposée par l'installation existante à l'agrandissement de laquelle il était destiné.

La puissance est de 835 kilovolts-ampères avec un facteur de puissance de 0,9.

La tension simple est de 2 200 volts et l'intensité du courant de pleine charge de 190 ampères par phase. La fréquence

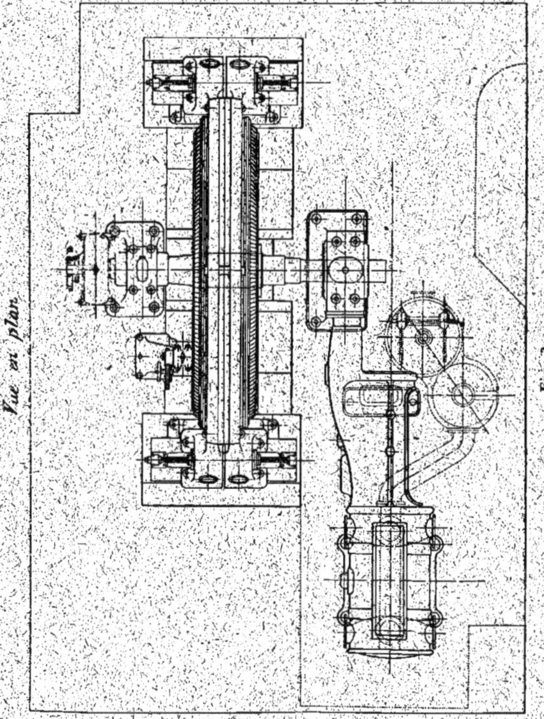

Fig. 320.
Groupe électrogène de 835 KVA de MM. Farcot. — Ensemble.
835 KVA Dampfalternator der Firma Farcot. — Zusammenstellung.
835 KVA Farcot two-phase generating Unit. — Outline.

est de 42 périodes par seconde ce qui, avec la vitesse de 78,5 tours par minute, correspond à 64 pôles, soit 32 saillies polaires par couronne inductrice.

Les figures 321 et 322 montrent des coupes d'une partie de l'induit et de l'inducteur de cet alternateur.

Inducteur. — Le circuit magnétique inducteur se compose de deux couronnes de fonte, chacune en quatre morceaux fixés sur la jante du volant proprement dit.

Sur ces couronnes sont rapportées les saillies polaires en tôles feuilletées; la fixation en est faite à l'aide de clavettes logées dans des encoches en queue d'aronde pratiquées dans les tôles et retenues par des boulons dont les écrous sont logés dans des niches.

Ces tôles présentent une partie élargie voisine de l'entrefer et dans laquelle sont poinçonnées les rainures légèrement ouvertes où sont disposés les circuits amortisseurs.

Les dimensions des épanouissements à bords arrondis sont de 27 cm dans le sens de l'axe et de 27 cm également dans le sens perpendiculaire.

La largeur des noyaux est de 20 cm.

La bobine inductrice centrale est enroulée sur la jante à surface polygonale entre deux flasques portant des ailettes destinées à assurer une ventilation énergique de l'inducteur.

La bobine est retenue d'endroit en endroit par des étriers; elle comporte 460 spires de fil de 7,5 mm de diamètre.

Sa résistance est de 3,5 ohms à chaud.

Le poids total du volant sans l'arbre est de 50 000 kg, dont 3 000 kg pour la bobine inductrice.

Pour annuler la ventilation due aux bras du volant on a serré le moyeu entre deux plaques en fonte que deux cloisons en acajou réunissent à la jante.

Le diamètre extérieur de l'inducteur est de 5,502 m et l'entrefer de 6,5 mm.

Induit. — La carcasse de l'induit fixe se compose de deux couronnes de fonte portant intérieurement les deux piles de tôles formant les circuits magnétiques de l'induit et serrées à l'aide de segments en fonte.

Les faces en regard des deux couronnes sont munies de saillies dont le nombre est égal à celui des bobines de

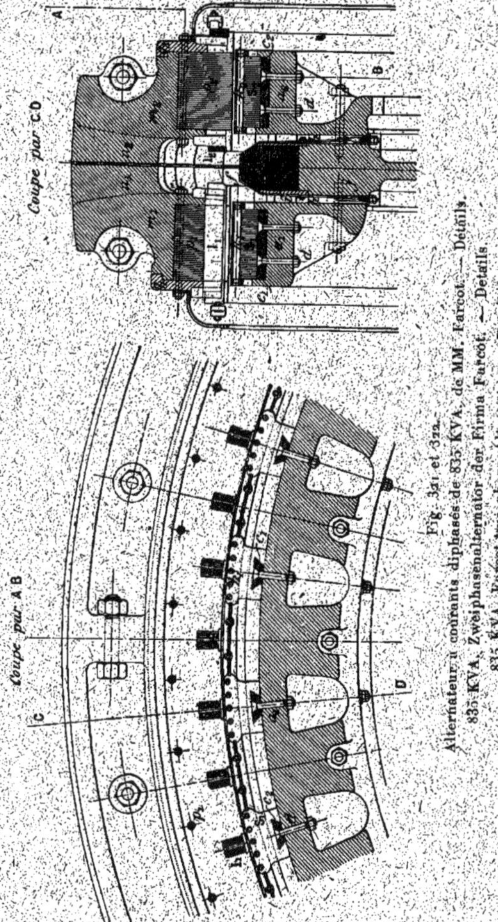

Fig. 321 et 322.
Alternateur à courants diphasés de 835 KVA, de MM. Farcot. — Détails.
835 KVA. Zweiphasenalternator der Firma Farcot. — Details.
835 KVA. Farcot two-phase Alternator. — Details.

l'induit, 64, et qui ménagent entre elles des espaces permettant la ventilation de l'inducteur.

Chacun des deux induits porte un bobinage à courants alternatifs simples formé de 64 bobines en série de dix spires chacune. Ces bobines sont divisées en deux de cinq spires et superposées; elles sont logées dans 64 encoches et isolées par des caniveaux en micanite. Les deux bobines logées dans chaque encoche sont séparées par une cale triangulaire en bois paraffiné.

La section de la bande de cuivre formant les bobines est de 3,5 mm $\times$ 38 mm ou 130 mm². La résistance de chaque induit est de 0,113 ohm à chaud.

Les deux enroulements induits sont décalés d'un quart de pôle, c'est-à-dire que les encoches de l'un correspondent au milieu des pôles induits de l'autre.

Les bobines sont connectées à l'aide de petits boulons et les connexions sont logées dans des petites boîtes en ébonite.

Les deux couronnes reposent sur deux bancs le long desquels elles peuvent coulisser successivement à l'aide d'un dispositif mécanique très simple, composé d'une vis sans fin et de deux écrous qu'on rend ou non solidaires des couronnes à l'aide de taquets.

Les saillies polaires des deux couronnes fixes ne sont pas en contact immédiat, mais sont distantes de quelques dixièmes de millimètres de façon à éviter l'adhérence due au magnétisme rémanent, adhérence qui nécessiterait des efforts considérables pour le déplacement des deux induits.

Le diamètre extérieur de l'induit est de 6,80 m. Le diamètre intérieur de 5,515 m. La largeur maxima de l'induit non compris deux protecteurs en bronze qui recouvrent les parties extérieures des bobines est de 98 cm ; celle des tôles de chaque induit, de 30 cm.

Le poids total de la partie fixe atteint 60 000 kg.

Amortisseurs. — Ceux-ci sont constitués par des boulons de cuivre de 28 mm de diamètre, rivés à leurs deux extrémités dans des segments également en cuivre.

Chaque saillie polaire comporte cinq boulons, deux boulons identiques sont en outre rivés aux segments dans chaque intervalle polaire et retiennent une plaque de cuivre qui empêche le sifflement de l'alternateur.

Nous avons dit plus haut que la dynamo bien qu'à courants diphasés n'avait qu'un seul enroulement sur chaque induit. Ce dispositif a été adopté pour obtenir le plein effet des amortisseurs dont nous allons maintenant expliquer le fonctionnement tant au point de vue de l'affaiblissement de la réaction d'induit qu'au point de vue du maintien du synchronisme, dans la marche en parallèle.

a. — Dans les dynamos à courants polyphasés avec enroulement polyphasé sur chaque induit, le flux dû aux courants de l'induit est un flux constant, tournant dans l'espace avec la même vitesse que le flux inducteur et dans le même sens que lui ; il est donc immobile par rapport aux circuits amortisseurs qui sont par suite sans aucune action sur lui.

Dans les induits à courants alternatifs simples le flux dû au courant induit est au contraire un flux alternatif, lequel peut, comme l'ont montré MM. Hutin et Leblanc, se décomposer en deux flux tournant tous deux avec une vitesse égale à celle correspondant au synchronisme, mais en sens contraire.

Grâce à cette décomposition on voit que les ampèretours alternatifs de l'induit peuvent être considérés comme résultant de la composition de deux forces magnétomotrices constantes de valeur égale, au facteur 4π près, à la moitié de la valeur maxima de ces ampèretours alternatifs et tournant l'un dans le même sens que l'inducteur et avec la même vitesse, l'autre en sens contraire.

La première restera fixe par rapport à l'inducteur et par suite par rapport aux circuits amortisseurs ; le flux qu'elle produira n'induira donc aucune force électromotrice dans ces circuits et partant ne sera pas affecté par leur présence.

La seconde, au contraire, se déplaçant par rapport aux amortisseurs avec une vitesse double de celle du synchronisme tendra à engendrer un flux induisant, dans ces circuits, des forces électromotrices de fréquence double de celle fournie par l'alternateur et qui produiront des courants donnant naissance à un nombre d'ampèretours pratiquement égaux et opposés à ceux de la seconde force magnétomotrice considérée. En réalité la partie correspondante du flux induit sera sensiblement annulée, car il ne passera à travers les amortisseurs que le flux nécessaire pour produire la tension perdue dans la résistance ohmique de ceux-ci et les fuites magnétiques propres de ce circuit.

Les ampèretours inducteurs, outre la production du flux nécessaire pour avoir la tension aux bornes à vide dans l'induit, n'auront plus qu'à équilibrer les ampèretours du premier champ tournant considéré en dehors bien entendu des fuites magnétiques.

L'explication précédente s'applique à tous les genres d'alternateurs à amortisseurs, à pôles séparés ou à flux ondulé. Toutefois avec les machines à flux ondulé on peut objecter que le flux de réaction doit passer à travers les masses pleines de la carcasse de l'induit et que par suite l'effet de l'amortisseur est diminué.

En réalité cette objection n'aurait de valeur que si l'alternateur ne fournissait que des courants déwattés.

M. Blondel a en effet montré dernièrement tout l'intérêt qu'on pouvait tirer, au point de vue de la théorie des alternateurs, de la décomposition du courant induit en deux composantes, l'une en phase avec la force électromotrice induite, l'autre en quadrature avec celle-ci. Cette décomposition appliquée au flux induit montre que seul le flux *direct* dû au courant déwatté est maximum lorsque les pôles de l'inducteur sont en regard des bobines induites, et suit le même chemin que le flux inducteur. Le flux *transversal*, de beaucoup le plus important, lorsqu'il s'agit, comme c'est le cas ici, d'une machine travaillant sur réseau peu inductif est au contraire maximum lorsque les pôles inducteurs sont en face des encoches de l'induit et est par suite détruit par moitié uniquement par les circuits amortisseurs.

b. Outre l'action des amortisseurs sur la réaction d'induit, ceux-ci sont encore destinés à faciliter le couplage en parallèle tant au point de vue de la synchronisation initiale que de la stabilité du synchronisme.

Les amortisseurs constituent en effet à eux seuls l'induit d'un moteur ou d'une génératrice asynchrone : lorsque les alternateurs tendent à tomber hors de phase, les circuits amortisseurs réagissent fortement et la différence de vitesse instantanée est limitée à un faible glissement de l'un des alternateurs par rapport à l'autre, ce qui permet le raccrochage des machines.

L'emploi des amortisseurs pour le fonctionnement en parallèle des alternateurs actionnés directement a aussi pour effet d'augmenter la régularité de l'ensemble, par suite des couples puissants qui s'opposent aux variations instantanées de la vitesse pendant chaque tour.

Excitatrice. — Le courant d'excitation est fourni à l'alternateur par une excitatrice montée en bout d'arbre et pouvant faire 220 volts et 60 ampères.

Cette excitatrice est à six pôles avec enroulement série spécial permettant de disposer les deux lignes de balais aux extrémités d'un même diamètre.

Le diamètre de l'induit est de 75 cm, sa largeur de 45 cm. L'enroulement, en fil de 5,2 mm de diamètre, est logé dans 182 rainures, à raison de quatre fils par rainure.

L'entrefer est de 4 mm.

Tableau de distribution. — Le tableau de distribution est en marbre et disposé dans un corps en vieux noyer ciré.

Chaque moitié du tableau correspond à une phase de l'induit et comporte un électromètre, un ampèremètre, un wattmètre à lecture directe Hartmann et Braun et un interrupteur bipolaire placé entre le voltmètre et l'ampèremètre.

Au milieu du tableau se trouvent le voltmètre et l'ampèremètre du circuit d'excitation.

Moteur à vapeur. — Le moteur à vapeur monocylindrique est du type normal de la maison J. Farcot et présente tous les perfectionnements de détails introduits par cette maison pendant ces dernières années.

Les dimensions principales et la vitesse sont les suivantes :

Diamètre du piston	100 cm
Course du piston	135 »
Vitesse angulaire en tours par minute	78,5

A la pression de 7 kg : cm² et à condensation, la puissance du moteur est de 900 chevaux indiqués à 1/10 et de 1 300 à 2/10 d'introduction. A 3/10 d'introduction la puissance du moteur peut atteindre 1 600 chevaux indiqués.

La distribution se fait par tiroirs tournants du type Corliss.

Le régulateur est muni d'un écrou, vissé sur une tige filetée, et servant à obtenir un réglage continu de la vitesse pour la mise en synchronisme de l'alternateur avec les alternateurs en service et pour le réglage de la charge absorbée par la machine lorsque le couplage est effectué.

III. — ALTERNATEUR A COURANTS ALTERNATIFS SIMPLES ET SAILLIES POLAIRES FEUILLETÉES

III. — EINPHASENSTROMGENERATOR MIT UNTERTHEILTEN POLZACKEN.

III. — SINGLE-PHASE ALTERNATOR WITH LAMINATED POLES

Cette classe comprend également un seul type.

GROUPE ÉLECTROGÈNE A COURANTS ALTERNATIFS SIMPLES DE 350 KILOVOLTS-AMPÈRES DES ATELIERS D'OERLIKON ET DE MM. SULZER FRÈRES.

350 KVA, STROMERZEUGER DER MASCHINENFABRIK OERLIKON UND VON GEBR. SULZER

350 KVA. OERLIKON-SULZER BROTHERS GENERATING UNIT

Le second alternateur à flux ondulé des Ateliers d'Oerlikon est à courants alternatifs simples; il était couplé directement à un moteur à vapeur de MM. Sulzer frères.

Fig. 323.
Groupe électrogène de 350 KVA des Ateliers d'Oerlikon et de MM. Sulzer frères.
350 KVA. Dampfdynamo der Maschinenfabrik Oerlikon und von Gebr. Sulzer.
350 KVA. Oerlikon and Sulzer Brothers generating Set.

Ce groupe très compact est représenté sur la photographie de la figure 323.

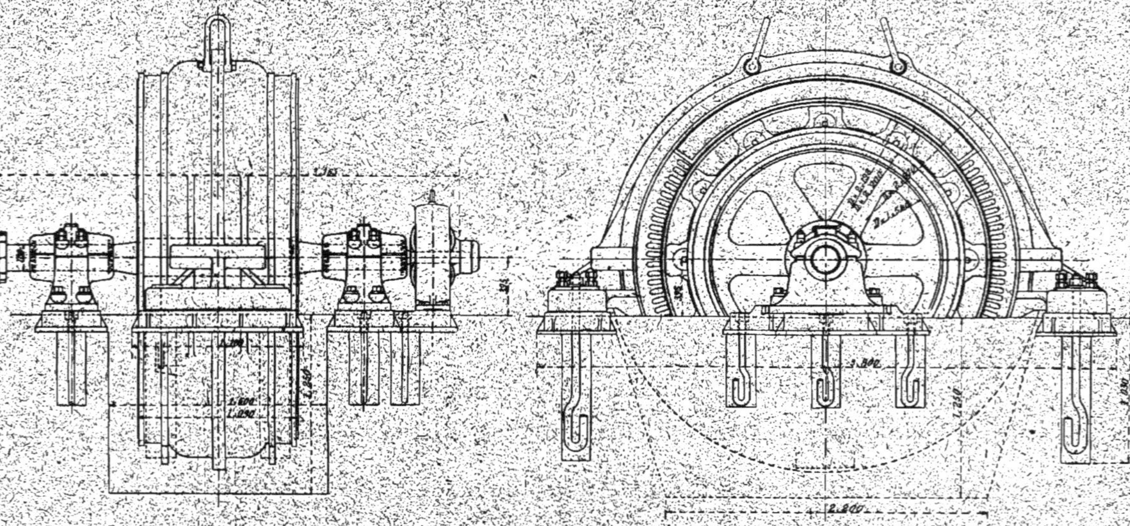

Fig. 324 et 325.

Alternateur à courants alternatifs simples de 350 KVA. des Ateliers d'Oerlikon. — Ensembles.

350-KVA. Wechselstromgenerator der Maschinenfabrik Oerlikon. — Zusammenstellungen.

350 KVA. Oerlikon single-phase Generator. — Outline.

Alternateur. — Cet alternateur des Ateliers d'Oerlikon était la seule machine à courants alternatifs simples en service à l'Exposition. Sa puissance apparente est de 350 kilovolts-ampères, soit 160 ampères sous 2 200 volts. Le facteur de puissance minimum est de 0,8, et la puissance utile, de 280 kilowatts.

La fréquence est de 50 périodes par seconde et le nombre de saillies polaires de 12, ce qui correspond à une vitesse de 250 tours par minute.

L'alternateur est représenté sur les figures 324 et 325 qui sont des vues d'ensemble. Les figures 326 et 327 sont des coupes et vues d'une partie de l'induit et de l'inducteur de la même machine.

Inducteur. — L'inducteur mobile est formé par un volant en une seule pièce, en acier coulé, et réuni avec le moyeu par 6 bras doubles.

Le diamètre extérieur de cette couronne est de 1,89 m et son diamètre intérieur de 1,72 m; son épaisseur est de 8,5 cm et sa largeur, de 71 cm.

Sur la couronne inductrice sont disposées deux séries de 12 saillies polaires placées deux par deux en regard l'une de l'autre.

Les saillies polaires sont constituées par des piles de tôles fixées à la jante par des clavettes à section trapézoïdale glissées dans des logements en queue d'aronde pratiqués dans les tôles. Chaque clavette est retenue par une vis traversant complètement la jante.

Ces masses polaires ont une hauteur radiale de 15,1 cm et une longueur, parallèlement à l'axe, de 15 cm.

La largeur de chaque saillie, qui porte un léger chanfrein sur les côtés parallèles à l'axe, est de 23,5 cm.

Le diamètre extérieur du rotor est de 2,192 m.

La bobine inductrice, en deux parties, est placée au milieu de la couronne inductrice et est centrée par rapport

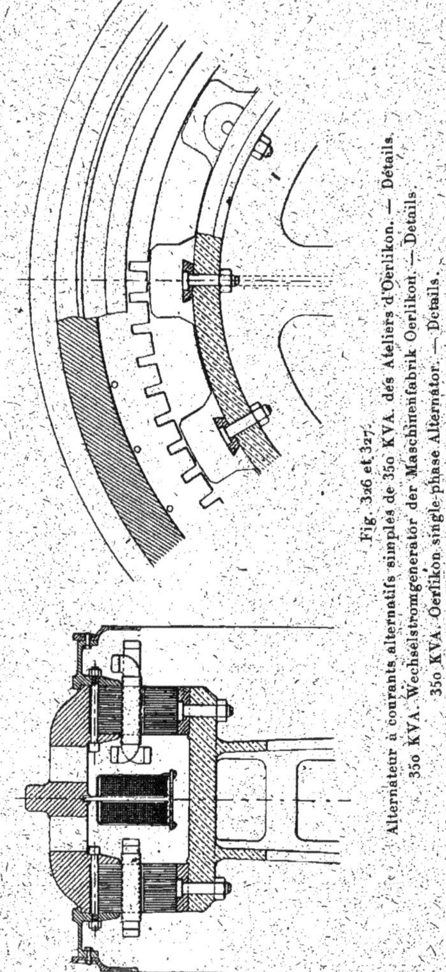

Fig. 326 et 327.
Alternateur à courants alternatifs simples de 350 KVA. des Ateliers d'Oerlikon. — Détails.
350 KVA. Wechselstromgenerator der Maschinenfabrik Oerlikon. — Details.
350 KVA. Oerlikon single-phase Alternator. — Details.

à celle-ci à l'aide de supports qui la retiennent à la carcasse de l'induit.

Les supports soutiennent une carcasse annulaire à section en forme de T sur laquelle sont placées les deux parties de la bobine inductrice.

Chacune des demi-bobines inductrices est formée d'une bande de cuivre plat de 60 mm de largeur et de 2 mm d'épaisseur. Les 75 spires formées par chaque bande sont isolées entre elles à l'aide de feuilles d'amiante.

Les deux demi-bobines sont réunies en série et leur résistance totale est de 0,171 ohm à chaud.

L'entraînement de l'inducteur se fait par une seule clavette.

Induit. — La carcasse de l'induit de l'alternateur est constituée par une caisse en fonte en deux parties, dont l'une, la partie inférieure, porte des pattes reposant sur les plaques de fondation par l'intermédiaire de vis calantes permettant le réglage de l'entrefer.

Des ouvertures sont ménagées sur la carcasse pour faciliter la ventilation de l'induit et de l'inducteur.

Les noyaux induits, au nombre de deux, sont serrés à l'aide de boulons entre deux couronnes intérieures, venues de fonte avec la carcasse, et deux anneaux en deux parties rapportées sur les faces de la caisse extérieure.

Le diamètre extérieur de la carcasse de l'induit est de 2,97 m et son diamètre intérieur, de 2,53 m; la largeur totale atteint 1,09 m.

Les anneaux induits formés d'une seule pile de tôles minces ont un diamètre extérieur de 2,53 m et un diamètre intérieur de 2,20 m; leur largeur parallèlement à l'axe est de 15,4 cm et leur hauteur radiale, de 16,5 cm. L'entrefer est de 4 mm.

Les noyaux induits portent 72 entailles, soit 3 par pôle, de façon à permettre éventuellement l'emploi de la machine comme alternateur à courants triphasés.

Pour son emploi comme alternateur à courants alternatifs

simples, on n'a utilisé que 48 entailles pour loger les 24 bobines de chaque noyau induit.

Les bobines induites sont, comme pour l'alternateur de 1 375 kilovolts-ampères, enroulées sur gabarit et isolées à l'aide d'une gaine en micanite sans joint; elles sont encore ici maintenues par des plaquettes en fibre glissées dans des rainures pratiquées sur les bords des entailles. Entre les deux induits, les bobines sont alternativement rabattues vers le haut ou vers le bas de façon à réduire la largeur de l'alternateur.

Le remplacement des bobines se fait avec la plus grande facilité et sans démonter l'alternateur, il suffit d'enlever une des saillies polaires pour pouvoir dégager complètement chaque bobine.

Chaque bobine comporte 30 spires formées à l'aide de deux fils de 3,5 mm enroulés en parallèle.

Toutes les bobines sur chaque induit sont groupées en série et les deux circuits obtenus couplés en parallèle; la résistance totale de l'enroulement induit est de 0,253 ohm à chaud.

Les prises de courant de l'induit et de l'inducteur sont disposées à la partie inférieure de la machine.

Excitatrice. — L'excitatrice est calée en porte à faux sur l'arbre même de l'alternateur. Sa puissance est de 2,5 kilowatts environ sous 21 volts. Elle est à quatre pôles et excitée en dérivation; l'inducteur est annulaire et les noyaux polaires portent chacun une bobine de 244 spires de fil de 4,2 mm de diamètre.

Les quatre bobines sont en série et la résistance du circuit d'excitation est de 0,86 ohm.

L'induit denté est enroulé en tambour. Il comporte 65 rainures dans lesquelles sont disposés 130 conducteurs de 4 mm de largeur et 7 mm de hauteur, soit deux par dent. La résistance de l'induit de l'excitatrice est de 0,0172 ohm.

Tableau. — Le tableau est encore ici réduit à une colonne portant trois appareils : un ampèremètre et un voltmètre aux bornes d'un transformateur réducteur pour l'alternateur et un ampèremètre pour l'excitation.

Le réglage se fait comme pour l'alternateur de 1375 kilo-

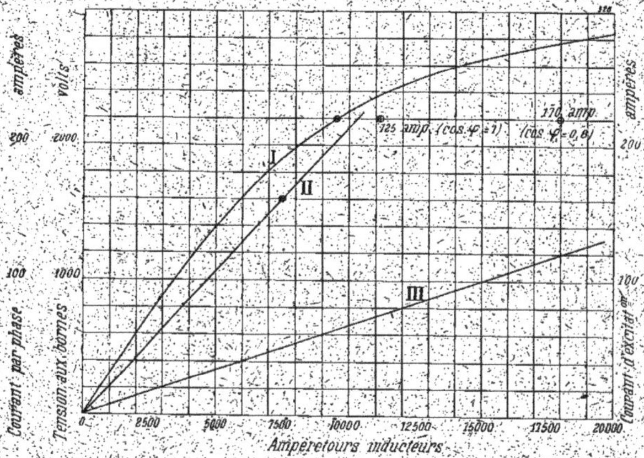

Fig. 328.

Caractéristiques de l'alternateur de 350 KVA. des Ateliers d'Oerlikon.

I. Caractéristique à vide. — II. Caractéristique en court-circuit. — III. Droite d'excitation.

Kurven des 350 KVA. Wechselstromgenerators der Maschinenfabrik Oerlikon.

I. Charakteristik bei Leerlauf. — II. Kurzschlusscharakteristik. — III. Erregungsgerade.

Characteristics of 350 KVA. Oerlikon Alternator.

I. No load saturation curve. — II. Short-circuit curve. — III. Excitation line.

volt-ampères à l'aide de deux rhéostats, un dans le circuits d'excitation de l'excitatrice et un dans le circuit inducteur de l'aternateur.

Résultats d'essais. — Les courbes de la figure 328 représentent les caractéristiques à vide et en court-circuit de l'alternateur de 350 kilovolts-ampères des Ateliers d'Oerlikon.

L'intensité du courant d'excitation correspondant à la tension à vide, à la vitesse normale de 250 tours par minute, est de 63,5 ampères; celle nécessaire pour obtenir l'intensité normale en court-circuit est de 50 ampères.

La figure porte deux points de régime en charge, l'un à 275 kilowatts avec un facteur de puissance égal à l'unité et par suite un débit de 125 ampères, l'autre à 300 kilowatts avec un facteur de puissance de 0,8 et un débit de 170 ampères. Ce dernier correspondant à l'excitation maxima que le circuit d'excitation peut supporter.

Dans le premier cas, le courant d'excitation est de 75 ampères; il est de 120 ampères dans le second. Les courants de débit sont obtenus respectivement avec l'induit en court-circuit pour des intensités du courant d'excitation de 39,5 ampères et de 53,5 ampères.

Les chutes de tension, pour le fonctionnement avec charge sans induction de 275 kilowatts, sont de 8,6 p. 100 et pour la charge à 300 kilowatts, avec facteur de puissance de 0,8, de 26 p. 100.

Le rendement atteint dans le premier cas 91,5 et 92 p. 100 dans le second.

Moteur à vapeur. — Le moteur à vapeur de MM. Sulzer frères accouplé à l'alternateur précédent est du type vertical tandem-compound à condensation et à deux séries de cylindres.

Les dimensions de ces cylindres et la course des pistons sont de :

Diamètre des cylindres à haute pression	28 cm
Diamètre des cylindres à basse pression.	45 »
Course commune des pistons	40 »

La vitesse angulaire est de 250 tours par minute et la pression de 10 kg : cm². La puissance de ce moteur est de 385 chevaux indiqués avec une admission de 0,25 dans le petit cylindre; avec une admission de 0,45 la puissance indiquée est de 515 chevaux.

La distribution se fait par tiroirs tournants communs aux cylindres de même diamètre.

La pompe à air du condenseur est commandée par une courroie.

C. — ALTERNATEURS A ÉPANOUISSEMENTS POLAIRES FEUILLETÉS

C. — WECHSELSTROMGENERATOREN MIT UNTERTHEILTEN POLSCHUHEN

C. — ALTERNATORS WITH LAMINATED POLE PIECES

Ce groupe réunissait deux alternateurs, l'un de MM. Alioth, de Bâle, et l'autre, de MM. Schneider et Cie, du Creusot.

I. — ALTERNATEUR TRIPHASÉ A ÉPANOUISSEMENTS POLAIRES FEUILLETÉS

I. — DREHSTROMGENERATOR MIT UNTERTHEILTEN POLSCHUHEN

I. — THREE-PHASE ALTERNATOR WITH LAMINATED POLE PIECES

Cet alternateur est celui de MM. Alioth, de Bâle.

ALTERNATEUR DE 190 KILOVOLTS-AMPÈRES DE MM. ALIOTH ET Cie DE BALE

190 KVA. DREHSTROMGENERATOR DER E. G. ALIOTH UND Co.

190 KVA. ALIOTH THREE-PHASE ALTERNATOR

La Société d'Électricité Alioth, de Bâle, avait exposé, comme type de dynamo à courants alternatifs, un alternateur à courants triphasés de son type normal à flux ondulé.

Cet alternateur a une puissance apparente de 190 kilovolts-ampères avec un facteur de puissance minimum de 0,8; la puissance réelle normale est par suite de 152 kilowatts.

La tension aux bornes est de 3 000 volts et la tension simple par phase, de 1 730 volts, l'induit étant groupé en étoile. Le débit par phase, à pleine charge de 190 kilovolts-ampères, est de 36,5 ampères.

Fig. 329.
Alternateur à courants triphasés de 190 KVA. de MM. Alioth et Cie, de Bâle.
190 KVA. Drehstromgenerator der E. G. Alioth in Basel.
190 KVA. Alioth three-phase Alternator.

La vitesse angulaire est de 375 tours par minute et la fréquence de 50 périodes par seconde; le nombre des saillies polaires par couronne est de 8.

L'alternateur de la Société Alioth est représenté sur la photographie de la figure 329. Les figures 330 et 331 sont des vues d'ensemble avec coupes partielles de cette machine et les figures 332 et 333, des coupes et vues d'une partie de l'induit et de l'inducteur à plus grande échelle.

Inducteur. — L'inducteur est constitué par un volant en acier coulé supporté par deux anneaux portant chacun un manchon claveté sur l'arbre. Cette couronne est divisée en deux parties par un plan perpendiculaire à l'axe et ces parties sont assemblées par quatre tirants. Elle porte deux séries de 8 saillies, venues de fonte, lesquelles sont décalées de l'intervalle correspondant à la largeur de chacune d'elles.

Les saillies polaires sont terminées par des queues d'aronde sur lesquelles viennent s'empiler les tôles des épanouissements polaires. Ces tôles d'une épaisseur de 0,4 mm, sont serrées entre un rebord interne de la saillie et un segment s'embéquetant sur celle-ci après laquelle il est fixé à l'aide de deux vis.

Le diamètre extérieur de la couronne portant les saillies est de 86 cm et sa largeur, de 48 cm. Le diamètre intérieur est de 54 cm.

Le diamètre extérieur de l'inducteur est de 1,293 m.

Les saillies ont leurs rebords parallèles à l'axe légèrement coupés; leur longueur dans le sens de l'axe est de 17 cm et leur largeur, perpendiculairement à l'axe, de 26 cm.

L'entrefer ménagé entre l'induit et l'inducteur n'est que de 3,5 mm.

La vitesse linéaire à la circonférence de l'inducteur est de 25,5 m par seconde.

Induit. — La carcasse supportant les anneaux induits est en acier coulé et en une seule partie. Cette carcasse repose

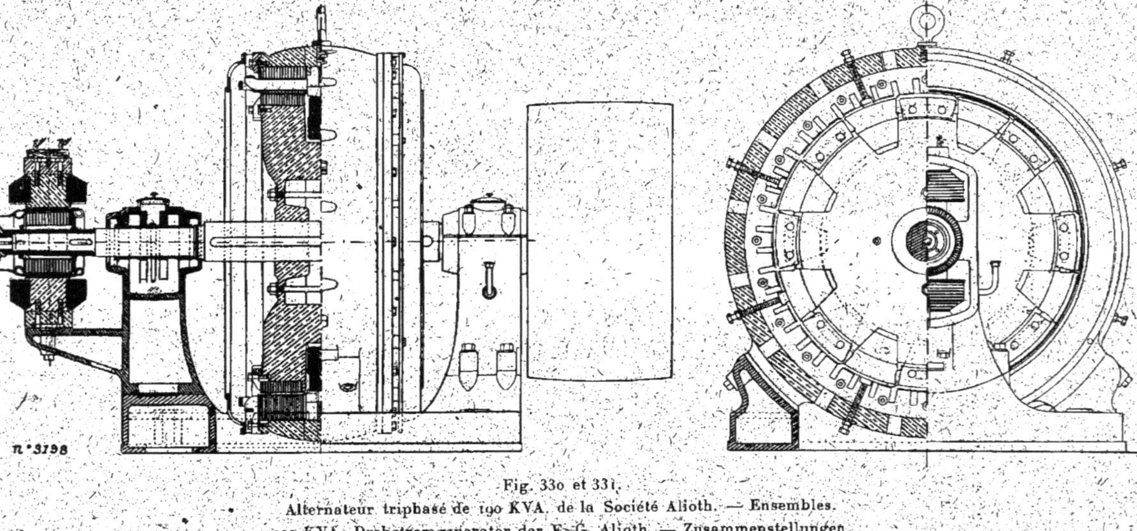

Fig. 330 et 331.

Alternateur triphasé de 190 KVA. de la Société Alioth. — Ensembles.

190 KVA. Drehstromgenerator der E.-G. Alioth. — Zusammenstellungen.

190 KVA. Alioth three-phase Alternator. — Outline.

sur deux supports venus de fonte avec le bâti et dont les surfaces d'appui sont concentriques aux noyaux induits; elle est fixée sur ces supports à l'aide de vis qui une fois enlevées permettent de la faire tourner de façon à faciliter le remplacement ou la réparation des bobines.

Les deux anneaux induits, en tôles de 0,4 mm d'épaisseur, sont disposés entre deux cercles en acier et sont serrés, contre des rebords venus de fonte avec la carcasse, par un dispositif analogue à celui employé pour les épanouissements polaires de l'inducteur.

Le diamètre extérieur de la carcasse induite est de 1,70 m et la largeur, y compris deux protecteurs en fonte retenus par des vis, de 82 cm.

La largeur de chacun des noyaux est de 18 cm et leur hauteur radiale de 11,5 cm. Leur diamètre d'alésage est de 1,30 m.

Les deux anneaux induits portent 48 rainures d'une section rectangulaire, soit 6 par saillie. Ces rainures sont destinées à recevoir l'enroulement formé de bobines, isolées par des caniveaux en micanite, enroulées à la fois sur les deux noyaux et préparées d'avance sur un gabarit. Chaque bobine comporte 28 spires de fil de 4,2 mm de diamètre et les 8 bobines de chaque phase sont groupées en série; les trois circuits sont ensuite couplés en étoile.

La résistance de chaque phase est de 0,5 ohm à froid.

Entre les deux induits est logée la bobine inductrice unique maintenue par 8 supports que des boulons retiennent à la carcasse.

Cette bobine est formée par 700 spires de fil de 4,6 mm de diamètre. Sa résistance à froid est de 2,5 ohms.

Les deux paliers sont rapportés sur ce bâti.

Excitatrice. — Le courant d'excitation est fourni à l'inducteur par une petite dynamo à 4 pôles, montée en bout d'arbre.

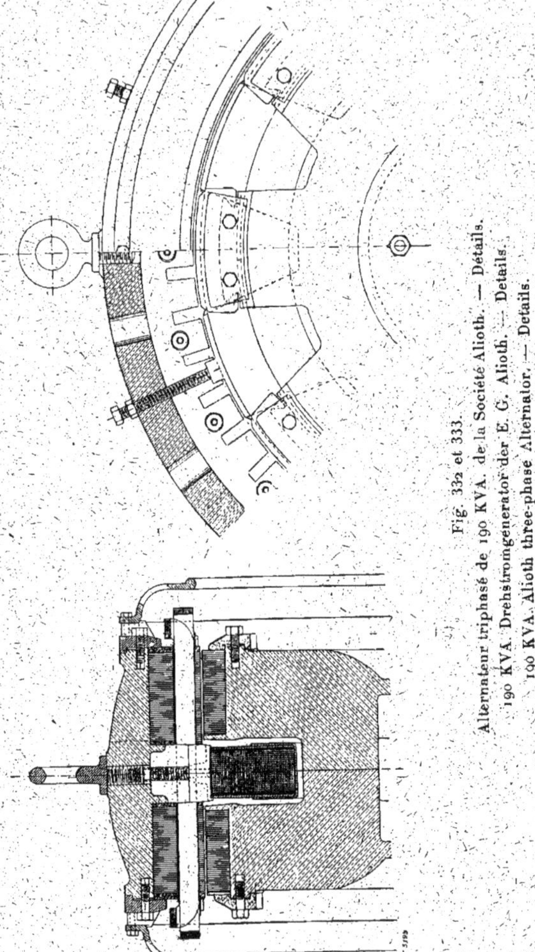

Fig. 332 et 333.
Alternateur triphasé de 190 KVA. de la Société Alioth. — Détails.
190 KVA. Drehstromgenerator der E. G. Alioth. — Details.
190 KVA. Alioth three-phase Alternator. — Details.

La puissance de cette machine est de 2 000 watts sous 70 volts.

L'inducteur est à 4 pôles dont deux seulement sont bobinés.

La carcasse inductrice et les inducteurs sont en acier coulé; l'ensemble de la partie fixe est supporté par une console venue de fonte avec le palier.

L'induit, enroulé en tambour série multipolaire, est monté sur un manchon claveté sur l'arbre.

Les deux lignes de balais sont portées par un anneau en fonte, tenu par deux bras fixés à la carcasse inductrice et entre lesquels il peut tourner pour faire varier l'angle de calage.

Résultats d'essais. — L'intensité du courant d'excitation nécessaire pour obtenir la tension à vide est de 13 ampères.

Celle correspondant au courant normal de 36,5 ampères par phase dans l'induit en court circuit est de 4,5 ampères.

En charge avec un facteur de puissance égal à l'unité, l'intensité du courant d'excitation est de 15 ampères. En cas de suppression brusque de la charge sans variation de vitesse, la tension augmente de 6 p. 100 environ.

II. — ALTERNATEUR A DISPOSITIF SCOTT ET A ÉPANOUISSEMENTS FEUILLETÉS

II. — DREHSTROMGENERATOR MIT SCOTT SCHALTUNG UND UNTERTHEILTEN POLSCHUHEN

II. — THREE-PHASE ALTERNATOR WITH SCOTT CONNEXION AND LAMINATED POLES PIECES

Ce second alternateur est du type Ganz et Cie.

ALTERNATEUR GANZ DE 70 KILOVOLTS-AMPÈRES DES ATELIERS DU CREUSOT

70 KVA. DREHSTROMGENERATOR VON GANZ-CREUSOT

70 KVA. GANZ-CREUSOT THREE-PHASE ALTERNATOR

En dehors des alternateurs à carburc Thury, MM. Schneider et Cie construisent également des alternateurs à flux

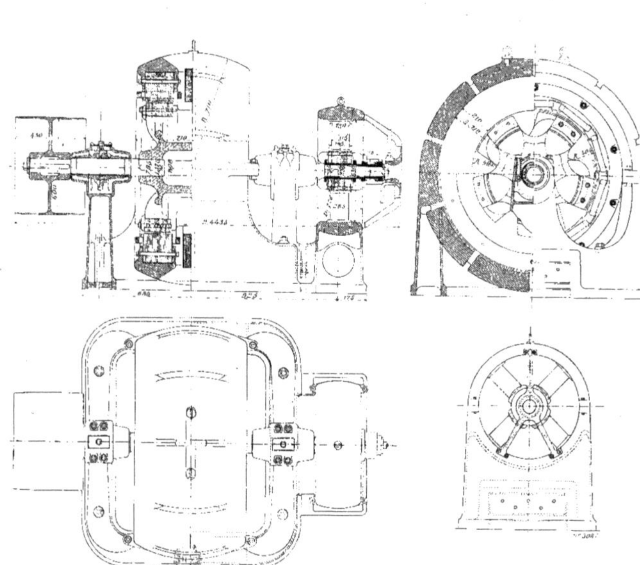

Fig 334 à 337.
Alternateur à courants triphasés Ganz de 70 KVA. de MM. Schneider et Cie. — Ensembles.
70 KVA. Drehstromgenerator von Ganz-Schneider und Co. — Zusammenstellungen
70 KVA. Ganz-Schneider three-phase Alternator. — Outline.

p. 402.

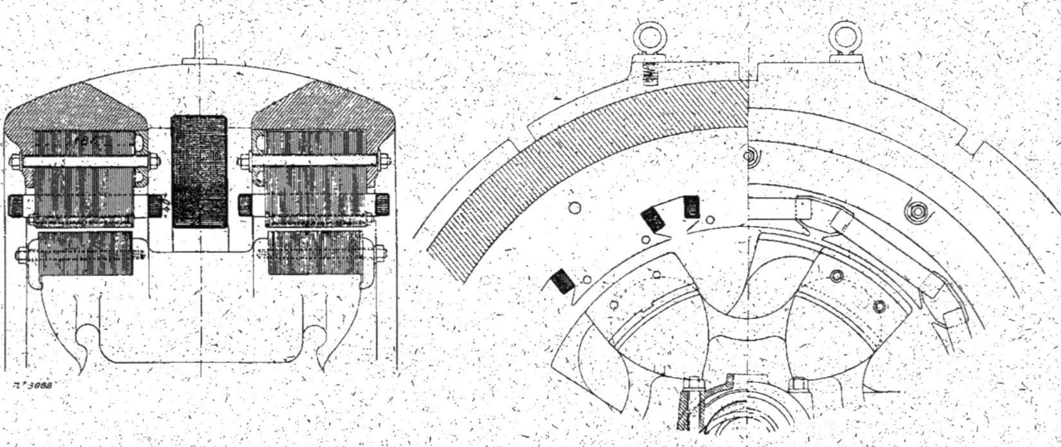

Fig. 338 et 339.
Alternateur triphasé Ganz de 70 KVA. des Ateliers du Creusot. — Détails
70 KVA. Drehstromgenerator von Ganz-Creusot. — Details.
70 KVA. Ganz-Creusot three-phase Alternator. — Details.

ondulé des différents types de MM. Ganz et Cie de Budapest.

Ces alternateurs, désignés par les lettres AF, se construisent pour des puissances de 30 à 400 kilovolts-ampères. Ils fournissent des courants alternatifs triphasés, mais sont munis seulement de deux enroulements suivant le dispositif de Scott.

L'alternateur exposé de ce type est le cinquième de la série. Sa puissance est de 70,1 kilovolts-ampères avec un facteur de puissance minimum de 0,8. La tension aux bornes est de 3 000 volts et l'intensité des courants dans les deux circuits, principal et auxiliaire, de 13,5 ampères.

La vitesse angulaire est de 600 tours par minute ; le nombre de saillies polaires sur chaque couronne est de 5, ce qui correspond à une fréquence de 50 périodes par seconde.

Les figures 334, 335 et 336 représentent des vues d'ensemble avec coupes partielles de l'alternateur et de son excitatrice ; la figure 337 est une vue du circuit inducteur de l'excitatrice. Les figures 338 et 339 sont des coupes et vues d'une partie de l'induit et de l'inducteur.

Inducteur. — La partie mobile du circuit magnétique est constituée par un manchon en acier coulé, claveté sur l'arbre et portant, venues de fonte, deux séries de 5 saillies polaires.

Les deux séries de saillies polaires sont décalées l'une par rapport à l'autre d'un angle égal au quart de celui que font entre eux les axes de deux saillies voisines.

Les saillies polaires sont surmontées par des épanouissements en tôles feuilletées ; ces tôles présentent chacune une queue d'aronde qui vient se loger dans une rainure de même forme pratiquée à la surface de la saillie en acier. Les tôles sont serrées à l'aide de deux vis entre un rebord de la saillie et un segment en acier s'embéquetant sur celle-ci.

Le diamètre extérieur de l'inducteur est de 79,5 cm et sa largeur totale, de 65 cm environ.

La longueur des pièces polaires en tôles parallèlement à l'axe est de 17 cm et la largeur le long de l'entrefer, de 19,88 cm. L'entrefer est de 6,5 mm.

La hauteur radiale des tôles de l'inducteur est de 8,25 cm.

Le poids de la partie mobile est de 1 470 kg.

Induit. — La carcasse supportant l'induit est constituée par une caisse sphérique en fonte, en deux parties, dont l'une, la partie inférieure, est venue de fonte avec le bâti lui-même.

Ce dernier porte les paliers et le support de l'excitatrice, dont l'induit est monté en porte-à-faux sur l'arbre.

Les coussinets, comme pour les alternateurs du type à carbure, sont supportés uniquement par leur partie centrale : ils sont ici en métal anti-friction.

Le diamètre extérieur maximum de la carcasse fixe est de 1,42 m et sa largeur 71 cm. Le diamètre intérieur de la partie cylindrique de la carcasse est de 1,178 m.

La carcasse présente de nombreuses ouvertures radiales pour la ventilation.

Les tôles des deux circuits magnétiques induits sont serrées, à l'aide de boulons, entre les rebords extérieurs de la caisse et des anneaux intérieurs. Ces tôles sont en outre serrées par des boulons isolés, un par pôle de l'induit, de façon à empêcher leurs vibrations. Les enroulements sont logés dans de très larges rainures légèrement fermées qui découpent dans les tôles de véritables pôles induits.

Le diamètre d'alésage des induits est de 80,8 cm et leur largeur de 18,6 cm.

La largeur des noyaux polaires induits est de 17,5 cm et celle des épanouissements polaires induits, de 22 cm. La hauteur radiale des tôles est de 18,5 cm.

Comme nous l'avons dit plus haut, les deux séries de saillies polaires sont décalées d'un quart de pôle ; il s'en de diamètre, sont montées en série. La résistance du circuit inducteur est de 34,5 ohms.

L'induit denté est enroulé en tambour; son diamètre est de 23 cm et sa largeur de 15 cm, il porte 85 sections de 5 spires de fil de 2,6 mm de diamètre chacune.

Le collecteur est monté comme l'induit à l'une des extrémités de l'arbre de l'alternateur; son diamètre est de 15 cm et sa largeur de 7,5 cm. Les tiges de balais sont fixées sur un collier mobile supporté par un croisillon fixé à la carcasse inductrice.

Résultats d'essais. — L'intensité du courant d'excitation pour obtenir à vide la tension normale de 3 000 volts, à la fréquence de 50 périodes par seconde, est de 15,4 ampères, comme le montre la courbe I de la figure 340 représentant le caractéristique à circuit ouvert.

Le courant d'excitation nécessaire pour obtenir l'intensité normale de 13,5 ampères en court-circuit n'est que de 2,6 ampères (courbe II) et correspond à une tension induite égale au quart environ de la tension normale.

Le rendement en pleine charge est d'environ 91 p. 100.

DEUXIÈME PARTIE

CONVERTISSEURS

ZWEITER THEIL	SECOND PART
ROTIERENDE TRANSFORMATOREN	ROTARY TRANSFORMERS

CHAPITRE PREMIER

CONSIDÉRATIONS GÉNÉRALES

I KAPITEL	CHAPTER I
ALLGEMEINE UEBERLEGUNGEN	GENERAL CONSIDERATIONS

Classification des convertisseurs. — La classe générale des transformateurs rotatifs ou convertisseurs peut être divisée en deux grandes sections : celle des convertisseurs de courant continu en courant continu et celle des convertisseurs de courants alternatifs simples ou polyphasés en courant continu ou vice versa.

Transformateurs à courant continu. — La première section comprend deux genres d'appareils, formés : les uns d'un moteur et d'une dynamo à courant continu, distincts et accouplés directement, et les autres, plus originaux, d'enroulements induits et inducteurs enroulés sur des parties communes en totalité ou en parties.

Les machines de cette classe n'étaient représentées à l'Exposition que par quelques petits groupes du premier genre, servant à l'excitation d'alternateurs (Creusot) ou à l'éclairage de quelques stands particuliers, ou exposés comme survolteurs et compensateurs de distribution à 3 et à 5 fils.

Nous ne décrirons ici aucun de ces groupes qui sont, du reste, sans grand intérêt. Nous signalerons simplement le compensateur pour distribution à 5 fils de MM. Siemens et Halske, de Vienne, où le nombre de petites dynamos auxiliaires est réduit à 2 au lieu de 4, grâce à l'emploi d'un artifice très ingénieux de M. Ossanna, ingénieur en chef de cette maison.

Cet artifice consiste à munir chacun des deux induits d'un enroulement analogue à celui de l'alternateur triphasé de MM. Siemens et Halske que nous avons étudié plus haut (voir p. 129) et à réunir les deux conducteurs intermédiaires du réseau à des bagues de contact en connexion avec les points neutres des enroulements en étoile, tandis que les trois autres conducteurs sont réunis aux collecteurs comme pour une distribution normale à trois fils.

On voit facilement que la tension entre chaque point neutre et les deux balais de l'induit du moteur correspondant est égale à la moitié de la tension entre les deux bornes de ce moteur.

Convertisseurs de courants alternatifs en continu. — La seconde section, celle des convertisseurs de courants alternatifs en courant continu, a été le corollaire du développement des transports d'énergie par courants alternatifs.

Si les courants alternatifs se prêtent beaucoup plus facilement que les courants continus à la transmission de l'énergie, leur utilisation sous la même forme n'est pas sans susciter quelques ennuis et limite quelque peu leur emploi.

Le développement incessant de la traction électrique, en particulier, a forcé les constructeurs à chercher un moyen simple et économique de transformer les courants alternatifs, transmis par une ligne, en courant continu plus facilement utilisables.

Les solutions les plus communément employées jusqu'ici pour opérer cette transformation sont les suivantes :

Moteurs générateurs ;

Commutatrices ou convertisseurs proprement dits ;

Redresseurs.

Nous en donnerons tout d'abord les avantages et inconvénients principaux.

Moteurs générateurs. — La solution la plus naturelle qui se présente à l'esprit consiste à employer un moteur à courants alternatifs, synchrone ou asynchrone, attelé directement à une dynamo à courant continu.

Cette solution, qui est encore à l'heure actuelle préférée par quelques maisons très importantes, présente toutefois quelques inconvénients, faciles, du reste, à surmonter.

Elle a d'abord le désavantage d'exiger l'emploi de deux machines de la capacité de la puissance à transformer, ce qui augmente les frais de premier établissement et diminue le rendement de la transformation.

En second lieu, lorsqu'on emploie un moteur d'induction comme appareil récepteur, la vitesse de celui-ci diminue quand la charge augmente. Cette variation de vitesse se fait sentir sur la dynamo à courant continu dont la tension aux bornes s'abaisse ainsi, non seulement par suite de l'influence de la réaction d'induit, mais encore par suite de celle du glissement dû moteur.

Ce glissement entraîne, dans le cas d'une dynamo shunt, une variation de la tension aux bornes, qui, même en négligeant l'effet de la réaction d'induit, croît plus rapidement que la diminution de vitesse.

Cette variation de tension peut même être proportionnelle au carré du glissement lorsque la machine est sans saturation.

En troisième lieu, aussi bien dans la commande d'une dynamo à courant continu par un moteur synchrone que par un moteur asynchrone, le transformateur éprouve toutes les variations de vitesse des génératrices, variations qui peuvent être très sensibles dans le cas de l'alimentation d'un réseau de traction.

Le premier inconvénient peut être diminué par l'emploi de transformateurs rotatifs, pour lesquels les deux induits sont calés sur le même arbre et les deux systèmes inducteurs placés aussi près que possible l'un de l'autre.

Ce dispositif peut même, dans certains cas, comme l'a montré M. Kapp (1), être plus avantageux que ceux que nous énumérerons plus loin.

On peut venir à bout du second inconvénient en préférant l'emploi du moteur synchrone à celui du moteur asynchrone, mais la facilité de démarrage de ce dernier, sa plus grande stabilité, son meilleur rendement et son prix moins élevé, le font presque toujours préférer au premier.

On réduit alors la chute de tension en employant des moteurs d'induction à très faible résistance d'induit et en compoundant les génératrices à courant continu ; il est même possible d'arriver, par l'emploi d'un enroulement série convenable, à maintenir la tension constante, c'est-à-dire en somme à compenser la diminution de vitesse par une augmentation correspondante du champ inducteur de la génératrice.

Quant au troisième inconvénient, il n'est pas possible à corriger autrement que par des dispositifs de réglage automatique : régulateur à force centrifuge agissant sur le champ de la génératrice, excitation auxiliaire indépendante contraire à l'excitation normale et fournie par une petite excitatrice commandée par le groupe lui-même, etc.

---

(1) *Elektrotechnische Zeitschrift*, des 15, 22 et 29 sept. 1898. — *Éclairage Électrique*, t. XVIII, p. 379.

Dans tous les cas, les dynamos à courants continus des groupes transformateurs rotatifs doivent être saturées autant que possible pour réduire l'influence du glissement sur la chute de tension.

Avant de passer au groupe plus important des commutatrices on peut remarquer qu'on peut apporter un perfectionnement notable aux moteurs générateurs ordinaires. Il consiste à employer des machines avec des noyaux d'induit unique portant deux enroulements ; un induit de moteur synchrone et un induit de dynamo à courant continu.

Ce type de machine permettrait d'éviter l'emploi du transformateur réducteur de tension, indispensable avec les commutatrices, mais il est peu employé dans ce cas à cause des difficultés d'isolation entre les deux enroulements. Il semble toutefois avoir été remis à la mode en Amérique, sous la forme plus grande de dynamo à double courant, comme machine de secours et de service de jour, mais à notre connaissance, aucune machine de ce genre ne figurait à l'Exposition.

Commutatrices. — En confondant l'induit du moteur et celui de la génératrice à courant continu, on arrive à la conception d'un appareil d'un rendement plus élevé que ceux des classes précédentes et auquel on a donné le nom de commutatrice.

Les premières commutatrices employées, comme celle du Technical College de Finsbury et celle brevetée par la Société Helios en 1887 [1], ont été surtout des machines de laboratoires et servaient à la transformation de courants continus en courants polyphasés.

Toutefois, dès 1894, MM. Alioth et Cie avaient installé des commutatrices à courants alternatifs dans quelques stations centrales à courants alternatifs simples.

---

(1) Voir J. Laffargue, « Dynamo-moteur-transformateur de l'Helios A. G. », *L'Électricien*, n° 255, p. 136, 3 mars 1888.

Les commutatrices se sont surtout propagées en Amérique, mais depuis cinq ou six ans seulement, et les constructeurs européens les ont employées aussi avec succès comme en témoignent les installations faites par MM. Alioth, de Bâle, la Société Alsacienne de Constructions Mécaniques, de Belfort, MM. Siemens et Halske, de Vienne, et la Société d'Applications Industrielles, de Paris.

Les commutatrices polyphasées doivent surtout leur succès à la valeur élevée de leur rendement et à l'utilisation particulièrement économique des matériaux.

Ces propriétés tiennent à ce qu'aucun travail mécanique n'étant produit, il ne peut exister d'action magnétique entre l'induit et l'inducteur, il en résulte que les courants alternatifs et les courants continus doivent exercer des actions égales et opposées et circuler par suite en sens contraire dans l'induit.

Le courant résultant dans chaque section de l'induit n'est alors à chaque instant que la différence entre les courants alternatifs et le courant continu et l'échauffement qui en résulte pour un débit donné est beaucoup plus faible que celui qui existerait si les deux natures de courants traversaient deux induits distincts comme dans les machines des classes précédentes.

A égalité d'échauffement, la commutatrice peut donc produire une puissance plus grande que celle qu'elle produirait si elle était utilisée comme génératrice ordinaire à courant continu.

Il est à remarquer toutefois que la perte moyenne d'énergie n'est pas la même dans toutes les sections de l'induit considéré comme machine à courant continu, elle est en particulier plus élevée dans les sections voisines des points de connexion de l'enroulement aux bagues d'amenée des courants alternatifs que dans les sections situées à égales distances entre ces points.

Le calcul permet de trouver facilement la perte d'énergie

dans un induit de commutatrice polyphasée d'un ordre quelconque et avec un facteur de puissance donné.

En comparant cette perte d'énergie à celle qui se produirait dans le même induit fonctionnant comme dynamo à courant continu, on peut calculer quelles seraient, à égalité de pertes, les puissances que pourrait produire une commutatrice fonctionnant comme convertisseur ou comme dynamo à courant continu.

Ces calculs ont été faits par MM. Steinmetz et Kapp dans quelques cas particuliers et d'une façon plus générale par l'auteur. Nous reproduisons ici le tableau représentant les différentes valeurs du rapport, pour une même perte par effet Joule, des puissances que pourrait produire une même machine fonctionnant comme commutatrice ou comme dynamo à courant continu avec divers facteurs de puissance.

Tableau des rapports des puissances d'une même machine fonctionnant comme commutatrice ou comme dynamo à courant continu.

TYPE DE COMMUTATRICE et valeur de cos φ.		CAS théorique.	RAPPORT entre les largeurs des pôles et leur écartement.	
			$\frac{2}{3}$	$\frac{1}{2}$
Courants alternatifs simples	cos φ = 1	0,85	0,89	0,95
	cos φ = 0,9	0,74	0,77	0,84
	cos φ = 0,8	0,63	0,66	0,73
	cos φ = 0,7	0,54	0,57	0,62
Triphasé	cos φ = 1	1,34	1,38	1,44
	cos φ = 0,9	1,09	1,13	1,21
	cos φ = 0,8	0,9	0,95	1,02
2 ou 4 phases	cos φ = 1	1,64	1,67	1,70
	cos φ = 0,9	1,28	1,34	1,38
	cos φ = 0,8	1,03	1,09	1,15
6 phases	cos φ = 1	1,96	1,98	1,99
	cos φ = 0,9	1,44	1,49	1,53
	cos φ = 0,8	1,14	1,20	1,26

Ce tableau est particulièrement intéressant par la comparaison des commutatrices entre elles eu égard au nombre de phases.

On voit tout d'abord que les commutatrices à courants alternatifs simples présentent au point de vue de leur puissance spécifique une infériorité assez considérable. Ce défaut et bien d'autres encore les ont fait presque complètement abandonner à l'heure actuelle.

Le point le plus saillant qui se dégage du tableau précédent, en ce qui concerne les convertisseurs à courants polyphasés, est l'influence du nombre de phases.

Il est en effet de toute évidence que la puissance spécifique augmente assez rapidement avec le nombre de phases.

Les commutatrices à courants tétraphasés, improprement appelées commutatrices à courants diphasés, sont supérieures aux convertisseurs à courants triphasés. L'augmentation de puissance pour un même induit et une même perte par effet Joule est de 22 p. 100 avec un facteur de puissance égal à l'unité et de 18 p. 100 pour un facteur de puissance de 0,9.

Les commutatrices hexaphasées, dont l'intérêt pratique est très important par suite de la possibilité de les alimenter avec un réseau primaire à courants triphasés sans autre artifice que la séparation de phases sur le réseau secondaire, présentent sur les convertiseurs tétraphasés des avantages analogues.

Un problème intéressant à étudier est celui des augmentations de puissance résultant de l'emploi des commutatrices à 6 phases sur les convertisseurs triphasés.

L'augmentation de puissance est de 46 p. 100 pour un facteur de puissance égal à l'unité ; avec un facteur de puissance de 0,9, l'accroissement est encore de 32 p. 100.

Ces chiffres montrent suffisamment les avantages qu'on peut retirer de l'emploi des commutatrices à 6 phases, et la raison de la préférence qu'on attribue maintenant à ces dernières machines.

Le seul inconvénient réside dans la nécessité d'employer 6 bagues au lieu de 3 ; mais il est de peu d'importance devant les avantages obtenus.

Redresseurs. — Les redresseurs consistent en principe en un commutateur à coquille ou plus généralement en un collecteur portant autant de lames par paire de pôles qu'il y a de phases et conduit par un moteur synchrone alimenté par une partie des courants alternatifs d'alimentation.

Ainsi défini, on voit que le redresseur diffère de la commutatrice en ce qu'une très faible partie seulement de l'énergie des courants alternatifs est absorbée par l'induit et uniquement pour vaincre des résistances passives alors que dans la commutatrice la totalité de l'énergie des courants alternatifs traverse l'induit.

On conçoit déjà que sur ce point les redresseurs présentent une supériorité sur les commutatrices.

Les redresseurs ordinaires ont par contre un inconvénient très grave, c'est que, contrairement à ce qui se passe pour les commutatrices, polyphasées tout au moins, le courant recueilli sur le collecteur est fortement ondulé à moins d'employer un nombre de phases de même ordre que celui des sections admis en général sur les dynamos à courant continu, ce qui conduirait à une complication difficilement admissible.

La plupart des redresseurs ordinaires étant employés sur des courants alternatifs simples, ces appareils ne peuvent servir qu'à l'éclairage par arcs comme les « rectifiers » Ferranti, ou à l'excitation des moteurs synchrones et des alternateurs, comme l'ont proposé autrefois MM. Ganz et Cie.

Des essais ont été tentés par certains inventeurs, et en particulier par M. Pollak, pour permettre la charge des batteries d'accumulateurs.

Avec le dispositif Pollak, la charge n'est faite pendant chaque période que lorsque la tension dépasse une certaine valeur. Ce dispositif donne un régime intermittent de charge que les batteries peuvent ne pas supporter sans inconvénient et ne constitue pas un appareil industriel susceptible d'applications importantes.

MM. Hutin et Leblanc, qui ont étudié depuis une dizaine d'années le problème de la transformation des courants alternatifs en continus, ont donné de ce problème une solution intéressante qui a reçu à l'heure actuelle de nombreuses applications.

Leur solution fait disparaître l'inconvénient général signalé plus haut par l'emploi de transformateurs spéciaux à enroulements sinusoïdaux.

Les courants obtenus sont avec ces appareils absolument continus et applicables par suite aussi bien à la charge des batteries d'accumulateurs et à l'éclairage qu'à la traction.

Ces appareils ont un rendement analogue à ceux des transformateurs statiques.

CHAPITRE II

TRANSFORMATEURS ROTATIFS

II KAPITEL	CHAPITER II
MOTORGENERATOREN	MOTOR GENERATORS

Généralités. — Les transformateurs rotatifs de courants alternatifs en courant continu sur lesquels nous avons pu obtenir quelques données, et qui méritent d'être décrits ici, sont tous formés d'un moteur à courants alternatifs et d'une dynamo à courant continu accouplés directement.

Les moteurs et dynamos constituant ces ensembles de transformation ne sont pas soumis à d'autres règles spéciales que celles que nous avons signalées dans le chapitre précédent, aussi n'avons-nous aucune particularité à signaler ici.

Classification. — Les transformateurs rotatifs formés d'un moteur et d'une dynamo distincts peuvent se subdiviser en deux classes, suivant que le moteur à courants alternatifs employé est synchrone ou asynchrone.

La commande par moteur asynchrone a été adoptée presque uniquement, dans les appareils exposés, pour les raisons que nous avons données plus haut. Un seul, celui de la Compagnie de Thomson Houston était commandé par un moteur synchrone.

Description des transformateurs rotatifs. — Une seule des classes précédentes sera étudiée ici par suite de l'insuffisance de renseignements que nous avons pu avoir sur la seconde.

TRANSFORMATEURS ROTATIFS AVEC MOTEURS ASYNCHRONES

MOTORGENERATOREN MIT ASYNCHRONMOTOREN — MOTOR-GENERATORS WITH INDUCTION MOTORS

Les transformateurs rotatifs avec moteurs asynchrones que nous pouvons décrire sont ceux exposés par les Ateliers d'Oerlikon et par la Compagnie Internationale d'Électricité de Liège.

TRANSFORMATEUR ROTATIF DE 200 KILOWATTS DES ATELIERS D'OERLIKON

200 KVA. MOTORGENERATOR DER MASCHINENFABRIK OERLIKON — 200 KVA. OERLIKON MOTOR-GENERATOR

Le transformateur rotatif exposé par les Ateliers d'Oerlikon, identique à ceux déjà installés par cette importante maison à la sous-station de Selnau, à Zurich, était constitué par un moteur asynchrone triphasé de 290 chevaux attelé directement à une dynamo à courant continu de 200 kilowatts, d'un type spécial.

Le transformateur rotatif des Ateliers d'Oerlikon est représenté sur la photographie de la figure 341. La figure 342 est une vue d'ensemble.

Moteur. — Le moteur asynchrone triphasé du groupe transformateur des ateliers d'Oerlikon, a une puissance utile normale de 290 chevaux sous une tension aux bornes de 1 950 volts et une tension simple de 1 125 volts.

La puissance vraie absorbée par l'inducteur en charge est de 222 kilowatts et le facteur de puissance, de 0,9 ; la puis-

Fig. 341.
Transformateur rotatif de 200 KW. des Ateliers d'Oerlikon.
200 KW. Motor-Generator der Maschinenfabrik Oerlikon.
200 KW. Oerlikon Motor Generator.

sance apparente est par suite de 247 kilovolts-ampères et correspond à une intensité de 72,2 ampères par phase.

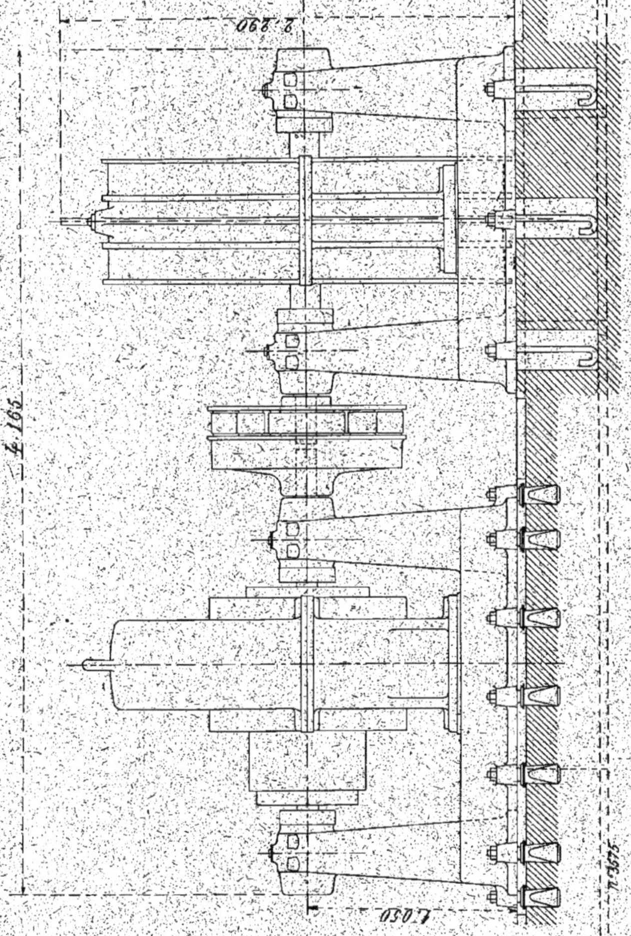

Fig. 342.
Transformateur rotatif des Ateliers d'Oerlikon. — Ensemble.
Motor-Generator der Maschinenfabrik Oerlikon. — Zusammenstellung.
Oerlikon-Motor-Generator. — Outline.

La fréquence des courants dans les inducteurs est de 50 périodes par seconde et la vitesse qui correspondrait au

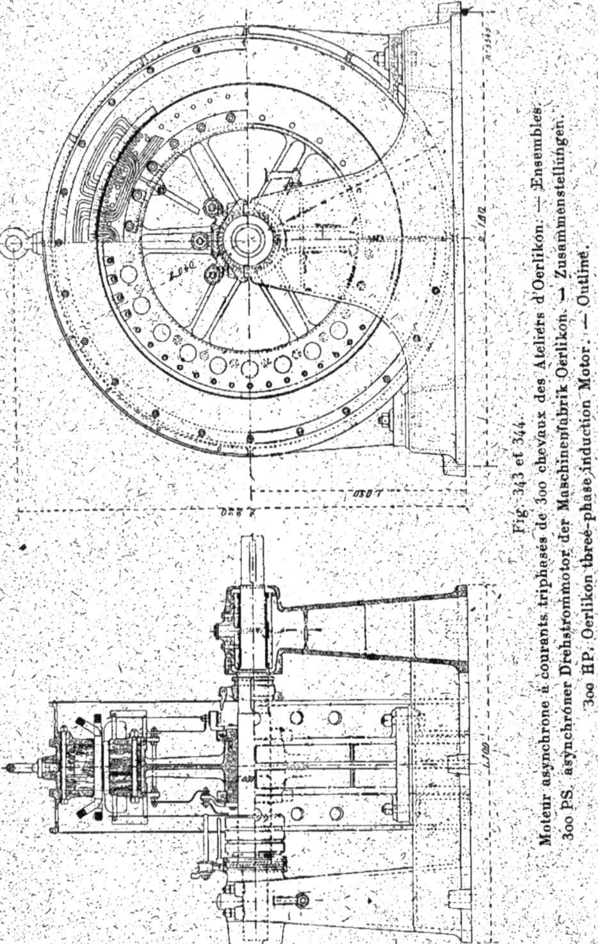

Fig. 343 et 344. Moteur asynchrone à courants triphasés de 300 chevaux des Ateliers d'Oerlikon. — Ensembles.
300 PS. asynchroner Drehstrommotor der Maschinenfabrik Oerlikon. — Zusammenstellungen.
300 HP. Oerlikon three-phase induction Motor. — Outline.

synchronisme de 375 tours par minute ; le nombre de pôles est de 16.

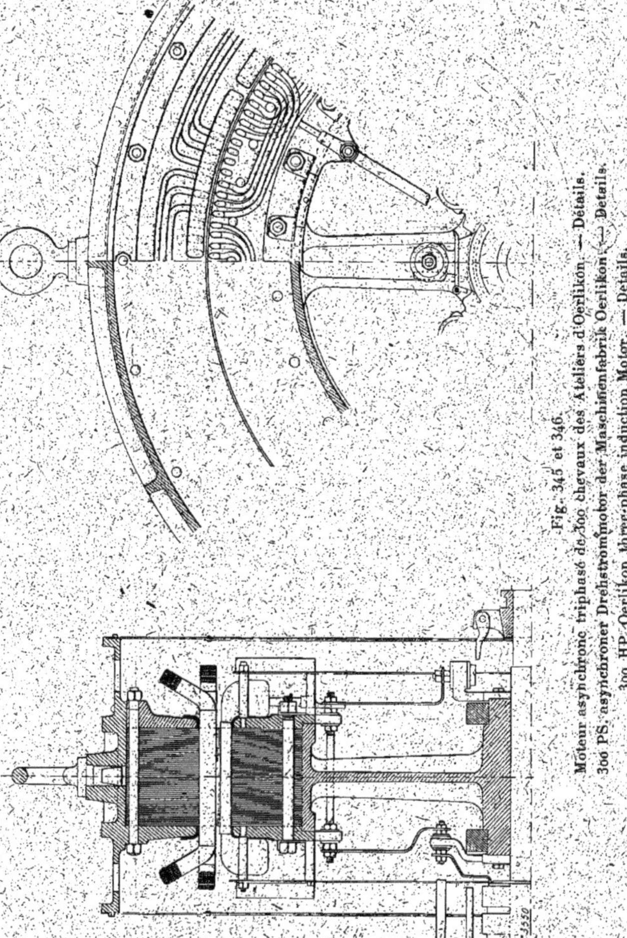

Fig. 345 et 346.
Moteur asynchrone triphasé de 300 chevaux des Ateliers d'Oerlikon. — Détails.
300 PS. asynchroner Drehstrommotor der Maschinenfabrik Oerlikon. — Details.
300 HP. Oerlikon three-phase induction Motor. — Details.

Le moteur est représenté sur les figures 343 et 344 qui sont des vues d'ensemble avec coupes partielles. Les figures 345 et 346 sont des coupes et vues d'une partie de l'induit et de l'inducteur.

Inducteur. — L'inducteur fixe est formé par une caisse cylindrique en fonte, consolidée par quatre nervures annulaires courant le long de la surface de la caisse.

Deux des nervures sont élargies à la partie inférieure et supportent les pattes par lesquelles l'inducteur repose sur son bâti. Les paliers à bagues sont venus de fonte avec le bâti.

Deux protecteurs, en tôle perforée, sont rapportés sur les faces latérales de la caisse et protègent les enroulements. De nombreux trous circulaires sont ménagés dans la carcasse pour assurer une bonne ventilation.

Les tôles inductrices, en un seul noyau, sont serrées à l'aide de boulons entre un anneau venu de fonte avec la carcasse et un anneau rapporté.

Le diamètre extérieur maximum de la carcasse est de 2,04 m et sa largeur de 62 cm.

Le diamètre extérieur du noyau de tôles de l'inducteur est de 1,93 m et sa largeur, de 22 cm. Le diamètre d'alésage est de 1,50 m et la hauteur radiale des tôles de 21,5 cm.

L'entrefer est de 1,2 mm.

La surface intérieure de l'anneau inducteur est percée de 144 trous, soit 3 par pôle et par phase. Ces trous, qui affectent près de l'entrefer une forme ogive, reçoivent 24 bobines enroulées chacune dans 6 encoches et constituées par 24 spires de 3 fils de 3,6 mm de diamètre en parallèle. Le nombre des conducteurs distincts par encoche est donc de 8.

Les 8 bobines d'une même phase sont réunies en série et les 3 phases groupées en étoile. La résistance de chaque phase est de 0,159 ohm à froid et le poids de cuivre utilisé sur l'inducteur, de 240 kg.

Le poids de l'inducteur avec son bâti est de 5 600 kg.

Induit. — L'induit mobile est supporté par la jante d'un volant, en une seule pièce, serré sur l'arbre par deux anneaux en fer forgé posés à chaud.

Les tôles induites sont serrées, à l'aide de boulons, par deux anneaux en fonte portant des chevilles pour l'entraînement des parties extérieures des enroulements et deux séries de bossages destinées l'une, conjointement avec les chevilles d'entraînement, à la fixation de protecteurs en tôle perforée, et l'autre à supporter les connexions de l'enroulement aux bagues et à l'appareil de court-circuit.

Le diamètre extérieur de l'induit est de 1,4976 m et sa largeur de 22 cm; le diamètre intérieur du noyau est de 1,12 m, ce qui correspond à une hauteur radiale de 18,88 cm.

L'enroulement induit est un enroulement triphasé ordinaire monté en étoile et réparti dans 192 trous de forme analogue à ceux de l'inducteur, soit 4 par pôle et par phase.

L'enroulement de chaque phase comporte 8 bobines de 4 spires disposées dans 8 encoches. Le nombre de conducteurs distincts par encoche est par suite de 1; chaque conducteur est formé de 8 fils de 4,4 mm groupés en quantité.

Les 8 bobines d'une même phase sont montées en série et la résistance de l'induit par phase est de 0,007 ohm. Le poids de cuivre utilisé sur l'induit est de 160 kg.

Les trois extrémités libres aboutissent : d'une part, à 3 bagues collectrices en bronze clavetées sur l'arbre et, d'autre part, à trois contacts isolés fixés sur le moyeu.

Ces contacts peuvent être réunis entre eux par un appareil de court-circuit formé par une bague pouvant coulisser le long de l'arbre par l'intermédiaire d'un levier et portant des contacts qui viennent s'engager sur ceux fixés sur le moyeu.

Le diamètre des bagues collectrices est de 29,5 cm et leur largeur, de 4,5 cm.

Les courants sont amenés par trois séries de balais dont les axes sont supportés par un balancier fixé sur un anneau venu de fonte avec l'un des paliers.

Un second anneau supporte un balancier muni de tiges parallèles à l'axe qui permettent de venir relever les balais dès que le moteur a atteint sa vitesse de régime et que l'induit a été mis en court-circuit par l'appareil spécial dont nous avons parlé plus haut.

Le démarrage se fait comme d'habitude en introduisant des résistances liquides dans les circuits induits.

Le poids de l'induit complet est de 2 900 kg.

L'accouplement du moteur et de la dynamo, du type Zodel, est effectué au moyen d'une courroie en cuir, enlacée dans les évidements de 2 anneaux concentriques, solidaires, l'un du moteur et l'autre de la dynamo.

Résultats d'essais. — Les résultats d'essais obtenus sur le moteur de 300 chevaux des Ateliers d'Oerlikon sont représentés sur la figure 347.

La courbe η est celle du rendement effectif et la courbe $\eta_{app.}$, celle du rendement apparent ou rapport entre la puissance utile et la puissance apparente, toutes deux en fonction de la puissance utile.

La courbe cos φ donne la valeur du facteur de puissance, et la courbe I la valeur du courant inducteur par phase pour chaque régime.

La figure donne également les valeurs des pertes par hystérésis et par frottement ainsi que les pertes par effet Joule dans l'inducteur et dans l'induit.

Toutes ces courbes correspondent à une tension aux bornes constante et égale à 1 950 volts.

Le glissement en charge est de 1,3 p. 100, et la vitesse de régime, par suite, de 370 tours par minute.

Le rendement déduit de la mesure des pertes séparées, est de 96 p. 100.

Dynamo. — La dynamo accouplée au moteur précédent a une puissance de 200 kilowatts, sous une tension de 550 volts. Le débit est par suite de 365 ampères.

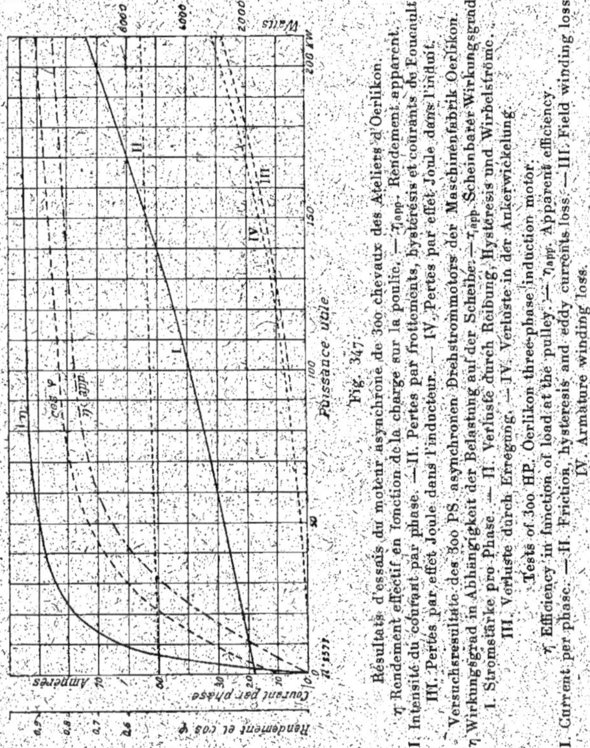

Fig. 347.

Résultats d'essais du moteur asynchrone de 300 chevaux des Ateliers d'Oerlikon.

η Rendement effectif en fonction de la charge sur la poulie. — $\eta_{app.}$ Rendement apparent.

I. Intensité du courant par phase. — II. Pertes par frottements, hystérésis et courants de Foucault.

III. Pertes par effet Joule dans l'inducteur. — IV. Pertes par effet Joule dans l'induit.

Versuchsresultate des 300 PS. asynchronen Drehstrommotors der Maschinenfabrik Oerlikon.

η Wirkungsgrad in Abhängigkeit der Belastung auf der Scheibe. — $\eta_{app.}$ Scheinbarer Wirkungsgrad.

I. Stromstärke pro Phase. — II. Verluste durch Reibung, Hysteresis und Wirbelströme.

III. Verluste durch Erregung. — IV. Verluste in der Ankerwickelung.

Tests of 300 HP. Oerlikon three-phase induction motor.

η Efficiency in function of load at the pulley. — $\eta_{app.}$ Apparent efficiency.

I. Current per phase. — II. Friction, hysteresis and eddy currents loss. — III. Field winding loss.

IV. Armature winding loss.

Cette machine à 4 pôles est représentée sur les figures 348 et 349 qui sont des vues d'ensemble avec coupes partielles ; les figures 350 et 351 montrent des vues et coupes d'une partie de l'induit et de l'inducteur à plus grande échelle.

Inducteurs. — La carcasse inductrice est formée par une

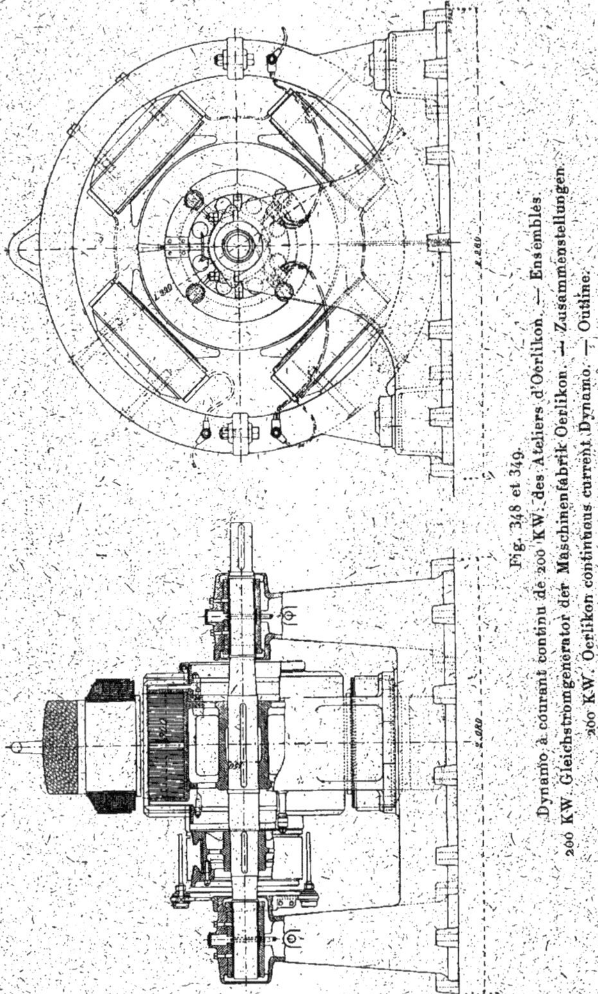

Fig. 348 et 349.
Dynamo à courant continu de 200 KW. des Ateliers d'Oerlikon. — Ensembles.
200 KW. Gleichstromgenerator der Maschinenfabrik Oerlikon. — Zusammenstellungen.
200 KW. Oerlikon continuous current Dynamo. — Outline.

couronne cylindrique en acier, coulée en deux parties. La

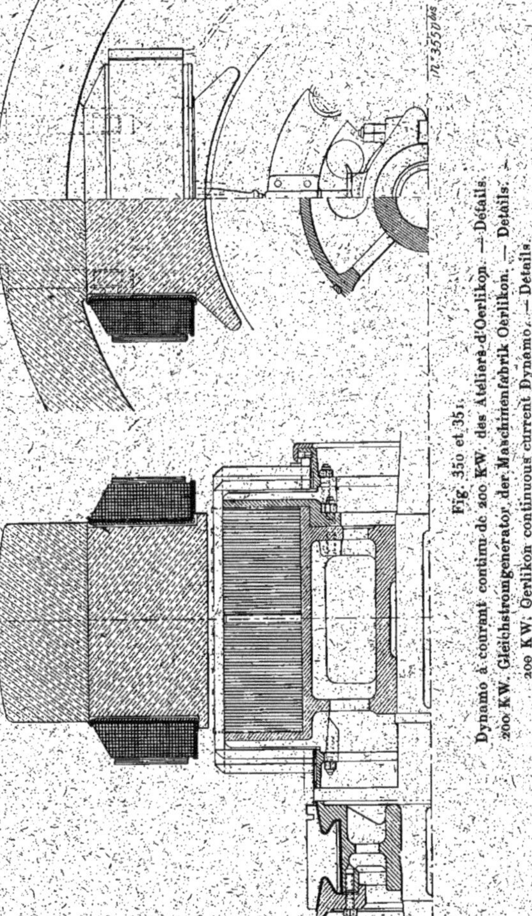

Fig. 350 et 351.

Dynamo à courant continu de 200 KW. des Ateliers d'Oerlikon. — Détails.
200 KW. Gleichstromgenerator der Maschinenfabrik Oerlikon. — Details.
200 KW. Oerlikon continuous current Dynamo. — Details.

partie inférieure porte deux pattes qui sont boulonnées sur le bâti portant les paliers à bagues venus de fonte.

Les noyaux polaires, également en acier, à section circulaire, reposent sur des parties planes dressées de la carcasse et y sont fixés chacun par deux boulons. Les épanouissements polaires sont venus de fonte avec les noyaux et retiennent les bobines inductrices.

Le diamètre extérieur maximum de la carcasse est de 1,99 m et son diamètre intérieur de 1,65 m. La largeur est de 44 cm.

Les noyaux polaires ont un diamètre de 42,5 cm; les dimensions des épanouissements polaires sont de 48 cm dans le sens de l'axe et de 60 cm dans le sens perpendiculaire.

Le diamètre d'alésage est de 1,02 m et l'entrefer de 10 mm.

L'enroulement est compound.

L'enroulement en dérivation se compose de 4 bobines enroulées sur des carcasses en tôles et formées chacune de 3 200 spires de fil de 2 mm de diamètre. Les 4 bobines sont groupées en série et ont une résistance à froid de 118,6 ohms.

Le circuit série est formé également de 4 bobines enroulées sur les précédentes et constituées par une bande de cuivre de 17 cm de largeur sur 2 mm d'épaisseur.

Le nombre de spires actives est alternativement de 3 et de 4 par bobine.

Ces 4 bobines sont également montées en séries, leur résistance totale est de 0,0015 ohm à froid.

Le poids du cuivre inducteur, tant série que shunt, est de 700 kg.

Le poids de l'inducteur sans le bâti est de 2 200 kg.

Induit. — L'induit est supporté par une couronne en fonte soutenue par deux anneaux réunis entre eux par des nervures et venus de fonte avec un moyeu claveté sur l'arbre.

Les deux anneaux sont percés de trous pour alléger le support.

Les tôles induites, réparties en deux noyaux séparés par des cales évents en bronze, sont entraînées par des clavettes et serrées entre un anneau, venu de fonte avec le support, et un second anneau s'embéquetant sur ce support sur les bras duquel il est fixé.

Le diamètre extérieur de l'induit est de 1 m et sa largeur de 50 cm, y compris celle de l'espace ménagé entre les deux noyaux, qui est de 25 mm.

La hauteur radiale des tôles est de 20,5 cm.

L'enroulement induit, en tambour multipolaire séries parallèles, avec 4 circuits en parallèle, est réparti dans 240 rainures comprenant chacune 2 barres de 22 mm de largeur et 1,4 mm de hauteur.

Les barres sont repliées à leurs extrémités de façon à former des développantes qui sont soudées dans des gouttières en cuivre retenues, contre l'action de la force centrifuge, du côté opposé au collecteur, par un anneau isolé en fonte. Cet anneau est placé sur l'un des anneaux fixés au support de l'induit par des vis et maintenant les gouttières dont ils sont également isolés.

Les 480 conducteurs sont groupés ainsi en 240 sections d'une seule spire aboutissant aux 240 lames du collecteur.

Ce dernier est constitué par un support claveté sur l'arbre et sur lequel les lames isolées au mica sont serrées par un anneau vissé dans des oreilles venues de fonte avec le support.

Le diamètre du collecteur est de 58 cm et sa largeur de 20 cm.

Les axes des porte-balais au nombre de 4 sont fixés sur un support annulaire en deux parties pouvant tourner autour d'un anneau venu de fonte avec le palier.

Chacune des quatre lignes de balais comporte 8 balais en charbon.

La résistance de l'induit entre balais est de 0,034 ohm à chaud.

Le poids total de l'induit est de 2 400 kg dont 240 kg pour le cuivre de l'enroulement.

Résultats d'essais. — Le courant d'excitation nécessaire pour obtenir la tension normale à vide est de 2,25 ampères.

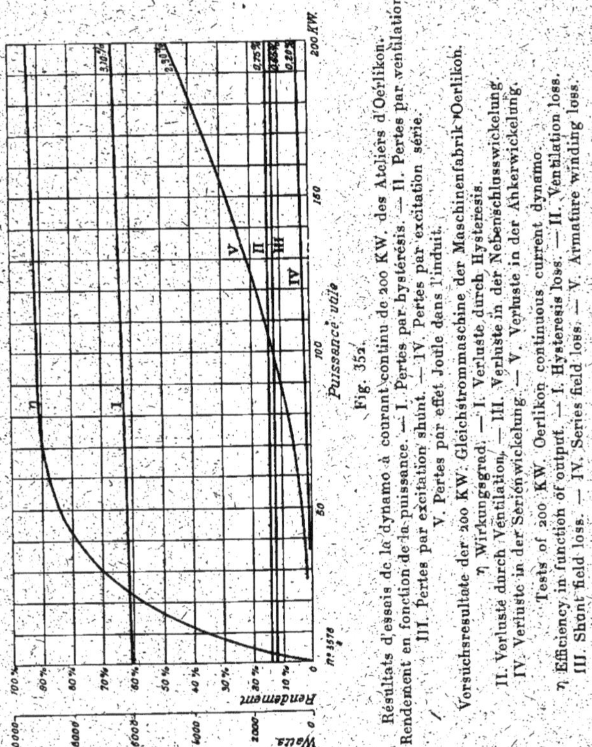

Fig. 352.

Résultats d'essais de la dynamo à courant continu de 200 KW. des Ateliers d'Oerlikon.
η Rendement en fonction de la puissance. — I. Pertes par hystérésis. — II. Pertes par ventilation.
III. Pertes par excitation shunt. — IV. Pertes par excitation série.
V. Pertes par effet Joule dans l'induit.

Versuchsresultate der 200 KW. Gleichstrommaschine der Maschinenfabrik Oerlikon.
η Wirkungsgrad. — I. Verluste durch Hysteresis.
II. Verluste durch Ventilation. — III. Verluste in der Nebenschlusswickelung.
IV. Verluste in der Serienwickelung. — V. Verluste in der Ankerwickelung.

Tests of 200 KW. Oerlikon continuous current dynamo.
η Efficiency in function of output. — I. Hysteresis loss. — II. Ventilation loss.
III. Shunt field loss. — IV. Series field loss. — V. Armature winding loss.

Les courbes de la figure 352 représentent les différentes pertes de la machine en fonction de la charge.

La courbe I est celle des pertes par hystérésis et courants

de Foucault et la courbe II celle des pertes par frottements et ventilation.

Les courbes III et IV se rapportent aux pertes dans les deux circuits d'excitation et la courbe V aux pertes par effet Joule dans l'induit.

Le rendement, déduit de ces pertes mesurées par la méthode des pertes séparées, est de 94 p. 100.

Les élévations de température au-dessus de l'air ambiant sont de 25° dans les coussinets, 45° dans les bobines inductrices fixes, 45° dans l'armature mobile, 50° sur le collecteur et 30° dans toutes les autres parties de la machine.

Remarques. — Les transformateurs rotatifs d'Oerlikon, employés généralement dans les stations de tramways, ont une très grande capacité de surcharge ; le transformateur de 200 kilowatts peut en particulier fonctionner à 250 kilowatts pendant plusieurs heures.

TRANSFORMATEUR ROTATIF DE 100 KILOWATTS DE LA COMPAGNIE INTERNATIONALE D'ÉLECTRICITÉ DE LIÈGE

100 KW. MOTORGENERATOR DER Cie INTERNATIONALE D'ÉLECTRICITÉ (LÜTTICH).

100 KW. MOTOR GENERATOR OF THE Cie INTERNATIONALE D'ÉLECTRICITÉ OF LIÈGE.

La Compagnie Internationale d'Électricité de Liège avait exposé, en dehors de trois petits moteurs de 1,3 et 8 chevaux, un moteur de 150 chevaux accouplé directement à une dynamo de 100 kilowatts et formant ainsi un transformateur rotatif de courants alternatifs en courant continu.

Ce groupe transformateur est représenté sur la figure 353 qui est une vue d'ensemble. Les figures 354 et 355 sont des demi-coupes par l'axe du moteur et de la dynamo.

Moteur. — Le moteur asynchrone du groupe transforma-

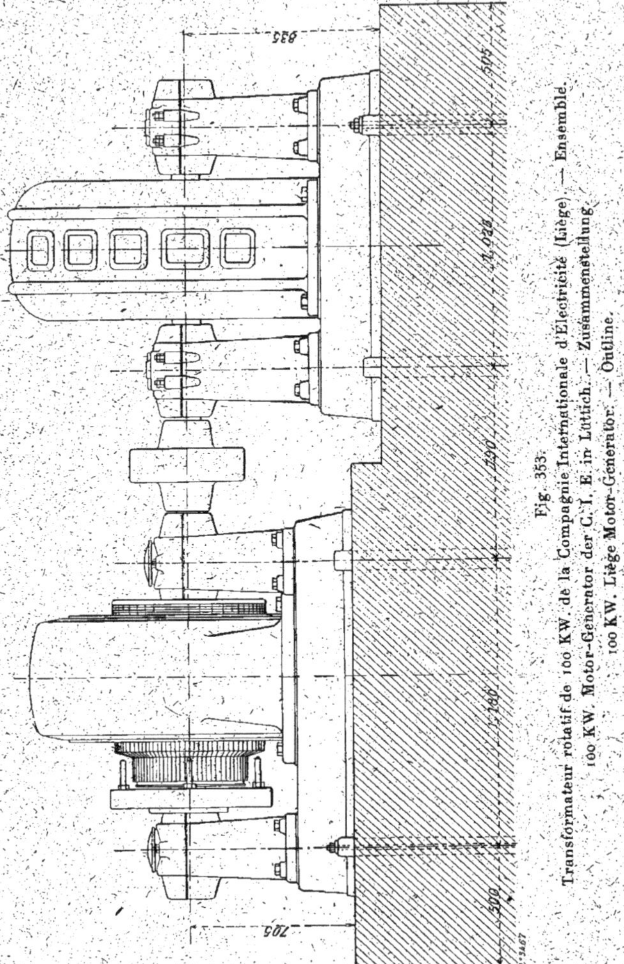

Fig. 353.
Transformateur rotatif de 100 KW. de la Compagnie Internationale d'Électricité (Liège). — Ensemble.
100 KW. Motor-Generator der C. I. E. in Lüttich. — Zusammenstellung.
100 KW. Liège Motor-Generator. — Outline.

teur de la Compagnie Internationale d'Électricité de Liège a une puissance utile normale de 152 chevaux.

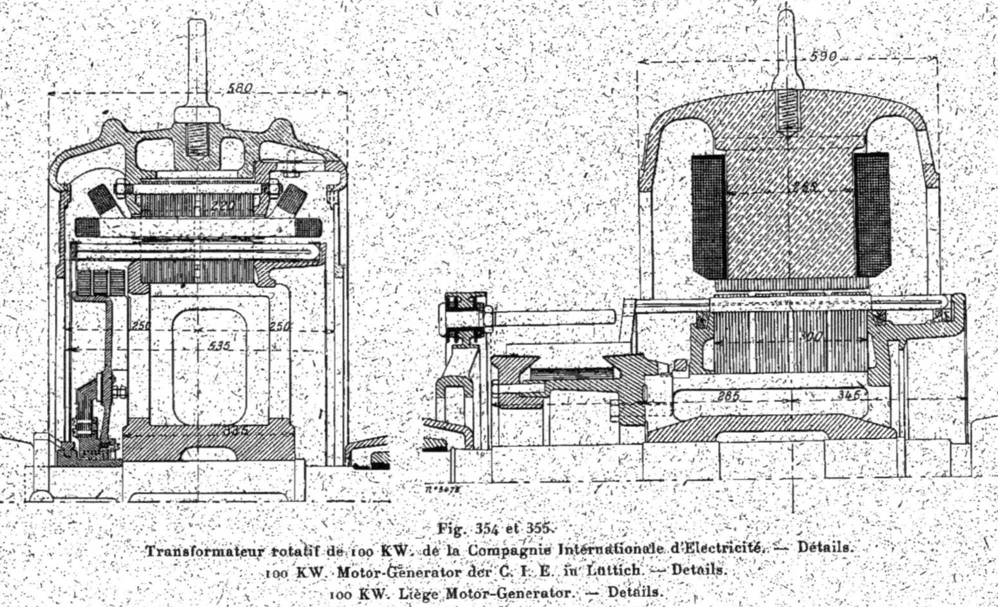

Fig. 354 et 355.
Transformateur rotatif de 100 KW. de la Compagnie Internationale d'Electricité. — Détails.
100 KW. Motor-Generator der C. I. E. in Lüttich. — Details.
100 KW. Liège Motor-Generator. — Details.

La tension aux bornes de l'inducteur est de 2 200 volts et la tension par phase de 1 270 volts, l'inducteur étant groupé en étoile.

La puissance vraie absorbée, en pleine charge, est de 122,5 kilowatts et le facteur de puissance de 0,88, ce qui correspond à une puissance apparente de 139 kilovolts-ampères. L'intensité du courant par phase est par suite de 36,5 ampères.

La fréquence des courants d'alimentation est de 50 périodes par seconde et le nombre de pôles de 14 ; la vitesse angulaire correspondant au synchronisme est de 428 tours par minute.

Le moteur est montré sur les figures 356 et 357 qui sont des vues d'ensemble avec coupe partielle par l'axe.

Inducteur. — L'inducteur, qui est fixe, est constitué par une caisse cloisonnée en fonte d'une seule pièce et présentant, extérieurement et intérieurement, de nombreuses ouvertures pour la ventilation. Cette caisse porte latéralement deux protecteurs ajourés, venus de fonte, et repose, par deux pattes, sur un bâti après lequel les paliers à bague sont rapportés.

Le diamètre extérieur maximum de la carcasse est de 1,54 m et sa largeur totale, de 58 cm.

La carcasse inductrice porte à l'intérieur un anneau venu de fonte contre lequel sont serrées les tôles à l'aide d'un second anneau et de boulons.

Les tôles inductrices sont partagées en deux noyaux laissant entre eux un espace libre d'environ 10 mm pour la ventilation.

Le diamètre extérieur des anneaux inducteurs est de 1,285 m et leur diamètre d'alésage, de 1,05 m. L'entrefer est de 1,5 mm.

La largeur totale de l'inducteur est de 22 cm y compris celle de l'évent. La hauteur radiale des tôles est de 11,75 cm.

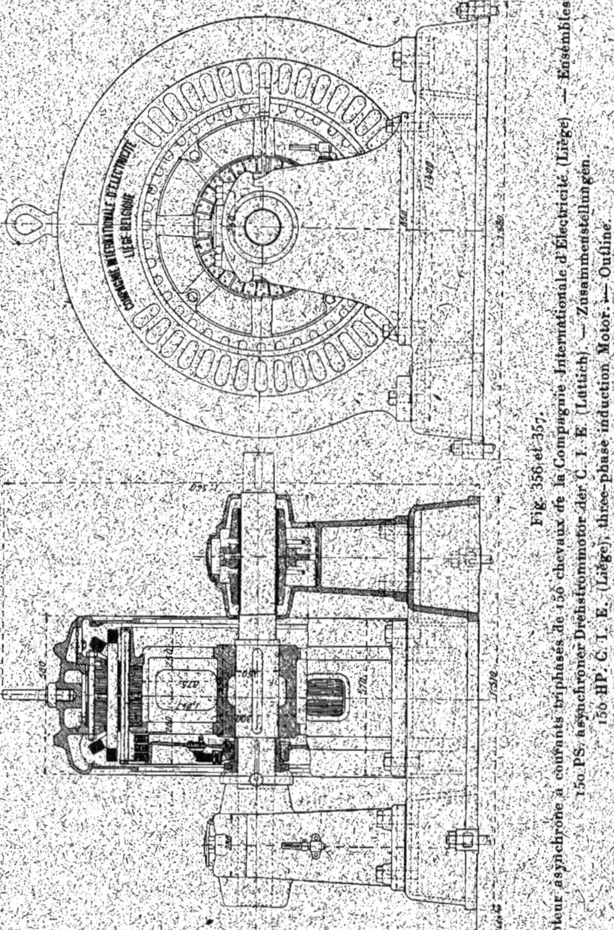

Fig. 356 et 357.
Moteur asynchrone à courants triphasés de 150 chevaux de la Compagnie Internationale d'Électricité (Liège). — Ensembles.
150 PS. asynchroner Drehstrommotor der C. I. E. (Lüttich). — Zusammenstellungen.
150 HP. C. I. E. (Liège) three-phase induction Motor. — Outline.

L'enroulement inducteur est réparti dans 84 encoches demi-fermées, soit 2 par pôle et par phase.

Chaque phase comporte 7 bobines enroulées chacune dans 4 encoches.

Les bobines sont formées de deux bobines élémentaires concentriques et comprennent 70 spires, le nombre de conducteurs par encoche est par suite de 35.

Le diamètre du fil inducteur est de 4,3 mm et sa section, de 14,5 mm^2.

Toutes les bobines d'une même phase sont groupées en série et les 3 phases en étoile. La résistance par phase est de 0,73 ohm à chaud et le poids de cuivre utilisé sur l'inducteur, de 240 kg.

Induit. — L'induit mobile est supporté par un croisillon en fonte claveté sur l'arbre et sur les bras duquel sont empilées les tôles. Celles-ci sont serrées entre un anneau, venu de fonte avec le croisillon, et un second anneau logé dans des échancrures pratiquées sur les bras du support.

Ce second anneau porte, venu de fonte, un tambour avec rebord destiné à soutenir l'enroulement induit.

Les tôles induites sont réparties en deux noyaux. Leur diamètre extérieur est de 1,047 m et leur diamètre intérieur, de 87,5 cm ; la hauteur radiale est de 8,6 cm et la largeur totale de 22 cm, y compris un intervalle de 10 mm pour la ventilation.

Les enroulements induits sont supportés, du côté de l'anneau venu de fonte avec le croisillon, par une couronne que 6 bras nervurés réunissent à un anneau entourant l'arbre. Cet anneau porte les touches d'un rhéostat de démarrage logé dans le voisinage du moyeu.

La surface extérieure de l'induit est munie de 98 encoches demi-fermées, soit 7 par pôle. Ces 98 encoches comprennent chacune 4 barres pliées à leurs deux extrémités et connectées, entre elles, de façon à former un enroulement ondulé série analogue à celui d'une dynamo à courant continu à 14 pôles. Cet enroulement est ensuite partagé en trois tronçons groupés en étoile.

La section des barres induites est de 105 mm² et la résistance de l'induit par phase, de 0,013 ohm à froid.

Le poids de cuivre utilisé sur l'induit est de 220 kg.

Le démarrage s'effectue par l'introduction de résistances dans l'induit.

Pour supprimer l'emploi des bagues de contact, on a, comme nous l'avons dit plus haut, placé les rhéostats de démarrage sur l'induit lui-même.

Les trois balais frottants sur les plots du rhéostat sont montés sur un anneau en fonte présentant une gorge dans laquelle vient s'engager la couronne du porte-touche du rhéostat.

Cet anneau porte intérieurement une rainure hélicoïdale dans laquelle vient se loger un petit ergot fixé sur un manchon claveté sur l'arbre, mais pouvant coulisser le long de la clavette sous l'action d'un levier à main qui s'appuie sur une couronne réunie au manchon.

Le déplacement du levier permet d'obtenir ainsi, au fur et à mesure de l'augmentation de vitesse, la suppression des résistances intercalées dans l'induit.

Le poids total du moteur est de 4600 kg.

Résultats d'essais. — L'intensité du courant à vide est de 11,5 ampères par phase, et la puissance absorbée alors d'environ 4700 watts.

En charge, le glissement est de 2,5 p. 100.

Le rendement en pleine charge est de 91,5 p. 100.

Les pertes se décomposent ainsi :

Pertes à vide	4 700 watts
Pertes par effet Joule dans l'inducteur	2 800 »
Pertes par effet Joule dans l'induit	2 900 »
Pertes totales	10 400 watts

Dynamo. — La dynamo à courant continu de la Compagnie Internationale d'Électricité, attelée au moteur asynchrone de 152 chevaux, a une puissance de 100 kilowatts sous une tension aux bornes de 220 volts. Le débit est de 455 ampères.

La vitesse angulaire est de 420 tours par minute et le nombre de pôles, de 6.

Les figures 358 et 359 représentent des vues d'ensemble de cette dynamo avec coupe partielle par l'axe.

Inducteurs. — Les inducteurs sont constitués par une carcasse en acier coulé, en une seule pièce, et portant deux pattes qui s'appuient sur le bâti.

La carcasse porte, venus de fonte, les pôles inducteurs et deux protecteurs présentant des ouvertures pour assurer une bonne ventilation.

Le diamètre extérieur maximum de la carcasse est de 1,40 m et sa largeur totale, de 51 cm. Le diamètre intérieur est de 1,24 m.

Les pôles inducteurs, de section circulaire, ont un diamètre de 23 cm et sont munis d'épanouissements polaires en tôles feuilletées.

Celles-ci sont serrées par des boulons entre deux segments en fer forgé et sont fixées aux noyaux polaires par deux vis.

La longueur des pièces polaires parallèlement à l'axe est de 28 cm et leur largeur dans le sens perpendiculaire, de 24 cm.

Le diamètre d'alésage de l'inducteur est de 66,2 cm et l'entrefer de 6 mm.

Le circuit inducteur est formé de 6 bobines enroulées sur des carcasses isolantes. Ces six bobines montées en série comportent chacune 1 400 spires de fil de 2,5 mm de diamètre ou 4,9 mm² de section.

Le circuit inducteur monté en dérivation a une résistance à froid de 27,5 ohms.

Le poids de l'inducteur sans le bâti est de 1 800 kg dont 350 kg pour le cuivre.

Induit. — Le support de l'induit est formé par un croisillon en fonte, claveté sur l'arbre, et sur les bras duquel sont disposées les tôles retenues par des clavettes.

Ces tôles sont serrées entre deux anneaux dont l'un est venu de fonte avec le support et porte une sorte de tambour sur lequel s'appuie l'enroulement induit.

Le serrage des tôles est maintenu à l'aide d'une frette présentant des bossages venant se placer dans des logements pratiqués sur les bras du croisillon.

Les tôles induites sont partagées en 5 anneaux, séparés entre eux par des intervalles destinés à faciliter la ventilation.

Le diamètre extérieur de l'induit est de 65 cm et la largeur totale des 5 paquets, y compris les 4 évents de 1 cm, de 28 cm.

La hauteur radiale des tôles est de 13 cm et le diamètre intérieur des anneaux, de 39 cm.

La surface extérieure de l'induit est munie de 112 rainures de forme rectangulaire portant un bobinage en tambour multipolaire séries parallèles avec 4 circuits en parallèle.

Chaque rainure contient 4 barres de 32 mm^2 de section et les 448 conducteurs sont répartis en 224 sections d'une spire chacune.

L'enroulement est fretté par des cerclages en fil d'acier.

Le collecteur est monté sur un support en fonte fixé par des vis aux bras du croisillon de l'induit. Les 224 lames isolées au mica sont serrées sur le support par un anneau en fer forgé retenu par des vis logées dans des oreilles venues de fonte avec le support.

Le diamètre extérieur du collecteur est de 50 cm et sa largeur utile de 17 cm.

Les axes du porte-balais sont montés sur une couronne de fonte réunie par des bras à une seconde couronne qui s'appuie sur un anneau venu de fonte avec l'un des paliers. Le déplacement du support des porte-balais se fait par une poignée à vis.

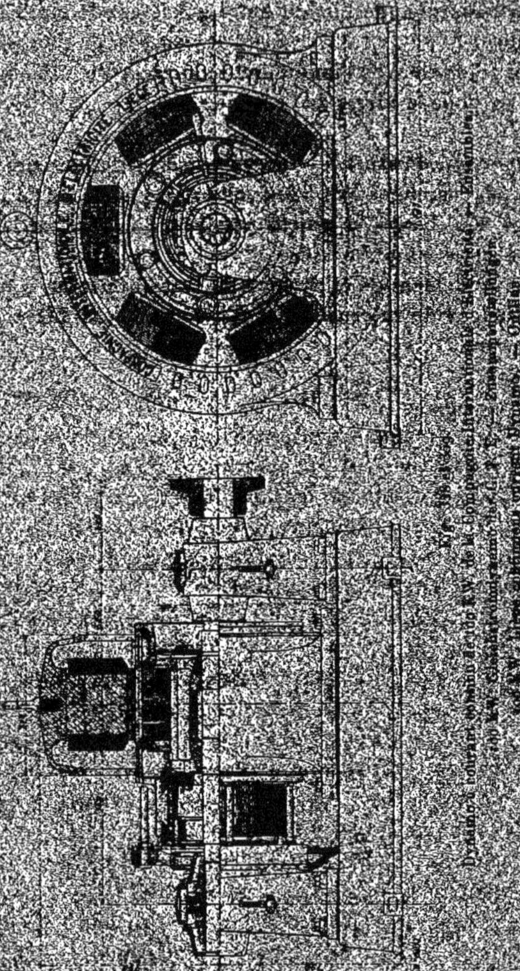

Fig. [illegible]. — Dynamo à courant continu de [illegible] KW de la Compagnie Internationale d'Électricité. — Ensemble.
[illegible]

Les balais sont en charbon et sont répartis sur des 6 lignes à raison de 5 par ligne.

La résistance de l'induit entre balais est de 0,0135 ohm à chaud.

Le poids total de l'induit tout monté est de 1 250 kg dont 100 kg pour le cuivre de l'enroulement.

Résultats d'essais. — Le courant d'excitation correspondant à la marche à vide à 220 volts et 420 tours est de 5,2 ampères. En charge, ce courant atteint 6,3 ampères et la chute de tension est de 6 p. 100.

Le rendement de la dynamo du transformateur rotatif de la Compagnie Internationale d'Électricité de Liège est de 92 p. 100.

CHAPITRE III

COMMUTATRICES

III KAPITEL

UMFORMER

CHAPTEL III

CONVERTERS

Considérations sur la construction des commutatrices. — Avant de passer à la description des commutatrices exposées, nous donnerons un aperçu de l'état actuel de la construction des commutatrices et des perfectionnements qu'il nous a été permis de constater en les étudiant.

Inducteurs. — Les commutatrices peuvent se distinguer suivant la nature de leur inducteur en deux classes : celle des convertisseurs à inducteurs pleins et celle des convertisseurs à inducteurs feuilletés. Les commutatrices à inducteurs feuilletés ont l'avantage de réduire considérablement les courants de Foucault dans les pièces polaires. Toutefois, il est juste de remarquer que ces courants ne sont pas complètement inutiles, puisqu'ils donnent l'amortissement nécessaire pour le maintien de la bonne stabilité de la machine fonctionnant soit seule, soit en parallèle avec plusieurs autres. Le phénomène de pompage que l'on constate dans la marche en parallèle de ces machines est naturellement amoindri par l'emploi de pièces polaires massives, mais cet effet ne disparaît complètement que lorsqu'on dispose sur les nouvelles pièces polaires des circuits amortisseurs de MM. Hutin et Leblanc. L'expérience faite par la General Electric C° sur des commutatrices de fortes puissances [1] est très instructive à cet égard.

Dans ce cas, les inducteurs feuilletés sont préférables, puisqu'ils permettent de reporter uniquement sur des circuits très conducteurs la production des courants de Foucault nécessaires à l'amortissement des oscillations pendulaires. L'emploi de carcasses ou de joues en bronze pour les bobines inductrices peut remplir le même but dans une certaine mesure.

Au point de vue de la constitution, les inducteurs des commutatrices sont analogues à ceux des dynamos à courant continu et l'induction employée dans les noyaux y est du même ordre, quoiqu'un peu plus faible toutefois. L'excitation des commutatrices est presque toujours compound, condition d'ailleurs indispensable pour leur utilisation sur des réseaux à variations de charges fréquentes. L'effet du compoundage est généralement d'obtenir en pleine charge un léger décalage en avant pour diminuer la chute de tension dans le réseau.

Induits. — Les induits sont toujours dentés et les entrefers ont une valeur analogue à celle des dynamos à courant continu. L'absence de distorsion du champ permettrait cependant de diminuer ceux-ci de façon à réduire le poids de cuivre des inducteurs; mais la stabilité de la machine peut alors laisser quelque peu à désirer, ce qui explique pourquoi les essais tentés dans le but de réduire l'entrefer n'ont jusqu'ici donné aucun résultat sérieux. L'enroulement induit généralement adopté est l'enroulement ordinaire multipolaire en quantité; toutefois, la commutatrice de MM. Siemens et Halske, de Vienne, est munie d'un enroulement séries parallèles Arnold avec autant de circuits en parallèle que de pôles.

---

(1) Voir Pio. *Bulletin de l'Association des Ingénieurs électriciens sortis de Montefiore*, mai 1899. — *Éclairage Électrique*, t. XXI, p. 64, 1889.

L'un des avantages principaux de l'enroulement séries parallèles disparaît ici : c'est celui d'annuler les effets dus aux différences d'entrefer. Celles-ci sont, en effet, sans inconvénients graves dans les commutatrices, comme il est facile de le montrer. Les différences de voltage entre les différents circuits donnent naissance à des courants alternatifs déphasés d'un quart d'onde par rapport aux tensions et par suite par rapport aux courants wattés.

Ces courants sont en avance de phase sur les courants wattés dans les circuits placés sous les pôles où l'entrefer est le plus grand et en retard de phase au contraire dans les circuits placés sous les pôles où l'entrefer est minimum.

Ils ont simplement pour effet de démagnétiser partiellement les champs inducteurs trop grands et de renforcer l'excitation des champs trop faibles. Ils égalisent donc les champs en diminuant ou complétant, par une excitation alternative, l'excitation donnée par le courant continu normal.

Il est à remarquer que si le facteur de puissance est égal à l'unité, les courants auront la même valeur dans les différents circuits en parallèle.

Un second avantage dans l'emploi de l'enroulement Arnold, celui de la possibilité d'employer un nombre de circuits en parallèle indépendant de celui des paires de pôles, conserve son plein effet et peut rendre quelques services dans la construction des commutatrices.

Classification des commutatrices. — Nous classerons les commutatrices suivant la constitution des pôles inducteurs. Nous distinguerons donc les commutatrices à inducteurs pleins des commutatrices à inducteurs feuilletés.

Description des commutatrices. — Nous décrirons cinq des commutatrices exposées.

I. — COMMUTATRICES A INDUCTEURS PLEINS

I. — UMFORMER MIT MASSIVEN POLEN   I. — CONVERTERS WITH SOLID POLE

Les commutatrices à inducteurs pleins que nous étudierons seront celles de la Compagnie française pour l'exploitation des procédés Thomson-Houston et celles de la Société d'Électricité Alioth, de Bâle.

COMMUTATRICES DE 300 KILOWATTS DE LA COMPAGNIE FRANÇAISE THOMSON-HOUSTON

300 KW. UMFORMER DER Cie FRANÇAISE THOMSON-HOUSTON   300 KW. FRENCH THOMSON-HOUSTON Co CONVERTER

L'alternateur de la Compagnie française Thomson-Houston alimentait à l'Exposition, ainsi que nous l'avons dit plus haut (p. 255), des commutatrices placées dans les sous-stations des Invalides et du Grand-Palais.

Ces commutatrices au nombre de deux, une dans chaque sous-station, ont une puissance de 300 kilowatts.

La tension est de 500 volts normalement, aux balais, et le débit de 600 ampères.

La vitesse angulaire est de 500 tours par minute, ce qui correspond à un nombre de pôles inducteurs égal à 6.

Les figures 360 et 361 représentent des vues et coupes d'une commutatrice Thomson-Houston et la figure 362, une coupe par l'axe à une plus grande échelle.

Inducteur. — L'inducteur est constitué par une carcasse en deux pièces dont l'une est fixée au bâti, lequel porte également les paliers de la machine.

La largeur de la couronne inductrice est de 51 cm et son diamètre extérieur, de 1,95 m.

Les noyaux inducteurs sont en acier coulé, d'une section circulaire, et sont fixés à la carcasse par un seul boulon. Les épanouissements polaires venus avec les pôles ont leur arête

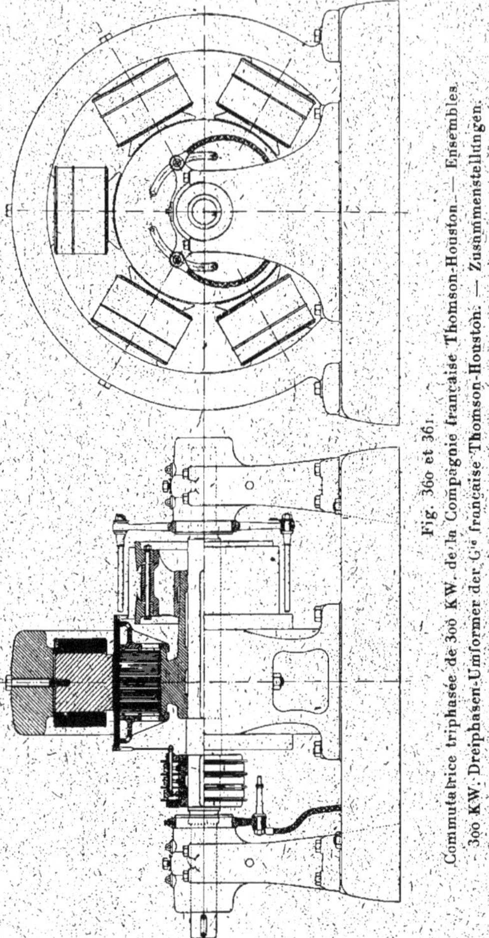

Fig. 360 et 361.

Commutatrice triphasée de 300 KW. de la Compagnie française Thomson-Houston. — Ensembles.
300 KW. Drehphasen-Umformer der Cie française Thomson-Houston. — Zusammenstellungen.
300 KW. three-phase Converter of the french Thomson-Houston Co. — Outline.

parallèlement à l'axe de l'induit légèrement incurvée de façon à rendre la courbe du flux pénétrant dans l'induit aussi voisine que possible de la loi sinusoïdale.

Le diamètre d'alésage de l'inducteur est de 92,36 cm, et la largeur des pièces polaires dans l'entrefer, parallèlement à

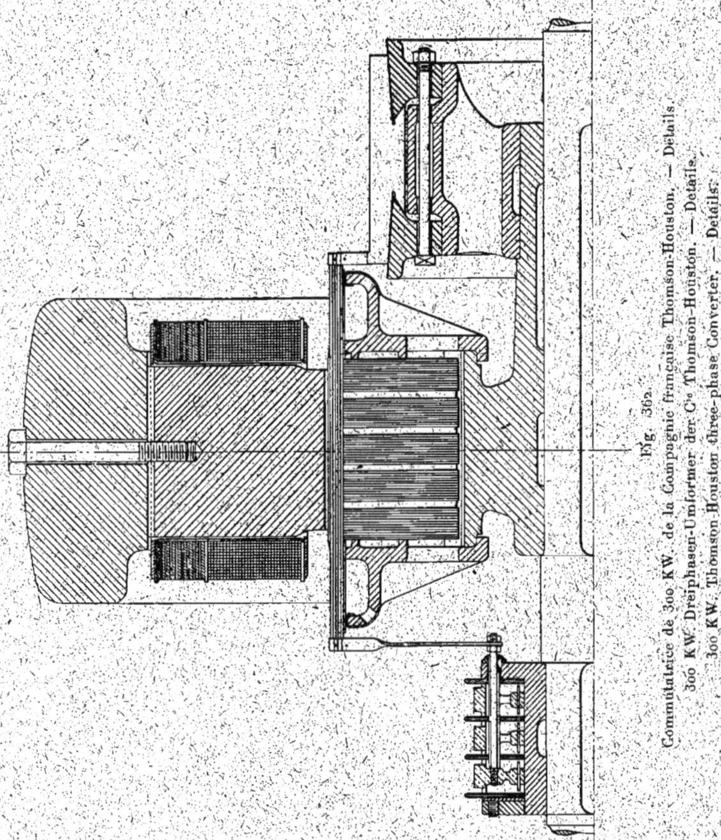

Fig. 362.
Commutatrice de 300 KW. de la Compagnie française Thomson-Houston. — Details.
300 KW. Dreiphasen-Umformer der Cie Thomson-Houston. — Details.
300 KW. Thomson-Houston three-phase Converter. — Details.

l'axe, de 27 cm. La largeur maxima des épanouissements dans le sens perpendiculaire à l'axe est de 39 cm.

La surface des épanouissements polaires est de 1 030 cm².

L'enroulement inducteur est compound ; chaque inducteur porte deux bobines, l'une en fil fin, placée près de l'épanouissement polaire, et l'autre formée d'une bande de cuivre, disposée contre la partie intérieure de la carcasse.

Chacune des 6 bobines à fil fin comporte 2 890 spires réparties en 34 couches ; le diamètre du fil qui les compose est de 1,5 mm.

Les bobines de l'enroulement série sont formées de 8,5 spires constituées par une bande de cuivre de 65 mm sur 5,5 mm ou 357,5 mm² enroulée sur champ.

La résistance du circuit inducteur shunt, dont tous les éléments sont montés en série, est de 225 ohms à chaud et celle du circuit série, de 0,00326 ohm.

Les poids de cuivre des deux enroulements sont respectivement de 336 kg et 186 kg.

Le circuit inducteur shunt peut, à l'aide d'un interrupteur double, être partagé en trois tronçons de 2 bobines, de façon à ce qu'au moment du démarrage par courants alternatifs la tension induite dans ce circuit ne soit pas dangereuse pour les isolants.

Induit. — L'induit de la commutatrice Thomson-Houston est formé par un manchon en fonte claveté sur l'arbre portant deux disques serrant entre eux les tôles de l'induit à l'aide de bossages. Ces disques sont percés de trous pour la ventilation et portent des nervures soutenant un tambour sur les bords duquel s'appuie l'enroulement induit.

Les tôles induites, de 0,35 mm d'épaisseur, sont partagées en 5 paquets de 5 cm de largeur environ, séparés entre eux par des cales en fer de 10 mm d'épaisseur.

Le support de l'induit a un diamètre de 27,5 cm et une largeur de 38 cm. Le diamètre extérieur des tôles induites est de 91,4 cm, et la largeur totale de l'anneau induit, y compris les espaces laissés entre les paquets, de 30,5 cm. L'entrefer est de 4,8 mm.

L'enroulement induit, en tambour multipolaire avec groupement en quantité, est réparti dans 216 rainures et comporte 432 sections réunies par des développantes aux 432 lames du collecteur. Chaque section est formée d'une seule spire constituée par une barre à section carrée de 15,5 mm².

Les connexions prises sur l'enroulement pour l'arrivée des courants alternatifs sont réunies à trois bagues de contact en bronze. Ces bagues ont un diamètre extérieur de 40,6 cm et une épaisseur radiale de 2,5 cm ; leur largeur est de 3,6 cm. Sur chacune d'elles frottent trois balais en bronze d'une surface d'appui totale de 23 cm².

Le collecteur est fixé sur un manchon claveté sur un prolongement du support de l'induit. Les lames, terminées en queue d'aronde, sont serrées par des boulons entre deux anneaux en fer forgé ; elles sont isolées entre elles au mica.

Le diamètre du collecteur est de 76,2 cm, et sa largeur utile de 32 cm. Il y a 6 lignes de balais comprenant 8 balais en charbon d'une surface d'appui de 31 mm × 16 mm ou 482 mm². Le poids de cuivre du collecteur est de 363 kg.

La résistance de l'induit, entre les deux séries de balais, est de 0,0287 ohm à chaud, et le poids de cuivre de l'enroulement induit de 115 kg.

Transformateurs. — Les courants à 5 000 volts fournis par la ligne sont abaissés à 310 volts par des transformateurs à courants alternatifs simples, un sur chaque phase.

Ces transformateurs sont du type bien connu à insufflation d'air ; leur puissance est de 110 kilowatts, ce qui correspond à un débit de 355 ampères par appareil.

Les trois transformateurs sont montés sur un même massif traversé par un caniveau aboutissant à un ventilateur conduit par un petit moteur à courant continu alimenté par le courant à 500 volts de la commutatrice.

Le même socle porte également une bobine de self-induc-

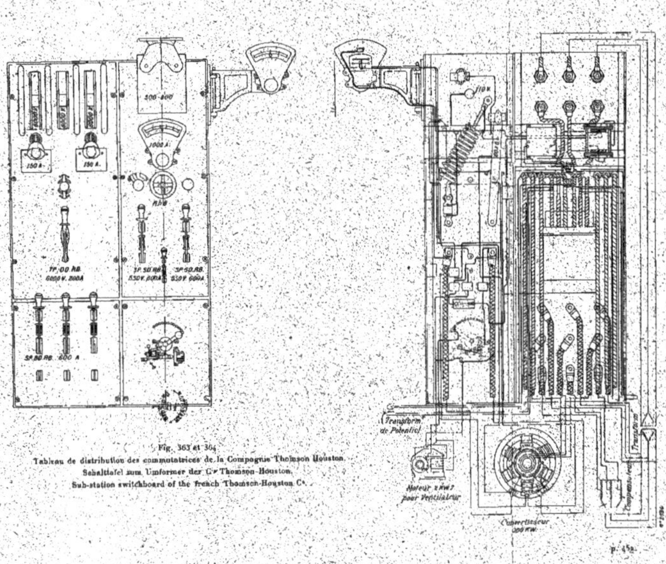

Fig. 363 et 364
Tableau de distribution des commutatrices de la Compagnie Thomson Houston.
Schalttafel zum Umformer der Cie Thomson-Houston.
Sub-station switchboard of the french Thomson-Houston Co.

p. 452

tion à courants triphasés, dont les trois circuits sont placés en série chacun sur une des phases de la canalisation à basse tension, et laquelle est destinée au réglage de la tension aux bornes de la commutatrice par variation du courant déwatté d'excitation de cette dernière suivant le procédé bien connu.

Tableau de distribution. — Chacun des tableaux de distribution des sous-stations comporte (fig. 363 et 364) deux panneaux en marbre affectés l'un aux courants alternatifs et l'autre au courant continu.

La partie supérieure du panneau des courants alternatifs porte les coupe-circuits, l'interrupteur tripolaire de la haute tension et, à la partie inférieure, trois coupe-circuits et trois interrupteurs unipolaires pour la basse tension ; ces derniers constituent un interrupteur tripolaire à deux directions permettant, comme nous le verrons plus loin, de fermer successivement les circuits pour le démarrage à l'aide des courants alternatifs.

Ce tableau porte, en outre, trois lampes à incandescence disposées en série avec l'enroulement d'un voltmètre à électro-aimant, un voltmètre à 50 volts permettant de lire alternativement la tension sur les secondaires de deux petits transformateurs dont les primaires sont branchés, l'un entre deux des bornes des secondaires des transformateurs principaux, et l'autre entre deux bagues de la commutatrice et servant par suite à égaliser les tensions lorsqu'on démarre à l'aide du courant continu, et enfin un ampèremètre de 50 ampères disposé sur l'un des conducteurs à haute tension.

Le panneau du courant continu comprend un disjoncteur automatique, les deux interrupteurs unipolaires pour le courant continu, l'ampèremètre général du circuit à courant continu, le volant de commande du rhéostat d'excitation de la commutatrice, un interrupteur pour la mise en marche du petit moteur actionnant le ventilateur dont le démarrage se fait automatiquement à l'aide d'un rhéostat de démarrage à relais (fig. 365).

Sur le côté de ce dernier panneau est fixé par des charnières

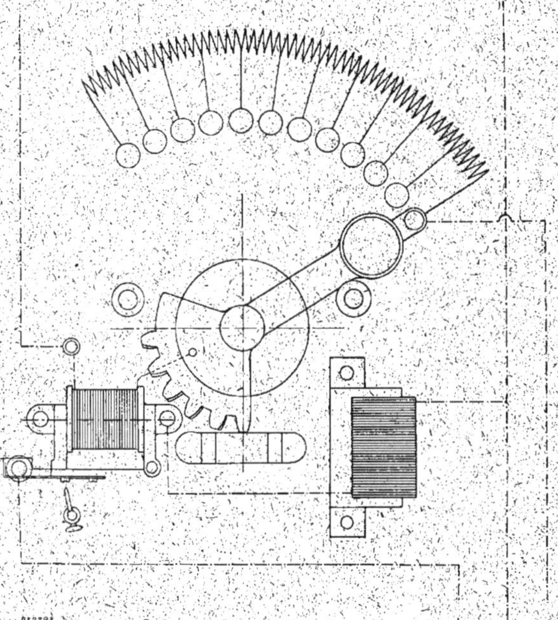

Fig. 365.
Rhéostat à relais de la Compagnie française Thomson-Houston.
Anlassapparat mit relais der Cie française Thomson-Houston.
Motor starting rheostat with automatic release of the french Thomson-Houston Co.

le voltmètre du courant continu qu'on peut voir ainsi dans toutes les directions.

A l'Exposition l'absence d'accumulateurs nécessitait le démarrage par les courants alternatifs. A cet effet l'interrupteur tripolaire à double direction est connecté avec un compensateur de démarrage formé de trois bobines montées en étoile.

Au démarrage, les circuits inducteurs sont mis hors circuit, les interrupteurs sont rabattus vers le bas de façon à ne prendre aux bagues de la commutatrice qu'une partie des

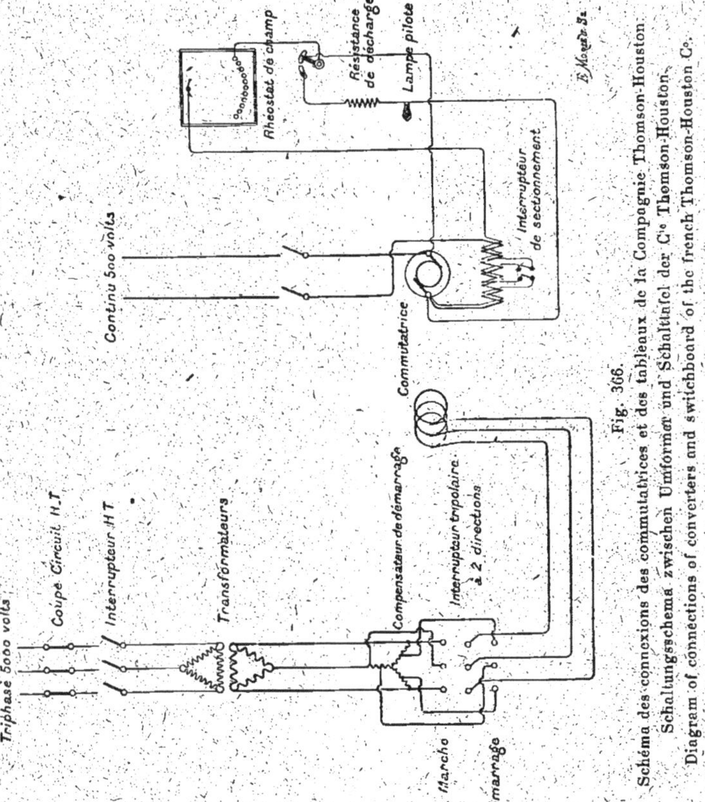

Fig. 366.
Schéma des connexions des commutatrices et des tableaux de la Compagnie Thomson-Houston.
Schaltungsschema zwischen Umformer und Schalttafel der Cie Thomson-Houston.
Diagram of connections of converters and switchboard of the french Thomson-Houston Co.

voltages fournis par les transformateurs, comme le montre la figure 366 représentant le schéma des connexions de l'installation.

L'appareil une fois démarré, on relève successivement les

trois interrupteurs de façon à les rabattre vers le haut ; à chaque déplacement d'un de ces appareils, on supprime les bobines correspondantes du compensateur.

La durée du démarrage est de 50 à 60 secondes et l'inten-

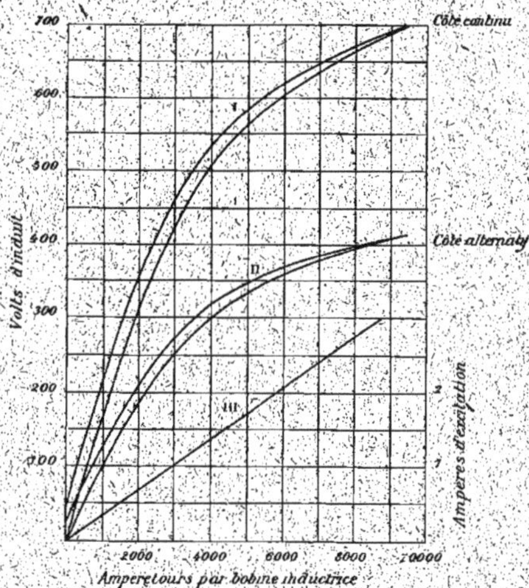

Fig. 367.

Caractéristiques des commutatrices de la Compagnie Thomson-Houston.
I. Caractéristique à vide (tension continue). — II. Caractéristique à vide (tension alternative). — III. Droite d'excitation.

Kurven der Umformer der Cie Thomson-Houston.
I. Charakteristik bei Leerlauf (Gleichstromspannung). — II. Charakteristik bei Leerlauf (Wechselstromspannung). — III. Erregungsgerade.

Characteristics of Thomson-Houston converters.
I. No load saturation curve (D. C. side). — II. No load saturation curve (A. C. side). — III. Excitation line.

sité du courant de démarrage 200 à 300 ampères, soit environ la moitié du courant de pleine charge.

La commutatrice une fois amenée ainsi au voisinage du synchronisme s'accroche d'elle-même et l'on n'a plus qu'à fermer l'interrupteur double qui divise le circuit d'excitation shunt en trois tronçons, puis l'interrupteur placé au tableau sur ce même circuit.

Résultats d'essais. — Nous avons représenté sur la figure 367 les caractéristiques à vide d'une commutatrice de la Compagnie Thomson-Houston. La courbe I est la

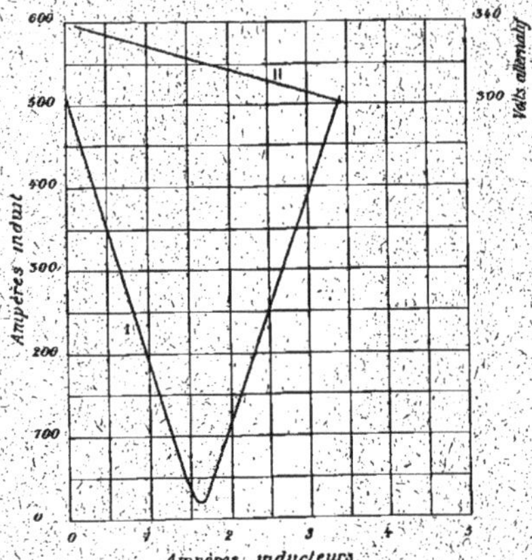

Fig. 368.

Courbe en V, des commutatrices Thomson-Houston.

I. Courbe en V en fonction du courant d'excitation shunt. — II. Tension aux bagues pour une tension aux balais constante.

V. Kurve der Umformer der Cie Thomson-Houston.

I. V Kurve in Abhängigkeit des Nebenschlusserregerstromes. — II. Drehstromspannung für konstanten Gleichstromspannung.

Phase charasteristic of Thomson-Houston converters.

I. V Shaped curve in function of shunt current. — II. Alternate tension for constant continuous tension.

caractéristique à vide prise du côté du courant continu, et la courbe II, celle prise entre deux bagues du côté des courants alternatifs. Ces courbes ont été prises pour des excitations croissantes, puis pour des excitations décroissantes, ce qui explique la présence de deux courbes voisines pour chaque caractéristique.

La courbe III est la droite de correspondance des ampère-retours par bobine inductrice et du courant d'excitation.

La figure 368 montre la courbe en V de la commutatrice relative à l'intensité du courant en fonction du courant d'excitation dans le fonctionnement comme moteur synchrone à vide. La courbe II représentée sur la même figure est celle

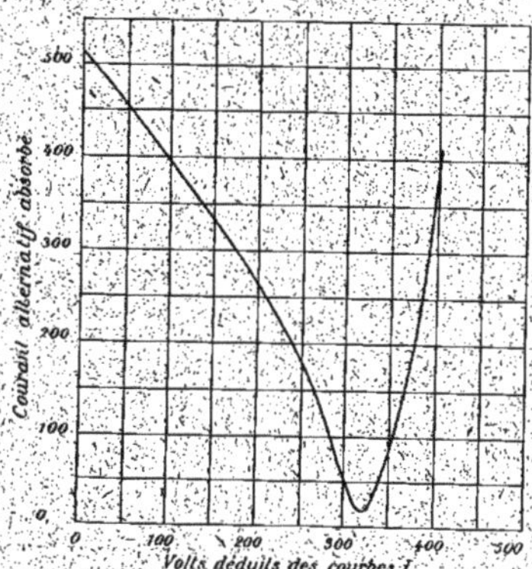

Fig. 369.
Courbe en V des commutatrices Thomson-Houston.
I. Courbe en V du courant en fonction de la tension induite.
V Kurve der Umformer der Cie Thomson-Houston.
I. V Kurve der Stromstärke in Abhängigkeit der inducirten Spannung.
Phase characteristic of Thomson-Houston converter.
I. V Shaped curve of current in function of induced e. m. f.

de la tension aux bagues pour une tension constante aux balais du collecteur.

La courbe en V de la figure 369 est analogue à celle de la figure 368, on y a substitué simplement aux intensités des courants d'excitation les tensions alternatives induites correspondantes.

On voit sur ces diverses courbes que le courant d'excitation pour obtenir la tension normale à vide sans courant magnétisant ou démagnétisant fourni par la canalisation est de 1,55 ampère ; l'excitation shunt en charge est de 1,08 ampère seulement.

Le rendement des commutatrices de 300 kilowatts de la Compagnie française Thomson-Houston est, en pleine charge, de 94,5 p. 100. Les pertes se décomposent ainsi :

Pertes à vide (frottements, hystérésis et courants de Foucault)	9 810 watts
Pertes par effet Joule dans l'induit	5 350 »
Pertes par effet Joule dans l'inducteur (série et shunt)	1 710 »
Pertes totales	16 870 watts

COMMUTATRICES DE 300 ET DE 200 KILOWATTS DE LA SOCIÉTÉ D'APPLICATIONS INDUSTRIELLES

300 KW. UND 200 KW. ALIOTH UMFORMER DER SOCIÉTÉ D'APPLICATIONS INDUSTRIELLES

300 KW. AND 200 KW. ALIOTH CONVERTERS OF THE SOCIÉTÉ D'APPLICATIONS INDUSTRIELLES

La Société d'Applications Industrielles, qui exploite en France les brevets de MM. Alioth et Cie, de Bâle, avait exposé deux commutatrices, une à courants tétraphasés, l'autre à courants hexaphasés et servant : la première, à l'éclairage de l'Esplanade des Invalides, et la seconde, à celui du Grand Palais.

Commutatrice de 300 kilowatts à courants tétraphasés. —La commutatrice Alioth à courants diphasés, installée à la sous-station des Invalides, a une puissance de 300 kilowatts aux bornes du courant continu. La tension continue aux balais est de 550 volts et le débit de 555 ampères.

La tension entre deux bagues voisines est de 275 volts environ, et celle entre les deux bagues d'entrée et de sortie d'un des courants de 390 volts.

La fréquence des courants d'alimentation est de 42,5 périodes par seconde et le nombre de pôles de 16 ; la vitesse angulaire est par suite de 320 tours par minute.

La commutatrice à courants diphasés Alioth est représentée sur la photographie de la figure 370. Les figures 371 et

Fig. 370.
Commutatrice Alioth de 300 KW. à courants tétraphasés de la Société d'Applications Industrielles (Paris).
300 KW. Alioth Zweiphasen-Umformer der Société d'Applications Industrielles (Paris).
300 KW. Alioth two-phase Converter of the Sté d'Applications Industrielles (Paris).

372 sont des vues et coupes de cette machine, et la figure 373 une demi-coupe par l'axe de l'inducteur et de l'induit à plus grande échelle.

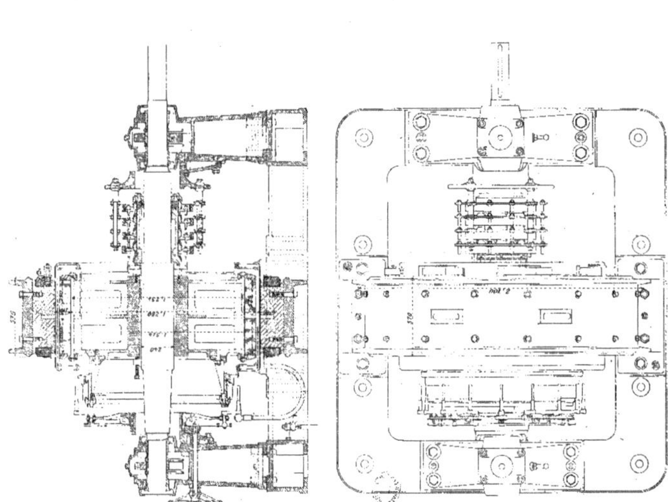

Fig. 371 et 372.
Commutatrice tétraphasée Alioth de 300 KW. de la Société d'Applications Industrielles. — Ensembles.
300 KW. Alioth Zweiphasen-Umformer der Société d'Applications Indutrielles. — Zusammenstellungen.
300 KW. Alioth two-phase converter of the Société d'Applications Industrielles. — Outline.

p. 460.

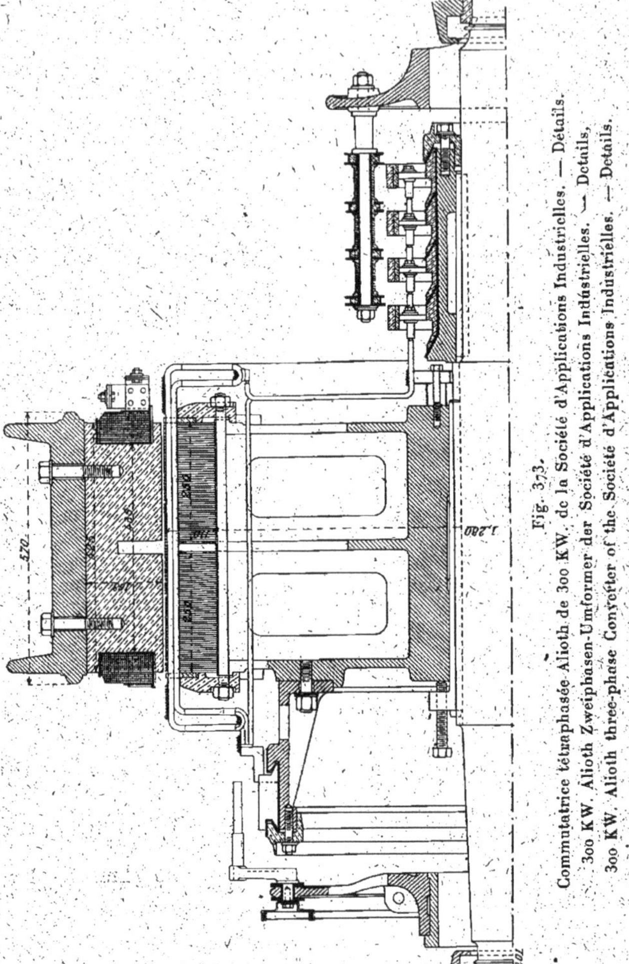

Fig. 373.
Commutatrice tétraphasée Alioth de 300 KW. de la Société d'Applications Industrielles. — Détails.
300 KW. Alioth Zweiphasen-Umformer der Société d'Applications Industrielles. — Details.
300 KW. Alioth three-phase Converter of the Société d'Applications Industrielles. — Details.

Inducteurs. — Le circuit magnétique inducteur est constitué par une carcasse en fonte coulée en deux parties assemblées par des boulons et dont l'une, la partie inférieure, porte, venus de fonte, deux supports qui sont boulonnés sur le bâti.

Les pôles inducteurs, à section rectangulaire avec bords arrondis, sont en acier coulé ; ils sont fixés à la carcasse inductrice chacun par deux vis et leurs épanouissements polaires sont venus de fonte avec eux.

Ces épanouissements sont munis de fentes radiales dans un plan perpendiculaire à l'axe et correspondant à l'espace libre laissé entre les deux anneaux induits.

Le diamètre extérieur maximum de la carcasse est de 2,20 m et sa largeur de 57 cm. Le diamètre intérieur de la couronne de fonte est de 1,85 m.

La hauteur radiale des pôles est de 16,8 cm et la largeur des noyaux parallèlement à l'axe, de 43,5 cm.

Les dimensions des épanouissements polaires y compris la fente centrale, sont de 52,5 cm dans le sens de l'axe, et de 20 cm dans le sens perpendiculaire.

Le diamètre d'alésage des inducteurs est de 1,514 m et l'entrefer de 7 mm.

L'enroulement inducteur est compound.

Les bobines inductrices à fil fin sont enroulées directement sur les noyaux et retenues par les épanouissements : elles comportent chacune 1 100 spires de fil de 1,9 mm de diamètre.

Toutes ces bobines sont groupées en série et l'ensemble placé en dérivation aux bornes du courant continu.

L'enroulement série se compose d'une bande de cuivre formant une seule spire autour de chaque bobine.

La résistance du circuit shunt est de 140 ohms à froid, et celle du circuit série, de 0,002 ohm.

Induit. — Le support de l'induit est constitué par un manchon claveté sur l'arbre et portant trois anneaux fortement entretoisés, munis de nombreuses ouvertures pour la ventilation.

La clavette du moyeu est enfoncée à l'aide d'une vis.

Sur les anneaux extrêmes viennent s'embéqueter deux couronnes en bronze entre lesquelles sont serrées les tôles de l'induit à l'aide de boulons ne les traversant pas complètement.

Les tôles induites, d'une épaisseur de 0,4 mm, sont partagées en deux paquets, d'une largeur de 25 cm, séparés par l'anneau central venu de fonte avec le moyeu.

La largeur totale de l'induit, y compris l'espace entre les deux anneaux de tôles feuilletées, est de 52,5 cm et la hauteur radiale de chacun d'eux de 13 cm. Le diamètre extérieur de l'induit est de 1,50 m.

Les anneaux induits sont munis de 480 rainures dans lesquelles est réparti l'enroulement induit en tambour multipolaire en quantité.

Chaque rainure comporte 4 conducteurs en fil de 2,5 mm de diamètre, et l'ensemble forme 480 sections de 4 conducteurs ou 2 spires chacune aboutissant aux lames du collecteur.

Ce collecteur est monté sur un tambour en fonte fixé contre l'un des anneaux du support de l'induit. Les lames, isolées au mica, sont serrées sur le tambour par un anneau en fer forgé retenu à l'aide de vis dans le support du collecteur.

Le collecteur a un diamètre extérieur de 1,10 m et une largeur utile de 9,5 cm.

Le courant continu est recueilli par 16 lignes de balais fixées sur un plateau ajouré, en deux parties boulonnées et pouvant tourner autour d'un support retenu par des vis sur le palier. La rotation de ce plateau est obtenue à l'aide d'un pignon commandé par un volant à main et engrenant avec un secteur denté.

Les balais sont en charbon, chaque ligne en comporte 4.

Les sections de l'induit sont connectées par séries de 60 conducteurs aux 4 bagues d'arrivée des courants alternatifs.

Ces quatre bagues en bronze sont montées sur un manchon claveté sur l'arbre. Les supports des bagues s'emmanchent coniquement les uns dans les autres et l'ensemble des 4 supports est serré par un dispositif identique à celui employé pour le serrage des lames du collecteur. Le diamètre extérieur des bagues est de 52 cm et leur largeur de 5 cm.

Les supports des porte-balais sont fixés par un balancier boulonné sur le palier. Sur chaque bague frottent des balais en charbon.

Transformateurs. — La commutatrice à courants alternatifs diphasés Alioth est alimentée par deux transformateurs à courants alternatifs simples.

Ces transformateurs ont une puissance chacun de 200 kilowatts et abaissent la tension de 2 200 volts à 400 volts environ.

Démarrage. — Le démarrage de la commutatrice Alioth de 300 kilowatts se fait par le courant continu. A cet effet l'installation comportait un moteur asynchrone à courants diphasés alimenté par les transformateurs et accouplé directement à une génératrice à courant continu par un manchon élastique.

Le schéma de la figure 374 représente l'ensemble des connexions de l'installation.

La commutatrice démarre comme moteur à courant continu et elle est accouplée comme moteur synchrone dès que le synchronisme et la concordance des phases sont atteints.

Résultats d'essais. — Le courant d'excitation nécessaire pour obtenir à vide une tension induite égale à la tension normale aux bornes est de 3,7 ampères ; c'est le courant d'excitation correspondant au courant minimum dans l'induit considéré comme l'armature d'un moteur synchrone.

Commutatrice de 200 kilowatts à courants hexaphasés. — La seconde commutatrice Alioth, installée dans les sous-

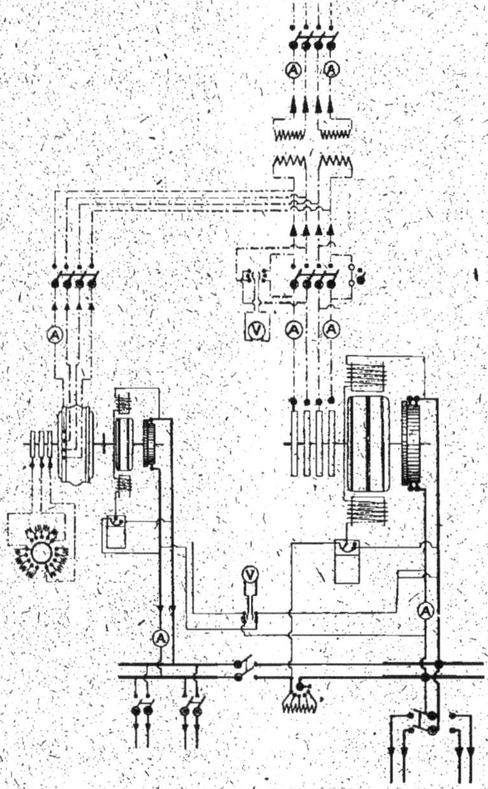

Fig. 374.
Schéma des circuits pour le démarrage et la synchronisation de la commutatrice Alioth de 300 KW.
Verbindungsschema für das Anlassen und das Synchronisieren des 300 KW. Alioth Umformers.
Diagram of circuits for starting and synchronising of 300 KW. Alioth converter.

sols du Grand Palais est à courants hexaphasés ; sa puissance est de 200 kilowatts sous une tension aux balais du courant continu de 550 volts. Le débit est de 365 ampères.

La tension entre deux bagues voisines du côté des courants alternatifs est de 195 volts environ et celle entre les bagues, correspondant à l'entrée et à la sortie d'un des courants de 390 volts.

Cette commutatrice est établie pour une fréquence de 50 périodes par seconde ; elle a 16 pôles, ce qui correspond à une vitesse angulaire de 375 tours par minute.

La constitution de la commutatrice à courants hexaphasés de MM. Alioth et Cie est un peu différente de celle de la commutatrice à courants diphasés. La figure 375 est une photographie de cette machine. Les figures 376 et 377 sont des vues d'ensemble avec coupes par l'axe et la figure 378 une demi-coupe par l'axe à plus grande échelle de l'induit et de l'inducteur.

Inducteurs. — La carcasse inductrice est formée par une couronne en fonte en deux parties assemblées par des boulons. La surface extérieure de l'inducteur est sphérique et porte, venus de fonte, deux protecteurs munis de nombreuses ouvertures pour la ventilation. L'un de ceux-ci sert en même temps de support à la couronne porte-balais.

La carcasse repose sur son bâti par deux pattes venues de fonte.

Les pôles inducteurs sont en acier et ont une section rectangulaire ; ils sont retenus à la surface interne de la carcasse par deux vis la traversant complètement. Les noyaux polaires portent une gorge destinée à recevoir les enroulements inducteurs. Les épanouissements polaires, venus de fonte avec les noyaux, sont de forme rectangulaire.

Le diamètre extérieur maximum de la carcasse est de 1,92 m et sa largeur, y compris les protecteurs, mais non compris la couronne porte-balais, de 50 cm.

Le diamètre intérieur de la carcasse est de 1,68 m.

La hauteur radiale des pôles inducteurs est de 15,95 cm, la longueur de la section du noyau de 28 cm et sa largeur,

Fig. 375.
Commutatrices à courants hexaphasés Alioth de 200 KW, de la Société d'Applications Industrielles.
200 KW. Alioth Sechsphasen-Umformer der Société d'Applications Industrielles.
200 KW. Alioth six-phase Converter of the Société d'Applications Industrielles.

p. 406.

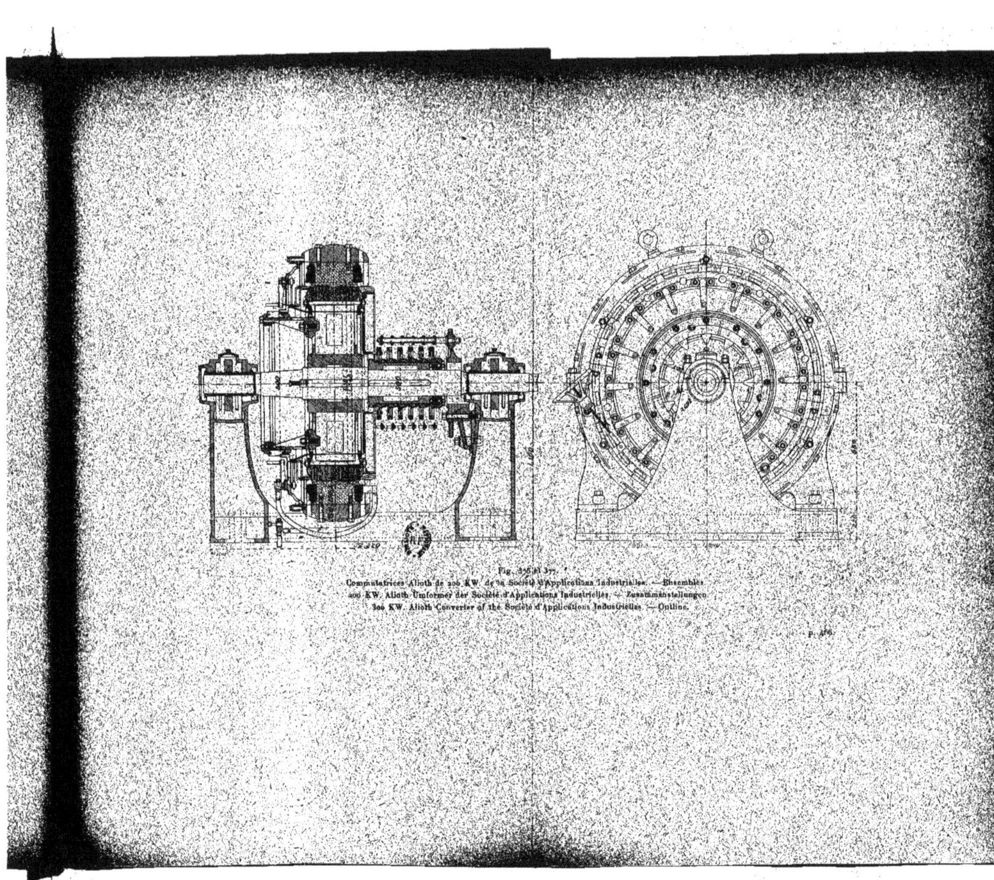

Fig. 376 et 377.

Commutatrices Alioth de 200 KW. de la Société d'Applications Industrielles. — Ensembles.

200 KW. Alioth Umformer der Société d'Applications Industrielles. — Zusammenstellungen.

300 KW. Alioth Converter of the Société d'Applications Industrielles. — Outline.

Le diamètre d'alésage des pièces polaires est de 1,361 m et l'entrefer de 6,5 mm.

Comme, pour la commutatrice précédente, l'enroulement inducteur est compound.

L'enroulement shunt comporte 16 bobines de 1 400 spires de fil de 1,7 mm de diamètre. Ces bobines sont toutes groupées en série.

L'enroulement série est formé par une spire et demie d'une bande de cuivre placée sur chacun des pôles inducteurs par-dessus l'enroulement à fil fin.

La résistance du circuit en dérivation est de 160 ohms et celle du circuit en série de 0,003 ohm.

Induit. — Le support de l'induit a une constitution analogue à celui de l'induit de la commutatrice à courants diphasés avec cette différence, toutefois, que, la largeur de l'induit étant moindre, il n'y a qu'une seule pile de tôles serrées entre les couronnes s'embèquetant sur deux anneaux venus de fonte avec le moyeu du support.

Les tôles induites ont une largeur totale de 34 cm et leur hauteur radiale est de 10,5 cm. Le diamètre extérieur de l'induit est de 1,348 m.

L'induit comporte 432 rainures dans lesquelles est réparti l'enroulement en tambour multipolaire avec groupement en parallèle.

Chaque rainure porte 6 fils de 2,5 mm de diamètre. L'enroulement complet comporte 432 sections de 3 spires chacune.

Un tambour en fonte avec rebord intérieur boulonné sur la face de l'induit opposée au collecteur, soutient les parties de l'enroulement extérieures à l'anneau.

Le collecteur a une constitution identique à celui de la commutatrice à courants tétraphasés ; son diamètre extérieur est de 1 m et sa largeur utile de 7,8 cm. Les lames isolées au mica sont au nombre de 432.

Les axes des porte-balais sont portés par des supports fixés sur une couronne formée de deux anneaux réunis par

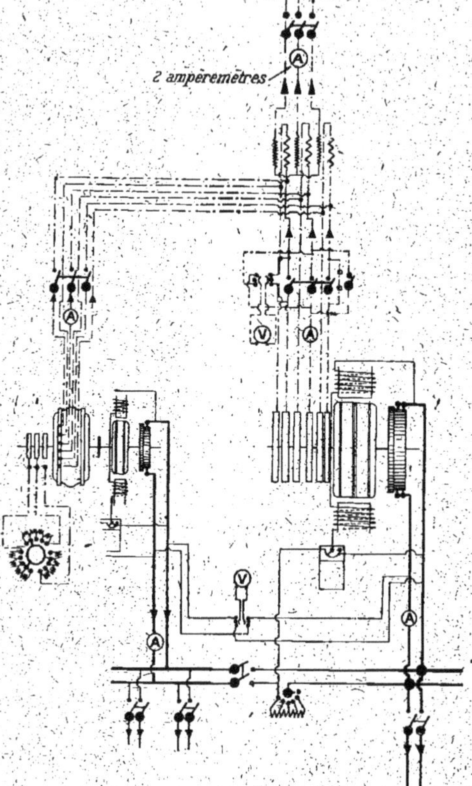

Fig. 379.
Schéma des circuits pour le démarrage et la synchronisation de la commutatrice Alioth de 200 KW.
Verbindungsschema für das Anlassen und das Synchronisieren des 200 KW. Alioth Umformers.
Diagram of circuits for starting and synchronising of 200 KW. Alioth converter.

des nervures et pouvant glisser sur l'un des protecteurs venus de fonte avec la carcasse inductrice.

Des vis et des ressorts empêchent la carcasse de sortir de son logement.

Le déplacement de cette couronne est obtenu à l'aide d'un volant portant un écrou fixe se vissant sur une tige filetée articulée à la couronne.

Les 16 lignes de balais comportent chacune trois balais en charbon et deux cercles collecteurs réunissent à l'intérieur de la couronne porte-balais tous les balais de même polarité.

Les sections de l'induit sont partagées ici en six groupes de 8 circuits en parallèle chacun et aboutissant aux 6 bagues d'amenée des courants alternatifs.

Ces bagues ont un diamètre extérieur de 50 cm et une largeur de 3 cm. Sur chacune d'elles frottent 4 balais en charbon disposés sur 4 axes portés par une couronne fixée à un support en deux parties dont l'une est boulonnée sur la chaise du palier.

La commutatrice à courants hexaphasés était alimentée par un transformateur triphasé à trois noyaux abaissant la tension du réseau de 3 000 volts à 340 volts.

Le démarrage se fait, comme pour la commutatrice tétraphasée, avec le courant continu fourni par une petite génératrice à 500 volts accouplée directement à un moteur asynchrone à courants triphasés.

Les connexions de la commutatrice aux réseaux à courants alternatifs et continus et à l'appareil de démarrage sont représentées sur le schéma de la figure 379.

II. — COMMUTATRICES À POLES INDUCTEURS FEUILLETÉS

II. — UMFORMER MIT UNTERTHEILTEN POLEN

II. — CONVERTERS WITH LAMINATED POLES

Parmi les convertisseurs à pôles feuilletés, nous décrirons les commutatrices à courants hexaphasés de la Société

Alsacienne de Constructions Mécaniques de Belfort et celles de MM. Siemens et Halske, de Vienne.

COMMUTATRICE DE 500 KILOWATTS DE LA SOCIÉTÉ ALSACIENNE DE CONSTRUCTIONS MÉCANIQUES

500 KW. UMFORMER DER SOCIÉTÉ ALSACIENNE DE CONSTRUCTIONS MÉCANIQUES.

500 KW. SOCIÉTÉ ALSACIENNE CONVERTER

A côté de l'induit de l'alternateur de 1 200 kilowatts que nous avons décrit, la Société Alsacienne de Constructions Mécaniques, de Belfort, avait exposé une commutatrice à six phases identique à celles déjà employées par le secteur de la place Clichy, ou pour les tramways de Marseille, les tramways d'Epinay, etc.

Ces commutatrices sont alimentées par des transformateurs à courants triphasés ; les courants à six phases s'obtiennent facilement en amenant les extrémités des trois phases de l'enroulement secondaire aux six bagues de la commutatrice.

Les connexions des transformateurs à la commutatrice pourraient être également exécutées suivant quelques autres dispositifs qui ont chacun leurs avantages et leurs inconvénients. La Société Alsacienne de Constructions Mécaniques a employé tous ces dispositifs, mais s'est finalement arrêtée au premier à cause de la plus grande simplicité dans la construction des transformateurs et dans les connexions.

Cette solution donne, pour le démarrage par courants alternatifs, une légère difficulté, que l'on supprime complètement par l'emploi, entre les transformateurs et la commutatrice, d'un interrupteur triple à double direction permettant de faire démarrer la machine avec des courants triphasés seulement et d'introduire un appareil de démarrage : résistances, compensateur ou self-induction.

La commutatrice exposée par la Société Alsacienne a une

puissance de 500 kilowatts aux bornes du courant continu sous une tension de 550 volts, le débit est donc de 910 ampères; il peut être poussé facilement à 1 100 ampères, auquel cas la puissance débitée atteint 600 kilowatts environ.

La tension, entre deux bagues voisines, est de 195 volts et celle entre les deux bagues d'entrée et de sortie d'un courant ou encore, entre les bornes de chaque circuit secondaire du transformateur réducteur, de 390 volts environ.

La vitesse angulaire est de 375 tours par minute et la fréquence des courants alternatifs d'alimentation, de 25 périodes par seconde; le nombre de pôles est par suite de 8.

La commutatrice de la Société Alsacienne est représentée sur la photographie de la figure 380.

Les figures 381 et 382 représentent une coupe longitudinale de la commutatrice de la Société Alsacienne et une vue des bagues collectrices; la figure 383 est une vue de face et la figure 384, une coupe par l'axe à plus grande échelle d'une portion de l'induit.

Inducteurs. — La carcasse inductrice, en acier, est coulée en deux parties assemblées par des boulons; la partie inférieure repose sur le bâti par deux pattes.

Les pôles inducteurs sont feuilletés. Leur fixation contre la carcasse est faite par un procédé identique à celui employé sur les alternateurs décrits plus haut (voir p. 240), c'est-à-dire à l'aide de barres en acier traversant les tôles et formant écrous pour les boulons de fixation qui traversent complètement la carcasse inductrice.

Le diamètre extérieur maximum, de la carcasse est de 2 m et sa largeur, de 58 cm.

Les noyaux polaires ont une hauteur de 20 cm; leur largeur parallèlement à l'axe est de 40 cm et leur largeur perpendiculaire à l'axe, de 18 cm.

Ces noyaux ont leur base tournée du côté de la carcasse légèrement arrondie de façon à épouser la forme de cette

Fig. 380

Commutatrice à courants hexaphasés de 500 KW. de la Société Alsacienne de Constructions Mécaniques de Belfort.
500 KW. Sechsphasen-Umformer der Société Alsacienne de Constructions Mécaniques in Belfort.
500 KW. six-phase Converter of the Société Alsacienne de Constructions Mécaniques of Belfort.

P. 472.

carcasse; les épanouissements polaires sont découpés dans les tôles elles-mêmes, leur largeur développée est de 34 cm.

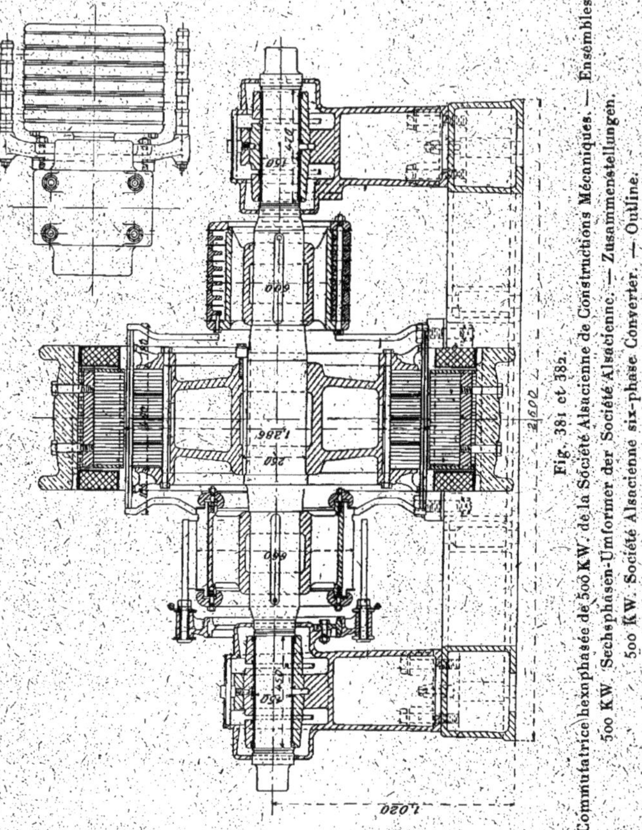

Fig. 381 et 382. Commutatrice hexaphasée de 500 KW. de la Société Alsacienne de Constructions Mécaniques. — Ensembles.
500 KW. Sechsphasen-Umformer der Société Alsacienne. — Zusammenstellungen.
500 KW. Société Alsacienne six-phase Converter. — Outline.

Le diamètre d'alésage des inducteurs est de 128,6 cm.

Les bobines inductrices sont enroulées sur des carcasses isolantes, elles comportent chacune 1 470 spires de fil de 2,6 mm de diamètre.

Toutes les bobines sont en série et la résistance totale du circuit ainsi formé est de 65 ohms à chaud.

Le poids de cuivre sur l'inducteur est de 850 kg et le poids total de la partie fixe de 7 200 kg.

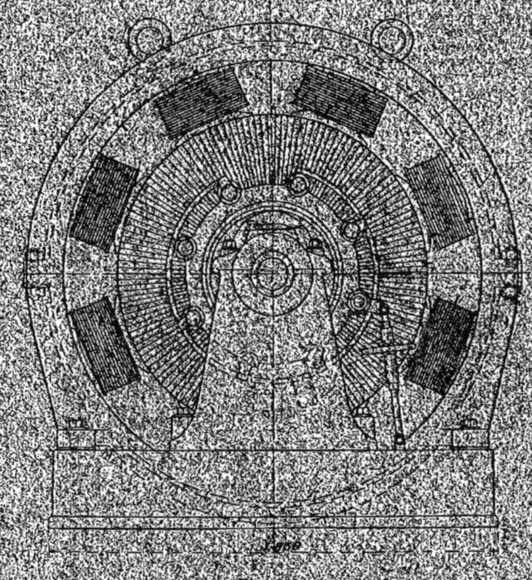

Fig. 383

Commutatrice hexaphasée de 500 KW. de la Société Alsacienne de Constructions Mécaniques. — Ensemble.

500 KW. Sechsphasen-Umformer der Société Alsacienne. — Zusammenstellung.

500 KW. Société Alsacienne six-phase Converter. — Outline.

Induit. — L'induit est constitué par un manchon en fonte claveté sur l'arbre et portant latéralement deux anneaux qui viennent serrer les tôles à l'aide de boulons. Ces anneaux sont, en outre, munis de projections destinées à soutenir deux cercles en fonte sur lesquels viennent reposer les conducteurs induits.

Le circuit magnétique induit est constitué par quatre

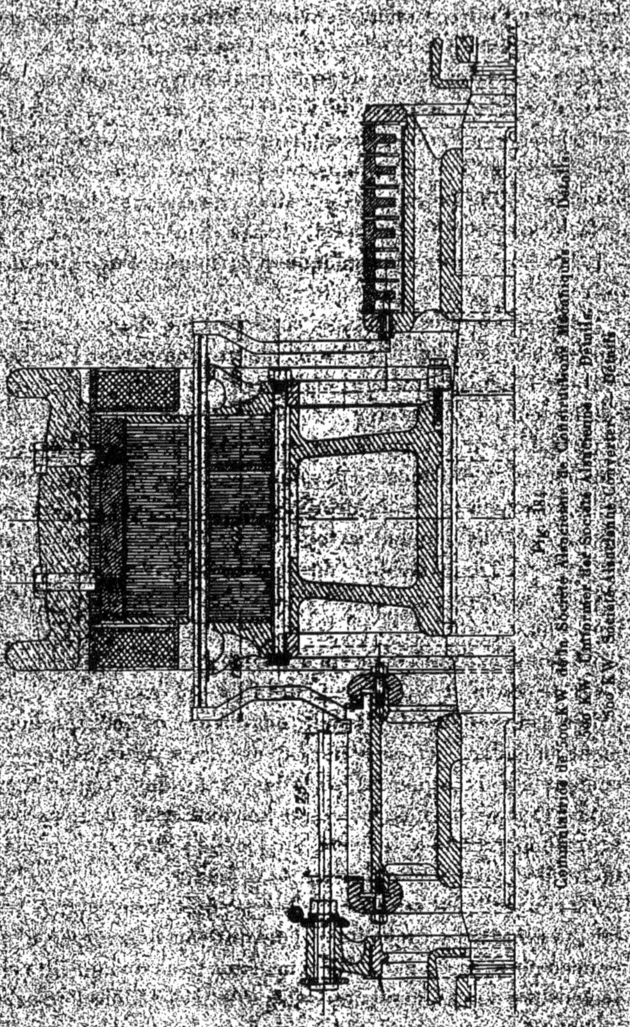

Fig. 384.
Commutatrice de 500 KW de la Société Alsacienne de Constructions Mécaniques. — Détails.
500 KW. Umformer der Société Alsacienne. — Details.
500 KW. Société Alsacienne Converter. — Details.

anneaux de tôles feuilletées séparés entre eux par des cales en bronze d'un centimètre environ d'épaisseur. La largeur de l'induit est de 40 cm, y compris l'épaisseur des cales.

Le manchon est percé de trous pour la ventilation.

Le diamètre extérieur de l'induit est de 1,27 m et l'entrefer de 8 mm. La hauteur radiale des tôles est de 16 cm.

L'induit est denté et comporte 240 rainures ; la section du fer induit utile, laissé en dehors des rainures, est de 416 cm² et le volume total du fer induit de 142 dcm³.

Les rainures ont une profondeur de 30 mm et une largeur de 10 mm.

L'enroulement est effectué comme celui d'une dynamo multipolaire en quantité ; chaque rainure comporte 4 conducteurs et l'induit complet a 480 spires. La section de chaque conducteur est de 32 mm².

Le collecteur est monté sur un manchon en fonte claveté sur l'arbre. Les lames, isolées au mica, sont serrées entre deux pièces en forme de tore dans lesquelles sont pratiquées des gorges où viennent se loger les rebords du support du collecteur et les extrémités des lames. Le serrage est obtenu à l'aide de vis fixées dans des projections ménagées sur le manchon.

Le collecteur qui comporte 240 lames a un diamètre extérieur de 66 cm et une largeur utile de 27,5 cm.

Les 240 sections de l'induit, en dehors de leur groupement au collecteur, sont réunies par séries de 10, successivement aux six bagues de prises de courant des circuits alternatifs. Ces six bagues, isolées entre elles, sont montées sur un manchon en fonte claveté sur l'arbre ; elles ont un diamètre de 60 cm et une largeur de 5,5 cm.

Le courant continu est recueilli par huit rangées de 9 balais supportés par une étoile pouvant tourner autour d'un anneau porté par le palier de la machine situé du côté du collecteur. Le déplacement des balais s'obtient à l'aide d'un petit volant formant écrou double dans lequel viennent se visser ou se dévisser deux tiges fixées, l'une, à l'étoile supportant les lignes de balais et, l'autre, au bâti de la machine.

Les courants alternatifs sont amenés aux bagues de prises de courant par deux rangées de balais fixées sur un balancier dont elles sont isolées. Ce balancier est boulonné sur le palier du côté opposé au collecteur.

La résistance de l'induit, prise entre balais du côté du courant continu, est de 0,01 ohm à chaud, cette valeur donne pour la résistance de chaque phase des six circuits constitués par l'induit regardé comme enroulement polyphasé, une valeur de 0,0066 ohm.

Remarques. — En général les commutatrices de ce type, construites par la Société Alsacienne, sont alimentées par trois transformateurs à courants alternatifs simples d'une puissance de 170 kilowatts chacun. Ces transformateurs sont du type à noyaux avec bobines juxtaposées de façon à réduire au minimum les fuites magnétiques.

Le rendement de ces derniers appareils est de 98 p. 100, les pertes étant sensiblement de 1 p. 100 dans le fer et 1 p. 100 dans les enroulements.

La chute de tension qui se produit dans un groupe complet de transformateurs et commutatrice entre la marche à vide et la marche en charge est de 4 à 5 p. 100.

Le rendement de la commutatrice seule atteint 95,7 p. 100 et se maintient à demi-charge à 92,5 p. 100.

Les pertes diverses sont les suivantes :

Pertes par frottements	4 540 watts
» par hystérésis	4 060 »
» par courants de Foucault	5 900 »
» par effet Joule dans l'induit	3 500 »
» par effet Joule dans l'inducteur	4 000 »
» dans les balais	3 000 »
Total	25 000 watts

Le courant d'excitation en charge est de 7,85 ampères et le courant de court-circuit dans l'induit, pour cette valeur de l'excitation, de 2,3 fois le courant normal.

COMMUTATRICE DE 500 KILOWATTS DE MM. SIEMENS ET HALSKE DE VIENNE

500 KW. UMFORMER DER SIEMENS UND HALSKE A.G. (WIENER WERK). — 500 KW. SIEMENS AND HALSKE (VIENNA) CONVERTER

La commutatrice à courants triphasés exposée par MM. Siemens et Halske, de Vienne, était une des plus intéressantes à étudier de l'Exposition.

Sa puissance est de 500 kilowatts sous une tension aux bornes du circuit à courant continu de 550 volts, ce qui correspond à un débit de 910 ampères.

La tension entre deux quelconques des trois bagues de prise de courant des courants alternatifs est de 340 volts.

La vitesse angulaire est de 630 tours pour une fréquence de 42 périodes par seconde ; cette commutatrice peut également fonctionner sans inconvénients à la fréquence de 50 périodes par seconde et, par suite, à une vitesse angulaire de 750 tours par minute. Le nombre de pôles inducteurs est de 8.

La commutatrice de MM. Siemens et Halske de Vienne est représentée sur la photographie de la figure 294 (p. 352) et sur les figures 385 à 388 qui sont des vues d'ensemble avec coupes partielles. La figure 389 est une demi-coupe par l'axe à plus grande échelle.

Inducteurs. — La carcasse inductrice est formée par une couronne en fonte coulée en une seule pièce et portant deux pattes par lesquelles elle repose sur un bâti le long duquel elle peut être déplacée dans un sens ou dans l'autre pour dégager complètement l'induit.

Sur cette carcasse sont rapportées deux couronnes ajourées qui servent à protéger les enroulements induits et inducteurs.

Le diamètre extérieur de la carcasse est de 1,65 m et son

Fig. 385 à 388.
Commutatrice à courants triphasés de 500 KW. de MM. Siemens et Halske de Vienne. — Ensembles.
500 KW. Drehstrom-Umformer der Siemens und Halske A.G. (Wien). — Zusammenstellungen.
500 KW. Siemens and Halske (Vienna) three-phase Converter. — Outline.

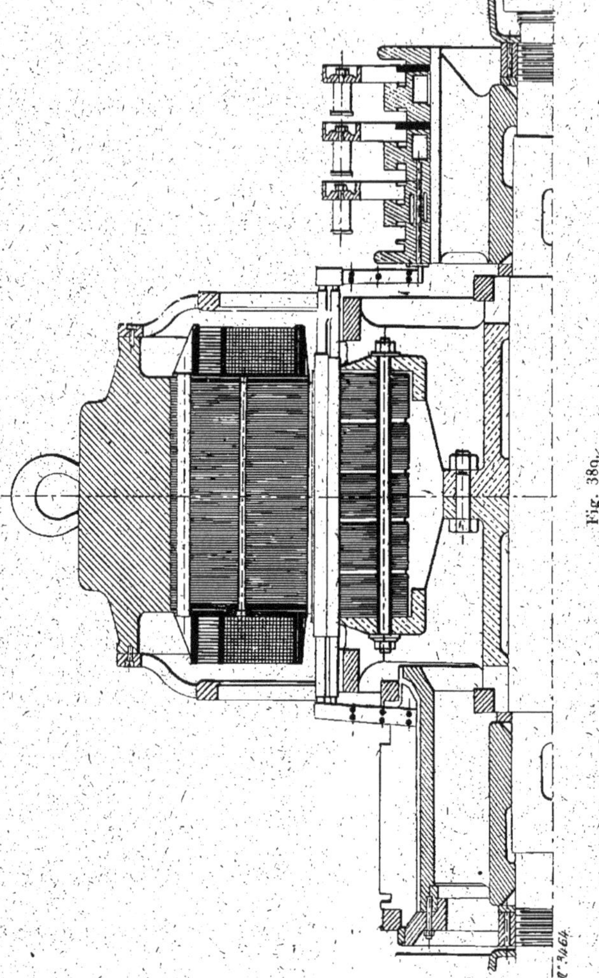

Fig. 389.
Commutatrice triphasée de 500 KW. de MM. Siemens et Halske de Vienne. — Détails.
500 KW. Drehstrom-Umformer von Siemens und Halske. — Details.
500 KW. Siemens and Halske three-phase Converter. — Details.

épaisseur, de 16 cm environ. La largeur totale y compris les deux protecteurs est de 69 cm.

Les pôles inducteurs sont feuilletés et ont la forme d'un double T ; chacun est formé par une pile de tôles réunies par 5 rivets et est placé sur la carcasse dont il épouse la forme circulaire. Les pôles sont retenus à la surface intérieure de la carcasse par des clavettes à section trapézoïdale fixées à l'aide de vis.

Le diamètre d'alésage des inducteurs est 85,6 cm et l'entrefer de 8 mm.

La longueur des pôles inducteurs, parallèlement à l'axe, est de 40 cm. La largeur des noyaux dans le sens perpendiculaire à l'axe est de 16 cm et celle des épanouissements polaires de 23 cm.

L'excitation de la commutatrice est compound.

Les bobines inductrices sont enroulées sur des carcasses isolantes et retenues par les épanouissements polaires sur lesquels elles reposent par des cales en bronze.

Les deux enroulements sont, sur chaque bobine, disposés l'un au-dessus de l'autre. L'enroulement en dérivation comporte 8 bobines montées en série ; chacune d'elles comprend, 1 512 spires de fil de 2,05 mm de diamètre.

La résistance du circuit en dérivation est de 88 ohms à froid.

L'enroulement en série est formé par 8 bobines montées en parallèle ; ces bobines sont constituées par une bande de cuivre de 25 mm de largeur et de 3 mm d'épaisseur, le nombre de spires actives est alternativement de 17 et de 18.

La résistance à froid calculée du circuit d'excitation série est de 0,00072 ohm.

Le poids de cuivre total des deux enroulements inducteurs est de 626 kg.

Induit. — L'induit est monté sur un support en acier formé de deux croisillons fixés sur l'arbre par des frettes posées à chaud et serrés entre eux par des boulons.

Les tôles induites sont disposées entre deux anneaux

venus de fonte avec les croisillons et sont serrées par des boulons isolés.

Elles sont réparties en 5 anneaux séparés par des évents de 1 cm d'épaisseur environ.

Le diamètre extérieur de l'induit est de 84 cm et sa largeur totale, y compris les intervalles pour la ventilation, de 42 cm.

La hauteur radiale des tôles est de 17 cm.

L'enroulement induit est réparti dans 112 rainures demi-fermées ; c'est un enroulement tambour ondulé avec groupement en parallèle.

Chaque encoche comporte 6 barres de 20 mm de hauteur et de 2,3 mm d'épaisseur disposées en deux rangées de 3 chacune.

La section de cuivre induit est de 46 mm² et le poids de cuivre employé sur l'induit de 235 kg.

Les 672 conducteurs sont réunis deux à deux de façon à former 336 sections de deux conducteurs chacune et aboutissant aux 336 lames du collecteur.

La résistance de l'induit prise à froid entre les balais du courant continu est de 0,00355 ohm.

Le collecteur est monté sur un support claveté sur l'arbre ; les lames isolées au mica sont maintenues par deux frettes en fer forgé posées à chaud et sont de plus serrées par un anneau fixé à l'aide de vis.

Le diamètre du collecteur est de 60 cm et sa largeur utile de 25 cm. Le support des porte-balais est constitué par une couronne de fonte mobile autour d'un anneau venu de fonte avec le palier et pouvant tourner à l'aide d'un volant à main et d'une vis tangente.

Les 8 axes des porte-balais sont munis chacun de 5 balais métalliques.

Les bagues d'amenée des courants alternatifs sont montées sur un croisillon analogue à celui du collecteur.

Ces bagues au nombre de 3 sont réunies chacune en

4 points de l'enroulement induit de façon à former 4 circuits en parallèle de 56 barres en série par phase.

Le diamètre des bagues de contact est de 60 cm et leur largeur, de 5 cm.

Sur chaque bague frottent 7 balais.

Le support des porte-balais des bagues est formé par 3 anneaux conducteurs concentriques isolés les uns des autres et supporté par deux axes qui viennent s'emmancher dans des équerres fixées au palier voisin.

Démarrage. — Lorsque le démarrage ne se fait pas à l'aide d'un courant continu fourni par la sous-station, il y a lieu d'employer les courants alternatifs eux-mêmes, pour faire démarrer l'appareil.

A cet effet, on cale sur l'arbre de la commutatrice un petit moteur asynchrone ayant deux pôles de moins que celle-ci. On peut donc atteindre facilement la vitesse de la commutatrice correspondant au synchronisme et la maintenir exactement en employant des résistances variables dans l'induit du moteur asynchrone.

Le moteur asynchrone en question a une puissance de quelques chevaux seulement ; son inducteur est soutenu par une console fixée contre le bâti.

Il est alimenté par les courants des transformateurs réducteurs.

Résultats d'essais. — Le rendement de la commutatrice de MM. Siemens et Halske de Vienne est de 94 p. 100.

Les pertes dans l'induit en pleine charge sont de 25 000 watts et celui-ci est suffisamment bien ventilé pour que la température ne puisse s'élever de plus de 30 à 35° au-dessus de la température ambiante.

Les pertes totales à pleine charge sont de 30 000 watts.

CHAPITRE IV

REDRESSEURS

IV KAPITEL — GLEICHRICHTER

CHATITER IV — RECTIFIERS

Théorie du fonctionnement des redresseurs Hutin et Leblanc. — Le seul redresseur dont nous ayons à nous occuper ici est celui de MM. Hutin et Leblanc. Nous en étudierons tout d'abord le fonctionnement.

Le principe en est le suivant :

Considérons un circuit magnétique fermé sur lequel est enroulé un circuit électrique composé de N spires et parcouru par un courant alternatif $I = A \sin \frac{2\pi}{T} t$. Le nombre d'ampèretours sera $NA \sin \frac{2\pi t}{T}$.

Nous ne changeons rien dans ce système, pas plus aux effets magnétiques qu'aux effets électriques, si, au lieu de faire varier l'intensité, nous la laissons constante en faisant varier le nombre de spires actives, en fonction du temps, suivant la loi $N \sin 2\pi \frac{t}{T}$, ou plus généralement en faisant varier à la fois l'intensité et le nombre de spires suivant des lois quelconques assujetties à la seule condition que le produit conserve une variation sinusoïdale.

Ceci posé, si nous considérons un transformateur ordinaire à courants alternatifs avec ses deux circuits enroulés sur un même noyau, nous ne changerons rien aux inductions mutuelles ni à la transformation d'énergie d'un circuit à l'autre, si lançant dans le primaire un courant alternatif nous faisons en sorte que l'intensité dans le secondaire reste constante en faisant varier le nombre de spires suivant la loi du sinus.

C'est cette dernière considération qui a conduit MM. Hutin et Leblanc à la solution pratique du problème qui nous occupe.

Le redresseur se compose de deux noyaux magnétiques identiques AB, A'B' sur lesquels sont enroulés deux circuits

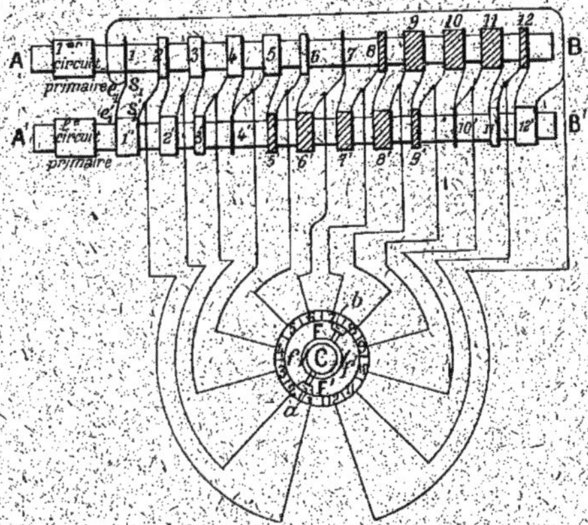

Fig. 390.
Schéma des circuits secondaires d'un transformateur Hutin et Leblanc.
Schema der Sekundärstromkreise eines Transformators von Hutin und Leblanc.
Scheme of secondary circuits of a Hutin and Leblanc transformer.

primaires parcourus par des courants alternatifs, également identiques, mais déphasés d'un quart de période, et d'un collecteur ordinaire de machine à courant continu sur lequel frottent deux balais diamétralement opposés (la figure 390 représente les deux noyaux supposés développés).

Sur chacun des deux noyaux sont en outre enroulés $2n$ bobines dont les nombres de spires respectifs sont indiqués dans le tableau suivant :

NUMÉROS des bobines secondaires du premier noyau.	NOMBRE DE SPIRES des bobines.	NUMÉROS des bobines secondaires du second noyau.	NOMBRE DE SPIRES des bobines.
1	$V \sin 2\pi\alpha$	1′	$V \cos 2\pi\alpha$
2	$V \sin 2\pi\left(\alpha + \frac{1}{2n}\right)$	2′	$V \cos 2\pi\left(\alpha + \frac{1}{2n}\right)$
3	$V \sin 2\pi\left(\alpha + \frac{2}{2n}\right)$	3′	$V \cos 2\pi\left(\alpha + \frac{2}{2n}\right)$
. . . .	. . . .	. . . .	. . . .
n	$V \sin 2\pi\left(\alpha + \frac{n-1}{2n}\right)$	n'	$V \cos 2\pi\left(\alpha + \frac{n-1}{2n}\right)$
$n+1$	$V \sin 2\pi\left(\alpha + \frac{n}{2n}\right)$	$(n+1)'$	$V \cos 2\pi\left(\alpha + \frac{n}{2n}\right)$
. . . .	. . . .	. . . .	. . . .
$2n+1$	$V \sin 2\pi\left(\alpha + \frac{2n-2}{2n}\right)$	$(2n-1)'$	$V \cos 2\pi\left(\alpha + \frac{2n-2}{2n}\right)$
$2n$	$V \sin 2\pi\left(\alpha + \frac{2n-1}{2n}\right)$	$2n'$	$V \cos 2\pi\left(\alpha + \frac{2n-1}{2n}\right)$

Ce tableau indique pour chaque bobine de chaque noyau son nombre de spires affecté du signe + pour une moitié consécutive des bobines d'un même noyau et du signe — pour l'autre moitié. Ces signes signifiant, bien entendu, que les bobines positives étant enroulées dans un certain sens, sinistrorsum par exemple, les négatives seront enroulées en sens contraire, dextrorsum.

On pourrait, du reste, les enrouler toutes dans le même sens, il n'y aurait qu'à réunir au moment du groupage le fil de sortie de la dernière bobine positive avec le fil de sortie de la première négative et inversant de même les extrémités pour toutes les bobines négatives.

Le tableau montre aussi que les groupes de bobines diamétralement opposées, 1, $n+1$,... 1′, $(n+1)'$,... ont toujours le même nombre de spires, mais sont enroulées en sens inverse.

Avec ces $4n$ bobines des deux noyaux on peut constituer $2n$ sections formées chacune des deux bobines correspondantes sur chaque noyau, c'est-à-dire 1 avec 1', 2 avec 2'..., ces bobines étant montées en série en tenant compte de leur signe, ce qui signifie qu'on devra permuter les fils d'entrée et de sortie des bobines négatives. On joindra ensuite toutes ces sections en série suivant la même règle et les points de jonction des sections entre elles seront réunis aux lames du collecteur ; par exemple, le fil de sortie de la section n° 1 (qui est le fil de sortie de la bobine 1') communiquera avec le fil d'entrée de la section n° 2 (entrée de la bobine 2) et avec la touche 1 du collecteur, etc.

La figure 390 montre comment sont opérées les connexions des fils d'entrée et de sortie des sections entre eux et avec les lames du collecteur ; les nombres des spires y sont représentés par les dimensions des rectangles indiquant les bobines.

Les positives sont en blanc et les négatives en hachures. La figure 390 correspond au cas où $2n = 12$ $\alpha = 0$; dans ce cas, les bobines 1 et 7 et 4' et 10' ont un nombre de spires nul, leurs emplacements, qui seraient occupés par des bobines si α avait une autre valeur, sont indiqués par un simple trait.

Les deux balais a b se déplacent autour du collecteur avec une vitesse angulaire uniforme $\frac{2\pi}{T}$ (T étant la durée d'un tour complet). Ils ont une largeur de contact égale à celle d'une lame et d'un isolant, de sorte qu'ils mettent constamment en court-circuit deux sections diamétralement opposées, une mise en court-circuit cessant dès qu'une nouvelle mise a lieu. Ces balais communiquent à deux bagues sur lesquels deux frotteurs f f' recueillent le courant fourni par le circuit secondaire.

Le circuit secondaire est ainsi partagé d'un balai à l'autre en deux circuits. En particulier, sur la figure 399 le balai a

s'appuie sur les touches 1 et 2 et b sur 7 et 8, nous aurons donc, d'un balai à l'autre, en suivant :

1° Un premier circuit formé des sections :

$$3+3', 4+4', 5+5', 6+6', 7+7'$$

2° Un second circuit formé des sections :

$$9+9', 10+10', 11+11', 12+12', 1+1'.$$

les sections $2+2'$ et $8+8'$ étant mises en court-circuit par les balais.

Mais le tableau nous montre que ces deux circuits ont le même nombre de spires, mais enroulés en sens inverse ; ils auront donc la même résistance et le même coefficient de self-induction. De plus, on voit aussi que chacun d'eux a un certain nombre de spires enroulées dans un sens et un certain nombre de spires enroulées en sens contraire, spires qui sont traversées par le même courant.

Or, la somme des effets magnétiques de deux spires, enroulées en sens contraire sur un même noyau et traversées par un même courant, est nulle et il en est de même de la somme algébrique des inductions mutuelles sur tout autre spire entourant le même noyau. Il s'ensuit que la résultante des actions magnétiques d'un des circuits précédents branchés entre les deux balais, à un moment quelconque de la période T, est égale à la somme algébrique des actions de toutes les spires, et il en sera de même de la résultante des inductions mutuelles entre les spires enroulées sur les noyaux.

Enfin, les actions des deux circuits sur les noyaux ou sur tout circuit enroulé sur eux s'ajouteront ; en d'autres termes, le nombre d'ampèretours du circuit formé par les différentes sections est égal, à chaque instant de la période, à l'intensité multipliée par le double de la somme algébrique du nombre de spires sur chacun des circuits branchés sous les balais.

Si l'on déplace les balais sur le collecteur, on pourra avoir, d'après la figure 390, six positions successives aux différentes époques de la demi-période.

Il est facile de montrer que la somme algébrique des spires actives variera alors sensiblement suivant une loi sinusoïdale. On voit, en effet, qu'on passe d'une bobine à la suivante en ajoutant à l'angle correspondant la quantité $\frac{2\pi}{2n}$. On pourra donc affecter à la première bobine de chacun des n circuits doubles un angle $\frac{2\pi m}{2n}$ en désignant par m un nombre entier dépendant de la position des balais et susceptible de prendre, suivant le cas, les n valeurs consécutives.

La somme des spires d'un circuit sera alors représentée par la somme

$$V\left[\sin 2\pi\frac{m}{2n} + \ldots + \sin 2\pi\left(\frac{m}{2n} + \frac{n-1}{2n}\right) + \cos 2\pi\frac{m}{2n} + \ldots + \cos 2\pi\left(\frac{m}{2n} + \frac{n-1}{2n}\right)\right]$$

diminuée de la section en court-circuit

$$V\left[\sin 2\pi\frac{m}{2n} + \cos 2\pi\frac{m}{2n}\right]$$

ou

$$\sqrt{2}\,V\left\{\cos\left[\frac{\pi}{4} - \frac{2\pi}{2n}\left(m + \frac{n-1}{2}\right)\right]\sin\frac{n\pi}{2n} - \cos\left(\frac{\pi}{4} - \frac{2\pi m}{2n}\right)\right\}$$

fonction sinusoïdale dont la demi-période correspond au temps que m met à prendre les n valeurs consécutives dont il est susceptible, c'est-à-dire à $\frac{T}{2}$; m variant par valeurs entières, le nombre d'ampèretours varie suivant une ligne brisée d'autant plus rapprochée de la sinusoïde que n est plus grand.

Pratiquement on peut donner à n une valeur relativement petite sans craindre quelques-uns des défauts des machines à courant continu. Toutefois, on ne pourrait atteindre sans inconvénient une tension assez élevée entre deux lames consécutives. En général, MM. Hutin et Leblanc emploient des collecteurs à 12 ou 18 lames par paire de pôles pour des appareils de 150 volts.

En ce qui concerne les étincelles, les flux se formant constamment à l'intérieur des noyaux du transformateur, tout se passe, en tenant compte des ampèretours de la section en court-circuit, comme dans les transformateurs à courants alternatifs ordinaires où la somme algébrique des ampèretours primaires et secondaires est sensiblement nulle.

Le collecteur est conduit par un moteur synchrone d'un type spécial, approprié au rôle particulier qu'il a à jouer, et ayant autant de phases que les circuits secondaires du transformateur aux bornes desquels son induit est monté en dérivation.

Comme en pratique, les balais doivent être décalés avec la charge, si le champ tournant du moteur conserve une direction relative fixe, MM. Hutin et Leblanc font déplacer cette direction relative en sens contraire de la rotation de l'inducteur et en fonction du débit par un compoundage du moteur synchrone, dont l'inducteur doit, par suite, être enroulé en anneau ou en tambour.

REDRESSEUR HUTIN ET LEBLANC DE 100 KILOWATTS

100 KW. GLEICHRICHTER VON HUTIN UND LEBLANC — 100 KW. HUTIN AND LEBLANC PERMUTATOR

Le redresseur exposé par MM. Hutin et Leblanc dans le stand de MM. Postel-Vinay et Cie a une puissance de 100 kilowatts.

Il est destiné à transformer des courants diphasés en courant continu.

Il est identique à ceux fournis par les ateliers Farcot et

la Société pour la Transmission de la Force par l'Électricité

Fig. 391.
Transformateur diphasé de 100 KW. à enroulements secondaires sinusoïdaux de MM. Hutin et Leblanc.
100 KW. Zweiphasentransformator mit sinusoïdaler Sekundärwickelungen System Hutin und Leblanc.
100 KW. Hutin and Leblanc two-phase Transformer with sinusoidal secondary windings.

pour les stations réceptrices de la Société d'Éclairage et de

Force, situées rue du Faubourg-Saint-Denis et boulevard Barbès.

La tension aux bornes du courant continu est de 125 volts et le débit de 800 ampères. Cette tension peut être variée à l'aide d'un modificateur de tension constitué par deux transformateurs à rapport de transformation variable, un sur chaque phase, et dont l'un des enroulements est placé en dérivation sur la ligne, tandis que l'autre est en série avec celle-ci.

La tension d'alimentation du transformateur est de 6 000 volts.

Transformateur. — Le transformateur du redresseur est représenté sur la photographie de la figure 391. Les figures 392 et 393 montrent des vues d'ensemble avec coupes partielles.

Le transformateur, à courants diphasés, se compose de deux transformateurs à courants alternatifs simples dont les circuits magnétiques sont perpendiculaires.

Chaque transformateur est constitué par deux noyaux verticaux formés chacun de plusieurs paquets de tôles de différentes largeurs et réunis par des culasses horizontales logées dans des pièces en fonte dont l'une sert de socle à l'appareil.

Ces deux pièces sont réunies entre elles par huit boulons de serrage.

La hauteur des noyaux verticaux est de 1,01 m et leur section de 353 cm². La largeur maxima, dans le sens des tôles, est de 18,4 cm et celle dans le sens perpendiculaire, de 21,4 cm.

Les tôles de chaque noyau sont serrées entre deux plaques en fonte par des boulons isolés.

Les culasses ont une largeur de 25 cm et une section de 380 cm², les dimensions de la section sont de 20 cm sur 18,4 cm.

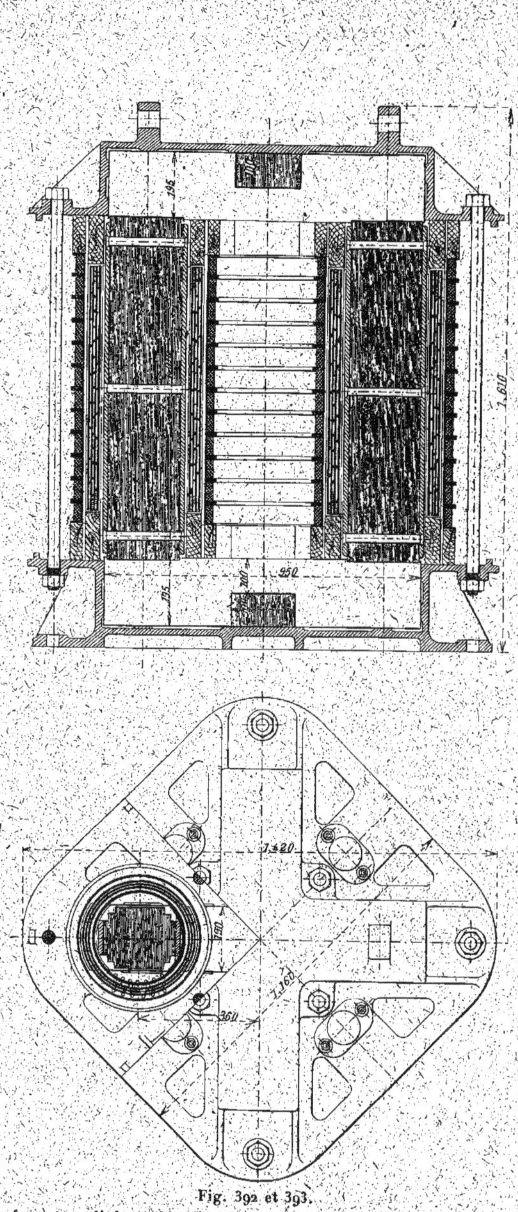

Fig. 392 et 393.
Transformateur diphasé de 100 KW. de MM. Hutin et Leblanc. — Ensembles.
100 KW. Zweiphasen-Transformator von Hutin und Leblanc. — Zusammenstellungen.
100 KW. Hutin and Leblanc two-phase Transformer. — Outline.

La hauteur totale du transformateur est de 1,61 m et ses dimensions horizontales extérieures, de 1,42 m.

Les enroulements à haute tension sont formés pour chaque transformateur à courants alternatifs simples par deux bobines divisées chacune en 12 sections. Chaque bobine comporte 1008 spires de fil de 3,4 mm de diamètre et 9 mm² de section.

Les deux bobines de chaque phase sont montées en série.

La résistance des circuits à haute tension est de 4 ohms à chaud par phase et le poids de cuivre utilisé sur ces circuits, de 420 kg.

Les connexions des enroulements à haute tension se font à la partie supérieure.

L'enroulement à basse tension est formé par un certain nombre de bobines d'un nombre variable de spires.

Chaque noyau vertical comporte cinq hélices ou sections constituées par des bandes de cuivre.

L'une des hélices comprend 10 spires, sa section est de 60 mm sur 6 mm ou 360 mm². Les deux hélices suivantes enroulées ensemble ont chacune 9 spires de 32 mm de largeur et 7 mm d'épaisseur ou 224 mm² de section. Les deux dernières enfin ne comportent chacune que 5 spires et ont une section de 360 mm², 60 mm sur 6 mm.

Les différentes sections de chaque colonne sont groupées entre elles de façon à réaliser le schéma de la figure 390.

Ces connexions et les prises de courants sont indiquées sur les figures 394 et 395.

Le poids de cuivre de l'enroulement secondaire est de 460 kg.

Le poids total du transformateur est de 4500 kg.

Les 12 bornes du transformateur sont réunies aux bagues correspondantes du redresseur proprement dit.

Redresseur. — Le redresseur proprement dit est constitué par un moteur synchrone sur l'arbre duquel sont montées les bagues collectrices des courants alternatifs et le collecteur.

Ce redresseur est représenté sur les photographies de la figure 396.

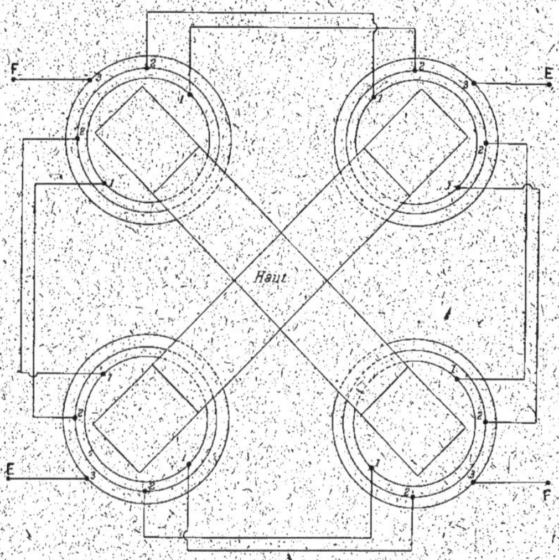

Fig. 394.
Schéma des connexions des différentes sections du transformateur de 100 KW. de MM. Hutin et Leblanc.
Verbindungsschema der Spulen des 100 KW. Transformators von Hutin und Leblanc.
Coil connections of the 100 KW. Hutin and Leblanc Transformer.

Les figures 397 à 399 en sont des vues avec coupes partielles.

Induit. — L'induit du moteur est fixe. La carcasse est formée par une caisse cylindrique en fonte reposant par deux pattes sur un bâti à trois paliers.

Les tôles induites sont serrées dans la caisse par un couvercle annulaire qui est retenu par des vis ; elles sont empilées sur deux clavettes noyées à moitié dans le support.

Le diamètre extérieur de la carcasse est de 96,5 cm et sa largeur de 23 cm.

Le diamètre extérieur du noyau induit est de 87 cm et

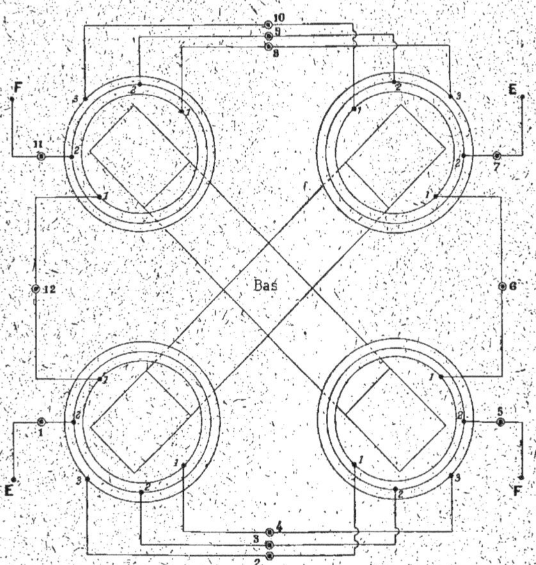

Fig. 395.
Schéma des connexions des différentes sections du transformateur de KW. de MM. Hutin et Leblanc.
Verbindungsschema der Spulen des 100 KW. Transformators von Hutin und Leblanc.
Coil connections of the 100 KW. Hutin and Leblanc Transformer.

son diamètre d'alésage de 75 cm. La hauteur radiale est par suite de 6 cm.

La largeur des tôles induites est de 20 cm et l'entrefer de 1,5 mm.

La surface intérieure de l'induit porte 144 encoches très peu ouvertes, d'une hauteur radiale de 20 mm et d'une largeur de 10 mm.

L'enroulement induit est en tambour multipolaire à 12 pôles.

Chaque encoche comprend deux barres de 15 mm de largeur et 3 mm d'épaisseur. Les 288 barres sont toutes réunies en série par des développantes en V de 15 mm de largeur et 3 mm d'épaisseur, de façon à constituer un enroulement polygonal à 12 pôles et 12 phases. Chaque phase comporte ainsi 12 barres, soit 1 par pôle.

Les 12 sommets de l'enroulement aboutissent à 12 bornes placées sur la caisse et en communication directe aux bornes à basse tension du transformateur.

Inducteur. — L'inducteur est formé par un noyau de tôles serrées entre deux anneaux, dont l'un est venu de fonte avec le support et dont l'autre, en bronze, est fixé à l'aide de vis. Les tôles sont retenues par des clavettes.

Le diamètre extérieur de l'inducteur est de 74,7 cm et sa largeur, de 20 cm. La hauteur radiale des tôles est de 6 cm.

L'enroulement inducteur, du genre Gramme-Pacinotti, est compound. Il est réparti dans 132 encoches soit 11 par pôle.

Ces encoches, légèrement ouvertes, ont une hauteur de 31 mm et une largeur de 10 mm.

L'enroulement inducteur en dérivation se compose de 6 bobines élémentaires par pôle, enroulées chacune dans une encoche et comprenant 54 spires de fil de 1 mm de diamètre.

Toutes les bobines élémentaires d'un pôle et les bobines complètes de chaque pôle sont groupées en série ; le circuit aboutit à deux bagues calées sur l'arbre du moteur.

Les 5 encoches restantes par pôle sont munies chacune de 6 spires de fil de 4 mm de diamètre ; ces 5 bobines sont montées en série et les 12 bobines sont groupées en 3 circuits de 4 bobines en série, et montées en parallèle.

Le circuit à gros fil aboutit à deux autres bagues de con-

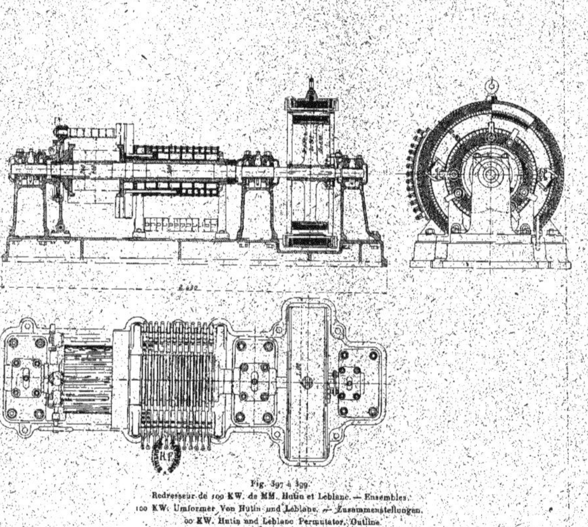

Fig. 397 à 399.
Redresseur de 100 KW. de MM. Hutin et Leblanc. — Ensembles.
100 KW. Umformer Von Hutin und Leblanc. — Zusammenstellungen.
00 KW. Hutin and Leblanc Permutator. Outline.

p. 496

Fig. 396.
Redresseur de 100 KW. de MM. Hutin et Leblanc.
100 KW. Umformer Von Hutin und Leblanc.
100 KW. Hutin and Leblanc Permutator.

tact montées en dérivation sur un shunt de valeur convenable et placées en série sur la ligne à courant continu.

En dehors des deux circuits précédents, l'inducteur comporte encore un enroulement en cage d'écureuil formé par des barres de 8 mm de diamètre logées à raison d'une par encoche et réunies entre elles par deux anneaux en cuivre.

Cet enroulement constitue un circuit amortisseur destiné à assurer la stabilité du synchronisme.

Les bornes du transformateur sont en relation par deux séries de balais avec douze bagues, montées sur une douille en fonte retenue sur l'arbre par une vis et serrées entre deux plateaux par un écrou vissé sur l'arbre. Ces bagues, isolées entre elles par des disques en carton, ont un diamètre de 30 cm et une largeur de 2,8 cm.

Collecteur. — Le collecteur est formé par un manchon en fonte retenu sur l'arbre par une vis et par deux disques qui servent à serrer les lames. Le serrage est obtenu par un écrou vissé sur l'arbre.

Le diamètre du collecteur est de 40 cm et la largeur utile, de 29 cm.

Il comprend 72 lames ; ces lames sont réunies entre elles 6 par 6 par des développantes de cercle.

Chaque groupe de 6 lames est en relation par une tige de cuivre avec une des bagues d'amenée des courants alternatifs.

Sur le collecteur frottent 6 rangées de balais métalliques et les axes de porte-balais sont montés sur un collier pouvant tourner autour d'un anneau venu de fonte avec l'un des paliers. Le décalage des balais est effectué à l'aide d'une vis sans fin actionnée par un petit volant à main.

Le poids du redresseur tout monté ne dépasse pas 2700 kg.

Démarrage. — Le démarrage s'effectue, comme pour une

commutatrice, soit à l'aide des courants alternatifs, soit par le courant continu.

Dans les deux cas, pour éviter les étincelles aux balais avant la synchronisation, on dispose un interrupteur multiple sur les conducteurs d'amenée de courants aux bagues de façon à ne fermer ceux-ci qu'après la synchronisation.

TROISIÈME PARTIE

DYNAMOS A COURANT CONTINU

DRITTER THEIL	THIRD PART
GLEICHSTROM-DYNAMO-MASCHINEN	**DIRECT CURRENT GENERATORS**

CHAPITRE PREMIER

CONSIDÉRATIONS GÉNÉRALES

I KAPITEL	CHAPTER I
ALLGEMEINE UEBERLEGUNGEN	GENERAL CONSIDERATIONS

Généralités sur les dynamos à courant continu. — Si les changements apportés à la construction des dynamos à courant continu ont suivi depuis dix ans une marche beaucoup plus lente que ceux apportés aux alternateurs, l'étude des dynamos exposées n'en est pas moins très importante, et l'on peut en tirer quelques règles générales de nature à intéresser les constructeurs.

Nature du circuit magnétique de l'induit. — Le point principal à constater est l'abandon presque complet de la fonte, non seulement pour les dynamos à grande vitesse angulaire, mais encore pour les dynamos à faible vitesse angulaire actionnées directement par les moteurs primaires.

Au point de vue du circuit magnétique inducteur, les dynamos à courant continu ont passé, en somme, par toutes les phases du marché des aciers magnétiques.

Tant que la question des aciers magnétiques est restée dans le domaine des essais de laboratoire, et tant que l'acier a conservé un prix assez élevé, les circuits magnétiques ont été constitués presque uniquement en fonte avec emploi assez rare de fer forgé.

Avant l'abaissement du prix de l'acier magnétique, on a pu essayer l'emploi de dynamos à circuit magnétique mixte, carcasse en fonte et pôles en acier coulé.

Finalement, dans ces dernières années, la sûreté de construction d'acier de valeur magnétique donnée a permis d'obtenir des circuits magnétiques totalement en acier qui conduisent à des dynamos à courant continu de poids plus modeste, considération importante pour les questions de transport et d'exportation.

Influence de la nature du circuit magnétique sur la chute de tension. — La modification du circuit magnétique a eu également pour but d'améliorer corrélativement les propriétés électriques des dynamos.

Tandis que les dynamos à inducteur en fonte ont des caractéristiques à vide très arrondies et des chutes de tension assez fortes, les dynamos à inducteur en acier ont généralement des caractéristiques à genou bien prononcé et des chutes de tension beaucoup plus faibles.

La question de la réduction du décalage des balais, si importante dans les dynamos destinées à supporter des variations brusques de charge, comme celles employées dans la distribution de force motrice, est très bien résolue par l'emploi d'inducteurs en acier.

Les inducteurs en fonte ont, en général, un rapport de la largeur du pôle au pas polaire beaucoup plus faible qu'avec les inducteurs en acier et conduisent à des décalages absolument inadmissibles pour des services à variations brusques.

Les machines à inducteurs en acier, par suite de l'emploi

d'épanouissements, réduisent beaucoup le décalage et l'annulent presque complètement dans les dynamos bien étudiées, surtout avec l'emploi de balais en charbon.

Les épanouissements polaires de ces machines ont généralement leurs rebords parallèles à l'axe légèrement cintrés, ou ont leurs cornes polaires un peu relevées, de façon à obtenir une répartition du flux plus arrondie, condition qui permet tout à la fois d'augmenter l'arc d'embrassement et de réduire les courants de Foucault dans les pôles.

Les inducteurs feuilletés employés il y a quelques années, sur l'initiative de M. Rechniewski, pour réduire la production des courants de Foucault dans les pièces polaires avec les dynamos à faible entrefer et à induit denté avec dents peu saturées, paraissent encore avoir des adeptes, même avec des entrefers assez notables et des saturations très élevées dans les dents.

Tel est le cas de la dynamo de 1000 kilowatts de MM. Siemens et Halske, de Vienne. C'est aussi celui des dynamos de la Compagnie Internationale d'Électricité de Liège, qui n'emploie, il est vrai, que des épanouissements feuilletés.

La majorité des constructeurs ont toutefois substitué les pôles pleins aux pôles feuilletés.

Pour diminuer l'effet de la réaction d'induit, l'emploi de fentes radiales est de plus en plus adopté, aussi bien pour les machines à inducteurs en acier que pour les inducteurs à carcasse en fonte et à pôles en acier.

Ces fentes radiales viennent déboucher dans l'entrefer, condition du reste nécessaire pour obtenir une action notable.

Les principales maisons qui emploient des fentes radiales sont : les ateliers du Creusot, la Société l'Éclairage Électrique et MM. Sautter et Harlé, en France, MM. Alioth, de Bâle, en Suisse, etc.

De ce type d'inducteur peut être rapproché celui adopté par M. Reignier pour la dynamo des Hauts Fourneaux de

Maubeuge où les pôles inducteurs sont divisés en deux autres parfaitement distincts par l'emploi de circuits magnétiques indépendants en fer à cheval.

Nature des épanouissements polaires. — Les épanouissements polaires sont généralement en acier comme les noyaux inducteurs avec lesquels ils sont, assez généralement, venus de fonte.

On rencontre, toutefois, quelques maisons où les épanouissements ne sont pas de même nature que les inducteurs et sont, soit en fer forgé, soit en fonte.

Au dernier type appartiennent les dynamos à courant continu des ateliers du Creusot.

Les épanouissements polaires en fonte ont un certain avantage sur les épanouissements en acier, en ce qu'on peut saturer autant qu'on veut les cornes polaires ; on arrive ainsi à une répartition du flux plus voisine de la loi sinusoïdale en même temps qu'on augmente la résistance magnétique du circuit suivi par la réaction d'induit.

On peut toutefois, comme nous l'avons dit plus haut, obtenir un effet analogue en ce qui concerne la répartition du flux, soit en incurvant légèrement les arêtes parallèles à l'axe, soit en les inclinant par rapport à celui-ci, soit en relevant légèrement les cornes polaires, soit enfin en les arrondissant.

Quant à la réaction d'induit, seules les pièces polaires très saturées à leurs extrémités peuvent l'amoindrir.

On peut obtenir le même résultat qu'avec des épanouissements en métal moyennement ou même très magnétique, en employant le dispositif imaginé par M. de Kando et consistant à terminer les cornes polaires en dents de scie ou en les perçant de trous de plus en plus larges au fur et à mesure qu'on s'approche de l'extrémité des cornes.

Entrefers. — Les entrefers des dynamos à courant continu

dépendent évidemment du genre d'induit employé, lisse ou denté.

Dans le premier cas, il est en moyenne de 20 mm, bien qu'il soit descendu à 10 mm, dans les dynamos Thury et atteigne 40 mm, dans la dynamo du type Siemens de la Société Alsacienne de Constructions Mécaniques.

Dans les dynamos à induit denté, l'entrefer varie très peu et reste presque toujours au voisinage de 6 à 8 mm.

Nature de l'induit. — Parmi les dynamos même de puissance assez élevée exposées, la plupart ont des induits dentés.

Nous n'aurons en effet à signaler comme machines à induit lisse que celles de MM. Schuckert et Cie, de MM. Thury et de la Société l'Éclairage Électrique.

La comparaison entre des dynamos à induit lisse et à induit denté a été faite à maintes reprises au point de vue du fonctionnement c'est-à-dire des étincelles et du décalage.

Les avantages des dynamos à induit lisse sont très sérieux puisqu'ils ont fait la réputation très méritée des machines Thury et des machines Schuckert.

Mais, si ces dynamos ont une tenue irréprochable des balais, due à la forte proportion d'ampèretours inducteurs par rapport aux ampèretours induits, la difficulté de fixer convenablement les conducteurs, pour résister aux efforts qui se manifestent sur eux, a généralement fait écarter ce genre d'induit au profit des induits dentés.

Dans les dynamos à induit denté, l'entraînement des conducteurs se fait mécaniquement et aucun effort ne s'exerce sur eux du moins pour des dents à saturation ordinaire, mais en revanche, l'usure du collecteur est plus considérable et la bonne tenue des balais exige un sectionnement plus grand de l'induit.

La véritable solution, celle qui paraît réunir à l'heure actuelle la majorité des suffrages, tient des deux précédentes. Il consiste à employer dans les dents des saturations apparentes très élevées [1] dépassant généralement 25 000 unités C.G.S.

Dans les machines de ce genre, l'effort s'exerce à la fois sur le fer et sur le fil dans le rapport des flux qui traversent les dents et les encoches, mais l'entraînement se fait mécaniquement, et permet par suite à la machine de supporter les variations brusques de charge qui peuvent se produire dans l'alimentation des réseaux à régime très variable, comme avec les transports de force motrice et surtout avec la traction sans emploi de batterie-tampon.

La force magnétomotrice des inducteurs peut, grâce à l'emploi de dents très saturées, avoir par rapport aux ampèretours de l'induit la même valeur que dans les machines à induit lisse. Le fonctionnement devient alors aussi bon que dans ces dernières machines, tout en évitant les inconvénients inhérents à ce type.

L'emploi de dents très saturées, conduit, du reste, à une induction assez forte dans l'entrefer et beaucoup plus élevée que celle que l'on avait l'habitude d'adopter il y a quelques années.

Fixation des tôles de l'induit. — Les procédés de fixation des tôles de l'induit sont ceux employés jusqu'ici, boulons, clavettes à section trapézoïdale et supports radiaux.

Les boulons sont généralement isolés, sauf lorsqu'ils sont logés très près de la surface intérieure des noyaux induits.

Tension des machines. — La plupart des machines multipolaires exposées, presque toutes destinées à des services de traction ou d'éclairage sur réseau à 3 ou 5 fils, ont des tensions d'environ 500 volts.

---

[1] Nous entendons par saturation apparente des dents, celle qui existerait dans celles-ci, si aucune fuite ne se produisait à l'intérieur des rainures ou encoches.

Seule, une dynamo Thury, destinée au transport de Montreux à Lausanne avait une tension de 2 000 volts.

Il est bien entendu qu'il s'agit ici de dynamos d'une puissance assez élevée, les seules dont nous nous occupions du reste.

Nature de l'enroulement induit. — A part quelques machines construites sur les données de maisons américaines ou anglaises, la plupart des dynamos importantes exposées sont du type à enroulement ondulé en série, ou en séries parallèles d'Arnold.

Les avantages que procure l'enroulement en série au point de vue de l'annulation des effets dus aux différences d'entrefer et au défaut d'homogénéité du métal des pôles ne sont pas, toutefois, parvenus à dissiper complètement la défiance que l'enroulement en séries parallèles avait rencontrée au début et rencontre encore maintenant.

En dehors des constructeurs américains qui ont conservé jusqu'ici l'enroulement en boucle, il y a lieu de citer aussi les ateliers du Creusot. Ces ateliers pour remédier aux différences de tension, entre les divers circuits en parallèle, emploient le dispositif Mordey consistant à réunir entre elles les lames du collecteur au même potentiel instantané.

Un autre dispositif de Mordey, également très connu, celui des spires auxiliaires introduites sur les conducteurs réunissant les points de jonction des sections au collecteur, était employé, par une maison allemande : MM. W. Lahmeyer et Cie pour sa dynamo de traction.

Forme des dents. — Les induits à trous ayant complètement disparu du marché, depuis quelques années déjà, nous n'avons à considérer que les induits à rainures rectangulaires et les induits à encoches.

Les premiers sont employés par la presque totalité des constructeurs ; leur adoption est du reste imposée par la question du bobinage à l'aide de barres avec isolation préalable de celles-ci.

Les induits à encoches très peu ouvertes permettent, il est vrai, également le bobinage à l'aide de barres, mais ils ne sont employés que sur un très petit nombre de machines.

Une machine seulement a des encoches circulaires légèrement ouvertes, c'est celle de MM. Ganz et Cie (type de Kando).

Le nombre de rainures est en général égal à celui des lames du collecteur, toutefois quelques machines construites suivant les idées américaines ont jusqu'à 3, 4 ou 5 lames de collecteur ou sections par dent.

Balais. — Les balais le plus généralement adoptés sont les balais en charbon. Pour augmenter la largeur de la zone de recouvrement, une des maisons les plus renommées emploie des lignes de balais légèrement inclinées par rapport aux lames du collecteur.

Collecteurs. — La construction des collecteurs dans les machines exposées ne diffère pas des procédés connus.

Il y a cependant une innovation très intéressante à signaler dans l'emploi de machine à induit denté collecteur, c'est celle des ateliers du Creusot.

Le collecteur est formé par les parties extérieures des barres de l'induit qui sont serrées entre elles par un dispositif spécial et rapprochées par leur inclinaison.

On a obtenu ainsi des collecteurs très simples, dont la propriété importante est de permettre de placer les balais de polarité différente sur deux côtés différents de l'induit, avantage précieux pour les machines à haute tension.

Moteurs à vapeur. — Il nous reste à dire quelques mots sur les moteurs à vapeur destinés à conduire les dynamos à courant continu.

La question est ici assez différente de celle que l'on a à résoudre dans le cas des alternateurs.

Dans le cas de dynamos pour éclairage, les moteurs à vapeur, qu'il s'agisse de dynamos à commande directe ou à commande par courroie, doivent être choisis de façon à donner une faible consommation de vapeur à pleine charge.

Les machines peuvent, en effet, être mises en service au fur et à mesure des besoins et par suite fonctionner presque toujours dans les meilleures conditions d'utilisation.

Dans ce cas, tous les types de machines peuvent être employés, machines à plusieurs expansions comme machines monocylindriques, à condition de donner à celles-ci un coefficient d'irrégularité assez faible pour n'obtenir aucune variation du voltage aux bornes.

Pour un service de traction, les conditions à remplir sont un peu différentes ; les moteurs doivent pouvoir subir des variations de charge assez considérables, tout en conservant une consommation moyenne assez faible.

Dans ce cas, les moteurs à une seule expansion, peuvent être préférés aux moteurs à expansion multiple.

Une raison, qui milite du reste encore en faveur des moteurs monocylindriques, est la promptitude d'action du régulateur en cas de variation brusque, variation qui rend le problème qui nous occupe analogue à celui de la commande des alternateurs.

Un point différent toutefois est l'isochronisme du régulateur.

Dans le cas actuel, la variation de vitesse avec la charge doit être aussi faible que possible.

Les conditions d'irrégularité imposées aux moteurs à vapeur employés pour la commande des dynamos à courant continu de tous genres exigent l'emploi de volants spéciaux généralement d'un poids assez élevé.

Classification des dynamos à courant continu. — Nous emploierons pour la classification des dynamos à courant continu une règle analogue à celle que nous avons adoptée pour les alternateurs.

Nous distinguerons d'abord les dynamos suivant la nature des métaux composant le circuit magnétique inducteur. Nous irons même plus loin que pour les alternateurs, car nous ferons entrer en ligne de compte la nature de la carcasse inductrice que nous avons pu laisser de côté avec les alternateurs, et qui prend une importance plus grande avec les dynamos à courant continu par suite des saturations plus élevées employées dans la fonte à cause du rôle presque uniquement magnétique de la carcasse.

Nous diviserons les dynamos en trois grandes classes :

1° Les dynamos à circuit magnétique inducteur en acier;

2° Les dynamos à circuit magnétique inducteur en fonte et acier (ou tôles ou fer forgé).

3° Les dynamos à circuit magnétique inducteur en fonte.

La première classe de dynamos à courant continu, de beaucoup la plus importante, sera subdivisée en deux parties, suivant la nature de l'induit, induit denté et induit lisse.

Pour les deux autres classes, cette subdivision est inutile ici, puisque, comme nous l'avons dit plus haut, les machines à induit lisse sont généralement à circuit magnétique inducteur en acier, du moins pour les puissances de l'ordre de celles des machines que nous décrirons ici.

Tableaux. — Comme pour les alternateurs nous donnerons, pour chaque classe de machines, un tableau résumant les principales constantes et les principales données des diverses dynamos à courant continu que nous décrirons.

CHAPITRE II

DYNAMOS A INDUCTEURS EN ACIER

<table><tr><td>II KAPITEL
GLEICHSTROMMASCHINEN MIT STAHLMAGNETEN</td><td>CHAPTER II
DIRECT CURRENT GENERATORS WITH STEEL FIELDS</td></tr></table>

Constitution des inducteurs. — La classe des dynamos à circuit magnétique inducteur en acier réunissait la plus grande partie des dynamos exposées.

Les diverses dynamos sont de deux types bien distincts, suivant le procédé adopté pour la constitution de l'inducteur.

Dans le premier type, la carcasse inductrice et les pôles inducteurs sont coulés d'une seule partie ; les épanouissements polaires sont alors rapportés ou fixés à l'aide de vis de façon à permettre le bobinage mécanique de l'enroulement inducteur.

Pour le second type, la carcasse inductrice est fondue seule et les noyaux inducteurs et épanouissements, venus de fonte, sont fixés contre cette carcasse sur une partie tournée ou dressée de façon à obtenir un joint magnétique très peu résistant.

Ces deux dispositifs d'inducteurs ont chacun leurs avantages et leurs inconvénients.

Le premier est moins mécanique, car il rend le démontage d'une bobine inductrice plus long que le second. Mais d'un autre côté, au point de vue de l'homogénéité du métal, le premier donne plus de satisfaction, puisque toutes les parties magnétiques sont fondues ensemble.

D'autre part, l'usinage des pièces est plus commode avec le premier procédé qu'avec le second.

En réalité, il est difficile de dire quel est le dispositif qui est le plus en faveur, les deux types étant construits chacun par des maisons de premier ordre.

Le premier dispositif est toutefois forcément adopté, lorsqu'on emploie des épanouissements d'une nature différente de celle du métal de la carcasse, ainsi que c'est le cas pour quelques constructeurs.

Classification des dynamos à inducteurs en acier. — Nous avons déjà dit que cette classe de machines serait divisée en deux sous-classes, suivant la nature de l'induit.

Nous distinguerons donc tout d'abord ces machines par la nature de leur induit en :

Machines à induits dentés ;

Machines à induits lisses.

Les machines à induits dentés seront ensuite groupées suivant la nature des perforations; rainures, encoches rectangulaires plus ou moins ouvertes et encoches circulaires.

Les dynamos à induits lisses se partageront en deux sections, suivant que l'induit est extérieur ou intérieur à l'inducteur. Cette dernière section ne contient du reste qu'un seul type, celui bien connu de MM. Siemens et Halske, dont la Société Alsacienne de Constructions Mécaniques avait exposé un exemplaire.

Description des dynamos à inducteurs en acier. — Les dynamos que nous décrirons dans ce qui va suivre sortent des principales maisons suivantes :

Société Alsacienne de Constructions Mécaniques ;

Maison Bréguet ;

Ateliers du Creusot ;

Daydé et Pillet ;

Société nouvelle des Établissements Decauville ;

Fig. 400

Groupe électrogène de 1530 KW. de MM. Siemens frères, de Londres, et de MM. Willans et Robinson, de Rugby.

1530 KW. Stromerzeuger von Gebr. Siemens in London und von Willans und Robinson in Rugby.

1530 KW. Siemens Brothers-Willans and Robinson of Rugby generating Unit.

Société l'Éclairage Électrique;
Ateliers Farcot;
Société des Hauts Fourneaux, de Maubeuge;
Sautter Harlé et Cie;
Compagnie Internationale d'Électricité, de Liège;
Ganz et Cie;
Mather et Platt, de Manchester;
Ateliers d'Oerlikon;
Schuckert et Cie;
Scott et Montain, de Newcastle;
Siemens frères, de Londres;
W. Smit et Cie, de Slikkerveer.

A. — DYNAMOS A INDUIT DENTÉ

A. — GLEICHSTROMMASCHINEN MIT ZAHNANKER

A. — DIRECT CURRENT GENERATORS WITH SLOTTHED ARMATURE.

I. — DYNAMOS A INDUIT A RAINURES RECTANGULAIRES

I. — GLEICHSTROMMASCHINEN MIT RECHTECKIGEN NUTEN IM ANKER.

I. — DIRECT CURRENT GENERATORS WITH RECTANGULAR SLOTS IN ARMATURE.

Cette classe réunissait la presque totalité des machines que nous venons d'indiquer.

GROUPE ÉLECTROGÈNE DE 1 530 KILOWATTS DE MM. SIEMENS FRÈRES, DE LONDRES, ET DE MM. WILLANS ET ROBINSON, DE RUGBY.

1 530 KW. STROMERZEUGER VON GEBR. SIEMENS IN LONDON UND WILLANS UND ROBINSON IN RUGBY.

1530 KW. SIEMENS BROTHERS AND C°. — WILLANS AND ROBINSON GENERATING UNIT.

MM. Siemens frères, de Londres, et MM. Willans et Robinson, de Rugby, avaient exposé en commun le groupe

Dynamo. — La dynamo de MM. Siemens frères a une puissance normale de 1 530 kilowatts, sous 550 volts, le débit est de 2 780 ampères ; elle peut, sans inconvénient ni échauffement exagéré, être surchargée de 20 p. 100 pendant quelque temps.

Cette machine est d'un type normal de MM. Siemens frères ; grâce à sa vitesse de 200 tours par minute, assez rarement employée pour des machines à vapeur d'une puissance de 2 400 chevaux, cette dynamo a des dimensions et un poids assez faibles.

La dynamo de MM. Siemens frères, de Londres, est représentée sur les figures 401 et 402 qui sont des vues de face et de bout ; la figure 403 représente une coupe par l'axe de l'induit et de l'inducteur.

Inducteurs. — Les inducteurs, carcasse et noyaux, sont en acier coulé. La carcasse inductrice est divisée en deux parties assemblées suivant un diamètre horizontal ; la partie inférieure porte des pattes par lesquelles la partie fixe de la dynamo repose sur son bâti.

La carcasse inductrice a une section rectangulaire ; avec les rebords, son plus grand diamètre est de 4,20 m et sa largeur totale, de 73 cm.

Les noyaux, au nombre de 16, sont venus de fonte avec la carcasse ; ils ont une section rectangulaire et leurs pièces polaires en fer forgé y sont fixées à l'aide de vis. Ces dernières ont leurs côtés parallèles à l'axe légèrement cintrés, de façon à donner au flux pénétrant dans l'induit une répartition sensiblement sinusoïdale le long de l'entrefer. La largeur des pièces polaires, parallèlement à l'axe, est de 53,5 cm et leur largeur maxima, dans le sens perpendiculaire, de 43 cm.

Le diamètre d'alésage des inducteurs est de 2,775 m et l'entrefer, de 16 mm environ.

Les bobines inductrices sont enroulées sur des carcasses

isolantes avec joues en bronze ; elles sont faites avec un fil

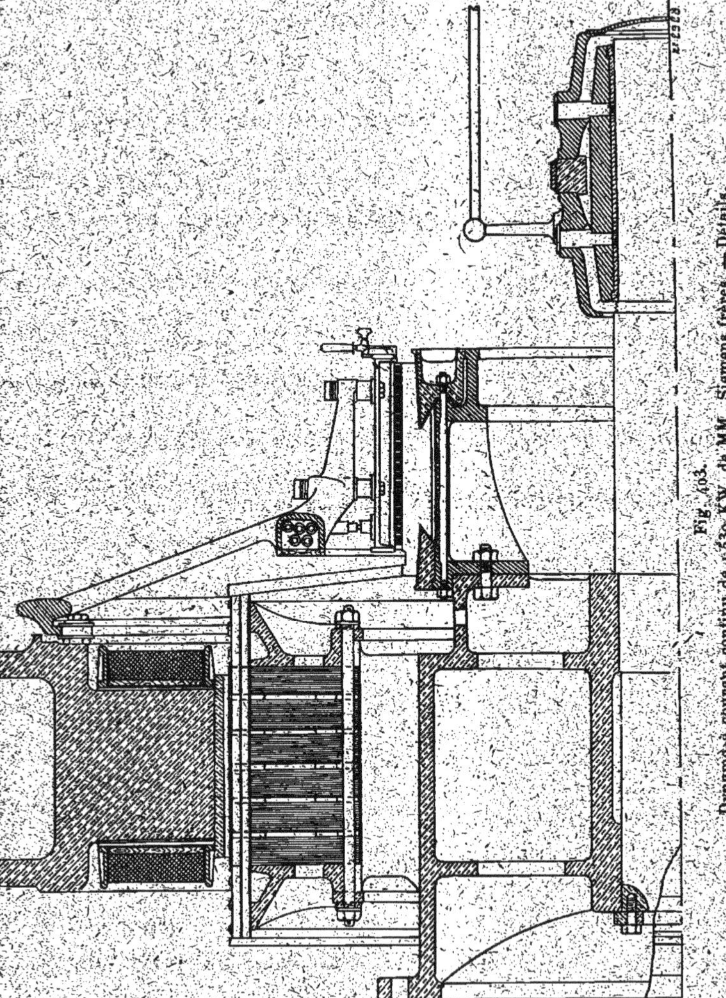

Fig. 403.
Dynamo à courant continu de 1 530 KW. de MM. Siemens frères. — Détails.
1 530 KW. Gleichstrommaschine von Gebr. Siemens. — Details.
1 530 KW. Siemens Brothers continuous current Dynamo. — Details.

de 5,1 mm de diamètre et comportent chacune 600 spires

Toutes les bobines sont disposées en série et le circuit ainsi formé a une résistance de 14,9 ohms à froid et de 17,1 ohms à chaud.

Le poids de cuivre de l'inducteur est de 3200 kg, soit 200 kg par bobine.

Le poids de la partie fixe, comprenant : un seul palier, le bâti et les inducteurs, est de 31 000 kg environ.

Induit. — La carcasse de l'induit est portée par un tambour en acier que des disques intérieurs, venus de fonte avec lui, réunissent à un moyeu claveté sur l'arbre. Cette carcasse est formée par deux anneaux d'acier soutenus d'endroit en endroit par des bras venus de fonte avec le support et portant des projections destinées à maintenir les enroulements. De nombreuses ouvertures sont ménagées pour la ventilation.

Les tôles induites sont serrées entre ces deux disques par des boulons; elles sont partagées en six paquets laissant entre eux des espaces pour la ventilation.

La largeur totale de l'induit, y compris ces intervalles vides, est de 58,5 cm; la hauteur radiale des tôles induites atteint 40 cm. Le diamètre extérieur de l'induit est de 2,743 m, ce qui correspond à une vitesse tangentielle de 28,7 m par seconde.

L'induit est denté et comporte 308 rainures recevant chacune quatre barres isolées avec une matière spéciale conservant ses propriétés mécaniques et électriques à la température assez élevée que la dynamo peut atteindre dans la marche en pleine charge ou en surcharge.

L'enroulement est en tambour multipolaire en quantité; les extrémités des barres sont réunies par des barres en forme de V qui assurent à l'induit une bonne rigidité.

Les dimensions des conducteurs sont de 24 mm sur 5,5 mm, leur section est par suite de 132 mm²; ils sont répartis en 616 sections, soit 77 par paire de pôles.

Le collecteur est disposé sur un cylindre en fonte boulonné sur le tambour supportant l'induit. Les lames sont serrées à la surface de ce tambour, à l'aide de boulons, par un anneau en fer et 22 segments, s'embéquetant sur un rebord ménagé sur le tambour, de façon à rendre le démontage du collecteur particulièrement facile.

Le collecteur comporte 616 lames isolées au mica ; son diamètre est de 1,677 m et sa largeur utile, d'environ 55 cm.

Les balais sont en charbon ; il y a 16 rangées de 19 balais portées chacune par un support fixé à un anneau de fonte réuni par des bras à un second anneau pouvant tourner autour de la carcasse inductrice ; une vis, s'engageant dans un écrou fixé sur la carcasse porte-balais, permet de déplacer celle-ci d'un angle convenable.

Les porte-balais sont en aluminium et les charbons sont appuyés sur le collecteur par des ressorts en acier ; des conducteurs souples servent à transmettre le courant.

Chaque ligne de balais peut être relevée séparément pour le remplacement de ceux-ci pendant l'arrêt.

La résistance de l'induit entre balais est de 0,000945 ohm à froid et de 0,001115 ohm à chaud.

Le courant de chaque ligne de balais est amené aux bornes par un conducteur spécial logé dans l'anneau servant de support, qui est creux.

Le poids de l'induit complet est de 29 000 kg.

Le palier unique disposé en avant du collecteur est monté sur rails.

Tableau de distribution. — Le tableau de distribution (fig. 404) réunissant la machine de MM. Siemens frères au tableau général à courant continu de l'Exposition est constitué par quatre panneaux en marbre supportés par un cadre en fer.

Le panneau de droite porte un interrupteur bipolaire de 3 500 ampères et un interrupteur de champ ; ces deux interrupteurs sont disposés de telle façon que le premier ne puisse être fermé avant le second, ni ce dernier ouvert avant le premier.

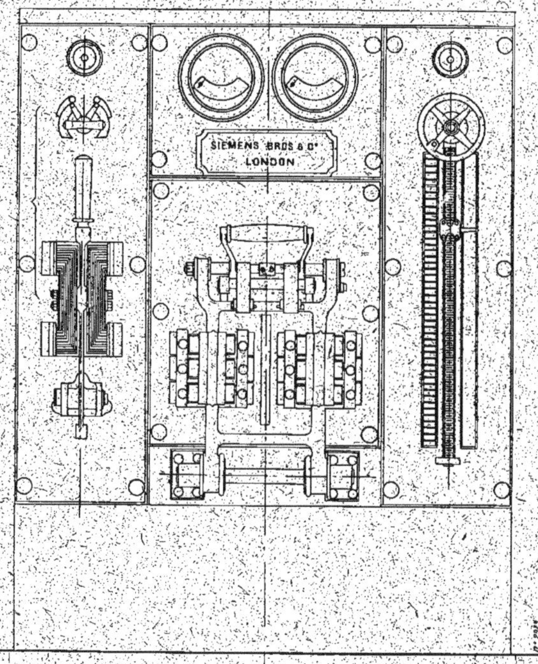

Fig. 404.
Tableau de distribution de la dynamo de MM. Siemens frères.
Schalttafel der Gleichstrommaschine von Gebr. Siemens.
Switchboard of Siemens Brothers dynamo.

Le panneau de droite est réservé à la manœuvre du rhéostat de champ, laquelle se fait à l'aide d'un volant commandant une vis tangente qui fait déplacer un écrou mobile sur les touches du rhéostat.

Au milieu du tableau, sur un troisième panneau, est disposé un interrupteur automatique à minima. Le quatrième panneau, enfin, placé au-dessus du précédent, porte l'ampèremètre de 3 850 ampères et le voltmètre de 600 volts.

L'interrupteur automatique a été étudié spécialement pour la forte intensité de courant qu'il doit supporter. Le courant arrive à un contact fixe formé de lames de cuivre arrangées de façon à ce que la pression du contact puisse être réglée ; ce courant passe ensuite, à travers un levier en forme d'U, à un second contact, identique au premier, placé de l'autre côté de l'appareil. Le levier en U est isolé et articulé ; il abandonne le contact dès que le courant atteint le minimum prévu, comme dans tous les appareils du même genre, c'est-à-dire lorsque l'attraction de l'armature par un électro-aimant est contrebalancée par l'effet d'un ressort.

Le levier en U est muni d'une poignée spéciale permettant de le replacer facilement sur ses contacts, en dépit de la largeur de ceux-ci et des frottements à vaincre. A cet effet, la partie supérieure de la partie mobile agit, pendant la dernière partie de la course, sur un levier assez puissant qui la presse suffisamment sur les contacts pour engager l'appareil à fond.

Moteur à vapeur. — Le moteur à vapeur vertical est du type bien connu de MM. Willans et Robinson, à simple effet et à triple expansion ; il comprend trois rangées de trois cylindres superposés dont les diamètres et les courses communes des pistons sont les suivantes :

Diamètre des cylindres à haute pression . . .	48	cm
Diamètre des cylindres à moyenne pression . . .	77	»
Diamètre des cylindres à basse pression . . .	124,5	»
Course commune des pistons	70	»

La vitesse angulaire normale est de 200 tours par minute et la pression de 10 kg : cm^2. A cette vitesse et à cette pression, la puissance normale du moteur est de 2 400 chevaux indiqués ; elle peut être portée sans danger à 3 000 chevaux indiqués.

La distribution de la vapeur se fait par les tiges des pistons qui sont creuses et à l'intérieur desquelles coulissent des tiroirs cylindriques commandés par les excentriques fixés sur les manivelles.

Le régulateur agit directement sur une lanterne équilibrée placée dans la conduite d'arrivée de vapeur.

Le moteur ne comporte aucun volant spécial en dehors de l'induit de la dynamo.

DYNAMOS A COURANT CONTINU DE LA COMPAGNIE DE FIVES-LILLE

GLEICHSTROMMASCHINEN DER Cie DE FIVES-LILLE — DIRECT CURRENT GENERATORS OF Cie THE DE FIVES-LILLE

La Compagnie de Fives-Lille présentait comme machines à courant continu plusieurs types de l'Allgemeine Elektricitäts Gesellschaft, dont nous décrirons ici les deux principaux :

Dynamo pour traction de 220 kilowatts. — La dynamo pour traction exposée par la Compagnie de Fives-Lille a une puissance de 220 kilowatts sous une tension variant de 500 à 550 volts.

Le débit pour cette dernière tension est de 400 ampères.

La vitesse angulaire est de 235 tours par minute et le nombre de pôles inducteurs de 8.

Cette dynamo est représentée sur la photographie de la figure 405 et sur les figures 406 et 407, qui sont des vues d'ensemble avec coupes partielles. Les figures 408 et 409 montrent des coupes et vues d'une partie de l'induit et de l'inducteur.

Inducteurs. — La carcasse inductrice est constituée par une couronne en acier coulée en deux parties et portant deux

Fig. 405.
Dynamo à courant continu de 220 KW. de la Compagnie de Fives-Lille.
220 KW. Gleichstromdynamo der Cie de Fives-Lille.
220 KW. Fives-Lille continuous current Dynamo.

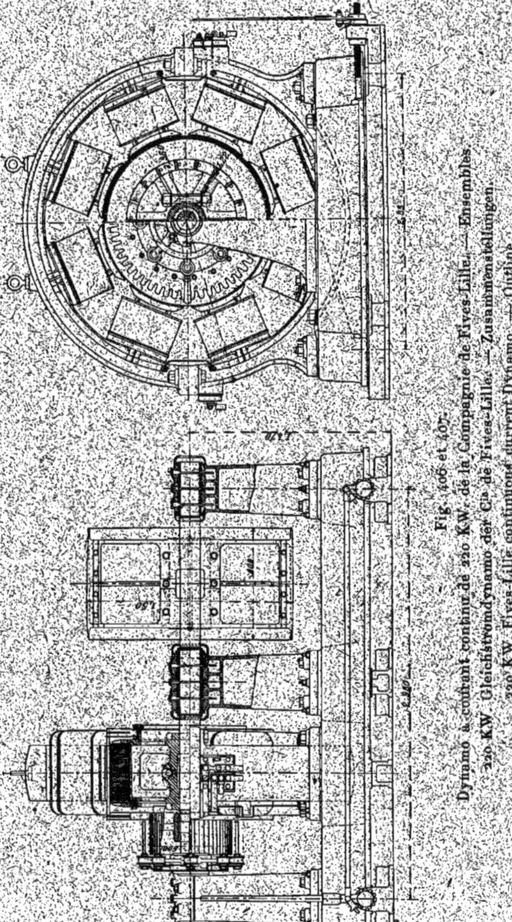

Fig. 406 et 407.
Dynamo à courant continu de 220 KW. de la Compagnie de Fives-Lille. — Ensembles.
220 KW. Gleichstromdynamo der Cie de Fives-Lille. — Zusammenstellungen.
220 KW. Fives-Lille continuous durrent Dynamo. — Outline.

pattes qui servent à la fixer sur le bâti. Les paliers à bagues, avec coussinets en bronze, sont rapportés sur ce dernier.

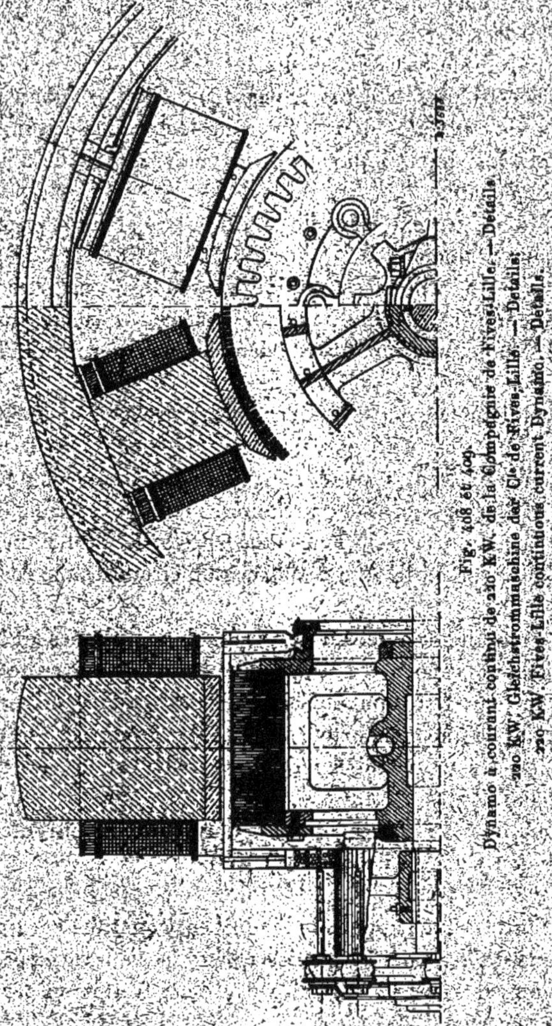

Fig. 408 et 409.
Dynamo à courant continu de 220 KW. de la Compagnie de Fives-Lille. — Détails.
220 KW. Gleichstrommaschine der Cie de Fives-Lille. — Details.
220 KW. Fives-Lille continuous current Dynamo. — Details.

La couronne inductrice porte les noyaux polaires, à section rectangulaire, venus de fonte avec elle ; les épanouissements polaires, en acier coulé également, sont rapportés et fixés à l'aide de vis.

L'ensemble est disposé sur des rails tendeurs et peut être déplacé le long de ceux-ci, par deux cliquets commandant deux vis tangentes dont les écrous sont venus de fonte avec le bâti. Les deux cliquets sont manœuvrés à l'aide d'un seul levier à main.

Le diamètre extérieur de la carcasse est de 2,40 m et sa largeur de 40 cm.

Les noyaux polaires ont une section de 40 cm × 28 cm ou 1 120 cm² ; les épanouissements polaires, de même longueur que le pôle, ont une largeur dans le sens perpendiculaire à l'axe de 43 cm.

Le diamètre d'alésage des inducteurs est de 1,234 m et l'entrefer, de 7 mm.

L'enroulement inducteur est compound. L'enroulement en dérivation se compose de 8 bobines de fil de 2,4 mm de diamètre comportant chacune 2 100 spires. Les 8 bobines sont groupées en série et la résistance du circuit est de 105 ohms à chaud.

Le circuit série est formé par 8 bobines placées à côté des précédentes et constituées par une bande de cuivre de 35 mm de largeur et 6 mm d'épaisseur, ou 210 mm² de section. Chaque bobine comporte 6 spires et les 8 bobines sont montées en série. La résistance de ce circuit est de 0,00765 ohm à chaud.

Le poids de cuivre utilisé pour les deux enroulements inducteurs est de 1 200 kg.

Induit. — Le support de l'induit est constitué par un croisillon en fonte en deux parties assemblées au moyeu par deux boulons et serrées sur l'arbre par deux frettes en fer forgé posées à chaud.

Les tôles induites sont empilées sur les bras du support entre une couronne dentée, venue de fonte avec ce dernier, et une couronne rapportée, également dentée, fixée au support par des vis.

L'entraînement des tôles est obtenu par 3 clavettes à 120°.

Le diamètre extérieur de l'induit est de 1,22 m et la largeur des tôles, disposées en un seul anneau, de 42 cm. La hauteur radiale du noyau d'induit est de 17 cm.

La surface de l'induit porte 294 rainures, de 22 mm de hauteur radiale et de 6,5 mm de largeur, contenant chacune une barre de 17 mm de largeur et 3 mm d'épaisseur.

Ces barres sont réunies entre elles et aux lames des collecteurs par des développantes en V dont la partie inférieure est terminée en queue d'aronde et est serrée entre le support de l'induit et un anneau en fer fixé au croisillon par des vis.

Les 294 barres constituent un enroulement en tambour série formé de 147 sections d'une seule spire chacune.

Ces sections aboutissent aux 147 lames d'un collecteur monté sur un croisillon en fonte, claveté sur l'arbre, et sur lequel les lames sont serrées par un anneau de fer fixé par des vis.

Le diamètre du collecteur est de 60 cm et sa largeur, de 30 cm.

Les axes des porte-balais sont fixés sur un support en fonte pouvant tourner à l'aide d'une poignée à main sur un anneau venu de fonte avec l'un des paliers.

Les huit lignes de balais comportent chacune 10 balais en charbon.

La résistance de l'induit entre balais est de 0,0283 ohm à chaud, et le poids du cuivre de l'enroulement induit de 167 kg.

Le poids de la machine toute montée est de 20 000 kg.

Résultats d'essais. — L'intensité du courant d'excitation pour obtenir la tension normale de 500 volts à vide est de 4,7 ampères.

Le rendement de la dynamo de 220 kilowatts de la Compagnie de Fives-Lille est de 90 p. 100.

Dynamo de 100 kilowatts pour traction. — La dynamo de 100 kilowatts de la Compagnie de Fives-Lille est d'un type analogue au précédent.

La puissance de 100 kilowatts est utilisable sous une tension de 500 volts ; le débit est par suite de 200 ampères.

La vitesse angulaire est de 340 tours par minute et le nombre de pôles inducteurs de 8.

Cette dynamo est représentée sur la photographie de la figure 410 et sur les figures 411 a 413, qui sont des vues d'ensemble en élévation, de face et en plan.

Inducteurs. — La carcasse inductrice, en acier coulé, est en deux parties et repose sur un bâti à 3 paliers ; son diamètre extérieur est de 1,60 m et sa largeur, de 20 cm.

Les noyaux polaires, venus de fonte avec la carcasse, ont une section rectangulaire de 20 cm de longueur et 19 cm de largeur.

Les épanouissements polaires rapportés ont une longueur de 20 cm et une largeur de 27,5 cm.

Le diamètre d'alésage est de 83 cm et l'entrefer de 10 mm.

L'enroulement inducteur est compound. Le circuit shunt comporte 8 bobines à fil fin de 2 240 spires chacune. Le diamètre du fil est de 1,7 mm.

Les 8 bobines sont montées en série et la résistance du circuit formé est de 135 ohms à chaud.

Les 8 bobines de l'enroulement série sont également disposées en série ; chacune comprend 3 spires formées d'une bande de cuivre de 70 mm² de section.

La résistance de l'enroulement série est de 0,0012 ohm a chaud.

Le poids du cuivre inducteur est de 425 kg pour les deux enroulements réunis.

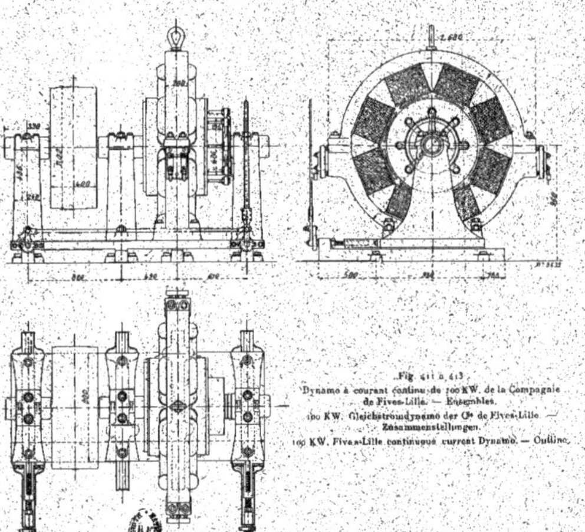

Fig. 411 à 413.
Dynamo à courant continu de 100 KW. de la Compagnie de Fives-Lille. — Ensembles.
100 KW. Gleichstromdynamo der Cie de Fives-Lille — Zusammenstellungen.
100 KW. Fives-Lille continuous current Dynamo. — Outline.

p. 508

Induit. — L'induit a une constitution analogue à celui de la machine de 220 kilowatts que nous venons de décrire.

Son diamètre extérieur est de 81 cm et la hauteur radiale des tôles de 16,5 cm. La largeur du noyau est de 20,5 cm.

Fig. 410.
Dynamo à courant continu de 100 KW. de la Compagnie de Fives-Lille.
100 KW. Gleichstromdynamo der Cie de Fives-Lille.
100 KW. Fives-Lille continuous current Dynamo.

L'enroulement, en tambour multipolaire série, est réparti dans 239 rainures de 20 mm de hauteur radiale et de 6 mm de largeur. Chaque rainure comporte deux barres de 5,5 mm de largeur et 4 mm de hauteur, et l'ensemble est connecté par des développantes en V de façon à constituer 239 sections d'une seule spire de deux conducteurs chacune et aboutissant aux 239 lames du collecteur.

Le diamètre du collecteur est de 47,5 cm et sa largeur, de 13,5 cm ; le support des porte-balais, d'un modèle identique à celui de la précédente machine, porte 8 axes munis chacun de 5 balais en charbon.

La résistance de l'induit entre balais est de 0,065 ohm à chaud et le poids de cuivre de l'enroulement de, 60 kg.

Le poids de la dynamo toute montée est de 5 200 kg.

Résultats d'essais. — L'intensité du courant d'excitation correspondant à la marche à vide est de 2,4 ampères.

GROUPE ÉLECTROGÈNE DE 132 KILOWATTS DE MM. SAUTTER, HARLÉ ET Cie

132 KW. DAMPFDYNAMO VON SAUTTER, HARLÉ UND C[o] IN PARIS

132 KW. SAUTTER, HARLÉ AND C[o] GENERATING SET

MM. Sautter, Harlé et Cie, qui se sont fait une spécialité des applications de l'électricité à la marine, avaient exposé un certain nombre de groupes à courant continu destinés à l'éclairage des navires.

Ces groupes, au nombre de 5, ont une forme très compacte ; la photographie de la figure 414 représente le plus puissant, celui de 132 kilowatts. C'est celui-ci que nous décrirons plus spécialement.

Les figures 415 et 416 montrent des vues d'ensemble de ce groupe.

Dynamo. — La dynamo de MM. Sautter, Harlé et Cie du groupe type marine a une puissance de 132 kilowatts. La tension aux bornes est de 120 volts et le débit de 1 100 ampères. Ce débit peut être porté pendant quelques instants à 1 500 ampères sans étincelles ni chute de tension exagérées.

La vitesse de la dynamo est de 275 tours par minute et le nombre de pôles, de 4.

Fig. 414.
Groupe électrogène de 132 KW. de MM. Sautter, Harlé et Cie.
132 KW. Dampfdynamo von Sautter, Harlé und Co.
132 KW. Sautter, Harlé and Co Set.

p. 530

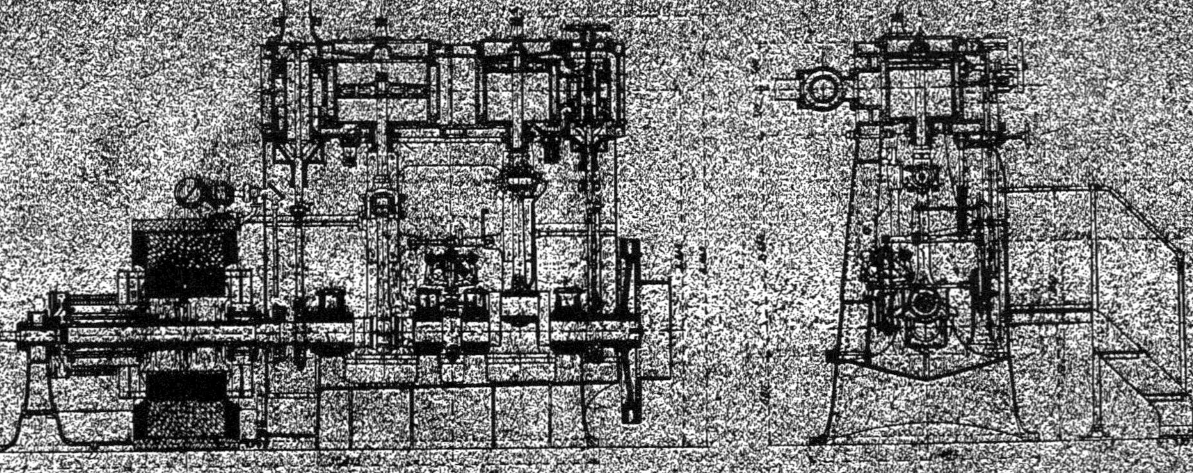

Fig. 415 et 416.
Groupe électrogène de 175 kW. de MM. Sautter, Harlé et Cie. — Ensembles.
175 kW. Dampfdynamo von Sautter, Harlé et Cie. — Zusammenstellungen.
175 kW. Sautter, Harlé and Co Set. — Outlines.

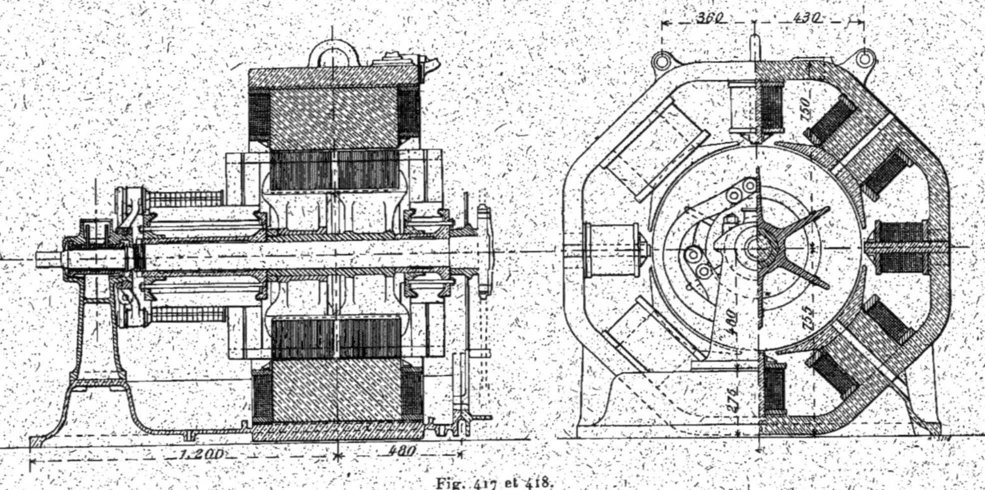

Fig. 417 et 418.

Dynamo à courant continu de 132 KW. de MM. Sautter, Harlé et Cie. — Ensembles.

132 KW. Gleichstrommaschine von Sautter, Harlé und Co. — Zusammenstellungen.

132 KW. Sautter, Harlé and Co continuous current Dynamo. — Outline.

La principale particularité de cette dynamo, étudiée spécialement pour pouvoir supporter de grandes variations de charge sans décalage des balais et sans variations sensibles de tension, est l'emploi de petits pôles supplémentaires pour faciliter la commutation.

La dynamo de 132 kilowatts de MM. Sautter, Harlé et Cie est représentée sur les figures 417 et 418 qui sont des coupes par l'axe et perpendiculaire à l'axe avec vue partielle.

Inducteurs. — La carcasse inductrice, de forme octogonale, en acier coulé, est en deux parties dont l'une, la partie inférieure est venue de fonte avec le bâti sur lequel est rapporté le palier unique, en fonte, avec graissage à bagues.

Les noyaux polaires proprement dits ont une section rectangulaire et sont venus de fonte avec la carcasse. Les épanouissements polaires et les noyaux des petits pôles supplémentaires sont également en acier coulé, mais rapportés et fixés à l'aide de vis.

Les noyaux polaires principaux et leurs épanouissements polaires présentent des fentes radiales destinées à amoindrir la réaction d'induit.

La hauteur de la carcasse est de 1,50 m, et le diamètre d'alésage des inducteurs, de 83,5 cm. L'entrefer est de 7,5 mm.

La largeur des pièces polaires parallèlement à l'axe est de 50 cm et leur développement le long de la périphérie de l'induit, de 52 cm environ y compris les fentes radiales d'une largeur de 3 cm.

L'enroulement inducteur est compound. Chacun des quatre pôles principaux reçoit une bobine enroulée sur une carcasse en carton et comportant 1 400 spires de fil de 2,3 mm de diamètre. L'enroulement série est formé de deux spires de ruban de cuivre, de 880 mm^2 de section, par bobine.

Les quatre bobines à fil fin sont réunies en série et

la résistance du circuit inducteur est de 36 ohms à chaud.

Les petits pôles portent un enroulement en série avec le circuit de compoundage.

Induit. — L'induit est supporté par un croisillon en bronze sur les bras duquel les tôles induites sont empilées.

Ce croisillon est en deux parties dont l'une est serrée sur l'autre par un écrou vissé sur le moyeu de cette dernière partie.

Les tôles induites sont partagées en deux noyaux séparés par un intervalle de 3 cm ménagé pour assurer une bonne ventilation de l'induit.

Le diamètre extérieur de l'induit est de 82 cm et sa largeur totale, de 50 cm.

La surface de l'induit est munie de 114 rainures dans lesquelles est réparti l'enroulement induit en tambour multipolaire avec groupement en série.

Chaque rainure porte une barre de 36 mm de largeur et 8,4 mm d'épaisseur et les 114 barres sont connectées entre elles et aux barres du collecteur par des développantes de cercle de façon à former 57 sections d'une seule spire chacune.

Les extrémités des développantes, du côté opposé au collecteur, sont soudées aux lames d'un faux collecteur claveté sur l'arbre. Ce collecteur est formé d'un manchon en acier avec rebord et d'un anneau serrant les lames à l'aide de boulons.

Le collecteur proprement dit a une constitution analogue à celle du faux collecteur, il est serré sur l'arbre contre le support d'induit par un écrou. Son diamètre est de 40 cm et sa largeur utile de 30 cm.

Les axes des porte-balais sont fixés sur un support pouvant tourner autour d'un anneau venu de fonte avec le palier.

Les 4 lignes de balais sont munies chacune de 13 balais en charbon.

La résistance de l'induit entre balais est de 0,0025 ohm.

Résultats d'essais. — L'intensité du courant d'excitation pour la marche à vide à 120 volts est de 3,3 ampères.

En charge normale le rendement mesuré a été trouvé de 92 p. 100.

Moteur à vapeur. — Le moteur à vapeur de MM. Sautter, Harlé et Cie est du type vertical compound avec deux cylindres jumelés.

Les dimensions des cylindres et la longueur de la course des pistons sont les suivantes :

Diamètre du cylindre à haute pression	40 cm
Diamètre du cylindre à basse pression	57 »
Course commune des pistons	33 »

La vitesse normale est de 275 tours par minute et la pression de la vapeur d'admission, de 10 kg : cm². La puissance normale est de 220 chevaux indiqués ; en cas d'à-coup la puissance du moteur peut être portée à 300 chevaux.

La distribution de la vapeur se fait par tiroirs cylindriques commandés par des excentriques à calage invariable calés sur l'arbre principal.

L'admission dans le petit cylindre est contrôlée par un régulateur agissant directement sur une valve placée dans la conduite d'amenée de vapeur.

Outre l'induit de la dynamo, le moteur possède un petit volant spécial. Ce volant a un diamètre de 1,2 m et une largeur de 12 cm.

GROUPES A COURANT CONTINU DE LA COMPAGNIE INTERNATIONALE D'ÉLECTRICITÉ DE LIÈGE ET DE MM. VAN DEN KERCHOVE ET Cie

DAMPFDYNAMOS DER Cie INTERNATIONALE D'ÉLECTRICITÉ (LÜTTICH) UND VON VAN DEN KERCHOVE UND Co (GENT)

STEAMDYNAMOS OF THE Cie INTERNATIONALE D'ÉLECTRICITÉ (LIÈGE) AND OF VAN DEN KERCHOVE AND Co (GHENT)

La Compagnie Internationale d'Électricité de Liège et MM. Van den Kerchove et Cie, de Gand, avaient exposé deux ensembles électrogènes à courant continu à grande vitesse.

Ces groupes formés de moteurs Willans-Robinson, construits par M. Van den Kerchove, et accouplés à des dynamos de la Compagnie Internationale d'Électricité, ont des puissances respectives de 135 kilowatts et de 45 kilowatts.

Il sont montrés sur la photographie de la figure 419.

Nous nous contenterons de décrire en détail le plus puissant de ces deux groupes.

Groupe de 135 kilowatts. — Ce groupe est représenté sur les figures 420 et 421.

Dynamo. — La dynamo à courant continu de la Compagnie Internationale d'Électricité de Liège, accouplée au moteur Willans, a une puissance de 135 kilowatts, sous une tension aux bornes de 500 volts. Le débit est par suite de 270 ampères.

La vitesse angulaire est de 460 tours par minute et le nombre de pôles, de 6.

Cette dynamo est un type de la série normale de la Compagnie Internationale, elle est représentée sur les figures 422 et 423 qui sont des vues d'ensemble avec coupes partielles. La figure 424 est une coupe par l'axe à plus grande échelle d'une partie de l'induit et de l'inducteur.

Inducteurs. — La carcasse inductrice, en acier, est coulée en une seule pièce qui porte deux pattes par lesquelles la partie fixe de la dynamo repose sur son bâti, commun avec celui du moteur à vapeur. Les paliers sont rapportés sur le bâti.

Cette carcasse est formée par une couronne portant, venus de fonte, les pôles inducteurs et deux protecteurs, ajourés pour faciliter la ventilation.

Le diamètre extérieur maximum de la carcasse est de 1,55 m et sa largeur totale, y compris celle des protecteurs,

Fig. 419.

Groupes électrogènes à courant continu de la Compagnie Internationale d'Électricité de Liège et de MM. Van den Kerchove et Cie, de Gand.

Dampfdynamos der Cie Internationale d'Électricité in Lüttich und von Van den Kerchove und Cie in Gent.

Steamdynamos of the Cie Internationale d'Électricité of Liège and of Van den Kerchove and Cie of Ghent.

p. 536.

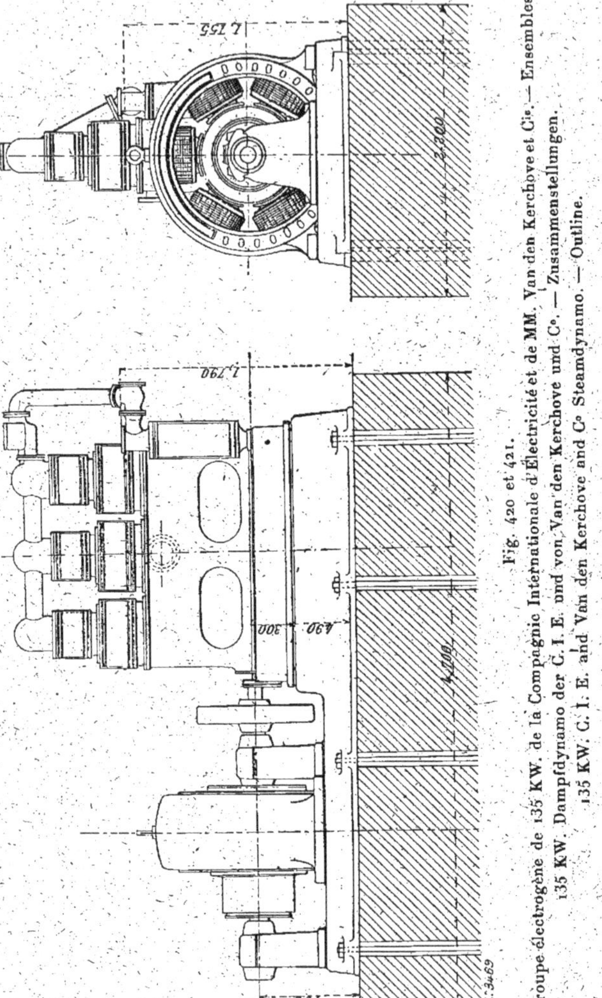

Fig. 420 et 421.
Groupe électrogène de 135 KW. de la Compagnie Internationale d'Électricité et de MM. Van den Kerchove et Cie. — Ensembles.
135 KW. Dampfdynamo der C. I. E. und von Van den Kerchove und Co. — Zusammenstellungen.
135 KW. C. I. E. and Van den Kerchove and Co Steamdynamo. — Outline.

de 59 cm. Le diamètre intérieur est de 1,35 m et la largeur intérieure, de 30 cm.

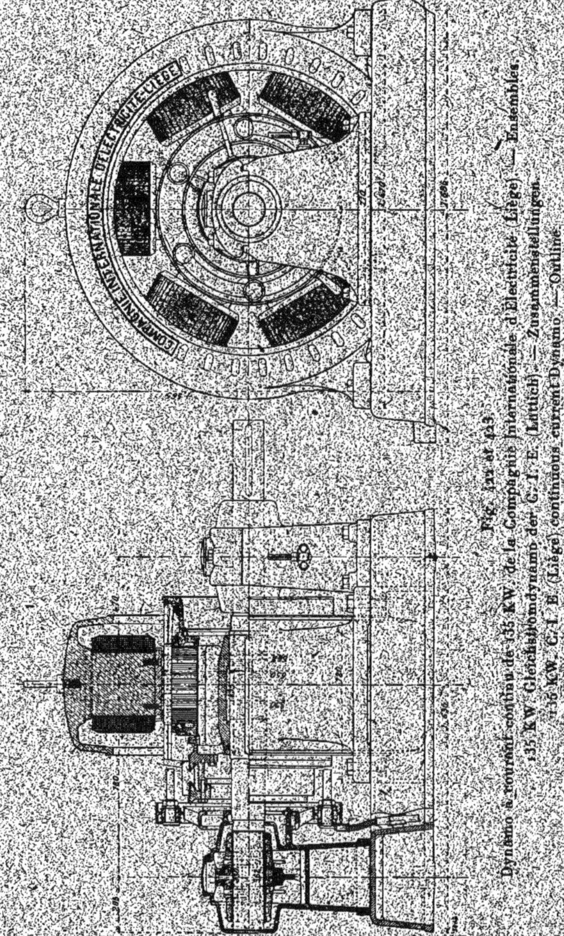

Fig. 422 et 423

Dynamo à courant continu de 135 KW. de la Compagnie internationale d'Électricité (Liège). — Ensembles.

135 KW. Gleichstromdynamo der C. I. E. (Lüttich). — Zusammenstellungen.

135 KW. C. I. E. (Liège) continuous current Dynamo. — Outline.

Les pôles inducteurs ont une section circulaire de 25,5 cm de diamètre, ils sont munis d'épanouissements polaires formés de tôles feuilletées, serrées à l'aide de boulons entre deux segments en fer forgé.

La longueur des pièces polaires parallèlement à l'axe est de 29 cm et leur largeur dans le sens perpendiculaire, de 26 cm.

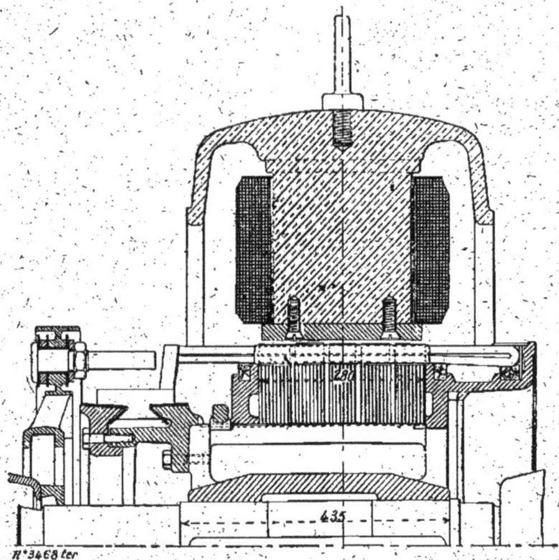

Fig. 424.
Dynamo à courant continu de 135 KW. de la Compagnie Internationale d'Électricité. — Détails.
135 KW. Gleichstrommaschine der C.I.E. — Details.
135 KW. Liège continuous current Dynamo. — Details.

Les pièces polaires ont leurs cornes légèrement relevées à leurs extrémités.

Le diamètre d'alésage de l'inducteur est de 74,5 cm et l'entrefer, de 7,5 mm.

L'enroulement inducteur est en dérivation ; il est formé de 6 bobines enroulées sur des carcasses isolantes. Ces six bobines comportent chacune 2 675 spires de fil de 1,9 mm de diamètre et de 2,83 mm² de section ; elles sont toutes groupées en série et l'ensemble a, à chaud, une résistance de 120 ohms.

Le poids de cuivre utilisé sur l'inducteur est de 420 kg.

Induit. — L'induit est supporté par un croisillon en fonte claveté sur l'arbre et sur les bras duquel sont empilées les tôles s'engageant sur des clavettes. Ces tôles sont serrées entre un anneau venu de fonte avec le support et un anneau rapporté s'appuyant sur les tôles. Le serrage est obtenu à l'aide d'une frette présentant des bossages venant se placer dans des logements pratiqués sur les bras du croisillon.

Les tôles induites sont partagées en 4 anneaux ménageant entre eux des évents pour la ventilation.

Le diamètre extérieur de l'induit est de 73 cm et la largeur totale des quatre paquets de tôles, non compris les espaces libres entre les anneaux de tôles, de 26 cm. L'épaisseur des évents est d'environ 1 cm.

Le diamètre intérieur des anneaux induits est de 42,7 cm ; la hauteur radiale de ceux-ci est par suite de 15 cm environ.

La surface extérieure de l'induit porte 100 rainures de forme rectangulaire dans lesquelles est réparti un enroulement en tambour multipolaire série.

Chaque rainure contient 4 barres de 48 mm² de section.

Le nombre total de conducteurs à la périphérie de l'induit est de 398, répartis en 199 sections d'une spire chacune et aboutissant aux 199 lames du collecteur.

L'enroulement induit est maintenu par des frettes en fil d'acier.

Le poids de cuivre utilisé sur l'induit est de 145 kg.

Le collecteur est monté sur un support en fonte fixé, par des vis, aux bras du croisillon de l'induit. Les lames, isolées au mica, sont serrées sur le support à l'aide d'un anneau en fer forgé retenu par des vis serrées dans des oreilles venues de fonte avec le support.

Le diamètre extérieur du collecteur est de 55 cm et sa largeur utile, de 20 cm.

Le support du porte-balais est constitué par deux couronnes en fonte réunies par des rayons et dont l'une s'appuie sur un anneau venu de fonte avec le palier. Son déplacement s'effectue à la main.

Le nombre des lignes de balais est de 6 et chacune comporte 6 balais en charbon.

La résistance de l'induit entre balais est de 0,038 ohm à chaud.

Le poids de l'induit tout monté est de 2 300 kg.

Résultats d'essais. — L'intensité du courant d'excitation pour obtenir la tension normale à vide à la vitesse de 460 tours par minute est de 3,1 ampères.

En charge, l'intensité du courant d'excitation est de 4 ampères.

La tension induite à vide correspondant à ce courant d'excitation est de 526 volts ; la chute de tension est donc de 26 volts soit 5 p. 100 environ.

Le rendement de la dynamo de 135 kilowatts de la Compagnie Internationale d'Électricité de Liège est de 92,5 p. 100.

Les pertes dans les enroulements induits et inducteurs sont respectivement de 2,1 et de 1,5 p. 100.

Moteur à vapeur. — Le moteur à vapeur de ce groupe est d'un type normal de MM. Willans Robinson ; c'est un moteur compound à simple effet ; il comprend 3 rangées de deux cylindres disposés en tandem.

Les constantes et dimensions principales de ce moteur sont les suivantes :

Diamètre du cylindre à haute pression	28 cm
Diamètre du cylindre à basse pression	40 »
Course commune des pistons	15 »
Vitesse angulaire en tours par minute	460

La puissance normale du moteur à la vitesse de 460 tours par minute et la pression de 10 kg : cm² est de 180 chevaux indiqués pour la marche à condensation.

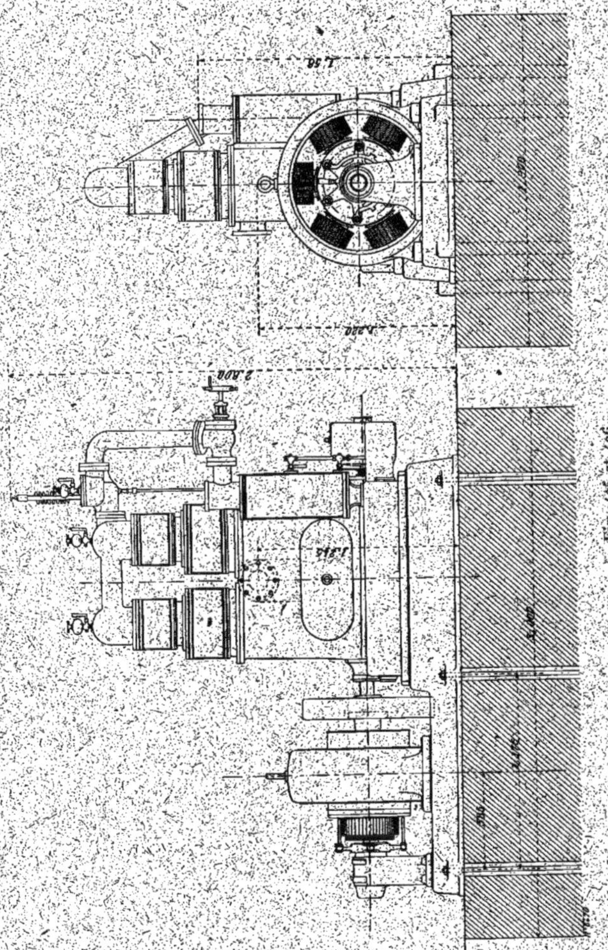

Fig. 425 et 426.
Groupe électrogène de 45 KW. de la Compagnie Internationale d'Électricité de Liège et de MM. Van den Kerchove de Gand — Ensembles.
45 KW. Dampfdynamo der C.I.E. in Lüttich und von Van den Kerchove und Cie in Gent. — Zusammenstellungen.
45 KW. Liège. — Van den Kerchove generating Unit. — Outline.

GROUPE DE 45 KILOWATTS. — Ce groupe, représenté sur les figures 425 et 426, est constitué par un moteur à vapeur compound à simple effet et à deux rangées de deux cylindres, et par une dynamo de 45 kilowatts, accouplée directement.

Dynamo. — Cette machine est établie pour une tension de 225 volts et un débit de 200 ampères. Elle est d'une construction analogue à celle que nous venons de décrire ; l'inducteur est également à 6 pôles.

La vitesse angulaire est de 470 tours par minute.

Le diamètre extérieur maximum de la carcasse en acier coulé est de 1 m et sa largeur, de 34 cm.

Le diamètre d'alésage de l'inducteur est de 52,1 cm ; la longueur des pièces polaires en tôles, parallèlement à l'axe, est de 22 cm, et leur largeur, dans le sens perpendiculaire, de 19 cm.

L'entrefer est de 5,5 mm.

L'enroulement inducteur est constitué par 6 bobines réunies en série. Chacune d'elles comporte 1 680 spires de fil de 1,8 mm de diamètre et le circuit d'excitation a une résistance à chaud de 62 ohms.

Le poids de cet inducteur est de 1 500 kg dont 180 kg pour le cuivre.

L'induit, d'un diamètre extérieur de 51 cm et d'un diamètre intérieur de 33 cm, a une largeur de 23 cm.

Il est muni de 110 rainures dans lesquelles sont répartis 440 conducteurs périphériques de 28 mm² de section formant un enroulement tambour multipolaire en série.

Le nombre des sections est de 220.

La résistance de l'enroulement entre balais est de 0,05 ohm et le poids de cuivre utilisé sur l'induit de 70 kg.

Le diamètre du collecteur est de 36 cm et sa longueur utile, de 11 cm.

Les balais sont en charbon et le nombre de lignes est de 6 comportant chacune 3 balais.

Le rendement de cette dynamo est de 91 p. 100.

Moteur à vapeur. — Il est d'un type analogue au précédent; sa vitesse angulaire est de 470 tours par minute. La puissance normale du moteur est de 90 chevaux indiqués, pour la marche à condensation, et avec une pression de vapeur de 10 kg : cm². Les diamètres des pistons sont respectivement de 24 cm et 34 cm et la course, de 14 cm.

DYNAMO DE 65 KILOWATTS DE L'ELECTROTECHNISCHE INDUSTRIE CI-DEVANT W. SMIT ET Cie, DE SLIKKERVEER

65 KW. GLEICHSTROMMASCHINE DER ELECTROTECHNISCHE INDUSTRIE VORM. SMIT UND C^o (SLIKKERVEER).

65 KW. DIRECT CURRENT GENERATOR OF THE ELECTROTECHNISCHE INDUSTRIE HERETOFORE SMIT UND C^o. (SLIKKERVEER).

Le matériel à courant continu de l'Electrotechnische Industrie de Slikkerveer était représenté par divers dynamos et moteurs très bien étudiés dont nous décrirons un des principaux types.

La dynamo dont nous nous occuperons est du type normal à 4 pôles. Sa puissance est de 65 kilowatts sous une tension de 460 à 500 volts. L'intensité du courant de débit, pour cette dernière tension, est de 130 ampères.

La vitesse angulaire est de 600 tours par minute.

Cette dynamo est représentée sur la photographie de la figure 427, les figures 428 et 429 sont des vues d'ensemble avec coupes partielles.

Inducteurs. — La carcasse inductrice, en acier, est coulée en deux parties et porte, venus de fonte, les 4 noyaux polaires à section rectangulaire.

La partie inférieure est munie de deux pattes qui reposent sur un bâti portant les paliers à rotule. Le bâti est lui-même monté sur deux rails réunis par des traverses et sur lesquels il peut glisser de façon à donner la tension voulue à la courroie de commande. Le déplacement s'effectue à l'aide d'une vis à filet carré supportée par le bâti et s'engageant dans un écrou fixe venu de fonte avec le rail tendeur situé du côté de la courroie.

Les épanouissements polaires sont également en acier et sont maintenus à l'aide de vis. Leurs arêtes dans le sens de l'axe sont légèrement inclinées par rapport à ce dernier,

Fig. 427.
Dynamo à courant continu de 65 KW. de l'Electrotechnische Industrie, ci-devant W. Smit et Cie, de Slikkerveer.
65 KW. Gleichstrommaschine der Electrotechnische Industrie vormals W. Smit und Co in Slikkerveer.
65 KW. continuous current Dynamo of the Electrotechnische Industrie heretofore W. Smit and Co of Slikkerveer.

suivant le dispositif Atkinson. Les arêtes sont arrondies de façon à augmenter l'entrefer dans le voisinage des cornes polaires.

Le diamètre extérieur maximum de la carcasse inductrice est de 1,14 m et son épaisseur maxima d'environ 8 cm. La largeur est de 50 cm.

Les dimensions des noyaux polaires sont de 31 cm dans le

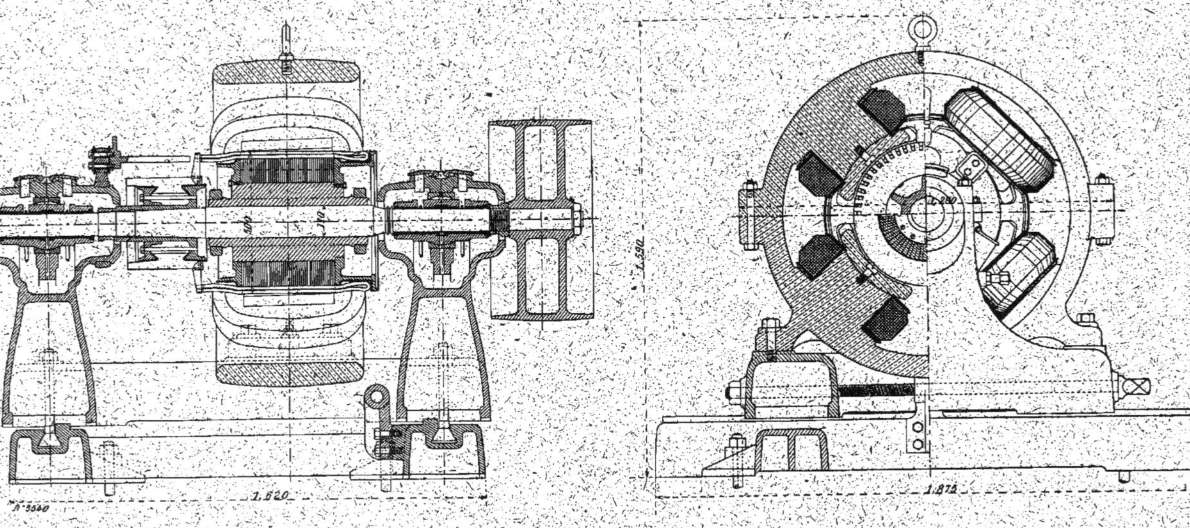

Fig. 428 et 429.
Dynamo à courant continu de 65 KW. de l'Electrotechnische Industrie, de Slikkerveer. — Ensembles.
65 KW. Gleichstromdynamo der Electrotechnische Industrie in Slikkerveer. — Zusammenstellungen.
65 KW. Electrotechnische Industrie (Slikkerveer) continuous current Dynamo. — Outline.

sens de l'axe et 23 cm dans le sens perpendiculaire. Celles des épanouissements polaires sont de 32 cm dans le sens de l'axe et 31 cm dans le sens perpendiculaire.

Le diamètre d'alésage de l'inducteur est de 51,5 cm et l'entrefer, de 7,5 mm.

L'enroulement inducteur est en dérivation ; il comporte 4 bobines enroulées sur des carcasses isolantes ; chaque bobine comprend 4420 spires de fil de 1,76 mm² de section, et les 4 bobines sont groupées en série.

La résistance du circuit d'excitation est de 222 ohms à froid et le poids de cuivre utilisé sur l'inducteur de 300 kg.

Le poids de l'inducteur sans le bâti est de 2 000 kg.

Induit. — L'induit est supporté par un croisillon en fonte retenu sur le moyeu par deux frettes en fer forgé posées à chaud.

Les tôles induites, partagées en trois noyaux séparés par des intervalles vides pour la ventilation, sont serrées entre deux anneaux de fonte, portant des rebords pour supporter es enrou lements, et maintenues par des vis entre cuir et chair. Le diamètre extérieur de l'induit est de 50 cm et la largeur totale, y compris les espaces libres, de 32 cm. La largeur des intervalles laissés entre les noyaux est d'environ 10 mm. La hauteur radiale des tôles est de 11,5 cm.

L'enroulement induit, en tambour multipolaire en série, est réparti dans 55 rainures de 27 mm de profondeur et de 13 mm de largeur. Il est constitué par des lames de cuivre de 10 mm de largeur et de 2 mm d'épaisseur, soit 20 mm² de section. Chaque rainure en comprend 6 réparties en deux couches. Le nombre de sections de l'induit est de 165 et le nombre de conducteurs par section est de 2. Le poids du cuivre utilisé pour l'enroulement induit est de 54 kg.

Le collecteur, qui comporte 165 lames, est monté sur un manchon en fonte : les lames sont maintenues par un anneau serré à l'aide de vis.

Le diamètre du collecteur est de 32 cm et sa largeur utile, de 22 cm.

Les supports des porte-balais sont disposés sur un collier en deux parties pouvant tourner autour d'un anneau venu de fonte avec le palier. Le déplacement se fait à la main et le collier est arrêté par une vis terminant la poignée de manœuvre.

Les deux lignes de balais en charbon comportent chacune 4 porte-balais d'un type analogue à celui que nous décrirons plus loin.

La résistance de l'induit entre balais est de 0,058 ohm à froid.

L'arbre porte trois collets, dont deux en bronze et rapportés de façon à limiter le jeu latéral ; le troisième collet placé près de l'induit, du côté opposé au collecteur, est disposé de façon à éviter l'entraînement de l'huile.

Le poids de l'induit tout monté est de 800 kg.

Résultats d'essais. — L'intensité du courant d'excitation pour obtenir la tension normale à vide est de 2 ampères. En charge, le courant d'excitation ne serait que de 2,1 ampères.

DYNAMO DE 200 KILOWATTS DE MM. FARCOT FRÈRES ET Cie

200 KW. GLEICHSTROMMASCHINE VON GEBR. FARCOT UND C^O^

200 KW. DIRECT CURRENT GENERATOR OF FARCOT BROTHERS AND C^O^

Parmi les dynamos à courant continu de MM. Farcot, nous décrirons le type de 200 kilowatts.

La tension aux bornes est de 350 volts et le débit de 572 ampères.

La vitesse angulaire, en tours par minute, est de 360 et le nombre de pôles de 8.

La dynamo J. Farcot est représentée sur la photographie

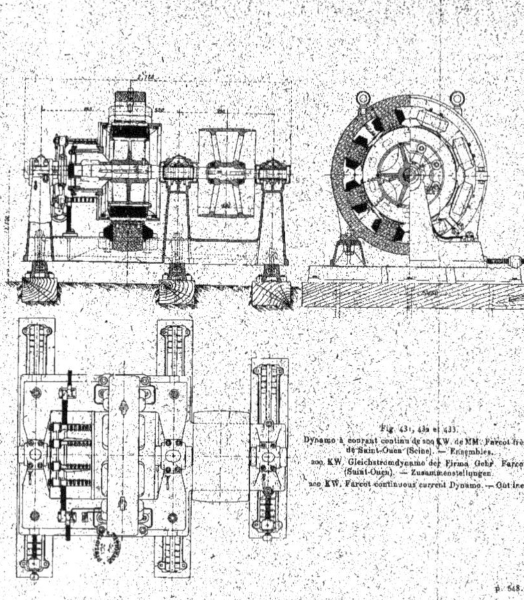

Fig. 431, 432 et 433.

Dynamo à courant continu de 200 KW. de MM. Farcot frères de Saint-Ouen (Seine). — Ensembles.

200 KW. Gleichstromdynamo der Firma Gebr. Farcot (Saint-Ouen). — Zusammenstellungen.

200 KW. Farcot continuous current Dynamo. — Outline.

p. 548.

de la figure 430 et sur les figures 431, 432 et 433 qui sont des vues d'ensemble avec coupes partielles.

Inducteurs. — La carcasse inductrice, en acier, est coulée

Fig. 430.
Dynamo à courant continu de 200 KW. de MM. Farcot frères et Cie de Saint-Ouen (Seine).
200 KW. Gleichstrommaschine der Firma Farcot (Saint-Ouen).
200 KW. Farcot continuous current Dynamo.

en deux parties, dont l'une repose par deux pattes sur un bâti en fonte portant les trois paliers à bagues.

Les pôles inducteurs, à section rectangulaire, également en acier, sont venus de fonte avec la couronne inductrice et portent des épanouissements rapportés fixés à l'aide de vis.

Le diamètre extérieur maximum de la carcasse est de 1,64 m et sa largeur, de 32 cm. Le diamètre intérieur est de 1,45 m.

Les noyaux polaires ont une section dont la longueur est égale à la largeur de la carcasse et leur largeur est de 17,6 cm. La section est de 564 cm².

La longueur des épanouissements polaires à bords effilés est de 35 cm dans l'entrefer et leur largeur, de 31 cm.

Le diamètre d'alésage des inducteurs est de 1,016 m et l'entrefer de 8 mm.

L'enroulement inducteur est en dérivation. Les bobines inductrices, enroulées sur des carcasses en tôles retenues par des vis après la couronne inductrice, comportent chacune 973 spires de fil de 2,7 mm de diamètre.

Les 8 bobines inductrices sont montées en série, et la résistance du circuit inducteur est de 33 ohms à chaud.

Le poids du cuivre utilisé sur l'inducteur atteint 520 kg.

Le poids de l'inducteur tout monté sans le bâti est de 2 740 kg.

Induit. — L'induit est porté par un croisillon en fonte claveté sur l'arbre et est entraîné par des boulons logés mi-partie dans les tôles, et mi-partie dans les bras du support.

Les tôles induites, de 0,6 mm d'épaisseur, sont partagées en 24 paquets de 14,5 mm séparés par des feuilles de carton de 0,5 mm de largeur. Elles sont serrées entre deux disques en fonte par les boulons d'entraînement.

Ces deux disques portent des anneaux supportés par des nervures sur lesquels viennent reposer les conducteurs induits.

Le diamètre extérieur de l'induit est de 1 m et son diamètre intérieur de 69 cm, ce qui correspond à une hauteur radiale des tôles de 15,5 cm.

La largeur totale des tôles induites, y compris les cartons, est de 36 cm.

La surface extérieure de l'induit porte 214 rainures de 37 mm de hauteur radiale et 7 mm de largeur.

L'enroulement induit est du type séries-parallèles d'Arnold avec 4 circuits en quantité. Chaque rainure contient deux barres de 15 mm de largeur et 4,5 mm d'épaisseur et repliées à leurs extrémités de façon à former connecteurs pour la réunion des barres entre elles.

Les 428 barres forment 214 sections d'une spire chacune réunies par des ailettes aux 214 lames du collecteur.

Le poids du cuivre de l'enroulement induit est de 220 kg.

Le support du collecteur est formé par une lanterne en fonte clavetée sur l'arbre et serrée contre le support de l'induit par un écrou.

Les lames, en cuivre étiré, sont serrées entre elles par un anneau en fer forgé à l'aide de vis fixées dans des oreilles venues de fonte avec le support.

Le diamètre du collecteur est de 55 cm et sa largeur utile, de 25 cm.

Le support des porte-balais est constitué par une étoile en fonte en deux parties pouvant tourner autour d'un anneau venu de fonte avec un des paliers. Le décalage du support s'obtient à l'aide d'une vis sans fin manœuvrée par un volant à main.

Les balais, placés perpendiculairement au collecteur, sont disposés dans des gaînes en bronze et appuyés par des ressorts en clinquant; des conducteurs souples servent à conduire le courant aux porte-balais.

Les 8 lignes de balais comportent chacune 6 balais de 30 mm sur 15 mm de surface d'appui.

La résistance de l'induit, entre balais et à chaud, est de 0,0075 ohm.

Le poids de l'induit tout monté est de 2 640 kg.

Résultats d'essais. — L'intensité du courant d'excitation pour obtenir la tension de 300 volts à vide et à 360 tours par minute est de 6,2 ampères.

En charge, l'intensité du courant d'excitation est de 7,5 ampères et la chute de tension, de 9 p. 100.

Le rendement de la dynamo en pleine charge est de 92 p. 100.

Les pertes sont les suivantes :

Pertes à vide	12 500 watts.
Pertes par effet Joule dans l'induit	2 450 »
Pertes dans l'inducteur (y compris le rhéostat)	2 600 »
Pertes totales	17 550 watts.

DYNAMOS A COURANT CONTINU DES ATELIERS DU CREUSOT

GLEICHSTROMMASCHINEN VON SCHNEIDER UND C° (CREUSOT) — DIRECT CURRENT GENERATORS, OF THE CREUSOT WORKS

MM. Schneider et Cie avaient réuni, dans le pavillon des Ateliers du Creusot, une des expositions les plus importantes des maisons françaises et même étrangères.

Cette exposition comportait, en ce qui concerne le matériel à courant continu, des exemplaires des différents genres de machines que construisent les Ateliers du Creusot et en particulier une machine d'un dispositif nouveau qui est appelée à un certain succès, par suite de sa simplicité et des nombreux avantages qu'elle présente.

Le matériel à courant continu étudié et construit par le service électrique du Creusot, sous la direction de M. O. Helmer, était représenté :

1° par trois machines dites de la série S, série normale à courant continu ;

2° par une machine spéciale pour électrolyse ;

3° par une dynamo sans collecteur ou plus exactement à induit collecteur du dispositif nouveau dont nous parlions plus haut.

Nous donnerons successivement la description de ces trois genres de machines.

Fig. 435.

Dynamo à courant continu de 120 KW. de MM. Schneider et Cie (Creusot).

120 KW. Gleichstrommaschine von Schneider und Co (Creusot).

120 KW. Schneider und Co (Creusot) continuous current Dynamo.

p. 552.

Dynamos de la série normale. — Les trois machines exposées dans cette série sont dénommées machines S_{20}, S_{65}, S_{120}, l'indice de la lettre S indiquant la puissance en kilowatts de la dynamo.

Toutes les machines de cette série sont multipolaires :

Fig. 434.
Dynamo à courant continu de 20 KW. des ateliers du Creusot.
20 KW. Gleichstrommaschine der Creusot Werke.
20 KW. Creusot Works continuous current Dynamo.

elles sont à quatre pôles pour les types de 20 et 30 kilowatts, à six pôles pour ceux de 45, 65, 90 et 120 kilowatts et à huit pôles pour les types de 160 et 250 kilowatts. Elles peuvent être établies, sur demande, pour des puissances supérieures à 250 kilowatts.

Les tensions normales aux bornes sont de 110 volts ou 220 volts ; les trois machines exposées sont établies pour cette dernière tension.

La photographie de la figure 434 représente la machine de 20 kilowatts et celle de la figure 435 une machine de 120 kilowatts.

Les figures 436 et 437 sont des vues et coupes de la machine de 20 kilowatts, et les figures 438 et 439 se rapportent à la machine de 65 kilowatts.

Inducteurs. — Dans toutes ces machines, les inducteurs sont en acier coulé de grande perméabilité. Les noyaux inducteurs sont venus de fonte avec la carcasse polygonale qui est coulée en deux parties.

La partie supérieure des inducteurs s'enlève pour le démontage de l'induit ; la partie inférieure porte deux pattes venues de fonte qui viennent s'appuyer sur le bâti en fonte coulé avec les paliers.

Les noyaux polaires portent des fentes radiales et les différentes parties de la carcasse magnétique sont réunies entre elles par des nervures. Les épanouissements polaires sont en fonte et fixés sur les noyaux à l'aide de vis ; ces épanouissements portent une fenêtre longitudinale débouchant dans les fentes radiales des pôles et allant en se rétrécissant vers l'entrefer, de façon à éviter la déformation du flux inducteur le long de l'entrefer. Les fentes radiales ainsi constituées permettent, sans nuire à la solidité de l'ensemble, d'amoindrir le flux de réaction d'induit et par suite le décalage des balais.

Les bobines inductrices sont enroulées directement sur des carcasses isolantes et sont simplement enfilées sur les noyaux polaires sur lesquels elles sont retenues par les épanouissements. Toutes ces bobines sont généralement montées en série et les machines sont excitées en dérivation.

Les types à quatre pôles ont deux paliers et les types à six pôles et au-dessus, trois paliers ; ces paliers sont à graissage automatique avec bagues en bronze.

Induits. — Les induits des machines de cette série sont du type en tambour et denté. Le support de l'induit est en fonte et claveté sur l'arbre ; il est constitué par une étoile ayant autant de bras qu'il y a de pôles.

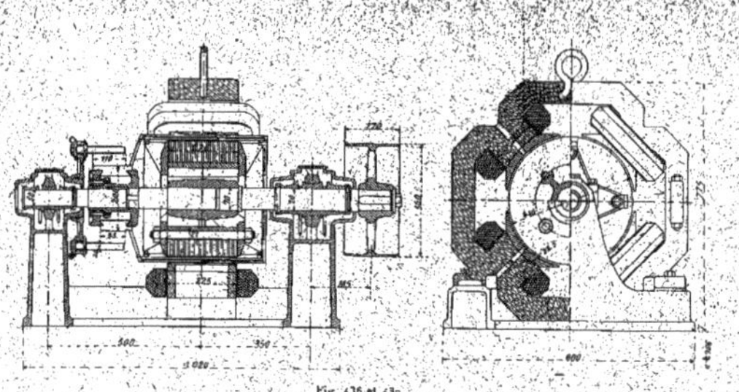

Fig. 436 et 437.
Dynamo à courant continu de 20 KW., de MM. Schneider et Cie. — Ensembles
20 KW. Gleichstrommaschine von Schneider und Co. — Zusammenstellungen.
70 KW. Schneider and Co continuous current Dynamo. — Outline.

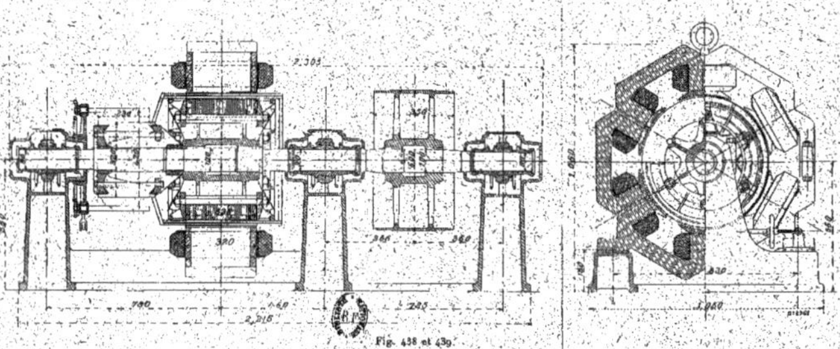

Fig. 438 et 439.
Dynamb à courant continu de 65 KW. des ateliers du Creusot. — Ensembles
65 KW. Gleichstrommaschine der Creusot Werke. — Zusammenstellungeu.
65 KW. Creusot Works continuous current Dynamo. — Oulline.

p. 551.

TABLEAU I

	S_{20}	S_{65}	S_{120}
Constantes principales			
Puissance en kilowatts	22	66	121
Tension aux bornes en volts.	220	220	220
Intensité du courant en ampères. . .	100	300	550
Vitesse angulaire en tours par minute	900	600	450
Inducteurs			
Nombre de pôles inducteurs.	4	6	6
Nature du métal de la carcasse inductrice et des noyaux polaires	acier coulé.		
Nature du métal des pièces polaires . .	fonte.	fonte.	fonte.
Largeur des noyaux polaires en centimètres.	»	»	»
Arc d'embrassement des pièces polaires.	72°	48°	48°
Longueur des inducteurs parallèlement à l'axe en centimètres	22,5	32	40
Diamètre d'alésage de l'inducteur en centimètres	41	58	73
Nombre de spires par bobine inductrice	2 100	900	960
Montage du circuit inducteur	toutes les bobines en série.		
Diamètre du fil inducteur en millimètres	1,2	2	2,4
Poids du cuivre inducteur en kilos. .	85	200	310
Résistance du circuit d'excitation à froid en ohms	135	37	33
Poids de l'inducteur sans le bâti . . .	400 kg	900 kg	1 900 kg
Induction admise dans la carcasse inductrice en unités C. G. S. . . .	12 300	12 300	11 200
Induction admise dans les noyaux polaires	13 000	12 600	11 600
Induction admise dans les épanouissements polaires.	9 400	8 500	7 300
Induit			
Entrefer en millimètres.	3	6	8,5
Diamètre extérieur des tôles induites en centimètres.	40,4	56,8	71,3
Diamètre intérieur des tôles induites en centimètres.	22,5	36,5	45,5
Hauteur radiale des tôles en centimètres	9	10,2	12,9
Largeur totale des tôles induites en centimètres	22,5	32,5	41

	S_{20}	S_{65}	S_{120}
Nombre de rainures	121	144	144
Largeur des rainures en millimètres	4,6	5,6	7,6
Profondeur des rainures en millimètres	19	28	36
Nature de l'enroulement induit tambour	parallèle.	parallèle.	parallèle.
Nombre de sections de l'induit	121	144	144
Nombre de spires par section	2	2	2
Nombre de conducteurs par rainure	4	4	4
Dimensions des barres induites en millimètres	2,8 × 2,8	3,6 × 5	5,8 × 7
Section des conducteurs induits en millimètres carrés	7,85	18	40,6
Poids du cuivre induit en kilos	22	65	200
Résistance du circuit induit entre balais en ohm	0,04	0,0118	0,007
Poids de l'induit tout monté en kg	320	860	1 700
Induction admise dans le noyau induit en unités C. G. S.	10 500	9 100	8 000
Induction admise dans les dents	12 800	12 700	12 500
Induction admise dans l'entrefer	7 750	7 400	6 000
Collecteur			
Nombre de lames du collecteur	121	144	144
Diamètre du collecteur en centimètres	20	32	42
Largeur du collecteur en centimètres	8,5	17	28
Nombre de lignes de balais et de balais par ligne	4 × 3 = 12	6 × 8 = 48	6 × 7 = 42
Nature des balais	charbon.	charbon.	charbon.
Essais			
Courant d'excitation à vide en ampères	1,15	4,2	5,2
Courant d'excitation en charge en ampères	1,4	5	6,2

Les tôles induites sont serrées entre deux disques en fonte par des boulons noyés mi-partie dans les tôles, mi-partie dans les bras du support.

Les deux disques supportent, à l'aide de nervures, deux anneaux sur lesquels viennent s'appuyer les conducteurs ; ces nervures ménagent entre elles des trous pour assurer une bonne ventilation de ces conducteurs.

L'enroulement induit est composé de barres de cuivre préparées à l'avance sur gabarit et interchangeables.

Dans les machines de grande puissance de ce type, les ailettes de connexions de l'enroulement induit au collecteur réunissent les lames au même potentiel, suivant le dispositif connu de Mordey.

Le collecteur des machines de la série S est monté sur un manchon claveté sur l'arbre. Les lames sont serrées entre un anneau venu de fonte avec le manchon et un second anneau coulissant sur celui-ci ; le serrage est obtenu à l'aide de vis se fixant dans les oreilles ménagées sur le manchon.

Les lames sont isolées au mica et les collecteurs établis pour pouvoir fonctionner avec des balais en charbon.

Les supports des tiges de balais sont serrés sur les anneaux venus de fonte avec les paliers ; le décalage des balais, pour les machines à six pôles et à huit pôles, s'effectue à l'aide d'une vis tangente s'engageant dans un écrou fixe et permettant de faire tourner plus ou moins le support.

Nous avons réuni, sous forme de tableau, les principales dimensions et constantes de construction des trois machines exposées de cette série ; ce tableau I contient également quelques résultats d'essais et les inductions admises dans les diverses parties des machines.

Résultats d'essais. — En dehors des résultats d'essais reproduits ci-contre, nous pouvons donner les résultats très complets des essais obtenus sur une machine du type S_{120}, mais enroulée pour fonctionner à 110 volts avec un débit par suite de 1 100 ampères.

Les dimensions de cette machine diffèrent peu de celle de la même puissance à 220 volts, les principales données sont résumées dans le tableau suivant :

TABLEAU II

Puissance en kilowatts	121
Tension aux bornes en volts	110
Intensité du courant en ampères	1 100
Vitesse angulaire en tours par minute	450

Inducteurs

Nombre de pôles inducteurs	6
Arc d'embrassement des pièces polaires	48°
Longueur des inducteurs parallèlement à l'axe de la machine	40
Diamètre d'alésage de l'inducteur en centimètres	73,2
Nombre de spires par bobine inductrice	512
Diamètre du fil inducteur en millimètres	3,2
Montage du circuit inducteur	Toutes les bobines en série.
Poids du cuivre inducteur en kg.	294
Résistance du circuit d'excitation à 22° en ohms	9,348

Induit

Entrefer en millimètres	7,5
Diamètre extérieur des tôles induites en centimètres	71,5
Diamètre intérieur des tôles induites en centimètres	45,5
Hauteur radiale des tôles en centimètres	13
Largeur totale des tôles induites	40
Nombre de rainures	145
Largeur des rainures en millimètres	
Profondeur des rainures en millimètres	
Nature de l'enroulement induit tambour	en parallèle.
Nombre de sections de l'induit	145
Nombre de spires par section	1
Nombre de conducteurs par rainure	2
Dimensions des conducteurs induits en millimètres	2 barres de 5,7 × 4,2 en parallèle.
Section des conducteurs induits	47,9 m²
Poids du cuivre induit en kg	195
Résistance de l'induit entre bornes à 22° (0,0014 enroul. + 0,002, balais et câbles)	0,0034

Essais

Courant d'excitation à vide en ampères	6,4
Courant d'excitation en charge en ampères	7
Chute de tension	15 p. 100

La caractéristique à circuit ouvert est représentée en I sur la figure 440, elle correspond à la vitesse normale de 450 tours par minute, l'excitation est indépendante.

La caractéristique en charge, pour une tension constante de 110 volts aux bornes, est représentée sur la courbe II de la figure ; on voit que la chute de tension en pleine charge est de 15 p. 100 environ.

Pour avoir une idée de la réaction d'induit, on a essayé la

machine en court-circuit avec excitation indépendante; la courbe I de la figure 441 représente la valeur du courant d'excitation en fonction du courant dans l'induit; elle montre

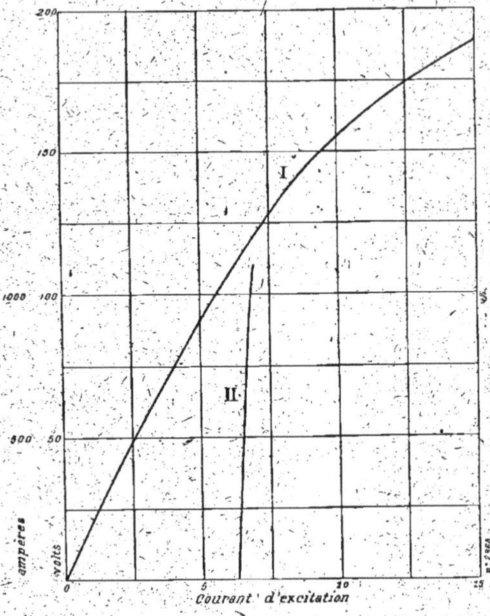

Fig. 440.

Caractéristiques d'une dynamo à courant continu de 120 KW. de MM. Schneider et Cie.
I. Caractéristique à vide. — II. Caractéristique en charge à tension constante.
Kurven einer 120 KW. Gleichstrommaschine von Schneider und Co.
I. Charakteristik bei Leerlauf. — II. Charakteristik bei konstanter Spannung.
Characteristics of a 120 KW. Schneider and Co continuous current dynamo.
I. No load saturation curve. — II. Load characteristic with constant voltage.

que le courant d'excitation correspondant au débit normal de 1 100 ampères est de 1,24 ampère.

Pour établir la courbe du rendement de la figure 441, on a employé la méthode des pertes séparées. On a fait fonctionner la machine à une vitesse de 450 tours par minute comme moteur pour différentes excitations et l'on a déduit le travail absorbé, par l'induit, pour une excitation de 6,4 ampères, correspondant à la tension de 110 volts aux bornes, augmentée de la chute de tension ohmique dans l'enroulement et les balais.

A ce travail, qui représente les pertes par frottements mécaniques, par hystérésis et par courants de Foucault, on

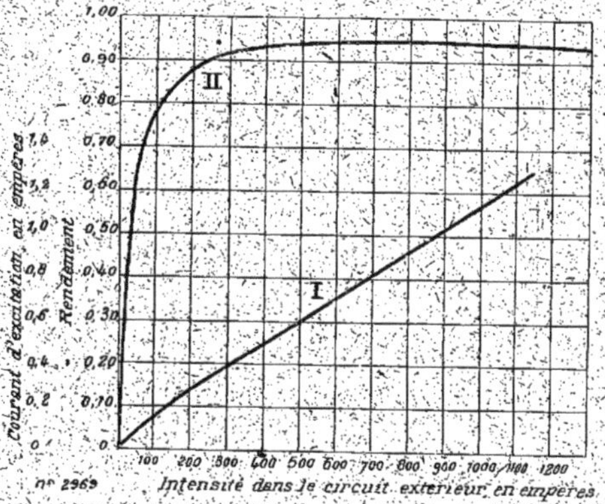

Fig. 441.

Caractéristiques d'une dynamo de 120 KW. des Ateliers du Creusot.
I. Caractéristique en court-circuit. — II. Rendement en fonction du débit.
Kurven einer 120 KW. Gleichstrommaschine von Schneider und Cᵉ.
I. Kurzschlusscharakteristik. — II. Wirkungsgrad.
Characteristics of a 120 KW. Creusot continuous current dynamo.
I. Short-circuit curve. — II. Efficiency.

a ajouté les pertes par effet Joule dans l'induit et dans l'inducteur pour les différents débits, de façon à obtenir la courbe de rendement en fonction du débit.

Le rendement maximum obtenu par cette méthode est d'environ 94 p. 100.

Des essais très sérieux pour mesurer la surélévation de température à différents régimes ont été faits avec cette machine ; ils sont résumés dans le tableau suivant :

Fig. 442.

Dynamo de 330 KW. à deux collecteurs de MM. Schneider et Cie.

330 KW Doppelkollektor-Gleichstrommaschine von Schneider und Co.

330 KW Schneider and Co double commutator continuous current Dynamo.

p. 560.

TABLEAU III

Valeur des surélévations de température d'une machine du type S_{120}.

	MARCHE A 110 VOLTS ET 550 AMP. pendant 4 heures.	MARCHE A 110 VOLTS ET 800 AMP. pendant 4 heures.	MARCHE A 110 VOLTS ET 1 000 AMP. pendant 1 heure.
Induit . . .	12° C	18° C	17° C
Inducteur . .	11° C	17° C	14° C
Collecteur . .	28° C	44° C	52° C

Les courants d'excitation avaient respectivement pour valeur dans ces trois cas 6,6, 6,65 et 6,82 ampères.

Une marche en court-circuit pendant huit heures à 1 200 ampères a donné pour surélévation de température dans l'induit 21°C, et sur le collecteur 69°C.

Dynamo de 330 kilowatts pour électrolyse. — Cette dynamo, destinée à l'électrolyse, est capable de débiter 3 000 ampères sous 110 volts à la vitesse de 250 tours par minute.

Le débit considérable de cette machine a motivé le choix d'un grand nombre de pôles (12) ainsi que l'emploi de deux enroulements indépendants et de deux collecteurs. Avec les deux enroulements en tension, la dynamo débiterait 1 500 ampères sous 220 volts et pourrait être employée sur une distribution à 3 fils.

La photographie de la figure 442 se rapporte à cette machine dont les figures 443, 444 et 445 représentent des vues diverses avec coupes partielles.

Inducteurs. — Les inducteurs sont constitués par une carcasse en acier moulé Robert très perméable ; ils sont en deux parties dont l'une, la partie inférieure, porte des pattes reposant sur le bâti. Les noyaux sont venus avec la carcasse extérieure dont la section est d'une forme spéciale qui assure une grande rigidité à l'ensemble.

Les épanouissements polaires sont fixés aux noyaux à l'aide de vis. Les arêtes des pièces polaires sont légèrement inclinées par rapport aux conducteurs induits; on obtient ainsi une répartition du flux coupé par chaque conducteur sensiblement sinusoïdale de façon à faciliter le plus possible la commutation.

Le diamètre extérieur maxima de la couronne inductrice est de 2,55 m et sa largeur, de 35 cm. Le diamètre d'alésage des inducteurs est de 1,75 m.

Les noyaux inducteurs sont ronds et d'un diamètre de 25,5 cm, l'arc embrassé par les pièces polaires est de 24° et leur longueur, parallèlement à l'axe de la machine, de 27 cm.

Les bobines inductrices sont supportées par les épanouissements polaires; elles comportent chacune 420 spires de fil de 5 mm de diamètre nu et 5,4 mm guipé.

Toutes ces bobines sont réunies en série et le circuit formé, placé en dérivation aux bornes de l'un des enroulements induits, a une résistance calculée à chaud de 5,25 ohms. Le poids du cuivre inducteur est de 1 000 kg.

Le poids de l'inducteur sans le bâti est de 4 500 kg.

Le bâti est à deux paliers venus de fonte avec le socle; les coussinets sont en deux parties, la partie supérieure en fonte et la partie inférieure en bronze, les portées sont longues et soutenues uniquement au milieu.

Induit. — L'induit est supporté par une étoile à douze branches clavetée sur l'arbre. Les tôles induites sont découpées à l'emporte-pièce et les six segments composant chaque circonférence sont munis, sur leur bord intérieur, de deux queues d'aronde qui s'ajustent dans douze rainures pratiquées sur les branches du support.

Ces tôles, d'une épaisseur de 0,35 mm, sont isolées au

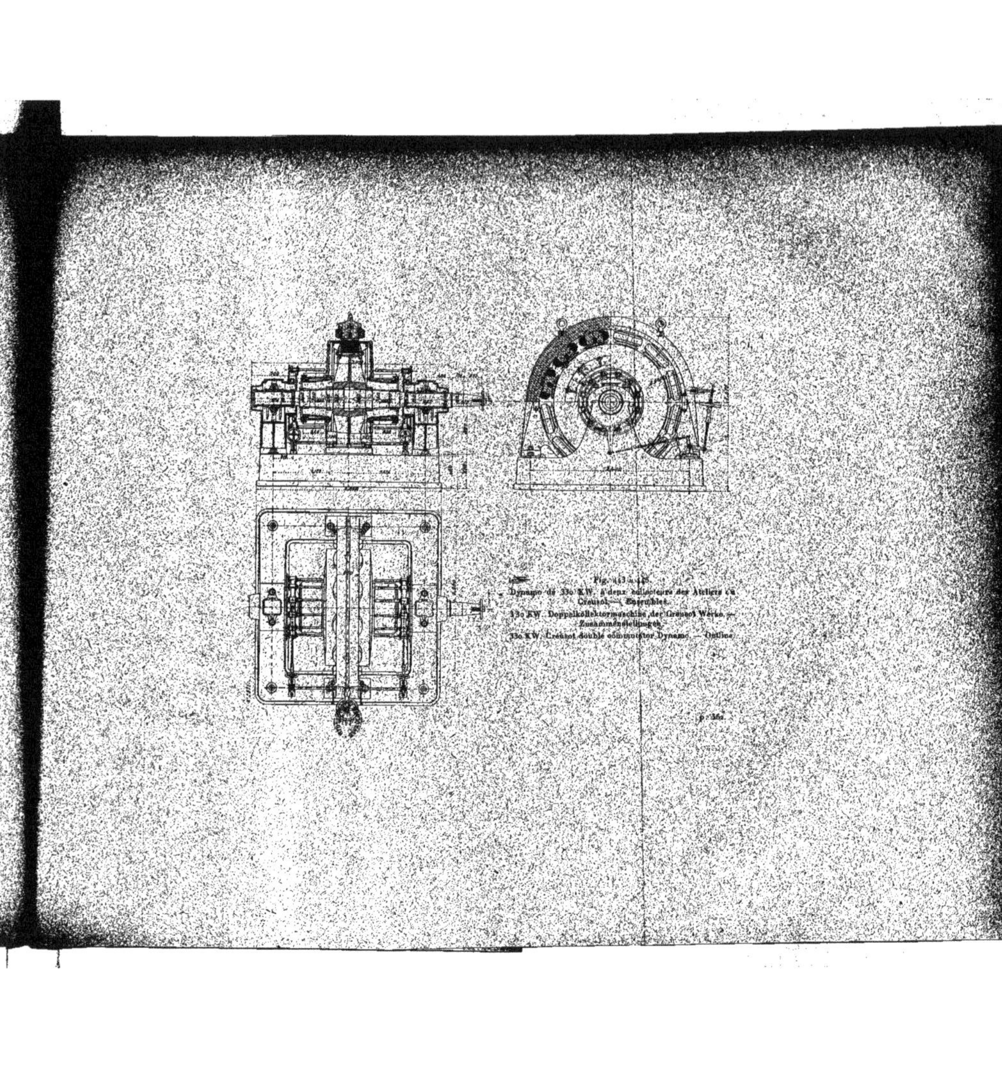

Fig. 443 à 445.

Dynamo de 330 KW. à deux collecteurs des Ateliers du Creusot. — Ensembles.

330 KW. Doppelkollektormaschine der Creusot Werke. — Zusammenstellungen.

330 KW. Creusot double commutator Dynamo. — Outline.

papier et sont serrées entre deux joues de fonte munies d'ailettes pour la ventilation. La largeur de l'anneau induit est de 27,5 cm et son diamètre extérieur de 1,734 m.

Le diamètre intérieur des tôles de l'induit est de 1,38 m et la hauteur radiale de 17,7 cm. L'entrefer est de 8 mm.

Le nombre de rainures pratiquées à la surface extérieure de l'induit est de 432 ; leurs dimensions sont de 6,6 mm de largeur pour 26 mm de profondeur.

Les deux enroulements, en tambour, sont du genre imbriqué ; ils se composent chacun de 432 barres de 10 mm sur 5 mm ou 50 mm² de section façonnées sur gabarit et exactement interchangeables, les barres sont logées deux par deux dans les rainures ; elles sont isolées par une tresse légère et par un carton glacé.

Les parties extérieures des barres forment jonction sans être rabattues sur les flancs de l'induit. Cette disposition donne une très grande surface de refroidissement en même temps qu'elle assure une meilleure ventilation.

Toutes ces barres, encastrées dans les rainures, raccordées à leurs extrémités par des gaines en laiton étiré, et soudées, forment un tout compact d'une grande stabilité qui, par surplus, est fretté soigneusement.

L'induit peut être animé d'une vitesse périphérique atteignant jusqu'à 30 m par seconde en temps normal ; il peut même supporter sans aucune crainte des vitesses d'emballement de plus de 50 m par seconde.

Chacun des induits comporte 216 sections de deux conducteurs ou d'une spire unique chacune.

Les deux collecteurs sont fixés sur des supports emmanchés sur l'arbre, les lames isolées au mica sont serrées à l'aide de boulons entre les deux anneaux dont l'un est venu de fonte avec le support.

Chaque collecteur a 216 lames, son diamètre est de 75 cm et sa largeur utile, de 32,5 cm.

Afin d'éviter l'échauffement anormal du collecteur et les

étincelles causées par l'équilibrage imparfait des différents circuits, les lamelles de jonction des enroulements au collecteur réunissent extérieurement les lames au même potentiel, comme dans les machines de la série normale S. La section de ces lamelles est en forme de V, ce qui leur donne une grande rigidité et empêche leur déformation par la force centrifuge malgré leur longueur et leur inclinaison sur le rayon.

Le courant est recueilli sur chaque collecteur par 12 rangées de 10 balais en charbon; le débit pour chaque rangée n'est ainsi que le douzième du courant total soit 250 ampères, la longueur des collecteurs se trouve ainsi très réduite et la déformation des lames par suite d'un échauffement exagéré n'est pas à craindre.

Le réglage des balais s'effectue simultanément ou séparément pour les deux collecteurs au moyen d'une combinaison de leviers et de vis montrée sur les figures et la photographie.

La résistance calculée de la machine entre balais avec le montage des deux induits en quantité est à chaud de 0,00054 ohm.

Le poids de cuivre de l'induit complet est de 350 kg et celui de l'induit tout monté de 6 000 kg.

Résultats d'essais et inductions. — Le courant d'excitation pour obtenir la tension de 110 volts, à vide et avec une vitesse de 250 tours par minute, est de 15 ampères, en charge le courant d'excitation est de 17,2 ampères.

La caractéristique à vide est représentée sur la figure 446.

Les inductions admises dans les diverses parties de la machine et les sections sont les suivantes :

	Induction en Gauss	Sections en cm²
Induit	8 330	720
Dents	14 800	405
Entrefer	8 450	710
Pièces polaires	8 300	900
Noyaux	14 000	535
Carcasse	13 000	580

La chute de tension est d'environ 15 p. 100.

Fig. 447

Dynamo de 200 KW. à induit denté collecteur des Ateliers du Creusot.
200 KW. Gleichstrommaschine mit Kollektor-Zahnanker der Creusot Werke.
200 KW. Creusot slotted armature commutator Dynamo.

p. 564.

Dynamo de 200 kilowatts à induit collecteur. — La dynamo à induit denté servant en même temps de collecteur, a une puissance de 200 kilowatts avec une tension aux bornes de 750 volts. Le débit est par suite de 267 ampères.

La vitesse angulaire est de 300 tours par minute et le nombre de pôles, de 8.

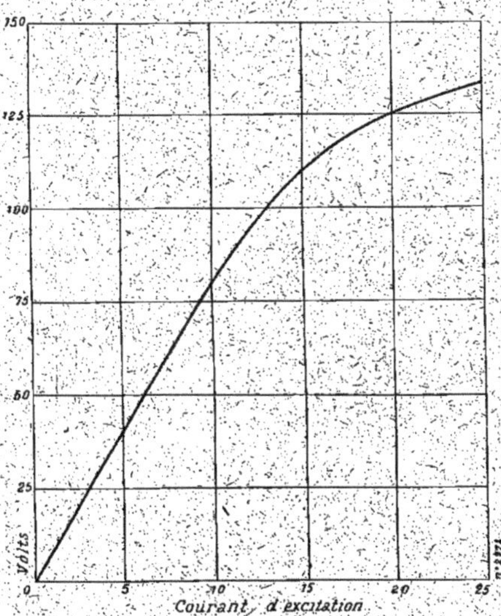

Fig. 446.
Caractéristique à vide de la dynamo de 330 KW. des Ateliers du Creusot.
Charakteristik bei Leerlauf der 330 KW. Gleichstrommaschine der Creusot Werke.
No load saturation curve of 330 KW. Creusot continuous current Dynamo.

La figure 447 est une photographie de cette machine et les figures 448 et 449 des vues d'ensemble et coupes partielles de la même dynamo.

Inducteurs. — Le système inducteur de cette machine a une constitution analogue à celui de la machine normale de la série S que nous avons décrite plus haut, nous nous contenterons donc d'en donner les principales dimensions.

Le diamètre extérieur de la carcasse en acier coulé est de 1,48 m et sa largeur, de 42,5 cm. Les noyaux polaires ont la

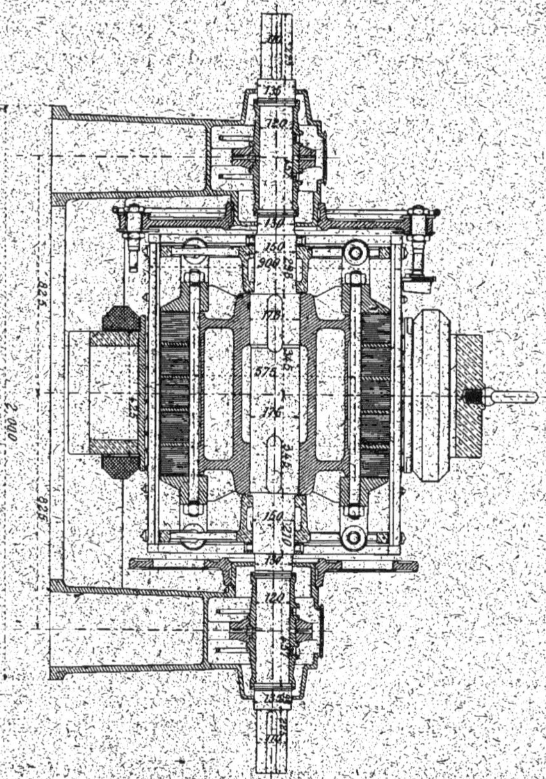

Fig. 448.
Dynamo de 200 KW. à induit denté collecteur de MM. Schneider et Cie. — Ensemble.
200 KW. Gleichstrommaschine mit Kollektor-Zahnanker von Schneider und Co. — Zusammenstellung.
200 KW. Schneider slotted armature commutator Dynamo. — Outline.

même largeur parallèlement à l'axe et une largeur totale de 17,2 cm dans le sens perpendiculaire.

Le diamètre d'alésage de l'inducteur est de 92,5 cm et l'arc d'embrassement des pièces polaires en fonte, de 36° ; leur largeur est ici un peu supérieure à celle des noyaux, soit 54 cm. L'entrefer est de 8,5 mm.

Les bobines inductrices, toutes en série, comportent cha-

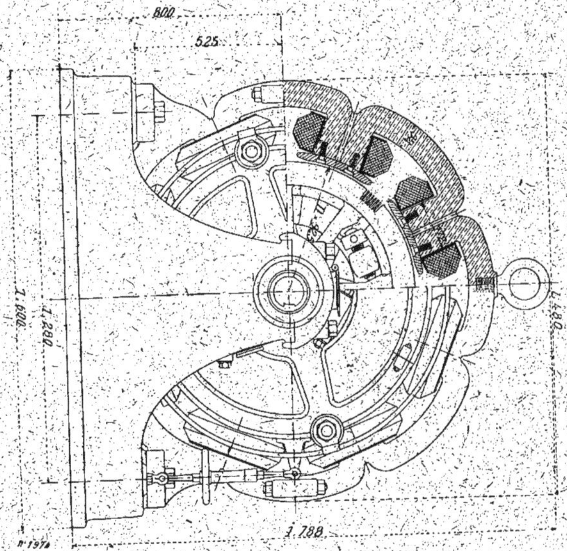

Fig. 449.
Dynamo de 200 KW. à induit denté collecteur de MM. Schneider et Cie. — Ensemble.
200 KW. Gleichstrommaschine mit Kollektor-Zahnanker von Schneider und Co. — Zusammenstellung.
200 KW. Schneider slotted armature commutator Dynamo. — Outline.

cune 2 625 spires de fil de 1,75 mm de diamètre nu et 1,95 guipé. La résistance du circuit inducteur est de 240 ohms à froid et le poids du cuivre de l'inducteur, de 650 kg.

Les inductions admises dans les différentes parties du circuit magnétique inducteur sont de 7 700 unités C.G.S. dans l'entrefer, 6 350 dans les pièces polaires, 15700 dans les noyaux et 13 500 dans la carcasse.

Le poids de l'inducteur sans le bâti est de 3 150 kg.

Induit. — Le circuit magnétique de l'induit est également supporté de la même manière que dans les machines du type normal; toutefois pour faciliter le refroidissement, les tôles induites sont ici partagées en cinq anneaux séparés par des cales métalliques.

Le diamètre extérieur de l'induit est de 90,8 cm et le diamètre intérieur des tôles de 57,5 cm, ce qui correspond à une hauteur radiale de 16,7 cm. La largeur totale de l'induit, y compris les espaces entre les paquets de tôles, est de 57 cm et la largeur des vides de 13 mm environ.

L'induit, enroulé en tambour, est denté et porte 225 rainures de 6,5 mm de largeur sur 43 mm de profondeur. Le nombre de sections de l'induit est de 225 et chacune d'elles comprend une seule spire ou deux conducteurs.

La particularité principale de cette machine est que le courant est collecté directement sur les conducteurs induits par les balais.

Les figures 450 à 455 montrent schématiquement les dispositions adoptées.

L'enroulement induit est composé de deux rangs de barres A et B superposées et encastrées dans les rainures (fig. 450). Les parties extérieures A'B'A''B'' de ces barres forment connexion sans être rabattues sur les flancs de l'induit, et, c'est sur les deux connecteurs cylindriques ainsi constitués par les barres placées extérieurement que frottent les balais de prise de courant.

Les barres A du rang supérieur sont séparées entre elles par des lames de mica M, comme le montre la figure 460.

Un dispositif spécial, composé de deux roues dentées R et R' (fig. 453 et 454) en acier, maintient les barres à leurs extrémités et permet, à l'aide d'oreilles O, fixées sur l'induit,

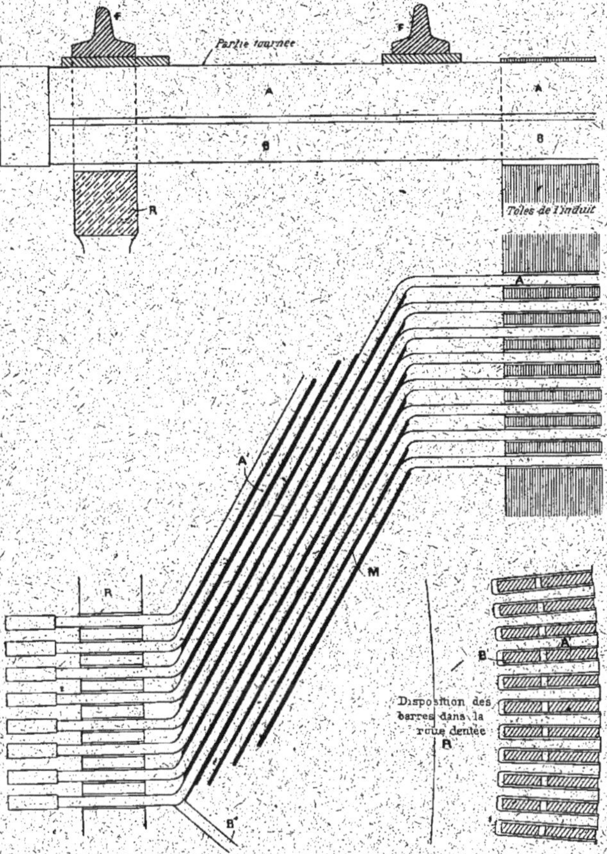

Fig. 450 à 452.
Induit denté collecteur des Ateliers du Creusot. — Détails.
Kollektor-Zahnanker der Creusot Werke. — Details.
Creusot commutator slotted armature. — Details.

et de vis V, l'écartement des barres A pour l'introduction entre elles des lames de mica, ainsi que le serrage éner-

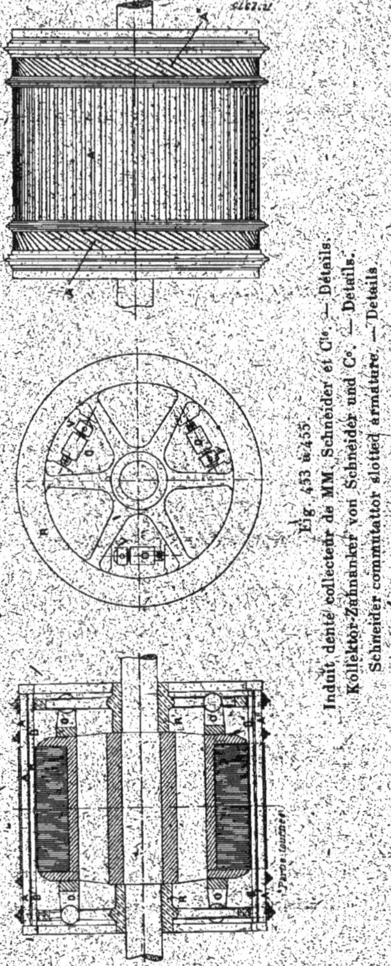

Fig. 453 à 455. Induit denté collecteur de MM. Schneider et Cie. — Détails.
Kollektor-Zahnanker von Schneider und Co. — Details.
Schneider commutator slotted armature. — Details.

gique de celui-ci, par le décalage dans un sens et dans l'autre des roues dentées par rapport au tambour.

Quatre frettes F, placées à chaud, donnent à l'ensemble une grande rigidité qui permet de tourner facilement la surface extérieure des barres.

On obtient ainsi de chaque côté du tambour deux collecteurs dont les lames sont disposées en hélice. La longueur utile de chacun de ces collecteurs est ainsi plus grande que la longueur apparente.

La déformation de ces collecteurs n'est pas à craindre, car le serrage des lames de mica est aussi énergique, sinon plus, que dans les collecteurs ordinaires.

La section des barres du rang supérieur est d'ailleurs légèrement trapézoïdale ; elle est supérieure à la section des barres du second rang, afin de permettre de tourner une ou plusieurs fois les collecteurs.

La hauteur des barres supérieures est de 24 mm et leur largeur, de 4 mm en haut et 3,92 mm en bas ; la hauteur des barres inférieures est de 12 mm et leur largeur, de 4 mm.

Le poids de cuivre induit est de 387 kg, dont 275 kg pour les barres supérieures et 112 kg pour les barres inférieures.

Les barres sont isolées avec le plus grand soin dans les dents de l'induit comme dans les dents des roues R et R_1.

Le nombre de lames sur chaque collecteur est naturellement de 225, le diamètre est de 90 cm et la largeur apparente, de 9 cm.

Les porte-balais ont leurs axes inclinés sur la direction de l'arbre de façon à rester parallèles aux lames du collecteur. Chaque axe est porté par un support fixé à un plateau mobile autour du palier, de façon à permettre le réglage des balais sur chaque collecteur.

Dans les machines à tension élevée, comme c'est le cas dans la dynamo exposée, on peut placer de côtés différents de l'induit les balais de polarité contraire ; on évite ainsi la formation d'arcs ou d'étincelles faisant le tour du collecteur. C'est pourquoi la machine a quatre rangées de huit balais de même polarité sur chaque collecteur.

La résistance de l'induit entre les balais est de 0,04 ohm à froid. Le poids de l'induit tout monté est de 2 600 kg.

Les inductions admises dans le fer induit et dans les dents sont respectivement de 7 250 et 14 900 unités C. G. S.

Remarques. — En cas d'accident, la réparation se fait comme pour un induit ordinaire muni de ce genre d'enroulement; la section défectueuse est enlevée et remplacée s'il le faut par une autre prête à l'avance. Il faut toutefois enlever les frettes, desserrer les vis V, puis resserrer à nouveau, et refretter. Un très léger coup de tour sur les collecteurs suffit pour les remettre en état.

Cette machine étant à tambour offre sur les autres machines dites sans collecteurs, comme la machine Siemens qui est à anneau, tous les avantages du tambour sur l'anneau.

Cette dynamo présente en outre les avantages suivants :

1° Augmentation sensible du rendement, due à la diminution de la résistance totale de l'induit. Cette résistance augmente très peu dans le cas où un nouveau tournage des barres collectrices est nécessaire.

2° Meilleure utilisation spécifique du cuivre induit.

3° Construction plus simple, prix de revient réduit et encombrement minimum.

Résultats d'essais. — L'intensité du courant d'excitation pour obtenir, à 300 tours par minute la tension normale de 750 volts aux bornes, est de 2,2 ampères.

En charge, le courant d'excitation monte à 2,6 ampères.

GROUPE ÉLECTROGÈNE DE 350 KILOWATTS DE MM. MATHER ET PLATT ET MM. GALLOWAY ET Cie, DE MANCHESTER

350 KW. STROMERZEUGER VON MATHER AND PLATT UND VON GALLOWAY AND C°.

350 KW. MATHER AND PLATT Ld GALLOWAY AND C° SET.

Le groupe de MM. Mather et Platt, de Manchester, et de MM. Galloway et Cie, également de Manchester, était affecté

Fig. 456.
Groupe électrogène de 350 KW. de MM. Mather et Platt et de MM. Galloway et Cie.
350 KW. Dampfdynamo von Mather and Platt Co Limited und von Galloway and Co Limited.
350 KW Mather and Platt Co Ld — Galloway Co Ld Set.

au service de l'Exposition. Ce groupe, d'une puissance utile de 350 kilowatts, est représenté sur la photographie de la figure 456.

Dynamo. — La dynamo de MM. Mather et Platt a une puissance de 350 kilowatts sous une tension de 250 volts; le débit est par suite de 1 400 ampères; il peut être porté, sans inconvénient pour la machine, à 1 600 ampères pendant quelque temps.

La vitesse normale est de 105 tours par minute et le nombre de pôles, de 12.

Cette machine présente quelques particularités spéciales, principalement au point de vue de la forme des inducteurs. Les figures 457 et 458 représentent des vues de face et de bout avec coupes partielles; les figures 459 et 460 sont des coupes d'une partie de l'induit et de l'inducteur à plus grande échelle.

Inducteurs. — Les inducteurs sont constitués par une carcasse en acier coulé portant des noyaux polaires venus de fonte avec elle. La carcasse inductrice est en deux parties et la partie inférieure repose sur deux équerres fixées sur des bancs scellés à la maçonnerie; ces équerres sont simplement appuyées sur les bancs et on peut les faire descendre avec la partie inférieure de la dynamo pour le remplacement des bobines inductrices ou pour l'inspection de l'induit ou de l'inducteur.

La partie supérieure vient alors reposer sur l'induit et est soulevée par les deux pitons d'enlevage dont elle est munie; elle est, en outre, recouverte d'une tôle cylindrique pour cacher les espaces libres laissés dans les noyaux polaires.

Ceux-ci sont en effet évidés, jusque dans le voisinage de l'entrefer, de façon à diminuer le poids de la carcasse et à augmenter l'induction dans leur section en même temps qu'à diminuer la réaction d'induit.

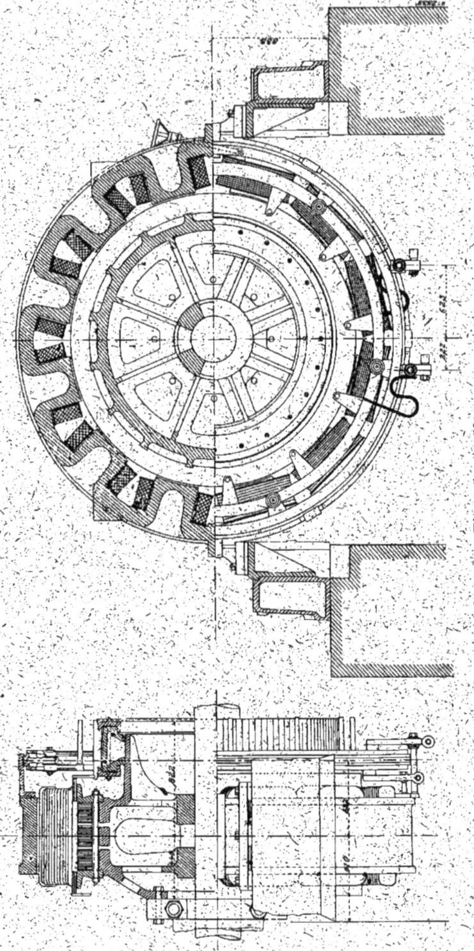

Fig. 457 et 458.
Dynamo à courant continu de 350 KW. de MM. Mather et Platt. — Ensembles.
350 KW. Gleichstrommaschine von Mather und Platt. — Zusammenstellungen.
350 KW. Mather and Platt Co continuous current Dynamo. — Outline.

Le diamètre maximum de la couronne extérieure des inducteurs, est de 2,88 m et sa largeur, de 54 cm environ.

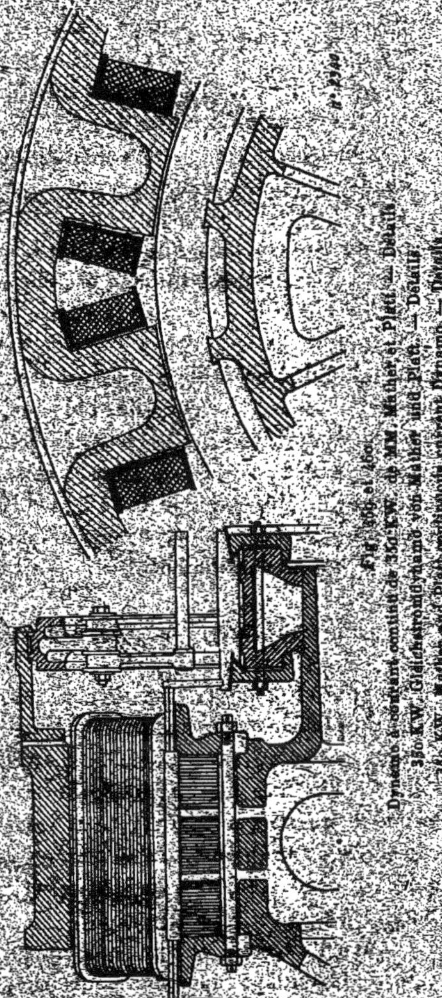

Fig. 459 et 460.
Dynamo à courant continu de 350 KW. de MM. Mather et Platt. — Détails.
350 KW. Gleichstromdynamo von Mather und Platt. — Details.
350 KW. Mather and Platt continuous current Dynamo. — Details.

La largeur des noyaux polaires, qui ne comportent pas d'épanouissements polaires, est de 48 cm environ dans le sens de l'axe et de 32,5 cm dans le sens perpendiculaire.

Le diamètre d'alésage des inducteurs est de 2,12 m environ.

Les bobines inductrices sont enroulées sur des carcasses en laiton et attachées aux noyaux par des vis.

La carcasse inductrice porte 6 pattes entre lesquelles peut tourner l'anneau portant les axes des porte-balais.

Induit. — L'induit de la dynamo de MM. Mather et Platt est supporté par une sorte de tambour non claveté sur l'arbre, mais boulonné directement sur le volant placé à côté de l'inducteur.

Les tôles de l'induit présentent des rainures en queue d'aronde qui viennent se loger dans des bras radiaux venus de fonte avec le support. Les tôles sont divisées en trois anneaux séparés par des cales en bronze et sont serrées entre deux disques de fonte à l'aide de boulons.

De nombreuses ouvertures sont ménagées dans le support pour assurer une bonne ventilation de l'induit.

La longueur totale de l'induit, y compris les espaces laissés entre les paquets de tôles, est d'environ 48 cm et la hauteur radiale des anneaux, de 14,5 cm.

L'induit est denté et porte un enroulement tambour multipolaire en quantité formé avec des barres de cuivre.

Le support du collecteur est emmanché sur un prolongement de celui de l'induit; les lames isolées au mica sont serrées par des disques s'embecquetant sur les rebords du support et le serrage est obtenu à l'aide de boulons.

Le diamètre du collecteur est de 1,80 m et sa largeur d'environ 30 cm.

Les balais sont en charbon et leur pression sur le collecteur peut être réglée indépendamment pour chacun; chaque porte-balai peut être relevé facilement pour remplacer les balais en marche. En outre, chaque ligne de balais peut être relevée et tenue éloignée du collecteur

Le rendement de la dynamo, d'après les constructeurs, serait voisin de 94 p. 100 ; ce qui donnerait, pour un rendement de la machine à vapeur de 91 p. 100, un rendement global de 85,5 p. 100.

Moteur à vapeur. — Le moteur à vapeur de MM. Galloway et Cie est du type vertical compound jumelé et à condensation.

Ses principales constantes de construction sont les suivantes :

Diamètre du cylindre à haute pression	45	cm
Diamètre du cylindre à basse pression	85	»
Course commune des pistons.	91,5	»

La vitesse normale est de 105 tours par minute et la pression d'admission au petit cylindre de 10 kg : cm². Dans ces conditions de vitesse et de pression, la puissance normale du moteur est de 680 chevaux indiqués pour la marche à condensation.

Les deux cylindres sont portés par des supports, formant glissière, et boulonnés sur un bâti unique, en plusieurs parties, sur lequel est fixé également l'inducteur de la dynamo.

La distribution de la vapeur dans les deux cylindres est faite par tiroirs Corliss avec boîtes séparées pour l'admission et l'échappement.

Le condenseur, qui est du type éjecteur, est pourvu d'une pompe centrifuge indépendante.

Le moteur, outre l'induit de la dynamo, comporte un volant spécial portant une denture interne sur la surface extérieure de la jante permettant de faire virer le moteur à la main.

GROUPE ÉLECTROGÈNE DE 350 KILOWATTS DE LA SOCIÉTÉ DES ÉTABLISSEMENTS POSTEL-VINAY ET DE MM. GARNIER ET FAURE-BEAULIEU.

350 KW. DAMPFDYNAMO DER ÉTABLISSEMENTS POSTEL-VINAY ET Cie UND VON GARNIER ET FAURE-BEAULIEU IN PARIS.

350 KW. POSTEL-VINAY AND C[o] GARNIER AND FAURE-BEAULIEU GENERATING UNIT.

La Société des Établissements Postel-Vinay et MM. Garnier et Faure avaient exposé en commun deux groupes électrogènes à courant continu destinés au service de l'éclairage. L'un de ces deux groupes, celui qui nous occupera tout d'abord, a une puissance de 350 kilowatts ; il est représenté sur la photographie de la figure 461.

Dynamo. — La dynamo à courant continu des Établissements Postel-Vinay est montée sur l'arbre même du moteur à vapeur, entre le volant et le palier de bout d'arbre ; elle a une puissance de 350 kilowatts sous une tension croissant de 525 à 575 volts ; le débit est par suite de 610 ampères. Elle est étudiée pour un service de traction.

La vitesse angulaire de la dynamo est de 90 tours par minute, et le nombre de pôles inducteurs de 8.

Les figures 462 et 463 représentent des vues d'ensemble de la dynamo qui est d'un type normal de la Compagnie Thomson-Houston, dont MM. Postel-Vinay sont les constructeurs.

Inducteurs. — La carcasse inductrice est constituée par une couronne en acier coulé, en deux parties, dont l'une, la partie inférieure, porte les pattes par lesquelles la dynamo repose sur ses fondations.

Le diamètre extérieur maximum de la carcasse inductrice est de 3,126 m, et sa largeur de 60 cm. Le diamètre intérieur est de 2,57 m environ.

Fig. 461.

Groupe électrogène de 350 KW. de la Société des Établissements Postel-Vinay et Cie et de MM. Garnier et Faure-Beaulieu (Paris).
350 KW. Gleichstromerzeuger der Société des Établissements Postel-Vinay et Cie und von Garnier und Faure-Beaulieu (Paris).
350 KW. Steamdynamo of the Société des Établissements Postel-Vinay et Cie and of Garnier and Faure-Beaulieu.

P. 528.

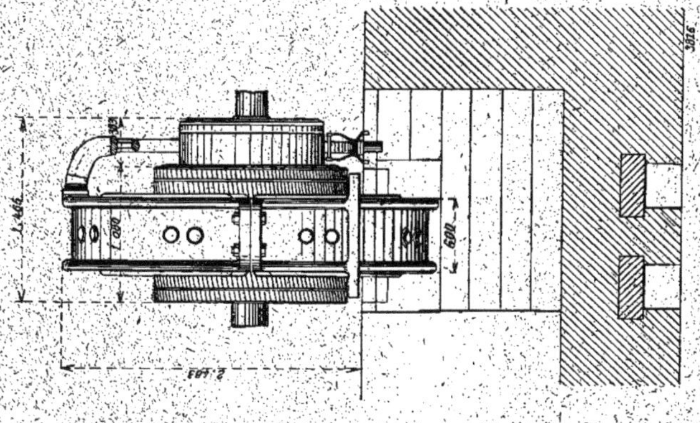

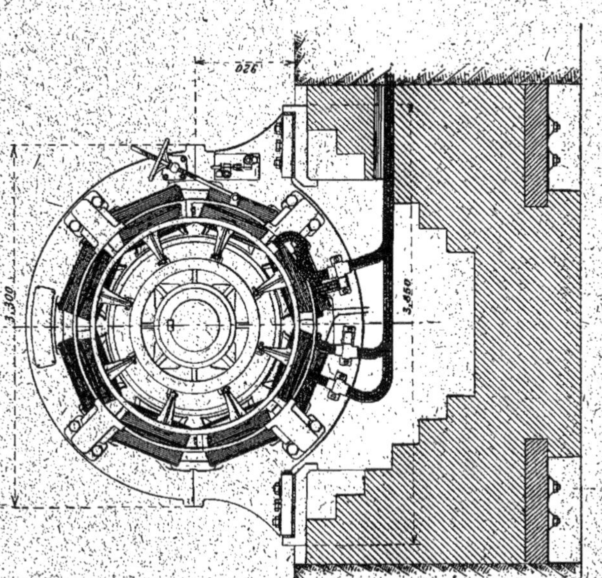

Fig. 462 et 463.
Dynamo à courant continu de 350 KW. de MM. Postel-Vinay et Cie. — Ensembles.
350 KW. Gleichstrommaschine von Postel-Vinay. — Zusammenstellungen.
350 KW. Postel-Vinay continuous current Dynamo. — Outline.

Les pôles inducteurs, en acier coulé, ont une section rectangulaire et reposent par des parties planes sur la couronne, à laquelle ils sont fixés chacun par deux boulons la traversant complètement.

Les épanouissements polaires sont venus de fonte avec les noyaux.

Les dimensions des noyaux polaires sont de 45 cm dans le sens de l'axe, sur 42 cm dans le sens perpendiculaire ; celles des épanouissements polaires de 62 cm parallèlement à l'axe et de 52 cm dans le sens perpendiculaire.

Le diamètre d'alésage des pièces polaires est de 1,618 m et l'entrefer de 9 mm.

L'enroulement inducteur est compound.

L'enroulement en dérivation se compose de 8 bobines enroulées sur la demi-hauteur des carcasses et comportant chacune 1.214 spires de fil de 2,4 mm de diamètre ou 4,5 mm² de section.

Les huit bobines à fil fin sont montées en série et la résistance du circuit formé est de 90 ohms à 50° C.

Le circuit série est constitué par une bande de cuivre de 120 mm de largeur et 3 mm d'épaisseur. Chaque noyau porte une bobine de 12,5 spires, et les huit bobines sont disposées en série.

La résistance du circuit d'excitation série est de 0,012 ohm.

Le poids de cuivre des deux enroulements est de 1 528 kg, dont 840 kg pour l'enroulement shunt et 688 pour l'enroulement série.

Le poids des noyaux inducteurs atteint 800 kg.

Le poids total de l'inducteur est de 19 000 kg.

Induit. — L'induit est supporté par un croisillon en fonte claveté sur l'arbre et dont les bras sont munis de rainures.

Les tôles induites, partagées en 6 noyaux ménageant entre eux des canaux de ventilation d'une largeur de 1 cm environ, sont serrées entre deux disques et portent des projections s'engageant dans les rainures du support.

Les boulons de serrage sont placés dans ces rainures de façon à être en dehors du champ magnétique.

Avec les deux disques sont venues de fonte des couronnes destinées à maintenir les parties extérieures de l'enroulement.

Le diamètre extérieur de l'induit est de 1,6 m, et la longueur totale des tôles, y compris celle des canaux de ventilation, de 60 cm. La hauteur radiale des tôles est de 21 cm.

La surface extérieure de l'induit porte 208 rainures de 45 mm de hauteur radiale et de 14 mm de largeur.

L'enroulement induit en tambour multipolaire avec groupement en quantité est formé par 832 barres de 6,7 mm de largeur et 3,7 mm d'épaisseur, repliées à leurs deux extrémités et réunies entre elles deux à deux. La section de chaque barre est de 24,8 mm^2.

Les barres sont réparties en 416 sections de 2 barres ou 1 spire chacune, aboutissant aux 416 lames du collecteur.

L'enroulement est maintenu par un cerclage démontable sur les parties extérieures et par un dispositif spécial sur l'induit lui-même, dispositif permettant d'enlever le cerclage par partie pour le remplacement d'une section avariée.

Le collecteur est monté sur un croisillon, en fonte, claveté sur le support de l'induit, et les lames sont serrées entre deux anneaux en acier à l'aide de boulons traversant les bras du croisillon.

Le diamètre du collecteur est de 1,2 m et sa largeur de 23 cm.

Le support du porte-balais est constitué par un anneau en fonte pouvant tourner entre quatre bras fixés à la carcasse inductrice, à l'aide d'une vis tangente commandée par un volant à main.

Les axes des porte-balais sont supportés par des étriers et portent quatre balais en charbon.

La résistance de l'induit entre balais est de 0,03 ohm à 50° C.

Le poids de l'induit complet est de 10 000 kg, dont 600 kg pour le cuivre de l'enroulement.

Le poids du support des porte-balais, des porte-balais, des balais et du câble de connexion est d'environ 700 kg.

Résultats d'essais. — L'intensité du courant d'excitation nécessaire pour obtenir à vide la tension normale de 525 volts est de 5,2 ampères.

En charge, pour une tension de 575 volts aux bornes, le courant d'excitation dans le circuit shunt atteint 5,9 ampères.

La chute de tension en charge est de 25 volts, soit de 4,4 p. 100 environ.

Moteur à vapeur. — Le moteur à vapeur de MM. Garnier et Faure-Beaulieu est du type monocylindrique à condensation.

Les diamètre et course du piston et la vitesse ont les valeurs suivantes :

Diamètre du piston	71 cm
Course du piston	120 »
Vitesse angulaire en tours par minute	90

La pression normale est de 8 kg : cm² et la puissance de 500 chevaux effectifs pour la marche à condensation.

La distribution de la vapeur est du type Corliss avec tiroirs commandés par déclics dits à lame de sabre.

Le cylindre est muni d'une enveloppe de vapeur.

Le condenseur est placé en tandem avec le cylindre, suivant le dispositif adopté généralement par MM. Garnier et Faure.

Le graissage est effectué par un graisseur Henry et par une petite pompe à huile.

En dehors de l'induit de la dynamo, le moteur à vapeur comporte un volant spécial.

Le régulateur est du type à boules.

Fig. 464.
Groupe électrogène de 75 KW. de MM. Postel-Vinay et Cie et de MM. Garnier et Faure-Beaulieu.
75 KW. Dampfdynamo von Postel-Vinay et Cie und von Garnier und Faure-Beaulieu.
75 KW. Steamdynamo of Postel-Vinay and of Garnier and Faure-Beaulieu.

p. 582.

GROUPE ÉLECTROGÈNE DE 75 KILOWATTS DE LA SOCIÉTÉ DES ÉTABLISSEMENTS POSTEL-VINAY ET DE MM. GARNIER ET FAURE-BEAULIEU

75 KW. DAMPFDYNAMO DER SOCIÉTÉ DES ÉTABLISSEMENTS POSTEL-VINAY UND VON GARNIER ET FAURE-BEAULIEU

75 KW. STEAMDYNAMO OF THE SOCIÉTÉ DES ÉTABLISSEMENTS POSTEL-VINAY AND OF GARNIER ET FAURE-BEAULIEU

Le second groupe de la Société des Établissements Postel-Vinay et de MM. Garnier et Faure a une puissance de 75 kilowatts. Il est représenté sur la photographie de la figure 464.

Dynamo. — La dynamo de MM. Postel-Vinay peut fournir un débit de 136 ampères sous une tension de 550 volts.

La vitesse angulaire est de 160 tours par minute et le nombre de pôles, de 6.

Les figures 465 et 466 montrent des vues d'ensemble avec coupes partielles de la dynamo.

Inducteurs. — Les inducteurs sont formés par une carcasse en acier coulé en deux parties, sur laquelle sont fixés les pôles inducteurs, également en acier, à l'aide de deux vis traversant complètement cette carcasse.

La partie inférieure de la carcasse repose par deux pattes sur le massif.

Les pôles inducteurs ont une section circulaire et sont terminés par des épanouissements polaires de forme sensiblement rectangulaire.

Le diamètre extérieur maximum de la carcasse est de 1,89 m, et le diamètre extérieur de la partie cylindrique de 1,78 m.

Le diamètre intérieur de la couronne est de 1,64 m.

La largeur de l'inducteur est de 38 cm.

Le diamètre des noyaux polaires atteint 31 cm, et les dimensions des pièces polaires sont de 37 cm dans le sens de l'axe et de 38 cm dans le sens perpendiculaire.

Le diamètre d'alésage est de 1,018 m, et l'entrefer de 9 mm.

L'enroulement inducteur shunt est formé de six bobines enroulées sur des carcasses métalliques et comprenant 2 550 spires de fil de 2 mm de diamètre.

Les six bobines inductrices sont disposées en série et la résistance du circuit d'excitation est de 113 ohms à 50° C.

La machine possède également un enroulement série qui n'était pas utilisé à l'Exposition.

Le poids de cuivre inducteur est de 498 kg, et celui des noyaux de 560 kg.

Induit. — L'induit est supporté par un tambour ajouré portant extérieurement des projections radiales sur lesquelles viennent s'empiler les tôles qui sont serrées entre deux disques en fonte. L'induit est monté directement sur l'arbre du moteur à vapeur.

Le diamètre extérieur de l'induit est de 1 m, et sa largeur de 32 cm. La hauteur radiale des tôles est de 16 cm.

Les tôles induites sont partagées en quatre paquets séparés par des intervalles de 1 cm environ.

La surface extérieure de l'induit est munie de 230 rainures de 38 mm de hauteur radiale et 8,1 mm de largeur. Dans ces rainures est disposé un enroulement tambour multipolaire avec groupement en quantité.

Chaque rainure contient 4 barres dont la section a 5,8 mm de hauteur et 3,7 mm de largeur soit 21,5 mm². Les 920 barres sont réparties en 460 sections de deux conducteurs en une seule spire aboutissant aux lames du collecteur.

Le poids de cuivre de l'enroulement induit est de 180 kg.

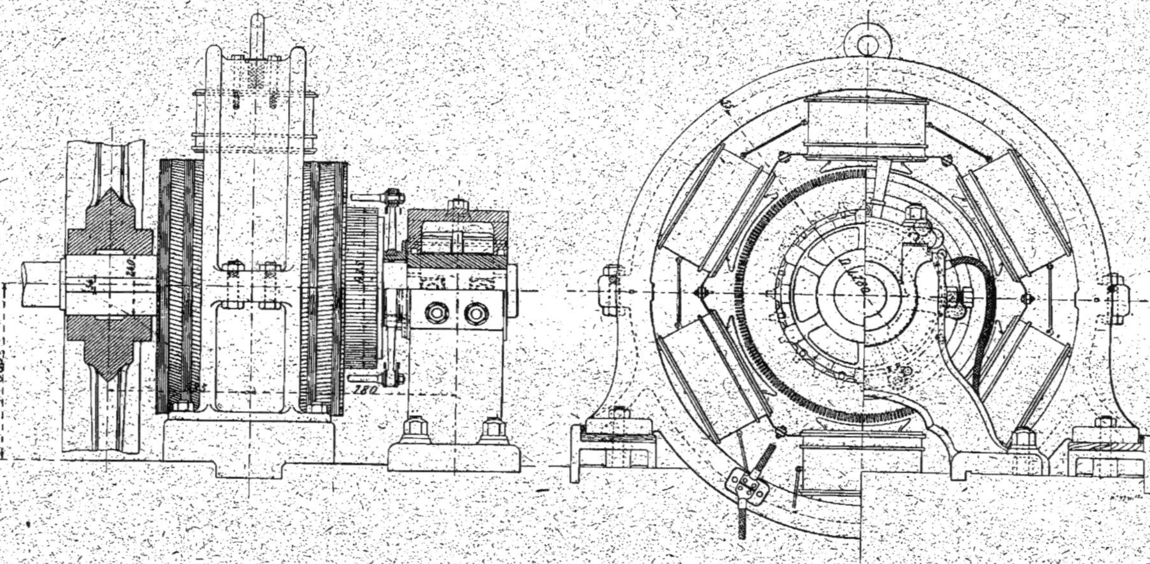

Fig. 465 et 466.
Dynamo à courant continu de 75 KW. de MM. Postel-Vinay et Cie. — Ensembles.
75 KW. Gleichstromdynamo von Postel-Vinay. — Zusammenstellungen.
75 KW. Postel-Vinay continuous current dynamo. — Outline.

Le collecteur, monté sur un support en fonte, a un diamètre de 63,5 cm et une largeur de 15 cm.

Le support du porte-balais est monté sur un collier pouvant tourner autour d'un anneau rapporté sur le palier.

Les balais sont répartis en 6 lignes de 2 balais en charbon.

La résistance de l'induit entre balais est de 0,2 ohm à 50° C.

Le poids de l'induit tout monté atteint 4 000 kg.

Résultats d'essais. — L'intensité du courant d'excitation pour la marche à vide est de 2,5 ampères. En charge, le courant d'excitation est de 3,5 ampères ; la chute de tension correspondante est de 35 volts, soit 6,5 p. 100 environ.

Moteur à vapeur. — Le moteur à vapeur Garnier et Faure de ce groupe est du même genre que celui du premier ensemble.

Ses dimensions sont les suivantes :

Diamètre du piston	46 cm
Course	50 »
Vitesse angulaire en tours par minute	160

La pression de la vapeur est de 7 à 8 kg : cm², et la puissance de 150 chevaux effectifs pour la marche à condensation.

Le régulateur est à ressorts et logé dans un petit volant.

DYNAMOS A COURANT CONTINU DE LA COMPAGNIE THOMSON-HOUSTON

GLEICHSTROMMASCHINEN DER Cie THOMSON-HOUSTON — FRENCH THOMSON-HOUSTON C° DIRECT CURRENT GENERATORS

La Compagnie française pour l'exploitation des procédés Thomson-Houston avait exposé, tant au Champ-de-Mars qu'à Vincennes, un certain nombre de dynamos à courant

Fig. 467.
Stand de la Compagnie française pour l'exploitation des procédés Thomson-Houston.
Ausstellung der Cie française pour l'exploitation des procédés Thomson-Houston.
Exhibition of the Cie française pour l'exploitation des procédés Thomson-Houston.

p. 386.

continu parmi lesquelles nous décrirons celles de 500 et de 100 kilowatts.

Dynamo de 500 kilowatts pour traction. — La dynamo de 500 kilowatts présentée par la Compagnie Thomson-Hous-

Fig. 468 et 469.

Dynamo à courant continu de 500 KW. de la Compagnie française Thomson-Houston. — Ensembles.

500 KW. Gleichstrommaschine der Cie française Thomson-Houston. — Zusammenstellungen.

500 KW. French Company Thomson-Houston continuous current Dynamo. Outline.

ton est du même type que celle de 350 kilowatts des Établissements Postel-Vinay et Cie que nous venons d'étudier.

La puissance de cette machine est de 500 kilowatts sous

une tension de 550 volts en charge ; le débit est par suite de 910 ampères.

La vitesse angulaire est de 95 tours par minute et le nombre de pôles de 8.

La dynamo Thomson-Houston de 500 kilowatts, visible sur la photographie de la figure 467, est représentée sur les figures 468 et 469.

Inducteurs. — Les inducteurs ont une constitution analogue à ceux de la dynamo de 350 kilowatts.

La carcasse inductrice, en acier, a un diamètre extérieur maximum de 3,43 m et une largeur de 64 cm. Le diamètre intérieur est de 2,90 m.

Les pôles inducteurs, en acier coulé, ont une section circulaire de 51 cm de diamètre. Les dimensions des épanouissements polaires à bords cintrés sont de 58 cm dans le sens de l'axe, et de 0,8 du pas, soit environ 58 cm, dans le sens perpendiculaire.

Le diamètre d'alésage des pièces polaires est de 1,848 m et l'entrefer de 9 mm.

L'enroulement inducteur est compound. L'enroulement en dérivation est formé de 8 bobines de 1 500 spires de fil de 2,7 mm de diamètre. Toutes les bobines sont montées en série et la résistance du circuit inducteur shunt est de 80 ohms à froid.

Le circuit inducteur en série comporte 8 bobines de 9,5 spires d'une bande de cuivre de 600 mm² de section. La résistance de ce circuit est de 0,004 ohm à froid.

Le poids de cuivre des deux enroulements est de 1 800 kg, dont 1 070 kg pour le circuit en dérivation et 760 kg pour le circuit en série.

Le poids de l'inducteur, y compris les plaques de fondations, est de 21 400 kg.

Induit. — L'induit, analogue à celui de la dynamo de 350 kilowatts, a un diamètre extérieur de 1,83 m et un diamètre intérieur de 1,34 m ; la hauteur radiale est par suite de 24,5 cm.

Les tôles induites sont partagées en 6 paquets ; la largeur totale y compris les espaces ménagés pour la ventilation est de 56 cm.

L'enroulement induit, en tambour multipolaire avec groupement en quantité, est réparti dans 176 rainures de 46 mm de profondeur et 12,2 mm de largeur. Il comprend 704 sections de 2 conducteurs chacune. Les conducteurs, au nombre de 8 par rainure, ont une section de 42 mm^2.

Le diamètre du collecteur est de 1,6 m et sa largeur de 30 cm. Le nombre de lames est de 704.

Sur ce collecteur frottent 8 lignes de balais en charbon.

La résistance de l'induit est de 0,015 ohm à froid.

Le poids de l'induit tout monté est de 12600 kg dont 920 kg pour le cuivre de l'enroulement.

Résultats d'essais. — L'intensité du courant d'excitation nécessaire pour obtenir à vide la tension de 500 volts est de 5,3 ampères.

En charge avec une tension aux bornes de 550 volts, le courant d'excitation est de 6 ampères.

Dynamo de 100 kilowatts. — La seconde dynamo de la Compagnie Thomson-Houston que nous étudierons ici est d'un type semblable à celui de la dynamo de 75 kw des Établissements Postel-Vinay signalée plus haut.

La puissance est de 100 kilowatts sous une tension de 500 volts ; le débit est par suite de 200 ampères.

La vitesse angulaire est de 500 tours par minute et le nombre des pôles de 6.

Cette dynamo était accouplée à un moteur synchrone de 150 chevaux et formait un groupe transformateur identique à ceux installés par la Compagnie française Thomson-Houston aux stations réceptrices du chemin de fer de Paris à Orléans.

Inducteurs. — Les pôles inducteurs, à section circulaire, sont fixés sur une carcasse en acier.

Le diamètre des pôles inducteurs est de 22,5 cm et les dimensions des épanouissements polaires de 27 cm dans le sens de l'axe et de 29,5 cm environ dans le sens perpendiculaire.

L'enroulement inducteur, en dérivation, comprend 6 bobines comportant chacune 2 400 spires de fil de 1,8 mm de diamètre. Les 6 bobines inductrices, montées en série ont une résistance de 105 ohms à froid.

Le diamètre d'alésage des inducteurs est de 70,6 cm et l'entrefer de 8 mm.

Le poids de cuivre inducteur est de 325 kg.

Le poids de l'inducteur, non compris le bâti est de 1 800 kg.

Induit. — L'induit, d'une constitution identique à celui de la dynamo Postel-Vinay de 75 kilowatts, a un diamètre extérieur de 69 cm. La longueur totale du fer, c'est-à-dire y compris les espaces ménagés pour la ventilation, est de 26 cm et la hauteur radiale de 11 cm.

La surface extérieure de l'induit porte 110 rainures de 34 mm de hauteur radiale et de 12 mm de largeur.

Ces rainures reçoivent un enroulement multipolaire-série formé de 220 sections d'une seule spire. Chaque spire est constituée par 2 conducteurs de 38 mm² de section.

Le diamètre du collecteur est de 50 cm et sa largeur de 13 cm.

La résistance de l'induit est de 0,039 à froid et le poids de cuivre de l'enroulement de 115 kg.

Les balais sont en charbon et le nombre de lignes est de 6.

Le poids de l'induit tout monté est de 1 000 kg et le poids de la machine complète de 4 500 kg environ.

Résultats d'essais. — L'intensité du courant d'excitation à

Fig. 470.
Groupe électrogène de 330 KW. de MM. Scott et Mountain et de MM. Robey et Cie
330 KW. Stromerzeuger von Scott und Mountain Co Limited und von Robey und Co Limited.
330 KW. Scott und Mountain-Robey Set.

p. 599.

vide, pour une vitesse de 500 tours par minute et une tension de 500 volts aux bornes, est de 2,8 ampères.

En pleine charge l'intensité du courant d'excitation atteint 3,8 ampères.

GROUPE ÉLECTROGÈNE DE 330 KILOWATTS
DE MM. SCOTT ET MOUNTAIN ET DE MM. ROBEY ET Cie

350 KW. STROMERZEUGER VON SCOTT UND MOUNTAIN UND VON ROBEY UND Co

350 KW. SCOTT AND MOUNTAIN-ROBEY AND Co SET

MM. Scott et Mountain, de Newcastle-sur-Tyne, et MM. Robey et Cie, de Lincoln, avaient exposé un groupe électrogène composé d'une dynamo construite par les premiers et d'un moteur à vapeur sortant des ateliers des seconds.

Ce groupe à courant continu, d'une puissance utile de 450 chevaux, est représenté sur la photographie de la figure 470. Les figures 471 et 472 en sont des vues d'ensemble, en élévation et en plan.

Dynamo. — La dynamo à courant continu de MM. Scott et Mountain a une puissance de 331,2 kilowatts sous une tension de 230 volts; le débit est par suite de 1,440 ampères.

La vitesse angulaire normale est de 90 tours par minute et le nombre de pôles de 8.

Inducteurs. — Les inducteurs sont constitués par une carcasse en deux parties assemblées dans un plan horizontal; la partie inférieure porte les supports qui reposent sur deux plaques de fondation. Le diamètre extérieur de la carcasse est de 2,80 m et sa largeur de 73,5 cm.

Les noyaux inducteurs sont rapportés à l'intérieur de la carcasse sur des bossages dressés et sont fixés chacun par deux vis la traversant complètement. Ils ont une section rectangulaire de 51 cm de longueur parallèlement à l'axe et de 33 cm de largeur ; leur hauteur est de 43 cm.

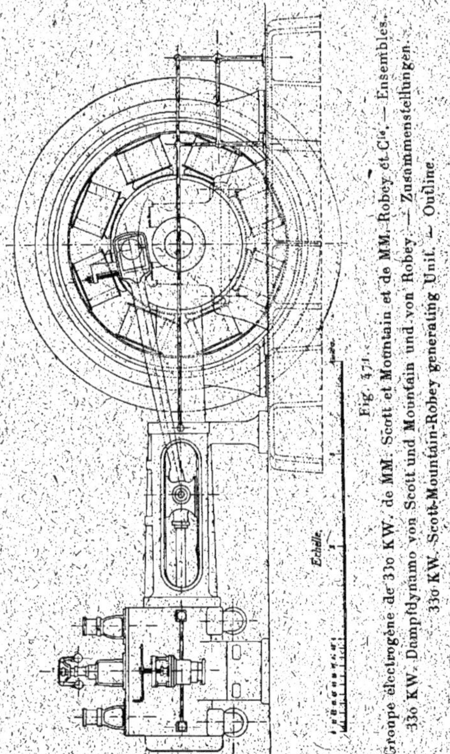

Fig. 471. Groupe électrogène de 330 KW. de MM. Scott et Mountain et de MM. Robey et Cie. — Ensembles.
330 KW. Dampfdynamo von Scott und Mountain und von Robey. — Zusammenstellungen.
330 KW. Scott-Mountain-Robey generating Unit. — Outline.

Les épanouissements polaires fondus avec les noyaux ont une largeur, perpendiculairement à l'axe, de 48 cm, l'espace interpolaire est de 12,8 cm.

La longueur des épanouissements polaires parallèlement

à l'axe est la même que celle des gorges ; le [illegible] de chaque [illegible] est par suite de [illegible].

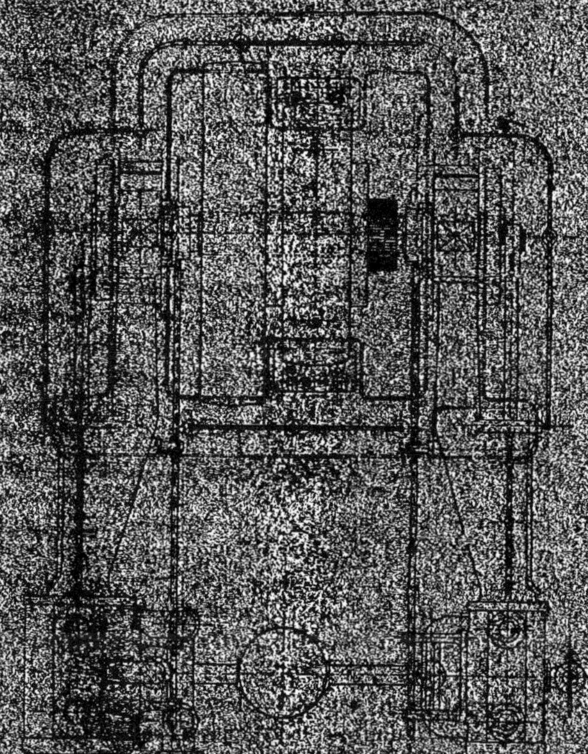

[illegible]

Les diamètres [illegible] des inducteurs ont de [illegible] et l'intérieur de [illegible].

Les bobines [illegible] sont enroulées sur des carcasses

en bronze, elles sont en fil rond de 5,4 mm de diamètre et comportent chacune 680 spires environ.

Toutes les bobines sont disposées en série et le circuit formé a une résistance totale de 10 ohms.

L'induction admise en pleine charge dans la carcasse est de 11 500 et celle dans les noyaux polaires, de 15 800. Le flux total traversant chaque noyau induit, en prenant un coefficient v d'Hopkinson égal à 1,2, est de $26,5 \times 10^6$ unités C. G. S.

L'induction dans l'entrefer à pleine charge est de 9 000, le flux sortant de chaque épanouissement polaire étant de 22×10^6 unités C. G. S.

Induit. — L'induit est claveté entre les deux paliers. Son circuit magnétique est supporté par un croisillon en fonte claveté sur l'arbre du moteur à vapeur.

L'anneau induit a un diamètre extérieur de 1,524 m et une largeur totale de 50,8 cm ; son diamètre intérieur est de 94 cm et la hauteur radiale des tôles, de 29,2 cm.

Cet anneau porte à sa surface 184 rainures destinées à recevoir l'enroulement. Les dimensions de ces rainures sont de 50,8 mm de profondeur radiale et de 12,7 mm de largeur.

La largeur des dents est de 13,3 mm et la densité du flux admise pour elles de 19 400. L'induction dans le noyau de l'induit est de 12 200.

L'enroulement induit est en tambour multipolaire et en quantité ; chaque rainure reçoit quatre conducteurs de 20,3 mm de hauteur et de 3,81 mm de largeur. Le nombre total de conducteurs est, par suite, de 736 répartis en 368 sections de deux conducteurs chacune.

Les conducteurs sont réunis entre eux par des lames de cuivre d'une longueur de 15,25 cm.

Le collecteur a un diamètre de 1,067 m ; il comporte 368 lames de 25,4 cm de longueur et de 3,8 cm de hauteur radiale.

Les axes des porte-balais sont au nombre de 8 et fixés sur un anneau mobile qu'on peut faire tourner légèrement à l'aide d'un volant commandant une vis à écrou mobile. Chaque ligne de balais comporte 3 balais.

La résistance de l'induit entre balais est de 0,00425 ohm ; la chute ohmique de tension dans l'induit est donc de 6,1 volts, soit 2,05 p. 100. La chute de tension dans les balais est de 4,15 volts ou 1,8 p. 100.

Résultats d'essais. — Le courant d'excitation en pleine charge est de 23 ampères et la surélévation de température des inducteurs, en marche normale, ne dépasse pas 8°,5. La puissance perdue dans l'excitation est de 5 300 watts c'est-à-dire environ 1,6 p. 100 de la puissance utile.

Les pertes dans l'enroulement induit sont de 8 800 watts, soit 2,7 p. 100.

Moteur à vapeur. — Le moteur à vapeur de MM. Robey et Cie accouplé à la dynamo Scott et Mountain est du type horizontal compound conjugué à condensation.

Les principales dimensions et constantes de ce moteur sont les suivantes :

Diamètre du cylindre à haute pression	50,8 cm
Diamètre du cylindre à basse pression	88,9 »
Course commune des pistons	106,7 »
Vitesse angulaire en tours par minute	90
Pression de la vapeur	10 kg : cm²

La puissance normale est 550 chevaux indiqués.

La distribution de la vapeur se fait par soupapes circulaires, à double siège, commandées par des excentriques calés sur deux arbres, parallèles aux axes des cylindres et actionnés par engrenage par l'arbre moteur.

Une des particularités les plus intéressantes du moteur de MM. Robey et Cie est son régulateur. Ce régulateur est électrique et est destiné à maintenir constante la tension aux bornes, par variation de la vitesse de la machine; il a été imaginé par M. Richardson.

Il est formé, en principe, par deux solénoïdes dont les noyaux sont équilibrés; l'un d'eux est disposé en dérivation aux bornes du réseau, et l'autre, en série avec le circuit d'utilisation. Le premier agit directement sur un contrepoids, disposé sur le régulateur à force centrifuge lequel est monté sur un petit cylindre, et est commandé par un petit arbre oblique actionné par l'arbre de commande de la distribution de ce cylindre.

Une variation quelconque de la tension aux bornes fait déplacer le noyau qui agit, par l'intermédiaire d'un système de levier, sur le régulateur et, par suite, sur la distribution; le degré d'approximation dans le fonctionnement de cet appareil est d'environ 3 p. 100. Le second solénoïde doit entrer en jeu en cas d'interruption du courant; il agit alors sur le régulateur de façon à annuler complètement l'introduction de la vapeur et le moteur s'arrête de lui-même.

La puissance consommée par l'enroulement du régulateur Richardson est de 150 watts; un rhéostat est placé en série avec l'enroulement du solénoïde shunt et permet de régler la valeur de la tension que l'appareil doit maintenir constante.

Un volant spécial est adjoint à l'induit; son diamètre est de 3,65 m et sa largeur, de 71 cm. Son poids est de 20,000 kg.

GROUPE ÉLECTROGÈNE DE 50 KILOWATTS DE LA SOCIÉTÉ L'ÉCLAIRAGE ÉLECTRIQUE ET MM. BOULTE, LARBODIÈRE ET Cie.

75 KW. DAMPFDYNAMO DER SOCIÉTÉ L'ÉCLAIRAGE ÉLECTRIQUE UND VON BOULTE, LARBODIÈRE ET Cie.

75 KW. STEAMDYNAMO OF THE SOCIÉTÉ L'ÉCLAIRAGE ÉLECTRIQUE AND OF BOULTE, LARBODIÈRE ET Cie.

Le courant d'excitation de l'alternateur Labour de 1 200 kilovolts-ampères était fourni par un petit groupe (fig. 473) formé d'un moteur à vapeur de MM. Boulte, Larbodière et Cie et d'une dynamo Labour de 50 kilowatts.

Fig. 493.
Groupe électrogène de 50 KW. de la Société l'Éclairage Électrique et de MM. Boulte, Larbodière et Cie.
50 KW. Dampfdynamo der Société l'Éclairage Électrique und von Boulte, Larbodière und Cie.
50 KW. Steamdynamo of the Société l'Éclairage Électrique and of Boulte, Larbodière and Cie.

p. 596.

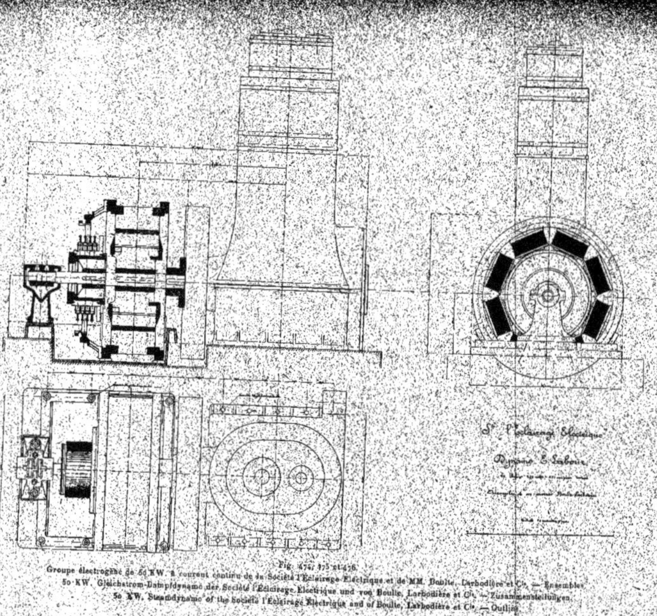

Fig. 474, 475 et 476.
Groupe électrogène de 50 KW. à courant continu de la Société l'Éclairage Électrique et de MM. Boulte, Larbodière et Cie. — Ensembles.
50 KW. Gleichstrom-Dampfdynamo der Société l'Éclairage Électrique und von Boulte, Larbodière et Cie. — Zusammenstellungen.
50 KW. Steamdynamo of the Société l'Éclairage Électrique and of Boulte, Larbodière et Cie. — Outline.

Dynamo — La dynamo est du type Labour ; sa puissance normale est de 60 kilowatts : 272 ampères, sous 220 volts. Sa puissance à l'Exposition était de 50 kilowatts, 280 ampères sous 180 volts. Cette dynamo est du type spécial pour l'accouplement direct avec les moteurs à grande vitesse. L'ensemble est combiné pour le minimum d'encombrement avec toutes facilités de visite et de démontage et en vue des applications à la marine. Les figures 474, 475 et 476 qui représentent des vues du groupe montrent bien la compacité de l'ensemble.

Pour une installation à terre, comme à l'Exposition, le moteur et la dynamo sont installés séparément sur un socle en maçonnerie. A bord d'un bateau le socle serait en fonte et commun.

La vitesse de la machine est de 400 tours par minute et le nombre des pôles, de 8.

Inducteurs. — La couronne inductrice est en deux parties et fixée sur une surface cylindrique. Ce dispositif a pour but de permettre de visiter la partie inférieure de l'inducteur en la faisant tourner pour l'amener à la partie supérieure.

L'inducteur est en acier doux, les noyaux sont venus de fonte avec la carcasse ; ils sont séparés en deux parties par une fente radiale qui intervient pour réduire la réaction d'induit.

Les pièces polaires sont rapportées et fixées à la carcasse par deux vis logées dans l'entrefer ménagé au milieu de chaque pôle.

La machine est excitée en dérivation.

Les bobines inductrices sont enroulées sur des carcasses en métal ; elles comportent chacune 580 spires de fil de 2,2 mm de diamètre. Les huit bobines sont en série et leur résistance est de 22,60 ohms à chaud.

Le diamètre d'alésage de l'inducteur est de 61,2 cm ; son diamètre extérieur est de 1,04 m.

La surface des épanouissements polaires est de 30 cm $\times$ 18 cm ou 540 cm².

Le poids de l'inducteur est de 970 kg dont 150 kg pour le cuivre.

Induit. — L'induit est manchonné rigidement avec le volant et s'appuie d'autre part sur un palier à rotule fixé sur le socle.

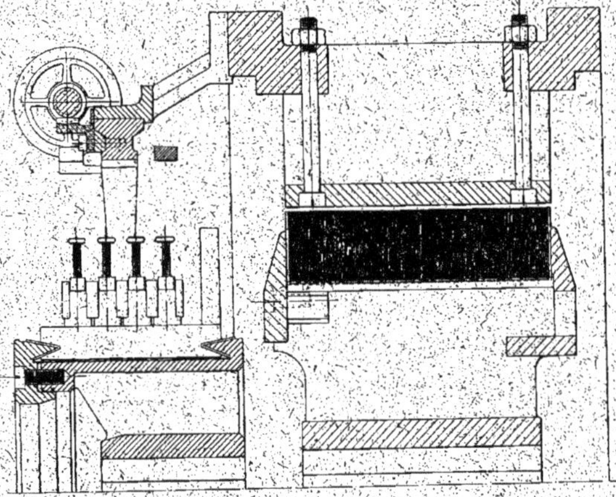

Fig. 477.
Dynamo à courant continu de 50 KW. de la Société l'Éclairage Électrique. — Détails.
50 KW. Gleichstrommaschine der Société l'Éclairage Électrique. — Details.
50 KW. Société l'Éclairage Électrique continuous current Dynamo. — Details.

Les supports de l'induit et du collecteur sont munis, comme le montre la figure 477, de canaux assurant une ventilation énergique.

L'induit, dont une coupe perpendiculaire à l'axe à grande échelle est représentée sur la figure 478, est denté et constitué par des tôles isolées de 0,4 mm.

Le diamètre extérieur de l'induit est de 60 cm et la largeur de la pile de tôles, de 30 cm.

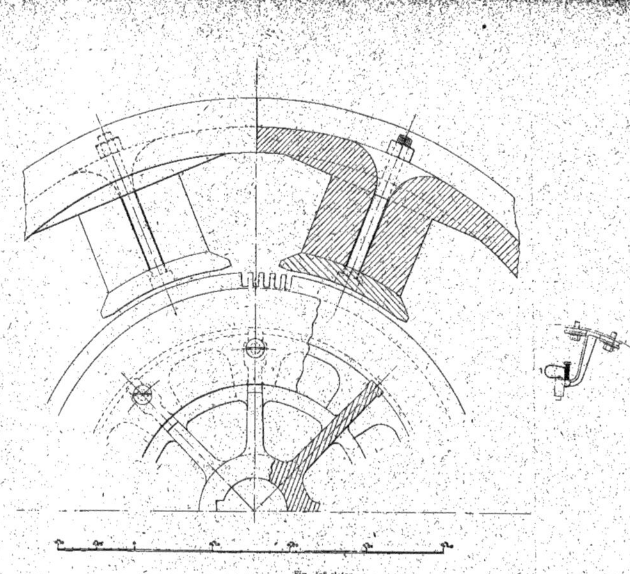

Fig. 478 et 479.

Dynamo à courant continu de 50 KW. de la Société l'Éclairage Électrique. — Détails.

50 KW. Gleichstrommaschine der Société l'Éclairage Électrique. — Details.

50 KW. Société l'Éclairage Électrique continuous current Dynamo. — Details.

p. 598.

L'induit est enroulé en tambour multipolaire en quantité.

Les sections de l'induit, réparties dans 128 rainures, sont au nombre de 128, soit 16 par pôle. Ces sections sont bobinées sur gabarit et peuvent être retirées séparément ; elles comportent chacune 3 spires formées par 2 fils de 2,1 mm de diamètre, montés en parallèle.

L'entrefer est de 6 mm.

Le collecteur, formé de 128 lames, est isolé au mica ; son diamètre est de 36 cm et sa largeur, de 18 cm.

Le courant est recueilli par 8 lignes de 4 balais.

Les porte-balais qui sont représentés à part, sur la figure 479, sont d'un type très commode ; ils glissent dans leurs supports pour atteindre une fois pour toutes le réglage convenable. Les balais sont en charbon, à section rectangulaire, et appuient normalement sur le collecteur. Une disposition spéciale des porte-balais assure une pression constante à tout degré d'usure de ce charbon.

L'ensemble du support des porte-balais peut tourner légèrement autour de la couronne inductrice à l'aide d'une vis tangente actionnée par un volant à main.

La résistance de l'induit entre balais est de 0,016 ohm à chaud.

Le poids de l'induit tout monté est de 376 kg, dont 36 kg pour le cuivre induit.

Résultats d'essais. — Les courbes de la figure 480 reproduisent les caractéristiques à vide et en charge, à tension constante, de la dynamo Labour de 50 kilowatts.

L'excitation pour la marche à vide, à 180 volts, est de 6,9 ampères ; en pleine charge l'intensité du courant d'excitation est de 8,05 ampères. La chute de tension est de 16,5 p. 100.

Cette machine peut supporter une surcharge de 50 p. 100, ou donner sa puissance aux deux tiers du voltage sans aucun déplacement de balais et sans étincelles.

Par suite de l'aération des fils et des croisillons de l'induit et du collecteur, l'augmentation de température n'atteint pas 30° en régime permanent.

Une dynamo du même type était exposée dans la classe 118

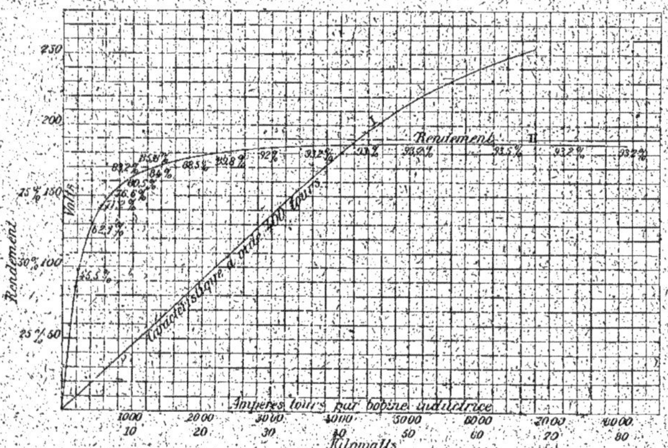

Fig. 480.
Caractéristiques de la dynamo de 50 KW. de la Société l'Éclairage Électrique.
I. Caractéristique à vide. — II. Rendement.
Kurven der 50 KW. Gleichstrommaschine der Société l'Éclairage Électrique.
I. Charakteristik bei Leerlauf. — II. Wirkunsgrad.
Characteristic of 50 KW. l'Éclairage Électrique continuous current dynamo.
I. No load saturation curve. — II. Efficiency.

(Palais des armées de terre et de mer) et accouplée à une machine Delaunay-Belleville de 40 chevaux.

Le rendement de la dynamo en pleine charge est de 93,2 p. 100 ; les pertes sont les suivantes :

Effet Joule induit	1 340 watts
» inducteur	1 400 »
Pertes à vide	1 750 »

Le poids total du cuivre est de 186 kg, ce qui correspond à une utilisation de 270 watts par kilogramme ou 3,7 kg par kilowatt.

Moteur à vapeur. — Le moteur Boulte, Larbodière et Cie, actionnant l'excitatrice Labour, d'une puissance de 75 chevaux effectifs, est du type compound, vertical, à deux cylindres en tandem. Les dimensions et constantes principales en sont :

Diamètre des cylindres à haute pression	188 mm
Diamètre des cylindres à basse pression	300 »
Course commune des pistons	220 »
Pression de la vapeur	10 kg : cm²
Vitesse angulaire en tours par minute	400

La distribution se fait par tiroir avec régulateur agissant sur la vanne d'arrivée de vapeur.

DYNAMO A COURANT CONTINU DE 55 KILOWATTS DES ATELIERS D'OERLIKON.

55 KW. GLEICHSTROMGENERATOR DER MASCHINENFABRIK OERLIKON. — 55 KW. OERLIKON DIRECT CURRENT GENERATOR.

Comme type normal de dynamo à courant continu des Ateliers d'Oerlikon, nous décrirons en dehors de celui déjà signalé plus haut, à propos des transformateurs rotatifs (p. 428), celui de 55 kilowatts.

La tension aux bornes est de 125 volts et le débit, de 440 ampères ; la vitesse angulaire est de 600 tours par minute et le nombre de pôles inducteurs, de 4.

Cette dynamo est représentée sur les figures 481 et 482 qui sont des vues d'ensemble avec coupes partielles de cette machine.

Inducteurs. — La carcasse inductrice est constituée par une couronne en acier coulé, en deux parties, dont l'une, la partie inférieure, porte les pattes par lesquelles l'inducteur est fixé sur le bâti ; ce dernier est venu de fonte avec les deux paliers à bagues.

Le diamètre extérieur de la carcasse inductrice est de

1,13 m et sa longueur, de 26 cm. Le diamètre intérieur est de 94 cm.

Les noyaux polaires, également en acier, sont à section circulaire et portent des épanouissements polaires de forme

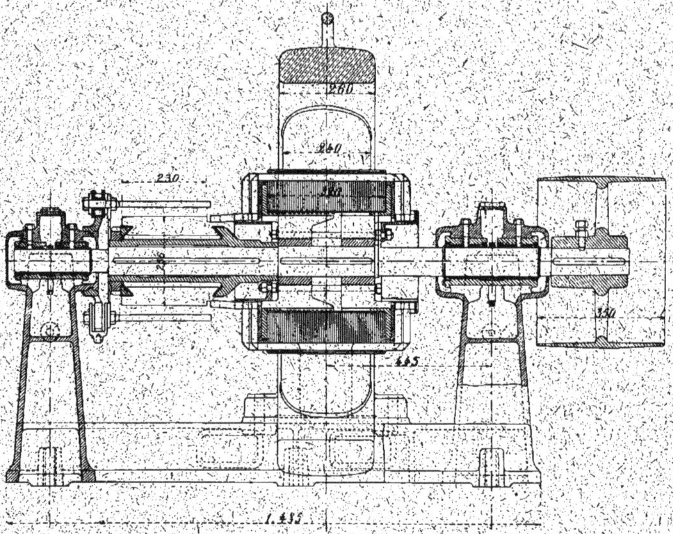

Fig. 481
Dynamo à courant continu de 55 KW. des Ateliers d'Oerlikon. — Ensemble.
55 KW. Gleichstrommaschine der Maschinenfabrik Oerlikon. — Zusammenstellung.
55 KW. Oerlikon continuous current Dynamo. — Outline.

rectangulaire venus de fonte avec eux. Les noyaux reposent sur des parties planes dressées de la carcasse et sont fixés chacun par deux vis.

La hauteur des noyaux proprement dits est de 19 cm et leur diamètre de 24 cm. Les épanouissements polaires ont une longueur parallèle à l'axe de 32 cm et un arc de 25,5 cm le long de l'entrefer. Le diamètre d'alésage des inducteurs est de 48 cm et l'entrefer de 5 mm.

Le circuit inducteur est en dérivation et comporte 4 bobines enroulées sur des carcasses en tôle. Chacune des bobines comprend 1 500 spires de fil de 2,9 mm de diamètre.

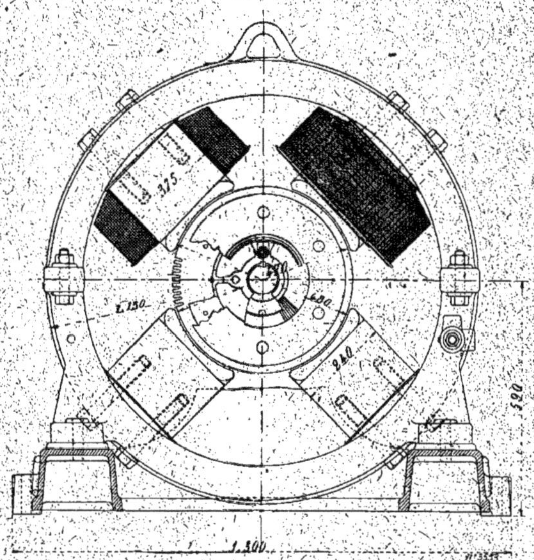

Fig. 482.

Dynamo à courant continu de 55 KW. des Ateliers d'Oerlikon. — Ensemble
55 KW. Gleichstrommaschine der Maschinenfabrik Oerlikon. — Zusammenstellung.
55 KW. Oerlikon continuous current Dynamo. — Outline.

Les 4 bobines sont en série et la résistance du circuit inducteur est de 16,4 ohms à froid.

Le poids de cuivre utilisé sur l'inducteur est de 350 kg.

Induit. — L'induit est serré entre deux supports en bronze clavetés sur l'arbre ; le serrage s'obtient à l'aide de boulons qui maintiennent en même temps des cylindres en bronze destinés à supporter les développantes et les gouttières réunissant les extrémités des développantes. L'entraînement du noyau induit, en une seule partie, se fait à l'aide de clavettes logées dans les bras du support.

Le diamètre extérieur de l'induit est de 47 cm et son diamètre intérieur de 26 cm, la hauteur radiale des tôles est par suite de 10,5 cm. La largeur des tôles induites est de 32 cm.

L'induit porte 116 rainures de 22 mm de hauteur et 6 mm de largeur. Dans chacune d'elles sont logées deux barres de 18 mm de largeur et 1,8 mm d'épaisseur, repliées à angle droit à leurs deux extrémités et courbées de façon à ce que celles-ci constituent des développantes de cercle.

Les extrémités des développantes sont soudées dans des gouttières en cuivre isolées, entre elles et du support, et serrées par un anneau en fer.

Les 232 conducteurs constituent un enroulement en tambour multipolaire séries parallèles avec 4 circuits en parallèle ; ils forment 116 sections aboutissant aux 116 lames du collecteur.

Le collecteur est monté sur un manchon claveté sur l'arbre. Les lames, isolées au mica, sont serrées par un écrou vissé sur le manchon. Le diamètre du collecteur est de 23,6 cm et sa largeur utile de 23 cm.

Les axes des porte-balais sont supportés par un balancier monté sur un anneau venu de fonte avec le palier et déplaçable à la main à l'aide d'une poignée à vis.

Il y a 4 lignes de balais comprenant chacune 10 balais en charbon.

La résistance de l'induit entre balais est de 0,0077 ohm, et le poids du cuivre de l'enroulement est 70 kg.

Résultats d'essais. — L'intensité du courant d'excitation pour obtenir la tension normale, à vide à la vitesse de 600 tours par minute, est de 3,6 ampères.

Fig. 483.

Groupe électrogène de 350 KW. de la Société des Hauts Fourneaux de Maubeuge.

350 KW. Dampfdynamo der Société des Hauts Fourneaux de Maubeuge.

350 KW. Steamdynamo of the Société des Hauts Fourneaux de Maubeuge.

p. 603.

Fig. 484.
Groupe électrogène de 350 KW. de la Société des Hauts Fourneaux (Maubeuge). — Ensemble.
350 KW. Dampfdynamo der Société des Hauts Fourneaux (Maubeuge). — Zusammenstellung.
350 KW. Steamdynamo of the Société des Hauts Fourneaux (Maubeuge). — Outline.

p. 604.

En charge, le courant d'excitation atteint 4,7 ampères et correspond à une tension à vide de 145 volts, la chute de tension est donc de 20 volts, soit 16 p. 100.

III. — DYNAMOS A INDUIT A ENCOCHES

II. — GLEICHSTROMMASCHINEN MIT HALBGESCHLOSSENEN NUTEN IM ANKER.

III. — DIRECT CURRENT GENERATORS WITH PARTLY CLOSED SLOT ARMATURE.

GROUPE ÉLECTROGÈNE DE 350 KILOWATTS DE LA SOCIÉTÉ DES HAUTS FOURNEAUX DE MAUBEUGE.

350 KW. STROMERZEUGER DER SOCIÉTÉ DES HAUTS FOURNEAUX DE MAUBEUGE.

350 KW. HAUTS FOURNEAUX DE MAUBEUGE GENERATING SET.

La Société anonyme des Hauts Fourneaux de Maubeuge, une des plus anciennes usines métallurgiques du Nord, avait présenté à l'Exposition un groupe électrogène à courant continu construit entièrement par elle.

Ce groupe, formé d'une dynamo à courant continu de 350 kilowatts et d'un moteur à vapeur de 500 chevaux, est représenté sur la photographie de la figure 483 et sur la figure 484.

Dynamo. — La dynamo de la Société des Hauts Fourneaux de Maubeuge, étudiée par M. Ch. Reignier, ingénieur chef du service électrique, est établie pour une tension de 250 volts; le débit est par suite de 1 400 ampères.

La vitesse angulaire est de 120 tours par minute et le nombre de pôles, de 12.

La dynamo est représentée sur les figures 485 et 486 qui sont des vues d'ensemble avec coupes partielles. Les figures 487 et 488 montrent des coupes et vue d'une partie de l'in-

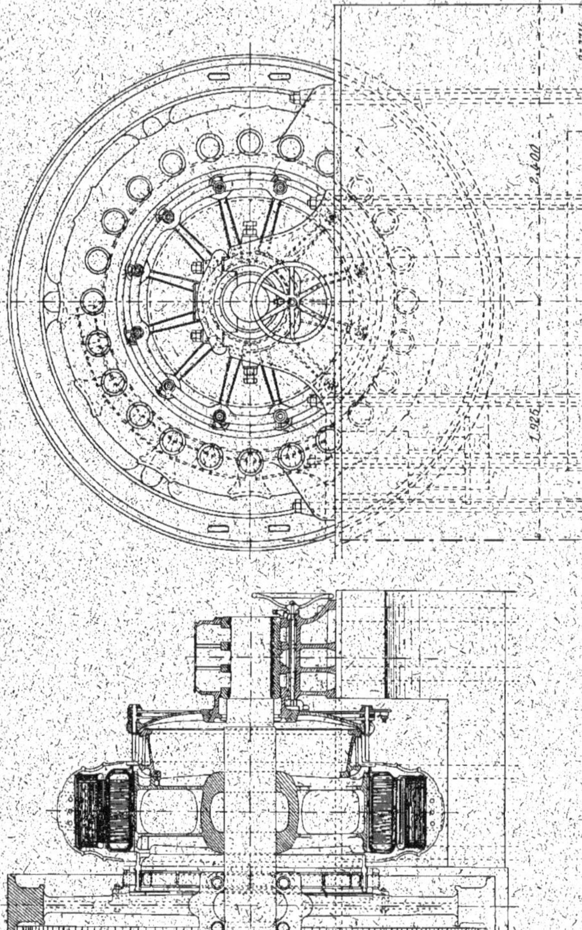

Fig. 485 et 486.
Dynamo à courant continu de 350 KW. de la Société des Hauts Fourneaux (Maubeuge). — Ensembles.
350 KW. Gleichstrommaschine der Société des Hauts Fourneaux (Maubeuge). — Zusammenstellungen.
350 KW. Société des Hauts Fourneaux (Maubeuge) continuous current Dynamo. — Outline.

duit et de l'inducteur, la figure 489 est une vue de dents de l'induit à plus grande échelle.

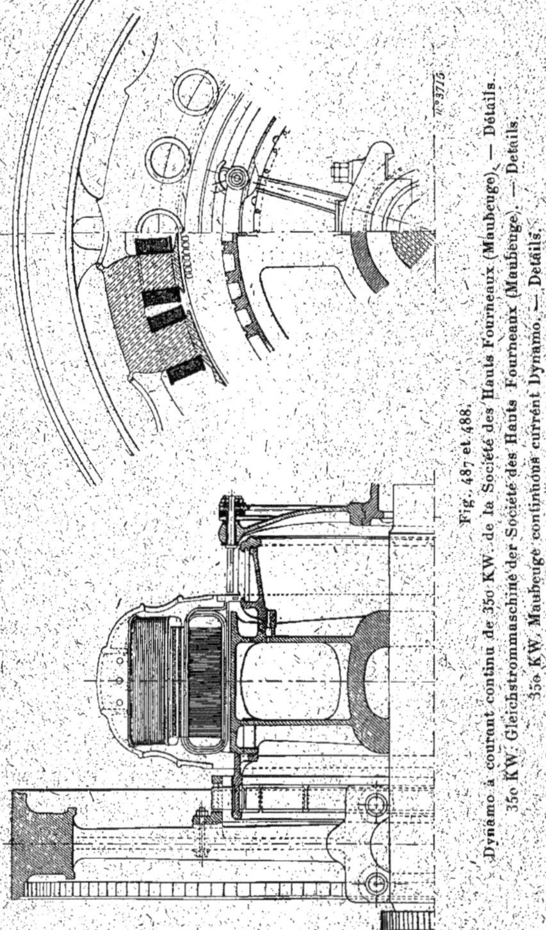

Fig. 487 et 488.
Dynamo à courant continu de 350 KW. de la Société des Hauts Fourneaux (Maubeuge). — Détails.
350 KW. Gleichstrommaschine der Société des Hauts Fourneaux (Maubeuge). — Details.
350 KW. Maubeuge continuous current Dynamo. — Details.

Inducteurs. — Les inducteurs, en acier coulé, sont constitués par 12 circuits magnétiques, indépendants, en fer à cheval, réunis entre eux par une carcasse en deux parties, présentant de nombreuses ouvertures circulaires pour la ventilation et entourant complètement ces pôles de façon à protéger les enroulements.

Le diamètre extérieur de la carcasse est de 3,2 m et sa largeur, de 80 cm.

Chaque pôle proprement dit est formé de deux noyaux appartenant à deux circuits magnétiques voisins et réunis par une pièce polaire unique présentant un fort étranglement en son milieu entre les deux noyaux.

Fig. 489.
Forme des encoches de l'induit de la dynamo de la Société des Hauts Fourneaux de Maubeuge.
Form der Ankernuten der Gleichstrommaschine der Société des Hauts Fourneaux de Maubeuge.
Form of armature slots of the Société des Hauts Fourneaux de Maubeuge dynamo.

Ce dispositif permet de réduire la réaction d'induit par suite de la réluctance élevée que le flux induit a à traverser.

La largeur des noyaux polaires, dans le sens perpendiculaire à l'axe est de 17 cm pour chaque demi-pôle proprement dit. La longueur dans le sens de l'axe est de 50 cm.

Les pièces polaires, de même nature que la carcasse, sont fixées à l'aide de vis ; leur longueur est de 50 cm et leur largeur de 27 cm par demi-pôle. La surface des pièces polaires par pôle est par suite de 2 700 cm².

Le diamètre d'alésage de l'inducteur est de 2,41 m et l'entrefer, de 5 mm.

Chaque pôle inducteur porte deux bobines enroulées sur

des carcasses isolantes retenues par les pièces polaires. Les deux bobines comportent chacune 518 spires de fil de 4 mm de diamètre ou 12,56 mm² de section.

Les 24 bobines sont groupées en deux séries de 12 bobines et les deux séries sont montées en parallèle. La résistance du circuit inducteur est de 7 ohms à froid et le poids de cuivre utilisé sur l'inducteur est de 2 000 kg.

Le poids de l'inducteur, sans les plaques de fondation, est de 10 630 kg.

Induit. — Le support de l'induit est constitué par un tambour en fonte porté par un croisillon claveté sur l'arbre et muni de deux rangées de bras réunies par des nervures.

Le tambour est muni extérieurement de projections radiales, terminées en queue d'aronde et sur lesquelles viennent s'empiler les tôles de l'induit.

Celui-ci est formé de 10 000 segments de tôles de 0,5 mm d'épaisseur, isolées au papier gomme laqué; il y a douze segments par couronne.

Le noyau de tôles est serré entre deux plateaux et maintenu par des broches en acier.

Le diamètre extérieur de l'induit est de 2,40 m et son diamètre intérieur, de 2 m; la hauteur radiale des tôles est par suite de 20 cm. La largeur du noyau est de 50 cm et la largeur utile, c'est-à-dire déduction faite de l'épaisseur du papier, de 41,5 cm.

A la surface extérieure de l'induit sont pratiquées 288 rainures très peu ouvertes. Ces rainures ont une profondeur de 43 mm et une largeur de 12 mm; l'ouverture dans l'entrefer n'est que de 2 mm.

Le volume du fer est de 467 dm³.

L'enroulement induit est en anneau Gramme-Pacinotti; il est réparti en 288 sections de 3 spires chacune. Le fil induit est formé par un câble, en fils de 1,5 mm de diamètre, et d'une section utile de 65 mm². Ce câble est laminé, de façon à affecter une section rectangulaire ; il est isolé par 3 guipages et une tresse.

Les encoches de l'induit sont isolées par des canaux isolants.

Le poids de cuivre utilisé sur l'induit est de 790 kg.

Le collecteur est monté sur un support en fonte fixé au support de l'induit. Les 288 lames, isolées au mica, sont serrées à l'aide d'un anneau en fer forgé s'engageant dans une encoche triangulaire des lames.

Le diamètre extérieur du collecteur est de 1,80 m et sa largeur utile, de 24 cm.

Le support des porte-balais est constitué par une étoile à 12 branches en fonte portant chacune un axe isolé.

Chaque axe comporte 6 balais en charbon et les axes de même polarité sont réunis entre eux par deux cercles collecteurs en cuivre sur lesquels sont fixées les prises de courant.

La résistance de l'induit entre balais est de 0,0025 ohm.

Le poids de l'induit tout monté avec son arbre et son plateau d'accouplement est de 10177 kg.

Résultats d'essais. — L'intensité du courant d'excitation nécessaire pour obtenir la tension normale à vide est de 10 ampères.

En charge, le courant d'excitation atteint 13,5 ampères ; un rhéostat placé en série avec l'inducteur absorbe le surplus de la tension nécessaire à l'excitation.

L'induction admise dans le fer induit (culasse) est de 10500 unités C. G. S.

Moteur à vapeur. — Le moteur à vapeur de la Société des Hauts Fourneaux de Maubeuge est du type monocylindrique à condensation. Les principales dimensions et constantes sont les suivantes :

Diamètre du cylindre	75 cm
Course du piston	70 »
Vitesse angulaire en tours par minute.	120
Pression de la vapeur d'admission	8 kg : cm²

La puissance normale, dans les conditions indiquées de vitesse et de pression et à condensation, est de 500 chevaux effectifs.

La distribution de la vapeur, à détente variable par le régulateur, est du système A. Hoyoi. Dans ce système, l'admission de la vapeur se fait par soupapes équilibrées et l'échappement par tiroirs plans à grilles.

Le condenseur est monté en tandem avec le cylindre.

Outre l'induit de la dynamo, le moteur à vapeur comporte un volant d'un poids de 11 000 kg. Le diamètre de ce volant est de 4 m et sa largeur de 50 cm.

Sur le volant de la machine est calée une couronne Zœdel qui l'accouple à l'aide d'un ruban élastique avec une seconde couronne analogue calée sur la jante du support de l'induit.

GROUPES ÉLECTROGÈNES DE 200 KILOWATTS DE LA MAISON BRÉGUET

200 KW. DAMPFDYNAMOS DER FIRMA BRÉGUET — 200 KW. BRÉGUET GENERATING UNITS

La Maison Bréguet avait exposé deux groupes électrogènes de 300 chevaux chacun, formés d'une turbine de Laval et de deux dynamos à courant continu.

Ces groupes montés en série étaient au service de l'éclairage. L'un d'eux est représenté sur la figure 490.

Dynamos — Les deux dynamos Bréguet commandées par chaque turbine de Laval ont une puissance totale de 200 kilowatts sous une tension de 250 volts aux bornes. Le débit est de 800 ampères.

La vitesse des dynamos est de 780 tours par minute.

Les dynamos Bréguet sont du type cuirassé à 4 pôles dont deux seulement reçoivent des bobines inductrices.

Les figures 491 et 492 montrent l'ensemble des deux dynamos avec coupes perpendiculaires à l'axe de l'une d'elles; la figure 493 est une coupe par l'axe d'une des dynamos.

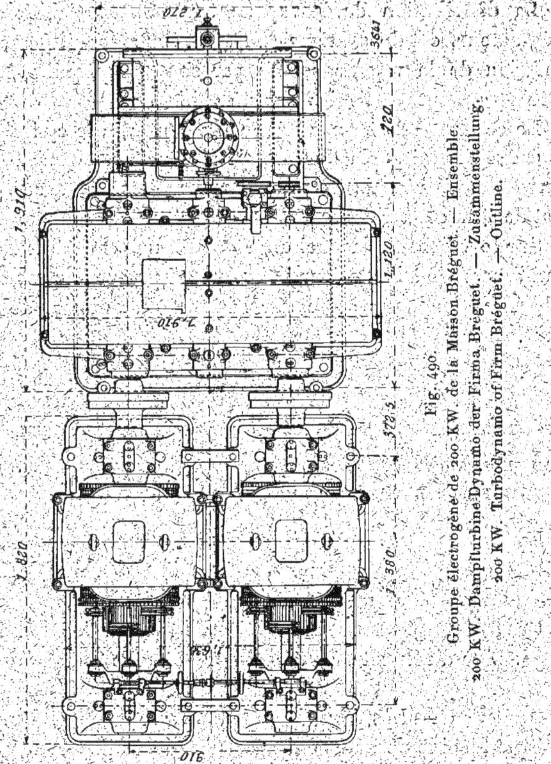

Fig. 490.
Groupe électrogène de 200 KW. de la Maison Bréguet. — Ensemble.
200 KW. Dampfturbine-Dynamo der Firma Breguet. — Zusammenstellung.
200 KW. Turbodynamo of Firm Bréguet. — Outline.

Inducteurs. — La carcasse inductrice de chaque dynamo est en acier et coulée en deux parties; elle affecte une forme hexagonale irrégulière.

L'assemblage des deux parties de la carcasse est fait par des oreilles venues de fonte, de façon à ménager, dans les pôles non bobinés, une rainure radiale destinée à diminuer l'effet de la réaction d'induit.

Deux autres rainures sont en outre ménagées dans le même but sur les pièces polaires des mêmes pôles.

Les pôles bobinés, dont les noyaux sont évidés, sont également munis de 3 rainures chacun.

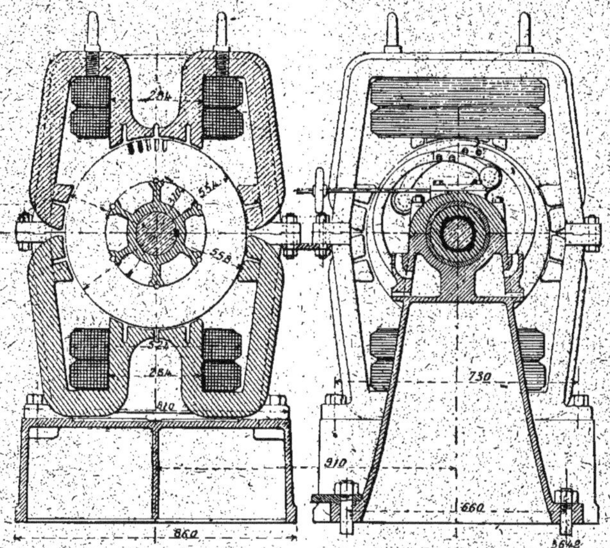

Fig. 491 et 492.
Dynamo à courant continu de 100 KW. de la Maison Bréguet. — Ensemble.
100 KW. Gleichstrommaschine der Firma Bréguet. — Zusammenstellung.
100 KW. Bréguet continuous current Dynamo. — Outline.

La hauteur de la carcasse est d'environ 1,10 m et la largeur dans le sens perpendiculaire à l'axe, de 77,5 cm. La largeur dans le sens de l'axe est de 54 cm.

La section des pièces polaires est de 28,4 cm sur 41 cm, soit 1 050 cm² non compris les fentes radiales.

Le diamètre d'alésage des inducteurs est de 56,8 cm et l'entrefer, de 7 mm.

L'enroulement inducteur, en dérivation, est formé de deux groupes de deux bobines superposées. Chaque groupe comporte en charge 15000 ampèretours; la densité de courant dans l'inducteur est de 1,6 ampère par mm².

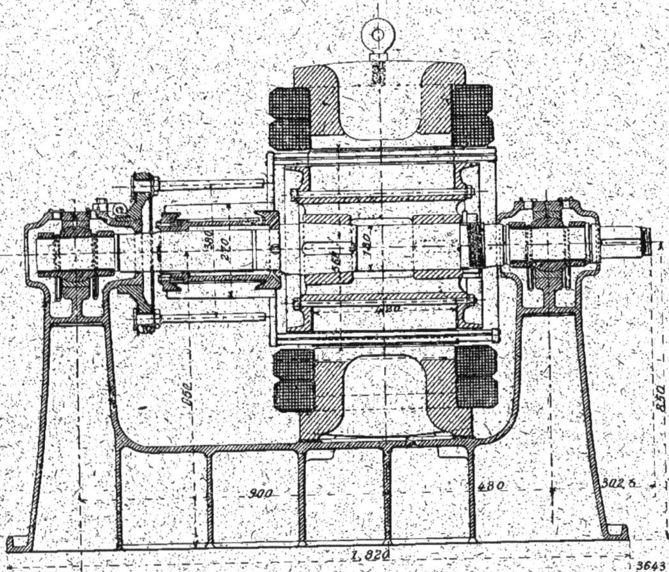

Fig. 493.
Dynamos à courant continu de 100 KW. de la Maison Bréguet. — Ensemble.
100 KW. Gleichstrommaschinen der Firma Bréguet. — Zusammenstellung.
100 KW. Bréguet continuous current Dynamos. — Outline.

Induit. — L'induit est porté par un croisillon en fonte claveté sur l'arbre et qui présente de plus une partie conique sur laquelle le support est serré sur l'arbre par un écrou retenu par une vis. Ce croisillon porte 6 bras qui supportent le noyau de tôles. L'entraînement se fait par boulons noyés, mi-partie dans l'induit, mi-partie dans le support.

Les tôles, groupées en trois paquets séparés par des intervalles pour la ventilation, sont serrées entre elles par des boulons à l'aide de deux anneaux qui servent en même temps de soutien aux conducteurs induits.

Le diamètre extérieur de l'induit est de 55,4 cm et la hauteur radiale des tôles de 12,2 cm. La largeur du noyau est de 42 cm.

La périphérie du noyau est munie de 60 rainures demi-fermées dans lesquelles est réparti un enroulement séries parallèles avec 8 circuits en quantité.

Les encoches de l'induit comportent chacune 4 conducteurs formés de barres de cuivre de 16 mm de largeur et de 2,5 mm d'épaisseur. La densité du courant dans l'induit est ainsi de 2,50 ampères par mm².

Les 240 conducteurs sont groupés en 120 sections d'une spire ou de deux conducteurs, chacune aboutissant aux 120 lames du collecteur.

Le collecteur est monté sur un manchon en fonte fixé sur l'arbre; les 120 lames, isolées au mica, sont serrées entre un rebord du manchon et un anneau retenu par des vis.

Le diamètre du collecteur est de 27 cm et sa largeur utile de 31 cm.

Le support des balais est constitué par un balancier en fonte pouvant tourner autour d'un anneau venu de fonte avec le palier.

Les balais des deux dynamos du groupe peuvent être déplacés simultanément ou successivement à l'aide de deux petits volants commandant des vis sans fin.

Les porte-balais sont d'un type spécial très léger de façon à permettre l'emploi d'une vitesse linéaire assez grande, inévitable avec la commande par turbine.

Chacune des 4 tiges de balais porte 12 charbons d'une largeur de 16 mm.

Moteurs à vapeur. — Les turbines de Laval des groupes Bréguet ont une vitesse de 9000 tours par minute.

La pression sur les aubes est de 10 kg : cm²; la puissance normale est de 300 chevaux.

La roue à aubes a un diamètre de 80 cm.

Le pignon, calé sur l'arbre de la turbine, attaque deux roues dentées et clavetées qui réduisent la vitesse à 780 tours par minute.

Les arbres des deux dynamos sont commandés par ces roues à l'aide d'accouplements élastiques Raffard.

La distribution de la vapeur à la surface de la roue à aubes est faite par 6 ajutages principaux. Quatre de ces ajutages sont du type conique et sont destinés à la marche à condensation, les deux derniers, du type cylindrique, servent au fonctionnement à échappement libre.

En dehors de ces ajutages principaux, la turbine possède 2 ajutages coniques avec ressort qui ne fonctionnent que lorsque la pression dans la conduite d'amenée de la vapeur s'abaisse au-dessous de 7 kg : cm².

GROUPE ÉLECTROGÈNE DE 350 KILOWATTS DE LA SOCIÉTÉ L'ELECTROTECHNISCHE INDUSTRIE, DE SLIKKERVEER, ET DE MM. STORK ET Cie, D'HENGELO.

350 KW. DAMPFDYNAMO DER ELECTROTECHNISCHE INDUSTRIE (SLIKKERVEER) UND STORK UND C° (HENGELO)

350 KW. STEAMDYNAMO OF THE ELECTROTECHNISCHE INDUSTRIE (SLIKKERVEER) AND OF STORK AND C° (HENGELO)

La Société l'Electrotechnische Industrie, ci-devant Wilhem Smit et Cie, de Slikkerveer (Hollande), et MM. Stork frères et Cie, d'Hengelo (Hollande), avaient exposé en commun : la première pour la dynamo et les seconds pour le moteur à vapeur, un groupe électrogène de 350 kilowatts à courant continu affecté au service de l'Exposition.

Les figures 494 et 495 représentent des vues en plan et en élévation de ce groupe.

Dynamo. — La dynamo de la société l'Electrotechnische Industrie a une puissance de 350 kilowatts : 1520 ampères sous 230 volts environ.

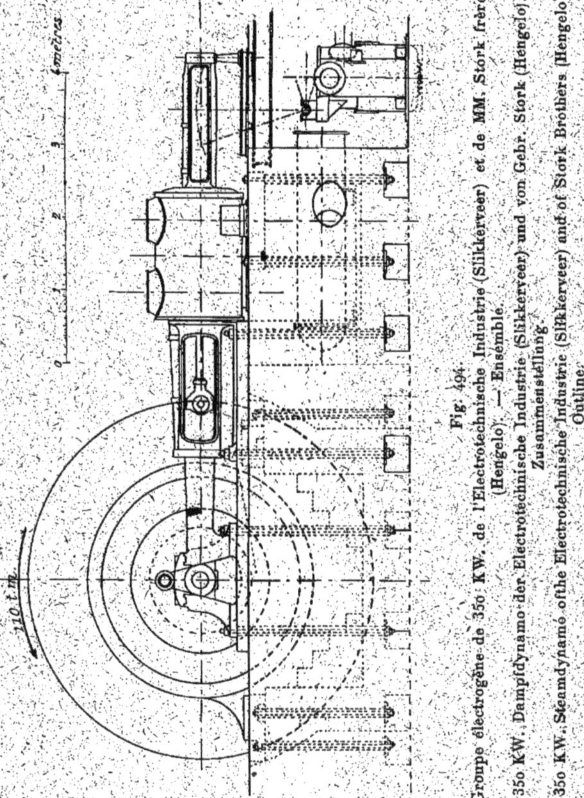

Fig. 494.
Groupe électrogène de 350 KW. de l'Electrotechnische Industrie (Slikkerveer) et de MM. Stork frères (Hengelo). — Ensemble.
350 KW. Dampfdynamo der Electrotechnische Industrie (Slikkerveer) und von Gebr. Stork (Hengelo) Zusammenstellung.
350 KW. Steamdynamo of the Electrotechnische Industrie (Slikkerveer) and of Stork Brothers (Hengelo) Outline.

A l'Exposition, la machine avait reçu un bobinage spécial permettant de la faire fonctionner à 550 volts avec un débit de 650 ampères environ.

La vitesse de cette machine est de 110 tours par minute, et le nombre des pôles de 10.

La photographie de la figure 496 est une vue du groupe

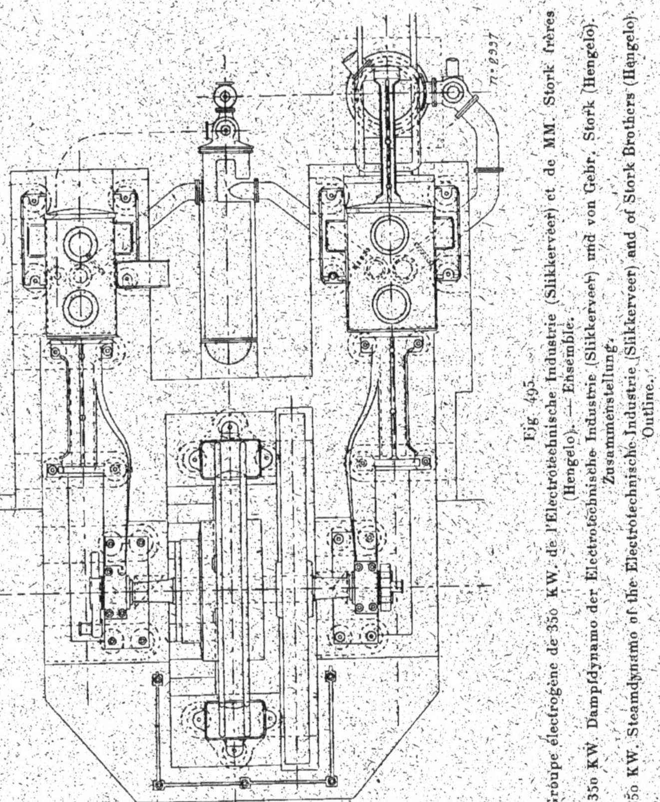

Fig. 495.
Groupe électrogène de 350 KW. de l'Electrotechnische Industrie (Slikkerveer) et de MM. Stork frères (Hengelo). — Ensemble.
350 KW. Dampfdynamo der Electrotechnische Industrie (Slikkerveer) und von Gebr. Stork (Hengelo). Zusammenstellung.
350 KW. Steamdynamo of the Electrotechnische Industrie (Slikkerveer) and of Stork Brothers (Hengelo). Outline.

prise du côté de la dynamo. Les figures 497 et 498 représentent des vues d'ensemble de la dynamo avec coupes partielles; sur la figure 497, le support des tiges de balais n'a pas été représenté. Les figures 499 et 500 sont des coupes avec vue partielle d'une partie de l'induit et de l'inducteur.

Fig. 496.
Dynamo à courant continu de 350 KW. de l'Electrotechnische Industrie ci-devant W. Smit et Cie.
350 KW. Gleichstrommaschine der Electrotechnische Industrie vorm. W. Smit und Co.
350 KW. Continuous current Dynamo of the Electrotechnische Industrie heretofore W. Smit and Co.

Inducteurs. — Les inducteurs sont constitués par une

couronne en acier coulé en deux parties dont l'une, la partie inférieure, porte deux pattes consolidées par des nervures et par lesquelles la dynamo repose sur ses plaques de fondation. Ces dernières sont munies d'oreilles dans lesquelles passent des vis de façon à permettre un léger déplacement de la machine dans le sens horizontal pour régler l'entrefer.

Le diamètre extérieur maximum de la carcasse est de 3,30 m et sa largeur, non compris le support des tiges de balais, de 45 cm.

Les pôles inducteurs également en acier coulé sont rapportés sur des bossages dressés, ménagés sur la carcasse. La fixation est obtenue à l'aide de deux vis traversant complètement la couronne extérieure.

Ces pôles ont une section circulaire de 36 cm de diamètre; leurs épanouissements polaires sont venus de fonte avec eux. Les dimensions de ces derniers sont de 40 cm dans le sens de l'axe et de 45 cm, dans le sens perpendiculaire.

Le diamètre d'alésage des inducteurs est de 201,6 cm et l'entrefer, de 8 mm.

Les bobines inductrices sont enroulées sur des carcasses isolantes et retenues en place par les épanouissements polaires. Chacune d'elles est formée de 675 spires de fil de 4,5 mm de diamètre, et, par suite, d'une section de 16 mm²; toutes les bobines sont montées en série et la machine est excitée en dérivation.

La résistance du circuit inducteur à froid est de 9,6 ohms. Le poids de cuivre utilisé sur l'inducteur est de 1300 kg et le poids total de l'inducteur, non compris les plaques de fondation, de 11 700 kg.

Sur la couronne inductrice est fixée, à l'aide de supports, une couronne en fonte portant les axes des porte-balais, nous y reviendrons plus loin.

Induit. — Le support d'induit a une constitution tout à fait spéciale; il se compose d'un moyeu servant à la fois pour

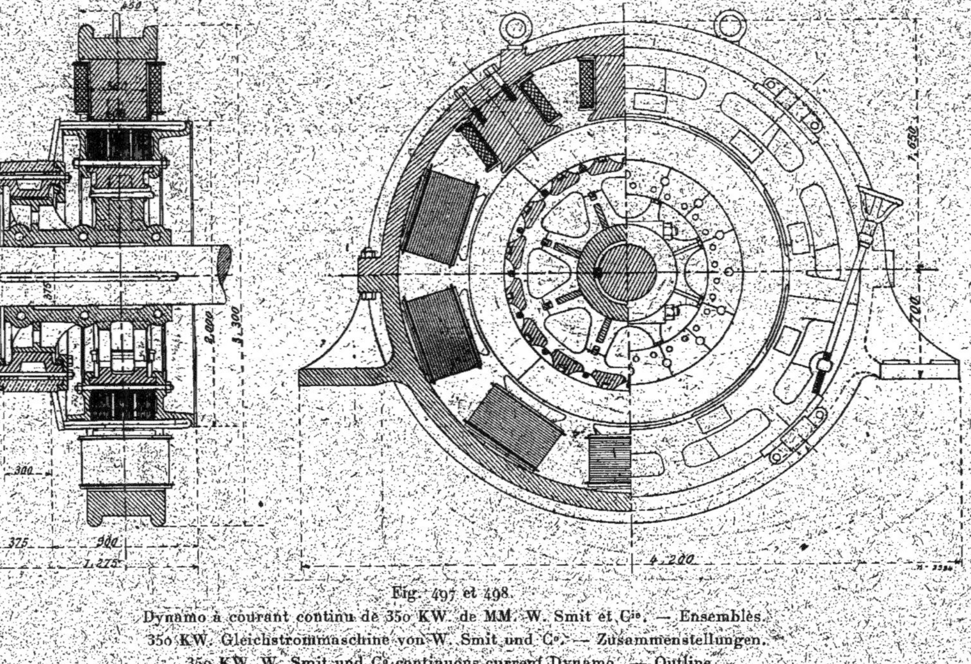

Fig. 497 et 498.
Dynamo à courant continu de 350 KW. de MM. W. Smit et Cie. — Ensembles.
350 KW. Gleichstrommaschine von W. Smit und Co. — Zusammenstellungen.
350 KW. W. Smit und Co continuous current Dynamo. — Outline.

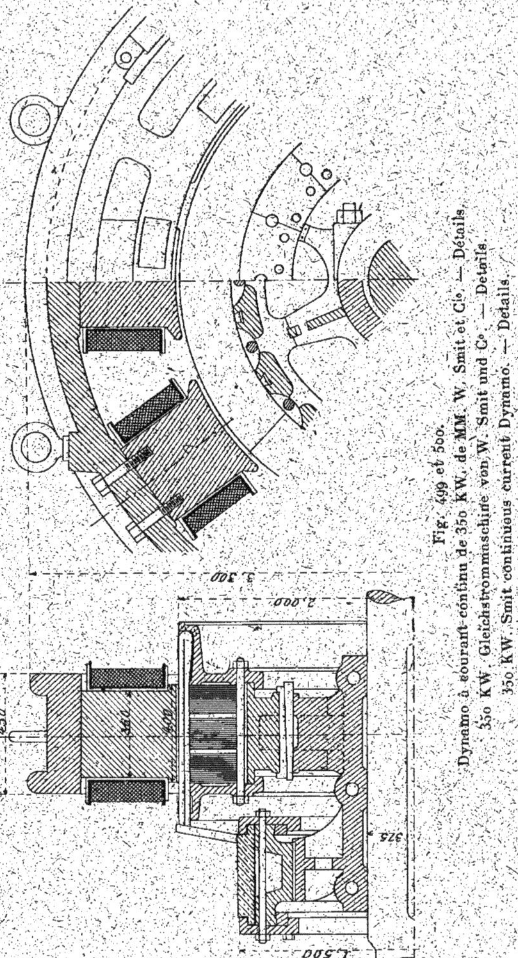

Fig. 499 et 500.
Dynamo à courant continu de 350 KW. de MM. W. Smit et Cie. — Détails.
350 KW. Gleichstrommaschine von W. Smit und Co. — Details.
350 KW. Smit continuous current Dynamo. — Details.

l'induit et le collecteur. Ce moyeu, claveté sur l'arbre, porte

8 bras qui viennent se placer en face de projections ménagées sur une couronne en fonte servant à supporter les tôles induites. L'entraînement de cette couronne par les bras du moyeu se fait à l'aide de clavettes dont la section longitudinale affecte la forme d'un trapèze. Ces clavettes sont glissées par paire dans les rainures pratiquées à cet effet sur

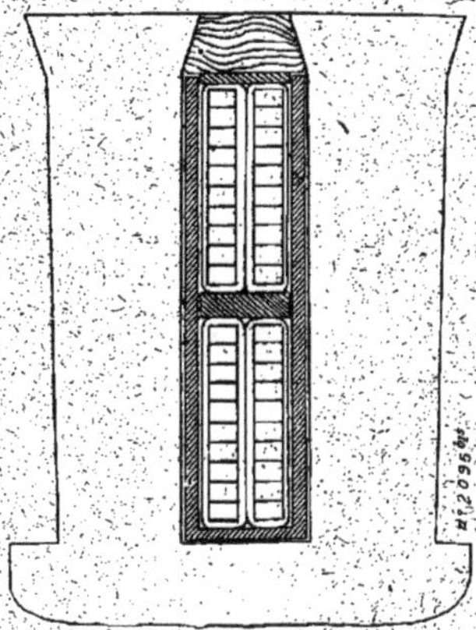

Fig. 501.
Forme des encoches de l'induit de la dynamo de l'Electrotechnische Industrie.
Form der Ankernuten der Gleichstrommaschine der Electrotechnische Industrie.
Form of armature slots of the Electrotechnische Industrie dynamo.

la couronne et sur les bras, ce qui permet de centrer exactement le noyau de l'induit.

Les tôles sont partagées en 4 segments portant chacun 4 queues d'aronde qui viennent se glisser dans des rainures de même forme ménagées sur des projections venues sur le support.

Les tôles de l'induit sont réparties en 3 paquets séparés par des cales en bronze et l'ensemble est serré entre deux anneaux à l'aide de boulons ne traversant pas les tôles.

Les deux anneaux de serrage embéquètent sur la couronne supportant l'induit et ils portent, vers l'extérieur, des

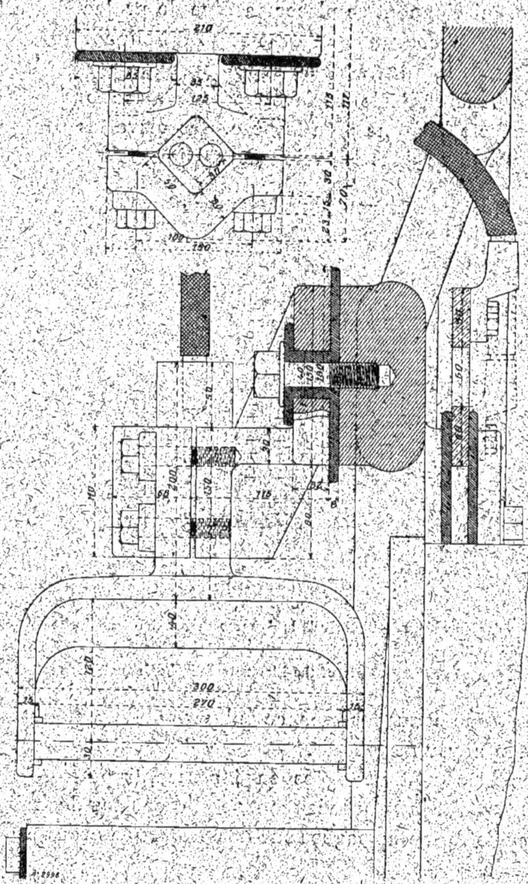

Fig. 502 et 503.
Dynamo à courant continu de 350 KW. de MM. W. Smit et Cie. — Détails.
350 KW. Gleichstrommaschine von Smit und C°. — Details.
350 KW. Smit continuous current Dynamo. — Details.

rebords destinés à supporter les enroulements. Le support

de l'induit est muni de nombreuses ouvertures pour assurer une bonne ventilation.

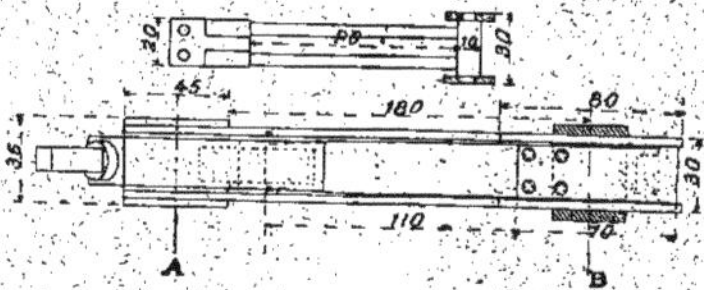

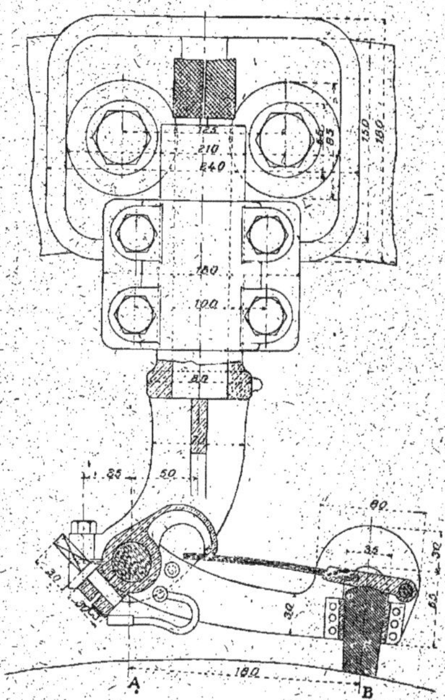

Fig. 504 et 505.
Dynamo à courant continu de 350 KW. de MM. W. Smit et Cie. — Détails.
350 KW. Gleichstrommaschine von Smit und Co. — Details.
350 KW. Smit continuous current Dynamo. — Details.

Le diamètre extérieur de l'induit est de 2 m; la largeur

totale des tôles, y compris les espaces vides, d'une longueur de 15 mm environ, atteint 40 cm. Le diamètre intérieur des tôles est de 1,52 m et la hauteur radiale des anneaux, de 24 cm.

La surface extérieure de l'induit porte des rainures très légèrement fermées, les rebords des dents servant simplement à retenir des languettes en bois destinées à serrer les conducteurs. Le nombre de rainures est de 224 ; leur profondeur atteint 53 mm et leur largeur 13 mm ; la largeur de l'encoche, dans l'entrefer, est de 10 mm. Ces rainures sont représentées sur la figure 501.

L'enroulement induit est en tambour multipolaire en parallèle. Les conducteurs sont formés de barres laminées de 20 mm de hauteur sur 3 mm de largeur, soit 60 mm² de section. Ils sont placés par 4 dans les encoches et sont isolés du fer par une gouttière en micanite.

Les 896 conducteurs répartis à la surface de l'induit sont coudés du côté opposé au collecteur et réunis 2 à 2 de façon à constituer 448 sections, de 2,50 m de longueur, réunies aux lames du collecteur à la façon ordinaire.

Le collecteur est porté par un support analogue à celui de l'induit. Le moyeu de l'induit commun à ce dernier et au collecteur, comme nous l'avons dit plus haut, est muni de bras sur lesquels est clavetée une couronne en fonte portant les lames isolées entre elles au mica. Celles-ci sont serrées à l'aide de boulons entre deux anneaux de fonte dont la section radiale a la forme d'un U et qui s'embèquetent à la fois sur deux bagues serties à l'intérieur de la couronne du support et sur les extrémités des lames.

Le diamètre du collecteur est de 1,50 m et sa largeur utile de 30 cm.

Le support des axes des porte-balais (fig. 502 à 505) est constitué par deux anneaux en fonte placés concentriquement et réunis par des rayons. Ce support est en deux parties assemblées par des boulons et peut tourner, à l'aide d'une vis tangente commandée par un volant à main, entre 4 bras boulonnés sur la carcasse inductrice.

Les axes des porte-balais sont supportés par une fourche comme le montrent les figures 502 et 503 ; la tige portant cette fourche a une section carrée et est serrée dans une mâchoire qui est fixée sur la couronne mobile et isolée de celle-ci.

Le courant est conduit de la tige aux anneaux collecteurs à l'aide de câbles souples. Les anneaux sont eux-mêmes supportés par la couronne mobile dont ils sont également isolés.

Les porte-balais sont d'un système très simple que montre la figure 504 et la partie inférieure de la figure 505. Les charbons sont appuyés sur le collecteur par une barrette en aluminium rivée sur un ressort sur lequel appuie une projection du corps du porte-balai.

Le nombre de balais de chacune des 10 lignes est de 6 et la surface de contact de chacun de 25 mm sur 40 mm² ou de 10 cm². A l'Exposition, il y avait seulement 4 balais par ligne.

La résistance de l'induit est de 0,003 ohm à froid.

Le poids de l'induit tout monté est de 12 000 kg, dont 600 kg pour le cuivre.

Résultats d'essais. — L'intensité du courant d'excitation nécessaire pour obtenir la tension normale à vide à la vitesse de 110 tours par minute est de 14 ampères.

En charge, l'intensité du courant d'excitation monte à 18 ampères environ.

Moteur à vapeur. — Le moteur à vapeur de MM. Stork frères et Cie est du type compound conjugué à condensation ; il est horizontal. Ses principales dimensions et constantes sont les suivantes :

Diamètre du cylindre à haute pression	53	cm
Diamètre du cylindre à basse pression	87,5	»

Course commune des pistons.	100 cm
Vitesse angulaire en tours par minute	110
Pression de la vapeur à l'admission.	10 kg : cm²

Le moteur de MM. Stork a été étudié et construit pour fonctionner avec de la vapeur surchauffée à 350° C. A la pression et à la vitesse normales, la puissance est de 600 chevaux indiqués.

La distribution de la vapeur se fait par soupapes. L'admission dans le cylindre à haute pression est commandée par un régulateur Dorfel-Proll, monté sur l'arbre de distribution disposé parallèlement à l'axe du petit cylindre.

Le moteur à vapeur, en dehors de l'induit de la dynamo, comporte un volant en fonte en deux parties. Le diamètre de ce volant est de 5 m environ et sa largeur, de 35 cm ; son poids est de 13 000 kg.

DYNAMO A COURANT CONTINU DE 60 KILOWATTS DE MM. GANZ ET Cie, DE BUDAPEST

60 KW. GLEICHSTROMMASCHINE DER FIRMA GANZ UND C[o] — 60 KW. GANZ DIRECT CURRENT GENERATOR

Le matériel à courant continu de MM. Ganz et Cie était représenté par quelques dynamos d'un genre nouveau, breveté il y a deux ans environ par M. de Kando, ingénieur de MM. Ganz et Cie (1).

Les dynamos de cette série, désignée sous le nom de série E, sont construites pour des puissances de 1 800 watts à 200 kilowatts ; elles sont caractérisées par une utilisation très satisfaisante des matériaux et une faible réaction d'induit, grâce au système particulier de pièces polaires employées.

Les types exposés étaient ceux de 1, 6, 8, 18 et 60 kilo-

(1) Voir C.-F. Guilbert, « Machines dynamo-électriques : dynamos à courant continu », l'*Éclairage Électrique*, t. XXII, p. 449, 24 mars 1900.

watts ; les vitesses correspondantes sont de 1950, 1 400, 1 100 et 650 tours par minute. Pour la charge des accumulateurs, les vitesses de ces machines sont augmentées de façon à obtenir la marge de tension suffisante. Les poids de ces machines sont respectivement de 85, 300, 620 et 1 650 kg.

Fig. 506.
Dynamo à courant continu de 60 KW, de MM. Ganz et Cie.
60 KW. Gleichstrommaschine der Firma Ganz und Co.
60 KW. Ganz continuous current Dynamo.

Nous décrirons plus spécialement la dynamo de 60 kilowatts, dont la figure 506 est une photographie, mais se rapportant à une machine bobinée pour 120 volts.

La tension aux bornes peut varier de 560 à 760 volts ; le débit normal est de 107 ampères. La vitesse angulaire maxima est de 820 tours par minute et le nombre de pôles de 6.

Inducteurs. — La carcasse inductrice est formée par une couronne en acier en deux parties, dont l'une est fixée par deux pattes sur le bâti portant les deux paliers.

La carcasse a une section en forme d'U et porte les pôles en acier à section circulaire. La fixation de ceux-ci est obtenue à l'aide d'un boulon traversant complètement la carcasse.

Les pièces polaires fixées par des vis ont une forme spéciale ; leurs côtés parallèles à l'arbre affectent la forme d'une arête de poisson, c'est-à-dire présentent des dents qui vont en se rétrécissant depuis le noyau jusqu'à l'extrémité des cornes polaires.

On obtient ainsi une diminution croissante du flux sous les cornes polaires, qui permet d'obtenir une variation de flux plus sinusoïdale et par suite d'employer un arc polaire plus grand, en même temps que l'on diminue la réaction d'induit par augmentation de la résistance du circuit magnétique de l'induit. L'entrefer va de plus en croissant légèrement de l'intérieur des cornes polaires vers l'extérieur.

Le diamètre d'alésage de l'inducteur est de 52,5 cm et l'entrefer, de 2,5 mm.

Les bobines inductrices sont enroulées sur des carcasses retenues entre la couronne inductrice et les épanouissements polaires.

Les six bobines sont montées en série ; la résistance du circuit d'excitation est de 185,83 ohms à froid et 221,2 ohms à chaud, après une marche de trois heures à charge normale, ce qui correspond à une surélévation de température d'environ 50°.

Induit. — L'induit est monté sur un support claveté sur l'arbre, les tôles induites sont partagées en trois paquets laissant entre eux des intervalles assez larges, de façon à assurer une ventilation très énergique.

Le diamètre extérieur de l'anneau de l'induit est de 52 cm

Fig. 597.

Groupe électrogène de 682,5 KW. de la Compagnie générale d'Électricité de Creil (Établissements Daydé et Pillé) et de MM. Weyher et Richemond.

682,5 KW. Dampfdynamo der Cie générale d'Électricité de Creil (Daydé und Pillé Werke) und von Weyher und Richemond.

682,5 KW. Steamdynamo of the Cie générale d'Électricité de Creil (Daydé and Pillé Works) and Weyher and Richemond.

p. 630.

et sa longueur totale d'environ 15 cm ; l'épaisseur des anneaux est de 4,5 cm environ et celle des intervalles de 10 mm.

A la surface de l'induit sont pratiquées 40 rainures circulaires à demi-fermées dans lesquelles est logé l'enroulement induit. Celui-ci est du type en tambour multipolaire série. Il est constitué par 200 sections de 2 spires chacune aboutissant aux 200 lames du collecteur.

Ce collecteur a un diamètre de 36 cm et une longueur utile de 8 cm. Les balais sont en charbon. Ils sont au nombre de 6 répartis sur deux lignes.

La résistance de l'induit à froid est de 0,186 ohm.

B. — DYNAMOS A INDUIT LISSE

B. — GLEICHSTROMMASCHINEN MIT GLATTEM ANKER

B. — DIRECT CURRENT GENERATORS WITH SMOOTH ARMATURE

I. — DYNAMOS A INDUIT INTÉRIEUR

I. — AEUSSENPOLGLEICHTROMMASCHINEN

I. — DIRECT CURRENT GENERATORS WITH EXTERNAL FIELDS

GROUPE ÉLECTROGÈNE DE 682,5 KILOWATTS DE MM. DAYDÉ ET PILLÉ ET DE MM. WEYHER ET RICHEMOND

682,5 KW. DAMPFDYNAMO VON DAYDÉ UND PILLÉ UND VON WEYHER UND RICHEMOND

682,5 KW. DAYDÉ AND PILLÉ-WEYHER AND RICHEMOND SET

La Compagnie générale d'Électricité de Creil, établissements Daydé et Pillé, et MM. Weyher et Richemond, de Pantin, avaient exposé en commun : la première pour la dynamo et les seconds pour le moteur à vapeur, un groupe à courant continu affecté au service de l'Éclairage de l'Exposition.

Ce groupe est représenté sur la photographie de la fig. 507, qui montre une vue prise du côté de la dynamo et lais-

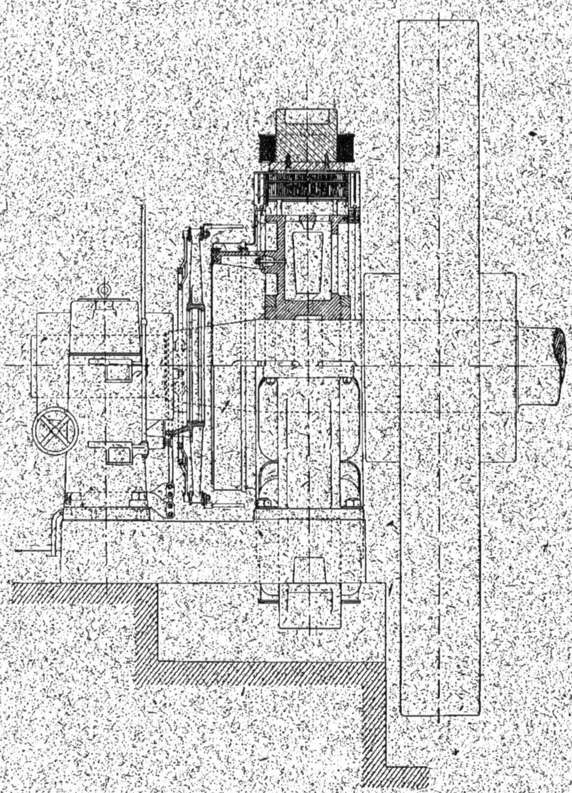

Fig. 508.
Dynamo Schuckert de 682,5 KW. de la Compagnie générale d'Électricité de Creil. — Ensemble.
682,5 KW. Gleichstrommaschine System Schuckert der Cie générale d'Électricité de Creil. — Zusammenstellung.
682,5 KW. Schuckert continuous current Dynamo of the Cie générale d'Électricité of Creil. — Outline.

sant voir seulement l'avant du cylindre du moteur à vapeur.

Dynamo. — La dynamo à courant continu de la Compagnie générale d'Électricité de Creil est une dynamo du type de la Société anonyme d'Électricité de Nuremberg, ci-devant

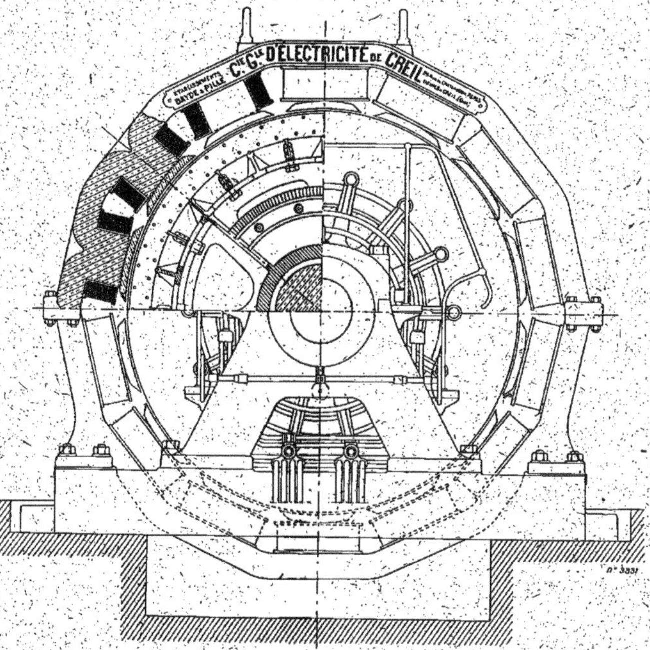

Fig. 509.
Dynamo Schukert de 682,5 KW. de la Compagnie Générale d'Électricité de Creil. — Détails.
682,5 KW. Gleichstrommaschine System Schuckert der Cie Générale d'Électricité in Creil. — Details.
682,5 KW. Schuckert continuous current Dynamo of the Cie Générale d'Électricité of Creil. — Details.

Schuckert et Cie, dont MM. Daydé et Pillé sont concessionnaires des brevets en France.

La puissance de cette machine est de 682,5 kilowatts sous une tension aux bornes de 250 volts. Le débit est par suite de 2 730 ampères.

La vitesse angulaire est de 120 tours par minute et le nombre de pôles, de 14.

La dynamo de la Compagnie générale d'Électricité de Creil est représentée sur les figures 508 et 509, qui sont des vues d'ensemble avec coupes partielles, et les figures 510 et 511 des coupes et vues d'une partie de l'induit et de l'inducteur à plus grande échelle.

Inducteurs. — La carcasse inductrice est en acier coulé en deux parties, la partie inférieure porte deux pattes venues de fonte qui fixent la machine sur son bâti ; le palier unique, d'une forme spéciale qui assure une grande stabilité, est également boulonné sur le bâti.

La carcasse inductrice affecte la forme d'un polygone de 14 côtés et porte les 14 noyaux polaires de section rectangulaire venus de fonte avec elle. Des évidements sont ménagés sur la carcasse parallèlement à l'axe et en face de chaque noyau, de façon à diminuer le poids du métal. Les pièces polaires sont également en acier coulé ; elles sont fixées chacune par deux vis et servent à maintenir les bobines inductrices. Les bords des pièces polaires dans le sens de l'axe sont légèrement inclinés sur celui-ci.

Le diamètre extérieur maximum de la carcasse inductrice est de 3,48 m et sa largeur, de 41 cm.

La longueur des noyaux parallèlement à l'axe est de 41 cm et leur largeur, de 32 cm.

Les épanouissements polaires ont une longueur de 49 cm et une largeur, le long de l'entrefer, de 48 cm. Les rebords sont inclinés de 3 cm sur leur longueur totale.

Le diamètre d'alésage de l'inducteur est de 2,538 m et l'entrefer, de 18 mm.

Les bobines inductrices sont enroulées sur des carcasses métalliques et placées ensuite sur les noyaux. Chacune d'elles comporte 486 spires de fil de 5,6 mm de diamètre et d'une section par suite de 24,6 mm^2.

Toutes les bobines inductrices sont montées en série et

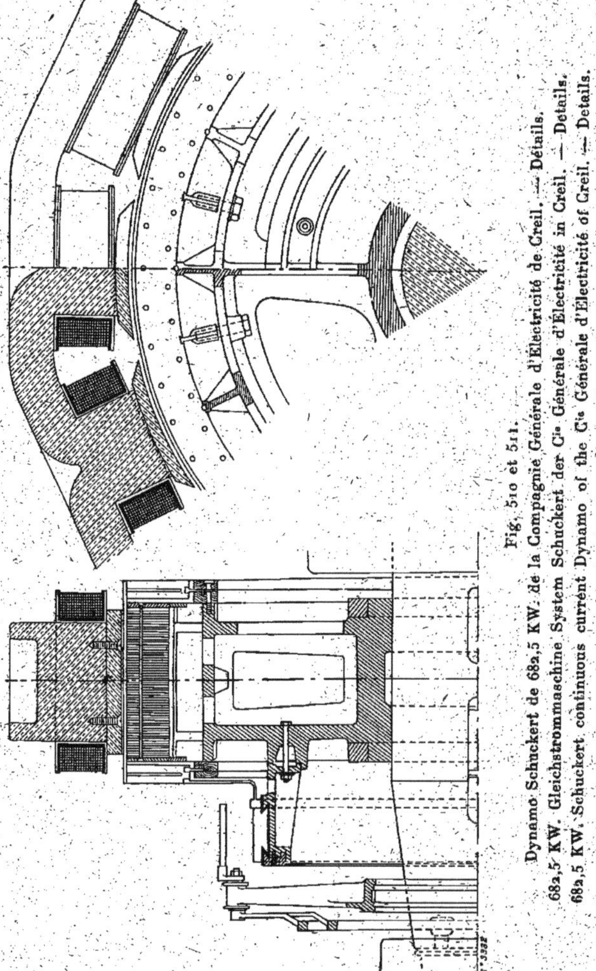

Fig. 510 et 511.
Dynamo Schuckert de 682,5 KW. de la Compagnie Générale d'Électricité de Creil. — Détails.
682,5 KW. Gleichstrommaschine System Schuckert der Cie Générale d'Électricité in Creil. — Details.
682,5 KW. Schuckert continuous current Dynamo of the Cie Générale d'Électricité of Creil. — Details.

l'ensemble disposé avec un rhéostat de réglage en dérivation aux bornes de la machine. La résistance du circuit d'excitation est de 8,12 ohms à froid.

Le poids total de l'inducteur est de 12 100 kg sans le bâti et comprend 4300 kg pour la demi-carcasse supérieure, 4500 kg pour la demi-carcasse inférieure et 3 300 kg pour les inducteurs et les pièces polaires.

Le poids de cuivre utilisé sur les inducteurs est de 2870 kg soit 205 kg par électro.

Induit. — L'induit est supporté par un tambour en fonte fortement entretoisé et dont le moyeu est claveté sur l'arbre ; deux frettes en fer forgé, placées à chaud, sont disposées sur le moyeu. Ce tambour porte 28 bras radiaux, les uns venus de fonte avec lui, les autres fixés à l'aide de vis et terminés en queue d'aronde ; ils retiennent l'induit, qui est serré entre deux couronnes en bronze de 15 mm d'épaisseur.

De nombreuses ouvertures sont ménagées sous le support, pour assurer une ventilation énergique des tôles.

Le diamètre extérieur de l'anneau induit est de 2,502 m, et sa largeur, de 51 cm ; sa hauteur radiale est de 15,6 cm.

L'induit est lisse et enroulé en tambour ; l'enroulement est du type imbriqué avec 14 circuits en quantité. Les conducteurs induits sont des câbles toronnés en fils assez fins pour réduire le plus possible la production des courants de Foucault dans le cuivre induit ; ces câbles sont rendus rectangulaires à la presse et sont réunis entre eux et aux lames du collecteur par des lames de cuivre pliées en V.

Les développantes ainsi formées sont retenues par de petites agrafes soudées aux parties horizontales et s'engageant dans une couronne en bois, munie d'entailles, pour maintenir leur écartement.

Le nombre de conducteurs, répartis à la périphérie de l'induit, est de 812 ; ces conducteurs constituent 406 sections réunies aux 406 lames du collecteur.

La section des conducteurs induits est de 75 mm² et celle

des lames de jonction, de 87 mm². Le poids de cuivre utilisé sur l'induit est de 871 kg.

Les conducteurs sont maintenus à la surface de l'induit par des câbles et par de forts cerclages en fil d'acier.

Le collecteur est monté sur un tambour en fonte fixé au support de l'induit par des boulons. Les lames, isolées au mica, sont serrées par un anneau retenu à l'aide de vis.

Le diamètre du collecteur est de 1,60 m et sa largeur utile, de 18,5 cm.

Les 14 lignes de balais sont montées sur une étoile pouvant tourner librement autour de l'arbre sur un anneau venu de fonte avec le palier.

Le déplacement du support des porte-balais se fait au moyen d'une vis sans fin, agissant sur un pignon qui commande un axe passant entre les deux jambes du palier et à l'extrémité duquel se trouve un second pignon engrenant avec une denture ménagée sur le support. La commande se fait par deux petits volants à main placés de chaque côté du palier.

Les balais sont d'un type mixte formé d'un balai métallique et d'un balai en charbon ayant une arête commune. Chaque ligne de balais comporte 4 balais.

La résistance de l'induit à froid est de 0,001565 ohm.

Le poids de l'induit monté, sans l'arbre, est de 10 800 kg.

Résultats d'essais. — L'intensité du courant d'excitation nécessaire, pour obtenir la tension normale de 250 volts à vide, est de 20 ampères. A pleine charge, l'intensité du courant d'excitation est de 25,5 ampères et correspond à vide à une tension de 260 volts ; la chute de tension est donc de 10 volts, soit 4 p. 100.

Le rendement de la machine est d'environ 94 p. 100 à pleine charge. A demi-charge, il est encore de 91,5 p. 100.

Moteur à vapeur. — Le moteur à vapeur de MM. Weyher et Richemond est horizontal et à un seul cylindre

Ses principales dimensions sont :

Diamètre du cylindre.	105 cm
Course du piston.	100 »

La vitesse est de 120 tours par minute et la pression de 7 kg : cm².

La puissance pour la marche à condensation est de 1 000 chevaux indiqués avec une introduction de 0,1.

La distribution de la vapeur se fait par obturateurs Lefer, comme pour la machine déjà décrite (p. 169).

Outre l'induit de la dynamo, le moteur comporte un volant de 4,5 m de diamètre, de 51 cm de large et d'un poids total de 30 000 kg.

DYNAMO A COURANT CONTINU DE 900 KILOWATTS DE MM. SCHUCKERT ET C°

900 KW. GLEICHSTROMMASCHINE DER E. A. G. VORM. SCHUCKERT UND C° IN NÜRNBERG

900 KW. SCHUCKERT AND C° DIRECT CURRENT GENERATOR

La dynamo à courant continu de MM. Schuckert et C° est montée du côté opposé à l'alternateur. Sa puissance normale est de 900 kilowatts sous 600 volts à la vitesse de 100 tours par minute. Le débit correspondant est de 1 500 ampères.

A l'Exposition, la dynamo ne tournant qu'à la vitesse angulaire de 83,5 tours par minute, sa puissance n'était que de 750 kilowatts sous 500 volts avec le même débit.

La photographie de la figure 512 représente une vue du groupe prise du côté de la machine à courant continu.

Inducteur. — La carcasse de l'inducteur est en acier et en deux parties ; elle affecte la forme d'un polygone à 14 côtés. Cette carcasse, qui repose par deux pattes sur les plaques de fondation, porte 14 noyaux de section rectangulaire venus de fonte avec elle. Des évidements sont ménagés sur la carcasse parallèlement à l'axe et en face de chaque noyau de façon à diminuer le poids du métal à employer.

Les pièces polaires en acier sont rapportées sur les noyaux

et servent à maintenir les bobines inductrices en places. Celles-ci sont enroulées sur des carcasses et placées ensuite sur les noyaux ; elles sont montées toutes en série en l'ensemble est en dérivation aux bornes de l'induit.

Fig. 512.
Dynamo à courant continu de 900 KW. de l'Elektricitäts Actien Gesellschaft (ci-devant Schuckert et Cie) de Nuremberg.
900 KW. Gleichstrommaschine der E.A.G. vorm. Schuckert und Co in Nürnberg.
900 KW. E.A.G. of Nuremberg (heretofore Schuckert et Cie) continuous current dynamo.

Le diamètre extérieur maximum de la carcasse est de 4 m environ et sa largeur, de 41 cm.

Le diamètre d'alésage de l'inducteur est de 3,042 m et sa largeur de 41 cm également.

Induit. — L'induit est constitué par un anneau en tôles minces serré sur une carcasse en fonte.

Le diamètre extérieur de l'anneau est d'environ 3 m.

L'induit est lisse et enroulé en tambour multipolaire en quantité. Les conducteurs induits sont formés par des câbles à section rectangulaire et sont réunis deux à deux entre eux du côté opposé au collecteur par des développantes de cercle formées par des lames de cuivre. Les connexions des barres avec les ailettes soudées aux lames du collecteur sont faites également avec des développantes.

L'enroulement est retenu à la surface de l'induit par des coins d'entraînement et par des cerclages en fil d'acier.

Le nombre total de conducteurs répartis à la périphérie de l'induit est de 2 144 formant 536 sections de quatre conducteurs chacune.

Le collecteur comporte 536 lames isolées au mica ; son diamètre est de 1,80 m et sa largeur d'environ 26 cm.

Les 14 lignes de balais sont montées sur une étoile pouvant tourner librement autour de l'arbre sur un anneau venu de fonte avec le palier. Le déplacement du support des porte-balais se fait à l'aide d'une vis sans fin agissant sur un pignon qui commande un axe à l'extrémité duquel est fixé un second pignon engrenant avec une denture ménagée sur le support.

Chaque ligne de balais porte 4 balais en charbon.

Le poids de l'induit tout monté est de 16 000 kg et celui de la dynamo complète, de 45 000 kg.

Le rendement à pleine charge de 750 kilowatts est de 93,5 p. 100.

Les pertes d'énergie dans ces conditions de charge se décomposent ainsi :

Pertes par hystérésis et courants de Foucault. .	26 300 watts
Pertes par effet Joule dans l'induit.	14 700 »
Pertes par effet Joule dans l'inducteur	7 800 »
Pertes totales.	48 800 watts

A demi-charge le rendement atteint encore 91,6 p. 100.

Tableaux. — En dehors de deux voltmètres et de deux ampèremètres placés, sur la plateforme de la machine à vapeur, de façon à faciliter au machiniste le service de son moteur, les appareils nécessaires au service de la dynamo à courant continu et au réglage de la tension du réseau sont disposés sur un tableau-kiosque. Ce kiosque porte sur une de ses faces latérales un voltmètre pour 500 volts, un ampèremètre pour 1 600 ampères, un second pour 60 ampères, et de plus le volant à main du régulateur de champ.

Les deux premiers instruments de mesure appartiennent à la grande dynamo à courant continu, tandis que le troisième mesure le courant du moteur de 10 chevaux qui manœuvre le vireur.

Le volant à main actionne, par une transmission à pignons d'angle, le rhéostat de champ magnétique de la dynamo, installé dans le sous-sol.

Sur la deuxième paroi latérale du kiosque, sont disposés les divers interrupteurs et coupe-circuits, et notamment un interrupteur à minimum pour 1 600 ampères à 500 volts, un interrupteur bipolaire de 60 ampères (pour le moteur du vireur), deux coupe-circuits unipolaires de 1 600 ampères à 500 volts et deux autres de 80 ampères à 220 volts.

La troisième face du kiosque porte la raison sociale de la maison, tandis que la quatrième, formant volet, s'ouvre pour donner ainsi facilement accès à l'intérieur du kiosque lorsqu'on veut inspecter les divers appareils qui s'y trouvent.

L'interrupteur automatique à maximum, qui est combiné pour servir également d'interrupteur à levier, est fixé au bâti de la dynamo à courant continu. Cet interrupteur automatique est relié au levier à main de telle sorte que le premier ayant ouvert le circuit, il est impossible de le renclencher avant d'avoir préalablement ouvert le circuit au moyen du levier. A cet effet, l'interrupteur à main seul est pourvu d'une poignée ; toute fausse manœuvre est donc impossible.

Pour renclencher, il suffit d'ouvrir, puis de refermer une seule fois, l'interrupteur à main.

Outre le contact principal, formé de ressorts en cuivre, il en existe un autre en charbon cuivré disposé dans le champ d'un électro puissant servant de souffleur magnétique. L'action de l'électro principal est notablement renforcée par l'addition d'une bobine en dérivation qui n'entre en jeu qu'à l'instant de la rupture du circuit par l'interrupteur automatique et qui peut dès lors être très réduite pour un effort donné. Les contacts principaux se trouvent il est vrai en dehors du champ extincteur, mais un puissant contact de cuivre disposé à l'intérieur de ce champ, sert au passage du courant au moment de la rupture.

Un cliquet empêche d'ouvrir le circuit au moyen de l'interrupteur à levier, qui autrement serait détruit facilement par l'étincelle de rupture. En cas de nécessité il est cependant possible d'interrompre à la main le courant principal avec l'interrupteur automatique au moyen d'une poignée isolante fixée à l'armature de l'électro-aimant.

L'appareil est très sensible, car la pression de rupture agissant sur le déclic de l'armature est considérablement diminuée par un levier réducteur particulier à bascule, de sorte que le frottement d'ouverture est insignifiant vis-à-vis de la force d'attraction de l'électro-aimant. Au moyen d'une vis se déplaçant sur une échelle graduée, l'interrupteur automatique peut se régler à tout instant pour une intensité quelconque jusqu'à 2 000 ampères.

GROUPE ÉLECTROGÈNE DE 684 KILOWATTS DE MM. SCHUCKERT ET Cie ET DE M. FRANCO TOSI

684 KW. STROMERZEUGER DER E. A. G. VORM. SCHUCKERT UND VON F. TOSI. — 684 KW. SCHUCKERT UND Co. — F. TOSI GENERATING UNIT.

Le groupe de M. Franco Tosi, de Legnano, et de la Société anonyme d'Électricité ci-devant Schuckert et Cie, de Nurem-

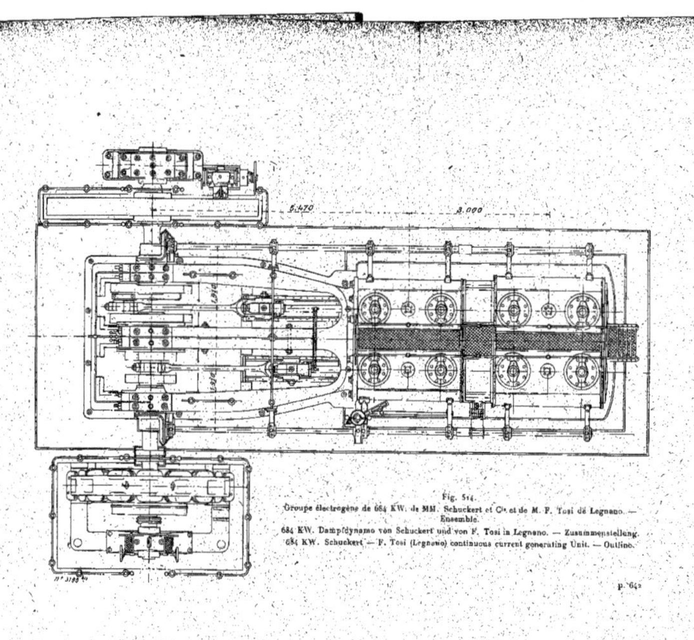

Fig. 514.

Groupe électrogène de 684 KW. de MM. Schuckert et Cie et de M. F. Tosi de Legnano. — Ensemble.

684 KW. Dampfdynamo von Schuckert und von F. Tosi in Legnano. — Zusammenstellung.

684 KW. Schuckert — F. Tosi (Legnano) continuous current generating Unit. — Outline.

berg figurait dans la section italienne et était affecté au service de l'éclairage de l'Exposition.

Ce groupe, particulièrement remarqué à cause de la forme spéciale du moteur à vapeur, est représenté en élévation et en plan sur les figures 513 et 514.

Dynamo. — La dynamo de la Société anonyme ci-devant Schuckert et Cie, de Nuremberg, accouplée directement au moteur de M. F. Tosi est de construction analogue à la dynamo de la même maison exposée dans la section allemande ; elle diffère uniquement par les bobinages de la dynamo construite et exposée par la Compagnie générale d'Électricité de Creil, décrite plus haut. Nous nous contenterons donc de donner quelques indications sommaires sur les constantes de cette dynamo.

Sa puissance est de 684 kilowatts sous une tension aux bornes de 600 volts. Le débit est par suite de 1 140 ampères.

La vitesse angulaire est de 107 tours par minute.

Le nombre de pôles inducteurs est de 14 et les bobines inductrices sont toutes groupées en série.

L'enroulement induit est lisse et bobiné en tambour et en quantité. Les conducteurs induits sont formés de câbles toronnés et rendus rectangulaires à la presse. Le nombre total de conducteurs répartis à la périphérie de l'induit est de 1 836 formant 459 sections de deux spires chacune.

Le collecteur comporte 459 lames sur lesquelles frottent 14 lignes de 4 balais.

La résistance de l'induit entre balais est de 0,00104 ohm à chaud.

Le rendement à pleine charge est de 93 p. 100 et le rendement à demi-charge atteint encore 91,5 p. 100.

La puissance perdue dans l'excitation en pleine charge est de 6 000 watts, soit 0,88 p. 100 ; celle perdue dans l'induit est de 13 500 watts ou environ 2 p. 100.

La surélévation de température au-dessus de la température extérieure ne dépasse pas 40° C. sur aucune partie de la machine.

La dynamo Schuckert du groupe Tosi était munie des mêmes appareils de sécurité que la dynamo exposée dans la section allemande.

Moteur à vapeur. — Le moteur à vapeur de M. Franco Tosi est du type horizontal à triple expansion et à quatre cylindres : un à haute pression, un à moyenne pression et deux à basse pression.

Les principales dimensions et constantes de ce moteur sont les suivantes :

Diamètre du cylindre à haute pression	52,5 cm
Diamètre du cylindre à moyenne pression	82,6 »
Diamètre commun des cylindres à basse pression	97,5 »
Vitesse angulaire en tours par minute	107
Pression de la vapeur d'admission au petit cylindre	10 kg : cm²

La puissance normale de la machine, dans les conditions énoncées ci-dessus de vitesse et de pression et à condensation, est de 1 200 chevaux indiqués.

Les quatre cylindres sont disposés en deux séries en tandem comprenant : l'une, le cylindre à haute pression et un cylindre à basse pression ; l'autre, le cylindre à moyenne pression et le second cylindre à basse pression. Ces deux séries de cylindres sont placées côte à côte, les gros cylindres étant situés à l'arrière.

La distribution est du type à soupapes pour les quatre cylindres. Les soupapes d'admission du petit cylindre sont contrôlées par un régulateur Porter.

Le moteur est muni, en dehors de l'induit de la dynamo, d'un volant placé symétriquement avec celle-ci et pouvant être remplacé par un second induit lorsqu'on emploie deux dynamos comme par exemple pour une distribution à trois fils.

DYNAMO THURY DE 45 KILOWATTS DES ATELIERS DU CREUSOT

45 KW. GLEICHSTROMMASCHINE SYSTEM THURY DER CREUSOT WERKE.

45 KW. THURY DIRECT CURRENT GENERATOR OF CREUSOT WORKS.

La dynamo que nous allons décrire appartient à un des types les plus connus et les plus justement réputés de M. Thury, celui à inducteur hexagonal. Les machines de cette série, dite série H, sont à 6 pôles et à 3 paliers, mais peuvent également se construire à deux paliers avec poulie ou accouplement en porte-à-faux. Cette série comprend les types de 45, 60, 80, 95, 125, 135, 185, 210 et 325 kilowatts avec des vitesses respectives de 650 tours par minute pour les trois premières, 550 pour les trois suivantes et 425 pour les trois dernières. Ce genre de machine se construit aussi à 8, 10 ou 12 pôles pour des puissances allant jusqu'à 1 000 chevaux.

La dynamo exposée est la première de cette série. La figure 515 représente une vue d'une dynamo de cette série, les figures 516, 517 et 518 se rapportent à la dynamo du type H_a et montrent des coupes et vues partielles de cette machine.

La carcasse inductrice en acier a la forme d'un hexagone et se compose de 6 noyaux prismatiques en acier, réunis entre eux par les pôles proprement dits qui sont également en acier laminé. Ces pôles sont soigneusement ajustés et rodés sur les parties des noyaux inducteurs où ils sont fixés à l'aide de vis; le rodage diminue considérablement les pertes magnétiques dues aux joints.

L'ensemble de la carcasse est porté par deux supports en bronze qui sont boulonnés sur le bâti et qui servent en même temps à isoler magnétiquement les inducteurs du bâti.

Ce dernier porte les deux supports des trois paliers qui

Fig. 515.
Dynamo Thury de 45 KW. de MM. Schneider et Cie.
45 KW. Thury Gleichstrommaschine von Schneider und C^o.
45 KW. Thury continuous-current Dynamo of Schneider and C^o.

sont démontables et reposent sur lui par une partie alésée concentriquement avec les inducteurs. Les paliers sont à bagues.

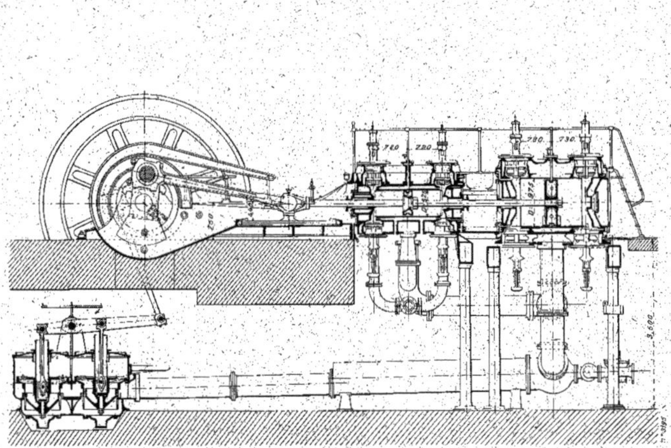

Fig. 543.
Groupe électrogène de 684 KW. de MM. Schuckert et Cie et de M. F. Tosi de Legnano. — Ensemble.
684 KW. Dampfdynamo von Schuckert und von F. Tosi in Legnano. — Zusammenstellung.
684 KW. Schuckert — F. Tosi (Legnano) continuous current generating Unit. — Outline.

p. 649.

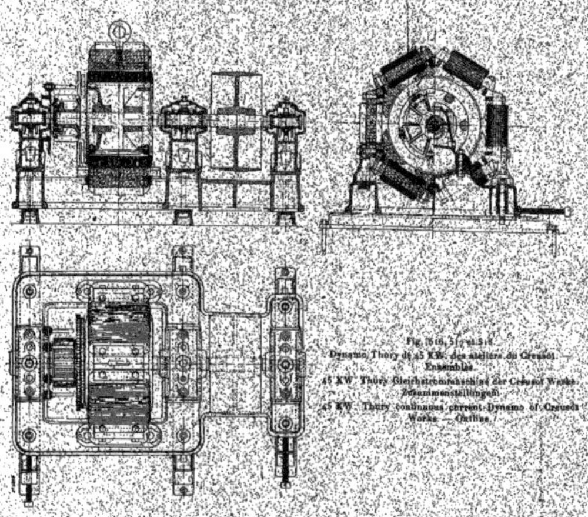

Fig. 516, 517 et 518.

Dynamo Thury de 45 KW. des ateliers du Creusot. — Ensembles.

45 KW. Thury Gleichstrommaschine der Creusot Werke. Zusammenstellungen.

45 KW. Thury continuous current Dynamo of Creusot Works. — Outline.

Les pièces polaires ont une forme très arrondie.

Les bobines sont portées par les noyaux prismatiques, les machines de cette série sont par suite à pôles conséquents.

L'induit est supporté par deux croisillons clavetés sur l'arbre et sur lesquels sont boulonnées des traverses en bronze. Les tôles de l'induit sont empilées sur ces traverses qui servent à les entraîner en même temps qu'à les isoler magnétiquement du support en fonte. L'induit est lisse et porte un bobinage en tambour avec enroulement en quantité.

Le collecteur est porté par un manchon en fonte claveté sur l'arbre qu'un écrou empêche de se déplacer longitudinalement. Le serrage des lames est obtenu à l'aide d'une couronne fixée au manchon par des vis.

La dynamo H_a exposée est établie pour une puissance de 45 000 watts : 392 ampères sous 115 volts à la vitesse de 650 tours par minute.

Le diamètre d'alésage des inducteurs est de 58 cm et la longueur axiale des pièces polaires, de 36 cm ; l'arc d'embrassement de ces dernières est de 46°.

La longueur des noyaux prismatiques est de 30 cm et leur épaisseur de 6 cm environ ; chacun d'eux porte une bobine inductrice formée de 880 spires réparties en 11 couches de 80 spires. Le diamètre du fil inducteur est de 2,8 mm nu et 3 mm guipé.

Toutes les bobines sont en série et la machine est excitée en dérivation. La résistance du circuit inducteur mesurée à 36° est de 11,6 ohms.

Le poids de cuivre sur les inducteurs est de 198 kg.

Le diamètre extérieur de l'induit est de 56,3 cm et l'entrefer, de 8,5 mm.

La largeur du noyau induit est de 36 cm et la hauteur radiale des tôles est de 6,5 cm.

L'enroulement induit comporte 153 sections d'une spire chacune, constituée avec un câble toronné de 37 fils de

0,75 mm de diamètre ; le diamètre extérieur du toron est de 5,25 mm nu et 5,65 mm guipé.

Les 6 lignes de balais frottant sur le collecteur portent chacune 6 porte-charbons avec charbon de 20 mm.

La résistance de l'induit mesurée à 36°C. est de 0,0071 ohm.

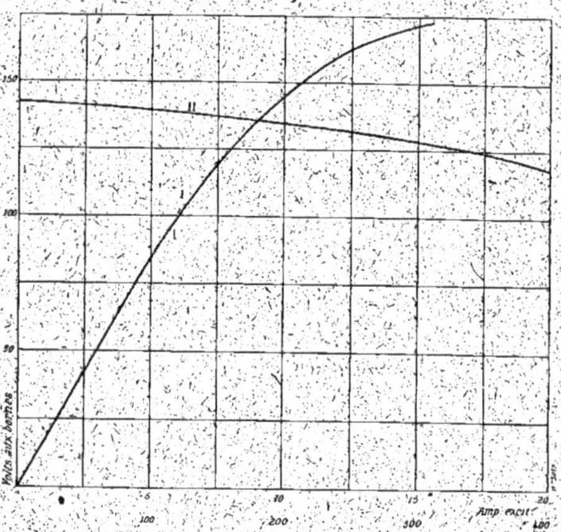

Fig. 519.

Caractéristiques de la dynamo Thury de MM. Schneider et Cie. — I. Caractéristique à vide. — II. Caractéristique à excitation constante.

Kurven der Thury'scher Gleichstrommaschine von Schneider und Co.
I. Charakteristik bei Leerlauf. — II. Charakteristik bei konstantem Erregerstrom.

Characteristics of Thury dynamo of Schneider and Co. — I. No load saturation curve II. Load curve with constant excitation.

Le collecteur a un diamètre de 27,5 cm et sa largeur utile est de 13,5 cm : les 153 lames sont isolées au mica.

Le poids total de la machine est de 2 400 kg environ.

Résultats d'essais. — Le courant d'excitation nécessaire pour obtenir à vide et à la vitesse normale la tension de 115 volts aux bornes est de 7,2 ampères, ainsi que le montre la caractéristique à vide représentée en I sur la figure 519.

L'intensité du courant d'excitation en charge est de

8,1 ampères, et la chute de tension correspondante, de 17 p. 100.

Une caractéristique en charge avec résistance constante dans le circuit inducteur est représentée en II sur la figure 19; elle montre que, pour une résistance constante dans l'inducteur, la chute de tension entre la marche à vide et la marche en charge est de 24 volts, soit 21 p. 100.

Les principaux avantages des machines Thury peuvent se résumer ainsi :

1° Vitesse angulaire très faible due à l'emploi d'un grand diamètre pour l'induit et au mode d'enroulement de celui-ci.

2° Très faible résistance et faible réaction d'induit due également à la détermination des enroulements.

3° Absence d'étincelles au collecteur, même pour une variation rapide de charge et sans avoir à décaler les balais, propriété qui permet de conserver le collecteur presque indéfiniment.

4° Encombrement minimum résultant d'une bonne utilisation des matériaux de l'inducteur.

5° Rendement élevé par suite de la faible induction dans les tôles, de la faible résistance des circuits magnétiques, etc.

GROUPE ÉLECTROGÈNE DE 800 KILOWATTS DES ÉTABLISSEMENTS DECAUVILLE ET DE MM. CRÉPELLE ET GARAND

800 KW. DAMPFDYNAMO DER SOCIÉTÉ NOUVELLE DES ÉTABLISSEMENTS DECAUVILLE AINÉ UND VON CRÉPELLE ET GARAND (LISLE).

800 KW. STEAMDYNAMO OF THE SOCIÉTÉ NOUVELLE DES ÉTABLISSEMENTS DECAUVILLE AINÉ AND OF CRÉPELLE AND GARAND (LILLE).

Le groupe de la Société Nouvelle des Établissements Decauville aîné, de Petit-Bourg (Seine-et-Oise), et de MM. Crépelle et Garand était le plus puissant de la section française parmi les groupes à courant continu.

La dynamo de la Société Nouvelle des Établissements Decauville aîné avait une puissance de 800 kilowatts sous une tension de 500 volts et était affectée au service de l'éclairage et du transport de force motrice par courant continu.

Le groupe Decauville-Crépelle et Garand est un de ceux qui ont fourni le plus long service parmi tous les ensembles électrogènes de l'Exposition.

Il est représenté sur la photographie de la figure 520 qui en est une vue prise du côté des dynamos et sur les figures d'ensemble 521 et 522.

Dynamos. — Les deux dynamos de la Société Nouvelle des Établissements Decauville aîné sont calées sur l'arbre du moteur à vapeur, une de chaque côté du volant.

Ces deux dynamos, de même puissance, sont susceptibles de fournir chacune une puissance de 400 kilowatts sous une tension variant de 230 à 250 volts. Le débit de chacune des machines est par suite de 1 800 et 1 600 ampères respectivement pour les deux régimes de marche. A l'Exposition, ces machines étaient groupées en série pour pouvoir fonctionner sur le réseau à trois fils.

La vitesse angulaire est de 71 tours par minute et le nombre de pôles de 10.

Ces machines sont du type à pôles conséquents et à induit lisse ; elles sont d'une très grande robustesse qui leur permet de supporter aussi bien les à-coups que les machines à induits dentés.

Des dynamos de la Société Decauville, de ce type, sont employées à la Société Électrométallurgique de l'Ouest et à la station centrale de Nancy.

Les figures 523 et 524 représentent des vues d'ensemble avec coupes partielles des deux dynamos de la Société nouvelle des Établissements Decauville aîné ; les figures 525 et 526 sont des coupes à plus grande échelle de l'une de ces machines.

Fig. 520.

Groupe électrogène de 800 KW. de la Société Nouvelle des Établissements Decauville aîné et de MM. Crépelle et Garand (Lille).

800 KW. Dampfdynamo der Société Nouvelle des Établissements Decauville aîné und von Crépelle und Garand (Lisle).

800 KW. Steamdynamo of the Société Nouvelle des Établissements Decauville aîné and of Crépelle and Garand (Lille).

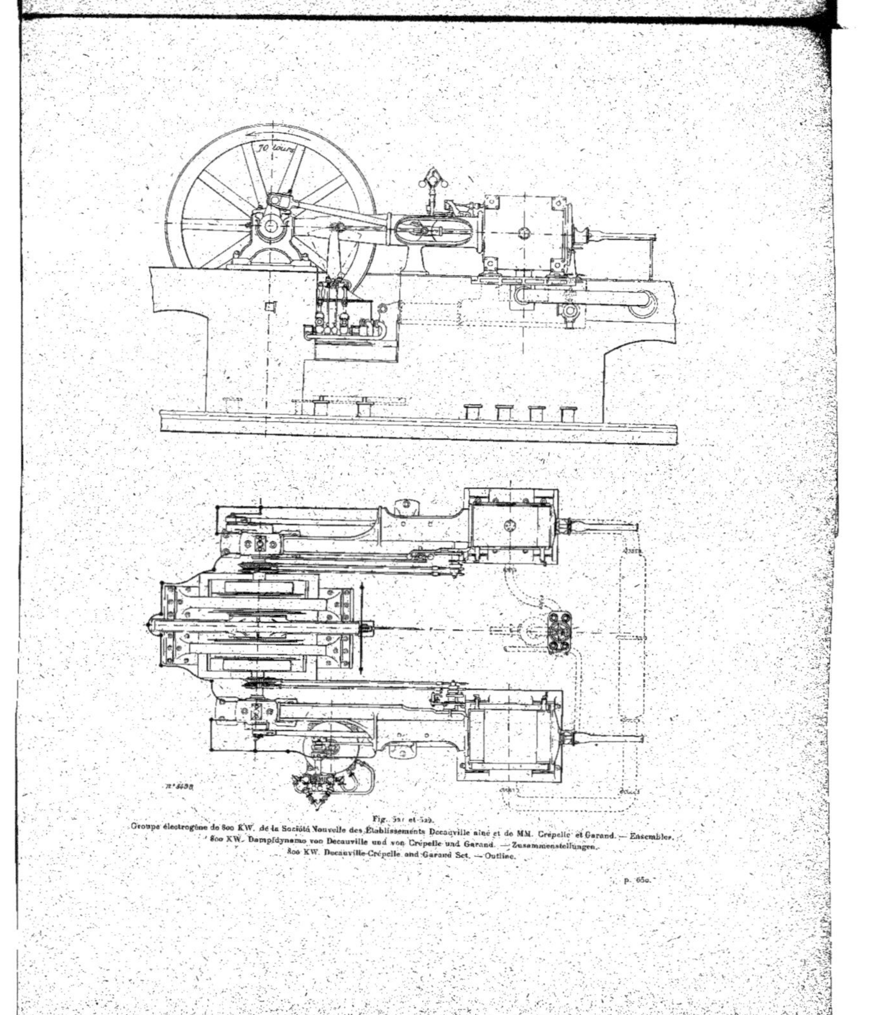

Fig. 521 et 522.
Groupe électrogène de 800 KW. de la Société Nouvelle des Établissements Decauville aîné et de MM. Crépelle et Garand. — Ensembles.
800 KW. Dampfdynamo von Decauville und von Crépelle und Garand. — Zusammenstellungen.
800 KW. Decauville-Crépelle and Garand Set. — Outline.

Inducteurs. — La carcasse inductrice est constituée par

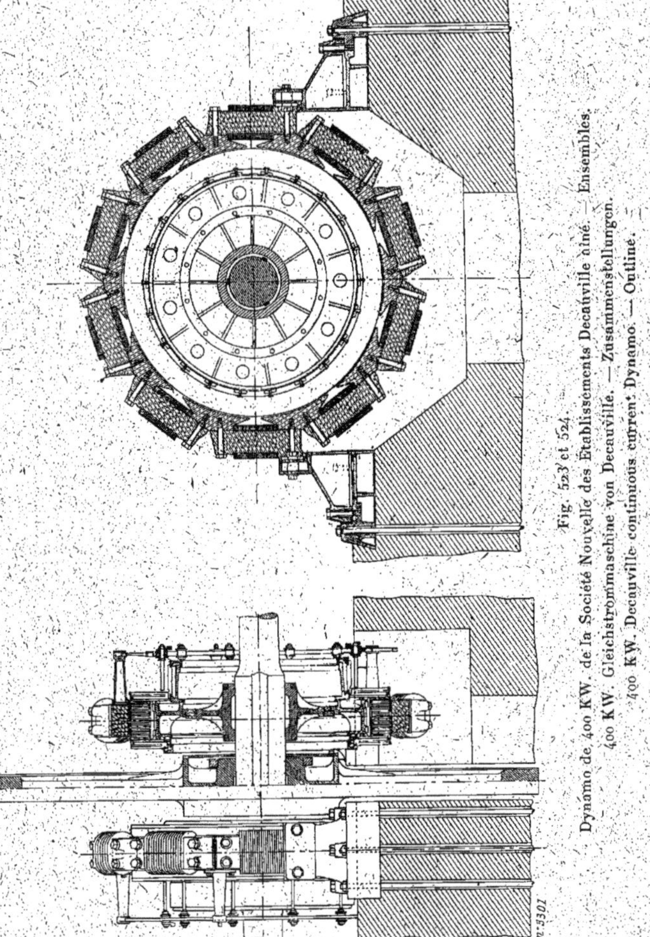

Fig. 523 et 524.
Dynamo de 400 KW. de la Société Nouvelle des Établissements Decauville aîné. — Ensembles.
400 KW. Gleichstrommaschine von Decauville. — Zusammenstellungen.
400 KW. Decauville continuous current Dynamo. — Outline.

des noyaux prismatiques en acier coulé dont les bords extérieurs sont arrondis et qui sont réunis entre eux par les

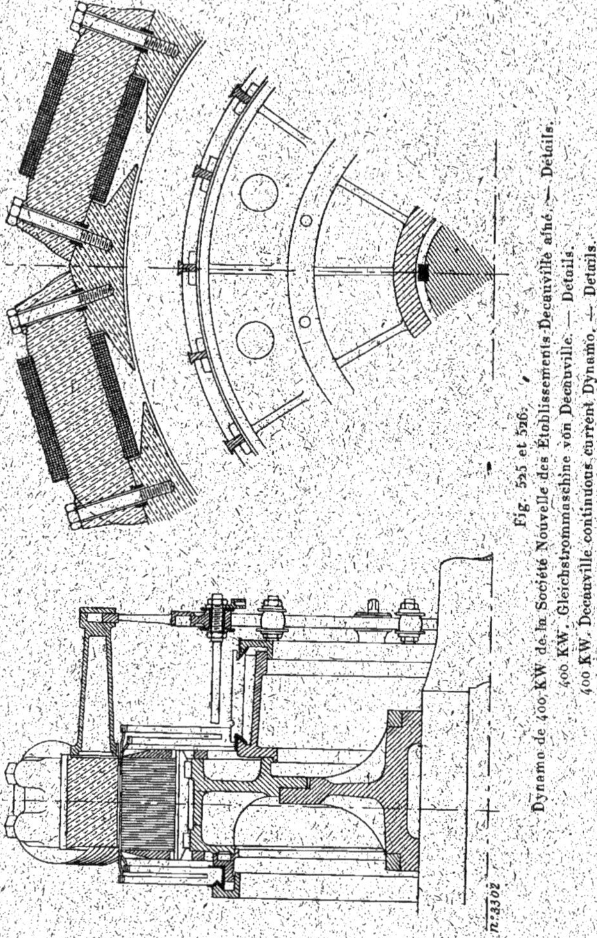

Fig. 525 et 526. Dynamo de 400 KW de la Société Nouvelle des Établissements Decauville aîné. — Détails.
400 KW. Gleichstrommaschine von Decauville. — Details.
400 KW. Decauville continuous current Dynamo. — Details.

pôles proprement dits, également en acier. L'ensemble des

plaques forme un polygone régulier qui est soutenu par deux chaises lesquelles sont elles-mêmes boulonnées sur deux plaques de fondation reposant sur des massifs de maçonnerie. Des vis de réglage, agissant dans le sens vertical et dans le sens horizontal, permettent de centrer l'inducteur par rapport à l'induit.

Les pôles inducteurs sont fixés sur les deux noyaux qu'ils réunissent par de fortes vis et les surfaces de contact sont soigneusement dressées pour éviter l'influence des joints magnétiques.

Le diamètre maximum de la carcasse inductrice est de 3,70 m environ et sa largeur totale, de 35 cm. Les noyaux constituant cette carcasse ont une longueur maxima de 98 cm et une largeur de 35 cm.

Les pièces polaires d'une longueur de 35 cm également ont un arc d'embrassement d'environ 31°, soit une largeur de 78 cm. Le diamètre d'alésage des inducteurs est de 2,85 m.

Les noyaux inducteurs portent chacun une bobine inductrice enroulée sur une carcasse isolante. Ces bobines comportent 729 spires de fil de 5,3 mm de diamètre ou 22 mm² de section, réparties en 9 couches de 81 spires.

Les dix bobines inductrices sont groupées en série et l'ensemble est placé en dérivation aux bornes.

La résistance du circuit inducteur ainsi obtenu est de 6,8 ohms à la température de 17° C.

Le poids de cuivre sur chaque bobine inductrice est de 170 kg environ, soit 1 700 kg par machine.

Le poids de la partie fixe de chacune des deux dynamos atteint 16 500 kg.

Induit. — Le support de l'induit est formé par un tambour en fonte percé de trous, pour la ventilation et portant un anneau intérieur venu de fonte et consolidé par des nervures. Cet anneau vient se fixer sur un second anneau supporté par un moyeu claveté sur l'arbre.

Ce moyeu est en outre serré sur l'arbre par deux frettes en fer forgé placées à chaud.

Le tambour porte à sa surface extérieure des supports à section en queue d'aronde sur lesquels viennent se fixer les tôles de l'induit qui sont serrées entre deux joues en acier coulé. L'épaisseur des tôles est de 0,45 mm.

Le diamètre extérieur du support est de 2,30 m environ; le diamètre extérieur de l'induit étant 2,83 m et la hauteur radiale des tôles 21,5 cm, il en résulte pour le diamètre intérieur de l'anneau induit une longueur de 2,40 m.

L'entrefer moyen est de 10 mm.

L'enroulement induit est constitué par un câble plat à section sensiblement carrée; les dimensions extérieures de ce câble nu sont de 7,5 mm de hauteur sur 6,5 mm de largeur.

Le bobinage est du système Arnold séries parallèles avec 10 circuits en parallèle. Les 1 250 conducteurs répartis à la périphérie de l'induit sont groupés en 625 sections de deux conducteurs et d'une spire chacune aboutissant aux 625 lames du collecteur. Les connexions des conducteurs entre eux sont faites avec des lames en V de 60 cm de longueur, de 3 cm largeur et de 1,8 mm d'épaisseur.

Du côté opposé au collecteur les parties inférieures des développantes sont isolées et sont munies d'une petite échancrure s'engageant dans un anneau qui vient se glisser, à frottement dur, sur un second anneau supportant la partie inférieure de ces lames de connexion et serré sur le support même de l'induit.

Le collecteur est porté par un tambour s'emmanchant également sur le support de l'induit. Les lames, isolées au mica, sont serrées par un anneau en acier boulonné sur le support.

Le diamètre du collecteur est de 2 m et sa largeur utile, de 20 cm.

Les axes des porte-balais sont supportés par une couronne pouvant tourner entre cinq bras boulonnés sur la carcasse inductrice. Le déplacement de cette couronne est obtenu à l'aide d'un petit pignon mû par un volant à main. Les axes de même polarité sont connectés à deux cercles en cuivre sur lesquels sont fixées les prises de courant.

Les balais sont en charbon.

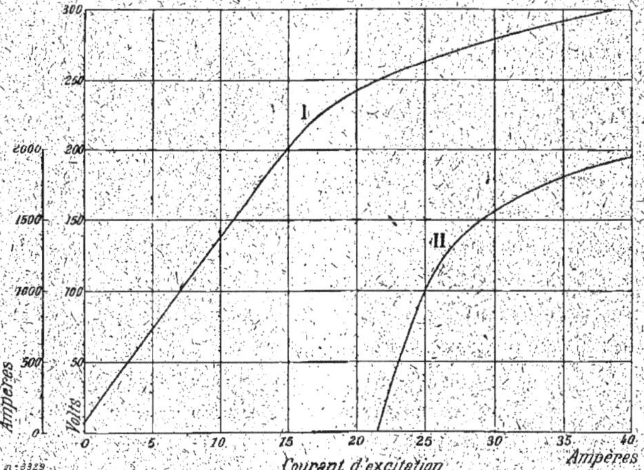

Fig. 527.

Caractéristiques d'une dynamo Decauville de 400 KW.
I. Caractéristique à vide. — II. Caractéristique en charge.
Kurven der 400 KW. Gleichstrommaschine von Decauville.
I. Charakteristik bei Leerlauf. — II. Belastungscharakteristik.
Characteristics of 400 KW. Decauville continuous current dynamo.
I. No load saturation curve. — II. Load curve.

La résistance de chaque induit entre balais est de 0,005 ohm à chaud et le poids de cuivre utilisé sur les deux induits pour les conducteurs seuls, de 500 kg, soit 250 kg par machine.

Le poids total de chaque induit y compris son support est de 12 500 kg.

Résultats d'essais. — Les courbes de la figure 527 représentent les caractéristiques à vide et en charge de l'une des machines de 400 kilowatts de la Société nouvelle des Établissements Decauville aîné.

On voit que le courant d'excitation nécessaire pour obtenir la tension de 250 volts à vide et à la vitesse de 71 tours par minute est de 22 ampères.

Pour une charge de 1 600 ampères, l'intensité du courant d'excitation pour le fonctionnement à 250 volts est de 30,5 ampères, ce qui correspond à une chute de tension de 12 p. 100.

Par suite de la commodité des essais résultant de la présence de deux dynamos sur un même arbre, on a pu essayer les deux machines l'une débitant sur l'autre fonctionnant comme moteur.

Après une charge moyenne de 1 500 ampères pendant 10 heures et sans arrêt, la surélévation de température au-dessus de la température ambiante n'a pas dépassé 25° C. à la surface de l'induit et du collecteur et 20° C sur l'inducteur.

Cette machine qui a fourni près de 1 000 heures de marche en charge pendant la durée de l'Exposition a subi trois court-circuits qui ont fait monter l'intensité à plus de 3 000 ampères pendant plusieurs minutes et sans endommager en rien les dynamos.

Moteur à vapeur. — Le moteur à vapeur de MM. Crépelle et Garand est du type horizontal à deux cylindres compound juxtaposés actionnant un même arbre par l'intermédiaire de deux manivelles.

Les principales dimensions et constantes de cette machine sont les suivantes :

Diamètre du petit cylindre	71 cm
Diamètre du grand cylindre	132 »
Course commune des pistons	160 »
Vitesse angulaire en tours par minute	71
Pression de la vapeur d'admission au petit cylindre	9 kg : cm²

La puissance normale de la machine est de 1 200 chevaux

Fig. 528.
Groupe électrogène de 200 KW. de la Société l'Éclairage Électrique et de MM. Bietrix, Leflaive Nicolet et Cie.
200 KW. Dampfdynamo der Société l'Éclairage Électrique und von Bietrix, Leflaive, Nicolet et Cie.
200 KW. Steamdynamo of the Société l'Éclairage Électrique and of Bietrix, Leflaive, Nicolet et Cie.

p. 656.

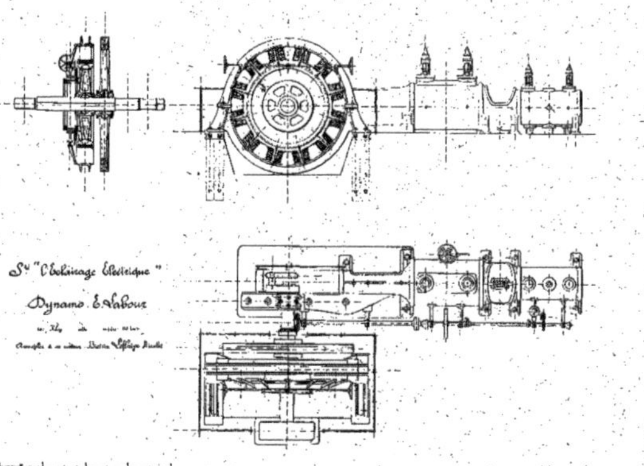

Fig. 529, 530 et 531.
Groupe électrogène de 200 KW. de la Société l'Éclairage Électrique et de MM. Bietrix, Leflaive, Nicolet et Cie. — Ensembles.
200 KW. Dampfdynamo der Société l'Éclairage Électrique und von Bietrix, Leflaive, Nicolet et Cie. — Zusammenstellungen.
200 KW. Steamdynamo of the Société l'Éclairage Électrique and of Bietrix, Leflaive, Nicolet et Cie. — Outline.

p. 656.

indiqués pour la marche à condensation et avec une introduction d'un quinzième.

La distribution est du type Corliss dit « à lames de sabre »; les déclics sont commandés pour chaque cylindre par deux excentriques, un pour l'admission et l'autre pour l'échappement.

Le diamètre extérieur du volant est de 6,2 m et sa largeur de 30 cm.

GROUPE ÉLECTROGÈNE A COURANT CONTINU DE 200 KILOWATTS DE LA SOCIÉTÉ L'ÉCLAIRAGE ÉLECTRIQUE ET DE MM. BIÉTRIX ET Cie.

200 KW. STROMERZEUGER DER SOCIÉTÉ L'ÉCLAIRAGE ÉLECTRIQUE UND VON BIÉTRIX UND Co.

200 KW. SOCIÉTÉ L'ÉCLAIRAGE ÉLECTRIQUE — BIÉTRIX AND Co SET.

En dehors du petit groupe à courant continu servant à l'excitation de l'alternateur et que nous avons décrit (voir p. 150), la Société l'Éclairage Électrique avait exposé, en collaboration avec MM. Biétrix, Leflaive, Nicolet et Cie, de Saint-Etienne, un autre groupe à courant continu d'une puissance de 200 kilowatts et représenté sur la photographie de la figure 528.

Dynamo. — La dynamo Labour à courant continu actionnée par le moteur Biétrix, Leflaive et Nicolet a une puissance de 200 kilowatts aux bornes, 870 ampères sous 230 volts.

La vitesse est de 110 tours par minute et le nombre de pôles de 12.

Les figures 529, 530 et 531 représentent des vues d'ensemble de ce groupe et les figures 532 à 536 des coupes et vues partielles.

Inducteurs. — Les inducteurs sont en acier doux et profilés en vue d'obtenir une rigidité mécanique suffisante. Les noyaux sont fixés à la carcasse magnétique avec 4 boulons.

La couronne inductrice est en deux parties ; chacune de

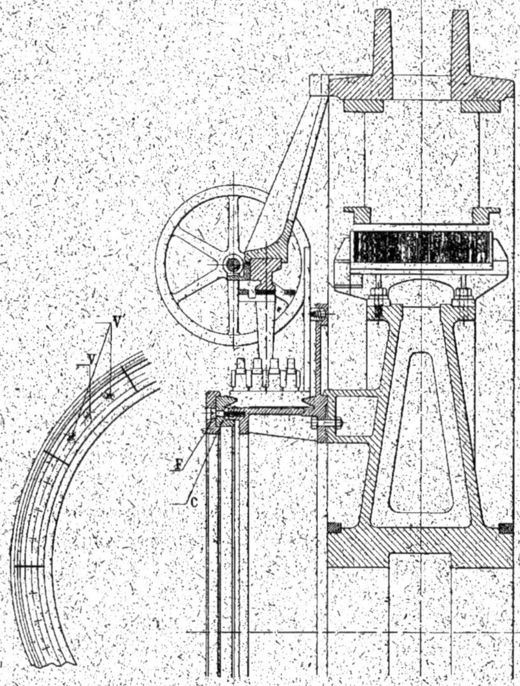

Fig. 532 et 533.
Dynamo à courant continu de 200 KW, de la Société l'Éclairage Électrique. — Détails.
200 KW. Gleichstromdynamo der Société l'Éclairage Électrique. — Details.
200 KW. Société l'Éclairage Électrique continuous current Dynamo. — Details.

ces parties se compose de six pièces séparées entre elles par un intervalle de quelques centimètres et assemblées seulement par deux nervures, comme le montrent les figures.

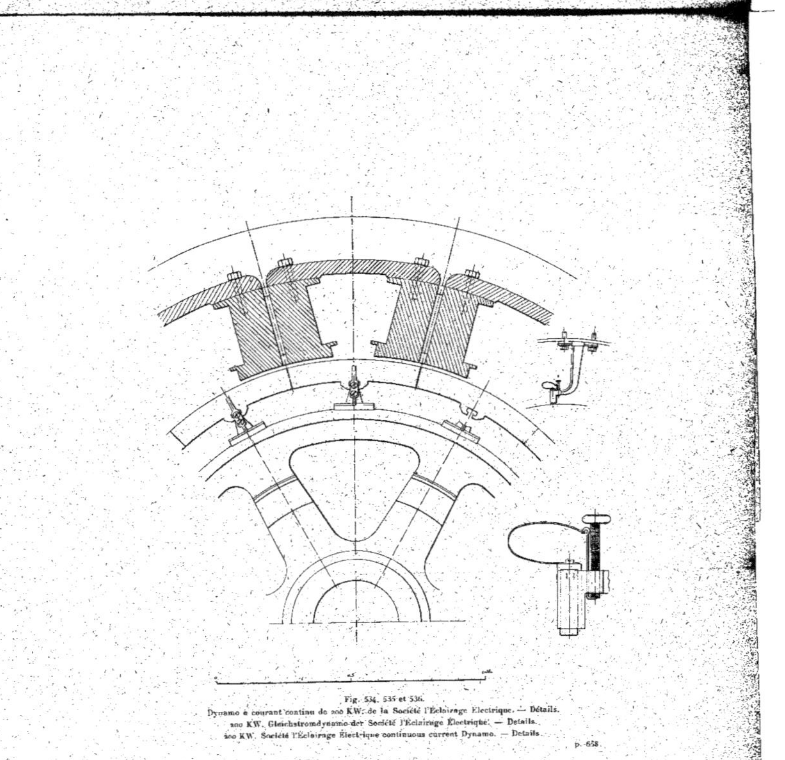

Fig. 534, 535 et 536.
Dynamo à courant continu de 200 KW. de la Société l'Éclairage Électrique. — Détails.
200 KW. Gleichstromdynamo der Société l'Éclairage Électrique. — Details.
200 KW. Société l'Éclairage Électrique continuous current Dynamo. — Details.

Les intervalles ainsi ménagés dans la carcasse correspondent à des fentes radiales dans les noyaux polaires. Ce dispositif, breveté depuis plusieurs années par M. E. Labour, a été décrit à cette époque, par l'auteur, dans *La Lumière Électrique* (1) ; il a pour but d'opposer une résistance magnétique assez considérable au flux de réaction d'induit et par suite de diminuer celle-ci.

La couronne inductrice est fixée sur deux glissières. Un système de vis et de chaîne permet, au moyen d'un seul levier, de déplacer longitudinalement tout le système inducteur pour découvrir l'induit et le collecteur et y faire l'entretien ou les réparations qui pourraient être nécessaires, sans avoir recours à un appareil de levage et, par suite, sans démontage de la carcasse.

Les bobines inductrices sont enroulées sur des carcasses métalliques avec joues en matière isolante ; l'une des joues porte les prises de courant de la bobine.

Toutes les bobines inductrices sont montées en série ; la dynamo est excitée en dérivation.

Chaque électro porte 430 spires de fil de 4,5 mm de diamètre ; le poids de cuivre inducteur est de 811 kg, soit 67,5 kg par électro.

La résistance du circuit d'excitation est, à chaud, de 7,5 ohms.

Le diamètre d'alésage de l'inducteur est de 2,038 m ; l'entrefer est par suite de 19 mm. Le diamètre extérieur est de 3,10 m.

La largeur des pièces polaires parallèlement à l'axe est de 35 cm et leur longueur perpendiculairement à l'axe, de 36 cm.

Le poids de l'inducteur avec bobinage est de 6 255 kg.

Induit. — Un même manchon en fonte muni de canaux

(1) Volume XLIX, page 301, 1893.

radiaux pour la ventilation supporte l'induit proprement dit et le collecteur.

L'induit est lisse, il est composé de segments en tôles isolées de 0,4 mm d'épaisseur. Les segments sont fixés à la lanterne de l'induit par un procédé identique à celui de l'alternateur de la même Société (voir p. 154), c'est-à-dire par des bras en bronze à section en forme de T sur les

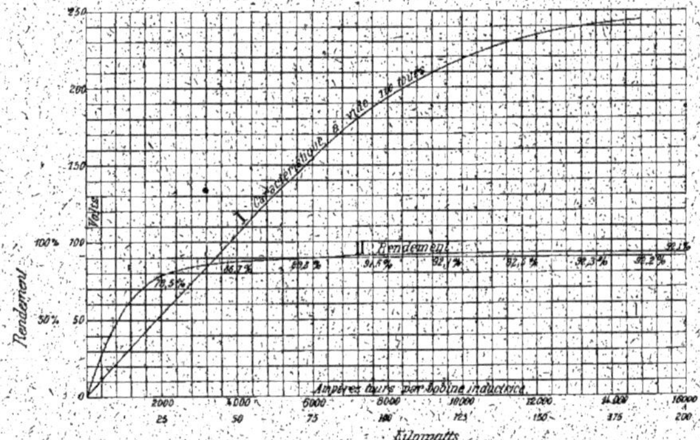

Fig. 537.
Caractéristiques de la dynamo de 200 KW. de la Société l'Éclairage Électrique.
I. Caractéristique à vide. — II. Rendement.
Kurvender 200 KW. Gleichstrommaschine der Société l'Éclairage Électrique.
I. Charakteristik bei Leerlauf. — II. Wirkungsgrad.
Characteristics of 200 KW. Société l'Éclairage Électrique dynamo.
I. No load saturation curve. — II. Efficiency.

branches desquels s'appuient des projections ménagées sur les tôles.

Ce dispositif est montré sur la figure 532 qui est une coupe perpendiculaire à l'axe à grande échelle de la dynamo.

Le déplacement de l'enroulement induit, pouvant résulter des variations de vitesse aux points morts du moteur, est empêché par douze clavettes en fibre réparties également sur la surface de l'induit.

Le diamètre extérieur du noyau induit en une seule partie est de 2 m et sa largeur, de 35 cm.

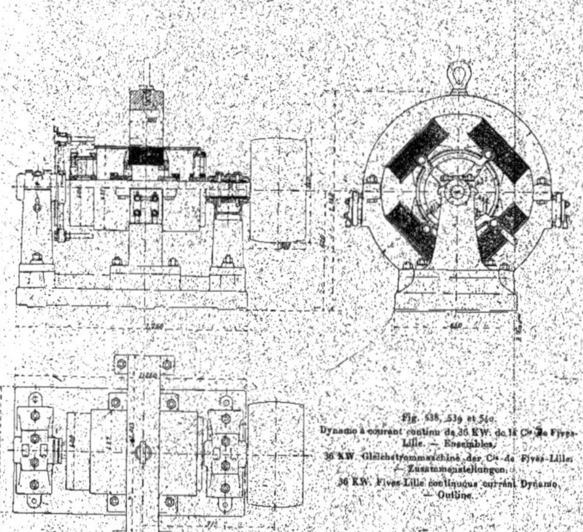

Fig. 538, 539 et 540.
Dynamo à courant continu de 36 KW. de la Cie de Fives-Lille. — Ensembles.
36 KW. Gleichstrommaschine der Cie de Fives-Lille. — Zusammenstellungen.
36 KW. Fives-Lille continuous current Dynamo. — Outline.

p. 662.

L'induit est bobiné en anneau et l'enroulement est réparti en une seule couche. Cet enroulement est formé d'un câble de 21 mm² de section en fils assez fins pour réduire suffisamment les pertes par courants de Foucault dans le cuivre. Il y a 6 spires par section et 23 sections par pôle, soit 23 × 12 ou 276 sections.

Le collecteur, isolé au mica, a 276 lames serrées par groupes de 23 au moyen de 12 segments en acier formant une première frette. Une seconde frette en une seule pièce recouvre ces segments et permet ainsi de démonter partiellement le collecteur.

L'induit est groupé en parallèle et le courant est recueilli par douze séries de balais en charbon à section rectangulaire appuyant normalement sur le collecteur. Une disposition spéciale, visible sur la figure 536 assure une pression convenable des charbons et leur bon contact avec leurs montures reliées alternativement sur deux cercles portant les prises de courant.

Les tiges de support des balais sont montées sur une couronne qui peut tourner légèrement autour de l'axe à l'aide d'une vis sans fin portant un volant à chacune de ses extrémités. Les balais peuvent en outre être déplacés séparément ; l'ensemble du système porte-balais est fixé sur les inducteurs.

Le diamètre du collecteur est de 1,20 m.

La résistance de l'induit entre balais est de 0,0096 ohm à chaud.

Le poids de l'induit bobiné est de 3 900 kg, dont 365 kg pour le cuivre induit.

Résultats d'essais. — Nous reproduisons sur la figure 537 les caractéristiques à vide et en charge à tension constante de la dynamo Labour de 200 kilowatts.

L'excitation pour la marche à vide est de 26,5 ampères, en pleine charge cette excitation monte à 32 ampères ; la chute de tension ou le coefficient d'autorégulation est de 6 p. 100.

La dynamo a été étudiée pour avoir la même élasticité de puissance que le moteur à vapeur. La surélévation de température des différentes parties n'atteint pas 30° d'augmentation en régime permanent.

La surcharge que peut supporter cette machine est donc assez grande ; cette surcharge peut facilement être obtenue sans produire d'étincelles nuisibles au collecteur.

Le rendement de la dynamo en charge normale est de 92,3 p. 100, les pertes se décomposent ainsi :

Pertes par effet Joule dans l'induit	7 300 watts
Pertes par effet Joule dans l'inducteur (avec rhéostat)	7 400 »
Pertes par hystérésis, frottement et courants de Foucault	2 270 »

Le poids total du cuivre étant 1 176 kg, l'utilisation du cuivre correspond donc à 170 watts par kg, ou 5,88 kg de cuivre par kilowatt.

Moteur à vapeur. — Le moteur à vapeur construit par MM. Biétrix, Leflaive, Nicolet et Cie est le seul à distribution par soupape qui fonctionne dans la section française.

Ce moteur à vapeur est du type compound horizontal à deux cylindres en tandem.

Les dimensions principales du moteur sont les suivantes :

Diamètre du cylindre à haute pression	37,5 cm
Diamètre du cylindre à basse pression	60 »
Course commune des pistons	75 »
Vitesse angulaire en tours par minute	130
Pression de la vapeur	10 kg : cm^2

A cette pression de 10 kg : cm^2, la puissance effective avec une introduction de $\frac{1}{12}$ est de 315 chevaux.

A l'Exposition, la vitesse a été réduite, pour la commande de la dynamo, à 110 tours seulement par minute.

Le système de soupape adopté est celui à cataracte d'huile de l'ingénieur Collmann, système employé dans quelques machines des sections allemandes et autrichiennes.

Le volant auxiliaire a un diamètre de 3,05 m et une largeur de 20 cm.

DYNAMO DE 36 KILOWATTS DE LA COMPAGNIE DE FIVES-LILLE.

36 KW. GLEICHSTROMMASCHINE DER Cie DE FIVES-LILLE. 36 KW. FIVES-LILLE DIRECT CURRENT GENERATOR.

Cette dynamo appartient également à la série de l'Allgemeine Elektricitäts Gesellschaft; sa puissance est de 36 kilowatts sous 120 volts, soit un débit de 300 ampères.

Sa vitesse angulaire est de 750 tours par minute, et le nombre de pôles de 4.

Les figures 538, 539 et 540 représentent des vues d'ensemble avec coupe partielle par l'axe.

Inducteurs. — La carcasse inductrice, en acier coulé, est en deux parties et repose sur le bâti sur lequel sont rapportés les deux paliers à bagues.

Le diamètre extérieur de la carcasse est de 1,013 m, et sa largeur de 18 cm.

Les noyaux polaires, venus de fonte avec la carcasse, ont une section rectangulaire de 18 cm de longueur et de 15 cm de largeur.

Les épanouissements polaires rapportés sont en fer; leurs dimensions sont de 18 cm de longueur et de 30 cm de largeur dans le sens perpendiculaire à l'axe.

Le diamètre d'alésage est de 44,8 cm et l'entrefer, de 5,5 mm.

L'enroulement inducteur comprend 4 bobines en fil de 2,2 mm de diamètre ou 3,8 mm² de section. Les 4 bobines sont groupées en série et chacune d'elles comporte 1 085 spires.

La résistance du circuit inducteur est de 21 ohms à froid.

Le poids du cuivre inducteur est de 153 kg.

Induit. — L'induit, d'une constitution analogue à celui

des deux machines de la compagnie Fives-Lille précédemment décrites (voir p. 522), a un diamètre extérieur de 43,7 cm et une largeur de 18,5 cm. Le diamètre intérieur des tôles est de 25,7 cm et la hauteur radiale de l'anneau, de 9 cm.

L'enroulement est en tambour multipolaire avec groupement en parallèle. L'induit est lisse et porte à sa surface des barres à section carrée de 4 mm de côté. Ces barres, au nombre de 280, forment 140 sections d'une seule spire réunies aux 140 lames du collecteur; elles sont cintrées à leurs extrémités et viennent se souder, du côté opposé au collecteur, sur une ailette en cuivre terminée en queue d'aronde. Les ailettes sont serrées, par un anneau en fer, sur un support retenu sur l'arbre par une vis et une frette en fer forgé.

Le collecteur monté sur un tambour claveté sur l'arbre, a un diamètre de 40 cm et une largeur utile de 13 cm.

Les 4 axes des porte-balais sont fixés sur une étoile à 4 branches pouvant tourner à l'aide d'une poignée autour d'un anneau venu de fonte avec l'un des paliers.

Chaque ligne de balais comporte 7 balais en charbon.

La résistance de l'induit entre balais est de 0,0105 ohm, et le poids de cuivre utilisé pour l'enroulement induit, de 29,5 kg.

Le poids de la dynamo toute montée est de 1 700 kg.

Résultats d'essais. — L'intensité du courant d'excitation à vide et à la tension normale est de 4,5 ampères. En charge, il est de 5 ampères environ.

II. — DYNAMOS A INDUIT EXTÉRIEUR

II. — INNENPOLGLEICHSTROM-MASCHINEN	II. — DIRECT CURRENT GENERATORS WITH INTERNAL FIELDS

Cette classe de machines était représentée par quelques types bien connus, de MM. Siemens et Halske. Nous décri-

Fig. 541.

Groupe électrogène de 750 KW. de la Société Alsacienne de Constructions Mécaniques de Belfort.

750 KW. Dampfdynamo der Société Alsacienne de Constructions Mécaniques in Belfort.

750 KW. Steamdynamo of the Société Alsacienne de Constructions Mécaniques.

p. 664.

Fig. 542.

Groupe électrogène de 750 KW. de la Société Alsacienne de Constructions Mécaniques.

750 KW. Dampfdynamo der Société Alsacienne de Constructions Mécaniques.

750 KW. Steamdynamo of the Société Alsacienne de Constructions Mécaniques.

p. 664.

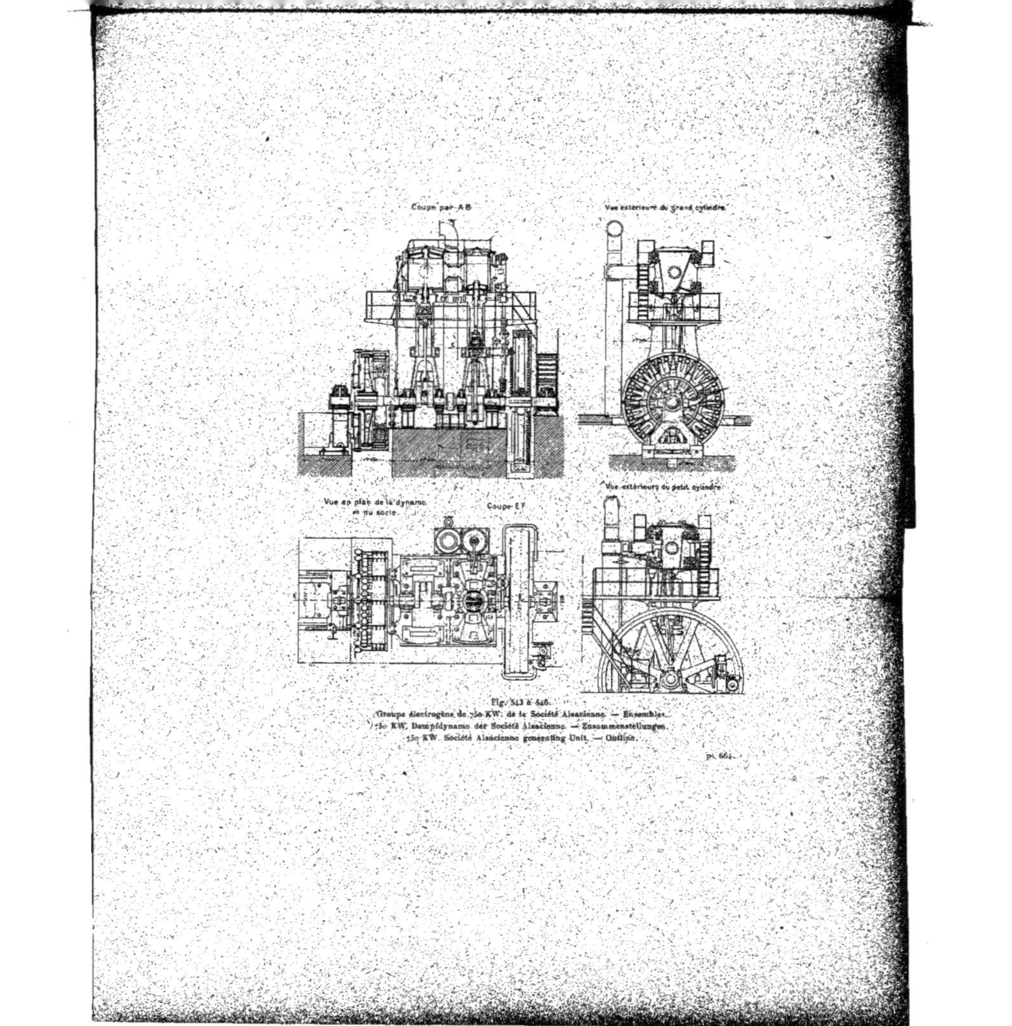

Fig. 543 à 546.
Groupe électrogène de 750 KW. de la Société Alsacienne. — Ensembles.
750 KW. Dampfdynamo der Société Alsacienne. — Zusammenstellungen.
750 KW. Société Alsacienne generating Unit. — Outline.

Pl. 664.

rons seulement la dynamo exposée par la Société Alsacienne, de Belfort.

GROUPE ÉLECTROGÈNE DE 750 KILOWATTS DE LA SOCIÉTÉ ALSACIENNE DE CONSTRUCTIONS MÉCANIQUES

750 KW. DAMPFDYNAMO DER SOCIÉTÉ ALSACIENNE DE CONSTRUCTIONS MÉCANIQUES

750 KW. STEAMDYNAMO OF THE SOCIÉTÉ ALSACIENNE DE CONSTRUCTIONS MÉCANIQUES

La Société Alsacienne de Constructions Mécaniques, qui avait une des expositions les plus importantes de la section française, avait exposé, comme type de son matériel à courant continu, deux groupes dont un, celui dont nous nous occuperons tout d'abord, était affecté au service de l'éclairage à l'Exposition.

Ce groupe, identique à ceux déjà installés par cette importante maison à l'usine du quai de Jemmapes de la Compagnie Parisienne de l'Air Comprimé, est représenté sur les photographies des figures 541 et 542 et sur les figures 543 à 546 ; il a une puissance de 1 000 chevaux effectifs.

Dynamo. — La dynamo de la Société Alsacienne de Constructions Mécaniques est du type bien connu à induit extérieur et collecteur.

Sa puissance normale est de 750 kilowatts sous une tension pouvant varier de 500 à 600 volts, condition imposée par les exigences de l'exploitation à laquelle elle est destinée (secteur de la Compagnie Parisienne de l'Air Comprimé).

Le débit à pleine charge varie entre 1 250 ampères sous 600 volts et 1 500 ampères sous 500 volts. Cette variation assez considérable de la tension de régime est obtenue, sans inconvénient pour l'échauffement et la chute de tension, par l'emploi d'un induit lisse et en proportionnant les ampèretours induits et inducteurs de façon à en maintenir un rapport convenable pour le débit maximum et le champ inducteur le plus faible.

La vitesse de la machine est de 70 tours et le nombre de pôles inducteurs de 12.

Les figures 547, 548 et 549 représentent des vues de face et en plan de la machine à pôles inducteurs internes de la Société Alsacienne et la figure 550 une coupe par l'axe.

Inducteurs. — Les inducteurs sont constitués par un support en acier doux portant une équerre fondue avec lui et boulonnée au bâti de la machine. Le diamètre extérieur de ce support est de 2,28 m et sa largeur, de 56 cm.

Sur la carcasse sont fixés les pôles inducteurs à noyaux carrés de 48 cm de côté et portant chacun un épanouissement polaire d'une largeur, parallèlement à l'axe de la machine, de 51 cm et d'un développement de 72 cm.

Ces épanouissements polaires sont fixés aux noyaux par deux vis et l'ensemble est retenu à la surface de la jante par deux boulons traversant complètement cette dernière.

Les bobines inductrices sont enroulées sur des carcasses en tôle avec joues en bois ; elles sont constituées chacune par 1 000 spires d'un fil de 5,2 mm de diamètre et d'une section par suite de 21,2 mm².

Toutes les bobines inductrices sont en série ; le circuit inducteur a une résistance à chaud de 24,2 ohms.

Le diamètre extérieur de l'inducteur est de 3,34 m. Le poids de l'inducteur complet avec son support est de 25 000 kg dont 4 900 kg pour le cuivre.

Induit. — L'anneau induit est porté par une étoile en fonte à 39 bras clavetée sur l'arbre même du moteur entre les deux paliers de la dynamo.

Chaque bras porte un manchon en bronze isolé de la fonte dans lequel est fixée la tige supportant les tôles induites.

Le poids du support de l'induit est de 7 500 kg et son diamètre, de 3,572 m pris d'axe en axe de deux tiges.

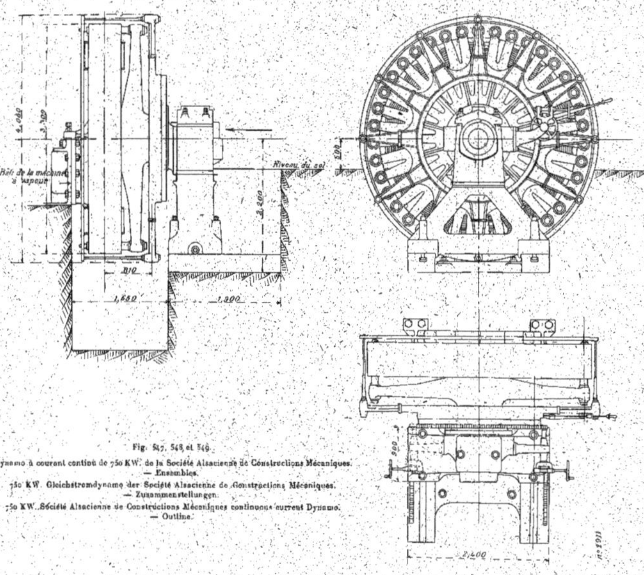

Fig. 547, 548 et 549.

Dynamo à courant continu de 750 KW. de la Société Alsacienne de Constructions Mécaniques. — Ensembles.

750 KW. Gleichstromdynamo der Société Alsacienne de Constructions Mécaniques. — Zusammenstellungen.

750 KW. Société Alsacienne de Constructions Mécaniques continuous current Dynamo. — Outline.

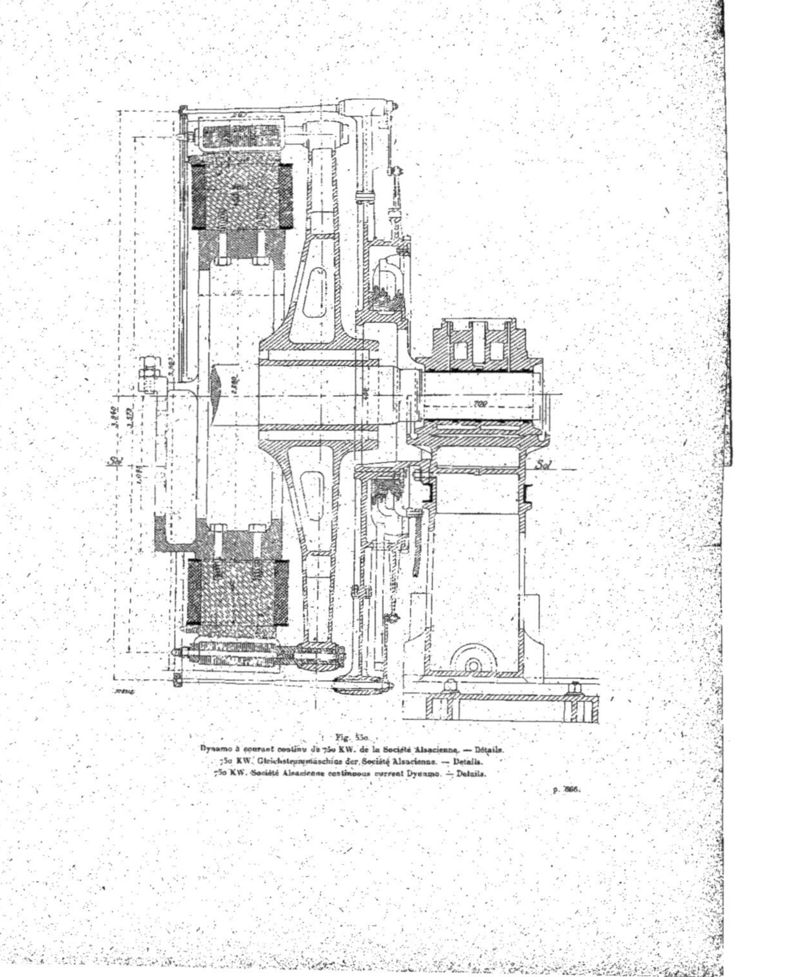

Fig. 530.

Dynamo à courant continu de 750 KW. de la Société Alsacienne. — Détails.

750 KW. Gleichstrommaschine der Société Alsacienne. — Details.

750 KW. Société Alsacienne continuous current Dynamo. — Details.

p. 866.

Les tôles induites forment un anneau d'une seule pièce d'un diamètre extérieur de 3,72 m et d'un diamètre intérieur de 3,42 m ; la hauteur radiale de l'anneau est donc de 15 cm. La longueur de cet anneau est de 50 cm y compris l'isolant entre les tôles et l'ensemble est serré à l'aide d'écrous vissés sur les tiges de supports isolées des tôles.

L'enroulement induit du genre Gramme est constitué par des barres de 75 mm² ou de 160 mm² de section ; les unes sont courbées en U et ont une épaisseur de 2,5 mm, les autres sont droites, ont 4 mm d'épaisseur et portent, à chaque extrémité, une entaille de 2,5 mm. Les premières barres sont placées à l'intérieur et sur les surfaces latérales tandis que les secondes sont disposées extérieurement et reçoivent les premières dans leurs entailles. Toutes les barres sont disposées en série et le nombre de spires est de 2 496.

La longueur de l'induit ou celle du collecteur est de 56,7 cm.

La partie extérieure de l'induit a un diamètre de 3,809 m et la partie intérieure un diamètre de 3,343 m.

L'entrefer est de 40 mm.

Toutes les lignes de balais de même polarité sont réunies entre elles par des cercles en cuivre et la résistance de l'induit aux bornes est de 0,0056 ohm à chaud.

Le support des porte-balais est constitué par une étoile à 12 branches qui est montée sur un support fixé au palier du côté opposé au moteur à vapeur et autour duquel elle peut se déplacer à l'aide d'un volant commandant une vis tangente. Un dispositif permet en outre de relever les balais à volonté.

Le poids total de l'induit sans l'arbre est de 19 000 kg.

Résultats d'essais. — Les diverses pertes de la machine, non compris les frottements dans les paliers, sont, pour le fonctionnement à 600 volts, les suivantes :

Pertes par hystérésis et courants de Foucault	11 600 watts
Pertes par effet Joule dans l'induit	8 750 »
Pertes par effet Joule dans l'inducteur	15 000 »
Total	35 350 watts

A ce chiffre il y aurait lieu d'ajouter environ 0,43 p. 100 pour les pertes par ventilation, on arrive ainsi à une perte totale de 38 575 watts, ce qui correspond à un rendement de 95 p. 100.

Tableau de distribution. — Le tableau de distribution, composé de trois panneaux en marbre disposés dans des cadres en bois, comporte le rhéostat de champ de la machine, un voltmètre, un ampèremètre, un interrupteur à main et un interrupteur automatique.

Ce dernier appareil est à inversion, c'est-à-dire ne fonctionne que lorsque le courant est inversé, de façon à mettre la machine hors service lorsqu'elle reçoit du courant au lieu d'en donner.

Cet appareil se compose d'un interrupteur à main maintenu en position fermée par un déclic et tendant à s'ouvrir sous l'action d'un ressort. Le déclic est commandé par un électro à fil fin mis en service lui-même par un relais polarisé.

Ce relais bute à droite et à gauche, suivant le sens du courant qui le traverse, et met en circuit l'électro à fil fin lorsque, sous l'influence d'un courant inversé, il vient à gauche.

Le courant fourni au relais est obtenu simplement en shuntant l'une des barres du tableau ou l'un des conducteurs qui relient la dynamo à ce tableau. Celui fourni à l'électro à fil fin peut être obtenu en branchant celui-ci entre les barres.

Moteur à vapeur. — Le moteur à vapeur de la Société Alsacienne de Constructions Mécaniques est du type vertical compound à condensation.

Ses principales dimensions et constantes sont les suivantes :

Diamètre du cylindre à haute pression	80 cm
Diamètre du cylindre à basse pression	135 »
Course commune des pistons	120 »
Vitesse angulaire en tours par minute	70
Pression de la vapeur	8 kg : cm²

La puissance normale à cette pression de 8 kg : cm² au petit cylindre et à condensation est de 1 000 à 1 100 chevaux effectifs.

La distribution est du genre Corliss.

Le volant a un poids de 31 000 kg et un diamètre de 5,700 m.

La machine est munie d'un condensateur à injection dont la pompe à air est à simple effet.

CHAPITRE III

DYNAMOS A INDUCTEURS MIXTES

III KAPITEL

GLEICHSTROMMASCHINEN MIT COMBINIRTEN MAGNETEN

CHAPTER III

DIRECT CURRENT GENERATORS WITH COMPOSITE FIELDS

Généralités. — Les dynamos à carcasse inductrice en fonte et pôles et épanouissements en métal plus magnétique sont, à l'heure actuelle, beaucoup moins répandues que les machines à inducteurs complètement en acier.

Ces dynamos ont des propriétés qui tiennent à la fois de celles des machines en acier et des machines en fonte. Elles ont, comme les premières, des chutes de tension assez faibles, lorsque la saturation du circuit magnétique est suffisante dans les circuits en acier, et ont un décalage des balais aussi petit.

Les caractéristiques à vide sont toutefois plus arrondies, ce qui donne lieu à une chute de tension un peu plus grande qu'avec les machines en acier.

Leur poids plus élevé, toutes choses égales d'ailleurs, les rend sinon plus coûteuses, du moins plus onéreuses au point de vue du transport; aussi cette classe de machines semble-t-elle destinée à disparaître dans l'avenir.

Nature des pôles inducteurs. — Les pôles inducteurs sont généralement en acier ; on rencontre toutefois encore des dynamos avec pôles en tôles feuilletées, c'est le cas de la dynamo de 1 000 kilowatts de MM. Siemens et Halske de Vienne.

Avec des noyaux polaires assez saturés, les joints de ces parties sur la carcasse présentent une résistance magnétique très grande par suite de l'énorme saturation de la couronne de cet inducteur.

On remédie à cet inconvénient en encastrant les pôles dans cette couronne, comme le font MM. J.-J. Rieter, et, en donnant à la section du noyau une valeur beaucoup plus grande à l'endroit du joint, comme c'est le cas pour les dynamos de la Société Alioth, de Bâle.

Une machine, celle de la Société Bacini, de Gênes, a des pôles en fer forgé dont les extrémités sont noyées dans la carcasse au moment de la coulée.

Dans les machines Siemens et Halske, de Vienne, la résistance du joint est diminuée par la présence de clavettes de serrage disposées entre les pôles.

Modes de fixation des pôles inducteurs. — Les modes de fixation des pôles inducteurs sont les mêmes que ceux adoptés le plus communément pour les dynamos en acier à pôles inducteurs rapportés.

Avec les pôles feuilletés, le procédé employé par MM. Siemens et Halske est le même que celui déjà signalé à propos de la commutatrice de cette importante maison.

Classification et description des dynamos à circuit magnétique inducteur mixte. — Les dynamos à inducteur mixte seront aussi partagées en deux types suivant la nature des noyaux inducteurs rapportés. 1° Dynamos à inducteurs feuilletés. 2° Dynamos à inducteurs pleins.

I. — DYNAMO A POLES INDUCTEURS FEUILLETÉS

I. — GLEICHSTROMMASCHINE MIT LAMELLIRTEN POLEN

I. — DIRECT CURRENT GENERATOR WITH LAMINATED POLES

Cette première classe comprenait la dynamo déjà signalée de MM. Siemens et Halske, de Vienne,

GROUPE ÉLECTROGÈNE DE 1 000 KILOWATTS DE MM. SIEMENS ET HALSKE, DE VIENNE, ET DE M. F. RINGHOFFER

1 000 KW. STROMERZEUGER DER SIEMENS UND HALSKE A. G. (WIENER WERK) UND VON F. RINGHOFFER

1 000 KW. SIEMENS AND HALSKE (VIENNA). F. RINGHOFFER GENERATING SET

La succursale de MM. Siemens et Halske, à Vienne, et M. F. Ringhoffer, de Smichow-les-Prague, avaient exposé en commun un des groupes à courant continu les plus importants du Palais de l'Électricité et le seul groupe à courant continu de la section autrichienne.

Cet ensemble, très remarqué, est représenté sur la photographie de la figure 551 et sur les figures 552 et 553; il présente, au point de vue de la dynamo, des particularités très caractéristiques qui en font un des groupes les plus intéressants à étudier.

Dynamo. — La dynamo à courant continu de MM. Siemens et Halske, de Vienne, commandée par le moteur à vapeur de M. F. Ringhoffer est du type volant.

Sa puissance est de 1 000 kilowatts sous une tension de 550 volts ; ce qui correspond à un débit de 1820 ampères ; toutefois la machine peut faire la même puissance avec une tension de 500 volts seulement et un débit, par suite, de 2 000 ampères.

La vitesse de la machine est de 95 tours par minute.

La dynamo de MM. Siemens et Halske est destinée à un service de traction et susceptible par suite d'une surcharge assez considérable.

La photographie de la figure 554 représente une vue de la dynamo ; les figures 555 et 556 en sont des vues de bout et de face avec coupe partielle et la figure 557 une demi-coupe par l'axe. La figure 558 est une vue de la couronne

Fig. 551.

Groupe électrogène de 1 000 KW. de MM. Siemens et Halske (Vienne) et de M. F. Ringhoffer de Smichow.

1 000 KW. Dampfdynamo der Siemens und Halske A. G. (Wiener Werk) und der Firma F. Ringhoffer in Smichow.

1 000 KW. Siemens und Halske A. G. (Works of Vienna) and F. Ringhoffer of Smichow Set.

p. 672.

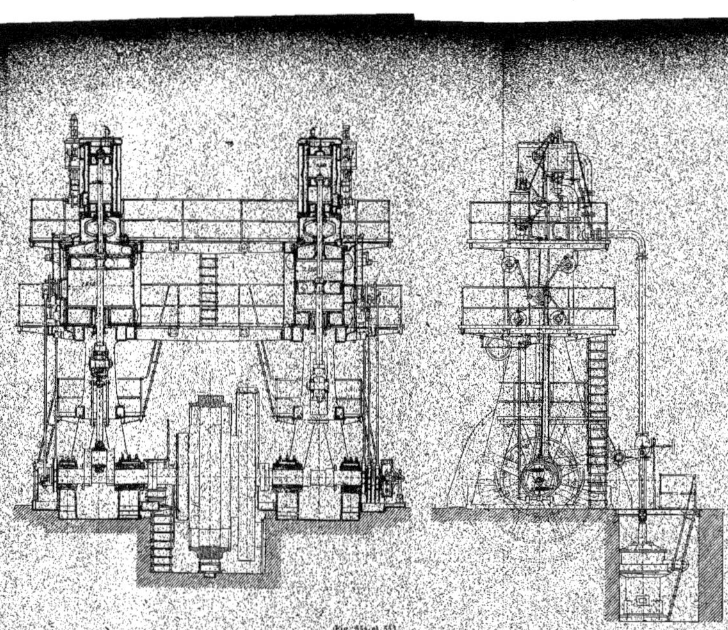

Fig. 552 et 553.
Groupe électrogène de 1 000 KW. de MM. Siemens et Halske et de M. F. Ringhoffer. — Ensembles.
1 000 KW. Dampfdynamo der Siemens und Halske A. G. (Wiener Werk) und von F. Ringhoffer. — Zusammenstellungen.
1 000 KW. Siemens und Halske A. G. of Vienna and F. Ringhoffer Set. — Outline.

p. 672

Fig. 554.
Dynamo à courant continu de 1 000 KW. de MM. Siemens et Halske (Ateliers de Vienne).
1 000 KW. Gleichstrommaschine der Siemens und Halske A. G. (Wiener Werk).
1 000 KW. Siemens und Halske A. G. (Works of Vienna) continuous current Dynamo.

p. 672.

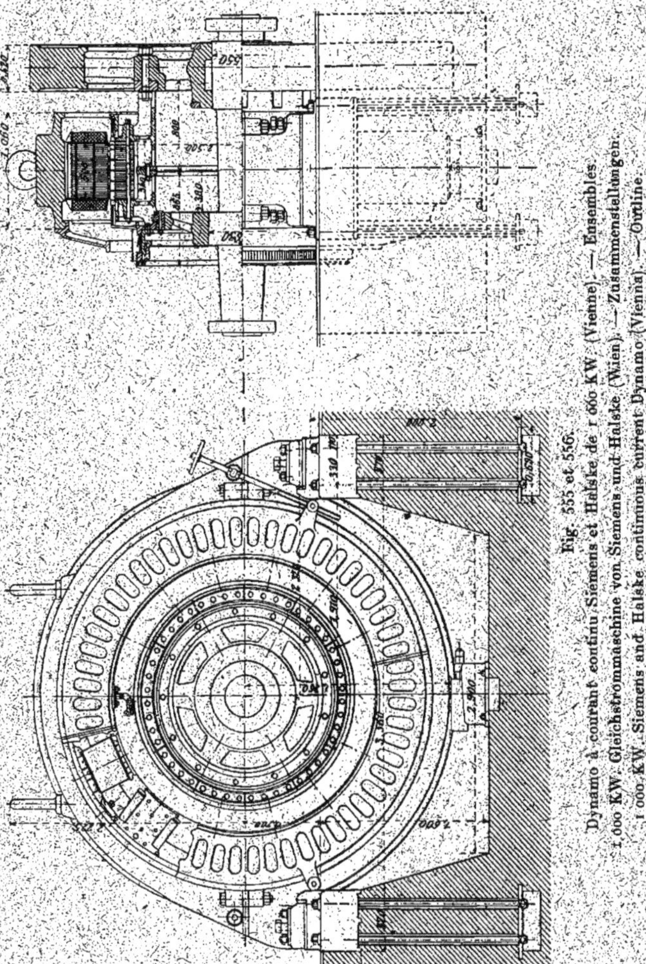

Fig. 555 et 556.
Dynamo à courant continu Siemens et Halske de 1 000 KW. (Vienne). — Ensembles.
1,000 KW. Gleichstrommaschine von Siemens und Halske (Wien). — Zusammenstellungen.
1 000 KW. Siemens and Halske continuous current Dynamo (Vienna). — Outline.

pendant l'alésage et les figures 559, 560, 561 et 562 montrent des détails de construction des pôles inducteurs et des carcasses des bobines.

Inducteurs. — Les inducteurs sont constitués par une carcasse en fonte, coulée en deux parties assemblées suivant un diamètre horizontal, et portant à la partie inférieure

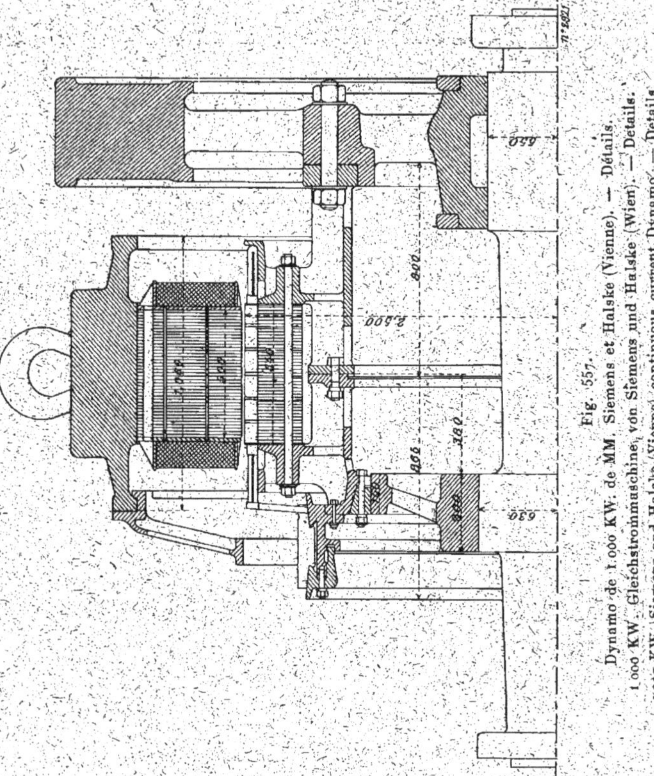

Fig. 557.
Dynamo de 1.000 KW. de MM. Siemens et Halske (Vienne). — Détails.
1.000 KW. Gleichstrommaschine von Siemens und Halske (Wien). — Details.
1.000 KW. Siemens and Halske (Vienna) continuous current Dynamo. — Details.

deux pattes par lesquelles la machine repose sur ses fondations.

Le centrage du système inducteur est obtenu en faisant reposer les pattes sur les plaques de fondation par des vis

Fig. 538.

Dynamo à courant continu Siemens et Halske de 1 000 KW. — Alésage de la carcasse inductrice.
1 000 KW. Gleichstrommaschine der Siemens und Halske A. G. — Das Ausbohren des Magnetjoches
1 000 KW. Siemens und Halske direct current Generator. — Boring of field frame.

p. 675.

calantes et la partie inférieure de la carcasse sur un tabouret placé au fond de la fosse.

La surface d'appui de ce dernier est légèrement inclinée

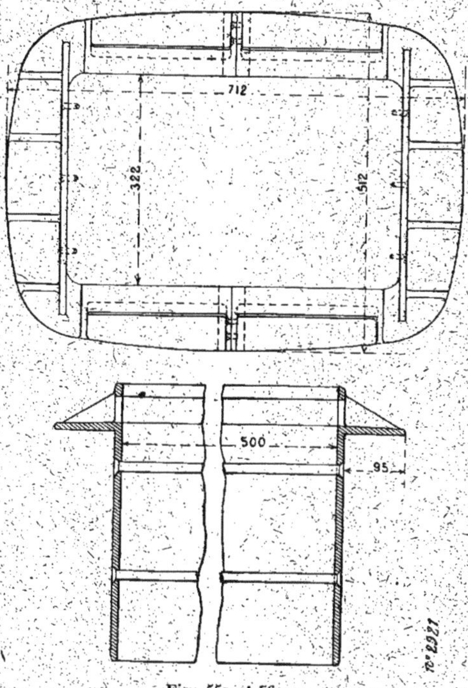

Fig. 559 et 560.
Dynamo Siemens et Halske de 1 000 KW. — Détails.
1 000 KW. Gleichstrommaschine der Siemens und Halske A. G. — Details.
1 000 KW. Siemens and Halske continuous Dynamo. — Details.

et un coin, déplaçable avec une vis dont il forme l'écrou, permet de soulever plus ou moins la partie inférieure de la carcasse.

Les pôles inducteurs sont feuilletés et les tôles ont 2 mm d'épaisseur.

La fixation des pôles sur la carcasse inductrice est analogue à celle employée sur quelques alternateurs ; elle est obtenue à l'aide de clavettes à section en forme de queue d'aronde qui viennent emprisonner les rebords laissés sur les tôles des pôles inducteurs ; chaque clavette est fixée à la carcasse par deux fortes vis.

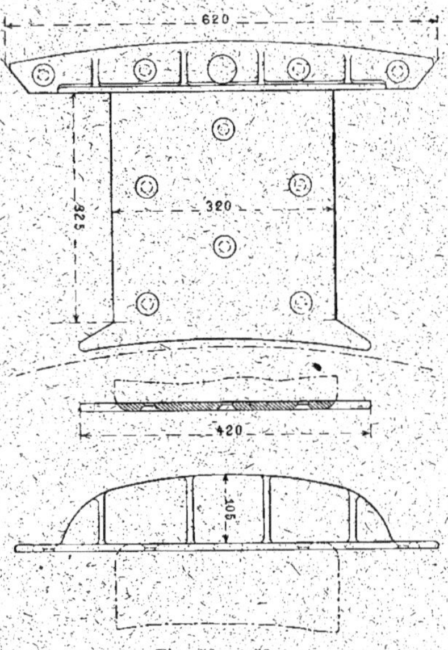

Fig. 561 et 562.
Dynamo Siemens et Halske de 1 000 KW. — Détails.
1 000 KW. Gleichstrommaschine der Siemens und Halske A. G. — Details.
1 000 KW. Siemens and Halske continuous current Dynamo. — Details.

Le diamètre extérieur de la carcasse inductrice est de 3,88 m et son diamètre intérieur, de 3,36 m. La largeur totale est de 1,06 m. La largeur des paquets de tôles inductrices, parallèlement à l'axe, est de 49 cm et celle des noyaux polaires, perpendiculairement à l'axe, de 32,5 cm ; les épanouissements ont un développement de 42,3 cm.

L'alésage des inducteurs n'est pas régulier, l'entrefer,

suivant une disposition déjà employée par quelques constructeurs, va en croissant d'une corne polaire à l'autre.

L'entrefer minimum est de 8 mm et se trouve sous les cornes polaires où le flux tend à s'affaiblir par suite de la réaction d'induit, c'est-à-dire sous les cornes situées en arrière dans le sens de rotation de l'induit ; l'entrefer maximum sous les cornes d'avant est de 12 mm. De cette façon la distribution du flux le long de l'entrefer est dissymétrique à vide, mais la dissymétrie diminue avec la charge pour devenir plus ou moins symétrique de chaque côté de l'axe des pôles à pleine charge.

Le diamètre moyen d'alésage est de 2,52 m.

Les bobines inductrices sont enroulées sur des carcasses en laiton en deux parties fixées par des vis sur les tôles inductrices. Les deux parties sont serrées l'une contre l'autre à l'aide de petites vis et la carcasse reçoit une bobine en fil de 5 mm de diamètre et comportant 770 spires.

Toutes les bobines inductrices sont montées en série ; la résistance du circuit ainsi formé est de 18 ohms à chaud. La machine est excitée en dérivation.

Le poids du cuivre de l'enroulement inducteur est de 3 000 kg.

Induit. — L'induit a une constitution tout à fait particulière. La machine comporte un volant spécial claveté sur le même arbre que la dynamo qui sert en même temps de support à l'induit.

A cet effet, celui-ci est disposé sur un double tambour portant chacun un anneau courant le long de la surface extérieure, et c'est entre ces deux anneaux que sont serrées les tôles de l'induit. L'un des tambours est boulonné sur les bras du volant tandis que le second est fixé au premier par des boulons traversant des rebords ménagés extérieurement sur les deux tambours.

La partie interne du second tambour, située du côté du

collecteur, est un peu évasée et reçoit un disque à bord légèrement tronconique qui y est fixé à l'aide de boulons.

Ce disque est emmanché sur une couronne venue de fonte avec un support claveté sur l'arbre et dont les bras sont légèrement inclinés sur la verticale.

Les surfaces latérales des deux tambours sont percées de nombreuses ouvertures pour la ventilation et sont consolidées par des nervures qui réunissent les anneaux de serrages des tôles aux rebords ménagés sur les tambours et servant en même temps d'appui aux conducteurs induits.

Les tôles induites sont partagées en six anneaux concentriques séparés entre eux par des cales de 10 mm d'épaisseur permettant la bonne ventilation des tôles. La largeur totale des anneaux, y compris celle des cales, est de 54 cm.

Le diamètre extérieur de l'induit est de 2,50 m et la hauteur radiale des anneaux, de 22,5 cm.

Le diamètre extérieur des tambours supportant l'induit est de 1,70 m.

La surface extérieure de l'induit porte 286 rainures de 50 mm de profondeur radiale et de 13 mm de largeur. L'enroulement de l'induit est du type séries parallèles d'Arnold avec 10 circuits en quantité.

Chacune des rainures comporte 4 conducteurs formés par une bande de cuivre plat de 18 mm de largeur et 4 mm d'épaisseur ; le nombre total des sections est de 572 et chacune d'elles comprend une seule spire.

Le collecteur est fixé sur un tambour circulaire contre le support d'induit ; les lames y sont serrées par des segments en forme de cornières cintrées, retenus par des vis.

Le collecteur comporte 572 lames isolées au mica ; son diamètre extérieur est de 2,08 m et sa largeur utile, de 27 cm. Sur ce collecteur frottent quatorze rangées de 5 balais en charbon. Les lignes de balais sont supportées par un anneau ajouré pouvant tourner autour de la carcasse inductrice à l'aide d'un petit volant à main.

La surface de contact de chaque ligne de balais est de 74 cm²; ce qui correspond à une densité de courant de 5,4 amp : cm².

Les axes des tiges des porte-balais ne sont pas parallèles à l'axe de la machine, mais sont inclinés d'un certain angle réglable à la main de façon à faire varier à volonté la surface de recouvrement de chaque ligne de balais.

La résistance de l'induit entre les balais est de 0,0037 ohm.

Le poids de la dynamo sans le volant auxiliaire est de 45 600 kg.

Résultats d'essais. — L'intensité du courant d'excitation correspondant à la marche à vide avec une tension aux bornes de 550 volts est de 23 ampères.

Le courant d'excitation en charge est de 24 ampères ; la perte par excitation est par suite de 13,2 kilowatts, soit 1,3 p. 100.

Le rendement électrique de la dynamo est 95 p. 100.

L'élévation de température au-dessus de la température ambiante, après 24 heures de marche en charge, est de 30° C.

Les inductions dans les différentes parties de la machine pour la marche à vide sont les suivantes :

Induit	14 500 Gauss
Dents (induction apparente)	25 800 »
Dents (induction réelle)	20 425 »
Entrefer	10 850 »
Noyaux polaires (calculés)	16 800 »
Carcasse (calculée)	6 750 »

Les forces magnétomotrices nécessaires pour faire passer le flux sont :

Induit	245 Gilberts
Dents	1 570 »
Entrefer	10 850 »
Noyaux	1 450 »
Carcasse	120 »
Total	14 210 Gilberts

Les ampèretours totaux sont donc de 11 325 à vide ; pour la charge normale, les ampèretours calculés sont de 18 500.

La chute de tension en charge est d'environ 3 p. 100.

Moteur à vapeur. — Le moteur à vapeur de M. F. Ringhoffer est du type vertical à triple expansion et à quatre cylindres ; mais, contrairement à ce qui existe dans toutes les autres machines à quatre cylindres exposées, il y a deux cylindres à haute pression.

Les dimensions et constantes de la machine sont les suivantes :

Diamètre des cylindres à haute pression	55 cm
Diamètre du cylindre à moyenne pression	115 »
Diamètre du cylindre à basse pression	165 »
Course commune des pistons	90 »
Vitesse angulaire en tours par minute	95
Pression de la vapeur d'admission	12 kg : cm²

A cette vitesse et à cette pression, la puissance normale de la machine est de 1 600 chevaux indiqués ; cette puissance peut être poussée facilement à 2 000 chevaux.

La distribution dans les deux cylindres à haute pression se fait par des soupapes à double siège avec déclic système A. Collmann, à la fois pour l'admission et l'échappement.

Les condenseurs et pompes à air sont disposés dans les fondations de la machine.

Le moteur est destiné à fonctionner en surchauffe.

Le volant du moteur a un diamètre de 4 m et une largeur de 42 cm ; son poids est de 24 000 kg.

II. — DYNAMOS A POLES INDUCTEURS EN ACIER

II. — GLEICHSTROMMASCHINEN MIT STAHLPOLEN.

II. — DIRECT CURRENT GENERATORS WITH STEEL FIELD POLES.

Les dynamos de cette classe sont celles de la Société anonyme de Francfort-sur-le-Mein, ci-devant W. Lahmeyer et Cie,

Fig. 563 et 564.

Dynamo à courant continu de 400 KW. de MM. W. Lahmeyer et Cie. — Ensembles.

400 KW. Gleichstrommaschine der E. A. G. vorm. W. Lahmeyer und Co. — Zusammenstellungen.

400 KW. E. A. G. heretofore W. Lahmeyer and Co continuous current Dynamo. — Outline.

p. 680.

de la Société Alioth, de Bâle, et de MM. J.-J. Rieter, de Winterthur.

DYNAMO DE 350 KILOWATTS DE MM. LAHMEYER ET Cie

350 KW. GLEICHSTROMDYNAMO DER E. A. G. VORM. W. LAHMEYER UND C[o]. 350 KW. W. LAHMEYER DIRECT CURRENT GENERATOR.

La dynamo à courant continu de la Société anonyme d'électricité de Francfort-sur-le-Mein, ci-devant W. Lahmeyer et Cie, était montée du côté opposé à l'alternateur déjà décrit (voir p. 86).

La puissance normale de cette machine est de 350 kilowatts à 94 tours par minute avec une tension aux bornes de 550 volts et un débit par suite de 650 ampères. Toutefois la machine peut faire facilement en service courant 400 kilowatts à la même tension avec un débit de 750 ampères.

Cette dynamo dont de nombreux exemplaires existent déjà dans diverses stations d'Allemagne est une machine shunt et est destinée à la traction. Les figures 563 à 566 en donnent différentes vues et une coupe par l'axe.

Inducteurs. — La carcasse inductrice en fonte est en deux parties ; les noyaux polaires à section circulaire, en acier coulé, sont au nombre de douze et sont fixés chacun à l'aide de deux vis.

Les épanouissements polaires sont venus de fonte avec les noyaux. La partie inférieure de la carcasse repose par deux pattes sur les fondations.

Le diamètre extérieur de la carcasse est de 3,30 m environ et sa largeur, de 53 cm. Le diamètre d'alésage de l'inducteur est de 2,414 m et la largeur utile de la machine parallèlement à l'axe, de 42 cm environ.

Les bobines inductrices, comprenant chacune 1 173 spires,

sont toutes montées en série ; l'ensemble a une résistance de 47 ohms à chaud.

Le poids de la partie fixe, inducteurs et palier, est d'environ 19000 kg.

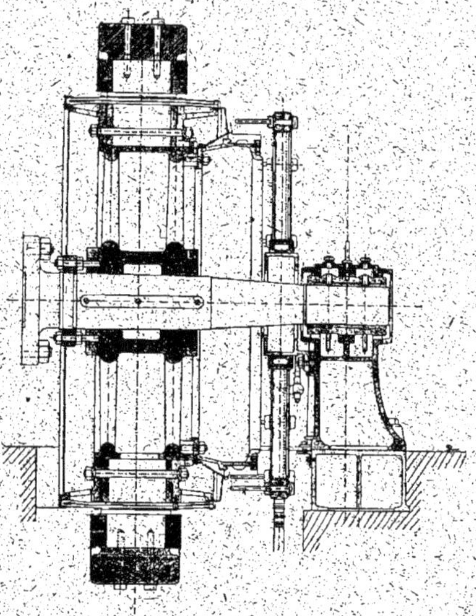

Fig. 565.
Dynamo à courant continu de 400 KW. de MM. W. Lahmeyer et Cie. — Ensemble.
400 KW. Gleichstrommaschine von W. Lahmeyer und Co. — Zusammenstellung.
400 KW. W. Lahmeyer and Co continuous current Dynamo. — Outline.

Induit. — L'induit a son noyau en tôles minces monté sur une carcasse en fonte et serré par un dispositif analogue à celui employé pour l'alternateur, c'est-à-dire entre un disque venu de fonte avec la lanterne et une cornière cintrée. Le croisillon de l'induit est serré sur l'arbre par deux frettes en fer forgé posées à chaud.

Le diamètre de l'induit est de 2,40 m et sa largeur, de 42 cm. L'entrefer est de 7 mm.

L'enroulement en tambour multipolaire est groupé en quantité ; il est du genre Mordey [1].

Ce dispositif est adopté pour éviter le décalage des balais,

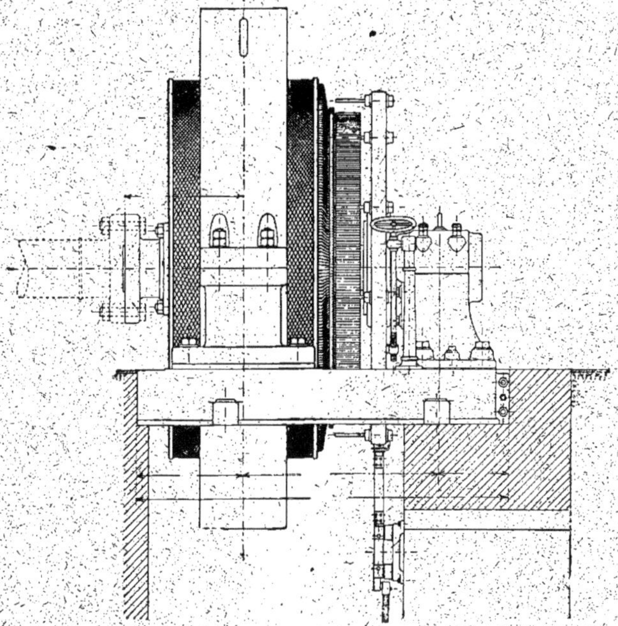

Fig. 566.
Dynamo à courant continu de 400 KW. de MM. W. Lahmeyer et Cie. — Ensemble.
400 KW. Gleichstrommaschine von W. Lahmeyer und Co. — Zusammenstellung.
400 KW. W. Lahmeyer and Co continuous current Dynamo. — Outline.

sans avoir d'étincelles au collecteur quelle que soit la charge et la tension.

L'enroulement induit est réparti dans 609 rainures dans lesquelles sont logées, l'une au-dessus de l'autre, deux lames de cuivre isolées du fer par des caniveaux en micanite.

---

(1) Voir *L'Éclairage Électrique*, t. XIII, p. 111, 1897.

Les diverses spires sont faites sur gabarit de façon à réduire au minimum le nombre de soudures.

L'induit n'est pas fretté à l'aide de cerclages comme on le fait ordinairement, mais les conducteurs sont maintenus dans les rainures à l'aide de segments de laiton vissés dans les tôles. On peut donc ainsi sans rien démonter remplacer un conducteur quelconque en dévissant uniquement le segment qui le retient.

Le collecteur en cuivre étiré comporte 609 lames isolées entre elles au mica ; son diamètre est de 2 m et sa largeur utile, de 15 cm environ.

Les tiges de balais sont fixées sur deux segments portés par une couronne à section en forme de double T, et sont isolées à l'aide de lamelles d'ambroïne. Les écrous extérieurs des porte-balais sont eux-mêmes isolés par des chapeaux en ambroïne.

Les balais sont en charbon à raison de 3 par ligne.

La résistance de l'induit entre balais est de 0,022 ohm à chaud.

L'induit n'est supporté que par un seul palier et son arbre est manchonné rigidement sur celui de la machine à vapeur ; le poids de l'induit tout monté est de 12000 kg.

Résultats d'essais. — La dynamo à courant continu de la Société anonyme d'électricité de Francfort-sur-le-Mein peut supporter, sans danger et sans décalage des balais ni étincelles, les fortes surcharges et les variations brusques de courant ou de tension qu'exige un service de traction.

A la tension de 440 volts à laquelle la dynamo fonctionnait à l'Exposition, le décalage est toujours indépendant du débit.

La surélévation de température des enroulements est très faible ; en marche continue elle n'est que de 30° C. pour l'induit et 25° C. seulement pour les inducteurs.

Le courant d'excitation, pour obtenir la tension à vide, est de 9,5 ampères ; en charge de 350 kilowatts ce courant est de

Fig. 567.
Dynamo à courant continu de 225 KW. de MM. Alioth de Munchenstein-Bâle.
225 KW. Gleichstrommaschine der E. G. Alioth in Munchenstein-Basel.
225 KW. E. G. Alioth of Munchenstein-Basil continuous current Dynamo.

p. 683

10,4 ampères. La chute de tension est de 10 p. 100 environ.

Le rendement à pleine charge sous 550 volts est de 93,3 p. 100; les pertes sont d'environ 2,6 p. 100 dans l'induit, 1,5 p. 100 dans l'inducteur et de 3,2 p. 100 pour la marche à vide, c'est-à-dire pour l'hystérésis, les courants de Foucault et les frottements dans le palier unique.

GROUPES ÉLECTROGÈNES DE MM. ALIOTH ET Cie ET DE M. E. MERTZ DE BALE

DAMPFDYNAMOS DER ELEKTRICITÄTS GESELLSCHAFT ALIOTH UND VON E. MERTZ.

ALIOTH AND E. MERTZ SETS.

MM. Alioth et Cie, de Bâle, et M. E. Mertz, également de Bâle, avaient exposé en commun, plusieurs groupes de différentes puissances dont l'un était affecté au service de l'éclairage électrique à l'Exposition.

GROUPE DE 225 KILOWATTS. — Ce groupe, dont nous allons nous occuper tout d'abord, était formé d'un moteur à vapeur de 360 chevaux et d'une dynamo Alioth de 225 kilowatts.

Dynamo. — La dynamo de la Société d'Electricité Alioth accouplée au moteur E. Mertz est d'un type normal de cette maison.

La puissance est de 225 kilowatts sous une tension aux bornes de 550 volts; le débit est de 410 ampères.

La vitesse angulaire est de 280 tours par minute et le nombre de pôles inducteurs est de 10.

Cette machine est représentée sur la photographie de la figure 567.

Les figures 568 et 569 montrent une coupe par l'axe et une vue en élévation de cette machine. La figure 570 est une demi-coupe par l'axe de l'induit et de l'inducteur.

Inducteurs. — La carcasse inductrice est constituée par une couronne en fonte coulée en deux parties et dont l'une, la partie inférieure, porte, venus de fonte, deux supports par lesquels l'inducteur repose sur le bâti. Ce bâti est en une seule pièce et comporte des paliers rapportés.

Les pôles inducteurs à section sensiblement carrée avec

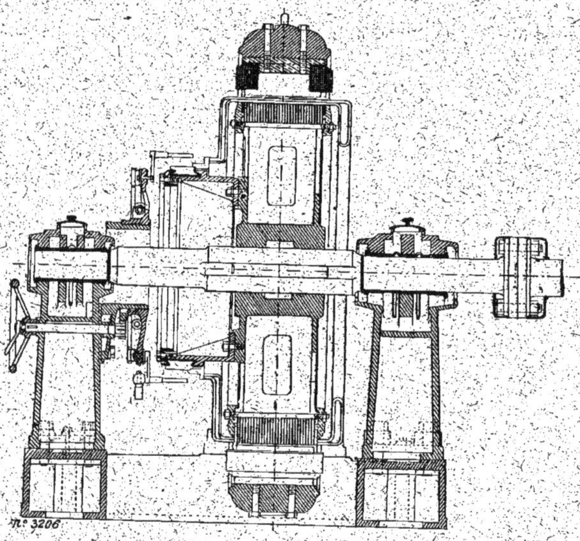

Fig. 568.
Dynamo à courant continu de 225 KW. de MM. Alioth de Bâle. — Ensemble.
225 KW. Gleichstrommaschine der E. G. Alioth in Basel. — Zusammenstellung.
225 KW. E. G. Alioth (Basil) continuous current Dynamo. — Outline.

bords arrondis sont en acier coulé et fixés à la carcasse chacun par deux vis. Les épanouissements polaires sont venus de fonte avec les noyaux et l'ensemble est muni d'une fente radiale dans le sens de l'axe destinée à diminuer les effets de la réaction d'induit.

Le diamètre maximum de la carcasse est de 2,13 m et sa largeur 41,5 cm.

Le diamètre intérieur de la carcasse est de 1,85 m.

La hauteur radiale des pôles est de 16,8 cm et la largeur des noyaux parallèlement à l'axe, de 23 cm; leur largeur dans le sens perpendiculaire est de 22 cm.

Les dimensions des épanouissements polaires, y compris

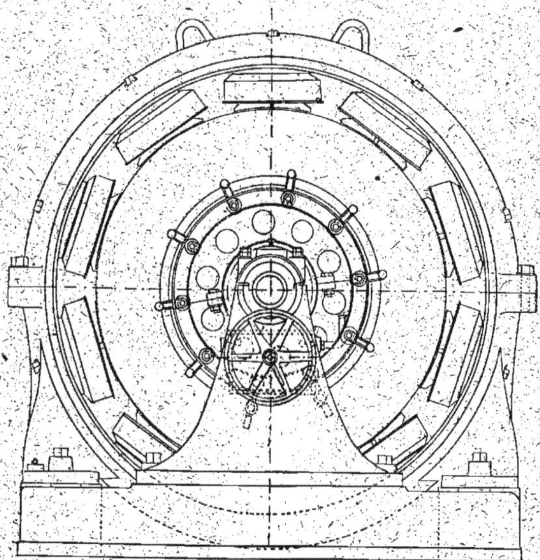

Fig. 569.
Dynamo à courant continu de 225 KW. de MM. Alioth de Bâle. — Ensemble.
225 KW. Gleichstrommaschine der E. G. Alioth in Basel. — Zusammenstellung.
225 KW. E. G. Alioth (Basil) continuous current Dynamo. — Outline.

la fente radiale d'une largeur de 15 mm, sont de 34 cm dans le sens perpendiculaire à l'axe et de 35 cm dans le sens de l'axe. Le diamètre d'alésage des inducteurs est de 1,524 m et l'entrefer, de 12 mm.

La dynamo est excitée en dérivation. Les bobines inductrices sont enroulées directement sur les noyaux et retenues par les épanouissements; elles comportent chacune 1600 spires de fil de 2 mm de diamètre.

Toutes ces bobines sont groupées en série et la résistance du circuit ainsi formé est de 110 ohms à chaud.

Induit. — Le support de l'induit se compose d'un manchon claveté sur l'arbre et portant deux anneaux venus de fonte,

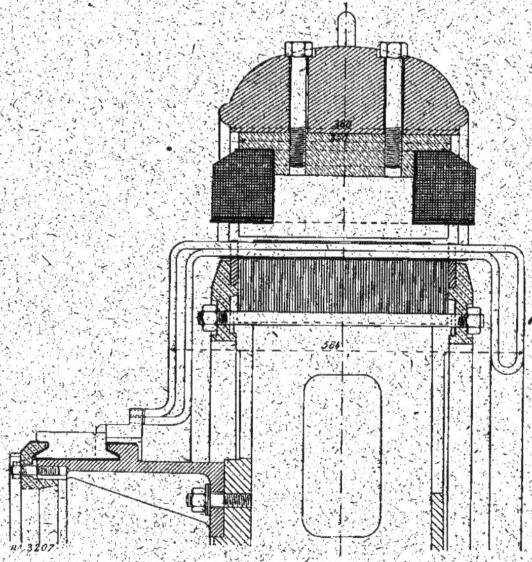

Fig. 570.
Dynamo de 225 KW. de MM. Alioth de Bâle. — Détails.
225 KW. Gleichstrommaschine der E. G. Alioth in Basel. — Details.
225 KW. Alioth continuous current Dynamo. — Details.

fortement entretoisés et munis de nombreuses ouvertures pour la ventilation.

Les tôles induites sont serrées, à l'aide de boulons ne les traversant pas, entre deux couronnes de bronze qui viennent s'embèqueter sur les deux anneaux du support.

Les tôles induites, d'une épaisseur de 0,4 mm, sont disposées en un seul anneau d'une épaisseur de 35 cm et d'une hauteur radiale de 13 cm. Le diamètre extérieur de l'induit est de 1,50 m.

L'anneau induit comporte 387 rainures dans lesquelles est réparti l'enroulement induit en tambour multipolaire séries parallèles, avec 4 circuits en parallèle.

Chaque rainure contient 2 barres de 10 mm de largeur et de 3 mm d'épaisseur et l'ensemble forme 387 sections de 2 conducteurs ou 1 spire aboutissant aux lames du collecteur.

Le collecteur est monté sur un tambour en fonte boulonné sur l'un des anneaux du support de l'induit. Les lames, isolées au mica, sont serrées sur le tambour par un anneau en fer forgé, fixé à l'aide de vis dans le support du collecteur.

Le collecteur a un diamètre extérieur de 88 cm et une largeur utile de 9,5 cm. Le courant est recueilli par 10 lignes de 4 balais en charbon. Les tiges de balais sont fixées à un plateau ajouré, monté en deux parties boulonnées et pouvant tourner autour d'un support retenu par des boulons au palier de la machine.

La rotation de ce plateau est obtenue à l'aide d'un pignon commandé par un volant à main et engrenant avec une partie dentée. Le volant est disposé à la partie extérieure et une manette de serrage permet de fixer le calage à la position voulue sans crainte de desserrage.

Les tiges de même polarité sont en communication avec deux anneaux collecteurs sur lesquels sont disposés les câbles d'amenée du courant.

Résultats d'essais. — Le courant d'excitation nécessaire pour obtenir à vide et à la vitesse normale la tension de 550 volts est de 4 ampères.

En charge l'intensité du courant d'excitation est de 5 ampères et correspond à une tension à circuit ouvert de 585 volts ; la chute de tension est, par suite, de 6 p. 100 de la tension normale aux bornes.

Moteur à vapeur. — Le moteur à vapeur E. Mertz est du type vertical à triple expansion et à trois cylindres dans chacun desquels travaillent deux pistons.

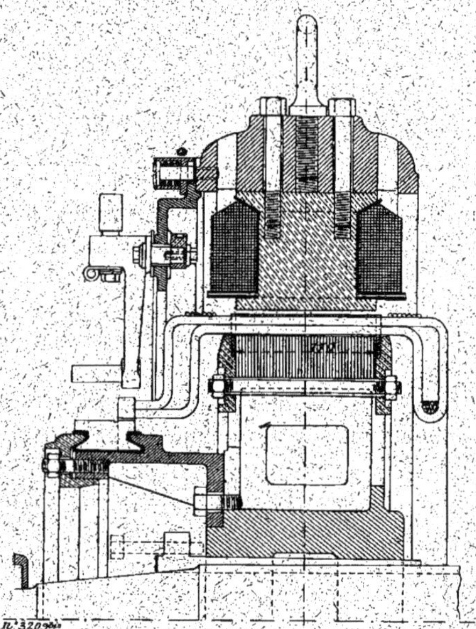

Fig. 575.
Dynamo de 30 KW, de MM. Alioth et Cie. — Détails.
30 KW. Gleichstrommaschine der E. G. Alioth. — Details.
30 KW. Alioth continuous current Dynamo. — Details.

Les principales dimensions et constantes de cette machine sont les suivantes :

Diamètre du cylindre à haute pression	29 cm
Diamètre du cylindre à moyenne pression	45 »
Diamètre du cylindre à basse pression	70 »
Course commune des pistons	22 »
Vitesse angulaire en tours par minute	350
Pression initiale de la vapeur	10 kg : cm²

La puissance normale dans les conditions précédentes de vitesse et de pression, et pour la marche à condensation, est de 360 chevaux indiqués.

La distribution se fait sur le petit cylindre par un système de 2 tiroirs concentriques Rider dont le déplacement relatif est contrôlé par un régulateur à force centrifuge. Dans les deux autres cylindres la distribution est du genre Rider.

Le volant du moteur est relativement léger, il n'a que 1,9 m de diamètre et 12 cm de largeur.

A l'Exposition la vitesse des moteurs était réduite à 280 tours par minute. A cette vitesse, le moteur pouvait faire sa puissance normale avec une introduction de 0,58 dans le petit cylindre et une pression de 9,5 kg : cm².

Groupe de 30 kilowatts. — Le second groupe électrogène à courant continu de MM. Alioth et Cie et de M. E. Mertz était formé par un moteur à vapeur de 50 chevaux indiqués et une dynamo de 30 kilowatts. La photographie de la figure 571 représente un groupe analogue, mais de puissance plus faible.

Dynamo. — La dynamo de la Société Alioth du groupe électrogène de 50 chevaux est également d'un type normal à grande multipolarité.

Sa puissance est de 30 kilowatts sous 125 volts, soit un débit de 240 ampères.

La vitesse angulaire est de 425 tours par minute et le nombre de pôles de 10.

Cette machine est représentée sur les figures 572, 573 et 574, dont la première est une coupe par l'axe et la seconde, une vue en élévation. La figure 575 est une demi-coupe par l'axe.

Inducteurs. — La carcasse inductrice est constituée par une couronne en fonte coulée en deux parties et dont l'une, la partie inférieure, porte, venues de fonte, deux pattes reposant sur le bâti. Ce bâti est unique pour le moteur à vapeur et la dynamo qui comporte un seul palier rapporté.

La surface extérieure de la carcasse inductrice est sphérique et comprend deux protecteurs munis d'ouvertures en face de chaque pôle de façon à assurer une bonne ventilation.

Les pôles inducteurs, à section circulaire, sont en acier et fixés à la carcasse chacun par deux boulons la traversant complètement.

Les pôles portent une gorge destinée à recevoir les bobines inductrices et qui découpe en même temps des épanouissements polaires de forme rectangulaire.

Le diamètre extérieur maximum de la carcasse est de 1,20 m; sa largeur, y compris les protecteurs, mais non compris la couronne porte-balais fixée à l'un d'eux, est de 27 cm. Le diamètre intérieur de la carcasse est de 1,01 m.

La hauteur radiale des pôles inducteurs est de 14 cm; et le diamètre du noyau polaire de 12 cm. La longueur des épanouissements polaires parallèlement à l'axe est de 17 cm et leur largeur dans le sens perpendiculaire, de 16 cm environ.

Le diamètre d'alésage des pièces polaires est de 73,3 cm et l'entrefer de 6,5 mm.

La dynamo est excitée en dérivation. Les bobines inductrices sont enroulées directement sur les noyaux et retenues par les épanouissements polaires. Elles comportent chacune 1 100 spires environ de fil de 1,9 mm de diamètre.

Toutes ces bobines sont groupées en série et la résistance du circuit ainsi formé est de 30 ohms à froid.

Induit. — L'induit de la dynamo de 30 kilowatts de la Société Alioth a une constitution analogue à celui de la dynamo de 225 kilowatts. Nous nous contenterons donc d'en donner les principales dimensions.

Les tôles induites, formant un seul anneau, ont une largeur de 17 cm et une hauteur radiale de 7,5 cm. Le diamètre extérieur de l'induit est de 72 cm.

L'induit est denté et comporte 161 rainures dans lesquelles est réparti l'enroulement en tambour multipolaire série ondulé. Chaque rainure est munie de deux conducteurs de 10 mm de largeur et 4 mm d'épaisseur et l'enroulement comporte 161 sections de une spire chacune.

Le collecteur est supporté, comme celui de la dynamo de 225 kilowatts, par un tambour posé sur l'un des anneaux du support de l'induit; son diamètre extérieur est de 47 cm et sa largeur utile, de 5 cm. Les lames, isolées au mica, sont au nombre de 161.

Les tiges des porte-balais sont portées par des supports isolés, fixés à un anneau pouvant glisser entre 4 bras vissés sur l'un des protecteurs de la carcasse inductrice.

Des vis et des ressorts empêchent la couronne de s'écarter du protecteur. Cette couronne est mue à frottement dur à l'aide d'une petite poignée placée à la partie supérieure de la machine.

Les 10 lignes de balais comportent chacune deux balais en charbon et sont reliées à deux cercles collecteurs placés intérieurement à la couronne et connectant entre eux tous les balais de même polarité.

Résultats d'essais. — L'intensité du courant d'excitation pour la marche à vide à la tension normale est de 2,7 ampères.

En charge, l'intensité du courant atteint 3 ampères et la chute de tension en pour cent de la tension normale est alors de 8 p. 100.

Moteur à vapeur. — Le moteur de M. E. Mertz accouplé à la dynamo Alioth de 30 kilowatts est à simple effet, du type compound vertical, avec les deux cylindres en tandem.

Les principales dimensions et constantes de ce moteur sont les suivantes :

Diamètre du cylindre à haute pression	28,5 cm
Diamètre du cylindre à basse pression	42,5 »
Course commune des pistons.	14 »
Vitesse angulaire en tours par minute	425
Pression de la vapeur d'admission	10 kg : cm²

La puissance normale de la machine est de 50 chevaux indiqués pour la marche à condensation.

La distribution de la vapeur est du type Rider.

Le volant a un diamètre de 1,2 m et une largeur de 12 cm.

DYNAMO DE 70 KILOWATTS DE MM. J.-J. RIETER ET Cie

70 KW. GLEICHSTROMMASCHINE DER A.-G. VORM J.-J. RIETER UND C^o

70 KW. J.-J. RIETER DIRECT CURRENT GENERATOR

Parmi les dynamos de tous types exposées par MM. J.-J. Rieter et Cie, nous en signalerons deux, celle de 45,5 kilowatts, représentée sur la photographie de la figure 576, et celle de 70 kilowatts que nous décrirons avec détails.

La tension est variable de 125 à 180 volts; le débit est par suite de 560 ampères ou 388 ampères suivant les cas.

La vitesse angulaire est de 550 tours par minute et le nombre de pôles de 6.

Les figures 577 et 578 sont des vues d'ensemble avec coupes partielles de cette dernière machine.

Inducteurs. — La carcasse inductrice est formée par une couronne en fonte en deux parties assemblées par des boulons et dont l'une, la partie inférieure, porte deux pattes qui reposent sur le bâti. Ce dernier porte les 2 paliers venus de fonte avec lui.

Les pôles inducteurs, à section circulaire, sont en acier et portent avec eux leurs épanouissements polaires de forme rectangulaire. Ces pôles sont encastrés dans la couronne inductrice de façon à diminuer l'effet de la résistance magnétique des joints. Ils sont fixés à la carcasse par un boulon la traversant complètement.

Fig. 576.
Dynamo à courant continu de 45,5 KW. de MM. J.-J. Rieter et Cie.
45,5 KW. Gleichstrommaschine der A. G. vorm. J.-J. Rieter und Ce.
45,5 KW. A. G. heretofore J.-J. Rieter and Co continuous current Dynamo.

p. 694

Le diamètre extérieur maximum de la carcasse est de 1,30 m et sa largeur, de 35 cm; l'épaisseur de la couronne inductrice est de 9 cm et son diamètre intérieur de 1,12 m.

La hauteur radiale des pôles, y compris celle de l'épanouissement et de la partie encastrée, est de 28 cm. La partie extérieure du noyau a une hauteur de 20 cm; le diamètre des noyaux est de 22 cm.

La longueur des épanouissements polaires est de 34 cm et leur largeur dans le sens perpendiculaire à l'axe, de 24 cm. Le diamètre d'alésage des pièces polaires est de 59,2 cm et l'entrefer, de 6 mm.

La dynamo est excitée en dérivation. Les bobines inductrices sont enroulées sur des carcasses métalliques, elles sont retenues par les épanouissements polaires et par les bossages dans lesquels sont encastrés les noyaux.

Chacune des bobines comporte 800 spires de fil de 3,2 mm de diamètre. Toutes les bobines sont groupées en série et la résistance du circuit ainsi formé est de 11 ohms à chaud.

Le poids de la partie fixe non compris le bâti est de 1530 kg et le poids de cuivre utilisé sur l'inducteur, de 320 kg.

Induit. — Le support de l'induit en fonte est en deux parties clavetées sur l'arbre et serrées l'une contre l'autre par un écrou vissé sur l'arbre. Les tôles induites, disposées en un seul anneau, sont retenues entre les parties du support. Celui-ci porte de chaque côté deux anneaux fixés sur lui et soutenant les gouttières en cuivre servant aux connexions des développantes entre elles.

Le diamètre extérieur de l'induit est de 58 cm et sa longueur de 36 cm. La hauteur radiale des tôles est de 12 cm.

L'anneau induit porte 150 rainures de 28 mm de profondeur et 6 mm de largeur, dans lesquelles est réparti l'enroulement induit en tambour multipolaire en quantité.

Chaque rainure comporte deux conducteurs de 25 mm de largeur et de 1,6 mm d'épaisseur.

Ces conducteurs sont pliés à angle droit à leurs extrémités, de façon à former des développantes de cercle qui sont ensuite connectées entre elles par de petites gouttières, ou aux lames du collecteur.

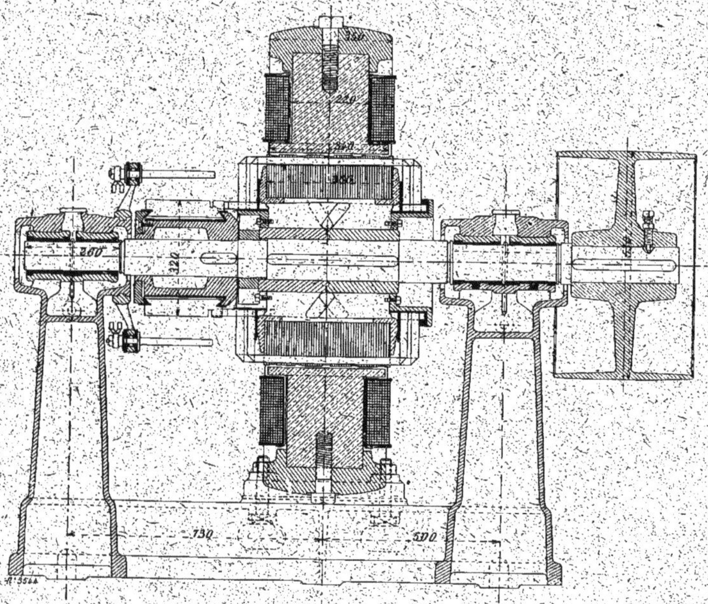

Fig. 577.
Dynamo à courant continu de 70 KW. de MM. J.-J. Rieter et Cie. — Ensemble.
70 KW. Gleichstrommaschine der A. G. vorm. J.-J. Rieter und Co. — Zusammenstellung.
70 KW. A. G. heretofore J.-J. Rieter continuous current Dynamo. — Outline.

L'enroulement induit comprend 150 sections de 2 conducteurs chacune aboutissant aux lames du collecteur.

Le collecteur est monté sur un manchon claveté sur l'arbre. Les lames, au nombre de 150, sont isolées au mica et sont serrées entre elles par un anneau glissant sur une partie tournée du manchon et retenu par des vis.

Le diamètre extérieur du collecteur est de 32 cm et sa largeur utile, de 19 cm.

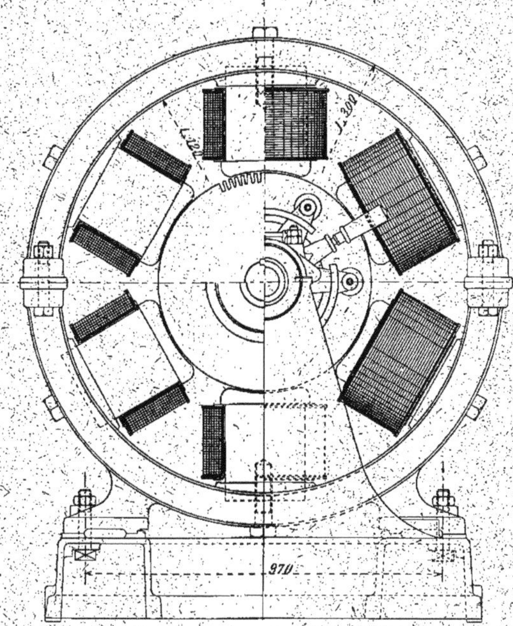

Fig. 578.
Dynamo à courant continu de 70 KW. de MM. J.-J. Rieter et Cie. — Ensemble.
70 KW. Gleichstrommaschine der A. G. vorm. J.-J. Rieter und Co. — Zusammenstellung.
70 KW. A. G. heretofore J.-J. Rieter continuous current Dynamo. — Outline.

Le courant est recueilli par 6 lignes de balais en charbon.

Les axes portant les porte-balais sont montés sur un support, tournant autour d'un anneau venu de fonte avec le palier et fixé à l'aide d'une vis à poignée.

La résistance de l'induit entre balais est de 0,0035 ohm à chaud et le poids de cuivre employé de 90 kg.

Le poids de l'induit tout monté est de 870 kg. La machine est commandée par une poulie en porte à faux d'un diamètre de 63 cm et d'une largeur de 40 cm.

Deux anneaux en cuivre réunissent les balais de même polarité.

III. — DYNAMO A POLES INDUCTEURS EN FER FORGÉ

III. — GLEICHSTROMMASCHINE MIT SCHMIEDEISERNEN POLEN	III. — DIRECT CURRENT GENERATOR WITH WROUGHT IRON FIELD POLES

Une seule dynamo appartenait à cette classe, c'est celle de la Société Esercizio Bacini, de Gênes.

GROUPE ÉLECTROGÈNE DE 400 KILOWATTS DE LA SOCIÉTÉ BACINI, DE GÊNES, ET DE M. F. TOSI, DE LEGNANO.

400 KW. DAMPFDYNAMO DER SOCIETA ESERCIZIO BACINI (GENUA) UND VON F. TOSI (LEGNANO)	400 KW. STEAMDYNAMO OF THE SOCIETA ESERCIZIO BACINI (GENOA) AND OF F. TOSI (LEGNANO)

La Societa Esercizio Bacini, de Gênes, et M. F. Tosi, de Legnano, avaient exposé en commun : le premier pour la dynamo et le second pour le moteur à vapeur, un groupe à courant continu affecté au service de l'Exposition.

Ce groupe est représenté sur les figures 579, 580 et 581, qui sont des vues de face, de bout et en plan de l'ensemble de la dynamo et du moteur.

Dynamo. — La dynamo de la Société Bacini, de Gênes, est d'une puissance normale de 400 kilowatts sous une tension de 500 volts ; le débit est par suite de 800 ampères.

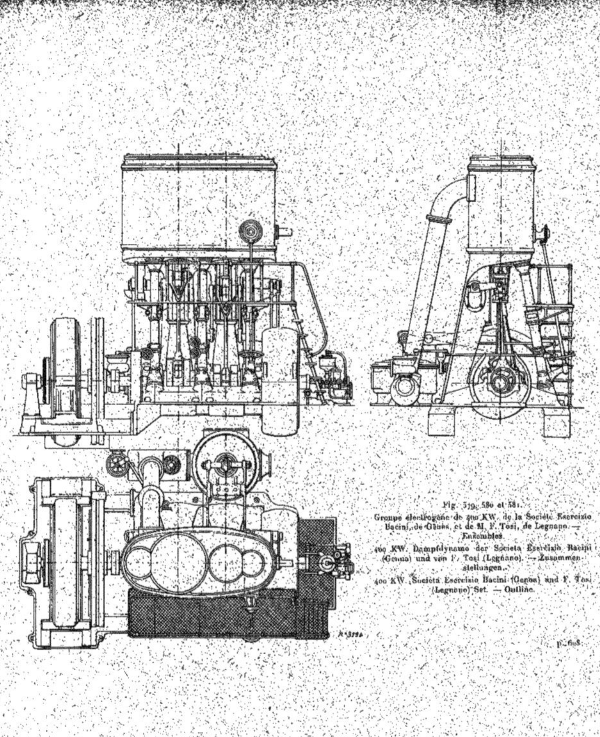

Fig. 579, 580 et 581.

Groupe électrogène de 400 KW. de la Société Escreizio Bacini, de Gênes, et de M. F. Tosi, de Legnano. — Ensembles.

400 KW. Dampfdynamo der Societa Esercizio Bacini (Genua) und von F. Tosi (Legnano). — Zusammenstellungen.

400 KW. Società Esercizio Bacini (Genoa) and F. Tosi (Legnano) Set. — Outline.

p. 608

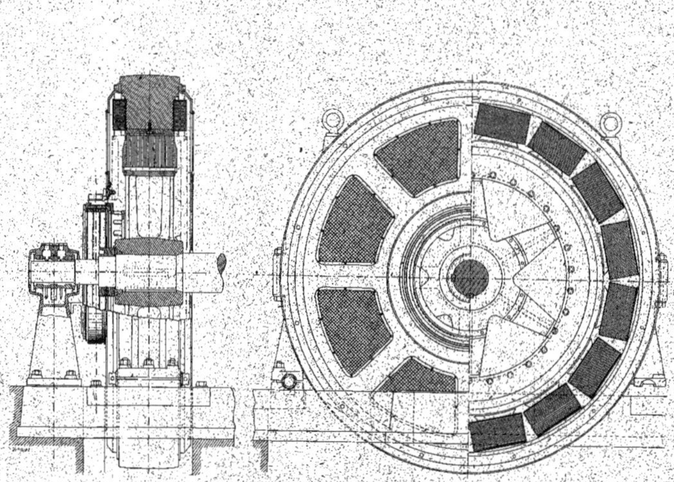

Fig. 581 et 583.
Dynamo à courant continu Bacini de 400 KW. — Ensembles
400 KW. Gleichstrommaschine von Bacini. — Zusammenstellungen
400 KW. Bacini continuous current Dynamo. — Outline.

p. 698.

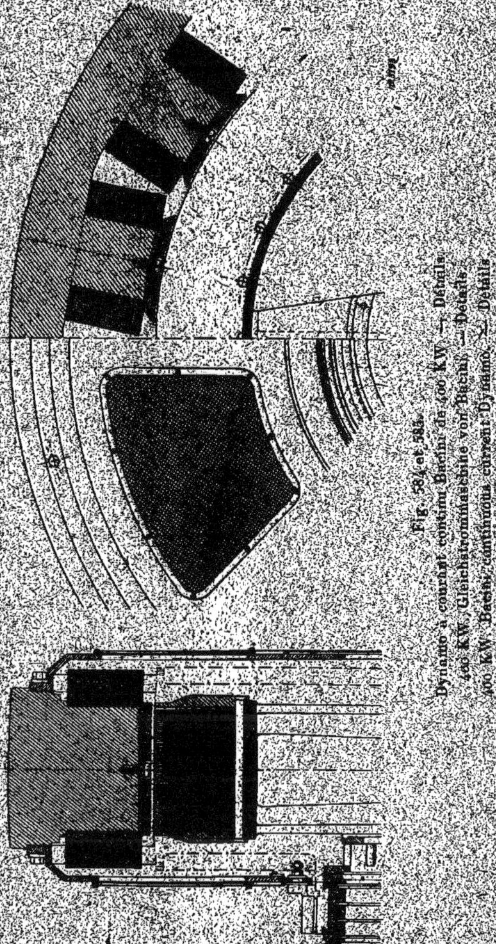

Fig. 584 et 585.
Dynamo à courant continu Bacini de 400 KW. — Détails.
400 KW. Gleichstrommaschine von Bacini. — Details.
400 KW. Bacini continuous current Dynamo. — Details.

La vitesse angulaire est de 160 tours par minute et le nombre de pôles inducteurs, de 16.

Les figures 582 et 583 représentent des vues d'ensemble et les figures 584 et 585 des coupes et vues d'une partie de l'induit et de l'inducteur.

Inducteurs. — La carcasse inductrice est constituée par une couronne en fonte coulée en deux parties et autour des noyaux polaires en fer forgé. La partie inférieure porte deux pattes qui reposent sur le bâti par l'intermédiaire de coins qu'on peut déplacer à l'aide de vis et qui permettent par suite de centrer exactement l'inducteur.

Le diamètre extérieur de la carcasse inductrice est de 2,75 m et sa largeur, de 44 cm.

Cette carcasse porte deux protecteurs formés par des couronnes ajourées dont les ouvertures sont munies de tôles perforées. La largeur totale, y compris les protecteurs, est 62,5 cm.

Les épanouissements polaires sont en fer forgé et fixés à l'aide d'une vis.

Le diamètre d'alésage des inducteurs est de 1,936 m et l'entrefer, de 8 mm.

Les noyaux polaires à section rectangulaire, ont une longueur parallèlement à l'axe de 34 cm et une largeur de 19,4 cm.

Les épanouissements polaires ont une longueur de 36 cm et un développement le long de l'entrefer de 30 cm.

Les bobines inductrices retenues par les épanouissements polaires sont en fil de 3,5 mm de diamètre. Les 16 bobines sont groupées en série et la machine est excitée en dérivation.

Le poids de l'inducteur sans le bâti est de 10 500 kg.

Induit. — L'induit est porté par une couronne en fonte que six doubles bras réunissent à un moyeu claveté sur l'arbre. Les tôles induites réunies en un seul noyau sont serrées entre deux anneaux en fonte à l'aide de boulons.

Le diamètre extérieur du noyau induit est de 1,92 m et son diamètre intérieur, de 1,44 m; la hauteur radiale des tôles est par suite de 24 cm. La largeur des tôles induites est de 34 cm.

La surface extérieure de l'induit comporte 516 rainures dans lesquelles sont logés les conducteurs induits. Chaque rainure porte quatre barres à section carrée de 16 mm^2; les 2 064 barres sont réunies par des lames de cuivre de façon à constituer un enroulement en tambour multipolaire en quantité formé de 516 sections de 4 conducteurs ou 2 spires.

Le collecteur est porté par une couronne en fonte supportée elle-même par 4 bras réunis à un manchon s'engageant dans une partie tronconique ménagée sur le support de l'induit.

Les lames isolées au mica sont serrées entre le support du collecteur et un anneau de fonte s'appuyant sur le support de l'induit. Ces lames sont au nombre de 516.

Le diamètre du collecteur est de 1 m et sa largeur utile, de 10,4 cm.

Le courant est capté par 16 rangées de 2 balais. Le support des lignes de balais est formé par une couronne mobile dont le déplacement s'obtient à l'aide d'un petit volant à main.

Cette couronne mobile est supportée par des pattes fixées à la carcasse inductrice.

Le poids de l'induit tout monté sans l'arbre est de 5 000 kg.

Moteur à vapeur. — Le moteur à vapeur de M. F. Tosi accouplé à la dynamo de la Societa Esercizio Bacini est du type pilon à quadruple expansion et à 4 cylindres. Ses principales dimensions sont les suivantes :

Diamètre du cylindre à haute pression	37,5 cm
Diamètre du second cylindre	52,5 »
Diamètre du troisième cylindre	67,5 »
Diamètre du cylindre à basse pression	100 »
Course commune des pistons	65 »

La vitesse angulaire est de 160 tours par minute et la puissance normale de la machine, pour la marche à condensation, de 600 chevaux; elle peut être poussée facilement à 800 chevaux.

La distribution de la vapeur se fait par tiroirs cylindriques équilibrés. Le cylindre à haute pression est destiné à fonctionner avec de la vapeur surchauffée.

Le régulateur à poids et à ressorts est monté dans un volant placé à l'une des extrémités de l'arbre moteur et fait varier l'angle de calage des excentriques des deux cylindres à plus hautes pressions. Un dispositif très ingénieux permet de faire varier le poids des masses du régulateur de façon à obtenir une variation de vitesse rapide, pendant la marche. A cet effet, les boules du régulateur sont creuses et une pompe à main permet de les remplir plus ou moins d'un liquide quelconque, la glycérine par exemple, ou de les vider en en chassant le liquide par de l'air comprimé.

CHAPITRE IV

DYNAMOS A INDUCTEURS EN FONTE

IV KAPITEL	CHAPTER IV
GLEICHSTROMMASCHINEN MIT GUSSEISERNEN MAGNETEN.	DIRECT CURRENT GENERATORS WITH CAST IRON FIELDS.

Généralités. — Les dynamos à inducteurs en fonte, qui avaient une grande vogue il y a six ou sept ans, n'étaient plus représentées à l'Exposition que par un très petit nombre de types.

Nous avons expliqué plus haut (chap. I) les raisons du peu de faveur dont elles jouissent maintenant.

Nous rappellerons donc simplement ces raisons :

Les dynamos à inducteurs en fonte ont surtout, comme inconvénient : leur poids élevé, leur chute de tension relativement grande, comparativement aux dynamos à inducteurs en acier, même avec saturation modeste et leur décalage de balais assez important en général, sauf dans les machines à faible réaction d'induit.

Les pôles inducteurs, toujours venus de fonte, sont sans épanouissements.

Description des dynamos à inducteurs en fonte. — Bien qu'un certain nombre de constructeurs préconisent encore les dynamos à inducteurs en fonte, les seuls types de dynamos que nous décrirons ici sont ceux de la Société Alsacienne de Constructions Mécaniques, de Belfort, et de M. F. Krizik, de Prague, lesquels du reste, présentaient également des machines avec inducteurs en acier.

GROUPE ÉLECTROGÈNE DE 200 KILOWATTS DE LA SOCIÉTÉ ALSACIENNE DE CONSTRUCTIONS MÉCANIQUES

200 KW. STROMERZEUGER DER SOCIÉTÉ ALSACIENNE DE CONSTRUCTIONS MÉCANIQUES.

200 KW. SOCIÉTÉ ALSACIENNE GENERATING SET.

Le second groupe que la Société Alsacienne de Constructions Mécaniques avait exposé comportait une dynamo à courant continu et une machine à vapeur à deux cylindres montés en tandem, de dimensions relativement restreintes, l'emplacement qui lui avait été concédé n'ayant pas permis l'installation d'une machine plus importante.

La photographie de la figure 586 représente une vue d'ensemble de ce groupe vu du côté de la dynamo, et les figures 587 et 588 des vues en plan et en élévation du groupe.

Dynamo. — La dynamo à courant continu, attelée au moteur à vapeur horizontal de la Société Alsacienne de Constructions Mécaniques, est du type à induit intérieur.

Sa puissance est de 200 kilowatts sous une tension de 550 volts aux bornes ; son débit est, par suite, de 364 ampères.

La vitesse de cette machine est de 125 tours par minute et le nombre des pôles inducteurs de 10.

Les figures 589 et 590 représentent une coupe par l'axe et une vue de face de cette machine ; la figure 591 est une demi-coupe par l'axe à une plus grande échelle.

Inducteurs. — Les inducteurs fixes sont constitués par une couronne en fonte en deux parties assemblées par des boulons et portant, venus de fonte avec elle, les noyaux polaires. La partie inférieure est munie de deux pattes par lesquelles la carcasse inductrice est fixée au bâti.

Fig. 586.

Groupe électrogène de 200 KW. de la Société Alsacienne de Constructions Mécaniques de Belfort.

200 KW. Dampfdynamo der Société Alsacienne de Constructions Mécaniques (Belfort).

200 KW. Société Alsacienne de Constructions Mécaniques generating Unit.

p. 704

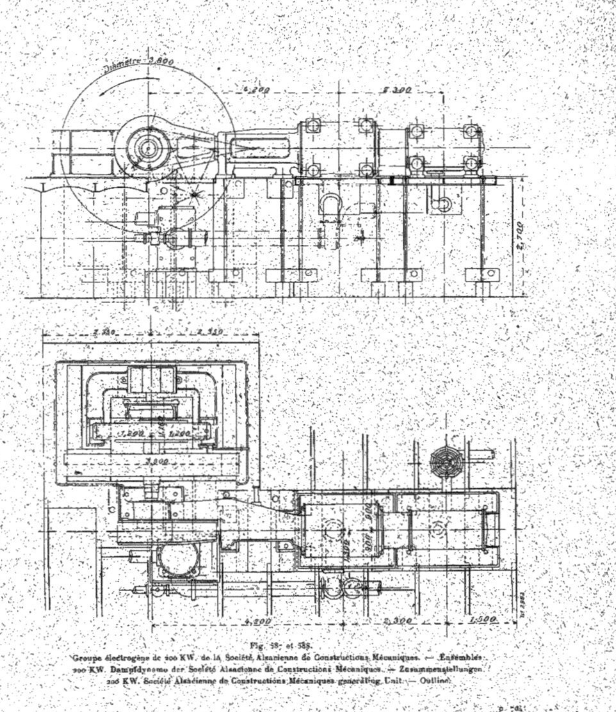

Fig. 587 et 588.
Groupe électrogène de 200 KW. de la Société Alsacienne de Constructions Mécaniques. — Ensembles.
200 KW. Dampfdynamo der Société Alsacienne de Constructions Mécaniques. — Zusammenstellungen.
200 KW. Société Alsacienne de Constructions Mécaniques generating Unit. — Outline.

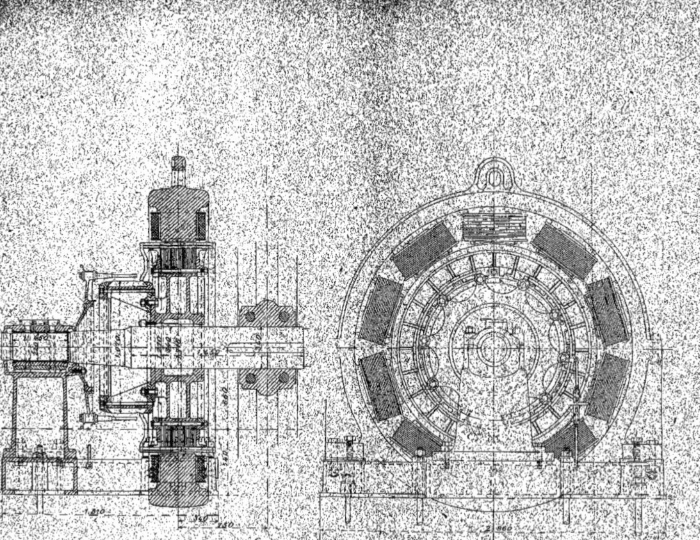

Fig. 589 et 590.

Dynamo à courant continu de 200 KW. de la Société Alsacienne. — Ensembles.
200 KW. Gleichstrommaschine der Société Alsacienne. — Zusammenstellungen.
200 KW. Société Alsacienne continuous current Dynamo. — Outline.

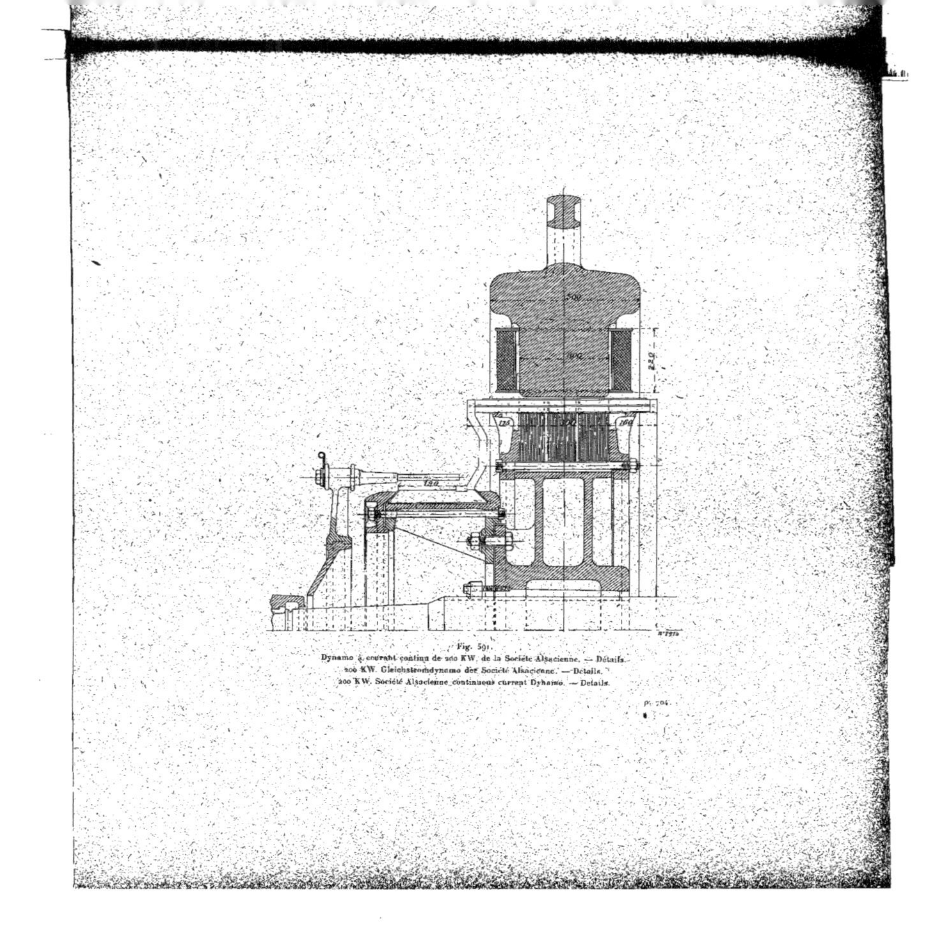

Fig. 591.

Dynamo à courant continu de 200 KW. de la Société Alsacienne. — Détails.

200 KW. Gleichstromdynamo der Société Alsacienne. — Details.

200 KW. Société Alsacienne continuous current Dynamo. — Details.

Le diamètre extérieur de cette carcasse est de 2,60 m et sa largeur, de 50 cm. Les noyaux polaires à section rectangulaire ont une largeur, parallèlement à l'axe, de 30 cm ; leur développement le long de l'induit est de 37,5 cm.

Le diamètre d'alésage de l'inducteur est de 1,716 m.

Les bobines inductrices sont bobinées sur des carcasses en tôles retenues contre les noyaux, par des vis. Chacune d'elles comporte 1 000 spires d'un fil de 3,2 mm de diamètre et dont la section est par suite de 8,04 mm².

Toutes les bobines inductrices sont en série ; le circuit ainsi formé a une résistance de 38 ohms à chaud.

Le poids de cuivre sur les inducteurs est de 1 100 kg, soit 110 kg par bobine, le poids total de l'inducteur atteint 7 000 kg.

Induit. — L'induit est constitué par un manchon en fonte claveté sur l'arbre et sur lequel sont rapportés deux anneaux latéraux, formant joues entre lesquelles les tôles induites sont serrées à l'aide de boulons.

Le circuit magnétique induit, d'une largeur totale de 30 cm, est constitué par trois anneaux séparés entre eux par des cales en bronze d'environ 1 cm d'épaisseur. Les tôles ne sont pas traversées par les boulons de serrage, elles s'emmanchent dans des entailles à queue d'arronde fraisées dans le manchon.

Le diamètre extérieur de l'induit est de 1,70 m et l'entrefer, de 8 mm. La hauteur radiale des anneaux induits est de 21,5 cm.

L'enroulement induit est réparti dans 168 rainures d'une profondeur de 46 mm et d'une largeur de 15 mm.

L'enroulement induit est en tambour multipolaire et en série. Il est formé par des barres de cuivre de 20 mm de hauteur sur 4,5 mm de largeur et d'une section, par suite, de 90 mm². Il y a quatre conducteurs par rainure et le nombre de spires induites est de 336.

Les barres, toutes identiques, sont enroulées sur gabarit et soudées aux deux extrémités.

Le collecteur, d'un diamètre de 1,07 m et d'une largeur utile de 19 cm, comporte 336 lames isolées au mica et serrées par un anneau sur une sorte de tambour boulonné sur un disque venu de fonte avec le moyeu de l'induit. Ce dispositif en rend le démontage et le remplacement très faciles.

Les porte-balais sont fixés sur des tiges portées par une étoile mobile autour d'un anneau fixé au palier unique. Le déplacement des balais se fait à l'aide d'un petit volant monté sur un écrou double mobile sur lequel sont vissées deux tiges fixées l'une à l'étoile supportant les balais et l'autre, au bâti de la machine.

La résistance de l'induit entre balais est de 0,035 ohm à chaud.

Résultats d'essais. — Le courant d'excitation, en charge de 360 ampères à la tension de 550 volts, est de 11,5 ampères.

Le rendement de la dynamo, non compris les frottements dans le palier, est de 93,6 p. 100. Les pertes se décomposent ainsi :

Pertes par hystérésis et courants de Foucault	2 000 watts
Pertes par effet Joule dans l'induit	4 500 »
Pertes par effet Joule dans l'inducteur	5 000 »
Pertes totales	11 500 watts

A ces pertes, il faut ajouter 0,3 p. 100 pour la ventilation, soit 600 watts environ, ce qui donne une perte totale de 12 100 watts.

Moteur à vapeur. — Le moteur à vapeur accouplé à la dynamo de la Société Alsacienne de Constructions Mécaniques est du type compound tandem à condensation. Ses dimensions principales sont les suivantes :

Diamètre du petit cylindre	44 cm
Diamètre du grand cylindre	72 »

Course des pistons . . . . 90 cm
Nombre de tours par minute 120

La puissance normale est de 300 à 400 chevaux pour la marche à condensation.

La distribution est du genre Corliss pour les deux cylindres.

DYNAMO A COURANT CONTINU DE 65 KILOWATTS DE M. FR. KRIZIK, DE PRAGUE

65 KW. GLEICHSTROMMASCHINE DER FIRMA F. KRIŽIK. 65 KW. F. KRIZIK DIRECT CURRENT GENERATOR.

M. F. Krizik avait exposé, comme exemples de machines à courant continu, un type de chacune des séries de dynamos étudiées et construites par M. J. Fischer-Hinnen.

Comme exemple de dynamo multipolaire, nous décrirons le type de 65 kilowatts représenté sur la photographie de la figure 592.

Cette dynamo a une puissance de 65 kilowatts sous une tension de 125 volts, son débit est par suite de 520 ampères.

Sa vitesse est de 550 tours par minute.

Les figures 593, 594 et 595 montrent des coupes et vues partielles de cette machine.

Inducteurs. — La carcasse inductrice coulée en deux parties est constituée par une caisse cylindrique en fonte, portant les noyaux inducteurs. La partie inférieure est venue de fonte avec le bâti et les paliers.

Des évidements sont ménagés au droit des pôles de façon à alléger la carcasse.

Le diamètre extérieur de la carcasse inductrice est de 1,30 m et sa largeur, de 42 cm. Le diamètre intérieur est de 1,05 m.

Les noyaux polaires, venus de fonte avec la carcasse, ne

comportent pas d'épanouissements. Ils ont une section carrée de 32 cm de côté.

Fig. 592.
Dynamo à courant continu de 65 KW. de M. F. Krizik de Prague.
65 KW. Gleichstrommaschine der Firma F. Krizik in Prag.
65 KW. F. Krizik continuous current Dynamo.

Le diamètre d'alésage est de 62 cm et l'entrefer, de 5 mm.

L'enroulement inducteur est en dérivation; les bobines inductrices sont enroulées sur des carcasses en tôle retenues contre les pôles par 4 vis. Chaque bobine comporte 620 spires de fil de 3,4 mm de diamètre.

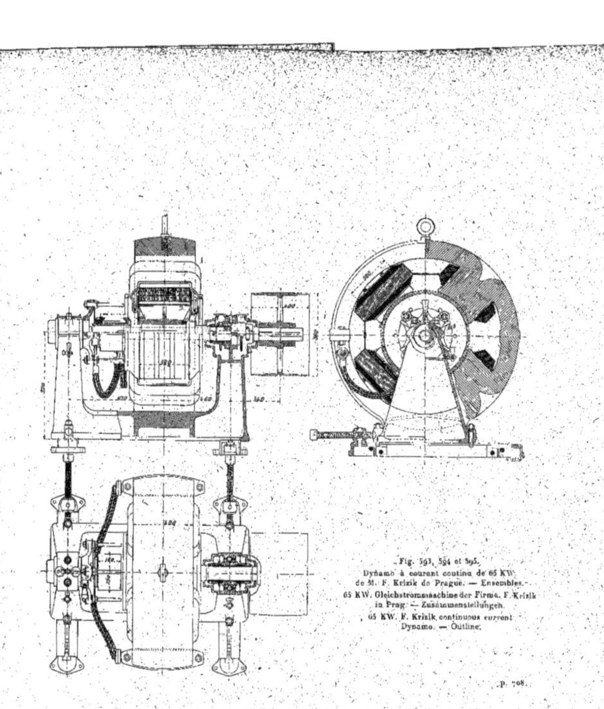

Fig. 593, 594 et 595.
Dynamo à courant continu de 65 KW de M. F. Krizik de Prague. — Ensembles.
65 KW. Gleichstrommaschine der Firma. F. Krizik in Prag. — Zusammenstellungen.
65 KW. F. Krizik continuous current Dynamo. — Outline.

P. 708.

Les quatre bobines sont montées en série et la résistance du circuit ainsi formée est de 8,32 ohms à froid.

Le poids de cuivre utilisé sur l'inducteur est de 325 kilogrammes.

Induit. — L'induit est porté par un croisillon en fonte dont les bras viennent s'engager dans des rainures pratiquées dans le noyau.

Celui-ci est serré entre deux disques de tôle par des rivets non isolés.

Du côté opposé au collecteur est disposé un anneau de soutien destiné à supporter l'enroulement. Cet anneau est réuni par des bras à un second anneau fixé sur le noyau au moyen de vis.

Le diamètre extérieur de l'induit est de 61 cm et sa largeur, de 32 cm.

La hauteur radiale du noyau induit est de 12,25 cm, y compris la hauteur des dents qui est de 21 mm, ce qui correspond à un diamètre intérieur de 36,5 cm.

L'enroulement induit du type séries parallèles avec 4 circuits en quantité, est réparti dans 98 rainures. Chaque rainure contient deux conducteurs ronds, de 7,8 mm de diamètre, et les 196 conducteurs dont les extrémités sont repliées sur gabarit, constituent 98 sections d'une seule spire aboutissant aux 98 lames du collecteur.

Les extrémités des conducteurs sont, du côté opposé au collecteur, soudées dans des agrafes.

Le collecteur est fixé sur un manchon en fonte claveté sur l'arbre et les lames isolées au mica sont serrées par un écrou vissé sur ce manchon et retenu par une vis.

Le diamètre du collecteur est de 25 cm et sa largeur, de 16 cm.

Les balais sont métalliques et portés par 4 tiges fixées à un balancier en deux parties pouvant tourner autour d'un anneau venu de fonte avec le palier.

Chaque ligne de balais comporte 3 balais Boudréaux de 45 mm de largeur et 6 mm d'épaisseur.

La résistance de l'induit entre balais est de 0,0171 ohm à froid et le poids de cuivre de l'enroulement, de 99 kg.

Le poids de la machine complète, y compris la poulie et les rails tendeurs, est de 3575 kg.

APPENDICES

APPENDICE I

COURBES PÉRIODIQUES DE TENSION

I. ANHANG	APPENDIX I.
SPANNUNGSKURVEN	POTENTIAL WAVES

Nous reproduisons, dans les pages suivantes, les courbes périodiques de la tension aux bornes de quelques-uns des alternateurs exposés, relevées par M. Dobkéwitch à l'aide d'un oscillographe Blondel.

Ces courbes périodiques ont été prises sur les circuits à basse tension des transformateurs situés dans les postes de réception. Elles correspondent la plupart à la différence de potentiel normale aux bornes des alterna teurs sauf pour deux d'entre eux, celui de la Société l'Éclairage Électrique (3 000 volts au lieu de 5 000 volts) et l'un de ceux des Ateliers d'Oerlikon (2 200 volts au lieu de 5 500 volts).

Les charges correspondantes sont malheureusement beaucoup plus variables. Tandis que les unes sont voisines de leur valeur normale, les autres sont presque nulles ou insignifiantes par rapport à la puissance de la machine.

Quoi qu'il en soit, ces courbes, qui, à part un très petit nombre, diffèrent sensiblement d'une sinusoïde, montrent les progrès qu'il reste encore à réaliser dans la construction des alternateurs pour arriver à obtenir des courbes de tension pratiquement sinusoïdales.

Nous espérons que leur publication, due à l'obligeance de M. Blondel, sera d'un précieux enseignement pour tous les constructeurs et ingénieurs.

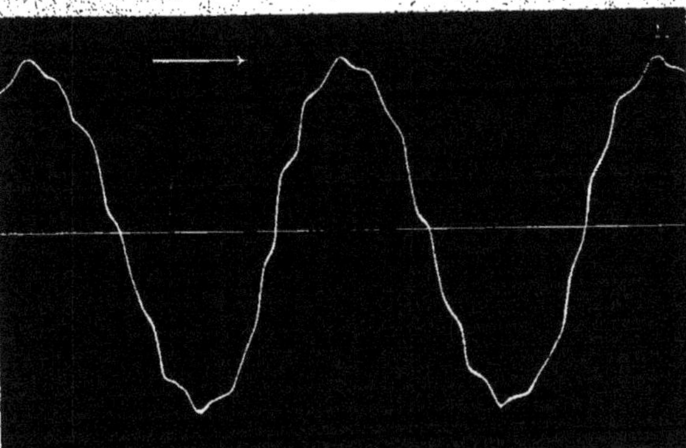

Fig. I.

Courbe périodique de la tension aux bornes du groupe Ganz-Brünner de 1 200 KVA. (p. 23). — Charge pendant l'essai : 2 200 volts-280 ampères.
Periodische Spannungskurve des 1 200 KVA. Ganz-Ersten Brünner M.F.G. Dampfalternators (s. 23). — Belastung : 2 200 Volt-280 Ampère.
Potential wave at terminals of 1 200 KVA. Ganz-Brünner Set (p. 23). — Load : 2 200 volts-280 amperes.

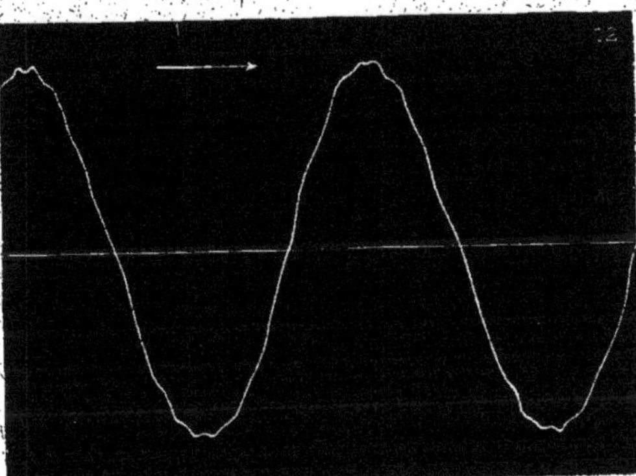

Fig. II.

Courbe périodique de la tension aux bornes du groupe Ganz-Brünner de 1 200 KVA (p. 23). Charge pendant l'essai : 2 200 volts-290 ampères.
Periodische Spannungskurve des 1 200 KVA. Ganz-Ersten Brünner M.F.G. Dampfalternators (s. 23). Belastung : 2 200 volt-290 Ampère.
Potential wave at terminals of 1 200 KVA. Ganz-Brünner Set (p. 23). — Load : 2 200 volts-290 amperes.

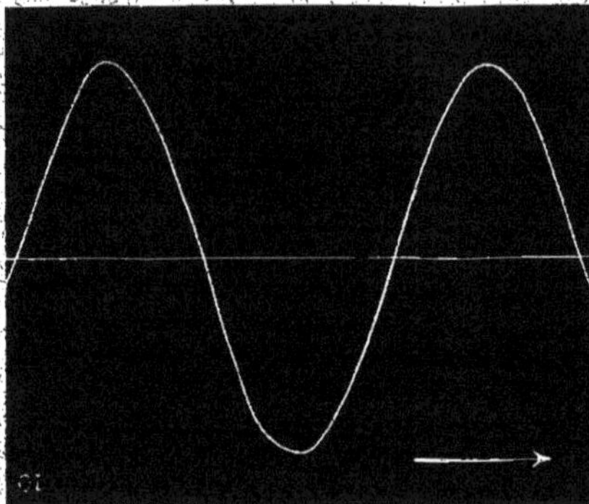

Fig. III.

Courbe périodique de la tension aux bornes du groupe Ganz-Lang de 1 200 KVA. (p. 38). — Charge pendant l'essai : 2 200 volts-85 ampères.
Periodische Spannungskurve der 1 200 KVA. Ganz-Lang Dampfdynamo. (s. 38). — Belastung : 2 200 Volt-85 ampère.
Potential wave at terminals of 1 200 KVA. Ganz-Lang Set (p. 38). — Load : 2 200 volts-85 amperes.

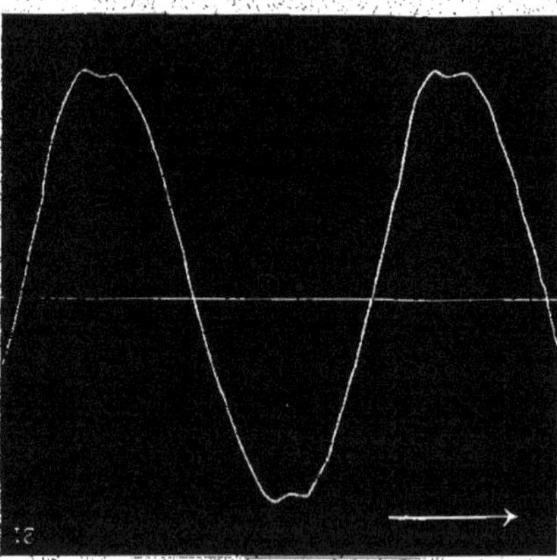

Fig. IV.

Courbe périodique de la tension aux bornes du groupe Creusot-Dujardin de 1 400 KVA. (p. 46). — Charge pendant l'essai : 3 000 volts-o ampère.
Periodische Spannungskurve der 1 400 KVA. Creusot-Dujardin Dampfdynamo (s. 46). — Belastung : 3 000 Volt-o Ampère.
Potential wave at terminals of 1 400 KVA. Creusot-Dujardin Set 46). — Load : 3 000 volts-o ampere.

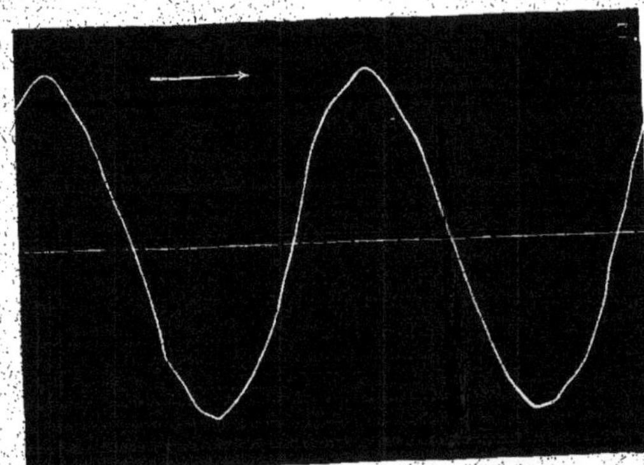

Fig. V.

Courbe périodique de la tension aux bornes de l'alternateur de 1 000 KVA. de la Compagnie Internationale d'Électricité (Liège) (p. 59). — Charge pendant l'essai : 2 200 volts-160 ampères.

Periodische Spannungskurve des 1 000 KVA. Drehstromgenerators der Compagnie Internationale d'Électricité (Liège) (s. 59). — Belastung : 2 200 Volt 160 Ampère.

Potential wave at terminals of 1 000 KVA. Liège three-phrase Alternator (p. 59). — Load : 2 200 volts-160 amperes.

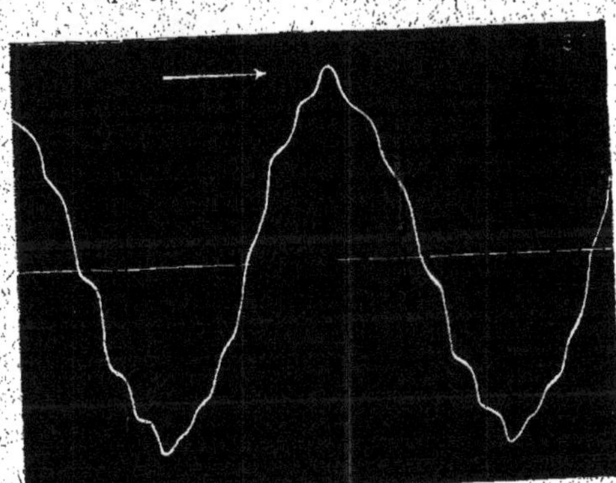

Fig. VI.

Courbe périodique de la tension aux bornes de l'alternateur Lahmeyer de 1 000 KVA. (p. 86). — Charge pendant l'essai : 5 000 volts-40 ampères.

Periodische Spannungskurve des 1 000 KVA. Lahmeyer Drehstromgenerators (s. 86). — Belastung : 5 000 Volt-40 Ampère.

Potential wave at terminals of 1 000 KVA. Lahmeyer three-phase Alternator (p. 86). — Load : 5 000 volts-40 ampères.

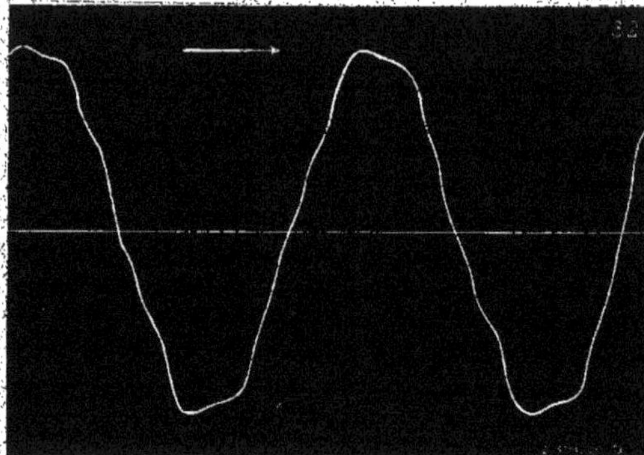

Fig. VII.

Courbe périodique de la tension aux bornes de l'alternateur triphasé Schuckert de 850 KVA. (p. 105). — Charge pendant l'essai : 5 000 volts-40 ampères.
Periodische Spannungskurve des 850 KVA. Schuckert Drehstromgenerators (s. 105). — Belastung : 5 000 Volt-40 Ampère.
Potential wave at terminals of 850 KVA. Schuckert three-phase Alternator (p. 105). — Load : 5 000 volts-40 amperes.

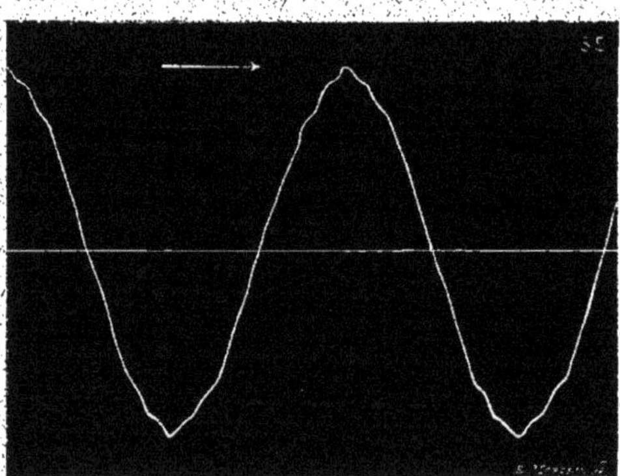

Fig. VIII.

Courbe périodique de la tension aux bornes de l'alternateur triphasé Hélios de 3 000 KVA. (p. 115). Charge pendant l'essai : 2 200 volts-10 ampères.
Periodische Spannunskurve des 3 000 KVA. Helios Drehstromgenerators (s. 115). — Belastung : 2 200 Volt-10 Ampère.
Potential wave at terminals of 3 000 KVA. Helios three-phase Alternator (p. 115). — Load : 2 200 volts-10 amperes.

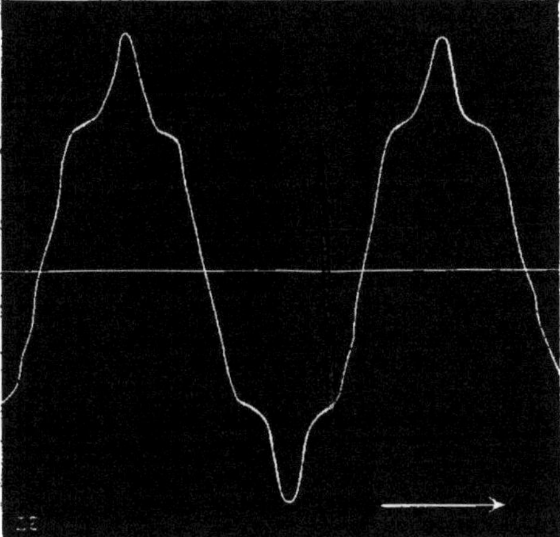

Fig. IX.

Courbe périodique de la tension aux bornes de l'alternateur triphasé Labour de 1 200 KVA. (p. 150). — Charge pendant l'essai : 3 000 volts-o ampère.
Periodische Spannungskurve des 1 200 KVA. Labour Drehstromgenerators (s. 150). — Belastung : 3 000 Volt-o Ampère.
Potential wave at terminals of 1 200 KVA. Labour three-phase Alternator (p. 150). — Load : 3 000 volts-o ampere.

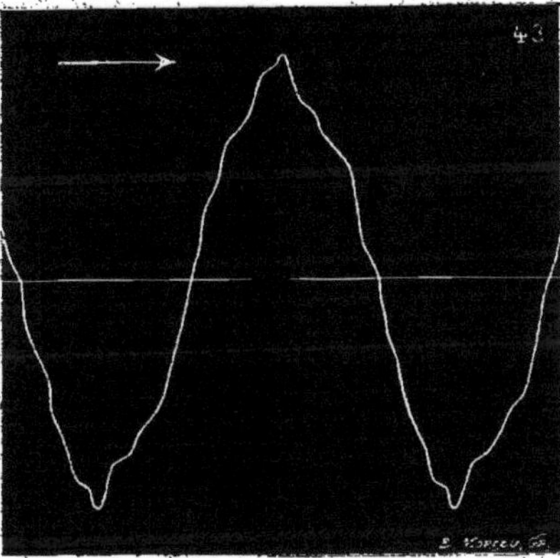

Fig. X.

Courbe périodique de la tension aux bornes du groupe Dulait-Weyher et Richemond de 760 KVA. (p. 159). — Charge pendant l'essai : 2 200 volts-80 ampères.
Periodische Spannungskurve der 760 KVA. Dulait-Weyher und Richemond Dampfdynamo (s. 59). — Belastung : 2 200 Volt-80 Ampère.
Potential wave at terminals of 760 KVA. Dulait-Weyher and Richemond Set (p. 59). — Load : 2 200 volts-80 amperes

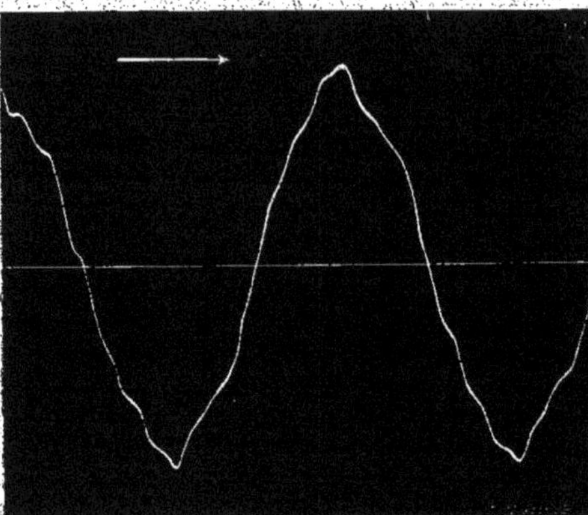

Fig. XI.

Courbe périodique de la tension aux bornes du groupe Dulait-Weyher et Richemond de 760 KVA. (p. 159). — Charge au moment de l'essai : 2 200 volts-70 ampères.

Periodische Spannungskurve der 760 KVA. Dulait-Weyher und Richemond Dampfdynamo (s. 159). — Belastung : 2 200 Volt-70 Ampère.

Potential wave at terminals of 760 KVA. Dulait-Weyher und Richemond Set (p. 159). — Load : 2 200 volts-70 amperes.

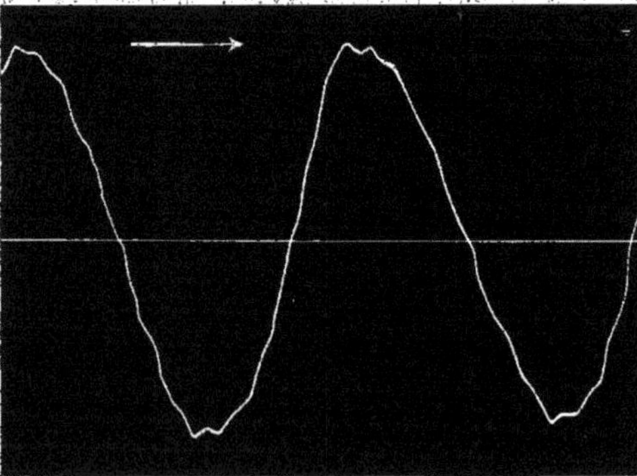

Fig. XII.

Courbe périodique de la tension aux bornes du groupe Dulait-Bollinckx de 760 KVA. (p. 159). — Charge au moment de l'essai : 2 200 volts-80 ampères.

Periodische Spannungskurve der 760 KVA. Dulait-Bollinckx Dampfdynamo (s. 159). — Belastung : 2 200 Volt-80 Ampère.

Potential wave at terminals of 760 KVA. Dulait-Bollinckx Set (p. 159). — Load : 2 200 volts-80 amperes.

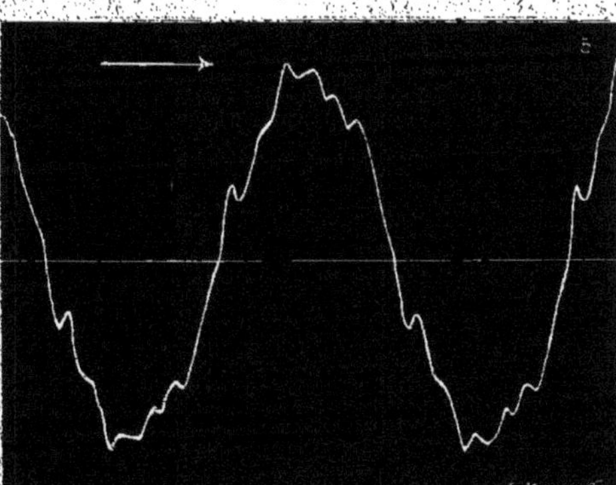

Fig. XIII.

Courbe périodique de la tension aux bornes du groupe Dulaït-Bollinckx de 760 KVA. (p. 159). — Charge au moment de l'essai : 2 200 volts-120 ampères.
Periodische Spannungskurve der 760 KVA. Dulait-Bollinckx Dampfdynamo (s. 159). — Belastung : 2 200 Volt-120 Ampère.
Potential wave at terminals of 760 KVA. Duleit-Bollinckx Set (p. 159). — Load : 2 200 volts-120 amperes.

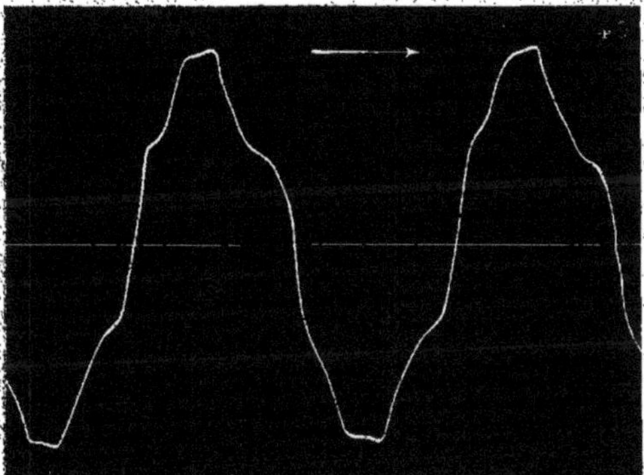

Fig. XIV.

Courbe périodique de la tension aux bornes de l'alternateur Grammont de 860 KVA. (p. 181). — Charge au moment de l'essai : 2 400 volts-47 ampères.
Periodische Spannungskurve des 860 KVA. Grammont Drehstromgenerators (s. 181). — Belastung : 2 400 Volt-47 Ampère.
Potential wave at terminals of 860 KVA. Grammont three-phase Alternator (p. 181). — Load ; 2 400 volts-47 amperes.

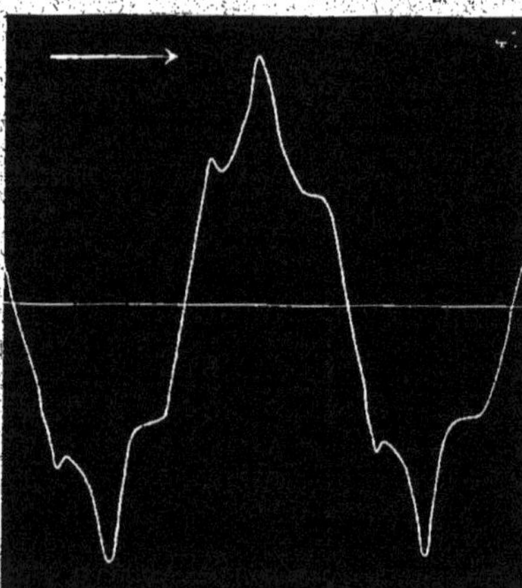

Fig. XV.

Courbe périodique de la tension aux bornes du groupe Oerlikon-Escher Wyss de 1375 KVA. (p. 247). — Charge pendant l'essai : 2 200 volts-120 ampères.
Periodische Spannungskurve der 1 375 KVA. Oerlikon-Escher Wyss Dampfdynamo (s. 247). — Belastung : 2 200 Volt-120 Ampère.
Potential wave at terminals of 1 375 KVA. Oerlikon-Escher Wyss Set (p. 247). Load : 2 200 volts-120 amperes.

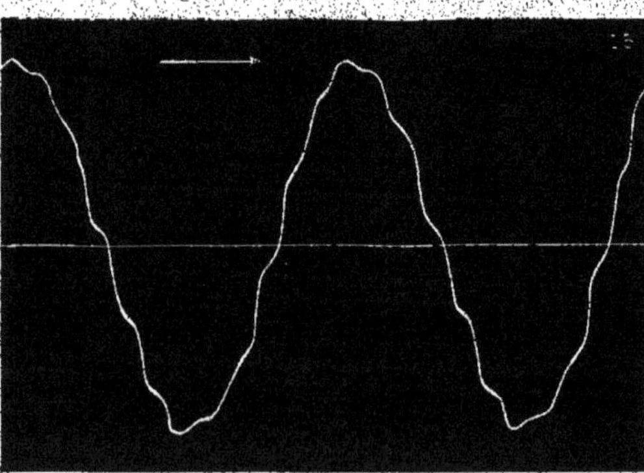

Fig. XVI.

Courbe périodique de la tension aux bornes de l'alternateur de 800 KVA, de la Compagnies de Fives-Lille (p. 266). — Charge pendant l'essai : 2 200 volts-65 mapères.
Periodische Spannungskurve des 800 KVA. Drehstromgenerators der Compagnie de Fives-Lille (s. 266). — Belastung : 2200 Volt-110 Ampère.
Potential wave at terminals of 800 KVA. Fives-Lille three-phase Alternator (p. 266). — Load : 2 200 volts-65 amperes.

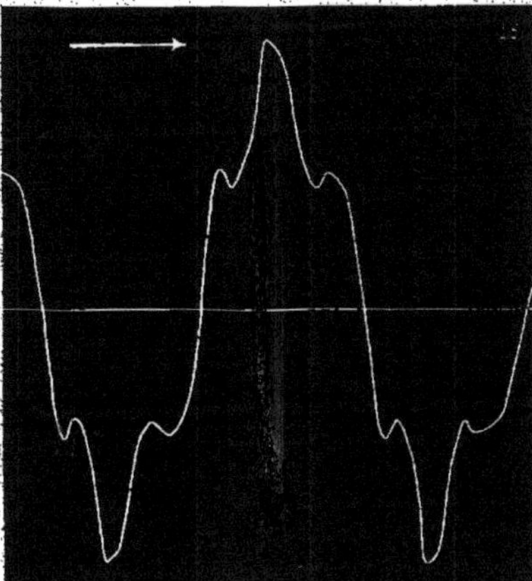

Fig. XVII.

Courbe périodique de la tension aux bornes de l'alternateur triphasé Kolben de 780 KVA. (p. 284). — Charge pendant l'essai : 3 000 volts-36 ampères.
Periodische Spannungskurve des 780 KVA. Kolben Drehstromgenerators (s. 284). — Belastung : 3 000 Volt-36 Ampère.
Potential wave at terminals of 780 KVA. Kolben three-phase Alternator (p. 284). — Load : 3 000 volts-36 amperes.

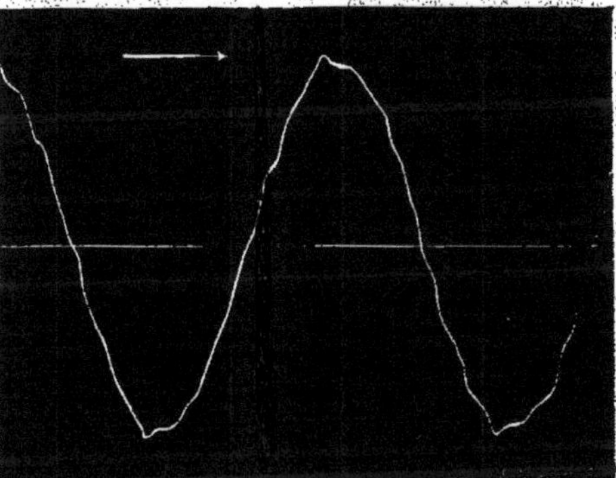

Fig. XVIII.

Courbe périodique de la tension aux bornes de l'alternateur triphasé Boucherot de 875 KVA. (p. 299). — Charge pendant l'essai : 2 200 volts-110 ampères.
Periodische Spannungskurve des 875 KVA. Boucherot Drehstromgenerators (s. 299). — Belastung : 2 200 Volt-110 Ampère.
Potential wave at terminals of 875 KVA. Boucherot three-phase Alternator (p. 299). — Load : 2 200 volts-110 amperes.

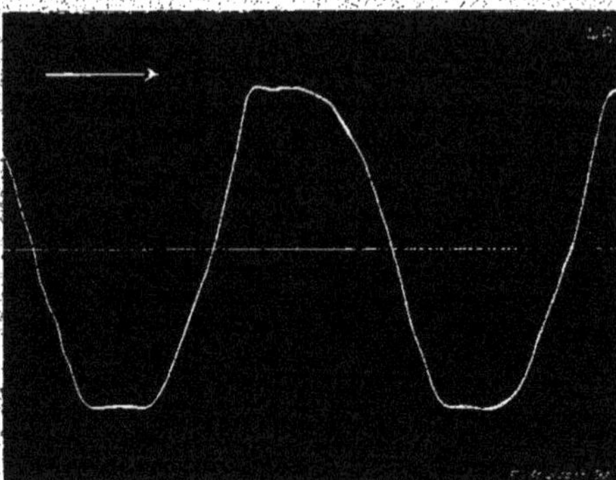

Fig. XIX.

Courbe périodique de la tension aux bornes de l'alternateur Farcot de 835 KVA. à courants diphasés (p. 378). — Charge pendant l'essai : 1 600 volts-40 ampères.

Periodische Spannungskurve des 835 KVA. Farcot Zweiphasengenerators (s. 368). — Belastung : 1 600 Volt-40 Ampère.

Potential wave at terminals of 835 KVA. Farcot two-phase Alternator (p. 378). — Load : 1 600 volts-40 amperes.

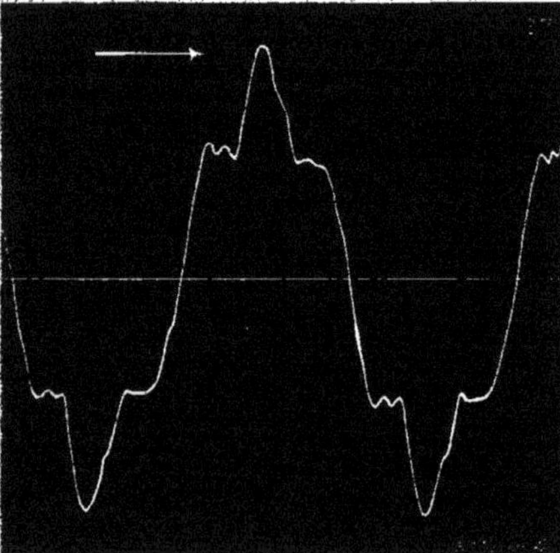

Fig. XX.

Courbe périodique de la tension aux bornes de l'alternateur de 350 KVA. à courants alternatifs simples des Ateliers d'Oerlikon (p. 383). — Charge pendant l'essai : 2 200 volts-10 ampères.

Periodische Spannungskurve des 350 KVA. Einphasengenerators der M. F. Oerlikon (s. 383). — Belastung : 2 200 Volt-10 Ampère.

Potential wave at terminals of 350 KVA. Oerlikon single-phase Alternator. — Load : 2 200 volts-10 amperes.

APPENDICE II

II ANHANG — APPENDIX II

TABLEAUX

TABELLEN — TABLES

Les dimensions et données principales des machines décrites dans ce volume ont été résumées et complétées dans les tableaux qui suivent.

Ces tableaux, au nombre de dix : cinq pour les alternateurs, un pour les commutatrices et quatre pour les machines à courant continu, permettront au lecteur de comparer entre elles les machines du même genre et de se rendre compte des limites de variations des différents coefficients qui servent de points de départ à la construction des machines dynamos.

TABLEAUX

TABELLEN

TABLES

LISTE DES ABRÉVIATIONS DES TABLEAUX

ABRÉVIATIONS.		ABKÜRZUNGEN.	ABBREVIATIONS.
Nature des courants.		*Stromart.*	*Type of machines.*
AT	alternatifs triphasés	Dreiphasenstrom.	three-phase currents
AD	alternatifs diphasés.	Zweiphasenstrom.	two-phase currents.
AS	alternatifs simples.	Einphasenstrom.	single phase current
Nature des métaux.		*Material.*	*Nature of metals.*
	Acier.	Stahl.	Steel.
Fer	Fer doux.	Eisen.	Soft iron.
	Fonte.	Gusseisen.	Cast iron.
	Tôles.	Bleche.	Laminations.
	Charbon.	Kohle.	Coal.
Formes des pièces polaires et des noyaux.		*Formen der Polschuhe und der Magnetkerne.*	*Shape of pole pieces and cores.*
Rect.	Rectangulaire.	Rechteckige.	Rectangular.
Rect. chanfreins	Rectangulaire avec chanfreins.	Rechteckige mit Schrägkanten.	Rectangular chamfered.
Rect. bords arrondis / Rect. b. arr.	Rectangulaire avec bords arrondis.	Rechteckige mit abgerundeten Rändern.	Rectangular with rounded edges.
Rect. b. cintrés	Rectangulaire avec bords cintrés.	Rechteckige mit bogenförmigen Rändern.	Rectangular with arched edges.
Rect. b. effilés	Rectangulaire avec becs relevés.	Rechteckige mit zunehmendem Luftabstand.	Rectangular with increasing air gap.
	Rectangulaire avec becs effilés.	Rechteckige mit zugespitzten Polschuhen.	Rectangular with thin edges.
Rect. b. découpés	Rectangulaire avec bords découpés.	Rechteckige mit gezahnten Rändern.	Rectangular with notched edges.
	Parallélogramme.	Parallelogramm.	Parallelogram.
Circ.	Circulaire.	Kreisförmig.	Circular.
	Carrée.	Quadratisch.	Square.
	Annulaire.	Ringförmig.	Annular.
	Ovale.	Oval.	Oval.
Formes des encoches ou des trous.		*Formen der Nuten oder Löcher.*	*Form of slots or holes.*
	Rainures.	Offene Nuten.	Slots.
Encoches obl. demi-fermées	Encoches oblongues demi-fermées.	Längliche halbgeschlossene Nuten.	Oblong slots partly closed.

Abréviations.		Abkürzungen.	Abbreviations.
Encoches circ. demi-fermées	Encoches circulaires demi-fermées.	Kreisförmige halbgeschlossene Nuten.	Circular slots partly closed.
	Encoches rectangulaires demi-fermées.	Rechteckige halbgeschlossene Nuten.	Rectangular slots partly closed.
	Encoches demi-fermées.	Halbgeschlossene Nuten.	Slots partly closed.
	Trous oblongs.	Längliche Löcher.	oblong holes.
	Trous circulaires.	Kreisförmige Löcher	circular holes.
	Genre des enroulements.	*Wickelungsart.*	*Nature of windings.*
	Bobines.	Spule.	Coils.
	Barres.	Stäbe.	Bars.
	Tambour.	Trommelwickelung.	Drum.
	Anneau.	Ringwickelung.	Ring.
Tamb. multi.-série.	Tambour multipolaire-série.	Mehrpolige Trommelwickelung mit Serienschaltung.	Multipolar series drum.
Tamb. multi.-quantité	Tambour multipolaire en quantité.	Mehrpolige Trommelwickelung mit Parallelschaltung.	Multipolar multiple drum.
Tamb. multi.-séries-parallèles	Tambour multipolaire séries-parallèles.	Mehrpolige Trommelwickelung mit Serienparallelschaltung.	Multipolar series multiple drum.
	Compound.	Compoundwickelung.	Compound.
Shunt	Dérivation.	Nebenschlusswickelung.	Shunt.
	Série.	Serienwickelung.	Series.
	Sur chaque induit.	Auf jenem Anker.	On each armatnre.
	Sur les deux induits.	Auf beiden Ankern.	On the twoo armatures.
	Forme du cuivre des enroulements.	*Querschnittsform des Kupfers der Wickelungen.*	*Form of copper conductors.*
Fil	Fil rond.	Draht.	Round Wire.
	Fil carré.	Quadratischer Draht	Square wire.
	Bande sur champ.	Hochkantiger Flachkupfer.	Wound edgewise.
	Bande sur plat.	Flachgestelltkupfer.	Wound flat.
	Câble.	Kabel.	Cable.
	Câble plat.	Flaches Kabel.	Flat cable.
	Divers.	*Verschiedenes.*	*Various.*
à ch.	A chaud.	Warm.	Warm.
à fr.	A froid.	Kalt.	cold.
a. b.	Avec le bâti.	Mit dem Gestell.	With base.
a. p.	Avec les plaques de fondation.	Mit der Grundplatte.	With foundation plates.
s. b.	Sans le bâti.	Ohne das Gestell.	Without base.
s. p.	Sans les plaques de fondations.	Ohne die Grundplatte.	Without foundation plates.
	Métalliques (balais).	Metallbürsten.	Metallic brushes.
b. sup.	Barres supérieures.	Obere Stäbe.	Upper bars.
b. inf.	Barres inférieures.	Untere Stäbe.	Lower bars.

TABLEAU I

ALTERNATEURS A POLES INDUCTEURS PLEINS ET INDUIT DENTÉ

I TABELLE

WECHSELSTROMGENERATOREN MIT MASSIVEN POLEN UND ZAHNANKER

TABLE I

ALTERNATORS WITH SOLID FIELD POLES AND SLOTTED ARMATURE

I

TABELLE — TABLEAU I — TABLE I

Alternateurs à pôles fixes et à induit denté	Ganz et Cie de Budapest (Hongrie).			Schneider et Cie Ateliers du Creusot (France).	Compagnie internationale d'électricité Liège (Belgique).		Compagnie générale électrique Nancy (France).	Allmänna Svenska Elektriska Aktiebolaget Västerås (Suède).	Vereinigte Elektricitäts-Gesellschaft Wien (Autriche).	Elektricitäts-Aktien-Gesellschaft vormals W. Lahmeyer und Cie Frankfurt-a-Mein (Allemagne).	Kolben Prag (Bohême).	Elektricitäts-Aktien-Gesellschaft vormals Schuckert und Cie Nürnberg (Allemagne).	Helios Elektricitäts-Aktien-Gesellschaft Köln-Ehrenfeld (Allemagne).		Siemens und Halske Aktien-Gesellschaft Wiener Werk Wien (Autriche).	Compagnie ... Lille (France).	Wechselstromgeneratoren mit massiven Polen und Zahnanker	Alternators with solid field poles and slotted armature
Données principales.																	**Hauptsächliche Daten.**	**Principal data.**
Puissance apparente, en kilovolts-ampères	1 200	500	1 200	1 400	1 000	80	450	270	320	1 000	125	850	3 000	2 000	150	175	Scheinbare Leistung, in Kilovolt-ampère.	Apparent output, in kilovolts-amperes.
Facteur de puissance minimum	0,7	0,7	0,7	0,8	0,8	0,85	0,8	0,85	1	0,7	0,7	[illegible]	0,7	0,7	0,8	0,4	Minimaler Leistungsfactor.	Minimum power factor.
Puissance vraie en kilowatts pour φ cos minimum	840	[illegible]	840	1 120	850	68	360	[illegible]	320	700	150	[illegible]	2 100	1 400	120	70	Wirkliche Leistung, in Kilowatt (bei cos φ min.).	True output, minimum power factor, in kilowatts.
Nature des courants	AT	AT	AT	AT	AT		AT	AT	AT	AT	AT	AT	AT	AS	AT	AT	Stromart.	Type of machine.
Tension aux bornes, en volts	2 200	310	2 200	3 100	2 200	530	3 000	800	220	5 000	220	3 600	5 000		270	200	Klemmenspannung, in Volt.	Voltage at terminals.
Tension par phase, en volts	2 200	191	2 200	3 000	1 270	306	1 730	462	127	2 890	127	2 890		2 200	270 156	115	Phasenspannung, in Volt.	Voltage per phase.
Intensité du courant par phase, en ampères	182	173	182	156	262	87	87	196	833	115	565	98	788	910	186	500	Stromstärke per Phase, in Ampère.	Current per phase, in amperes.
Vitesse angulaire, en tours par minute	126	400	125	71,5	83,3	600	[illegible]	200	110,4	93,8	120	83,3	71,5		120	428	Umdrehungen pro Minute.	Angular speed, in revolutions per minute.
Fréquence, en périodes par seconde	42	45	50	50	50	50	50	50	48	50	37	60	50		48	50	Periodenzahl pro Sekunde.	Frequency, in cycles per second.
Inducteurs.																	**Magnete.**	**Fields.**
Nombre de pôles inducteurs	40	12	48	84	72	10	64	24	50	64	32	72	84		48	14	Anzahl Pole.	Number of field poles.
Diamètre de l'inducteur à l'extrémité des pièces polaires, en cm.	408,8	200	413,8	638,8	460	63,9	448,8	159,2	358	578,4	466,8	528,4	800		261	101,2	Durchmesser des Magnetrades, in cm.	Diameter of field at pole faces, in cm.
Vitesse périphérique, en mètres par seconde	27	21,6	27,2	24	21	20	21	20,8	18,7	28,8	18,7	24	30		....	....	Umfangsgeschwindigkeit, in m. pro Sekunde.	Tangential speed, in meters per second.
Nature du métal des pièces polaires	Acier	Acier	Acier	Acier	Acier	Acier	Acier	Acier	Acier	Fer	Acier	Acier	Acier		Fonte	Acier	Material der Polschuhe.	Nature of metal in pole pieces.
Forme des pièces polaires	Rectangulaire bords arrondis				Rectangulaire			Rectangulaire bords arrondis			Rectangulaire bords arrondis				Rectang.	Rect. b. arr.	Form der Polschuhe.	Form of pole pieces.
Longueur des pièces polaires suivant l'axe, en cm.	39	14	31	25	36	26		30	15	30	23	40	35		18	16	Axiale Länge der Polschuhe, in cm.	Length of pole pieces parallel to axis, in cm.
Largeur des pièces polaires, en cm.	22	....	16,5	16	16	13,5		16	15	20	14	18	20		10	16	Periphere Polschuhbreite, in cm.	Width of pole pieces, in cm.
Section des pièces polaires, en cm²	850	....	512	400	250	350		600	225	600	330	720	700		180	256	Polschuhfläche, in qcm.	Area of pole pieces, in sqcm.
Nature du métal des noyaux polaires	Acier	Acier	Acier	Acier	Acier	Acier	Acier	Acier	Acier	Acier	Acier	Acier	Acier		Fonte	Acier	Material der Magnetkerne.	Nature of metal in cores.
Forme de la section des noyaux polaires	Circulaire		Circulaire	Circulaire	Circulaire	Rectangul.	Ovale	Ovale	Circulaire	Circulaire	Circulaire	Ovale	Circulaire		Rectangulaire	Circulaire	Querschnittsform der Magnetkerne.	Form of cross section of cores.
Longueur de la section des noyaux polaires, en cm. / Largeur de la section des noyaux polaires, en cm.	D = 25 / 23	D = 13,5	D = 19	D = 16	D = 13,5			42 / 7,5	D = 11	D = 18	D = 14,5	25 / 12	D = 22		38 / 12	D = 16	Axiale Länge der Magnetkerne, in cm. / Periphere Breite der Magnetkerne, in cm.	Length of section of cores, in cm. / Width of section of cores, in cm.
Section des noyaux polaires, en cm²	490 / 416	143	283	200	143			295	95	255	165	....	345		416 / 180	201	Querschnitt eines Magnetkernes, in qcm.	Sectional area of cores, in sqcm.
Nature du métal de la carcasse inductrice	Fonte	Fonte	Fonte	Fonte	Fonte	Acier	Acier	Acier	Fonte	Fonte	Fonte	Fonte	Fonte		Fonte	Acier	Material des Magnetgehäuses.	Nature of metal in yoke.
Diamètre extérieur de la carcasse inductrice, en cm	370	....	370	601,8	510	58	....	175	312	533	211,8	486	747		300	176	Aeusserer Durchmesser d. Magnetgehäuses, in cm.	External diameter of yoke, in cm.
Diamètre intérieur de la carcasse inductrice, en cm	366,5	....	300	507,8	407			168	277	458	132	440	627		306	147	Innerer Durchmesser des Magnetgehäuses, in cm.	Internal diameter of yoke, in cm.
Largeur de la carcasse inductrice, en cm	60,5	....	71	66	81	25		50	40,8	84	50	60	80		40	27	Breite des Magnetgehäuses, in cm.	Width of yoke, in cm.
Section de la carcasse inductrice, en cm²	2 400	....	1 960	2 600	[illegible]			450	600	1 400	1 550	850	2 150		260	190	Querschnitt des Magnetgehäuses, in qcm.	Sectional area of yoke, in sqcm.
Nombre de bobines inductrices	40	12	48	84	72	10	64	24	50	64	32	72	84		48	14	Anzahl Magnetspulen.	Number of coils.
Nombre de spires par bobine inductrice	50	65	50	45	[illegible]	160		[illegible]	32	31	40	....	50		410	280	Windungszahl pro Magnetspule.	Number of turns of coil.
Nombre de circuits inducteurs en parallèle	2	1	2	1	1	1		1	1	1	1	1	1		1	1	Anzahl paralleler Stromkreise.	Number of field circuits in parallel.
Forme du cuivre inducteur	Bande sur champ		Bande sur champ		Fil carré	Fil rond	Câble plat	Bande sur champ		Bande sur champ		Câble plat	Bande sur champ		Fil rond	Fil rond	Form der Magnetspulendrähte.	Form of field winding.
Largeur du cuivre inducteur, en mm	25	18	20	25	6,5			17	37	....	20	....	....		d = 3,05	d = 14	Breite der Magnetspulendrähte, in mm.	Width of field conductors, in mm.
Epaisseur du cuivre inducteur, en mm	3	2,2	3,5	3	6,5	d = 3,2		2,1	3,5	....	3,8	....	....				Dicke der Magnetspulendrähte, in mm.	Thickness of field conductors, in mm.
Section du cuivre inducteur, en mm²	75	40	70	75	42	8	46	38,7	129,5	....	76	....	....		7,3	12,6	Querschnitt der Magnetspulendrähte, in qmm.	Sectional area of field conductors, in sqmm.
Densité de courant dans l'inducteur, en ampères par mm² (cos φ minimum)	2,4	2,34	2,86	3,07	[illegible]	1,82			2,28	....	2,37	....	....		1,4		Stromdichte in der Magnetspulendrähten, in Amp. pro qmm. (cos φ minimum).	Current density in field cond., in amp. per sqmm (minimum power factor).
Résist. du circuit inducteur entre bagues, en ohms	0,42 (2 ch.)	0,185 à 20°	0,45 à ch.	0,55 (2 ch.)	0,3 (à ch.)	4,2 (à ch.)	1,7 (à ch.)	2,6 (à ch.)	0,183 (à ch.)	0,25	0,22	....	0,7 (à ch.)		36,5 (à ch.)	3,9 (à ch.)	Widerstand der Magnetwickelung, in Ohm.	Resistance of field circuit, in ohm.
Poids du cuivre inducteur, en kg.	2 080	125	1 030	1 540	1 610	[illegible]	1 600	[illegible]	1 200	....	598	....	3 500		900	280	Gewicht des Magnetkupfers, in kg.	Weight of copper in field, in kg.
Poids du cuivre inducteur, en kg : kilovolt-ampère	0,90	1,54	0,86	1,11	1,61	1,75	3,67	1,36	5,45	....	4,77	....	1,17		6	1,6	Gewicht des Magnetkupfers pro Kilovolt-ampère.	Weight of copper in field per kilovolt-ampere.
Poids de l'inducteur, en kg.	20 000	880	24 000	34 000	39 000	950	10 100	3 418	20 000	34 000	7 938	26 150	76 000		....	....	Gewicht der Magnete, in kg.	Weight of field complet without shaft, in kg.

TABLEAU I

ALTERNATEURS A POLES INDUCTEURS PLEINS ET INDUIT DENTÉ

I TABELLE	TABLE I
WECHSELSTROMGENERATOREN MIT MASSIVEN POLEN UND ZAHNANKER	ALTERNATORS WITH SOLID FIELD POLES AND SLOTTED ARMATURE

II

I TABELLE — TABLEAU I — TABLE I

T. I.

Alternateurs à pôles pleins et à induit denté	Ganz et Cie de Budapest (Hongrie)			Schneider et Cie Ateliers du Creusot (France)	Compagnie internationale d'électricité Liège (Belgique)		Compagnie générale électrique, Nancy (France)	Allmänna Svenska Elektriska Aktiebolaget Vesterås (Suède)	Vereinigte Elektricitäts-Gesellschaft Wien (Autriche)	Elektricitäts Actien-Gesellschaft vormals W. Lahmeyer und Co Frankfurt a/Main (Allemagne)	Křižík Prag (Bohême)	Elektricitäts Actien-Gesellschaft vormals Schuckert und Co Nürnberg (Allemagne)	Helios Elektricitäts Actien-Gesellschaft Cöln-Ehrenfeld (Allemagne)	Siemens und Halske Actien-Gesellschaft Wiener Werk Wien (Autriche)	Compagnie de Fives-Lille (France)	Wechselstromgeneratoren mit massiven Polen und Zahnanker	Alternators with solid field poles and slotted armature
Induit.																**Anker.**	**Armature.**
Entrefer, simple en mm	6	4	6	6	8,5	5,5	6	4	10	8	8	8	12	5	6	Einseitiger Luftraum, in mm	Single air-gap in mm.
Diamètre de l'induit dans l'entrefer, en cm	410	160,8	415	650	551,2	65	450	160	360	580	268,4	550	802,4	260	100	Durchmesser des Ankers im Luftraum, in cm	Diameter of armature at air-gap, in cm.
Hauteur radiale des tôles induites, en cm	22,5	17	20	19	18,6	15		13,5	14	16	17	20,5	18,5	10	10	Radiale Höhe der Ankerbleche, in cm	Radial depth of laminations in armature, in cm.
Largeur totale des anneaux induits, en cm	34	13	28	45	13,5	33		48	15	30	24,2	36	30,2	18	17	Gesammtlänge der Ankerkerne, in cm	Total length of cores of armature, in cm.
Diamètre extérieur de la carcasse de l'induit, en cm	502,6		502,6	792	860	110	605	210	418	692	332	610	940	240	80	Aeusserer Durchmesser des Ankergehäuses, in cm	External diameter of armature frame, in cm.
Diamètre intérieur de la carcasse de l'induit, en cm	455	136,8	455	678				185	390	630	303	575		200		Innerer Durchmesser des Ankergehäuses, in cm	Internal diameter of armature frame, in cm.
Largeur totale de la carcasse de l'induit, en cm	91		85	125	90	30	56	28	65	163	90,5	90	84	36		Gesammte Breite des Ankergehäuses, in cm	Total width of armature frame, in cm.
Nombre de perforations par pôle	9	9	3,2	6	6	6	6	6	6	6	3	3	8	345/48	156/14	Anzahl der Ankernuten pro Pol	Number of slots per pole.
Nature des perforations dans l'induit	Encoches oblongues demi-fermées			Encoches obl. demi-fermées	Encoches oblongues demi-fermées		Encoches demi-fermées			Encoches circulaires demi-fermées		Rainures	Encoches obl. demi-fermées	Encoches demi-fermées	Encoches cir. demi-fermées	Form der Ankernuten	Nature of slots.
Hauteur radiale des perforations, en mm				55	47			23	24		$d = 47$				$d = 10$	Radiale Nutentiefe, in mm	Radial depth of slots, in mm.
Largeur des perforations, en mm				21	24,5			17	19							Periphere Nutenbreite in mm	Width of slots, in mm.
Largeur des perforations dans l'entrefer, en mm				9	10			5							0,75	Nutenbreite im Luftraum, in mm	Width of slots at air-gap, in mm.
Nature de l'enroulement induit	Bobines	Bobines	Bobines	Bobines	Bobines	Bobines	Bobines	Barres	Barres	Bobines	Bobines	Bobines	Bobines	Barres	Barres	Art der Ankerwickelung	Type of armature windings.
Nombre de bobines ou barres par phase	60	6	60	42	72	10	32	96	100	32	16	36	84 / 42	690 / 690	32	Anzahl der Spulen oder Stäbe pro Phase	Number of coils or bars per phase.
Groupement des bobines ou barres de chaque phase	Série	Série	Série	Série	Série	Série	Série	Série	Série	Série	4 sér. de 4 en par.	Série	12 sér. de 28 bob. en paral. / 3 sér. de 14 bob. en paral.	6 sér. de 115 en paral. / 3 sér. de 230 en paral.	Série	Schaltung der Spulen oder Stäbe einer Phase	Grouping of coils or bars of each phase.
Nombre de spires par bobine	4	9	4	12	3	7	12			12	9	9	9 / 12			Anzahl Windungen pro Spule	Number of turns per coil.
Nombre de conducteurs distincts par perforation	4	3	4	6	3	7	6	2	1	6	9	9	3 / 6	6 / 6	1	Anzahl der Leiter pro Nute	Number of conductors per slot.
Nature des conducteurs induits	Câble (… de 1,5 mm)	Câble (… de 2 mm)	Câble (… de 1,8 mm)	Câble (… de 1,5 mm)	2 fils en parall.	Fil rond	Câble (37 fils de 0,9 mm)	Barres	Barres	Fil rond	Fil rond	Fil rond	Câble	Barres	Barres	Form der Ankerleiter	Nature of armature conductors.
Largeur des conducteurs induits, en mm					$d = 6,4$	$d = 5,6$		15			$d = 8,2$			6	$d = 8$	Breite der Ankerleiter, in mm	Width of armature conductors, in mm.
Épaisseur des conducteurs induits, en mm								4,5						2,5		Dicke der Ankerleiter, in mm	Thickness of armature conductors, in mm.
Section des conducteurs induits, en mm²	38	60	38	38	64	24,6	29	53	300		212			10	50	Querschnitt der Ankerleiter, in qmm	Cross-section of armature conductors, in sq mm.
Densité de courant dans l'induit, en ampères par mm²	4,8	2,89	4,8	4,1	4,1	3,53	3	3,68	1,75		2,66				20,4	Stromdichte im Anker, in Ampère pro qmm	Current density of armature conductors, in amp per sq mm.
Résistance de l'induit par phase, en ohms	0,21 (à ch.)	0,023 (à fr.)	0,18 (à ch.)	0,36 (à 20°)	0,125 (à ch.)	0,073 (à ch.)	0,33 (à ch.)	0,027 (à fr.)	0,005 (à ch.)	0,34	0,0064 (ch)	0,49		0,0087 (à ch.)	0,011 (à ch.)	Widerstand des Ankers pro Phase, in Ohm	Resistance of armature per phase, in ohms.
Poids du cuivre induit, en kg	410	120	360	750	660	60	540	109	580		316			170	40	Gewicht des Ankerkupfers, in kg	Weight of copper in armature, in kg.
Poids du cuivre induit en kg par kilovolt-ampère	0,350	1,2	0,360	0,535	0,66	0,75	1,2	0,405	2,64		1,46			1,13	0,003	Gewicht des Ankerkupfers pro Kilovolt-ampère	Weight of copper in armature, per kilovolt-ampere.
Poids de l'induit, en kg	13 000			34 000	20 500 (s. p.)	800 (s. b.)	15 000 (s. p.)	4 590 (s. b.)	12 500 (s. p.)	35 000 (s. p.)	9 450 (s. p.)	14 350 (s. p.)	80 000 (s. p.)			Gewicht des Ankers, in kg	Weight of armature, in kg.
Essais.																**Versuchsresultate.**	**Tests.**
Courant d'excitation à vide, en ampères	86	52	120	130	110	10,6	40	27		131			120	8,5	26	Erregerstrom bei Leerlauf, in Ampère	No load exciting current, in amperes.
Courant d'excitation pour obtenir l'intensité normale en court-circuit	48	34	48	57	75	5,2	13,5	10		49				2,5	8,5	Erregerstrom bei Kurzschluss und normalem Ankerstrom	Exciting current for normal current in short circuit.
Courant d'excitation en pleine charge, $\cos\varphi = 1$			132	160	136		45			155					28	Erregerstrom bei Vollbelastung, $\cos\varphi = 1$	Full load exciting current, $\cos\varphi = 1$.
Courant d'excitation en pleine charge, $\cos\varphi$ = minimum	180	90	200	230 (p. 138 kw.)	160	24,5		42			180		185	10,2		Erregerstrom bei Vollbelastung, $\cos\varphi$ = min.	Full load exciting current, $\cos\varphi$ = minimum.
Chute de tension en pleine charge en p. 100, $\cos\varphi = 1$	5,5		3,5	(p. 138 kw.)	7	8	5,5			3						Spannungsabfall bei Vollbelastung in Prozenten, $\cos\varphi = 1$	Full load voltage drop, in per cent, $\cos\varphi = 1$.
Chute de tension en pleine charge en p. 100, $\cos\varphi$ = minimum	15	30	15	13,7	11			14						7,2		Spannungsabfall bei Vollbelastung in Prozenten, $\cos\varphi$ = min.	Full load voltage drop, in per cent, $\cos\varphi$ = minimum.
Pertes à vide, en watts										24 200	3 700	19 000				Verluste bei Leerlauf, in Watt	No load losses, in watts.
Pertes par effet Joule dans l'induit	21 000		18 300	28 000	26 000	2 000	7 500	3 300	4 000	13 700	5 200	14 000		8 900	9 000	Verluste im Ankerkupfer	Armature winding losses.
Pertes par effet Joule dans l'inducteur, $\cos\varphi = 1$			8 000	15 600 (p. 138 kw.)	18 500		3 450		5 500	6 000		18 000			3 100	Verluste durch Erregung, $\cos\varphi = 1$	Field winding losses, $\cos\varphi = 1$.
Pertes par effet Joule dans l'inducteur, $\cos\varphi$ = minimum	13 600		18 000	32 500	25 500	2 000		3 100		13 800	2 300		14 000	3 800		Verluste durch Erregung, $\cos\varphi$ = minimum	Field winding losses, $\cos\varphi$ = minimum.
Rendements en p. 100, $\cos\varphi = 1$						90				96		94				Wirkungsgrad, $\cos\varphi = 1$	Efficiency in per cent, $\cos\varphi = 1$.
Rendements en p. 100, $\cos\varphi$ = minimum										93,9	93,2					Wirkungsgrad, $\cos\varphi$ = minimum	Efficiency in per cent, $\cos\varphi$ = minimum.

TABLEAU II

ALTERNATEURS A POLES INDUCTEURS PLEINS
ET INDUIT A TROUS

II TABELLE

WECHSELSTROMGENERATOREN MIT MASSIVEN POLEN UND LOCHANKER

TABLE II

ALTERNATORS WITH SOLID FIELD POLES AND HOLE ARMATURE

I

II TABELLE. — TABLEAU II. — TABLE II.

Alternateurs à pôles fixes et à induit à trous	Actien-Gesellschaft vormals Joh. Jacob Rieter und Cie Winterthur (Suisse)	Société anonyme d'éclairage électrique Paris (France)	Société anonyme Électricité et Hydraulique Charleroi (Belgique)		Brown Boveri und Cie Baden (Suisse)	A. Grammont Pont-de-Chéruy (France)	Actien-Gesellschaft vormals Joh. Jacob Rieter und Cie Winterthur (Suisse)	Brown Boveri und Cie Baden (Suisse)	Société anonyme des Établissements Decauville aîné Petit-Bourg (France)	Société anonyme Électricité et Hydraulique Charleroi (Belgique)	Société anonyme l'Éclairage électrique Paris (France)
Données principales.											
Puissance apparente, en kilovolts-ampères	400	1 200	760	760	1 760	860	700	410	260	350	180
Facteur de puissance minimum	0,8	0,5	0,85	0,85	0,85	0,7	0,8	0,85	0,9	1	0,7
Puissance réelle en kilowatts pour cos φ minimum	320	600	646	658	1 500	600	560	340	235	350	125
Nature des courants	AT	AT	AT	AT	AT	AT	AT	AT	AT	AM	AM
Tension aux bornes, en volts	376	5 000	2 200	2 200	6 000	2 400	3 300	200	200	2 000	10 000
Tension par phase, en volts	220	2 890	1 270	2 200	3 465	1 385	1 900	115	115	2 000	10 000
Intensité du courant par phase, en ampères	606	138	200	115	170	207	123	1 200	750	175	18
Vitesse angulaire, en tours par minute	300	79	93,8	79,7	83,3	93,8	100	93,5	150	[illegible]	428
Fréquence, en périodes par seconde	45	50	50	42,5	50	50	50	40	50	42,5	50
Inducteurs.											
Nombre de pôles inducteurs	18	76	64	64	72	64	60	52	40	36	14
Diamètre de l'inducteur à l'extrémité des pièces polaires, en cm	218	569	598	598,4	600	498,6	455,2	360	358,6	308,8	134,8
Vitesse périphérique en mètres par seconde	34,3	23,3	29,4	25	30,4	24,5	23,9	17,5	22,5	23	30
Nature du métal des pièces polaires	Fer forgé	Acier	Acier	Acier	Fer	Acier	Acier	Acier	Acier	Acier	Acier
Forme des pièces polaires	Rect. bords arr.	Rect. chanfreinés	Rectangulaire		bords arrondis		Rectangulaire bords arrondis				Rect. chanfreinés
Longueur des pièces polaires suivant l'axe, en cm	30	40	25	25	32	25,5	24	30	16,5	28	42
Largeur des pièces polaires, en cm	21	18	15	15	20	15	13	13	18,5	13,5	19
Section des pièces polaires, en cm²	630	720	375	375	660	382	312	390	352,5	378	798
Nature du métal des noyaux polaires	Fer forgé	Acier	Acier	Acier	Fer	Acier	Acier	Acier	Acier	Acier	Acier
Forme de la section des noyaux polaires	Circulaire	Rectangulaire	Ovale	Ovale	Circulaire	Circulaire	Circulaire	Circulaire	Circulaire	Ovale	Rectangulaire
Longueur de la section des noyaux polaires, en cm	D = 23	46	21	21		D = 16,5	D = 14,5		D = 13,5	23	42
Largeur de la section des noyaux polaires, en cm		9	11	11						10	11
Section des noyaux polaires	415	414	205	205		214	165		165	208	462
Nature du métal de la carcasse inductrice	Acier	Fonte	Fonte	Fonte	Fonte	Fonte	Fonte	Fonte	Fonte	Fonte	Acier
Diamètre extérieur de la jante, en cm	164	536	564	565	610	390	580	470	399,2	268,8	97
Diamètre intérieur de la jante, en cm	136	502	490	490	550		495	410	366	272	86
Largeur de la carcasse inductrice, en cm	32	67	31	32		70	97,5	70	41	39	33
Section de la carcasse inductrice, en cm²	450	3 600	600	600			600		550	850	270
Nombre de bobines inductrices	18	76	64	64	72	64	60	50	40	36	14
Nombre de spires par bobines inductrices	80	44	50	50	45	70	137	80	95	176	96
Nombre de circuits inducteurs en parallèle	2	1	1	1	1	2	1	1	1	1	1
Nature de l'enroulement inducteur	Bande sur champ	Fil rond	Bande sur plat		Bande sur champ		Fil carré	Fil rond	Fil rond	Fil rond	Fil rond
Largeur du cuivre inducteur, en mm	25	d = 6	104	104		19	6		d = 6,2	d = 5,2	d = 5,1
Épaisseur du cuivre inducteur, en mm	2		0,8	0,8		3	6				
Section du cuivre inducteur, en mm²	48	30,3	83,2	83,2		57	36		30,2	21,2	20
Densité du courant dans l'inducteur, en ampères par mm² (cos φ minimum)		3,05	1,02	1,32			1,38			2,12	1,6
Résist. du circuit inducteur entre bagues, en ohms	0,43 (à fr.)	1,6 (à ch.)	0,7 (à ch.)	0,7 (à ch.)	0,31	0,845 (à ch.)	2,73 (à ch.)	0,95	1,63 (à ch.)	4,5 (à ch.)	0,35 (à ch.)
Poids du cuivre inducteur, en kg	520	1 857,5	2 100	2 100		1 670	1 550		650	[illegible]	[illegible]
Poids du cuivre inducteur, en kg/kilovolt-ampère	1,3	1,5	2,76	2,76		1,72	2,22		2,46	[illegible]	[illegible]
Poids de l'inducteur sans l'arbre, en kg		45 000	20 000	20 000						11 700	[illegible]

Wechselstromgeneratoren mit massiven Polen und Lochanker	Alternators with solid field poles and hole armature
Hauptsächliche Daten.	**Principal data.**
Scheinbare Leistung, in Kilovolt-ampère	Apparent Output, in kilovolt-amperes.
Minimaler Leistungsfaktor	Minimum power factor.
Wirkliche Leistung, in Kilowatt (bei cos φ min.)	True output, minimum power factor, in kilowatts.
Stromart	Type of machine.
Klemmenspannung, in Volt	Voltage at terminals.
Phasenspannung, in Volt	Voltage per phase.
Stromstärke pro Phase, in Ampère	Current per phase, in amperes.
Umdrehungen pro Minute	Angular speed, in revolutions per minute.
Periodenzahl pro Sekunde	Frequency in cycles per second.
Magnete.	**Fields.**
Anzahl Pole	Number of field poles.
Äusserer Magnetraddurchmesser, in cm	Diameter of field at pole faces, in cm.
Umfangsgeschwindigkeit in m. pro Sekunde	Tangential speed, in meters per second.
Material der Polschuhe	Nature of metal in pole pieces.
Form der Polschuhe	Form of pole pieces.
Axiale Länge der Polschuhe, in cm	Length of pole faces parallel to axis, in cm.
Periphere Polschuhbreite, in cm	Width of pole faces, in cm.
Polschuhfläche, in qcm	Area of pole faces, in sqcm.
Material der Magnetkerne	Nature of metal in cores.
Querschnittsform der Magnetkerne	Form of cross-section of cores.
Axiale Länge der Magnetkerne, in cm	Length of section of cores, in cm.
Periphere Breite der Magnetkerne, in cm	Width of section of cores, in cm.
Querschnitt eines Magnetkernes, in qcm	Sectional area of cores, in sqcm.
Material des Magnetgehäuses	Nature of metal in yoke.
Äusserer Durchmesser des Radkranzes, in cm	External diameter of rim, in cm.
Innerer Durchmesser des Radkranzes, in cm	Internal diameter of rim, in cm.
Breite des Magnetgehäuses, in cm	Width of rim, in cm.
Querschnitt des Magnetgehäuses, in qcm	Sectional area of yoke, in sqcm.
Anzahl Magnetspulen	Number of coils.
Windungszahl pro Magnetspule	Number of turns of coil.
Anzahl paralleler Stromkreise	Number of field circuits in parallel.
Form der Magnetspulendrähte	Form of field winding.
Breite der Magnetspulendrähte, in mm	Width of field conductors, in mm.
Dicke der Magnetspulendrähte, in mm	Thickness of field conductors, in mm.
Querschnitt der Magnetspulendrähte, in qmm	Sectional area of field conductors, in sqmm.
Stromdichte in der Magnetspulendrähten, in Ampère pro qmm (cos φ minimum)	Current density in field conductors, in ampere per sqmm (minimum power factor).
Widerstand der Magnetwickelung, in Ohm	Resistance of field circuit, in ohms.
Gewicht des Magnetkupfers, in kg	Weight of copper in field, in kg.
Gewicht des Magnetkupfers pro Kilovolt-ampère	Weight of copper in field per kilovolt-ampere.
Gewicht der Magnete, in kg	Weight of field complete without shaft, in kg.

TABLEAU II

ALTERNATEURS A POLES INDUCTEURS PLEINS
ET INDUIT A TROUS

II TABELLE

WECHSELSTROMGENERATOREN MIT MASSIVEN POLEN UND LOCHANKER

TABLE II

ALTERNATORS WITH SOLID FIELD POLES AND HOLE ARMATURE

II

II TABELLE. — TABLEAU II. — TABLE II.

Alternateurs à pôles fixes et à induit à trous	Actien-Gesellschaft vormals Joh. Jacob Rieter und Cie Winterthur (Suisse).	Société anonyme L'Éclairage électrique Paris (France).	Société anonyme Électricité et Hydraulique Charleroi (Belgique).		Brown Boveri und Cie Baden (Suisse).	A. Grammont Pont-de-Cheruy (France).	Actien-Gesellschaft vormals Joh. Jacob Rieter und Cie Winterthur (Suisse).	Brown Boveri und Cie Baden (Suisse).	Société nouvelle des établissements Decauville aîné Petit-Bourg (France).	Société anonyme Électricité et Hydraulique Charleroi (Belgique).	Société anonyme L'Éclairage électrique Paris (France).	Wechselstromgeneratoren mit massiven Polen und Lochanker	Alternators with solid field poles and hole armature
Induit.												**Anker.**	**Armature.**
Entrefer simple, en mm	10	5	10	8	10	7	5,5	6	7	6	6	Einseitiger Luftraum, in mm	Single air gap in mm.
Diamètre de l'induit dans l'entrefer, en cm	250	670	600	600	692	600	441,1	168,8	360	310	126	Bohrung des Ankers, in cm	Diameter of armature at air-gap, in cm.
Hauteur radiale des tôles induites, en cm	20	9	20	20	...	17	18	...	17	17	10,5	Radiale Höhe der Ankerbleche, in cm	Radial depth of laminations in armature, in cm.
Largeur totale des anneaux induits, en cm	31	40	23	23	30	25	24	27	17	25	39	Gesammtlänge der Ankerkerne, in cm	Total length of cores of armature, in cm.
Diamètre extérieur de la carcasse de l'induit, en cm	314	672	726,5	726,5	786	632	404	...	440	385	183	Aeusserer Durchmesser des Ankergehäuses, in cm	External diameter of armature frame, in cm.
Diamètre intérieur de la carcasse de l'induit, en cm	260	600					...	...	...	...	158	Innerer Durchmesser des Ankergehäuses in cm	Internal diameter of armature frame, in cm.
Largeur totale de la carcasse de l'induit, en cm	60	72	63	63	175	60	44	...	53	63	60	Gesammtbreite des Ankergehäuses, in cm	Total width of armature frame, in cm.
Nombre de trous par pôle	9	6	6	6	6	3	3	3	3	9	3 dont 2 utiles	Anzahl Löcher per Pol	Number of holes per pole.
Nature des trous dans l'induit	Trous circulaires	Trous oblongs	Trous oblongs		Trous oblongs	Trous oblongs	Trous oblongs	Trous circul.	Trous oblongs	Trous oblongs	Trous circul.	Form der Ankerlöcher	Nature of holes.
Hauteur radiale des trous, en mm	...	...	34	35	...	65	55	...	53	43	...	Radiale Löchertiefe, in mm.	Radial depth of holes, in mm.
Largeur des trous, en mm	...	...	22	22	...	38	28	...	23	34	...	Periphere Löcherbreite, in mm	Width of holes, in mm.
Nature de l'enroulement induit	Barres	Bobines	Bobines	Bobines	Bobines	Bobines	Bobines	Barres	Barres	Bobines	Bobines	Art der Ankerwickelung	Type of armature windings.
Nombre de bobines ou barres par phase	54	72	32	32	36	32	30	52	80	36	24	Anzahl der Spulen oder Stäbe pro Phase	Number of coils or bars per phase.
Groupement des bobines ou des barres de chaque phase	Série	Série	Série	Série	Série	Série	Série	Série	Série	Série	Série	Schaltung der Spulen oder Stäbe einer Phase	Grouping of coils or bars of each phase.
Nombre de spires par bobine	...	4	6	12	12	7	12	...	...	11	156	Anzahl der Windungen pro Spule	Number of turns per coil.
Nombre de conducteurs distincts par trou	1	5	3	6	6	7	12	1	2	11	156	Anzahl Leiter pro Loch	Number of conductors per hole.
Nature des conducteurs induits	Barres	2 câbles en parallèle		Câble (19 fils de 1,3 mm.)	Fil rond	Câble (37 fils de 1,5 mm.)	3 fils en parallèle	Barres	Barres	Câble (19 fils de 1,5 mm.)	Fil rond	Form der Ankerleiter	Nature of armature conductors.
Largeur des conducteurs induits, en mm / Épaisseur des conducteurs induits, en mm	d = 16	...	...	...	...	l = 10,5	d = 4,9	...	d = 18,2	...	d = 1,6	Breite der Ankerleiter, in mm. / Dicke der Ankerleiter, in mm	Width of armature conductors in mm. / Thickness of armature conductors, in mm.
Section des conducteurs induits, en mm²	200	40	50	25	...	65,4	41,6	...	260	33,6	2	Querschnitt der Ankerleiter, in qmm	Section of armature conductors, in sqmm.
Densité de courant dans l'induit, en amp. mm²	3,03	3,45	4	1,6	...	3,13	2,96	...	2,88	5,2	3	Stromdichte im Anker, in Amp. pro qmm	Current density of armature cond. in amp. p. sqmm
Résistance de l'induit par phase, en ohms	0,003 (à ch.)	0,3 (à ch.)	0,13 (à ch.)	0,52	...	0,1 (à ch.)	0,29 (à ch.)	...	...	0,336 (à ch.)	3,0 (à ch.)	Widerstand des Ankers pro Phase, in Ohm	Resistance of armature per phase, in ohms.
Poids du cuivre induit, en kg	170	775	500	500	...	590	670	...	...	170	91	Gewicht des Ankerkupfers, in kg.	Weight of copper armature, in kg.
Poids du cuivre induit en kg par kilovolt-ampère	0,675	0,59	0,66	0,66	...	0,69	0,98	...	...	0,483	0,505	Gewicht des Ankerkupfers pro Kilovolt-ampère	Weight of copper armature per kil.-amp.
Poids de l'induit, en kg	...	17 700 (s. p.)	20 000 (s. p.)	20 000 (s. p.)	...	13 000 (s. p.)	...	...	...	7 400 (s. p.)	...	Gewicht des Ankers	Weight of armature with or without found. plates
Essais.												**Versuchsresultate.**	**Tests.**
Courant d'excitation à vide, en ampères	62	100,5	127,5	137	176	74	41	65	60	40	42,5	Erregerstrom bei Leerlauf, in Ampère	No load exciting current, in amperes.
Courant d'excitation pour obtenir l'intensité normale en court-circuit	34	40	36	43	60	34	25,1	35	21	12	8,1	Erregerstrom bei Kurzschluss und normalem Ankerstrom	Exciting current for normal current in short circuit.
Courant d'excitation en pleine charge, cos φ = 1	...	113	141	155,5	193	...	...	...	...	45	...	Erregerstrom bei Vollbelastung, cos φ = 1	Full load exciting current, cos φ = 1
Courant d'excitation en pleine charge, cos φ = minimum	...	153	168	193	232	...	57	100	...	...	104	Erregerstrom bei Vollbelastung, cos φ = minimum	Full load exciting current, cos φ = minimum
Chute de tension en pleine charge en p. 100, cos φ = 1	...	4	5	4	3	...	...	...	...	8	...	Spannungsabfall bei Vollbelastung, in procenten, cos φ = 1	Full load voltage drop, in per cent, cos φ = 1
Chute de tension en pleine charge en p. 100, cos φ = minimum	...	9,8	12	10,5	14	...	...	...	...	...	11	Spannungsabfall bei Vollbelastung, in procenten, cos φ = minimum	Full load voltage drop, in per cent, cos φ = minimum
Pertes à vide en watts	...	17 000	...	...	...	10 000	...	...	...	...	4 800	Verluste bei Leerlauf, in Watt	No load losses, in watts.
Pertes par effet Joule dans l'induit	4 500	17 000	15 600	20 500	...	7 800	13 200	...	...	10 300	1 080	Verluste im Ankerkupfer	Armature windings losses.
Pertes par effet Joule dans l'inducteur, cos φ = 1	...	20 500	15 000	17 000	12 500	...	...	...	...	9 100	...	Verluste durch Erregung, cos φ = 1	Field winding losses, cos φ = 1
Pertes par effet Joule dans l'inducteur, cos φ = minimum	...	27 500	19 800	26 000	17 800	...	6 900	...	...	...	6 000	Verluste durch Erregung, cos φ = minimum	Field winding losses, cos φ = minimum
Rendements en p. 100, cos φ = 1	...	94,8	...	...	...	...	...	...	...	...	...	Wirkungsgrad, cos φ = 1	Efficiency in per cent, cos φ = 1
Rendements en p. 100, cos φ = minimum	...	88	...	...	...	...	...	...	...	...	92,7	Wirkungsgrad, cos φ = minimum	Efficiency in per cent, cos φ = minimum

TABLEAU III

ALTERNATEURS A POLES OU ÉPANOUISSEMENTS FEUILLETÉS

III TABELLE

WECHSELSTROMGENERATOREN MIT LAMELLIRTEN POLEN ODER POLSCHUHEN

TABLE III

ALTERNATORS WITH LAMINATED FIELDS OR POLE FACES

III TABELLE. — TABLEAU III. — TABLE III.

Alternateurs à pôles inducteurs ou enroulements feuilletés.	Allgemeine Elektricitäts Gesellschaft Berlin (Allemagne).	Siemens et Halske Elektricitäts Actien-Gesellschaft Charlottenburg (Allemagne).	Société Alsacienne de Constructions Mécaniques de Belfort (France).	Maschinenfabrik Oerlikon Oerlikon (Suisse).	Compagnie française pour l'exploitation des procédés Thomson-Houston Paris (France).	Compagnie de Fives-Lille (France).	Compagnie l'Industrie électrique (Genève).	Elektricitäts Actien-Gesellschaft vormals Kolben und Cie Prag-Vysocan (Bohême).	Wechselstromgeneratoren mit lamellierten Polen oder Polschuhen.	Alternators with laminated fields or pole faces.
Données principales.									**Hauptsächliche Daten.**	**Principal Data.**
Puissance apparente, en kilovolts-ampères	3 000	2 000	1 330	1 375	1 000	800	460	780	Scheinbare Leistung, in Kilovolt-Ampère.	Apparent output, in kilowolt amperes.
Facteur de puissance minimum	0,9	0,7	0,9	0,8	0,9	0,7	0,9	0,85	Minimaler Leistungsfactor	Minimum power factor.
Puissance vraie en kilowatts pour cos φ minimum	2 700	1 400	1 200	1 100	900	560	410	664	Wirkliche Leistung, in Kilowatt (cos φ min).	True output, minimum power factor, in kilowatts.
Nature des courants	AT	AT	AT	AT	AT	AT	AT	AT	Stromart	Type of machine.
Tension aux bornes, en volts	[illegible]	2 200	5 500	5 500	5 500	2 200	5 000	3 000	Klemmenspannung, in Volt.	Voltage at terminals, in volts.
Tension par phase, en volts	3 365	1 270	3 170	3 170	3 170	1 270	5 000	1 730	Phasenspannung, in Volt	Voltage per phase, in volts.
Intensité de courant par phase, en ampères	288	525	130	145	105	210	46	150	Stromstärke pro Phase, in Ampère	Current per phase, in amperes.
Vitesse angulaire, en tours par minute	83,3	83,3	75	93,8	75	75	350	93,8	Umdrehungen pro Minute.	Angular speed, in revolutions per minute.
Fréquence, en périodes par seconde	50	50	25	50	25	50	46,6	50	Periodenzahl pro Sekunde.	Frequency, in cycles per second.
Inducteurs.									**Magnete.**	**Fields.**
Nombre de pôles inducteurs	72	72	40	64	40	76	16	64	Anzahl Pole	Number of field poles.
Diamètre de l'inducteur à l'extrémité des pièces polaires, en cm	739	398,2	537,8	499,1	354	398,6	149	555	Aeusserer Magnetraddurchmesser, in cm.	Diameter of field at pole faces, in cm.
Vitesse périphérique en mètres par seconde	32,2	18	21,8	22	14	14,8	27	27,2	Umfangsgeschwindigkeit in m. pro Sekunde	Tangential speed, in meters per second.
Nature du métal des pièces polaires	Tôles	Tôles	Tôles	Tôles	Tôles	Tôles	Tôles	Tôles	Material der Polschuhe	Nature of metal in pole pieces.
Forme des pièces polaires	Rect. avec chanfreins	Rectangulaires	Rectangulaires	Rectangulaires	Rect. avec chanfreins	Rectangulaires	Rect. arrondis	Rect. Bords arrondis	Form der Polschuhe	Form of pole pieces.
Longueur des pièces polaires suivant l'axe, en cm	56	58	40	30	41	26	52	36	Axiale Länge der Polschuhe, in cm	Length of pole pieces parallel to axis, in cm.
Largeur des pièces polaires, en cm	24	17	27,5	14	19	20	19	15	Periphere Polschuhbreite in cm	Width of pole pieces, in cm.
Surface des pièces polaires, en cm²	1 344	986	1 100	420	780	520	988	585	Polschuhfläche, in qcm	Area of pole pieces, in sqcm.
Nature du métal des noyaux polaires	Tôles	Tôles	Tôles	Tôles	Tôles	Tôles	Tôles	Acier	Material der Magnetkerne	Nature of metal, in cores.
Forme de la section des noyaux polaires	Rectangulaire	Rectangulaire	Rectangulaire	Rect. avec chanfreins	Rectangulaire	Rectangulaire	Rectangulaire	Ovale	Querschnittsform der Magnetkerne	Form of cross-section of cores.
Longueur de la section des noyaux polaires, en cm	56	58	40	30	41	26	52	24	Axiale Länge der Magnetkerne, in cm	Length of section of cores, in cm.
Largeur de la section des noyaux polaires, en cm	15	14	20	11	12	13	14	13	Breite der Magnetkerne, in cm	Width of section of cores, in cm.
Section des noyaux polaires	840	812	800	330	492	338	728	310	Querschnitt eines Magnetkernes, in qcm.	Sectional area of cores, in qcm.
Nature du métal de la carcasse inductrice	Fonte	Fonte	Fonte	Fonte	Acier	Fonte	Fonte	Fonte	Material des Magnetgehäuses	Nature of metal, in Yoke.
Diamètre extérieur de la jante, en cm	651,8	548	475,8	460	371	556	112	485	Aeusserer Durchmesser des Radkranzes, in cm	External diameter of rim, in cm.
Diamètre intérieur de la jante, en cm	638	470	441	380	288	470,6	97	449	Innerer Durchmesser des Radkranzes, in cm	Internal diameter of rim, in cm.
Largeur de la carcasse inductrice, en cm	73	60	30	75	61	65	85	52	Breite des Magnetgehäuses, in cm	Width of rim, in cm.
Section de la carcasse inductrice, en cm²	650	750	910	1 400	830	1 300	600	1 090	Querschnitt des Magnetgehäuses, in qcm	Sectional area of yoke, in sqcm.
Nombre de bobines inductrices	72	72	40	64	40	76	16	64	Anzahl Magnetspulen	Number of coils.
Nombre de spires par bobines inductrices	90	40	46	54	67,5	155		60	Windungszahl pro Magnetspule.	Number of turns of coil.
Nombre de circuits inducteurs en parallèle	2	1	1	1	1	2	1	1	Anzahl paralleler Stromkreise	Number of field circuits in parralel.
Nature de l'enroulement inducteur	Barre	Bande sur champ	Bande sur plat	Fil rond	Bande sur champ	Fil rond	Fil carré	Bande sur champ	Form der Magnetspulendrähte	Form of field winding.
Largeur du cuivre inducteur, en mm	………	23	110	$d = 11$	38	$d = 4,7$	………	25	Breite der Magnetspulendrähte, in mm	Width of copper field, in mm.
Epaisseur du cuivre inducteur, en mm	………	4	1,2		2,3		………	4	Dicke der Magnetspulendrähte, in mm	Thickness of field conductors, in mm.
Section du cuivre inducteur, en mm²	………	92	132	95	87,5	17,35	………	100	Querschnitt der Magnetspulendrähte, in qmm.	Sectional area of field conductors, in sqmm.
Densité de courant dans l'inducteur, en ampères par mm² (cos φ minimum)	………	………	2,31	1,56	………	………	………	1,05	Stromdichte in den Magnetspulendrähten, in Amp. pro qmm. (cos φ minimum)	Current density in field conductors, in amp. per sqmm. (minimum power factor).
Résistance du circuit inducteur entre bagues, en ohms	………	1 (2 ch.)	0,39 (2 ch.)	0,7 (3 ch.)	0,8 (2 ch.)	3,06 (2 ch.)	………	0,728 (4 ch.)	Widerstand der Magnetwickelung, in Ohm.	Resistance of field circuit, in ohm.
Poids du cuivre inducteur, en kg	………	4 000	3 100	3 200	2 950	1 650	………	3 210	Gewicht des Magnetkupfers, in kg.	Weight of copper in field, in kg.
Poids du cuivre inducteur, en kg : kilovolts-ampère	………	2	2,33	2,32	2,95	2,06	………	4,15	Gewicht des Magnetkupfers pro Kilovolt-Ampère	Weight of copper in field per kilovolt-ampere.
Poids de l'inducteur sans l'arbre, en kg	70 000	38 000	26 000	………	18 000	35 000	………	42 700	Gewicht der Magnete, in kg	Weight of field complet without shaft, in kg.

TABLEAU III

ALTERNATEURS À POLES OU ÉPANOUISSEMENTS FEUILLETÉS

III. TABELLE

WECHSELSTROMGENERATOREN MIT LAMELLIRTEN POLEN ODER POLSCHUHEN

TABLE III

ALTERNATORS WITH LAMINATED FIELDS OR POLE FACES

11

Alternateurs à pôles inducteurs ou épanouissements feuilletés	Allgemeine Elektricitäts-Gesellschaft Berlin (Allemagne).	Siemens et Halske Elektricitäts-Actien-Gesellschaft Charlottenburg (Allemagne).	Société alsacienne de constructions mécaniques de Belfort (France).	Maschinenfabrik Oerlikon Oerlikon (Suisse).	Compagnie française pour l'exploitation des procédés Thomson-Houston Paris (France).	Compagnie de Fives-Lille (France).	Compagnie l'industrie électrique (Genève).	Elektricitäts-Actien-Gesellschaft vormals Kolben und Cᵉ Prag-Vysočan (Bohême).	Wechselstromgeneratoren mit lamellierten Polen oder Polschuhen	Alternators with laminated fields or pole faces
Induit.									**Anker.**	**Armature.**
Entrefer simple, en mm.	10	9	11	4,5	7	7	5	5	Einseitiger Luftraum, in mm.	Single air-gap in mm.
Diamètre d'alésage de l'induit, en cm.	341	690	340	500	355,4	600	150	550	Bohrung des Ankers, in cm.	Diameter of armature at air-gaps, in cm.
Hauteur radiale des tôles induites, en cm.	25,5	14,3	20	24	17,8	22,5	15	18	Radiale Höhe der Ankerbleche, in cm.	Radial depth of armature laminations, in cm.
Largeur totale des anneaux induits, en cm.	52	58	40	32	39,6	27	52	39	Gesamtlänge der Ankerkerne, in cm.	Total length of cores of armature, in cm.
Diamètre extérieur de la carcasse de l'induit, en cm.	860	680	690	620	465	740	270	680	Äusserer Durchmesser des Ankergehäuses, in cm.	External diameter of armature frame, in cm.
Diamètre intérieur de la carcasse de l'induit, en cm.	811		588			645			Innerer Durchmesser des Ankergehäuses, in cm.	Internal diameter of armature frame, in cm.
Largeur totale de la carcasse de l'induit, en cm.	100	150	118	92	100	70	109	87,4	Gesammte Breite des Ankergehäuses, in cm.	Total width of armature frame, in cm.
Nombre de perforations par pôle.	15	9	6	3	3	6	4	3	Anzahl der Ankernuten pro Pol.	Number of slots per pole.
Nature des perforations dans l'induit.	Rainures	Rainures	Rainures	Rainures	Rainures	Encoches rectangulaires demi fermées		Rainures	Form der Ankernuten.	Nature of slots.
Hauteur radiale des perforations, en mm.	38	55	62		81	29			Radiale Nutentiefe, in mm.	Radial depth of slots, in mm.
Largeur des perforations, en mm.	11	23	25		46	15,2			Periphere Nutenbreite, in mm.	Width of slots, in mm.
Largeur des perforations dans l'entrefer, en mm.	11	13	26		46	3			Nutenbreite im Luftraum, in mm.	Width of slots at air-gap, in mm.
Nature de l'enroulement induit.	Barres	Barres	Bobines	Bobines	Bobines	Bobines	Bobines	Bobines	Art der Ankerwickelung.	Type of armature windings.
Nombre de bobines ou barres par phase.	360	216	20	32	20	38	16	32	Anzahl der Spulen oder Stäbe pro Phase.	Number of coils or bars per phase.
Groupement des bobines ou barres de chaque phase.	Série	Série	Série	Série	Série	Série	Série	Série	Schaltung der Spulen oder Stäbe einer Phase.	Grouping of coils or bars each phase.
Nombre de spires par bobine.			18	11	25	6	24	6	Anzahl Windungen pro Spule.	Number of turns per coil.
Nombre de conducteurs distincts par perforation.	1	1	9	11	25	2,5	24	6	Anzahl der Leiter pro Nute.	Number of conductors per slot.
Nature des conducteurs induits.	Barres	Barres	Barres	4 fils en parallèle	Câble rectangulaire	4 fils en parallèle	Fil rond	Câble	Form der Ankerleiter.	Nature of armature conductors.
Largeur des conducteurs induits, en mm.	25	41	30	d = 3,8	5,8	d = 3,9			Breite der Ankerleiter, in mm.	Width of armature conductors, in mm.
Épaisseur des conducteurs induits, en mm.	4		1,4		12,2				Dicke der Ankerleiter, in mm.	Thickness of armature conductors, in mm.
Section des conducteurs induits, en mm².	93	308	70	45,4	55	47,8			Querschnitt der Ankerleiter, in qmm.	Section of armature conductors, in sq. mm.
Densité de courant dans l'induit, en ampères par mm².	3,1	1,7	2	3,2	1,91	4,4			Stromdichte im Anker, in Ampère pro qmm.	Current density of armature conductors, in amperes per square mm.
Résistance de l'induit par phase, en ohms.	0,098 (6 ch.)	0,019 (3 ch.)	0,24 (6 ph.)	0,35 (3 ch.)	0,24 (3 ph.)	0,105 (3 ch.)			Widerstand des Ankers pro Phase, in Ohm.	Resistance of armature per phase, in ohms.
Poids du cuivre induit, en kg.		2 400	1 950		1 600	330			Gewicht des Ankerkupfers, in kg.	Weight of copper in armature, in kg.
Poids du cuivre induit, en kg : kilovolt-ampère.		1,2	1,470		1,6	0,400			Gewicht des Ankerkupfers pro Kilovolt-Ampère.	Weight of copper in armature per kilovolt-ampere.
Poids de l'induit avec ou sans les plaques de fondation, en kg.	80 000 (s. p.)	44 000 (s. p.)	31 000 (s. p.)		20 000	33 500		27 000	Gewicht des Ankers, in kg.	Weight of armature with or without foundation plates in kg.
Essais.									**Versuchsresultate.**	**Tests.**
Courant d'excitation à vide, en ampères.		190	130	86	110	64	17,3	80	Erregerstrom bei Leerlauf, in Ampère.	No-load exciting current, in amperes.
Courant d'excitation pour obtenir l'intensité normale en court-circuit.		98	58	33	97	16	6	22,5	Erregerstrom bei Kurzschluss und normalem Ankerstrom.	Exciting current for normal current in short circuit.
Courant d'excitation en pleine charge, cos φ = 1.		138	145 (1 200 Kw.)		118			92	Erregerstrom bei Vollbelastung, cos φ = 1.	Full-load exciting current, cos φ = 1.
Courant d'excitation en pleine charge, cos φ = minimum.		167	200	150				108	Erregerstrom bei Vollbelastung, cos φ = min.	Full-load exciting current, cos φ = minimum.
Chute de tension en pleine charge, en p. 100, cos φ = 1.		9	4 (1 200 Kw.)		111			2,5	Spannungsabfall bei Vollbelastung, cos φ = 1.	Full-load voltage drop in per cent, cos φ = 1.
Chute de tension en pleine charge, en p. 100, cos φ = minimum.		28	15	18				7,6	Spannungsabfall bei Vollbelastung, cos φ = min.	Full-load voltage drop in per cent, cos φ = minimum.
Pertes à vide, en watts.			18 000	30 000	19 700				Verluste bei Leerlauf, in Watt.	No-load losses, in watts.
Pertes par effet Joule dans l'induit.	25 000	15 700	17 100	18 800	13 700	15 900			Verluste im Ankerkupfer.	Armature windings losses.
Pertes par effet Joule dans l'inducteur, cos φ = 1.		28 100	13 200		11 500			6 150	Verluste durch Erregung, cos φ = 1.	Field winding losses, cos φ = 1.
Pertes par effet Joule dans l'inducteur, cos φ = minimum.	31 000		15 600	10 160				8 000	Verluste durch Erregung, cos φ = min.	Field winding losses, cos φ = minimum.
Rendements, cos φ = 1.			96,2		95,6				Wirkungsgrad, cos φ = 1.	Efficiency in per cent, cos φ = 1.
Rendements, cos φ = minimum.			96	96,2					Wirkungsgrad, cos φ = min.	Efficiency in per cent, cos φ = minimum.

TABLEAU IV

ALTERNATEURS ASYNCHRONES COMPOUNDS

IV TABELLE

ASYNCHRONGENERATOREN COMPOUNDIRT

TABLE IV

INDUCTION GENERATORS WITH COMPOUNDED FIELD

I

ALTERNATEURS ASYNCHRONES COMPOUNDS	SOCIÉTÉ P. BOUCHEROT ET Cie Paris.	MAURICE LEBLANC	ASYNCHRONGENERATOREN COMPOUNDIRT	INDUCTION GENERATORS COMPOUNDED FIELD
Données principales.			**Hauptsächliche Daten.**	**Principal Data.**
Puissance apparente, en kilovolts-ampères	875	60	Scheinbare Leistung, in Kilovolt-Ampère	Apparent output, in kilovolts-amperes.
Facteur de puissance minimum	0,8	0,7	Minimaler Leistungsfactor	Minimum power factor.
Puissance vraie en kilowatts pour cos φ minimum.	700	42	Wirkliche Leistung, in Kilowatt (cos φ min)	True output, minimum power factor, in kilowatts.
Nature des courants.	AT	AD	Stromart	Type of machine.
Tension aux bornes, en volts	2 200	110	Klemmenspannung, in Volt	Voltage at terminals.
Tension par phase, en volts	1 270	110	Phasenspannung, in Volt	Voltage per phase.
Intensité du courant par phase, en ampères	239	272	Stromstärke pro Phase, in Ampère	Current per phase, in amperes.
Vitesse angulaire, en tours par minute	250	800	Umdrehungen pro Minute.	Angular speed, in revolutions per minute.
Fréquence, en périodes par seconde	50	40	Periodenzahl pro Sekunde	Frequency in cycles per second.
Inducteurs.			**Magnete.**	**Fields.**
Nombre de pôles inducteurs.	24	6	Anzahl Pole	Number of field poles.
Diamètre de l'inducteur, en cm.	219	73,3	Magnetdurchmesser, in cm	Diameter of field, in cm.
Vitesse périphérique en mètres par seconde.	28,7	30,7	Umfangsgeschwindigkeit, in m. pro Sekunde.	Peripheral speed, in meters per second.
Hauteur radiale des tôles inductrices, en cm.	20,5	10,4	Radiale Höhe der Magnetbleche, in cm	Radial depth of field laminations, in cm.
Largeur totale des anneaux inducteurs, en cm	60	16,5	Gesammtlänge der Magnetkerne, in cm	Total length of field cores, in cm.
Nature de l'enroulement inducteur	AD	AT	Art der Erregerströme	Type of field winding.
Nombre de perforations par pôle.	8	6	Anzahl Nuten pro Pol	Number of slots per pole.
Nature des perforations.	Encoches rectangulaires demi-fermées		Nutenform	Nature of slots.
Hauteur radiale des perforations, en mm	94,5	63	Radiale Nutentiefe, in mm	Radial depth of slots, in mm.
Largeur des perforations, en mm.	13	33	Periphere Nutenbreite, in mm.	Width of slots, in mm.
Largeur des perforations dans l'entrefer	5	6	Nutenbreite im Luftraum, in mm	Width of slots at air-gap, in mm.
Genre de l'enroulement inducteur	Tambour	Anneau	Art der Magnetwickelung	Nature of field winding.
Nombre de bobines par phase.	24	12	Anzahl der Spulen pro Phase	Number of coils per phase.
Groupement des bobines de chaque phase	Série	Série	Schaltung der Spulen einer Phase	Grouping of coils of each phase.
Nombre de spires par bobine	20	72	Anzahl Windungen pro Spule	Number of turns per coil.
Nombre de conducteurs distincts par perforation	10	72	Anzahl der Leiter pro Nute	Number of conductors per slot.
Nature des conducteurs inducteurs.	Câble	Fil rond	Form der Magnetleiter	Nature of field conductors.
Largeur des conducteurs inducteurs, en mm		d = 4	Breite der Magnetleiter, in mm	Width of field conductors, in mm.
Épaisseur des conducteurs inducteurs, en mm			Dicke der Magnetleiter, in mm.	Thickness of field conductors, in mm.
Section des conduct. induct en mm²		12,56	Querschnitt der Magnetleiter, in qmm	Cross-section of field conductors, in sqmm.
Densité de courant dans l'inducteur en amp. par mm² (cos φ min.).			Stromdichte in der Magnetleitern, in Amp. pro mm. (cos φ min.)	Current density of field conductors, in amperes per sq mm (minimum power factor).
Résistance de l'inducteur par phase, en ohm.	0,5	0,93 (à fr.)	Widerstand der Magnetwickelung pro phase, in ohm	Resistance of field circuit per phase, in ohm.
Poids du cuivre inducteur, en kg.		225	Gewicht des Magnetkupfers, in kg.	Weight of field copper, in kg
Poids du cuivre inducteur, en kg par kilovolt-ampère		3,75	Gewicht des Magnetkupfers pro Kilovolt-Ampère	Weight of field copper per kilovolt-ampere.
Poids de l'inducteur, en kg			Gewicht der Magnete, in kg	Weight of field, in kg.

TABLEAU IV

ALTERNATEURS ASYNCHRONES COMPOUNDS

IV TABELLE	TABLE IV
ASYNCHRONGENERATOREN COMPOUNDIRT	INDUCTION GENERATORS WITH COMPOUNDED FIELD

II

Alternateurs asynchrones compounds	Société P. Boucherot et Cie Paris.	Maurice Leblanc	Asynchrongeneratoren compoundirt	Induction generators compounded field
Induit.			**Anker**	**Armature.**
Entrefer simple, en mm	5	3	Einseitiger Luftraum, in mm	Single air-gap in mm.
Diamètre d'alésage de l'induit, en cm	220	73,9	Bohrung des Ankers, in cm	Diameter of armature at air-gap, in cm.
Hauteur radiale des tôles induites, en cm	20,5		Radiale Höhe der Ankerbleche, in cm	Radial depth of armature laminations, in cm.
Largeur totale des anneaux induits, en cm	60	16,5	Gesammtlänge der Ankerkerne, in cm	Total length of cores, in cm.
Diamètre extér. de la carcasse de l'induit, en cm	309	102,5	Aeusserer Durchmesser des Gehäuses, in cm	External diameter of armature frame, in cm.
Diamètre intér. de la carcasse de l'induit, en cm	261,5		Innerer Durchmesser des Gehäuses, in cm	Internal diameter of armature frame, in cm.
Largeur totale de la carcasse de l'induit, en cm	110	19,5	Gesammte Breite des Gehäuses, in cm	Total width of armature frame, in cm.
Nombre de perforations par pôle	6	8	Anzahl der Nuten pro Pol	Number of slots per pole.
Nature des perforations dans l'induit	Encoches demi-fermées		Nutenform	Nature of slots.
Hauteur radiale des perforations, en mm	70	48	Radiale Nutentiefe, in mm	Radial depth of slots, in mm.
Largeur des perforations, en mm	18	32	Periphere Nutenbreite, in mm	Width of slots, in mm.
Largeur des perforations dans l'entrefer, en mm	5	6	Nutenbreite im Luftraum, in mm	Width of slots at air-gap, in mm.
Nature de l'enroulement induit	Tambour	Tambour	Art der Ankerwickelung	Type of armature winding.
Nombre de bobines par phase	12	6	Anzahl der Spulen pro Phase	Number of coils per phase.
Groupement des bobines de chaque phase	Série	Série	Schaltung der Spulen einer Phase	Grouping of coils of each phase.
Nombre de spires par bobine	12	8	Anzahl Windungen pro Spule	Number of turns per coil.
Nombre de conducteurs distincts par perforation	6	4	Anzahl der Leiter pro Nute	Number of conductors per slot.
Nature des conducteurs induits	Bande sur plat	Bande sur plat	Form der Ankerleiter	Nature of armature conductors.
Largeur des conducteurs induits, en mm		25	Breite der Ankerleiter, in mm	Width of armature conductors.
Epaisseur des conducteurs induits, en mm		6	Dicke der Ankerleiter, in mm	Thickness of armature conductors.
Section des conducteurs induits, en mm².		150	Querschnitt der Ankerleiter, in qmm	Cross-section of armature conductors.
Densité de courant dans l'induit, en amp : mm².		1,81	Stromdichte im Anker, in amp. pro qmm	Current density of armature conductors in amperes per sqmm.
Résistance de l'induit par phase, en ohms		0,0069 (à fr.)	Widerstand des Ankers pro Phase in Ohm	Resistance of armature per phase, in ohm.
Poids du cuivre induit, en kg		160	Gewicht des Ankerkupfers, in kg	Weight of copper in armature, in kg.
Poids du cuivre induit, en kg par kilovolt-ampère		2,67	Gewicht des Ankerkupfers per Kilovolt-Ampère	Weight of copper in armature per kilowolt-amp
Poids de l'induit, en kg			Gewicht des Ankers, in kg	Weight of armature in kg.
Essais.			**Versuchsresultate**	**Tests.**
Courant d'excitation à vide, en ampères	140	28	Erregerstrom bei Leerlauf, in Ampère	No-load exciting current in amperes.
Courant d'excitation pour obtenir l'intensité normale en court-circuit	97	91	Erregerstrom bei Kurzschluss und normalem Ankerstrom	Exciting current for normal current, in short circuit.
Courant d'excitation en pleine charge, en p. 100 — cos φ = 1			Erregerstrom bei Vollbelastung — cos φ = 1	Full-load exciting current — cos φ = 1
Courant d'excitation en pleine charge, en p. 100 — cos φ = minimum			Erregerstrom bei Vollbelastung — cos φ = min	Full-load exciting current — cos φ = minimum
Chute de tension en pleine charge — cos φ = 1			Spannungsabfall bei Vollbelastung, in Procenten — cos φ = 1	Full-load voltage drop, in per cent — cos φ = 1
Chute de tension en pleine charge — cos φ = minimum			Spannungsabfall bei Vollbelastung, in Procenten — cos φ = min	Full-load voltage drop, in per cent — cos φ = minimum
Pertes à vide, en watts			Verluste bei Leerlauf in Watt	No-load losses, in watts.
Pertes par effet Joule dans l'induit		1 180	Verluste im Ankerkupfer.	Armature winding losses.
Pertes par effet Joule dans l'inducteur — cos φ = 1			Verluste durch Erregung — cos φ = 1	Field winding losses — cos φ = 1
Pertes par effet Joule dans l'inducteur — cos φ = minimum			Verluste durch Erregung — cos φ = min	Field winding losses — cos φ = minimum
Rendements — cos φ = 1			Wirkungsgrad — cos φ = 1	Efficiency in per cent — cos φ = 1
Rendements — cos φ = minimum			Wirkungsgrad — cos φ = min	Efficiency in per cent — cos φ = minimum

TABLEAU V

ALTERNATEURS A FLUX ONDULÉ

V TABELLE

GLEICHPOLMASCHINEN

TABLE V

INDUCTOR ALTERNATORS

Alternateurs à flux ondulé	Siemens und Halske Actien-Gesellschaft Wiener Werk Wien (Autriche).	Sautter, Harlé et Cie Paris (France).	Schneider et Cie Ateliers du Creusot Creusot (France).	Maschinenfabrik Oerlikon Oerlikon (France).	Farcot Frères et Cie Saint-Ouen (France).	Maschinenfabrik Oerlikon Oerlikon (Suisse).	Electricitäts-Gesellschaft Alioth Basel-Münchenstein (Suisse).	Schneider et Cie Ateliers du Creusot Creusot (France).	Gleichpolmaschinen	Inductor alternators
Données principales.									**Hauptsächliche Daten.**	**Principal data.**
Puissance apparente, en kilovolts-ampères	122	60 — 45	460,8	830	835	350	190	70,1	Scheinbare Leistung, in Kilovolt-ampère	Apparent output, in kilovolts-amperes.
Facteur de puissance minimum	0,82	1 — 0,75	0,83	0,8	0,9	0,8	< 0,8	0,8	Minimaler Leistungsfactor	Minimum power factor.
Puissance vraie en kilowatts pour cos φ minimum	100	60	391,7	520	750	280	152	62,1	Wirkliche Leistung, in Kilowatt (cos φ min.)	True output, minimum power-factor, in kilowatts.
Nature des courants	AT	AT	AD	AT	AD	AS	AT	AT (Scott)	Stromart	Type of machine.
Tension aux bornes, en volts	2 100	5 300	40	7 500	2 200	2 200	3 000	3 000	Klemmenspannung, in Volt	Voltage at terminals.
Tension par phase, en volts	1 210	3 000	40	4 330	2 200	2 200	1 730	3 000 2 600	Phasenspannung, in Volt	Voltage per phase.
Intensité du courant par phase, en ampères	33,5	6,7 — 5	5 780	50	190	160	36,7	13,5	Stromstärke pro Phase, in Ampère	Current per phase, in amperes.
Vitesse angulaire, en tours par minute	750	750	600	250	78,5	250	375	600	Umdrehungen pro Minute	Angular speed, in revolutions per minute.
Fréquence, en périodes par seconde	50	50	60	50	42	50	50	50	Periodenzahl pro Sekunde	Frequency, in cycles per second.
Inducteurs.									**Magnete.**	**Fields.**
Nombre de couronnes inductrices	2	1	2	2	2	2	2	2	Anzahl der Magnetkränze	Number of field crowns.
Nombre de saillies polaires par couronne	4	4	6	12	32	12	8	5	Anzahl der Polzacken	Number of field poles.
Diamètre de l'inducteur à l'extrémité des saillies polaires, en cm	76	72	147	219,2	550,2	210,2	129,3	79,5	Magnetdurchmesser, in cm	Diameter of field at pole pieces, in cm.
Vitesse périphérique en mètres par seconde	29,7	28,3	46,2	28,8	22,7	28,8	25,5	25	Umfangsgeschwindigkeit in m. pro Sekunde	Tangential speed, in meter per second.
Nature du métal des pièces polaires	Acier	Acier	Acier	Tôles	Tôles	Tôles	Tôles	Tôles	Material der Polschuhe	Nature of metal in pole pieces.
Forme des pièces polaires	Rectangulaire	Rect. bords arrondis	Rect. bords arrond.	Rect. avec chanfreins	Rect. bords arrond.	Rect. avec chanfreins	Rect. avec chanfreins	Rectangulaire	Form der Polschuhe	Form of pole pieces.
Longueur des pièces polaires suivant l'axe, en cm	18	27	27	24	27	15	17	27	Axiale Länge der Polschuhe, in cm	Length of pole pieces parallel to axis, in cm.
Largeur des pièces polaires, en cm	20	25,4	28	23,5	27	23,5	26	19,68	Polschuhbreite, in cm	Width of pole pieces, in cm.
Section des pièces polaires, en cm²	360	686	756	565	729	310	442	530	Querschnitt der Polschuhe, in qcm	Area of pole pieces, in sqcm.
Nature du métal des noyaux polaires	Acier	Acier	Acier	Tôles	Tôles	Tôles	Acier	Acier	Material der Magnetkerne	Nature of metal in cores.
Forme de la section des noyaux polaires	Rectangulaire	Rectangulaire	Rectangulaire	Rectangulaire	Rectangulaire	Rectangulaire	Rectangulaire		Querschnittsform der Magnetkerne	Form of cross-section of cores.
Longueur de la section des noyaux polaires, en cm	15	21		24	27	15	17,5		Axiale Länge der Magnetkerne, in cm	Length of section of cores, in cm.
Largeur de la section des noyaux polaires, en cm	20				30		24		Periphere Breite der Magnetkerne, in cm	Width of section of cores, in cm.
Section des noyaux polaires, en cm²	300				840		420		Querschnitt eines Magnetkernes, in qcm	Sectional area of cores, in qcm.
Nature du métal de la carcasse inductrice	Acier	Acier	Acier	Fonte	Fonte	Acier	Acier	Acier	Material des Magnetgehäuses	Nature of metal in yoke.
Diamètre extérieur de la jante, en cm	48	43	125	189	522	189	86		Aeusserer Durchmesser d. Magnetgehäuses, in cm	External diameter of rim, in cm.
Diamètre intérieur de la jante, en cm	40	32		164	440	170	54		Innerer Durchmesser des Magnetgehäuses, in cm	Internal diameter of rim, in cm.
Largeur de la carcasse inductrice, en cm	57	80	30	92	92	71	48,5	63	Breite des Magnetgehäuses, in cm	Width of rim, in cm.
Section de la carcasse inductrice, en cm²	1 720	1 350		7 000	30 000	800	3 540		Querschnitt des Magnetgehäuses, in qcm	Section area of yoke, in sqcm.
Nombre de bobines inductrices distinctes	1	2	1	1	1	1	1	1	Anzahl der Magnetspulen	Number of coils.
Nombre de spires par bobine inductrice	310	400	700	188	460	150	700	1 195	Anzahl Windungen pro Magnetspul.	Number of turns of coil.
Forme du cuivre inducteur	Fil rond	Fil rond	Fil rond	Bande sur plat	Fil rond	Bande sur plat	Fil rond	Fil rond	Form der Magnetspulendrähte	Type of field winding.
Largeur du cuivre inducteur, en mm		d = 2,5	d = 4	60	d = 7,5	60	d = 4,6	d = 3,5	Breite der Magnetspulendrähte in mm	Width of copper field, in mm.
Épaisseur du cuivre inducteur, en mm				2		2			Dicke der Magnetspulendrähte in mm	Thickness of field copper, in mm.
Section du cuivre inducteur, en mm²	17	19,6	12,6	120	44,2	120	16,62	9,6	Querschnitt der Magnetspulendrähte, in qmm.	Sectional area of field copper, in sqmm.
Densité de courant dans l'inducteur, en ampères par mm² (cos φ minimum)	4,88	1,63							Stromdichte in den Magnetspulendrähten, in Amp. pro qmm (cos φ min.)	Current density in field circuit, in amperes per sqmm (minimum power factor).
Résistance du circuit inducteur, en ohms	1,63 (à ch.)	1,3 (à ch.)	5,4 (à ch.)	0,199 (à ch.)	3,5 (à ch.)	0,171 (à ch.)	2,5 (à fr.)	8,59 (à ch.)	Widerstand der Magnetwickelung, in Ohm	Resistance of field circuit, in ohm.
Poids du cuivre inducteur, en kg	230	220	450	1 850	3 000	1 100	340	420	Gewicht des Magnetkupfers, in kg	Weight of field copper, in kg.
Poids de cuivre inducteur, en kg par kilovolt-ampère	1,88	3,67	0,98	2,22	3,6	3,15	1,79	6	Gewicht des Magnetkupfers, in kg pro Kilovolt-ampère	Weight of field copper, in kg per kilovolt-ampere.
Poids de l'inducteur sans l'arbre, en kg		810 (a. s.)	4 984	7 600	50 000			1 470	Gewicht der Magnete, in kg.	Weight of field complex without shaft, in kg.

TABLEAU V

ALTERNATEURS A FLUX ONDULÉ

V TABELLE

GLEICHPOLMASCHINEN

TABLE V

INDUCTOR ALTERNATORS

11

V TABELLE. — TABLEAU V. — TABLE V.

Alternateurs à [illegible]	Siemens und Halske Actien-Gesellschaft Wiener Werk Wien (Autriche).	Sautter, Harlé et Cie Paris (France).	Schneider et Cie Ateliers du Creusot Creusot (France).	Maschinenfabrik Oerlikon Oerlikon (Suisse).	Farcot Frères et Cie Saint-Ouen (France).	Maschinenfabrik Oerlikon Oerlikon (Suisse).	Elektricitäts Gesellschaft Alioth Basel-Munchenstein (Suisse).	Schneider et Cie Ateliers du Creusot Creusot (France).	Gleichpolmaschinen	Inductor [illegible]
Induit.									**Anker.**	**Armature.**
Entrefer simple, en mm	10	10	5	4	6,5	3	3,5	6,5	Einseitiger Luftraum, in mm	Single air-gap in mm.
Nombre d'induits	2	1	2	2	2	2	2	2	Anzahl der Anker	Number of armatures.
Diamètre d'alésage des induits, en cm	78	74	148	220	551,5	220	130	80,8	Bohrung der Anker, in cm	Bore of armatures, in cm.
Hauteur radiale des tôles induites, en cm	10,5	10,1	16	10	22	16,6	11,5	18,5	Radiale Höhe der Ankerbleche, in cm	Radiale depth of laminations in armature, in cm.
Largeur totale des anneaux induits par couronne, en cm	20	27	28	25	30	15,4	18	18,6	Gesammtlänge der Ankerkerne pro Krone, in cm	Total length of cores of armature, in cm.
Diamètre extérieur de la carcasse de l'induit, en cm	127	102	200	309	680	297	170	142	Aeusserer Durchmesser des Ankerjoches in cm.	External diameter of armature frame, in cm.
Diamètre intérieur de la carcasse de l'induit, en cm	100	95	....	254	596	253	154	117,8	Innerer Durchmesser des Ankerjoches, in cm.	Internal diameter of armature frame, in cm.
Largeur totale de la carcasse de l'induit, en cm.	90	80	94	128	128	109	82	71	Gesammte Breite des Ankerjoches, in cm.	Total width of armature frame, in cm.
Nombre de perforations par pôle	6	3	24	3	2	3 dont 2 utiles	3	2	Anzahl der Nuten pro Pol	Number of slots per pole.
Nature des perforations dans l'induit		Encoches demi fermées		Rainures	Rainures	Rainures	Rainures	Encoches demi ferm.	Nutenform	Form of slots.
Hauteur radiale des perforations, en mm	....	30	28	....	100	....	....	....	Radiale Nutentiefe, in mm	Radial depth of slots, in mm.
Largeur des perforations, en mm	....	40	5,5	....	70	....	....	....	Periphere Nutenbreite, in mm.	Width of slots, in mm.
Largeur des perforations dans l'entrefer, en mm	....	....	....	....	60	....	....	....	Nutenbreite im Luftraum, in mm	Width of slots at air gap, in mm.
Nature de l'enroulement induit	Bobines	Bobines	Bobines	Bobines	Bobines	Bobines	Bobines	Bobines	Art der Ankerwickelung	Type of armature windings.
Disposition des bobines des induits	Sur les deux induits	Sur un induit	Sur chaque induit	Sur chaque induit	Sur chaque induit	Sur chaque induit	Sur les deux induits	Sur chaque induit	Beschaffenheit der Spulen der Anker	Disposition of coils of armatures.
Nombre de bobines ou barres par phase	4	4	12	24	64	48	8	10 10	Anzahl Spulen oder Stäbe pro Phase	Number of coils or bars per phase.
Groupement des bobines de chaque phase	Série	Série	2 en parallèle	Série	Série	2 séries en parallèle	Série	Série Série	Schaltung der Spulen oder Stäbe einer Phase	Grouping of coils of each phase.
Nombre de spires par bobine	42	162	6	33	10	30	28	82 71	Anzahl Windungen pro Spule	Number of turns per coil.
Nombre de conducteurs distincts par perforation	21	165	1	33	20	30	28	164 142	Anzahl Leiter pro Nute	Number of conductors per slot.
Nature des conducteurs induits	Fil	Fil	Barres	2 fils en parallèle	Bande sur plat	2 fils en parallèle	Fil rond	Fil rond Fil rond	Form der Ankerleiter	Form of armatures-conductors.
Largeur des conducteurs induits, en mm	d = 3,6	d = 1,3	25,5	d = 3,2	38	d = 3,5	d = 4,2	d = 2,3 d = 2,3	Breite der Ankerleiter, in mm	Width of armatures conductors, in mm.
Épaisseur des conducteurs induits, en mm			3		3,5				Dicke der Ankerleiter, in mm	Thickness of armatures conductors, in mm.
Section des conducteurs induits, en mm²	10,2	1,32	76,5	16,1	130	38,6	13,85	4,15 4,45	Querschnitt der Ankerleiter, in qmm.	Section of armatures conductors, in sqmm.
Densité de courant dans l'induit, en ampères par mm² (cos φ minimum)	3,18	5,07 3,8	6,27	3,1	1,46	4,15	2,64	3,35	Stromdichte im Anker, in Ampère pro qmm.	Current density of armatures per phase, in amperes per sqmm. (minimum power-factor).
Résistance de l'induit par phase, en ohms	1,1 (à ch.)	16 (à ch.)	0,00163 (à ch.)	1,87 (à ch.)	0,113 (à ch.)	0,253 (à ch.)	0,5 (à fr.)	1,2 1,82 (à ch.)	Widerstand des Ankers pro Phase, in Ohm	Resistance of armature per phase, in ohms.
Poids du cuivre induit, en kg	150	60	380	600	2 100	....	150	33	Gewicht des Ankerkupfers, in kg	Weight of copper in armatures, in kgms.
Poids du cuivre induit, en kg par kilovolt-ampère	1,23	1	0,83	0,90	2,62	....	0,79	0,76	Gewicht des Ankerkupfers, in kg pro Kilovolt Ampère	Weight of copper in armatures per kilovolt-ampère.
Poids de l'induit, en kg	....	3 000	9 395	16 393 (s. p.)	60 000	....	....	1 700	Gewicht des Ankers, in kg.	Weight of armature with or without foundation plates.
Essais.									**Versuchsresultate.**	**Tests.**
Courant d'excitation à vide, en ampères	25	15,6	5,85	36	25	63,5	13	15,4	Erregerstrom bei Leerlauf in Ampère	No load exciting current, in amperes.
Courant d'excitation pour obtenir l'intensité normale en court-circuit	7,5	6,25 1,7	4,35	31	18	50	4,5	2,6	Erregerstrom bei Kurzschluss und normalem Ankerstrom	Exciting current for normal current in short circuit.
Courant d'excitation en pleine charge, cos φ = 1	....	30	....	....	....	76 (275 kw)	15	....	Erregerstrom bei Vollbelastung, cos φ = 1	Full load exciting current, cos φ = 1
Courant d'excitation en pleine charge, cos φ = minim.	32	....	....	80 (480 kw)	....	120 (300 kw)	....	....	Erregerstrom bei Vollbelastung, cos φ = min.	Full load exciting current, cos φ = minimum.
Chute de tension en pleine charge, en p. 100, cos φ = 1	....	16	....	....	....	8,6 (275 kw)	6	....	Spannungsabfall bei Vollbelastung, in Procenten, cos φ = 1	Full load voltage drop, in per cent., cos φ = 1.
Chute de tension en pleine charge, en p. 100, cos φ = minim.	35	....	....	19 (480 kw)	....	28 (300 kw)	....	....	Spannungsabfall bei Vollbelastung, in Procenten, cos φ = min.	Full load voltage drop, in per cent., cos φ = minimum.
Pertes à vide, en watts	....	4 160	....	24 300 (av. frott)	....	20 000 (av. frott)	....	....	Verluste bei Leerlauf, in Watt	No load losses, in watts.
Pertes par effet Joule dans l'induit	3 700	2 450	....	10 300	8 200	6 300	2 300	1 100	Verluste im Ankerkupfer	Armature windings losses.
Perte par effet Joule dans l'inducteur, cos φ = 1	....	1 170	....	....	....	910 (275 kw)	830	....	Verluste durch Erregung, cos φ = 1	Field windings losses, cos φ = 1
Perte par effet Joule dans l'inducteur, cos φ = minim.	1 670	....	....	1 280 (480 kw)	....	1 450 (300 kw)	....	....	Verluste durch Erregung, cos φ = min.	Field windings losses, cos φ = minimum.
Rendements, cos φ = 1	....	88,8	....	....	....	91,5	....	....	Wirkungsgrad, cos φ = 1	Efficiency in per cent, cos φ = 1.
Rendements, cos φ = minim.	....	....	....	93,5	....	92	....	....	Wirkungsgrad, cos φ = min.	Efficiency in per cent, cos φ = minimum.

TABLEAU VI

COMMUTATRICES

TABELLE VI	TABLE VI
UMFORMER	CONVERTERS

I

Commutatrices	Compagnie française pour l'exploitation des procédés Thomson-Houston Paris (France).	Société d'applications industrielles (Matériel Alioth et Cie) Paris (France).		Société Alsacienne de Constructions Mécaniques de Belfort (France).	Siemens und Halske Actien-Gesellschaft Wiener Werk Wien (Autriche).	Umformer	Converters
Données principales.						**Hauptsächliche Daten.**	**Principal Data.**
Puissance débitée, en kilowatts	300	300	200	500	500	Leistung, in Kilowatt	Output, in kilowatts.
Tension aux bornes du courant continu, en volts	500	550	550	550	550	Bürstenspannung, in Volt	Voltages at brushes.
Intensité du courant continu, en ampères	600	550	365	910	910	Stromstärke, in Ampère	Continuous current, in amperes.
Nombre de phases de l'induit	3	4	6	6	3	Anzahl Phasen des Ankers	Number of phases of armature.
Tension par phase de l'induit, en volts	310	275	195	195	340	Spannung per Phase, in Volt	Voltage per phase.
Intensité des courants alternatifs par phase de l'induit, pour $\cos\varphi = 1$	330	273	343	425	490	Wechselstromstärke pro Phase für $\cos\varphi = 1$	Alternate current per phase for $\cos\varphi = 1$
Vitesse angulaire, en tours par minute	500	320	375	375	630	Umdrehungen pro Minute	Angular speed, in revolutions per minute.
Fréquence, en périodes par seconde	25	42,5	50	25	42	Periodenzahl pro Sekunde	Frequency, in cycles per second.
Inducteurs.						**Magnete.**	**Fields.**
Nombre de pôles inducteurs	6	16	16	8	8	Anzahl Pole	Number of field poles.
Diamètre de l'inducteur à l'extrémité des pièces polaires, en cm	92,36	151,4	136,1	128,6	85,6	Magnetdurchmesser, in cm	Diameter of bore, in cm.
Nature du métal des pièces polaires	Acier	Acier	Acier	Tôles	Tôles	Material der Polschuhe	Nature of metal of pole pieces.
Forme des pièces polaires	Rect. bords cintr.	Rectangulaire	Rectangulaire	Rectangulaire	Rectangulaire	Form der Polschuhe	Form of pole pieces.
Longueur utile des pièces polaires suivant l'axe, en cm	27	52,5	34	40	40	Axiale Länge der Polschuhe, in cm	Length of pole pieces parallel to axis, in cm.
Largeur maxima des pièces polaires, en cm	39	20	16	34	23	Grösste Breite der Polschuhe, in cm	Maximum width of pole pieces, in cm.
Section des pièces polaires, en cm²	1 030	1 000	544	1 360	920	Polschuhefläche, in qcm	Area of pole pieces, in sqcm.
Nature du métal des noyaux polaires	Acier	Acier	Acier	Tôles	Tôles	Material der Magnetschenkel	Nature of metal in cores.
Forme de la section des noyaux polaires	Circulaire	Rectangulaire	Rectangulaire	Rectangulaire	Rectangulaire	Querschnittsform der Magnetschenkel	Form of cross-section of cores.
Longueur de la section des noyaux polaires, en cm	D = 29	43,5	28	40	40	Axiale Länge der Magnetschenkel, in cm	Length of section of cores, in cm.
Largeur de la section des noyaux polaires, en cm		12	10	18	16	Breite der Magnetschenkel, in cm.	Width of section of cores, in cm.
Section des noyaux polaires, en cm²	660	522	280	720	640	Querschnitt der Magnetschenkel, in qcm	Sectionnal area of cores, in sqcm.
Nature du métal de la carcasse inductrice	Fonte	Fonte	Fonte	Acier	Fonte	Material des Magnetgehäuses.	Nature of metal in yoke.
Diamètre extérieur de la carcasse inductrice, en cm	195	220	192	200	165	Aeusserer Durchmesser des Magnetgehäuses, in cm	External diameter of frame, in cm.
Diamètre intérieur de la carcasse inductrice, en cm	160	185	168	185	133	Innerer Durchmesser des Magnetgehäuses, in cm	Internal diameter of frame, in cm.
Largeur de la carcasse inductrice, en cm	51	57	50	58	58	Breite des Magnetgehäuses, in cm	Width of frame, in cm.
Section de la carcasse inductrice, en cm²	850	480	500	520	600	Querschnitt des Magnetgehäuses, in qcm	Sectionnal area of frame, in sqcm.
Mode d'excitation	Compound	Compound	Compound	Shunt	Compound	Erregungsart.	Type of field winding.
Enroulement shunt — Nombre de bobines	6	16	16	8	8	Nebenschlusswickelung — Anzahl Spulen	Shunt winding — Number of coils.
Enroulement shunt — Nombre de spires par bobine	2 890	1 100	1 400	1 470	1 512	Nebenschlusswickelung — Windungszahl pro Spule	Shunt winding — Number of turns per coil.
Enroulement shunt — Nombre de circuits en parallèle	1	1	1	1	1	Nebenschlusswickelung — Anzahl paralleler Kreise	Shunt winding — Number of circuits, in parallel
Enroulement shunt — Diamètre du fil, en mm	1,5	1,9	1,7	2,6	2,05	Nebenschlusswickelung — Drahtdurchmesser, in mm	Shunt winding — Diameter of wire, in mm.
Enroulement shunt — Section du fil, en mm²	1,77	2,84	2,27	5,31	3,3	Nebenschlusswickelung — Drahtquerschnitt, in qmm	Shunt winding — Section of wire, in sqmm.
Enroulement shunt — Densité de courant, en ampères, par mm²	0,61					Nebenschlusswickelung — Stromdichte, in Amp. per qmm	Shunt winding — Current density, in amp per sqmm.
Enroulement shunt — Résistance du circuit, en ohms	225 (à ch.)	140 (à fr.)	160 (à fr.)	65 (à ch.)	88 à (fr.)	Nebenschlusswickelung — Widerstand der Wickelung, in Ohm	Shunt winding — Resistance of winding, in ohms.
Enroulement shunt — Poids du cuivre, en kg	336	580	420	850	490	Nebenschlusswickelung — Kupfergewicht, in kg	Shunt winding — Weight of copper, in kg.
Enroulement série — Nombre de bobines	6	16	16		8	Serienwickelung — Anzahl Spulen	Serie winding — Number of coils.
Enroulement série — Nombre de spires par bobine	8,5	1	1		17,5	Serienwickelung — Windungszahl pro Spule	Serie winding — Number of turns per coil.
Enroulement série — Nombre de circuits en parallèle	1	1	1		8	Serienwickelung — Anzahl paralleler Kreise	Serie winding — Number of circuits in paarllel.
Enroulement série — Largeur du cuivre, en mm	65	....	....	....	25	Serienwickelung — Kupferbreite, in mm	Serie winding — Width of copper, in mm.
Enroulement série — Epaisseur du cuivre, en mm	5,5	....	....	....	3	Serienwickelung — Kupferdicke, in mm	Serie winding — Thickness of copper, in mm.
Enroulement série — Section du cuivre, en mm²	357,5	....	....	....	75	Serienwickelung — Querschnitt, in qmm.	Serie winding — Section of copper, in sqmm.
Enroulement série — Densité de courant, en ampères par mm²	1,68	....	....	....	1,51	Serienwickelung — Stomdichte, in Amp. per qmm	Serie winding — Current density, in amp per mm.
Enroulement série — Résistance du circuit, en ohm	0,00326 (à ch.)	0,002 (à fr.)	0,003 (à fr.)	....	0,0072 (à fr.)	Serienwickelung — Widerstand der Wickelung, in Ohm	Serie winding — Resistance of winding, in ohms.
Enroulement série — Poids du cuivre, en kg	186	....	....	....	130	Serienwickelung — Kupfergewicht, in kg	Serie winding — Weight of copper, in kg.

TABLEAU VI

COMMUTATRICES

VI. TABELLE	TABLE VI
UMFORMER	CONVERTERS

II

COMMUTATRICES	COMPAGNIE FRANÇAISE POUR L'EXPLOITATION DES PROCÉDÉS THOMSON-HOUSTON Paris (France).	SOCIÉTÉ D'APPLICATIONS INDUSTRIELLES (Matériel Alioth et Cie) Paris (France).		SOCIÉTÉ ALSACIENNE DE CONSTRUCTIONS MÉCANIQUES de Belfort (France).	SIEMENS UND HALSKE ACTIEN-GESELLSCHAFT Wiener Werk Wien (Autriche).	UMFORMER	CONVERTERS
Poids du cuivre inducteur, en kg	522			850	620	Gewicht des Magnetkupfers, in kg	Weight of field copper, in kg.
Poids du cuivre inducteur, par kilowatts	1,74			1,7	2,14	Gewicht des Magnetkupfers pro Kilowatt	Weight of field copper per kilowatts.
Poids de l'inducteur, en kg	7 500			7 200		Gewicht der Magnete, in kg	Weight of inductor, in kg.
Induit.						**Anker.**	**Armature.**
Entrefer simple, en mm	4,8	7	6,5	8	8	Einseitiger Luftraum, in mm	Single air-gap, in mm.
Diamètre extérieur de l'induit	91,4	150	134,8	127	84	Durchmesser des Ankers, in cm	Diameter of armature, in cm.
Vitesse tangentielle en mètres par seconde	23,9	25,1	25,5	24,8	27,5	Umfangsgeschwindigkeit in m. pro Sekunde	Tangential speed in meters per second.
Hauteur radiale des tôles induites, en cm		13	10,5	16	17	Radiale Höhe der Ankerbleche, in cm	Radial depth of armature laminations, in cm.
Largeur totale des anneaux induits, en cm	26	50	34	37	38	Gesammtlänge der Ankerkerne, in cm	Total length of cores in armature, in cm.
Nature des perforations de l'induit	Rainures	Rainures	Rainures	Rainures	R. demi-ferm.	Form der Ankernuten	Form of armature slots.
Nombre de perforations de l'induit	216	480	432	240	112	Anzahl der Ankernuten	Number of armature slots.
Hauteur radiale des perforations, en mm				30		Radiale Nutentiefe, in mm	Radial depth of slots, in mm.
Largeur des perforations, en mm				10		Periphere Nutenbreite, in mm	Width of slots, in mm.
Largeur des perforations dans l'entrefer, en mm				10		Nutenbreite im Luftraum, in mm	Width of slots in air-gap, in mm.
Nature de l'enroulement induit	Tambour multi-quantité		Tambour multi-quantité		Tambour multi-séries-parallèles	Art der Ankerwickelung	Type of armature winding.
Nombre de sections de l'induit	432	480	432	240	336	Anzahl der Ankerspulen	Number of armature coils.
Nombre de spires par section	1	2	3	2	1	Anzahl der Windungen pro Spule	Number of turns per coil.
Nombre de conducteurs par rainure	4	4	6	4	6	Anzahl der Leiter pro Nute	Number of conductors per slots.
Nature des conducteurs induits	Barres	Fil	Fil	Barres	Barres	Form der Ankerleiter	Form of armature conductors.
Largeur des conducteurs induits, en mm	3,93	d = 2,5	d = 2,5		20	Breite der Ankerleiter, in mm	Width of armature conductors, in mm.
Épaisseur des conducteurs induits, en mm	3,93				2,3	Dicke der Ankerleiter, in mm	Thickness of armature conductors, in mm.
Section des conducteurs induits, en mm²	15,5	4,9	4,9	32	46	Querschnitt der Ankerleiter, in mm	Section of armature conductors, in mm.
Nombre de circuits en parallèle sous les balais	6	16	16	8	8	Anzahl paralleler Stromkreise zwischen Bürsten	Number of circuits in parallel under brushes.
Résistance de l'induit entre balais	0,0287 (à ch.)	0,0267 (à fr.)	0,029 (à fr.)	0,01 (à ch.)	0,00355 (à fr.)	Widerstand des Ankers, in Ohm	Resistance of armature between brushes.
Nombre de circuits induits en parallèle par phase	3	8	8	4	4	Anzahl paralleler Ankerkreise pro Phase	Number of armature circuits in parallel per phase.
Nombre de conducteurs par circuit	96	60	54	40	56	Anzahl der Leiter pro Kreis	Number of conductors per circuit.
Résistance de l'induit par phase, en ohm	0,386 (à ch.)	0,027 (à fr.)	0,0192 (à fr.)	0,0066 (à ch.)	0,00473	Widerstand des Ankers pro Phase, in Ohm	Armature resistance per phase.
Poids du cuivre induit, en kg	115	85	90	300	235	Gewicht des Ankerkupfers, in kg	Weight of armature copper, in kgms.
Poids du cuivre induit, en kg par kilowatt	0,38	0,27	0,45	0,6	0,47		Weight of armature copper per kilowatt.
Poids de l'induit, en kg						Gewicht des Ankers, in kg	Weight of armature, in kg.
Collecteurs et bagues.						**Kollektor und Schleifringe.**	**Commutator and rings.**
Nombre de lames du collecteur	432	480	432	240	336	Anzahl der Segmente	Number of commutator segments.
Diamètre du collecteur, en cm	76,2	120	100	66	60	Durchmesser in cm	Diameter, in cm.
Largeur du collecteur, en cm	32	9,5	7,8	27,5	25	Länge in cm	Length, in cm.
Nature des balais	Charbon	Charbon	Charbon	Charbon	Métallique	Bürstenmaterial	Nature of brushes.
Nombre de lignes de balais	6	16	16	8	8	Anzahl der Bürstenzapfen	Number of brush sets.
Nombre de balais par ligne	8	4	3	9	5	Anzahl der Bürsten pro Zapfen	Number of brushes per set.
Nombre de bagues collectrices	3	4	6	6	3	Anzahl der Schleifringe	Number of rings.
Diamètre des bagues, en cm	40,6	52	50	60	60	Durchmesser der Schleifringe	Diameter of rings.
Largeur des bagues, en cm	3,6	5	3	5,5	5	Breite der Schleifringe	Width of rings.
Poids de l'induit tout monté, en kg	2 500			4 800		Gewicht des Ankers	Weight of armature, in kg.
Essais.						**Versuchsresultate.**	**Tests.**
Courant d'excitation à vide, pour cos φ = 1	1,55	3,7	3			Erregerstrom bei Leerlauf für cos φ = 1	No load exciting current for cos φ = 1.
Courant d'excitation en charge	1,08			7,85		Erregerstrom bei Vollbelastung, in Ampère	Full load exciting current, in amperes.
Pertes à vide, en watts	9 810			14 500		Verlust bei Leerlauf, in Watt	No load losses, in watts.
Pertes par effet Joule dans l'induit	5 350			6 500 (av. balais)		Ankerkupferverluste	Copper losses, in armature.
Pertes par effet Joule dans l'inducteur shunt	540			4 000		Verluste in der Nebenschlusswickelung	Copper losses, in shunt winding.
Pertes par effet Joule dans l'inducteur série	1 170	7 000	4 600			Verluste in der Serienwickelung	Copper losses, in serie winding.
Rendement	94,5			95,7		Wirkungsgrad	Efficiency.

TABLEAU VII

DYNAMOS A COURANT CONTINU A INDUCTEURS EN ACIER ET INDUIT DENTÉ

VII TABELLE

GLEICHSTROMMASCHINEN MIT STAHLMAGNETEN UND ZAHNÄNKER

TABLE VII

DIRECT - CURRENT GENERATORS WITH STEEL FIELDS AND SLOTTED ARMATURE

I

VII TABELLE. — TABLEAU VII. — TABLE VII.

Machines à courant continu à inducteurs en acier et induit denté	Siemens Brothers and Co Limited London (Angleterre)	Compagnie de Fives-Lille Paris (France)		Sautter, Harlé et Cie Paris (France)	Compagnie internationale d'électricité de Liège (Belgique)			Electrotechnische Industrie Voorheen W. Smit en Cie Slikkerveer (Hollande)	Farcot Frères et Cie Saint-Ouen (France)	Schneider et Cie, Ateliers du Creusot. Creusot (France)					Mather and Platt Limited Manchester (Angleterre)	Gleichstrommaschinen mit Stahlmagneten und Zahnanker	Direct current generators with steel fields and slotted armatures
Données principales																**Hauptsächliche Daten**	**Principal Data**
Puissance, en kilowatts	1 530	220	100	132	135	100	45	65	200	22	66	121	330	200	350	Leistung, in Kilowatt	Output in kilowatts
Tension aux bornes, en volts	550	550	500	110	500	220	225	500	350	220	220	220	110	750	250	Klemmenspannung, in Volt	Terminal voltage
Intensité du courant, en ampères	2 780	400	200	1 200	270	456	200	130	572	100	300	550	3 000	267	1 400	Stromstärke, in Ampère	Current, in amperes
Vitesse angulaire, en tours par minute	200	235	340	275	460	420	470	600	360	900	600	450	250	300	105	Umdrehungen pro Minute	Angular speed, in revolutions per minute
Fréquence, en périodes par seconde	26,7	15,7	22,7	9,2	23	21	23,5	20	24	30	30	22,5	25	20	10,5	Periodenzahl pro Sekunde	Frequency, in cycles per second
Inducteurs																**Magnete**	**Fields**
Nombre de pôles inducteurs	16	8	8	4	6	6	6	4	8	4	6	6	12	8	12	Anzahl Pole	Number of field poles
Diamètre de l'inducteur à l'extrémité des pièces polaires, en cm	277,5	123,6	88	83,5	74,5	66,2	52,1	51,5	101,6	41	58	73	175	92,5	212	Magnetdurchmesser, in cm	Diameter of bore, in cm
Nature du métal des pièces polaires	Fer forgé	Acier	Acier	Acier	Tôles	Tôles	.....	Acier	Acier	Fonte	Fonte	Fonte	Fonte	Fonte	Acier	Material der Polschuhe	Nature of metal, in pole pieces
Forme des pièces polaires	Rect. à cintrés	Rectangulaire	Rectangulaire		Rectangulaire bec relevés			Parallélogr.	Rect. à ailes	Rectangulaire		Rectangulaire		Rectangulaire	Rectang.	Form der Polschuhe	Form of pole pieces
Long. utile des pièces pol. suivant l'axe, en cm	53,5	40	29	50	29	28	22	32	35	22,5	32	40	27	34	58	Axiale Länge der Polschuhe, in cm	Length of pole pieces parallele to axis, in cm
Largeur maxima des pièces polaires, en cm	43	43	25,5	52	26	24	19	31	31	23,7	24,3	30,6	36,7	29	52,5	Grösste Breite der Polschuhe, in cm	Maximum width of pole pieces, in cm
Section des pièces polaires, en cm²	2 300	1 720	550	2 450	754	672	418	990	1 085	510	760	1 200	990	1 560	3 300	Polschuhfläche, in qcm	Area of pole pieces, in sqcm
Nature du métal des noyaux polaires	Acier	Acier	Acier	Acier	Acier	Acier	Acier	Acier	Acier	Acier	Acier	Acier	Acier	Acier	Acier	Material der Magnetschenkel	Nature of metal of cores
Forme de la section des noyaux polaires	Rectangulaire	Rectangulaire	Rectangulaire		Circulaire	Circulaire	Circulaire	Rectangulaire		Rectangulaire		Rectang.	Circulaire	Rectangulaire	Annulaire	Querschnittsform der Magnetschenkel	Form of cross-section of cores
Long. de la section des noyaux polaires, en cm	65,5	40	22	50	D = 25,6	D = 23	.....	31	32	22,5	32	40	D = 25,5	42,5	58	Axiale Länge der Magnetschenkel, in cm	Length of section of cores, in cm
Larg. de la section des noyaux polaires, en cm	22	28	19	20			.....	23	17,6	13	13,8	.....		17,2	32,5	Breite der Magnetschenkel, in cm	Width of section of cores, in cm
Section des noyaux polaires, en cm²	980	1 120	380	1 000	510	415	.....	715	564	298	394	.....	510	625	.....	Querschnitt der Magnetschenkel, in qcm	Cross-section of cores, in sqcm
Nature du métal de la carcasse inductrice	Acier	Acier	Acier	Acier	Acier	Acier	Acier	Acier	Acier	Acier	Acier	Acier	Acier	Acier	Acier	Material des Magnetgehäuses	Nature of metal in yoke
Diamètre extérieur de la carcasse inductrice, en cm	410	250	160	150	135	150	100	114	164	75	96	.....	255	148	288	Äusserer Durchmesser des Magnetgehäuses in cm	External diameter of frame, in cm
Diamètre intérieur de la carcasse inductrice, en cm	360	210	140	.....	135	124		98	145	60	.....	.....	215	129,6	263	Innerer Durchmesser des Magnetgehäuses, in cm	Internal diameter of frame, in cm
Largeur de la carcasse inductrice, en cm	73	40	22	66	39	32	34	60	32	22,6	32	40	33	40,5	61	Breite des Magnetgehäuses, in cm	Width of frame, in cm
Section de la carcasse inductrice, en cm²	860	580	200	695	300	350	.....	350	290	169	200	.....	290	390	350	Querschnitt des Magnetgehäuses, in qcm	Sectional area of frame, in sqcm
Mode d'excitation	Shunt	Compound	Compound	Compound	Shunt	Shunt	Shunt	Shunt	Shunt	Shunt	Shunt	Shunt	Shunt	Shunt	Shunt	Erregungsart	Type of field winding
Enroulement shunt — Nombre de bobines	16	6	8	4	6	6	6	4	8	4	6	6	6	8	12	Nebenschlusswickelung — Anzahl Spulen	Shunt winding — Number of coils
Enroulement shunt — Nombre de spires par bobine	690	2 100	2 240	1 400	2 675	1 400	1 680	4 490	973	2 100	900	960	490	1 625	.....	Windungszahl pro Spule	Number of turns per coil
Enroulement shunt — Nombre de circuits en parallèle	1	1	1	1	1	1	1	1	1	1	1	1	1	1	1	Anzahl paralleler Kreise	Number of circuits in parallel
Enroulement shunt — Diamètre du fil, en mm	5,1	2,4	1,7	2,3	1,9	2,5	1,8	1,5	2,5	1,4	2	2,4	6	1,75	.....	Drahtdurchmesser, in mm	Diameter of wire, in mm
Enroulement shunt — Section du fil, en mm²	20,43	4,62	2,27	4,15	2,83	4,9	2,54	1,76	5,12	1,13	3,14	4,52	19,63	2,40	.....	Drahtquerschnitt, in qmm	Section of wire, in sqmm
Enroulement shunt — Densité du courant, en amp. par mm²	.....	1,22	1,28	0,8	1,1	1,28	.....	1,19	1,32	1,24	1,0	1,37	0,88	1,08	.....	Stromdichte, in Amp pro qmm	Current density, in amp per sqmm
Enroulement shunt — Résistance du circuit, en ohms	27,1 (à ch.)	105 (à ch.)	135 (à ch.)	36 (à ch.)	220 (à ch.)	97,5 (à fr.)	62 (à ch.)	222 (à fr.)	37 (à ch.)	135 (à fr.)	37 (à fr.)	33 (à fr.)	5,25 (à ch.)	240 (à fr.)	.....	Widerstand der Wickelung, in Ohm	Resistance of winding, in ohms
Enroulement shunt — Poids du cuivre, en kg	3 200	1 062	405	300	420	350	180	360	520	85	200	310	1 600	650	.....	Kupfergewicht, in kg	Weight of copper, in kg
Enroulement série — Nombre de bobines	.....	8	8	4	.....	.....	.....	.....	.....	.....	.....	.....	.....	.....	.....	Serienwickelung — Anzahl Spulen	Serie winding — Number of coils
Enroulement série — Nombre de spires par bobine	.....	8	3	2	.....	.....	.....	.....	.....	.....	.....	.....	.....	.....	.....	Windungszahl pro Spule	Number of turns per coil
Enroulement série — Nombre de circuits en parallèle	.....	1	1	1	.....	.....	.....	.....	.....	.....	.....	.....	.....	.....	.....	Anzahl paralleler Kreise	Number of circuits in parallel
Enroulement série — Largeur du cuivre, en mm	.....	35	.....	.....	.....	.....	.....	.....	.....	.....	.....	.....	.....	.....	.....	Kupferbreite, in mm	Width of copper, in mm
Enroulement série — Épaisseur du cuivre, en mm	.....	6	.....	.....	.....	.....	.....	.....	.....	.....	.....	.....	.....	.....	.....	Kupferdicke, in mm	Thickness of copper, in mm
Enroulement série — Section du cuivre, en mm²	.....	210	70	880	.....	.....	.....	.....	.....	.....	.....	.....	.....	.....	.....	Querschnitt, in qmm	Section of copper, in sqmm
Enroulement série — Densité du courant, en amp. par mm²	.....	1,9	2,86	1,25	.....	.....	.....	.....	.....	.....	.....	.....	.....	.....	.....	Stromdichte, in Amp pro qmm	Current density, in amp per sqmm
Enroulement série — Résistance du cuivre, en ohms	.....	0,00788 (à ch.)	0,0022 (à ch.)	[illegible]	.....	.....	.....	.....	.....	.....	.....	.....	.....	.....	.....	Widerstand der Wickelung, in Ohm	Resistance of winding, in ohms
Enroulement série — Poids du cuivre, en kg	.....	160	30	[illegible]	.....	.....	.....	.....	.....	.....	.....	.....	.....	.....	.....	Kupfergewicht, in kg	Weight of copper, in kg
Poids de cuivre inducteur, en kg	3 200	1 200	435	.....	420	350	180	300	520	85	200	310	1 000	650	.....	Gewicht des Magnetkupfers, in kg	Weight of field copper, in kg

TABLEAU VII

DYNAMOS A COURANT CONTINU A INDUCTEURS EN ACIER ET INDUIT DENTÉ

VII TABELLE

GLEICHSTROMMASCHINEN MIT STAHLMAGNETEN UND ZAHNANKER

TABLE VII

DIRECT CURRENT GENERATORS WITH STEEL FIELDS AND SLOTTED ARMATURE

II

Machines à courant continu à inducteurs en acier et induit denté	Siemens Brothers and C° Limited London (Angleterre)	Compagnie de Fives-Lille Paris (France)		Sautter, Harlé et Cie Paris (France)	Compagnie internationale d'Électricité de Liège (Belgique)			Electrotechnische Industrie voorheen W. Smit und C[o] Slikkerveer (Hollande)	Fargot frères et Cie Saint-Ouen (France)	Schneider et Cie, Ateliers du Creusot, Creusot (France)					Mather and Platt, Limited Manchester (Angleterre)	Gleichstrommaschinen mit Stahlmagneten und Zahnanker	Direct current generators with steel fields and slotted armature
Poids du cuivre inducteur, en kg. par kilowatt	2,16	6,45	4,25		3,1	2,5	4	4,60	2,6	3,86	3,04	2,56	3,03	3,25		Gewicht des Magnetkupfers per Kilowatt	Weight of field copper per kilowatt.
Poids de l'inducteur, en kg.	31 000					1 800 (s. b.)	1 600 (s. b.)	2 000 (s. b.)	2 760 (s. b.)	600 (s. b.)	900 (s. b.)	1 900 (s. b.)	4 800 (s. b.)	3 150 (s. b.)		Gewicht der Magnete, in kg.	Weight of field, in kg.
Induit.																**Anker.**	**Armature.**
Entrefer simple, en mm.	16	7	10	7,5	7,5	6	5,5	7,5	8	3	6	8,5	8	8,5		Einseitiger Luftraum, in mm	Single air-gap, in mm.
Diamètre de l'induit, en cm.	475,3	122	81	85	73	65	51	50	100	40,4	56,8	71,3	173,4	90,8		Durchmesser des Ankers im Luftraum, in cm	Diameter of armature at air-gap, in mm.
Vitesse tangentielle, en mètres par seconde	28,3	15	14,4	11,8	17,5	14,3	12,5	15,7	18,6	19	17,8	18,9	22,5	16,3		Umfangsgeschwindigkeit, in m. pro Sekunde	Tangential speed, in meters per second.
Hauteur radiale des tôles induites, en cm.	40	17	16,5	16	15	13	9	11,5	15,5	9	10,2	12,9	17,7	16,7	12,5	Radiale Höhe der Ankerbleche, in cm	Radial depth of armature laminations, in mm.
Largeur totale des anneaux induits, en cm.	33,5	52	20,5	47	26	24	23	30	14,5	22,5	36,5	31	27,5	50	42	Gesammtlänge der Ankerkerne, in cm	Total length of cores in armature, in cm.
Nature des perforations de l'induit	Rainures	Rainures	Rainures	Rainures	Rainures	Rainures	Rainures	Rainures	Rainures	Rainures	Rainures	Rainures	Rainures	Rainures	Rainures	Form der Ankernuten	Form of armature slots.
Nombre de perforations de l'induit	308	294	478	116	106	112	110	55	216	101	144	144	432	225		Nutenzahl des Ankers	Number of armature slots.
Hauteur radiale des perforations, en mm.		22	20					25	37	19	28	36	26	43		Radiale Nutentiefe, in mm	Radial depth of slots, in mm.
Largeur des perforations, en mm.		6,5	6					13	7	4,6	5,6	7,6	6,6	6,5		Periphere Nutenbreite, in mm	Width of slots, in mm.
Largeur des perforations dans l'entrefer, en mm.		6,5	6					13	7	4,6	3,6	7,6	6,6	6,5		Nutenbreite im Luftraum, in mm	Width of slots in air-gap, in mm.
Nature de l'enroulement induit	Tambour multi-quantité	Tambour multi-série		Tambour multi-série		Tamb. multi sér-paral.	Tambour multi-série		Tamb. multi série-paral.	Tambour multi-quantité			2 induits, tamb. multi-quantité	Tambour multi-série	Tamb. multi-quantité	Art der Wickelung	Type of armature winding.
Nombre de sections de l'induit	616	147	239	57	190	224	220	165	216	121	144	144	216	225		Anzahl der Ankerspulen	Number of armature coils.
Nombre de spires par section	1	1	1	1	1	1	1	1	1	2	2	2	1	1		Windungszahl pro Spule	Number of turns per coil.
Nombre de conducteurs par perforation	4	1	1	1	4	4	4	6	2	4	4	4	[illegible] (par induit)	2		Anzahl der Leiter pro Nute	Number of conductors per slot.
Nature des conducteurs induits	Barres	Barres	Barres	Barres	Barres	Barres	Barres	Barres	Barres	Barres	Barres	Barres	Barres	Barres	Barres	Form der Ankerleiter	Form of armature conductors.
Largeur des conducteurs induits, en mm.	23	17	5,5	36	12			10	15	7,8	5	7	10	(b. sup.) 24 (b. inf.) 12		Breite der Ankerleiter, in mm	Width of armature conductors, in mm.
Épaisseur des conducteurs induits, en mm.	5,5	3	4	8,4	4			2	4,5	2,8	3,6	5,8	5	4 — 3,9 — 4		Dicke der Ankerleiter, in mm	Thickness of armature conductors, in mm.
Section des conducteurs induits, en mm².	132	51	22	302	48	12	28	20	63	7,85	18	20,6	50	96 — 46		Querschnitt der Ankerleiter, in qmm	Cross-section of armature conductors, in sq mm.
Densité de courant dans l'induit, en amp. par mm²	1,52	3,92	4,35	1,82	2,81	3,55	3,57	3,45	2,77	3,18	2,78	2,26	2,5	1,4 — 2,78		Stromdichte im Anker, in Amp. per qmm	Current density, in amp. per sq mm.
Nombre de circuits en parallèle dans les balais	16	2	2	2	2	1	2	2	4	4	6	6	12 (par induit)	2	12	Anzahl paralleler Stromkreise	Number of circuits in parallel under brushes.
Résistance de l'induit entre balais	0,00115	0,0487 (à ch.)	0,045 (à ch.)	0,0025	0,038 (à ch.)	0,0233 (à ch.)	0,05 (à ch.)	0,058 (à fr.)	0,0075 (à ch.)	0,04 (à fr.)	0,0218 (à fr.)	0,007 (à fr.)	0,00084 (2 ind. en quant., à ch.)	0,04 (à fr.)		Widerstand des Ankers zwischen Bürsten	Resistance of armature between brushes.
Poids du cuivre induit, en kg.	2 600	162	60		145	100	70	64	290	22	85	200	350	175 + 115		Gewicht des Ankerkupfers	Weight of armature copper, in kg.
Poids du cuivre induit, en kg. par kilowatt	1,31	0,76	0,6		1,07	1	1,45	0,83	1,10	1	0,985	1,65	1,08	1,93		Gewicht des Ankerkupfers pro Kilowatt	Weight of armature copper per kilowatt.
Collecteur.																**Kollektor.**	**Commutator.**
Nombre de lames du collecteur	616	147	239	57	190	224	220	165	216	121	144	144	216 (p. collect.)	225 (p. collect.)		Anzahl Segmente	Number of commutator divisions.
Diamètre du collecteur, en cm.	167,5	60	47,5	60	55	50	36	38	55	30	32	42	75	90	180	Durchmesser, in cm	Diameter, in cm.
Largeur du collecteur, en cm.	25	30	13,5	30	20	17	11	24	25	8,5	17	28	25,6 (p. collect.)	9 (par collect.)	30	Länge, in cm	Length, in cm.
Nature des balais	Charbon	Charbon	Charbon	Charbon	Charbon	Charbon	Charbon	Charbon	Charbon	Charbon	Charbon	Charbon	Charbon	Charbon	Charbon	Bürsten material	Nature of brushes.
Nombre de lignes de balais	16	8	8	4	6	6	6	2	8	4	6	6	12 (p. collect.)	4 (par collect.)	12	Anzahl der Bürstenreihen	Number of brush sets.
Nombre de balais par ligne	19	10	5	11	6	3	3	4	6	3	8	7	10	8	4	Anzahl der Bürsten pro Reihe	Number of brushes per set.
Poids de l'induit tout monté, en kg.	29 000				2 300	1 250		800	2 640	320	860	1 700	6 900	2 800		Gewicht des Ankers, in kg.	Weight of armature, in kg.
Essais.																**Versuchsresultate.**	**Tests.**
Courant d'excitation à vide, en ampères		4,7	2,4	3,3	3,1	5,2		2	6,2	1,15	4,2	3,2	15	2,2		Erregerstrom bei Leerlauf, in Ampère	No-load exciting current, in ampere.
Courant d'excitation en charge, en ampères		5	2,8		4	6,3		3,1	7,5	1,4	5	6,2	17,2	2,6		Erregerstrom bei Vollbelastung, in Ampère	Full-load exciting current, in ampere.
Chute de tension en charge, en p. 100					5	6			9				15			Spannungsabfall bei Vollbelastung, in Procent	Full-load drop, in per cent.
Pertes à vide, en watts									12 300							Verlust bei Leerlauf, in Watt	No-load losses, in watts.
Pertes par effet Joule dans l'induit		3 500	2 600	3 080	2 800	2 800	2 000	1 150	2 450	460	1 000	2 450	6 850	3 300		Ankerkupferverlust	Copper losses, in armature.
Pertes par effet Joule dans l'inducteur shunt		2 750	1 400	4 200	2 200	1 390		1 050	2 600	310	1 100	1 350	1 900	1 950		Verlust in der Nebenschlusswickelung	Copper losses, in Shunt winding.
Pertes par effet Joule dans l'inducteur série		1 320	480													Verlust in der Serienwickelung	Copper losses, in Serie winding.
Rendement		90		92	92,5	92	91		92						94	Wirkungsgrad	Efficiency, in per cent.

TABLEAU VIII

DYNAMOS A COURANT CONTINU A INDUCTEURS EN ACIER ET INDUIT DENTÉ

VIII TABELLE

GLEICHSTROMMASCHINEN MIT STAHLMAGNETEN UND ZAHNANKER

TABLE VIII

DIRECT CURRENT GENERATORS WITH STEEL FIELDS AND SLOTTED ARMATURE

1

Machines à courant continu à inducteurs en acier et induit denté	Société des Établissements Postel-Vinay et Cie, Paris (France)		Compagnie française pour l'exploitation des procédés Thomson-Houston, Paris (France)		Scott and Mountain Cy Limited, Newcastle-on-Tyne (Angleterre)	Société l'Éclairage électrique, Paris (France)	Maschinenfabrik Oerlikon, Oerlikon (Suisse)		Société des Hauts Fourneaux de Maubeuge, Maubeuge (France)	Maison Bréguet, Paris (France)	Electrotechnische Industrie voorheen W. Smit and Co, Slikkerveer (Hollande)	Ganz und Cie, Budapest (Autriche)	Gleichstromgeneratoren mit Stahlmagneten und Ankernuten	Direct current generators with steel fields and slotted armature
Données principales													**Hauptsächliche Daten**	**Principal Data**
Puissance, en kilowatts	750	73	500	100	331,2	60	200	55	350	100	350	60	Leistung, in Kilowatt	Output in kilowatts
Tension aux bornes, en volts	525 — 575	550	550	500	250	220	550	125	250	125	230	160 — 780	Klemmenspannung, in Volt	Terminal voltage
Intensité du courant, en ampères	600	136	910	200	1 440	272	365	440	1 400	800	1 520	127	Stromstärke, in Ampère	Current, in amperes
Vitesse angulaire, en tours par minute	90	160	95	500	90	400	370	600	120	780	110	850 — 830	Umdrehungen pro Minute	Angular speed, in revolutions per minute
Fréquence, en périodes par seconde	8	26	6,33	25	6	26,7	12,3	20	12	26	9,2	72,5 — 41	Periodenzahl pro Sekunde	Frequency, in cycles per second
Inducteurs													**Magnete**	**Fields**
Nombre de pôles inducteurs	6	8	8	6	8	8	4	4	12	4	10	6	Anzahl Pole	Number of field poles
Diamètre de l'inducteur à l'extrémité des pièces polaires, en cm	161,8	101,8	185,8	70,6	154,60	81,2	102	48	341	56,8	201,6	53,5	Magnetdurchmesser, in cm	Diameter of bore, in cm
Nature du métal des pièces polaires	Acier	Acier	Acier	Acier	Acier	Acier	Acier	Acier	Acier	Acier	Acier	Acier	Material der Polschuhe	Nature of metal, in pole pieces
Forme des pièces polaires	Rectangulaire	bords cintrés	Rectang.	bords cintrés	Rectang.	Rectangulaire	Rectang.	Rectang.	Rectangulaire	Rectangulaire	Rectang.	Rect. b. découpés	Form der Polschuhe	Form of pole pieces
Long. utile des pièces pol. suivant l'axe, en cm	62	37	58	27	51	30	48	32	30	41	40	....	Axiale Länge der Polschuhe, in cm	Length of pole pieces parallel to axis, in cm
Largeur maxima des pièces polaires, en cm	52	38	58	29,5	48	18	60	25,5	54	28,4	35	....	Grösste Breite der Polschuhe, in cm	Maximum width of pole pieces, in cm
Section des pièces polaires, en cm²	3 150	1 300	3 300	780	2 450	540	2 880	816	2 700	1 050	1 800	....	Polschuhfläche, in qcm	Area of pole pieces, in sqcm
Nature du métal des noyaux polaires	Acier	Acier	Acier	Acier	Acier	Acier	Acier	Acier	Acier	Acier	Acier	Acier	Material der Magnetschenkel	Nature of metal of cores
Forme de la section des noyaux polaires	Rectangulaire	Circulaire	Circulaire	Circulaire	Rectang.	Rectangulaire	Circulaire	Circulaire	Rectangulaire	Annulaire	Circulaire	Circulaire	Querschnittsform der Magnetschenkel	Form of cross-section of cores
Long. de la section des noyaux polaires, en cm	45	D = 31	D = 51	D = 29,5	31	30	D = 42,5	D = 24	50	41	D = 36	....	Axiale Länge der Magnetschenkel, in cm	Length of section of cores, in cm
Larg. de la section des noyaux polaires, en cm	42				33	14			2 × 17	28,4		....	Breite der Magnetschenkel, in cm	Width of section of cores, in cm
Section des noyaux polaires, en cm²	1 890	755	2 040	400	1 080	300	1 420	450	1 700	....	1 010	....	Querschnitt der Magnetschenkel, in qcm	Cross-section of cores, in sqcm
Nature du métal de la carcasse inductrice	Acier	Acier	Acier	Acier	Acier	Acier	Acier	Acier	Acier	Acier	Acier	Acier	Material des Magnetgehäuses	Nature of metal in yoke
Diamètre extérieur de la carcasse inductrice, en cm	312,6	189	343	....	280	104	199	113	300	....	330	....	Äusserer Durchmesser des Magnetgehäuses, in cm	External diameter of frame, in cm
Diamètre intérieur de la carcasse inductrice, en cm	257	164	290	....	246	90	165	93	....	....	281	....	Innerer Durchmesser des Magnetgehäuses, in cm	Internal diameter of frame, in cm
Largeur de la carcasse inductrice, en cm	60	38	64	....	71,2	42	44	26	80	34	43	....	Breite des Magnetgehäuses, in cm	Width of frame, in cm
Section de la carcasse inductrice, en cm²	1 100	340	1 210	....	1 150	185	730	130	....	403	600	....	Querschnitt des Magnetgehäuses, in qcm	Sectional area of frame, in sqcm
Mode d'excitation	Compound	Compound	Compound	Shunt	Shunt	Shunt	Compound	Shunt	Shunt	Shunt	Shunt	Shunt	Erregungsart	Type of field winding
Enroulement shunt — Nombre de bobines	8	6	8	6	8	8	4	4	14	2	10	6	Nebenschlusswickelung — Anzahl Spulen	Shunt winding — Number of coils
Nombre de spires par bobine	1 214	2 630	1 500	2 400	680	580	3 200	1 600	518	....	676	....	Windungszahl pro Spule	Number of turns per coil
Nombre de circuits en parallèle	1	1	1	1	1	1	2	1	2	1	....	....	Anzahl paralleler Kreise	Number of circuits in parallel
Diamètre du fil, en mm	2,4	2	2,7	1,8	5,4	2,2	2	2,9	4	....	4,5	....	Drahtdurchmesser, in mm	Diameter of wire, in mm
Section du fil, en mm²	4,5	3,14	5,72	2,54	22,9	3,8	3,14	6,6	12,50	....	15,9	....	Drahtquerschnitt, in qmm	Section of wire, in sqmm
Densité de courant, en amp. par mm²	1,31	1,43	1,05	1,30	2	....	0,75	0,71	1,07	1,6	1,13	....	Stromdichte, in Amp pro qmm	Current density, in amp per sqmm
Résistance du circuit, en ohms	90 (à ch.)	113 (à ch.)	80 (à fr.)	105 (à fr.)	10	22,6 (à ch.)	118,6 (à fr.)	16,4 (à fr.)	7 (à fr.)	....	9,6 (à fr.)	121,2 (à ch.)	Widerstand der Wickelung, in Ohm	Resistance of winding, in ohms
Poids du cuivre, en kg	850	698	1 050	365	....	150	602	550	3 000	....	1 300	....	Kupfergewicht, in kg	Weight of copper, in kg
Enroulement série — Nombre de bobines	8	....	8	....	....	....	4	....	....	....	....	....	Serienwickelung — Anzahl Spulen	Serie winding — Number of coils
Nombre de spires par bobine	12,5	....	9,5	....	....	....	3,5	....	....	....	....	....	Windungszahl pro Spule	Number of turns per coil
Nombre de circuits en parallèle	1	....	1	....	....	....	1	....	....	....	....	....	Anzahl paralleler Kreise	Number of circuits in parallel
Largeur du cuivre, en mm	110	....	....	....	....	....	170	....	....	....	....	....	Kupferbreite, in mm	Width of copper, in mm
Épaisseur du cuivre, en mm	3	....	....	....	....	....	2	....	....	....	....	....	Kupferdicke, in mm	Thickness of copper, in mm
Section du cuivre, en mm²	360	....	800	....	....	....	340	....	....	....	....	....	Querschnitt, in qmm	Section of copper, in sqmm
Densité de courant, en amp. par mm²	1,7	....	1,32	....	....	....	1,07	....	....	....	....	....	Stromdichte, in Amp. pro qmm	Current density, in amp per sqmm
Résistance du cuivre, en ohms	0,015 (à ch.)	....	0,004 (à fr.)	....	....	....	0,018 (à fr.)	....	....	....	....	....	Widerstand der Wickelung, in Ohm	Resistance of winding, in ohms
Poids du cuivre, en kg	688	....	540	....	....	....	100	....	....	....	....	....	Kupfergewicht, in kg	Weight of copper, in kg
Poids du cuivre inducteur, en kg	1 548	698	1 800	365	....	150	700	550	3 000	....	1 300	....	Gewicht des Magnetkupfers, in kg	Weight of field copper, in kg

TABLEAU VIII

DYNAMOS A COURANT CONTINU A INDUCTEURS EN ACIER ET INDUIT DENTÉ

VIII TABELLE	TABLE VIII
GLEICHSTROMMASCHINEN MIT STAHLMAGNETEN UND ZAHNANKER	DIRECT CURRENT GENERATORS WITH STEEL FIELDS AND SLOTTED ARMATURE

II

Machines à courant continu à inducteurs en acier et induit denté	Société des Établissements Postel-Vinay et Cie Paris (France)		Compagnie française pour l'exploitation des procédés Thomson-Houston Paris (France)		Scott and Mountain Cie Limited Newcastle-on-Tyne (Angleterre)	Société l'Éclairage électrique Paris (France)	Maschinenfabrik Oerlikon Oerlikon (Suisse)		Société des Hauts Fourneaux de Maubeuge Maubeuge (France)	Maison Breguet Paris (France)	Electrotechnische Industrie voorheen W. Smit and Cie Slikkerveer (Hollande)	Ganz und Cie Budapest (Hongrie)	Gleichstrommaschinen mit Stahlmagneten und Zahnanker	Direct current generators with steel fields and slotted armatures
Poids du cuivre inducteur, en kg. par kilowatt	4,35	6,65	3,6	3,25	......	2,5	3,5	6,35	5,70	......	3,70	......	Gewicht des Magnetkupfers per Kilowatt	Weight of field copper per kilowatt.
Poids de l'inducteur, en kg.	......	......	21 400	3 500	......	970	(à 2000 h.)	......	10 630 (s. l.)	......	11 700 (s. h.)	......	Gewicht der Magnete, in kg.	Weight of field, in kg.
Induit.													**Anker.**	**Armature.**
Entrefer simple, en mm.	9	9	9	8	[illegible]	6	10	5	1,5	3	8	2,5	Einseitiger Luftraum, in mm	Single air-gap, in mm.
Diamètre de l'induit, en cm.	160	100	183	69	152,4	60	100	47	240	55,4	200	52	Durchmesser des Ankers im Luftraum, in cm	Diameter of armature at air-gap, in mm.
Vitesse tangentielle, en mètres par seconde	7,65	8,40	8,1	18	......	12,5	19,4	14,8	15,1	22,5	11,5	17,7 22,9	Umfangsgeschwindigkeit, in m. pro Sekunde.	Tangential speed, in meters per second.
Hauteur radiale des tôles induites, en cm.	21	16	24,5	21	29,2	8	20,5	10,5	20	19,0	24	......	Radiale Höhe der Ankerbleche, in cm	Radial depth of armature laminations, in mm.
Largeur totale des noyaux induits, en cm.	55	29	51	23	46	30	47,5	32	80	39	37	11	Gesammtlänge der Ankerkerne, in cm	Total length of cores in armature, in cm.
Nature des perforations de l'induit	Rainures	Rainures	Rainures	Rainures	Rainures	Rainures	Rainures	Rainures	Enc. demi-fermées	Encoches demi-fermées		Encoches circul.	Form der Ankernuten	Form of armature slots.
Nombre de perforations de l'induit	208	230	176	110	184	198	240	116	288	60	224	46	Nutenzahl des Ankers	Number of armature slots.
Hauteur radiale des perforations, en mm.	45	38	40	34	50,8	......	......	22	43	......	53	......	Radiale Nutentiefe, in mm	Radial depth of slots, in mm.
Largeur des perforations, en mm.	14	8,1	11,2	12	12,7	......	......	6	12	......	13	......	Peripherе Nutenbreite, in mm	Width of slots, in mm.
Largeur des perforations dans l'entrefer, en mm.	14	8,1	11,9	12	12,7	......	......	6	2	......	10	......	Nutenbreite im Luftraum, in mm	Width of slots in air-gap, in mm.
Nature de l'enroulement induit	Tamb. multip. quantité	Tamb. multip. série	Tamb. mult. quantité	Tamb. mult. série	Tambour multip. quantité		Tambour multip.-séries-parallèles		Anneau Gramme	Tamb. multip. sér.-parallèles	Tamb. multip. quantité	Tambour multip. série	Art der Wickelung	Type of armature winding.
Nombre de sections de l'induit	416	460	704	220	368	198	249	116	288	120	448	200	Anzahl der Ankerspulen	Number of armature coils.
Nombre de spires par section	2	1	1	1	1	3	1	1	13	1	1	2	Windungszahl pro Spule	Number of turns per coil.
Nombre de conducteurs par perforation	8	4	8	4	4	6	2	2	3	4	4	20	Anzahl der Leiter pro Nute	Number of conductors per slot.
Nature des conducteurs induits	Barres	Barres	Barres	Barres	Barres	2 fils en parall.	Barres	Barres	Câble ([illegible])	Barres	Barres	Fil	Form der Ankerleiter.	Form of armature-conductors.
Largeur des conducteurs induits, en mm.	6,7	4,8	......	......	10,3	$d = 2,1$	22	18	......	16	20	......	Breite der Ankerleiter, in mm	Width of armature conductors, in mm.
Épaisseur des conducteurs induits, en mm.	3,7	3,2	......	......	3,81		1,4	1,8	......	2,5	3	......	Dicke der Ankerleiter, in mm	Thickness of armature conductors, in mm.
Section des conducteurs induits, en mm²	24,8	21,5	42	38	37,5	8,9	30,8	32,4	65	40	60	......	Querschnitt der Ankerleiter, in qmm	Cross-section of armature conductors, in sqmm.
Densité de courant dans l'induit, en amp. par mm²	3,07	3,16	2,3	2,63	2,32	4,03	2,96	3,4	11,8	2,5	2,33	......	Stromdichte im Anker, in Amp. per qmm	Current density, in amp per sqmm.
Nombre de circuits en parallèle dans les balais	8	2	8	2	8	8	4	4	12	8	10	2	Anzahl paralleler Stromkreise	Number of circuits in parallel under brushes.
Résistance de l'induit entre balais	0,03 (à ch.)	0,2 (à ch.)	0,015 (à fr.)	0,036 (à fr.)	0,00125	0,016 (à ch.)	0,038 (à ch.)	0,077 (à fr.)	0,0095 (à fr.)	......	0,003 (à fr.)	0,186 (à fr.)	Widerstand des Ankers zwischen Bürsten	Resistance of armature between brushes.
Poids du cuivre induit, en kg.	600	180	920	115	......	36	240	70	790	......	600	......	Gewicht des Ankerkupfers.	Weight of armature copper, in kg.
Poids du cuivre induit, en kg. par kilowatt	1,71	2,40	1,84	1,15	......	0,6	1,2	1,27	2,26	......	1,71	......	Gewicht des Ankerkupfers pro Kilowatt	Weight of armature copper per kilowatt.
Collecteur.													**Kollektor.**	**Commutator.**
Nombre de lames du collecteur	416	460	704	220	368	198	240	116	288	120	448	200	Anzahl Segmente.	Number of commutator divisions.
Diamètre du collecteur, en cm.	120	63,5	100	50	106,7	36	58	23,6	180	27	150	36	Durchmesser, in cm	Diameter, in cm.
Largeur du collecteur, en cm.	13	15	30	13	25,4	18	20	21	24	31	30	8	Länge, in cm.	Length, in cm.
Nature des balais.	Charbon	Charbon	Charbon	Charbon	Charbon	Charbon	Charbon	Charbon	Charbon	Charbon	Charbon	Charbon	Bürsten material.	Nature of brushes.
Nombre de lignes de balais	8	6	8	6	8	8	4	4	12	4	10	6	Anzahl der Bürstenzapfen	Number of brush sets.
Nombre de balais par ligne	4	2	......	......	3	4	10	10	6	12	6	[illegible]	Anzahl der Bürsten pro Zapfen	Number of brushes per set.
Poids de l'induit tout monté, en kg.	11 000	4 000	12 600	1 000	......	376	2 400	......	10 177	......	19 000	......	Gewicht des Ankers, in kg.	Weight of armature, in kg.
Essais.													**Versuchsresultate.**	**Tests**
Courant d'excitation à vide, en ampères	5,2 (525 v.)	3,5	5,3	2,8	......	6,9	2,74	3,6	10	......	11	......	Erregerstrom bei Leerlauf, in Ampère	No-load exciting current, in ampere.
Courant d'excitation en charge, en ampères	5,9 (575 v.)	4,5	6	3,8	23	8,05 (à 80% de charge)	2,36	4,7	13,5	......	18	......	Erregerstrom bei Vollbelastung, in Ampère	Full-load exciting current, in ampere.
Chute de tension en charge, en p. 100	4,4	6,7	......	......	......	16,5	......	16	......	......	......	......	Spannungsabfall bei Vollbelastung, in Procent	Full-load drop, in per cent.
Pertes à vide, en watts	......	......	......	......	......	1 750	2 150	......	......	......	......	......	Verlust bei Leerlauf, in Watt	No-load losses, in watts.
Pertes par effet Joule dans l'induit	11 [illegible]	3 700	14 500	1 800	6 600	1 310	4 600	2 700	5 600	[illegible]	7 800	......	Ankerkupferverlust	Copper losses, in armature.
Pertes par effet Joule dans l'inducteur shunt	3 [illegible]	2 450	1 300	1 900	5 300	1 450	1 300	590	1 500	......	1 150	......	Verlust in der Nebenschlusswickelung	Copper losses, in Shunt winding.
Pertes par effet Joule dans l'inducteur série	4 [illegible]	......	3 800	......	......	......	400	......	......	......	......	......	Verlust in der Serienwickelung	Copper losses, in Series winding.
Rendement.	......	......	......	......	94	93,2	94	......	......	......	......	......	Wirkungsgrad	Efficiency, in per cent.

TABLEAU IX

DYNAMOS A COURANT CONTINU A INDUCTEURS EN ACIER ET INDUIT LISSE

IX TABELLE

GLEICHSTROMMASCHINEN MIT STAHLMAGNETEN UND GLATTEM ANKER

TABLE IX

DIRECT CURRENT GENERATORS WITH STEEL FIELD AND SMOOTH ARMATURE

1

Machines à courant continu à inducteurs en acier et induit lisse.	Compagnie générale d'électricité de Creil (Établissements Daydé et Pillé) Creil (France).	Electricitäts Actien-Gesellschaft vormals Schuckert und Cº Nürnberg (Allemagne).		Schneider et Cie Ateliers du Creusot Creusot (France)	Société nouvelle des Établissements Decauville Aîné Petit-Bourg (France).	Société anonyme l'Éclairage électrique Paris (France).	Compagnie de Fives-Lille (France)	Société Alsacienne de Constructions mécaniques de Belfort (France).	Gleichstrommaschinen mit Stahlmagneten und glattem Anker.	Direct current generators with steel fields and smooth armature.
Données principales.									**Hauptsächliche Daten.**	**Principal Data.**
Puissance, en kilowatts	682,5	900	684	45	400	200	36	750	Leistung, in Kilowatt	Output in kilowatts.
Tension aux bornes, en volts	250	600	600	115	250	230	120	500 / 600	Klemmenspannung, in Volt	Terminal voltage.
Intensité de courant, en ampères	2 730	1 500	1 140	392	1 600	870	300	1 500 / 1 250	Stromstärke, in Ampère	Current in amperes.
Vitesse angulaire, en tours par minute	120	100	107	650	71	110	750	70	Umdrehungen pro Minute	Angular speed, in revolutions per minute.
Fréquence, en périodes par seconde	14	11,7	12,5	32,5	5,9	11	25	7	Periodenzahl pro Sekunde	Frequency, in cycles per second.
Inducteurs.									**Magnete.**	**Field.**
Nombre de pôles inducteurs	14	14	14	6	10	12	4	12	Anzahl Pole	Number of field poles.
Diamètre de l'inducteur à l'extrémité des pièces polaires, en cm	257,8	304,2		58	185	303,8	41,8	334	Magnetdurchmesser, in cm	Diameter of bore, in cm.
Nature du métal des pièces polaires	Acier	Acier	Acier	Acier	Acier	Acier	Fer	Acier	Material der Polschuhe	Nature of metal of pole pieces.
Forme des pièces polaires	Parallélogramme	Rectangulaire	Rectangulaire	Rectangulaire	Rectangulaire	Rectangulaire	Rectangulaire	Rectangulaire	Form der Polschuhe	Form of pole pieces.
Longueur utile des pièces polaires suivant l'axe, en cm	69			36	33	35	18	51	Axiale Länge der Polschuhe, in cm	Length of pole pieces parallele to axis, in cm.
Largeur maxima des pièces polaires, en cm	48			23,5	78	36	30	72	Grösste Breite der Polschuhe, in cm	Maximum width of pole pieces, in cm.
Surface d'une pièce polaire, en cm²	2 350			848	2 560	1 200	540	3 670	Polschuhfläche, in qcm	Area of pole pieces, in sqcm.
Nature du métal des noyaux polaires	Acier	Acier	Acier	Acier	Acier	Acier	Acier	Acier	Material der Magnetschenkel	Nature of metal of cores.
Forme de la section des noyaux polaires	Rectangulaire	Rectangulaire	Rectangulaire	Rectangulaire	Rectangulaire	Rectangulaire	Rectangulaire	Carré	Querschnittsform der Magnetschenkel	Form of cross-section of cores.
Longueur de la section des noyaux polaires, en cm	41	41	41	38	33	30	18	48	Axiale Länge der Magnetschenkel, in cm	Length of section of cores, in cm.
Largeur de la section des noyaux polaires, en cm	35			10	36	30	15	48	Breite der Magnetschenkel, in cm	Width of section of cores, in cm.
Section des noyaux polaires, en cm²	1 310			360	1 520	840	270	2 300	Querschnitt der Magnetschenkel, in qcm	Cross-section of cores, in sqcm.
Nature du métal de la carcasse inductrice	Acier			Acier	Acier	Acier	Acier	Acier	Material des Magnetgehäuses	Nature of metal of yoke.
Diamètre extérieur de la carcasse inductrice, en cm	7,8				370	310	101,3	198	Aeusserer Durchmes. des Magnetgehäuses, in cm	External diameter of frame, in cm.
Diamètre intérieur de la carcasse inductrice, en cm						286	81,3	173	Innerer Durchmes. des Magnetgehäuses, in cm	Internal diameter of frame, in cm.
Largeur de la carcasse inductrice, en cm	41	41	41	36	35	28	18	56	Breite des Magnetgehäuses, in cm	Width of frame, in cm.
Section de la carcasse inductrice, en cm²	650			216	802	570	180	1 250	Querschnitt des Magnetgehäuses, in qcm	Sectional of area of frame, in sqcm.
Mode d'excitation	Shunt	Shunt	Shunt	Shunt	Shunt	Shunt	Shunt	Shunt	Erregungsart	Type of field winding.
Enroulement shunt — Nombre de bobines	14	14	14	6	10	12	4	12	Nebenschlusswickelung — Anzahl Spulen	Shunt winding — Number of coils.
Nombre de spires par bobines	488			880	729	430	1 083	1 000	Windungszahl pro Spule	Number of turns per coil.
Nombre de circuits en parallèle	1	1	1	1	1	1	1	1	Anzahl paralleler Kreise	Number of circuits in parallel.
Diamètre du fil, en mm	5,6			2,8	5,3	4,5	2,2	5,2	Drahtdurchmesser, in mm	Diameter of wire, in mm.
Section du fil, en mm²	24,6			6,16	22	15,9	3,8	21,2	Drahtquerschnitt, in qmm	Section of wire, in sqmm.
Densité de courant, en amp. par mm²	1,04			1,31	1,39	2,01	1,71		Stromdichte, in Amp pro qmm	Current density in amp. per sqmm.
Résistance du circuit, en ohms	8,12 (à fr.)			11,6 (16°)	6,8 (17°)	7,6 (à ch.)	21 (à fr.)	24,2 (à ch.)	Widerstand der Wickelung, in Ohm	Resistance of winding, in ohms.
Poids du cuivre, en kg	2 870			198	1 700	811	153	4 900	Kupfergewicht, in kg	Weight of copper, in kg.
Enroulement série — Nombre de bobines									Serienwickelung — Anzahl Spulen	Serie winding — Number of coils.
Nombre de spires par bobine									Windungszahl pro Spule	Number of turns per coil.
Nombre de circuits en parallèle									Anzahl paralleler Kreise	Number of circuits in parallel.
Largeur du cuivre, en mm									Kupferbreite, in mm	Width of copper, in mm.
Épaisseur du cuivre, en mm									Kupferdicke, in mm	Thickness of copper, in mm.
Section du cuivre, en mm²									Kupferquerschnitt, in qmm	Section of copper, in sqmm.
Densité de courant, en amp. par mm²									Stromdichte, in Amp pro qmm	Current density in amp. per sqmm.
Résistance du circuit, en ohms									Widerstand der Wickelung, in Ohm	Resistance of winding, in ohms.
Poids du cuivre, en kg									Kupfergewicht, in kg	Weight of copper, in kg.

TABLEAU IX

DYNAMOS A COURANT CONTINU A INDUCTEURS EN ACIER ET INDUIT LISSE

IX TABELLE

GLEICHSTROMMASCHINEN MIT STAHLMAGNETEN UND GLATTEM ANKER

TABLE IX

DIRECT CURRENT GENERATORS WITH STEEL FIELD AND SMOOTH ARMATURE

II

IX TABELLE. — TABLEAU IX. — TABLE IX.

Machines à courant continu à inducteurs en acier et induit lisse	Compagnie générale d'électricité de Creil (Établissements Daydé et Pillé) Creil (France).	Elektricitäts-Actien-Gesellschaft vormals Schuckert und Cie Nürnberg (Allemagne).		Schneider et Cie Ateliers du Creusot Creusot (France).	Société nouvelle des Établissements Decauville Aîné Petit-Bourg (France).	Société anonyme l'Éclairage électrique Paris (France).	Compagnie de Fives-Lille (France).	Société Alsacienne de Constructions Mécaniques de Belfort (France).	Gleichstrommaschinen mit Stahlmagneten und glattem Anker	Direct current generators with steel fields and smooth armature
Poids du cuivre inducteur, en kg	2 870			498	1 700	821	153	4 906	Gewicht des Magnetkupfers, in kg	Weight of field copper, in kg
Poids du cuivre inducteur, en kg par kilowatt	4,2			4,5	4,25	4,05	4,25	6,55	Gewicht des Magnetkupfers pro Kilowatt	Weight of field copper per kilowatt.
Poids de l'inducteur, en kg	22 100 (a. b.)	29 000 (a. b.)			16 300	6 255		25 000 (a. b.)	Gewicht der Magnete, in kg	Weight of field, in kg.
Induit.									**Anker.**	**Armature.**
Entrefer simple, en mm	18	21		8,5	10	19	5,5	30	Ein-seitiger Luftraum, in mm	Single air gap, in mm.
Diamètre de l'induit dans l'entrefer, en cm	270,2	300		36,3	283	100	43,7	342	Durchmesser des Ankers im Luftraum, in cm	Diameter of armature at air-gap, in cm.
Vitesse tangentielle en mètres par seconde	15,7	15,7		19,2	10,5	11,5	17,1	13,6	Umfangsgeschwindigkeit, in m pro Sekunde	Tangential speed in meters per second.
Hauteur radiale des tôles induites, en cm	15,6			6,5	21,5	8	9	16	Radiale Höhe der Ankerbleche, in cm	Radial depth of armature laminations, in cm.
Largeur totale des anneaux induits, en cm	51			36	35	35	18,5	50	Gesammtlänge der Ankerkerne, in cm	Total length of armature cores, in cm.
Genre de l'enroulement induit	Tambour mult. quantité		Tambour mult. quantité		Tamb. mult. s/r. paral.	Anneau Gramme	Tamb. mult. quantité	Anneau Gramme	Art der Wickelung	Type of armature winding.
Nombre de sections de l'induit	306	316	459	153	625	276	140	2 496	Anzahl der Ankerspulen	Number of coils of armature.
Nombre de spires par section	1	1	1	1	4	3	1	1	Anzahl der Windungen pro Spule	Number of turns per coil.
Nombre total de conducteurs à la périphérie	612	2 144	1 838	306	1 250	1 656	280	2 492	Anzahl wirksamer Leiter über den ganzen Umfang des Ankers gezählt	Total number of peripheral conductors.
Nature des conducteurs induits	Câble	Câble	Câble	Câble + Ripden	Câble plat	Câble	Barres	Barres	Form der Ankerleiter	Form of armature conductors.
Largeur des conducteurs induits, en mm				d = 5,25	7,5		5	40 ... 30	Breite der Ankerleiter, in mm	Width of armature conductors, in mm.
Épaisseur des conducteurs induits, en mm					6,5		4	3 ... 2,5	Dicke der Ankerleiter, in mm	Thickness of armature conductors, in mm
Section des conducteurs induits, en mm²	75			16,4		21	16	120 ... 75	Querschnitt der Ankerleiter, in qmm	Cross-section of armature conductors, in sqmm
Densité de courant, en ampères par mm²	2,6			3,48		3,45	4,2		Stromdichte in Ampère pro qmm	Current density, in amperes per sqmm.
Nombre de circuits en parallèle sous les balais	14			6	16	12	6	12	Gesammtzahl paralleler Stromkreise	Number of armature circuits in parallel under brushes.
Résistance de l'induit entre balais	0,00156 (à fr.)	0,0059 (à ch.)	0,00502 (à ch.)	0,0071 (à 60°)	0,05 (à ch.)	0,0096 (à ch.)	0,0105 (à fr.)	0,0036 (à ch.)	Widerstand des Ankers, in Ohm	Resistance of armature between brushes.
Poids du cuivre induit, en kg	871			44		365	29,3	3 400	Gewicht des Ankerkupfers, in kg	Weight of armature copper, in kg.
Poids du cuivre induit, en kg par kilowatt	1,28			0,76		1,85	0,82	5,35	Gewicht des Ankerkupfers pro Kilowatt	Weight of armature copper per kilowatt.
Collecteur.									**Kollektor.**	**Commutator.**
Nombre de lames du collecteur	306	316	459	153	625	276	150	2 496	Anzahl Segmente	Number of commutator segments.
Diamètre du collecteur, en cm	160	180		27,5	200	120	40	380,9	Durchmesser in cm	Diameter in cm.
Largeur du collecteur, en cm	18,6	20		13,5	20	19	13	46,7	Länge in cm	Length in cm.
Nature des balais	Charbon-cuivre	Charbon	Charbon	Charbon	Charbon	Charbon	Charbon	Métallique	Material der Bürsten	Nature of brushes.
Nombre de lignes de balais	14	14	14	6		12	6	12	Anzahl der Bürstenzapfen	Number of brush sets.
Nombre de balais par ligne	4	4	4	6		4	2	4	Anzahl der Bürsten pro Zapfen	Number of brushes per set.
Poids de l'induit tout monté, en kg	20 800 (a. a.)	16 000			12 000	3 900		19 000	Gewicht des Ankers, in kg	Weight of armature, in kg.
Essais.									**Versuchsresultate.**	**Tests.**
Courant d'excitation à vide, en ampères	20			7,2	22	26,5	4,5		Erregerstrom bei Leerlauf, in Ampère	No load exciting current, in amperes.
Courant d'excitation en charge, en ampères	25,5			8,1	30,5	32	5		Erregerstrom bei Vollbelastung, in Ampère	Fullload exciting current.
Chute de tension en charge, en p. 100	4			17	117	6			Spannungsabfall bei Vollbelastung, in Procenten	Fullload drop, in per cent.
Pertes à vide, en watts	21 000	26 500	21 000			2 270		8 825	Verlust bei Leerlauf, in Watt	Noload losses, in watts.
Pertes par effet Joule dans l'induit	13 500	14 700	13 500	1 250	12 800	3 300	1 080	8 730	Ankerkupferverlust	Copper losses, in armature.
Pertes par effet Joule dans l'inducteur shunt	6 400	7 800	6 000	890	7 500	7 400	600	15 000	Verlust in der Nebenschlusswickelung	Copper losses, in shunt winding.
Pertes par effet Joule dans l'inducteur série									Verlust in der Serienwickelung	Copper losses, in serie winding.
Rendement	94	93,5	94			93,3		93,2	Wirkungsgrad	Efficiency in per cent.

TABLEAU X

DYNAMOS A COURANT CONTINU A CARCASSE OU A INDUCTEURS EN FONTE

X TABELLE

GLEICHSTROMMASCHINEN MIT MANTEL ODER MAGNETEN AUS GUSSEISEN

TABLE X

DIRECT CURRENT GENERATORS WITH CAST IRON YOKE OR CAST IRON FIELDS

I

Machines à courant continu à carcasse ou à inducteurs en fonte.	Siemens und Halske Actien-Gesellschaft Wiener Werk Wien (Autriche).	Elektricitäts Actien-Gesellschaft vormals W. Lahmeyer und Co Frankfurt-a-Main (Allemagne).	Elektricitäts-Gesellschaft Alioth Basel-Münchenstein (Suisse).		Actien-Gesellschaft vormals Joh. Jacob Rieter und Co Winterthur (Suisse).	Società Esercizio Bacini Genova (Italie).	Société Alsacienne de Constructions Mécaniques de Belfort (France).	F. Křižík Prag (Bohème).	Gleichstromdynamos mit Mantel oder Magneten aus Gusseisen.	Direct current generators with cast iron yoke or field magnets.
Données principales.									**Hauptsächliche Daten.**	**Principal Data.**
Puissance, en kilowatts	1 000	350	225	30	70	400	200	65	Leistung, in Kilowatt	Output in kilowatts.
Tension aux bornes, en volts	550	550	560	125	125 — 186	500	550	115	Klemmenspannung, in Volt	Terminal voltage.
Intensité du courant, en ampères	1 820	650	410	240	580 — 388	800	364	560	Stromstärke, in Ampère	Current, in amperes.
Vitesse angulaire, en tours par minute	95	94	180	425	550	160	125	550	Umdrehungen pro Minute	Angular speed, in revolutions per minute.
Fréquence, en périodes par seconde	11,1	9,4	15,3	35,4	27,5	21,4	10,4	18,3	Periodenzahl pro Sekunde	Frequency, in cycles per second.
Inducteurs.									**Magnete.**	**Fields.**
Nombre de pôles inducteurs	14	12	10	10	6	16	10	4	Anzahl Pole	Number of field poles.
Diamètre de l'inducteur à l'extrémité des pièces polaires, en cm	252	141,4	162,4	73,3	59,2	193,6	171,6	62	Magnetdurchmesser, in cm	Diameter of bore, in cm.
Nature du métal des pièces polaires	Tôles	Acier	Acier	Acier	Acier	Fer	Fonte	Fonte	Material der Polschuhe	Nature of metal, in pole pieces.
Forme des pièces polaires	Rectangulaire	Carré	Rectangulaire	Rectangulaire	Rectangulaire	Rectangulaire	Rectangulaire	Carré	Form der Polschuhe	Form of pole pieces.
Long. utile des pièces pol. suivant l'axe, en cm	49	42	35	17	34	36	37,5	32	Axiale Länge der Polschuhe, in cm	Length of pole pieces parallel to axis, in cm.
Largeur maxima des pièces polaires, en cm	42,4	42	34	16	24	30	30	32	Grösste Breite der Polschuhe, in cm	Maximum width of pole pieces, in cm.
Section des pièces polaires, en cm²	2 000	1 760	1 140	272	816	1 080	1 125	1 024	Polschuhfläche, in cm	Area of pole pieces, in sqcm.
Nature du métal des noyaux polaires	Tôles	Acier	Acier	Acier	Acier	Fer	Fonte	Fonte	Material der Magnetschenkel	Nature of metal of cores.
Forme de la section des noyaux polaires	Rectangulaire	Circulaire	Rectangulaire	Circulaire	Circulaire	Rectangulaire	Rectangulaire	Carré	Querschnittsform der Magnetschenkel	Form of cross-section of cores.
Long. de la section des noyaux polaires, en cm	49	D = 35	[illegible]	D = 14	D = 22	34	37,5	32	Axiale Länge der Magnetschenkel, in cm	Length of section of cores, in cm.
Larg. de la section des noyaux polaires, en cm	32,5		22			19,4	30	32	Breite der Magnetschenkel, in cm	Width of section of cores, in cm.
Section des noyaux polaires, en cm²	1 590	960	606	153	380	660	1 125	1 024	Querschnitt der Magnetschenkel, in qcm	Cross section of cores, in sqcm.
Nature du métal de la carcasse inductrice	Fonte	Fonte	Fonte	Fonte	Fonte	Fonte	Fonte	Fonte	Material des Magnetgehäuses	Nature of metal in yoke.
Diamètre extérieur de la carcasse inductrice, en cm	388	330	213	120	130	273	260	130	Aeusserer Durchmesser des Magnetgehäuses, in cm	External diameter of frame, in cm.
Diamètre intérieur de la carcasse inductrice, en cm	336	296	185,2	101	112	245	230	105	Innerer Durchmesser des Magnetgehäuses, in cm	Internal diameter of frame, in cm.
Largeur de la carcasse inductrice, en cm	106	63	41,6	27	36	44	50	42	Breite des Magnetgehäuses, in cm	Width of frame, in cm.
Section de la carcasse inductrice, en cm²	850	890	460	190	300	630	675	460	Querschnitt des Magnetgehäuses, in qcm	Sectional area of frame, in sqcm.
Mode d'excitation	Shunt	Shunt	Shunt	Shunt	Shunt	Shunt	Shunt	Shunt	Erregungsart	Type of field winding.
Enroulement shunt — Nombre de bobines	14	12	10	10	6	16	10	4	Nebenschlusswickelung — Anzahl Spulen	Shunt winding — Number of coils.
Nombre de spires par bobine	770	1 173	1 600	1 100	800		1 000	680	Windungszahl pro Spule	Number of turns per coil.
Nombre de circuits en parallèle	1		1	1	1	1	1	1	Anzahl paralleler Kreise	Number of circuits in parallel.
Diamètre du fil, en mm	5		2	1,9	3,2	3,5	3,2	3,4	Drahtdurchmesser, in mm	Diameter of wire, in mm.
Section du fil, en mm²	19,63		3,14	2,83	8,04	9,62	8,04	9,08	Drahtquerschnitt, in qmm	Section of wire, in sqmm.
Densité de courant, en ampères par mm²	1,22		1,8	1,06			1,43		Stromdichte, in Amp. pro qmm	Current density, in amp per sqmm.
Résistance du circuit, en ohms	18 (à ch.)	67 (à ch.)	110 (à ch.)	30 (à fr.)	21 (à ch.)	56 (à ch.)	38,3 (à ch.)	8,32 (à fr.)	Widerstand der Wickelung, in Ohm	Resistance of winding, in ohms.
Poids du cuivre, en kg	3 000		540	125	320	1 300	1 100	325	Kupfergewicht, in kg	Weight of copper, in kg.
Enroulement série — Nombre de bobines									Serienwickelung — Anzahl Spulen	Serie winding — Number of coils.
Nombre de spires par bobine									Windungszahl pro Spule	Number of turns per coil.
Nombre de circuits en parallèle									Anzahl paralleler Kreise	Number of circuits in parallel.
Largeur du cuivre, en mm									Kupferbreite, in mm	Width of copper, in mm.
Épaisseur du cuivre, en mm									Kupferdicke, in mm	Thickness of copper, in mm.
Section du cuivre, en mm²									Querschnitt, in qmm	Section of copper, in sqmm.
Densité de courant, en ampères par mm²									Stromdichte, in Amp. pro qmm	Current density, in amp per sqmm.
Résistance du cuivre, en ohms									Widerstand der Wickelung, in Ohm	Resistance of winding, in ohms.
Poids de cuivre, en kg									Kupfergewicht, in kg	Weight of copper, in kg.
Poids du cuivre inducteur, en kg	3 000		550	125	320	1 300	1 100		Gewicht des Magnetkupfers, in kg	Weight of field copper, in kg.

TABLEAU X

DYNAMOS A COURANT CONTINU A CARCASSE
OU A INDUCTEURS EN FONTE

X TABELLE

GLEICHSTROMMASCHINEN MIT
MANTEL ODER MAGNETEN
AUS GUSSEISEN

TABLE X

DIRECT CURRENT GENERATORS
WITH CAST IRON YOKE OR
CAST IRON FIELDS

11

Machines à courant continu à carcasse ou à inducteurs en fonte	Siemens und Halske Actien-Gesellschaft Wiener Werk Wien (Autriche).	Elektricitäts-Actien-Gesellschaft vormals W. Lahmeyer und Cº Frankfurt-a-Main (Allemagne).	Elektricitäts-Gesellschaft Alioth Basel-Münchenstein (Suisse).		Actien-Gesellschaft vormals Joh. Jacob Rieter und Cº Winterthur (Suisse).	Società Esercizio Bacini Genova (Italie).	Société Alsacienne de Constructions Mécaniques de Belfort (France).	F. Křižík Prag (Bohême).	Gleichstrommaschinen mit Mantel oder Magneten aus Gusseisen	Direct current generators with cast iron yoke or cast iron fields
Poids du cuivre inducteur, en kg. par kilowatt.	3		2,3	4,13	4,57	5,78	6,5	5	Gewicht des Magnetkupfers per Kilowatt.	Weight of field copper per kilowatt.
Poids de l'inducteur, en kg.		19 000			1 530 (s. b.)	10 600 (s. b.)	7 000		Gewicht der Magnete, in kg.	Weight of field, in kg.
Induit.									**Anker.**	**Armature.**
Entrefer simple, en mm.	8 — 11	7	12	6,5	6	8	8	6	Einseitiger Luftraum, in mm.	Single air-gap, in mm.
Diamètre de l'induit, en cm.	250	240	150	72	58	192	170	61	Durchmesser des Ankers im Luftraum, in cm.	Diameter of armature at air-gap, in mm.
Vitesse tangentielle, en mètres par seconde.	12,4	11,8	22	16	16,8	16,1	11,1	17,3	Umfangsgeschwindigkeit, in m. pro Sekunde.	Tangential speed, in meters per second.
Hauteur radiale des tôles induites, en cm.	22,5	29	14	7,5	12	24	21,5	12,25	Radiale Höhe der Ankerbleche, in cm.	Radial depth of armature laminations, in mm.
Largeur totale des anneaux induits, en cm.	49	42	36	17	36	34	27	31	Gesammtlänge der Ankerkerne, in cm.	Total length of cores in armature, in cm.
Nature des perforations de l'induit.	Rainures	Rainures	Rainures	Rainures	Rainures	Rainures	Rainures	Rainures	Form der Ankernuten.	Form of armature slots.
Nombre de perforations de l'induit.	286	609	387	161	150	516	168	98	Nutenzahl des Ankers.	Number of armature slots.
Hauteur radiale des perforations, en mm.	50				28		46	21	Radiale Nutentiefe, in mm.	Radial depth of slots, in mm.
Largeur des perforations, en mm.	11				6		15		Periphere Nutenbreite, in mm.	Width of slots, in mm.
Largeur des perforations dans l'entrefer, en mm.	13				6		15		Nutenbreite im Luftraum, in mm.	Width of slots in air-gap, in mm.
Nature de l'enroulement induit.	Tambour mult.-séries-parallèles	Tambour mult.-quantité	Tambour mult.-séries-parallèles	Tambour mult.-série	Tambour mult.-quantité	Tambour mult.-quantité	Tambour mult.-série	Tambour mult.-séries-parallèles	Art der Wickelung.	Type of armature winding.
Nombre de sections de l'induit.	572	609	387	161	150	516	336	98	Anzahl der Ankerspulen.	Number of armature coils.
Nombre de spires par section.	1	1	1	1	1	2	1	1	Windungszahl pro Spule.	Number of turns per coil.
Nombre de conducteurs par perforation.	4	2	2	2	2	4	4	2	Anzahl der Leiter pro Nute.	Number of conductors per slot.
Nature des conducteurs induits.	Barres	Barres	Barres	Barres	Barres	Barres	Barres	Fil rond	Form der Ankerleiter.	Form of armature conductors.
Largeur des conducteurs induits, en mm.	18		10	10	25	4	20	$d = 5,8$	Breite der Ankerleiter, in mm.	Width of armature conductors, in mm.
Épaisseur des conducteurs induits, en mm.	4		3	4	1,6	4	4,5		Dicke der Ankerleiter, in mm.	Thickness of armature conductors, in mm.
Section des conducteurs induits, en mm².	72		30	40	40	16	90	47,78	Querschnitt der Ankerleiter, in qmm.	Cross-section of armature conductors, in sqmm.
Densité de courant dans l'induit, en amp. par mm².	2,53		3,42	3	2,35 — 1,62	3,12	2,01	2,72	Stromdichte im Anker, in Amp. per qmm.	Current density, in amp per sqmm.
Nombre de circuits en parallèle dans les balais.	10	12	4	2	6	18	2	4	Anzahl paralleler Stromkreise.	Number of circuits in parallel under brushes.
Résistance de l'induit entre balais.	0,0037 (à ch.)	0,0022 (à ch.)	0,0136 (à ch.)		0,0033 (à ch.)		0,013 (à ch.)	0,0171	Widerstand des Ankers zwischen Bürsten.	Resistance of armature between brushes.
Poids du cuivre induit, en kg.			240		90			99	Gewicht des Ankerkupfers.	Weight of armature copper, in kg.
Poids du cuivre induit, en kg. par kilowatt.			1,07		1,28			1,24	Gewicht des Ankerkupfers pro Kilowatt.	Weight of armature copper per kilowatt.
Collecteur.									**Kollektor.**	**Commutator.**
Nombre de lames du collecteur.	572	609	387	161	150	516	336	98	Anzahl Segmente.	Number of commutator divisions.
Diamètre du collecteur, en cm.	208	200	86	47	32	200	107	25	Durchmesser, in cm.	Diameter, in cm.
Largeur du collecteur, en cm.	27	15	9,5	5	19	10,4	19	16	Länge, in cm.	Length, in cm.
Nature des balais.	Charbon	Charbon	Charbon	Charbon	Charbon	Métallique	Charbon	Métallique	Bürstenmaterial.	Nature of brushes.
Nombre de lignes de balais.	14	12	10	10	6	18	10	4	Anzahl der Bürstenzapfen.	Number of brush sets.
Nombre de balais par ligne.	5	3	4	4		2	6	3	Anzahl der Bürsten pro Zapfen.	Number of brushes per set.
Poids de l'induit tout monté, en kg.		12 000			850	5 000			Gewicht des Ankers, in kg.	Weight of armature, in kg.
Essais.									**Versuchsresultate.**	**Tests.**
Courant d'excitation à vide, en ampères.	31	9,5	4	2,7					Erregerstrom bei Leerlauf, in Ampère.	No-load exciting current, in ampere.
Courant d'excitation en charge, en ampères.	24	10,4	5	3			11,5		Erregerstrom bei Vollbelastung, in Ampère.	Full-load exciting current, in ampere.
Chute de tension en charge, en p. 100.	3	10	6	8					Spannungsabfall bei Vollbelastung, in Procent.	Full-load drop, in per cent.
Pertes à vide, en watts.		16 000					2 600		Verlust bei Leerlauf, in Watt.	No-load losses, in watts.
Pertes par effet Joule dans l'induit.	12 200	9 300	6 000		1 100 530		4 500		Ankerkupferverlust.	Copper losses, in armature.
Pertes par effet Joule dans l'inducteur shunt.	13 000	3 250	2 750	375			6 000		Verlust in der Nebenschlusswickelung.	Copper losses, in Shunt winding.
Pertes par effet Joule dans l'inducteur série.									Verlust in der Serienwickelung.	Copper losses, in Series winding.
Rendement.	95	93			94		93,6		Wirkungsgrad.	Efficiency, in per cent.

TABLE DES MATIÈRES

PREMIÈRE PARTIE

ALTERNATEURS

CHAPITRE PREMIER

CONSIDÉRATIONS GÉNÉRALES

CHAPITRE II

ALTERNATEURS HÉTÉROPOLAIRES A POLES SAILLANTS ALTERNATEURS A POLES INDUCTEURS PLEINS

A. — Alternateurs à induit denté.

CHAPITRE III

ALTERNATEURS HÉTÉROPOLAIRES A POLES SAILLANTS ALTERNATEURS A POLES INDUCTEURS FEUILLETÉS

CHAPITRE IV

ALTERNATEURS HÉTÉROPOLAIRES A POLES SAILLANTS ALTERNATEURS A ÉPANOUISSEMENTS FEUILLETÉS

CHAPITRE V

ALTERNATEURS HÉTÉROPOLAIRES A POLES CONTINUS ALTERNATEURS ASYNCHRONES ET COMPOUNDS

I. — Alternateur compound à courants triphasés. 299

II. — Alternateur compound à courants diphasés. 321

III. — Alternateur triphasé avec excitatrice compoundeuse. 337

CHAPITRE VI

ALTERNATEURS A FLUX ONDULÉ

A. — ALTERNATEURS A SAILLIES POLAIRES PLEINES

I. — Alternateur triphasé à saillies polaires pleines 352

II. — Alternateur diphasé à saillies polaires pleines. 363

DEUXIÈME PARTIE

CONVERTISSEURS

CHAPITRE PREMIER

CONSIDÉRATIONS GÉNÉRALES

CHAPITRE II

TRANSFORMATEURS ROTATIFS

CHAPITRE III

COMMUTATRICES

CHAPITRE IV

REDRESSEURS

TROISIÈME PARTIE

DYNAMOS A COURANT CONTINU

CHAPITRE PREMIER

CONSIDÉRATIONS GÉNÉRALES

CHAPITRE II

DYNAMOS A INDUCTEURS EN ACIER

A. — Dynamos à induit denté.

I. — Dynamos à induit à rainures rectangulaires. 513

II. — Dynamos à induit à encoches. 605

B. — Dynamos à induit lisse.

I. — Dynamos à induit intérieur. 631

CHAPITRE III

DYNAMOS A INDUCTEURS MIXTES

CHAPITRE IV

DYNAMOS A INDUCTEURS EN FONTE

APPENDICES

APPENDICE I.

COURBES PÉRIODIQUES

APPENDICE II.

TABLEAUX

INHALTSVERZEICHNISS

ERSTER THEIL

WECHSELSTROMMASCHINEN

II. — *Drehstromgeneratoren mit Scott'schen Schaltung und feststehendem Zahnanker* 115

III. — *Drehstromgeneratoren mit rotierendem Zahnanker.* 129

B. — Wechselstromgeneratoren mit Lochanker

I. — *Drehstromgeneratoren mit feststehendem Lochanker.* 143

II. — *Einphasengeneratoren mit feststehendem Lochanker.* 201

III KAPITEL

WECHSELPOLMASCHINEN MIT AUSGEBILDETEN POLEN

IV KAPITEL

WECHSELPOLMASCHINEN MIT AUSGEBILDETEN POLEN

V KAPITEL

WECHSELPOLMASCHINEN MIT CONTINUIRTEN POLEN

VI KAPITEL

GLEICHPOLMASCHINEN, INDUCTORTYPE

ZWEITER THEIL

ROTIERENDE TRANSFORMATOREN

I KAPITEL

ALLGEMEINE UEBERLEGUNGEN

II KAPITEL

MOTORGENERATOREN

III KAPITEL

UMFORMER

IV KAPITEL

GLEICHRICHTER

DRITTER THEIL

GLEICHSTROM — DYNAMO — MASCHINEN

I KAPITEL

ALLGEMEINE UEBERLEGUNGEN

II KAPITEL

GLEICHSTROMMASCHINEN MIT STAHLMAGNETEN

A. — Gleichstrommaschinen mit Zahnanker.

III KAPITEL

GLEICHSTROMMASCHINEN MIT COMBINIRTEN MAGNETEN

IV KAPITEL

GLEICHSTROMMASCHINEN MIT GUSSEISERNEN MAGNETEN

ANHÄNGE

I ANHANG

PERIODISCHE SPANNUNGSKURVEN

II ANHANG

TABELLEN

CONTENTS

FIRST PART

ALTERNATORS

CHAPTER I

GENERAL CONSIDERATIONS

CHAPTER II

CHAPTER III

ALTERNATE AND SALIENT POLE ALTERNATORS

CHAPTER IV

ALTERNATE AND SALIENT POLE ALTERNATORS

CHAPTER V

ALTERNATE AND NO SALIENT POLE ALTERNATORS

CHAPTER VI

ALTERNATORS WITH SOLID POLES

SECOND PART

ROTARY TRANSFORMERS

CHAPTER I

GENERAL CONSIDERATIONS

CHAPTER II

MOTOR-GENERATORS

CHAPTER III

CONVERTERS

CHAPTER IV

RECTIFIERS

THIRD PART

DIRECT CURRENT GENERATORS

CHAPTER I

GENERAL CONSIDERATIONS

CHAPTER II

DIRECT CURRENT GENERATORS WITH STEEL FIELDS

A. — Direct current generators with slotted armature

B. — Direct current generators with smooth armature

I. — *Direct current generators with external fields* . . . 631

II. — *Direct current generators with internal fields* . . . 664

CHAPTER III

DIRECT CURRENT GENERATORS WITH COMPOSITE FIELDS

I. — *Direct current generator with laminated poles* . . . 671

II. — *Direct current generators with steel field poles* . . . 680

III. — *Direct current generators with wrought iron field poles* . . . 698

CHAPTER IV

DIRECT CURRENT GENERATORS WITH CAST IRON FIELDS

APPENDIX

APPENDIX I

POTENTIAL WAVES

APPENDIX II

TABLES

ÉVREUX, IMPRIMERIE DE CHARLES HÉRISSEY

www.ingramcontent.com/pod-product-compliance
Ingram Content Group UK Ltd.
Pitfield, Milton Keynes, MK11 3LW, UK
UKHW022005170726
13837UKWH00001B/1